吉林省矿产资源潜力评价系列成果，
是所有在白山松水间
辛勤耕耘的几代地质工作者
集体智慧的结晶。

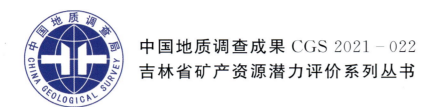

中国地质调查成果 CGS 2021-022

吉林省矿产资源潜力评价系列丛书

吉林省铜矿矿产资源潜力评价

JILIN SHENG TONGKUANG KUANGCHAN ZIYUAN QIANLI PINGJIA

李春霞　杨复顶　于　城　等编著

图书在版编目(CIP)数据

吉林省铜矿矿产资源潜力评价/李春霞等编著. —武汉:中国地质大学出版社,2021.7
(吉林省矿产资源潜力评价系列丛书)
ISBN 978-7-5625-5053-2

Ⅰ.①吉…
Ⅱ.①李…
Ⅲ.①铜矿床-矿产资源-资源评价-吉林
Ⅳ.①P618.410.623.4

中国版本图书馆 CIP 数据核字(2021)第 130487 号

吉林省铜矿矿产资源潜力评价		李春霞 等编著
责任编辑:周 豪	选题策划:毕克成 段 勇 张 旭	责任校对:张咏梅
出版发行:中国地质大学出版社(武汉市洪山区鲁磨路388号)		邮编:430074
电 话:(027)67883511	传 真:(027)67883580	E-mail:cbb@cug.edu.cn
经 销:全国新华书店		http://cugp.cug.edu.cn
开本:880毫米×1230毫米 1/16	字数:792千字	印张:24.5 插页:4
版次:2021年7月第1版	印次:2021年7月第1次印刷	
印刷:武汉中远印务有限公司		
ISBN 978-7-5625-5053-2		定价:268.00元

如有印装质量问题请与印刷厂联系调换

吉林省矿产资源潜力评价系列丛书编委会

主　任：林绍宇
副主任：李国栋
主　编：松权衡
委　员：赵　志　赵　明　松权衡　邵建波　王永胜
　　　　于　城　周晓东　吴克平　刘颖鑫　闫喜海

《吉林省铜矿矿产资源潜力评价》

编著者：李春霞　杨复顶　于　城　王　信　王立民
　　　　李任时　徐　曼　张　敏　苑德生　庄毓敏
　　　　张红红　李　楠　任　光　王晓志　曲洪晔
　　　　宋小磊　李　斌　陈　雷　李世杰　陈焕忠
　　　　刘　爱

前　言

为了贯彻落实《国务院关于加强地质工作的决定》中提出的"积极开展矿产远景调查和综合研究,科学评估区域矿产资源潜力,为科学部署矿产资源勘查提供依据"的要求和精神,国土资源部(现为自然资源部)部署了"全国矿产资源潜力评价"工作。"吉林省矿产资源潜力评价"为"全国矿产资源潜力评价"的省级工作项目,根据中国地质调查局地质调查项目任务书要求,"吉林省矿产资源潜力评价"项目由吉林省地质调查院承担。本书根据该项目子项目之一的"吉林省铜矿矿产资源潜力评价"的成果编著而成。

主要工作目标包括:在现有地质工作程度的基础上,充分利用吉林省基础地质调查和矿产勘查工作成果与资料,应用现代矿产资源评价理论方法和GIS评价技术,开展全省铜矿资源潜力评价,基本摸清铜矿资源潜力及其空间分布;开展吉林省与铜矿有关的成矿地质背景、成矿规律、物探、化探、遥感、自然重砂、矿产预测等工作的研究,编制各项工作的基础和成果图件,建立与全省矿产资源潜力评价相关的地质、矿产、物探、化探、遥感、自然重砂空间数据库;培养一批综合型地质矿产人才。

结合项目的工作安排及取得的主要成果,本书的内容主要围绕以下4个方面展开。

(1)成矿地质背景。对吉林省已有的区域地质调查和专题研究等资料,包括沉积岩、火山岩、侵入岩、变质岩、大型变形构造等方面,按照大陆动力学理论和大地构造相工作方法,依据技术要求的内容、方法和程序进行系统整理归纳。以1:25万实际材料图为基础,编制吉林省沉积(盆地)建造构造图、火山岩相构造图、侵入岩浆构造图、变质建造构造图以及大型变形构造图,从而完成吉林省大地构造相图编制工作;在初步分析成矿大地构造环境的基础上,按矿产预测类型的控制因素及分布,分析铜矿成矿地质构造条件,为矿产资源潜力评价提供成矿地质背景和地质构造预测要素信息,为吉林省重要矿产资源评价项目提供区域性和评价区基础地质资料,完成吉林省成矿地质背景课题研究工作。

(2)成矿规律与矿产预测。在现有地质工作程度的基础上,全面总结吉林省基础地质调查和矿产勘查工作成果与资料,充分应用现代矿产资源预测评价的理论方法和GIS评价技术,开展铜矿资源潜力预测评价,基本摸清吉林省重要矿产资源潜力及其空间分布。工作重点是研究铜典型矿床,提取典型矿床的成矿要素,建立典型矿床的成矿模式;研究典型矿床区域内地质、物探、化探、遥感和矿产勘查等综合成矿信息,提取典型矿床的预测要素,建立典型矿床的预测模型;在典型矿床研究的基础上,结合地质、物探、化探、遥感和矿产勘查等综合成矿信息确定铜矿的区域成矿要素和预测要素,建立区域成矿模式和预测模型。深入开展全省范围的铜矿区域成矿规律研究,建立铜矿成矿谱系,编制铜矿成矿规律图;按照全国统一划分的成矿区(带),充分利用地质、物探、化探、遥感和矿产勘查等综合成矿信息,圈定成矿远景区和找矿靶区,逐个评价Ⅴ级成矿远景区资源潜力,并进行分类排序;编制铜矿成矿规律与预测图。以地表至2000m以浅为主要预测评价范围,进行铜矿资源量估算。汇总吉林省铜矿预测总量,编制单矿种预测图、勘查工作部署建议图、未来开发基地预测图。

(3)综合信息。以成矿地质理论为指导,开展吉林省区域成矿地质构造环境及成矿规律研究,为建立铜矿床成矿模式、区域成矿模式及区域成矿谱系研究提供信息,为圈定成矿远景区和找矿靶区、评价成矿远景区资源潜力、编制成矿区(带)成矿规律与预测图提供物探、化探、遥感、自然重砂方面的依据。建立并不断完善与铜矿资源潜力评价相关的物探、化探、遥感、自然重砂数据库,实现省级资源潜力预测评价综合信息集成空间数据库的建设目标,为今后开展矿产勘查的规划部署奠定扎实基础。

(4)信息集成。对1∶50万地质图数据库、1∶20万数字地质图空间数据库、全省矿产地数据库、1∶20万区域重力数据库、航磁数据库、1∶20万化探数据库、自然重砂数据库、全省工作程度数据库、典型矿床数据库进行全面系统维护,为吉林省铜矿资源潜力评价提供基础信息数据。用GIS技术服务于矿产资源潜力评价工作的全过程(解释、预测、评价和最终成果的表达)。资源潜力评价过程中针对各专题进行信息集成工作,建立吉林省重要矿产资源潜力评价信息数据库。

本书是吉林省地质工作者集体劳动智慧的结晶,在编写过程中参考和引用了大量前人的科研工作成果,由于时间等因素制约,没能和每一位原作者取得联系,在此编写组的全体工作人员对他们的辛勤劳动表示高度的敬意,对他们提供的科研工作成果给予深深的感谢!

吉林省地质矿产勘查开发局郭文秀局长、赵志副院长、刘建民副院长在整个项目的实施过程中给予技术上和人员上的大力支持;陈尔臻教授级高级工程师在项目的实施过程中给予悉心的技术指导,提出了宝贵的建议。吉林省国土资源厅刘保威厅长、藤继奎副厅长、杨振华处长、郝长河处长、刘保春处长,在项目的实施过程中积极组织领导、落实资金、协调人员组织,对各种问题做出的指示或指导性意见与建议确保了项目的顺利实施。编写组全体工作人员在此一并致以最诚挚的谢意!

编著者
2020 年 10 月

目 录

第一章 地质矿产概况 ……………………………………………………………………………（1）
  第一节 成矿地质背景 …………………………………………………………………………（1）
  第二节 区域矿产特征 …………………………………………………………………………（11）
  第三节 区域地球物理、地球化学、遥感、自然重砂特征 …………………………………（14）

第二章 成矿地质背景研究 …………………………………………………………………………（28）
  第一节 技术流程 ………………………………………………………………………………（28）
  第二节 建造构造特征 …………………………………………………………………………（28）
  第三节 大地构造特征 …………………………………………………………………………（58）

第三章 典型矿床与区域成矿规律研究 ……………………………………………………………（65）
  第一节 技术思路与流程 ………………………………………………………………………（65）
  第二节 典型矿床研究 …………………………………………………………………………（68）
  第三节 预测工作区成矿规律研究 ……………………………………………………………（148）

第四章 物化遥、自然重砂应用 ……………………………………………………………………（182）
  第一节 重 力 …………………………………………………………………………………（182）
  第二节 磁 测 …………………………………………………………………………………（197）
  第三节 化 探 …………………………………………………………………………………（229）
  第四节 遥 感 …………………………………………………………………………………（239）
  第五节 自然重砂 ………………………………………………………………………………（263）

第五章 矿产预测 ……………………………………………………………………………………（270）
  第一节 矿产预测方法类型及预测模型区选择 ………………………………………………（270）
  第二节 矿产预测模型与预测要素图编制 ……………………………………………………（270）
  第三节 最小预测区圈定 ………………………………………………………………………（320）
  第四节 预测要素变量的构置与选择 …………………………………………………………（322）
  第五节 最小预测区优选 ………………………………………………………………………（325）
  第六节 资源量定量估算 ………………………………………………………………………（330）
  第七节 预测工作区地质评价 …………………………………………………………………（355）

第六章 铜矿成矿区（带）划分及成矿规律总结 …………………………………………………（363）
  第一节 成矿区（带）划分 ……………………………………………………………………（363）
  第二节 矿床成矿系列（亚系列）和区域成矿谱系 …………………………………………（364）
  第三节 区域成矿规律 …………………………………………………………………………（366）

第七章 勘查部署工作建议及未来勘查开发工作预测 ……………………………………………（372）
  第一节 勘查部署原则及建议 …………………………………………………………………（372）
  第二节 勘查机制建议 …………………………………………………………………………（375）
  第三节 未来勘查开发工作预测 ………………………………………………………………（375）

第八章 结 论 ………………………………………………………………………………………（377）

主要参考文献 …………………………………………………………………………………………（378）

第一章 地质矿产概况

吉林省基础地质、重力、磁测、化探、遥感、自然重砂等工作的调查及研究，矿产勘查、成矿规律研究及矿产预测评价工作为铜矿矿产资源潜力评价提供了较全面系统的基础性资料。吉林省铜矿勘查研究的历史较长，开发利用较早。截至2006年底，全省共发现铜矿床（点）61处，其中伴生铜矿37处，大型矿床2处，中型矿床6处，小型矿床35处，矿点14处，矿化点4处。铜矿成因类型有斑岩型、岩浆熔离型、火山沉积型、变质型、接触交代型、多成因复合型、热液型、次火山热液型、淋积型。这些成果的取得为铜矿矿产资源潜力评价工作的开展奠定了坚实的基础。

第一节 成矿地质背景

一、地层

吉林省地层的分布和时间演化主要受古亚洲洋与太平洋两大构造体制的制约。总体上前中生代属于古亚洲洋东段南北分异、近东西向的古构造格局；中生代以来，由于洋-陆两大构造体系相互作用的结果，在前中生代构造格架之上叠加形成了大致平行的北东—北北东向盆、隆相间的构造带，形成了中国东部东西向和北北东向两组主干构造交叉叠置的格局。由此，吉林省的地层划分为前中生代地层和中、新生代地层。

吉林省与铜矿成矿有关的地层从太古宇至中生界均有出露，现由老至新简述如下。

1. 太古宇

太古宙火山沉积岩分布于吉林省南部龙岗复合地块边缘，残存于太古宙TTG岩系中，划分为四道砬子河岩组（$Ar_2s.$）、杨家店岩组（$Ar_2y.$）、老牛沟岩组（$Ar_3ln.$）和三道沟岩组（$Ar_3sd.$），其中杨家店岩组（$Ar_2y.$）、老牛沟岩组（$Ar_3ln.$）和三道沟岩组（$Ar_3sd.$）均为与铜矿成矿关系密切的地层。

（1）杨家店岩组（$Ar_2y.$）：岩性有斜长角闪岩、黑云片麻岩、黑云斜长片麻岩、二云片麻岩、石榴子石黑云变粒岩和磁铁石英岩，厚4076m。铅等时线年龄2950±30Ma。原岩为基性火山岩、碎屑-火山硅铁质沉积，时代为中太古代，是主要的铜含矿建造。

（2）老牛沟岩组（$Ar_3ln.$）：由黑色斜长角闪岩、黑云变粒岩组成，厚2800~3000m。U-Pb同位素年龄2740Ma；Pb-Pb同位素年龄2490Ma。原岩为中基性—酸性火山（碎屑）岩、硅铁质沉积岩。时代为新太古代。本岩组是主要的含矿建造，为铜矿主要目的层。

（3）三道沟岩组（$Ar_3sd.$）：由绢云石英片岩、磁铁石英岩、绢云绿泥片岩、斜长角闪岩组成，厚度1277~2800m。原岩为火山质含硅铁质沉积。时代厘定为新太古代。目前在吉林省其他地层分区尚未发现本岩组。本岩组是主要的含矿建造，为铜矿主要目的层。

2. 元古宇

元古宇主要分布在吉林省南部，北部陆缘带分布零星，呈捕虏体产出。主要地层有古元古代集安岩群蚂蚁河岩组($Pt_1m.$)、荒岔沟岩组($Pt_1h.$)、大东岔岩组($Pt_1d.$)，老岭岩群新农村岩组($Pt_1x.$)、板房沟岩组($Pt_1b.$)、珍珠门岩组($Pt_1z.$)、花山岩组($Pt_1hs.$)、临江岩组($Pt_1l.$)、大粟子岩组($Pt_1dl.$)，新元古代青白口系白房子组(Qbb)、钓鱼台组(Qb_2d)、南芬组(Qb_2n)，震旦系桥头组(Z_1q)、万隆组(Z_1w)、八道江组(Z_2b)、青沟子组（Z_2qg）。

与铜矿成矿关系密切的地层为荒岔沟岩组($Pt_1h.$)、花山岩组($Pt_1hs.$)、大粟子岩组($Pt_1dl.$)、八道江组(Z_2b)。

（1）荒岔沟岩组($Pt_1h.$)：本岩组是以含石墨为特点的岩石组合，下部为石墨变粒岩、含石墨透辉变粒岩、浅粒岩夹斜长角闪岩；中部为含石墨大理岩；上部为含石墨变粒岩和大理岩。总厚度737m。

（2）花山岩组($Pt_1hs.$)：自下而上划分为3个岩性段。一段下部为绢云千枚岩夹石英岩、石英千枚岩夹薄层条纹状—条带状石英岩，上部为中厚层绢云千枚岩夹石英千枚岩；二段下部为绢云千枚岩夹大理岩透镜体、石英千枚岩夹条纹状石英岩透镜体，上部为绿泥绢云千枚岩、含碳绢云千枚岩；三段为含钙千枚岩、绢云千枚岩夹含钙质绢云千枚岩。

（3）大粟子岩组（$Pt_1dl.$)：以二云片岩、千枚岩为主，夹大理岩、石英岩。其中赋存赤铁矿、菱铁矿。厚度2586m。泥质岩中有沉积型铜矿化，是主要的含矿建造，为铜矿找矿的主要目的层。

（4）八道江组(Z_2b)：由浅色碎屑灰岩、叠层石礁灰岩组成。厚度变化大，层型剖面的厚度为288.8m。

3. 寒武系—志留系

寒武系—志留系在全省均有分布。与铜矿成矿关系密切的地层主要为寒武系头道岩组($\epsilon_3 t.$)，奥陶系黄莺屯组(O_1hy)，寒武系—奥陶系马滴达组($\epsilon—Om$)、杨金沟组($\epsilon—Oy$)、香房子组($\epsilon—Ox$)。

（1）头道岩组($\epsilon_3 t.$)：下部以斜长阳起石岩为主，夹数层变质砂岩和变质火山岩；上部以变质砂岩、斜长阳起石岩为主，夹有千枚状板岩和大理岩。厚度大于1 628.1m。

（2）黄莺屯组(O_1hy)：岩性由含电气石石榴二云斜长片麻岩、黑云斜长变粒岩、角闪斜长变粒岩、蓝晶石片岩夹数层硅质条带大理岩组成。厚4 251.7m。

（3）马滴达组($\epsilon—Om$)：岩性以变质砂岩、粉砂岩为主，夹有变安山岩、英安质火山岩和火山碎屑岩。厚度大于227.6m。

（4）杨金沟组($\epsilon—Oy$)：由灰黑色角闪石英片岩、绿色角闪片岩、黑云片岩夹条带状大理岩和变质砂岩组成。厚570.4m。

（5）香房子组($\epsilon—Ox$)：以黑色板状红柱石二云片岩、红柱石二云石英片岩、黑云角闪石英片岩为主，夹变质砂岩和粉砂岩。厚1 225.4m。

4. 石炭系—二叠系

吉林省石炭系—二叠系十分发育，与铜矿成矿关系比较密切的有石炭系石嘴子组(C_2s)、窝瓜地组(C_2w)，二叠系范家屯组(P_3f)、庙岭组(P_2m)。

（1）石嘴子组(C_2s)：为以碎屑岩为主夹有数层薄层灰岩的一套地层，产䗴类化石。厚578m。

（2）窝瓜地组(C_2w)：下部为灰白色英安岩、英安质火山角砾岩及凝灰岩，夹灰岩透镜体；上部以黄白色流纹岩及凝灰岩夹薄层灰岩为基本层序，产动物化石。厚700.7m。

（3）范家屯组(P_3f)：下部为深灰色、灰黑色砂岩、粉砂岩、板岩；中部为厚层生物碎屑灰岩透镜体和凝灰质砂岩；上部由黑色、灰色板岩夹砂岩组成。厚862m。

（4）庙岭组(P_2m)：下部为灰色、绿灰色长石石英砂岩、杂砂岩，粉砂岩，夹薄层灰岩透镜体；上部为砂岩、粉砂岩、板岩，夹厚层灰岩透镜体，在庙岭一带灰岩厚度较大。灰岩中产丰富的䗴、珊瑚化石。厚702.6m。

5. 侏罗系

与铜矿成矿和矿化关系比较密切的侏罗纪地层主要为果松组（$J_{2-3}g$）、玉兴屯组（J_1yx）、南楼山组（J_2n）。

（1）果松组（$J_{2-3}g$）：下部以砾岩、砂岩为主，产少量植物化石；上部为安山岩、安山质熔结凝灰岩，局部有流纹岩、凝灰岩，产植物化石。厚1 610.0m。

（2）玉兴屯组（J_1yx）：下部以凝灰质砾岩、砂岩为主；上部为凝灰质砂岩、粉砂岩夹中酸性火山碎屑岩。产植物化石。厚434.0m。

（3）南楼山组（J_2n）：下部以安山岩、安山质凝灰质砾岩为主，上部以中酸性熔岩为主。厚1 876.0m。

二、火山岩

吉林省火山活动频繁，按喷发时代、喷发类型、喷发产物、构造环境等特征划分，自太古宙至新生代，共有6期火山喷发旋回，由老至新为：阜平期火山喷发旋回、中条期火山喷发旋回、加里东期火山喷发旋回、海西期火山喷发旋回、晚印支-燕山期火山喷发旋回、喜马拉雅期火山喷发旋回（与铜矿关系不大，不做叙述）。

1. 阜平期火山喷发旋回

阜平期火山喷发旋回主要发育在胶辽古陆块，为四道砬子河期、杨家店期、老牛沟期和三道沟期喷发的基性和中酸性火山岩类。这套火山岩经过多期变质、变形，形成麻粒岩（局部）相、角闪岩相的变质岩，以表壳岩特征分布。原岩以拉斑玄武岩为主，间或有科马提岩。吉林省白山、桦甸、抚松、通化、靖宇等"台区"均有出露。

2. 中条期火山喷发旋回

中条期火山喷发旋回为大陆边缘岛弧增生阶段形成的火山产物，为钙碱性系列的玄武岩-安山岩-流纹岩组合。初步划分为两幕：第Ⅰ幕仅见于胶辽古陆北缘色洛河一带；第Ⅱ幕见于南部陆缘区西保安一带，还出露于松佳兴地块北缘机房沟和塔东一带。变质后主要岩性为斜长角闪岩、蚀变安山岩、片理化流纹岩。

3. 加里东期火山喷发旋回

加里东期火山喷发旋回仅见于华北陆块北缘弧盆系中，可划分为3个火山幕：第Ⅰ幕为头道沟基性、中性火山喷发；第Ⅱ幕为盘岭火山活动，时代为奥陶纪；第Ⅲ幕火山喷发活动强烈，有弯月安山岩类和巨厚的放牛沟安山岩-英安岩及其凝灰岩组成的多次喷发旋回。加里东期火山喷发旋回的主要岩石类型是钙碱性系列的中性—酸性火山岩。

上述岩石经广泛的区域变质作用，成为低角闪岩相—绿片岩相的变质岩。这套岩石虽经变质，但由于变质较浅，普遍保留了原火山结构特征。

4. 海西期火山喷发旋回

海西期火山喷发旋回分布较广，在华北陆块北缘、松佳兴拼贴地块南缘及小兴安岭-锡林浩特弧盆系中均有出露。泥盆纪吉林省内无火山活动。石炭纪—二叠纪火山活动可划分为3个火山幕：第Ⅰ幕为石炭纪早中期发育的余富屯细碧岩系、石头口门细碧角斑岩系和安山岩类；第Ⅱ幕为南部陆缘带的窝瓜地英安质火山岩系，火山活动较弱；第Ⅲ幕发生于二叠纪中晚期，分布于中间岛弧和弧陆拼合造山带，除五道岭英安岩和流纹岩外，主要以英安质凝灰岩夹在碎屑岩系中。分布于松佳兴拼贴地块南缘的满河安山岩及其凝灰岩属一套钙碱性火山岩。

5. 晚印支-燕山期火山喷发旋回

中生代始，本区已上升为陆地，成为欧亚大陆板块的东缘部分。在太平洋板块的北西向俯冲作用下，出现了一系列近北东走向的断裂与褶皱，形成一系列的隆拗带，伴随裂隙式、中心式为特点的火山活动，其产物为以钙碱性系列的安山岩、英安岩、流纹岩及其火山碎屑岩等过渡类型岩石为特征的玄武安山岩-安山岩-流纹岩组合，广泛分布在洮安、长春、舒兰、蛟河、延边等地。本旋回火山岩可划分为4个火山幕：第Ⅰ幕发生于晚三叠世到早侏罗世早期，分布于张广才岭-哈达岭火山盆地和太平岭-老岭火山盆地，长白中—酸性火山岩、天桥岭酸性火山岩、托盘沟安山岩、四合屯-玉兴屯英安岩类属第Ⅰ幕的火山产物；第Ⅱ幕发生于中、晚侏罗世，遍布全省，包括付家洼子、火石岭、德仁、屯田营和果松安山岩及其凝灰岩类等；第Ⅲ幕发生于晚侏罗世晚期到白垩纪早期，分布于吉林省晚中生代盆地，主要岩性为酸性英安质火山岩及凝灰岩；第Ⅳ幕发生在白垩纪晚期至古近纪早期，仅分布于松辽盆地、大黑山火山盆地和太平岭-老岭火山盆地，岩性主要为中性、基性火山岩。

三、侵入岩

吉林省各时代的侵入岩对铜矿的成矿均有一定的作用，按构造岩浆旋回叙述如下。

1. 阜平期岩浆活动

该期岩浆活动主要分布于新太古代裂谷及辽吉地块上壳岩中，岩性为英云闪长岩-奥长花岗岩。该期成矿作用不太明显，仅在夹皮沟矿田中显示了对矿源层改造，使之初步富集。

2. 五台期、中条期岩浆活动

五台期、中条期侵入岩浆活动比较发育，主要分布在华北陆块区龙岗山脉及和龙一带。各类岩体产出的规模不等。基性—超基性岩体主要分布在华北陆块区，面积一般 $0.5 km^2$，常见的岩石类型有柳河县凉水河子辉长辉绿岩、夹皮沟辉长辉绿岩、露水辉长辉绿岩、赤柏松变质辉长岩、和龙变质辉长岩、快大茂子变质辉长岩。其中的赤柏松变质辉长岩岩体侵入后，伴有铜、镍矿化，形成赤柏松铜镍矿床。

3. 加里东期岩浆活动

本期侵入岩岩体中，基性—超基性岩较少，随着区域变质作用的发生，发育了中酸性岩浆侵入活动，并形成了过渡性地壳同熔型花岗岩。基性—超基性岩体沿着陆缘北缘发育较少的一部分，以铜、镍、铂、钯成矿作用为主，岩体的边缘多受混合岩化作用，延边侵入岩区常见的岩石类型有江源变质辉长岩、万宝大蒲柴河变质辉长岩。吉林中部侵入岩区常见的岩石类型有杨木林子辉长岩。和龙獐项铜镍矿床、和龙柳水平6号铜钼矿床即产于基性—超基性岩体中。

4. 海西期岩浆活动

海西期侵入岩分早、中、晚三期，本期的基性—超基性侵入岩主要发育在早期和晚期。早期基性—超基性岩浆的侵入岩体一般呈脉状、岩墙状，具有东西向呈带、北西向结群的分布特点，如漂河川基性—超基性岩体群。

本期的基性—超基性侵入岩岩体主要分布在吉林省中部侵入岩区，常见的岩石类型有红旗岭橄榄岩，呼兰镇橄榄岩，漂河川橄榄岩，一座营子、黄泥河子、额穆、细枝、唐大营、土顶子、蛟河、石峰等辉长岩,富钛橄榄岩,放牛沟橄榄岩、辉长岩、溪河辉长岩。延边侵入岩区常见的岩石类型有江源橄榄岩、天桥岭辉长岩、老牛沟辉长岩。本期的红旗岭橄榄岩岩体、漂河川橄榄岩岩体为后期红旗岭、漂河川铜镍矿床的形成奠定了基础。

5. 燕山期岩浆活动

燕山期岩浆侵入活动十分频繁,侵入岩分布广泛,与吉林省内生含铜矿床关系密切,矿床周围均有燕山期酸性侵入岩产出。如二密铜矿产于燕山晚期石英闪长岩、花岗斑岩中;天合兴铜矿产于燕山晚期石英斑岩、花岗斑岩中。

四、变质岩

根据吉林省内存在的几期重要的地壳运动及其所产生的变质作用特征,将吉林省划分为迁西期、阜平期、五台期、兴凯期、加里东期、海西期6个主要变质作用时期。

(一)迁西期、阜平期变质岩

太古宙变质岩原岩以中酸性、基性火山岩及其碎屑岩为主,而沉积碎屑岩和超镁铁质岩次之,有着从超基性—基性—中酸性的岩浆成分演化趋势。

1. 变质岩特征

迁西期变质岩:主要分布于华北陆块龙岗陆核区,在通化地区最发育,延边地区有少量出露。迁西期变质作用是吉林省最早的区域热事件,发育于南部陆核区,使中太古代岩石发生变质作用,形成一套深变质岩石并伴有强烈混合岩化作用,包括四道砬子河岩组及杨家店岩组。岩石组合主要有麻粒岩类、片麻岩类、变粒岩类、斜长角闪岩类、超镁铁质岩类。桦甸杨家店小桥北头西侧中太古代斜长角闪岩的9个样品的Pb-Pb全岩等时线年龄为2910Ma,桦甸老金厂-会全栈太古宙片麻岩Rb-Sr全岩等时线年龄为2972±190Ma(刘长安等,1983),可见靖宇陆核变质年龄为2.9Ga左右。

阜平期变质岩:阜平期变质作用发育在吉林省南部原陆块区,使新太古界变质形成一套深变质岩,包括老牛沟岩组、三道沟岩组所构成的新太古代绿岩带。岩石组合主要有细粒片麻岩类、细粒斜长角闪岩、磁铁石英岩、片岩类。白山板石沟新太古代绿岩带斜长角闪岩和黑云斜长变粒岩中获Rb-Sr全岩等时线年龄2585.23±67.27Ma。张福顺(1982)获斜长角闪岩中锆石U-Tb-Pb年龄2.7Ga。毕守业(1989)在板石沟李家堡子获斜长角闪岩中锆石U-Pb年龄2519±21Ma。夹皮沟新太古代绿岩带9个锆石的$^{207}Pb/^{206}Pb$表面年龄为2639~2479Ma,经计算Pb-Pb等时线年龄为2525±12Ma,斜长角闪岩全岩Rb-Sr等时线年龄为2766±266Ma。上述结果表明,该绿岩带区域变质年龄应在2.7~2.5Ga间。

2. 岩石变质作用及变形构造特征

变质作用特征:区内中新太古代变质地层分别经历了角闪岩相、麻粒岩相和绿片岩相变质作用,变质作用的演化规律反映在不同时期及阶段形成的变质岩石类型、矿物共生组合及相互包裹、改造关系上,并依据岩相学、岩石化学、变质温度压力等相关数据综合分析,本区中新太古代变质作用可划分为角闪岩相进变质作用、麻粒岩相进变质作用、绿片岩相退变质作用3种变质作用类型。上述结果可大体判定中新太古代变质作用类型应属区域热动力变质作用。

变形构造特征:中太古代杨家店岩组、四道砬子河岩组可识别出两期变形。第一期在地壳深部中—高温变质作用条件下,受区域构造运动影响,形成区域性片理;第二期变形使先期片理形成褶皱构造。

新太古代绿岩带中同样可识别出两期变形,第一期片理为长英质条带S_1,具透入性特点,一般情况置换S_0;第二期变形改造第一期变形,致使S_2置换S_0、S_1。

(二)五台期变质岩

五台期变质作用发育在吉林省南部,使古元古界变质形成一套极其复杂的变质岩石,包括集安岩群蚂蚁河岩组、荒岔沟岩组,老岭岩群板房沟岩组、新农村岩组、珍珠门岩组、临江岩组、大栗子岩组。

1. 变质岩特征

集安岩群变质岩:区域变质岩石类型有片岩类、片麻岩类、变粒岩类、斜长角闪岩类、石英岩类、大理岩类。集安岩群下部原岩以基性火山岩、中酸性火山岩、陆源碎屑岩为主,夹少量泥质、砂质及镁质碳酸盐岩,其硼元素含量较高,局部地段富集成硼矿床,为潟湖相含硼蒸发盐、双峰式火山岩建造。上部由中—基性火山岩类、中—酸性火山碎屑岩、正常沉积碎屑岩和碳酸盐岩类组成,为浅海相非稳定型含碎屑岩、碳酸盐岩、基性火山岩建造。综合上述特点,集安岩群形成于活动陆缘的裂谷环境。蚂蚁河岩组透辉变粒岩中的锆石有两组 U-Pb 谐和年龄数据,一组为 2476 ± 22Ma,代表太古宙锆石结晶年龄,另一组为 2108 ± 17Ma,代表该组锆石结晶年龄,说明蚂蚁河岩组形成晚于 2.1Ga。荒岔沟岩组斜长角闪岩锆石 U-Pb 年龄为 1850 ± 10Ma,代表锆石封闭体系年龄。黑云变粒岩残留锆石 U-Pb 年龄数据不集中,谐和年龄有两组,一组为 1838 ± 25Ma,代表岩石变质年龄,另一组为 2144 ± 25Ma,代表锆石结晶年龄。荒岔沟岩组形成于 2.14~1.84Ga 间,且 1.84Ga 左右有一次强烈变质作用。

老岭岩群变质岩:区域变质岩石类型有板岩类、千枚岩类、片岩类、变粒岩类、大理岩类、石英岩类。老岭岩群原岩底部为一套碎屑岩,中部为碳酸盐岩,上部为碎屑岩夹碳酸盐岩,构成了完整的沉积旋回,为裂谷晚期滨海—浅海相碎屑岩-碳酸盐岩沉积建造。从采自大栗子岩组的 6 个样品中获得全岩等时线年龄约为 1727Ma,从采自花山岩组的 5 个样品中获得全岩等时线年龄为 1861 ± 127Ma,从侵入临江岩组的电气石白云母伟晶岩的白云母样品中获得 K-Ar 年龄为 1800Ma、1813Ma、1823Ma。老岭岩群沉积时限为 2.0~1.7Ga。

2. 岩石变质作用及变形构造特征

岩石变质作用:集安岩群普遍发生高角闪岩相变质作用,局部发生低角闪岩相变质作用,压力为 200~500MPa,温度为 500~700℃,应属低压变质作用。老岭岩群变质岩系主要经受了高绿片岩相变质作用,局部(花山岩组)可达低角闪岩相变质作用。

变形构造特征:根据集安岩群中发育的面理(片理、片麻理)、线理、褶皱以及韧性变形的交切和叠加关系,推断该时代至少存在三期变形。第一期变形作用表现为透入性片麻理和长英质条带形成,为塑性剪切机制;第二期变形作用表现为长英质条带与片麻理同时发生褶皱并伴有构造置换现象,形成新的片麻理、钩状褶皱、无根褶皱等;第三期变质变形作用表现为早期形成的长英质条带与片麻理同时发生褶皱,形成新的宽缓褶皱。老岭岩群变质岩发生两期变形改造,早期变形表现为透入性片理、片麻理,晚期变形使早期片理、片麻理发生褶皱及原始层理被置换。

(三)兴凯期变质岩

兴凯期变质作用主要发育在吉林省北部造山系中,使新元古界变质形成一套区域变质岩石,包括青龙村岩群新东村岩组、长仁大理岩,张广才岭岩群红光岩组、新兴岩组,机房沟岩群达连沟岩组,塔东岩群拉拉沟岩组、朱敦店岩组,五道沟群马滴达组、杨金沟组、香房子组。

(1)岩石类型:区域变质岩石类型有板岩类、千枚岩类、变质砂岩类、片岩类、片麻岩类、变粒岩类、斜长角闪岩类、大理岩类、石英岩类。兴凯期变质岩原岩可以构成一个较完整的火山喷发旋回，下部以基性火山喷发开始，上部则以出现一套中酸性火山喷发而告终，晚期则出现一套沉积岩石组合。火山岩从拉斑系列演化到钙碱系列。

(2)变质作用：低压条件下的低角闪岩相—绿片岩相变质作用。

(3)变形构造特征：该期可能遭受两期以上变形改造。

(4)年代学：青龙村岩群的黑云斜长片麻岩全岩 K-Ar 年龄为 669.5Ma。

(四)加里东期变质岩

加里东期变质作用发育在吉林省北部造山系中，使下古生界变质形成一套区域变质岩石。在吉林地区称呼兰(岩)群黄莺屯组、小三个顶子组、北岔屯组及头道岩组，四平地区为下二台(岩)群磐岭(岩)组、黄顶子(岩)组，下志留统石缝组、桃山组、弯月组。岩石主要为变质岩石类型，包括变质砂岩类、板岩类、千枚岩、片岩类、变粒岩类、大理岩类。普遍经历了绿片岩相变质作用。

(五)海西期变质岩

海西期变质作用发育在吉中—延边一带，变质作用使上古生界，尤其是二叠系发生浅变质作用。主要变质岩石类型有板岩类、片岩类。海西期变质岩原岩建造的类型为浅海相碎屑岩建造。本期变质作用最高达到高绿片岩相。

五、大型变形构造

吉林省自太古宙以来，经历了多次地壳运动。在各地质历史阶段都形成了一套相应的断裂系统，包括地体拼贴带、走滑断裂带、深大断裂带、韧性剪切带等。

1. 辉发河-古洞河地体拼贴带

该拼贴带横贯吉林省东南部东丰至和龙一带，两端分别进入辽宁省和朝鲜境内，规模巨大，是海西晚期辽吉台块与吉林-延边古生代增生褶皱带的拼贴带。由西向东可分三段，即和平—山城镇段、柳树河子—大蒲柴段、古洞河—白铜段。该拼贴带两侧的岩石强烈片理化，形成剪切带，航磁异常、卫片影像反映都很明显，显示平行、密集的线性构造特征。两侧具有地质发展历史截然不同的两个大地构造单元，也反映出不同的地球物理场和地球化学场。北侧是吉林-延边古生代增生褶皱带，为以海相火山-碎屑岩及陆源碎屑岩、碳酸盐岩为主的火山沉积岩系。南侧前寒武纪地层广泛分布，基底为太古宙、古元古代的中深变质岩系，盖层为新元古代—古生代的稳定浅海相沉积岩系。

2. 伊舒断裂带

伊舒断裂带是一条地体拼贴带，即在早志留世末，华北板块与吉林古生代增生褶皱带的拼贴带。它位于吉林省二龙山水库—伊通—双阳—舒兰一线，呈北东向延伸，过黑龙江省依兰—佳木斯—罗北进入俄罗斯境内。在吉林省内是由南东侧、北西侧两支相互平行的北东向断裂带组成，长达 260km，具左行扭动性质。该断裂带两侧地质构造性质明显不同，断裂带的南东侧重力高，航磁为北东向正负交替异常；西侧重力低，航磁为稀疏负异常。两侧的地层发育特征、岩性、含矿性等截然不同。从辽北到吉林该断裂带两侧晚期断层方向明显不一致，南东侧以北东向断层为主，北西侧以北北东向断层为主。北西侧北北东向断裂与华北板块和西伯利亚板块间的缝合线展布方向一致，反映继承古生代基底构造线特征；

南东侧的北东向断裂与库拉-太平洋板块向北俯冲有关;说明在吉林省内,早古生代伊舒断裂带两侧属于性质不同的两个大地构造单元,西部属于华北板块,东部总体上为被动大陆边缘。它经历了早志留世末华北板块与吉黑古生代增生褶皱带发生对接的走滑拼贴阶段、新生代库拉-太平洋板块向欧亚大陆俯冲的活化阶段,至第三纪(新近纪+古近纪,下同)—第四纪初欧亚大陆应力场转向,使伊舒断裂带接受了强烈的挤压作用,导致了两侧基底向槽地推覆并形成了外倾对冲式冲断层构造带。

3. 敦化-密山走滑断裂带

该断裂带是我国东部一条重要的走滑构造带,它对大地构造单元划分及金、有色金属成矿具有重要的意义。经辉南、桦甸、敦化等地进入黑龙江省,在吉林省内长达360km,宽10～20km,习惯称之为辉发河断裂带。该断裂带活动时间较长,沿该断裂带岩浆活动强烈。该断裂带不仅是构造单元的分界线,也是含镍基性、超基性岩体的导岩构造,对长仁铜镍矿床、红旗岭铜镍矿床、漂河川铜镍矿床的形成起着重要作用。

4. 鸭绿江走滑断裂带

鸭绿江走滑断裂带是吉林省规模较大的北东向断裂之一,由辽宁省沿鸭绿江进入吉林省集安市,经安图两江至汪清天桥岭进入黑龙江省,在吉林省内长达510km,宽30～50km,纵贯辽吉台块和吉黑古生代陆缘增生褶皱带两大构造单元,对吉林省地质构造格局及贵金属、有色金属矿床成矿均有重要意义。断裂带总体表现为压剪性,沿断面发生逆时针滑动,相对位移10～20km。断裂切割中生代及早期侵入岩体,并控制侏罗纪、白垩纪地层的分布。

5. 韧性剪切带

吉林省的韧性剪切带广泛发育于前寒武纪古老构造带中及不同地体的拼贴带中。

(1)新太古代绿岩带中的韧性剪切带:多沿绿岩带片理出露分布,自西而东有石棚沟韧性剪切带、老牛沟韧性剪切带、夹皮沟韧性剪切带、金城洞韧性剪切带、金城洞沟口韧性剪切带、古洞河站韧性剪切带、西沟韧性剪切带、东风站韧性剪切带。对金、铜矿成矿具有重要控制作用。

(2)古元古代裂谷中的韧性剪切带:多分布于不同岩石单元接触带上。沿珍珠门岩组与花山岩组接触带上出现一条规模巨大的韧性剪切带,这一剪切带是在上述两组地层间同生断裂的基础上发展起来的一条北东向"S"形构造带,长百余千米。大横路铜钴矿床和附近矿点群位于该大型变形构造的南东翼。

(3)不同大地构造单元接合带中或地体拼贴带中的韧性剪切带:在金银别-四岔子复杂构造带中出现多条相互平行的韧性剪切带,延长几十千米,呈北西向展布,与铜矿关系比较密切。

六、大地构造特征

吉林省大地构造位置处于华北古陆块(龙岗地块)和西伯利亚古陆块(佳木斯-兴凯地块)及其陆缘增生构造带内。由于多次裂解、碰撞、拼贴、增生,岩浆活动、火山作用、沉积作用、变形变质作用异常强烈,形成若干稳定地球化学块体和地球物理异常区,相对应出现若干大型—巨型成矿区(带),它们共同控制着吉林省重要的贵金属、有色金属、黑色金属、能源、非金属和水气等不同矿产的成矿、矿种种类、矿床规模和分布。

吉林省内出露有自太古宙—中新生代多种类型的地质体,地质演化过程较为复杂,经历太古宙陆核形成阶段、古元古代陆内裂谷(坳陷)演化阶段、新元古代—晚古生代古亚洲洋构造域多幕陆缘造山阶段、中新生代滨太平洋构造域演化阶段的地质演化过程。

1. 太古宙陆核形成阶段

吉南地区位于华北板块的东北部,被称为龙岗地块,地质演化始于太古宙,近年来研究发现龙岗地块是由多个陆块在新太古代末拼贴而成,包括夹皮沟地块、白山地块、清原地块(柳河)、板石沟地块、和龙地块等。这些地块普遍形成于新太古代并于新太古代末期拼合在一起。其表壳岩都为一套基性火山-硅铁质建造,以含铁、含金为特征;变质深成侵入体以石英闪长质片麻岩-英云闪长质片麻岩-奥长花岗质片麻岩,变质二长花岗岩为主。成矿以铁、金、铜为主,代表性矿床有夹皮沟金矿、老牛沟铁矿、板石沟铁矿、和龙鸡南铁矿、官地铁矿、金城洞金矿等。

2. 古元古代陆内裂谷(拗陷)演化阶段

新太古代末期的构造拼合作用使得吉南地区形成统一的龙岗复合陆块,在古元古代早期以赤柏松岩体群侵位为标志,开始裂解形成裂谷,并伴有铜、镍矿化,形成赤柏松铜镍矿床。裂谷主体即为所谓的"辽吉裂谷带",裂谷早期沉积物为一套蒸发岩-基性火山岩建造,以含铁、硼为特征,代表性矿床有集安高台沟硼矿床、清河铁矿点。裂谷中期沉积物为一套硬砂岩、钙质硬砂岩夹基性火山岩、碳酸盐岩建造,以含铅锌为特点,代表性矿床为正岔铅锌矿;上部为一套高铝复理石建造,以含金为特点,代表性矿床为活龙盖金矿。古元古代中期裂谷闭合,伴有辽吉花岗岩侵入,完成了区域地壳的二次克拉通化。

古元古代晚期已形成的克拉通化地壳发生拗陷,形成坳陷盆地。早期沉积物为一套石英砂岩建造。中期为一套富镁碳酸盐岩建造,以含镁、金、铅锌为特点,代表性矿床有荒沟山铅锌矿、南岔金矿、遥林滑石矿、花山镁矿等;上部为一套页岩-石英砂岩建造,富含金、铁,代表性矿床有大横路铜钴矿床、大栗子铁矿床。古元古代末期盆地闭合,有巨斑状花岗岩侵入。

古元古代早期在延边松江地区沉积了一套变粒岩、浅粒岩、石英岩、大理岩组合,以往地质填图一般将之与吉南地区集安岩群、老岭岩群对比。因多数地质体被新生代火山岩覆盖,出露极不连续,研究程度极低。

3. 新元古代—晚古生代古亚洲洋构造域多幕陆缘造山阶段

新元古代—古生代吉南地区构造环境为稳定的克拉通盆地环境,其沉积物为典型的盖层沉积。其中新元古代地层下部为一套河流相红色复陆屑碎屑建造;中部为一套单陆屑碎屑建造夹页岩建造,以含金、铁为特点,代表性矿床有板庙子(白山)金矿、青沟子铁矿;上部为一套台地碳酸盐岩-藻礁碳酸盐岩-礁后盆地黑色页岩建造组合。早古生代地层下部为一套红色页岩建造,红色页岩夹浅海碳酸盐岩建造,以含磷、石膏为特征,代表性矿床有东热石膏矿、水洞磷矿等;上部为台地碳酸盐岩建造,大多可作为水泥用灰岩被利用。晚古生代地层沉积早期为含煤单陆屑建造,构成了浑江煤田的主体,晚期为一套河流相红色多陆屑建造。

晚前寒武纪末期至早寒武世,在吉黑造山带上吉中地区处于华北板块稳定大陆边缘的中亚-蒙古洋扩张中脊形成阶段。早寒武世在九台的机房沟、四平的下二台一带具有拉张过渡壳特征,主要形成了一套大洋底基性火山喷发岩,夹有碎屑岩、少量碳酸盐岩和含铁、锰沉积,构成一套完整的火山沉积旋回。

延边地区的海沟地区、万宝地区的粉砂岩及板岩,和龙白石洞地区的大理岩均见有具刺疑源类或波罗的刺球藻等化石。敦化地区的塔东岩群一般认为也可与黑龙江省的张广才岭岩群对比,时代为新元古代晚期。塔东岩群以铁、钒、钛、磷成矿为主,代表性矿床为塔东铁矿。加里东期侵入岩以铜、镍、铂、钯成矿作用为主,代表性矿床有仁和洞铜镍矿。

中晚石炭世—早二叠世地层主要为一套碳酸盐岩建造,中二叠世地层为一套海相陆源碎屑岩夹火山岩建造,晚二叠世—早三叠世地层为陆相磨拉石建造。海西早期形成两条花岗岩带,一条为和龙百里坪-敦化六棵松二叠纪花岗岩带,为一套钙碱性—碱性花岗岩组合;另一条为延吉依兰-敦化官地二叠纪花岗岩带,同样为一套钙碱性系列花岗岩。同时,可见有超镁铁质岩侵入,并见有铬矿化,代表性矿床有龙井彩秀洞铬铁矿点。海西晚期在所谓的槽台边界构造带内形成一条东起龙井江域经和龙长仁、海沟直至桦甸色洛河的几千米到十几千米宽的构造岩片堆叠带，带内堆叠了不同时代、不同性质的构造岩片，以富含金为特点。

古亚洲洋构造域多幕造山运动结束于三叠纪，其侵入岩标志为长仁-獐项镁铁质—超镁铁质岩体群的就位，在区域上构造了长仁-漂河川-红旗岭镁铁质—超镁铁质岩浆岩带，以铜、镍成矿作用为主，代表性矿床有长仁铜镍矿。而同期沉积作用的标志为白水滩拉分盆地的陆相含煤碎屑岩建造。

4. 中新生代滨太平洋构造域演化阶段

晚三叠世以来，吉林省进入滨太平洋构造域的演化阶段，受太平洋板块向欧亚板块的俯冲作用的影响。

在吉南地区白山小河口、抚松小营子等地形成断陷含煤盆地，同时，在长白地区发育有长白组火山岩，在通化龙头村等地见有石英闪长岩-花岗闪长岩-二长花岗岩侵入。早侏罗世的构造活动基本延续晚三叠世的活动特征，其中主要沉积物为一套陆相含煤建造，代表性盆地有临江义和盆地、辉南杉松岗盆地等，但火山岩不发育，侵入岩为一套石英闪长岩-花岗闪长岩-二长花岗岩-白云母花岗岩组合。中侏罗世—早白垩世受太平洋板块斜俯冲作用的影响，区内形成一系列北东向走滑拉分盆地，沉积一系列火山-陆源碎屑岩，其中中侏罗世为一套红色细碎屑岩，晚侏罗世为一套钙碱性火山岩，早白垩世为一套钙碱性—偏碱性火山岩夹陆源碎屑岩，局部夹煤（如石人盆地），与火山岩相伴出现一套岩石地球化学相当的侵入岩，局部地段见有碱性花岗岩侵入。

晚三叠世早期，在吉黑造山带上，沿两江构造形成安图两江-汪清天桥岭幔源侵入岩带，主要在安图两江、三岔、青林子、亮兵、汪清天桥岭等地大致沿两江断裂带的北段呈小岩株状出露，岩性为一套碱性辉长岩、角闪正长岩、石英正长岩、碱长花岗岩组合。以铁、钒、钛、磷成矿作用为主，代表性矿床有三岔铁矿点、南土城子铁矿点。晚三叠世中晚期形成钙碱性岩系侵位，构造了和龙三合—珲春—东宁老黑山晚三叠世花岗岩带，岩性为闪长岩-石英闪长岩-花岗闪长岩-二长花岗岩组合。以金、铜、钨成矿作用为主，代表性矿床有小西南岔金铜矿、杨金沟钨矿。与此同时，伴生有大量火山喷发，形成一系列火山盆地，代表性盆地有天宝山盆地、天桥岭盆地等。两者共同构成了滨西太平洋的晚三叠世岩浆弧，与之相关的次火山岩具有多金属成矿作用，代表性矿床有天宝山多金属矿。

早侏罗世—中侏罗世基本上继承了晚三叠世岩浆弧的特点，但火山作用不明显，未见有火山岩及沉积岩层，而钙碱性侵入岩较发育。有两条侵入岩带，一条为和龙崇善-汪清春阳早侏罗世花岗岩带，岩性为闪长岩-石英闪长岩-花岗闪长岩-二长花岗岩-碱长花岗岩组合；另一条为大蒲柴河中侏罗世花岗岩带，岩性为花岗闪长岩-似斑状花岗岩-二云母花岗岩组合。

晚侏罗世岩浆作用以火山喷发为主，形成一套钙碱性火山岩系（屯田营组），侵入岩仅在火山盆地周边局部发育，具有次火山岩的特点。至早白垩世，随着欧亚板块的向外增生，受太平洋板块俯冲的远距离效应影响，地壳明显处于拉分作用的状态，具有向裂谷系方向演化的特点，形成一系列断陷盆地，沉积了一系列陆相含煤建造（长财组）、偏碱性火山岩建造（泉水村组）及含油建造（大拉子组），同时伴生有碱性花岗岩侵入（和龙仙景台岩体）。

晚白垩世盆地的裂谷性质已趋成熟，其中罗子沟等盆地发现有覆盖在大拉子组之上的一套安山玄武岩-流纹岩组合，具有双峰式火山岩的特点；而龙井组可能代表了该时期的类磨拉石建造。

晚侏罗世—白垩纪是吉黑造山带的一个重要成矿期，成矿以金、铜为主，矿产地众多，代表性的有五凤金矿、刺猬沟金矿、九三沟金矿等。

新生代以来火山作用加剧，新生代地质体主要分布在长白山地区，火山喷发物为一套裂谷型大陆拉斑玄武岩-碱性玄武岩-碱流岩组合，以及少量河湖相砂砾岩夹硅藻土，另外在敦密构造带见有少量古近纪辉长岩侵入，同位素年龄在32Ma左右。

第二节 区域矿产特征

一、成矿特征

吉林省已经发现铜矿床的类型有沉积变质型、火山沉积型、侵入岩浆型、矽卡岩型、斑岩型、多成因复合型、热液型、次火山热液型、淋积型（表1-2-1）。

1. 沉积变质型

与太古宙老变质岩、古元古界老岭岩群及震旦纪地层有关的沉积变质型铜矿，代表性的矿床为白山市大横路铜钴矿。

2. 火山沉积型

与晚古生代火山沉积建造有关的火山岩型铜矿，代表性的矿床为磐石市石嘴铜矿、汪清县红太平铜多金属矿。

3. 侵入岩浆型

侵入岩浆型铜矿产于加里东晚期、海西中期侵入岩及其接触带中，均与镍共生。代表性的矿床有磐石县红旗岭铜镍矿、蛟河县漂河川铜镍矿、通化县赤柏松铜镍矿、和龙市长仁铜镍矿。

4. 接触交代（矽卡岩）型

形成于燕山早期的接触交代（矽卡岩）型铜矿，代表性的矿床为临江市六道沟铜矿。

5. 斑岩型

形成于燕山期的斑岩型铜矿，代表性的矿床有通化县二密铜矿、靖宇县天合兴铜矿。

6. 多成因复合型

岩浆岩、地层在成矿过程中均起到一定的作用，代表性的矿床为桦甸县夹皮沟金矿。

表1-2-1 吉林省涉铜矿产地成矿特征一览表

序号	矿产地名	矿种	矿床成因类型	共(伴)生矿	矿床规模
1	珲春市东南岔金铜矿	金、铜	沉积变质矿床		小型
2	珲春市小西南岔铜金矿	金、铜	热液矿床	银-铜	大型
3	桦甸市二道金矿铜矿	金、铜	热液矿床		小型
4	集安市天桥沟金及多金属矿	金、铜、锌	火山沉积矿床		小型
5	安图县双山多金属(钼、铜)矿	钼、铜	次火山热液矿床		小型
6	和龙市长仁11号岩体	镍、铜	熔离矿床	钴	中型
7	磐石县红旗岭1号岩体	镍、铜	熔离矿床	钴-硒	中型

续表 1-2-1

序号	矿产地名	矿种	矿床成因类型	共(伴)生矿	矿床规模
8	磐石县红旗岭 7 号岩体	镍、铜	熔离矿床	钴-硒	大型
9	和龙市 305 矿区铜镍矿	镍、铜	热液矿床		小型
10	桦甸二道林子砷多金属矿	砷、铜、铅、锌	岩浆期后矿床		小型
11	安图神仙洞铜铁矿	铁、铜	次火山热液矿床		小型
12	磐石明城小北沟铜矿点	铜	热液矿床		矿点
13	磐石市加兴顶子铜矿	铜	热液矿床		矿点
14	永吉县团山铜矿点	铜	热液矿床		矿点
15	靖宇县天合兴铜矿	铜	次火山热液矿床		小型
16	长白朝鲜族自治县八道沟套圈铜矿	铜	接触交代矿床		矿点
17	永吉县五里河香水河子铜矿点	铜	热液矿床		矿点
18	永吉县五里河朝阳村铜矿点	铜	淋积矿床		矿点
19	永吉县五里河三家子村铜矿点	铜	火山沉积矿床	锌	矿点
20	洮南县东升铜矿	铜	热液矿床		矿点
21	永吉县口前镇歪头砬子铜矿	铜	充填矿床	铅-锌	小型
22	洮安县巨宝乡马厂铜矿化点	铜	中温热液矿床	铜	矿化点
23	突泉县九龙乡铜矿	铜	中温热液矿床	银	中型
24	靖宇县天合兴铜矿	铜	中温热液矿床	锌-银-钴	小型
25	敦化市官瞎沟铜钼矿	铜	中温热液矿床	铅-锌	小型
26	汪清县苍林铜矿	铜	热液矿床		小型
27	桦甸县茨芽岗铜矿化点	铜	中温热液矿床		矿化点
28	通化县二密铜矿	铜	热液矿床		小型
29	集安市望江楼铅矿	铅、铜	热液矿床		矿点
30	汪清六道崴子铜矿	铜	接触交代矿床		矿点
31	磐石市圈岭铜矿	铜	接触交代矿床		小型
32	白山市六道江铜矿	铜	接触交代矿床		小型
33	磐石县石嘴子铜矿	铜	接触交代矿床		小型
34	永吉锅盔顶子铜矿	铜	斑岩矿床		小型
35	伊通西大城号铜矿	铜	斑岩矿床		小型
36	伊通县马鞍乡王家油房铜矿	铜	接触交代矿床		小型
37	永吉县向阳(原前进)铜矿	铜	中温热液矿床		矿点
38	图们市前安山村铜矿	铜	热液矿床		矿化点

续表 1-2-1

序号	矿产地名	矿种	矿床成因类型	共(伴)生矿	矿床规模
39	靖宇县那尔轰铜矿	铜	蒸发沉积矿床	铅-锌	小型
40	汪清县杜荒岭金铜矿	铜、金	次火山热液矿床		矿点
41	桦甸县小二道沟铜金矿	铜、金	中温热液矿床		矿点
42	集安复兴屯铜金矿	铜、金	中温热液矿床		小型
43	临江市铜山镇铜矿	铜、钼	接触交代矿床		小型
44	临江市六道沟铜钼矿	铜、钼	接触交代矿床		小型
45	靖宇县秋皮沟铜钼矿	铜、钼	热液矿床		矿化点
46	临江县六道沟铜山铜钼矿	铜、钼	接触交代矿床		小型
47	通化县新安铜镍矿	铜、镍	熔离矿床		小型
48	通化县赤柏松铜镍矿	铜、镍	熔离矿床		中型
49	磐石县茶尖岭1号岩体	铜、镍	熔离矿床		小型
50	磐石红旗岭2号岩体	铜、镍	熔离矿床		小型
51	磐石县茶尖岭Ⅵ号岩体	铜、镍	熔离矿床		小型
52	磐石县红旗岭新3号岩体	铜、镍	熔离矿床		小型
53	磐石县红旗岭9号岩体	铜、镍	熔离矿床		小型
54	梨树县大顶子多金属矿	铜、铅、锌	次火山热液矿床		小型
55	伊通孟家沟多金属矿	铜、铅、锌	热液矿床		小型
56	桦甸新立屯多金属矿	铜、铅、锌	火山热液矿床		小型
57	汪清县红太平多金属矿	铜、铅、锌	火山沉积矿床		小型
58	集安市阳岔乡范家房前铜铁矿点	铜、铁	变质矿床		矿点
59	双阳区东风铜铁矿	铜、铁	接触交代矿床		小型
60	白山市大横路铜钴矿	铜、钴	多成因多阶段叠生矿床		中型
61	龙井市天宝山多金属矿	锌、铅、铜	多成因复合矿床	银	中型

二、铜矿预测类型划分及其分布范围

1. 铜矿预测类型及其分布范围

矿产预测类型指为了进行矿产预测,根据相同的矿产预测要素以及成矿地质条件,对矿产划分的类型。吉林省铜矿预测类型划分为沉积变质型、火山沉积型、侵入岩浆型、矽卡岩型、斑岩型及复合内生型。

(1)沉积变质型分布在荒沟山-南岔地区。

(2)火山沉积型分布在石嘴-官马、大梨树沟-红太平、闹枝-棉田、地局子-倒木河、杜荒岭、刺猬沟-九三沟、大黑山-锅盔顶子地区。

(3)侵入岩浆型分布在红旗岭、漂河川、赤柏松-金斗、长仁-獐项、小西南岔-杨金沟、农坪-前山、正岔-复兴地区。

(4)矽卡岩型分布在兰家、大营-万良、万宝地区。

(5)斑岩型分布在二密-老岭沟、天合兴-那尔轰地区。

(6)复合内生型分布在夹皮沟-溜河、安口镇、金城洞-木兰屯地区。

2. 铜矿预测方法类型及其分布范围

吉林省铜矿预测方法类型划分为变质型、火山岩型、侵入岩浆型、层控内生型及复合内生型。

(1)变质型包括荒沟山-南岔预测区。

(2)火山岩型包括石嘴-官马预测区、大梨树沟-红太平预测区、闹枝-棉田预测区、地局子-倒木河预测区、杜荒岭预测区、刺猬沟-九三沟预测区、大黑山-锅盔顶子预测区。

(3)层控内生型包括兰家预测区、大营-万良预测区、万宝预测区。

(4)侵入岩浆型包括红旗岭预测区、漂河川预测区、赤柏松-金斗预测区、长仁-獐项预测区、小西南岔-杨金沟预测区、农坪-前山预测区、正岔-复兴预测区、二密-老岭沟预测区、天合兴-那尔轰预测区。

(5)复合内生型包括夹皮沟-溜河预测区、安口镇预测区、金城洞-木兰屯预测区。

第三节 区域地球物理、地球化学、遥感、自然重砂特征

一、区域地球物理特征

(一)重力

1. 岩(矿)石密度

(1)各大岩类的密度特征:沉积岩的密度值小于岩浆岩和变质岩。不同岩性间的密度值变化情况为:沉积岩$(1.51\sim2.96)\times10^3 g/cm^3$;变质岩$(2.12\sim3.89)\times10^3 g/cm^3$;岩浆岩$(2.08\sim3.44)\times10^3 g/cm^3$,喷出岩的密度值小于侵入岩的密度值(图1-3-1)。

(2)不同时代各类地质单元岩石密度变化规律:不同时代地层单元岩系总平均密度存在差异,其值有随时代由新到老逐渐增大的趋势,即具有地层时代越老,密度值越大的特点:新生界为$2.17\times10^3 g/cm^3$,中生界为$2.57\times10^3 g/cm^3$,古生界为$2.70\times10^3 g/cm^3$,元古宇为$2.76\times10^3 g/cm^3$,太古宇为$2.83\times10^3 g/cm^3$。由此可见,新生界的密度值均小于前各时代地层单元的密度值,各时代均存在着密度差(图1-3-2)。

2. 区域重力场基本特征及其地质意义

(1)区域重力场特征:在吉林省重力场中,宏观呈现"二高一低"重力区,即西北及中部为重力高、东

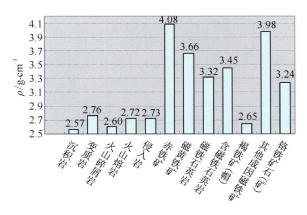

图 1-3-1　吉林省各类岩(矿)石密度参数直方图

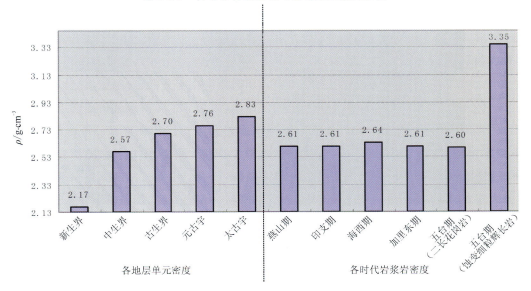

图 1-3-2　吉林省各时代地层、岩浆岩密度参数直方图

南部为重力低的基本分布特征。最低值在长白山一线；高值区出现在大黑山条垒；瓦房镇—东屏镇为另一高值区；洮南、长岭一带异常较为平缓，呈局域分布特点。中部及东南部布格重力异常等值线大多呈北东向展布，大黑山条垒，尤其是辉南—白山—桦甸—黄泥河镇一带，等值线展布方向及局部异常轴向均呈北东向。北部桦甸—夹皮沟—和龙一带，等值线则多以北西向为主，向南逐渐变为东西向，至漫江则转为南北向，围绕长白山天池呈弧形展布，延吉、珲春一带也呈近弧形展布。

(2)深部构造特征：重力场值的区域差异特征反映了莫霍面及康氏面的变化趋势，曲线的展布特征则明显反映了地质构造及岩性特征的规律性。从莫霍面图(本书略)上可见，西北部及东南两侧呈平缓椭圆状或半椭圆状，西北部洮南—乾安为幔坳区，中部松辽为幔隆区，东南部张广才岭-长白山为幔坳区，而东部延吉珲春汪清为幔凸区。安图—延吉、柳河—桦甸一带所出现的北西向及北东向等深线梯度带表明华北板块北缘边界断裂的存在，反映了不同地壳的演化史及形成的不同地质体。

3. 区域重力场分区

依据重力场分区的原则,吉林省重力场划分为南、北 2 个Ⅰ级重力异常区(表 1-3-1)。

表 1-3-1　吉林省重力场分区一览表

Ⅰ	Ⅱ	Ⅲ	Ⅳ
Ⅰ1 白城-吉林- 延吉复杂 异常区	Ⅱ1 大兴安岭东麓异常区	Ⅲ1 乌兰浩特-哲斯异常分区	Ⅳ1 瓦房镇-东屏镇正负异常小区
	Ⅱ2 松辽平原低缓异常区	Ⅲ2 兴龙山-边昭正负异常分区	(1)重力低小区;(2)重力高小区
		Ⅲ3 白城-大岗子低缓负异常分区	(3)重力低小区;(4)重力高小区; (5)重力低小区;(6)重力高小区
		Ⅲ4 双辽-梨树负异常分区	(7)重力高小区;(11)重力低小区; (20)重力高小区;(21)重力低小区
		Ⅲ5 乾安-三盛玉负异常分区	(8)重力低小区;(9)重力高小区; (10)重力高小区;(12)重力低小区; (13)重力低小区;(14)重力高小区;
		Ⅲ6 农安-德惠正负异常分区	(17)重力高小区;(18)重力高小区; (19)重力高小区
		Ⅲ7 扶余-榆树负异常分区	(15)重力低小区;(16)重力低小区
	Ⅱ3 吉林中部复杂正负 异常区	Ⅲ8 大黑山正负异常分区	
		Ⅲ9 伊舒带状负异常分区	
		Ⅲ10 石岭负异常分区	Ⅳ2 辽源异常小区
			Ⅳ3 椅山-西堡安异常低值小区
		Ⅲ11 吉林弧形复杂负异常分区	Ⅳ4 双阳-官马弧形负异常小区
			Ⅳ5 大黑山-南楼山弧形负异常小区
			Ⅳ6 小城子负异常小区
			Ⅳ7 蛟河负异常小区
		Ⅲ12 敦化复杂异常分区	Ⅳ8 牡丹岭负异常小区
			Ⅳ9 太平岭-张广才岭负异常小区
	Ⅱ4 延边复杂负异常区	Ⅲ13 延边弧状正负异常分区	
		Ⅲ14 五道沟弧线形异常分区	
Ⅰ2 龙岗-长白半 环状低值异常区	Ⅱ5 龙岗复杂负异常区	Ⅲ15 靖宇异常分区	Ⅳ10 龙岗负异常小区
			Ⅳ11 白山负异常小区
			Ⅳ12 和龙环状负异常小区
		Ⅲ16 白山负异常低值分区	Ⅳ13 清和复杂负异常小区
			Ⅳ14 老岭负异常小区
			Ⅳ15 白山负异常小区
	Ⅱ6 八道沟-长白异常区	Ⅲ17 长白负异常分区	

4. 深大断裂

吉林省地质构造复杂，在漫长的地质历史演变中，经历过多次地壳运动。在各个地质发展阶段和各个时期的地壳运动中，均相应形成了一系列规模不等、性质不同的断裂。这些断裂，尤其是深大断裂一般都经历了长期的、多旋回的发展过程，它们与吉林省地质构造的发展、演化及成岩成矿作用有着密切的关系。根据《吉林省区域地质志》(1986)将吉林省断裂按切割地壳深度的规模大小、控岩控矿作用以及展布形态等大致分为超岩石圈断裂、岩石圈断裂、壳断裂和一般断裂及其他断裂。

(1) 超岩石圈断裂：吉林省超岩石圈断裂只有一条，称中朝准地台北缘超岩石圈断裂，即赤峰-开源-辉南-和龙深断裂。这条超岩石圈断裂横贯吉林省南部，由辽宁省西丰县进入吉林省海龙、桦甸，过老金厂、夹皮沟、和龙，向东延伸至朝鲜境内，是一条规模巨大、影响很深、发育历史长久的断裂构造带。它实际上是中朝准地台和天山-兴隆地槽的分界线。总体走向为东西向，在吉林省内长达260km，宽5～20km。由于受后期断裂的干扰、错动，早期断裂痕迹不易辨认，并且走向在不同地段发生北东向、北西向偏转和断开、位移，从而形成了现今平面上具有折断状的断裂构造（图1-3-3）。

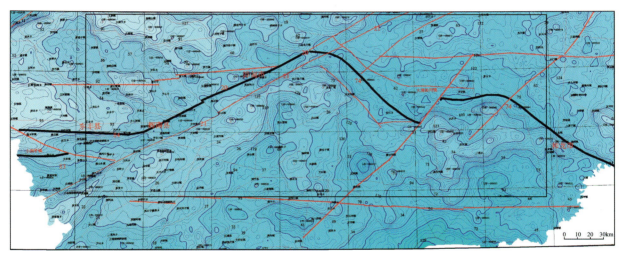

图1-3-3 中朝准地台北缘超岩石圈断裂物探推断分布图

重力场基本特征：断裂在布格重力异常平面图上呈北东向、东西向密集梯度带排列，南侧为环状、椭圆形，西部断裂以北东向的重力异常为主。这种不同性质重力场的分界线，无疑是断裂存在的标志。从东丰到辉南段为重力梯度带，梯度较陡；夹皮沟到和龙段，也是重力梯度带，水平梯度走向有变化，应该是被多个断裂错断所致，但梯度较密集。在重力场上延10km、20km，以及重力垂向一阶导、二阶导图上，该断裂更为显著，东丰经辉南到桦甸折向和龙。除东丰到辉南一带为线状的重力高值带外，其余均为线状重力低值带，它们的极大值和极小值便是该断裂的位置。从莫霍面等深度图上可见，该断裂只在个别地段有某些显示，说明该断裂切割深度并非连续均匀。东丰至辉南段表现同向扭曲，辉南至桦甸段显示不出断裂特征，而桦甸至和龙段有同向扭曲，表明有断裂存在。莫霍面上表示深度为37～42km，从而推测此断裂在部分地段已切入上地幔。

地质特征：小四平—海龙一带，断裂南侧为太古宇夹皮沟群、中元古界色洛河群，北侧为早古生代地槽型沉积。断裂明显，发育在海西期花岗岩中。柳树河子—大浦柴河一带有基性—超基性岩平行断裂展布，和龙—白铜一带有大规模的花岗岩体展布。

(2) 岩石圈断裂：即依兰—伊通岩石圈断裂带，该断裂带位于二龙山水库—伊通—双阳—舒兰一带，呈北东向延伸，过黑龙江依兰—佳木斯—箩北进入俄罗斯境内。该断裂于二龙山水库，被北东向四平-

德惠断裂带所截。在吉林省内由2条相互平行的北东向断裂构成,宽15～20km,走向45°～50°。吉林省内长达260km,在狭长的"槽地"中,沉积了厚达2000多米的中新生代陆相碎屑岩,其中第三纪(古近纪＋新近纪)沉积物应有1000多米,从而形成了狭长的依兰-伊通地堑盆地。

重力场特征:断裂带重力异常梯度带密集,呈线性,走向明显,在吉林省布格重力异常垂向一阶导、二阶导平面图及滑动平均(30km×30km、14km×14km)剩余异常平面图上可见延伸狭长的重力低值带,在其两侧狭长延展的重力高值带的衬托下,其异常带显著。该重力低值带宽窄不断变化,并非均匀展布,而在伊通至乌拉街一带稍宽大些,分别被东西向重力异常隔开,这说明在其形成过程中受东西向构造影响(图1-3-4)。

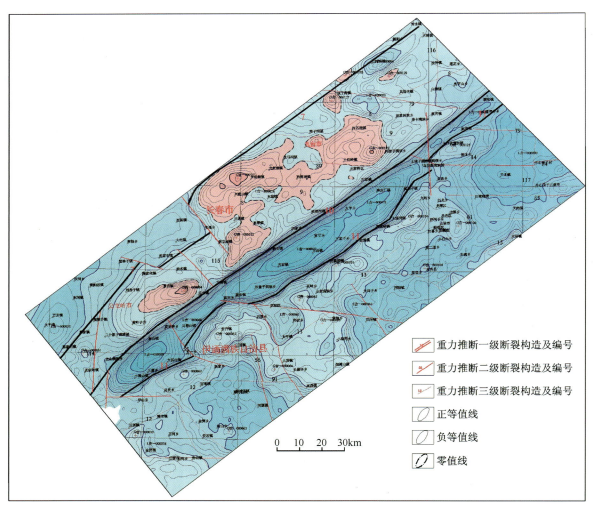

图1-3-4 依兰-伊通岩石圈断裂带布格重力异常图

从重力场上延5km、10km、20km等值线平面图上看,该断裂带显示得尤为清晰、醒目,线性重力低值带与重力高值带相依为伴,并行延展,它们的极小值与极大值便是该断裂带在重力场上的反映。重力二阶导数的零值及剩余异常图的零值为圈定断裂带提供了更为准确可靠的依据。

再从莫霍面和康氏面等深图上及滑动平均60km×60km剩余异常图可知,该断裂带此段等值线密集,重力梯度带十分明显;双阳至舒兰段,莫霍面及康氏面等厚线密集,形状规则,呈线状展布。沿断裂方向莫霍面深度为36～37.5km,断裂带的个别地段已切入下地幔。由上述重力特征可见,此断裂带反映了岩石圈断裂定义的各个特征。

(二)航磁

1. 区域岩(矿)石磁性参数特征

根据收集的岩(矿)石磁性参数整理统计,吉林省岩(矿)石的磁性强弱可以分成4个级次:极弱磁性($K<300\times4\pi\times10^{-6}$SI),弱磁性[$K:(300\sim2100)\times4\pi\times10^{-6}$SI],中等磁性[$K:(2100\sim5000)\times4\pi\times10^{-6}$SI],强磁性($K>5000\times4\pi\times10^{-6}$SI)。

(1)沉积岩:基本上无磁性,但是四平、通化地区的砾岩、砂砾岩有弱磁性。

(2)变质岩类:正常沉积的变质岩大都无磁性,角闪岩、斜长角闪岩普遍显中等磁性,而通化地区的斜长角闪岩、吉林地区的角闪岩只具有弱磁性。片麻岩、混合岩在不同地区具不同的磁性,吉林地区该类岩石具较强磁性,延边及四平地区则为弱磁性,而在通化地区则无磁性。总的来看,变质岩的磁性变化较大,有的岩石在不同地区有明显差异。

(3)岩浆岩:普遍具有磁性,并且具有从酸性火山岩→中性火山岩→基性—超基性火山岩由弱到强的变化规律。中酸性岩浆岩磁性变化范围较大,可由无磁性变化到有磁性。其中吉林地区的花岗岩具有中等程度的磁性,而其他地区花岗岩类多为弱磁性,延边地区的部分酸性岩表现为无磁性。四平地区的碱性岩-正长岩表现为强磁性。吉林、通化地区的中性岩磁性为弱—中等强度,而在延边地区则为弱磁性。基性—超基性岩类除在延边和通化地区表现为弱磁性外,其他地区则为中等—强磁性。

(4)磁铁矿及含铁石英岩均为强磁性,而有色金属矿矿石一般来说均不具有磁性。

以总的趋势来看,各类岩石的磁性基本上按沉积岩、变质岩、岩浆岩的顺序逐渐增强(图1-3-5)。

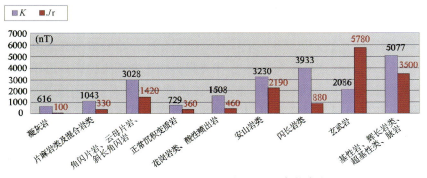

图 1-3-5 吉林省东部地区岩(矿)石磁参数直方图

2. 吉林省区域磁场特征

吉林省区域磁场在航磁图上基本反映出3个不同场区特征,东部山区敦化-密山断裂以东地段,以东为高波动的老爷岭长白山磁场区,该磁场区向东分别进入俄罗斯和朝鲜境内,向南、向北分别进入辽宁省和黑龙江省;敦化-密山断裂以西、四平、长春、榆树以东的中部为丘陵区,磁异常强度和范围都明显低于东部山区磁异常,向南、向北分别进入辽宁省和黑龙江省;西部为松辽平原中部地段,为低缓平稳的松辽磁场区,向南、向北亦分别进入辽宁省及黑龙江省。

1)东部山区磁场特征

东部山区北起张广才岭,向西南沿至柳河、通化交界的龙岗山脉以东地段,该区磁场特征是以大面积正异常为主,一般磁异常极大值为500~600nT,大蒲柴河—和龙一线为华北地台北缘东段一级断裂(超岩石圈断裂)的位置。

(1)大蒲柴河—和龙以北区域磁场特征:航磁异常整体上呈北西走向,两块宽大北西走向正磁场区之间夹北西走向宽大的负磁场区,正磁场区和负磁场区上的各局部异常走向大多为北东向。异常最大值为300~550nT。航磁正异常主要是晚古生代以来花岗岩、花岗闪长岩及中新生代火山岩磁性的反映。磁异常整体上呈北西走向,主要是与区域上的一级、二级断裂构造方向及局部地体的展布方向为北西走向有关,而局部异常走向北东向主要是受二级、三级断裂构造及更小的局部地体分布方向所控制。

(2)大蒲柴河—和龙以南区域磁场特征:该区域是东南部地台区,西部以敦密断裂带为界,北部以地台北缘断裂带为界,西南到吉林和辽宁省界,东南到吉林省和朝鲜国界。

靠近敦密断裂带和地台北缘断裂带的磁场以正场区为主,磁异常走向大致与断裂带平行。

西部正异常强度为100~400nT,走向以北东向为主,正背景场上的局部异常梯度陡,主要反映的是太古宙花岗质、闪长质片麻岩,中、新太古代变质表壳岩及中新生代火山岩的磁场特征。

北部靠近地台北缘断裂带的磁场区,以北西走向为主,强度为150~450nT,正背景场上的局部异常梯度陡,靠近北缘断裂带的磁异常以串珠状形式向外延展,总体呈弧形或环形异常带。

西支的弧形异常带从松山、红石、老金厂、夹皮沟、新屯子、万良到抚松,围绕龙岗地块的东北侧外缘分布,主要是中太古代闪长质片麻岩、中太古代变质表壳岩、新太古代变质表壳岩、寒武纪花岗闪长岩磁性的反映,中太古代变质表壳岩、新太古代变质表壳岩是含铁的主要层位。

东支的环形异常带从二道白河、两江、万宝、和龙到崇善以北区域,主要围绕和龙地块的边缘分布,各局部异常则多以东西走向为主,但异常规模较大,异常梯度也陡。大面积中等强度航磁异常主要是中太古代花岗闪长岩的反映,强度较低异常主要由侏罗纪花岗岩引起,半环形磁异常上几处强度较高的局部异常则是强磁性的玄武岩和新太古代表壳岩、太古宙变质基性岩引起。对应此半环形航磁异常,有一个与之基本吻合的环形重力高异常,说明环形异常主要为新太古代表壳岩、太古宙变质基性岩引起。特别在半环形磁异常上东段的几处局部异常,结合剩余重力异常为重力高的特征,推断为半隐伏、隐伏新太古代表壳岩、太古宙变质基性岩引起的异常,具备寻找隐伏磁铁矿的前景。

中部以大面积负磁场区为主,是吉南元古宙裂谷区内的碳酸盐岩、碎屑岩及变质岩磁异常的反映,大面积负磁场区内的局部正异常主要是中生代中酸性侵入岩体及中新生代火山岩磁性的反映。

南部长白山天池地区是一片大面积的正负交替、变化迅速的磁场区,磁异常梯度大,强度为350~600nT,为大面积玄武岩的反映。

(3)敦密断裂带磁场特征:敦密深大断裂带在吉林省内长度250km,宽5~10km,走向北东,是由一系列平行的、成雁行排列的次一级断裂组成的一个相当宽的断裂带。它的北段在磁场图上显示一系列正负异常剧烈频繁交替的线性延伸异常带,是一条由第三纪玄武岩沿断裂带喷溢填充的线性岩带。这条呈线性展布的岩带恰是断裂带的反映。

2)中部丘陵区磁场特征

东起张广才岭—富尔岭—龙岗山脉一线以西,四平、长春、榆树以东的中部为丘陵区。该区磁场特征可分为4种场态特征,叙述如下。

(1)大黑山条垒场区:航磁异常呈楔形,南窄北宽,各局部异常走向以北东向为主。以条垒中部为界,南部异常范围小,强度低;北部异常范围大,强度高,最大值达到350~450nT。航磁异常主要由中生代中酸性侵入岩体引起的。

(2)伊通-舒兰地堑:为中新生代沉积盆地,磁场为大面积北东走向的负场区,西侧陡,东侧缓,负场区中心靠近西侧,说明西侧沉积厚度比东侧深。

(3)南部石岭隆起区:异常多数呈条带状分布,走向以北西向为主,南侧强度为100~200nT。南侧异常为东西走向,这与所处石岭隆起区域北西向断裂构造带有关,这些北西走向的各个构造单元控制了磁异常分布形态特征。异常主要与中生代中酸性侵入岩体有关。石岭隆起区北侧为盘双接触带,接触带附近的负场区对应晚古生代地层。

(4)北侧吉林复向斜:区内航磁异常大部分由晚古生代、中生代中酸性侵入岩体引起的。

3)平原区磁场特征

吉林省西部为松辽平原中部地段,两侧为一宽大的负异常,反映该地段中新生代正常沉积岩层的磁场。这是岩相岩性较为典型的湖相碎屑沉积岩,沉积韵律稳定,厚度巨大,产状平稳,火山活动很少,岩石中缺少铁磁性矿物组分。松辽盆地中中新生代沉积岩磁性极弱,因此在这套中新生代地层上显示为单调平稳的负磁场,强度为$-50\sim150$nT。

二、区域地球化学特征

(一)元素分布及浓集特征

1. 元素的分布特征

经过对吉林省1:20万水系沉积物测量数据的系统研究以及依据地球化学块体的元素专属性,编制了中东部地区地球化学元素分区及解释推断地质构造图,并在此基础上编制了主要成矿元素分区及解释推断图(图1-3-6)。

铁族元素组合特征富集区是吉林省新生代基性火山岩、太古宙花岗-绿岩地质体的主要分布区,主要表现为 Cr、Ni、Co、Mn、V、Ti、P、Fe_2O_3、W、Sn、Mo、Hg、Sr、Au、Ag、Cu、Pb、Zn 等元素(氧化物)的高背景区(元素富集场),尤以太古宙花岗-绿岩地质体表现突出,是吉林省铜矿的主要矿源层位。

内生作用稀有、稀土元素组合特征富集区,主要表现为 Th、U、La、Be、Li、Nb、Y、Zr、Sr、Na_2O、K_2O、MgO、CaO、Al_2O_3、Sb、F、B、As、Ba、W、Sn、Mo、Au、Ag、Cu、Pb、Zn 等元素(氧化物)的高背景区。主要的成矿元素为 Au、Cu、Pb、Zn、W、Sn、Mo,尤以 Au、Cu、Pb、Zn、W 表现优势。地质背景为新生代碱性火山岩,中生代中酸性火山岩、火山碎屑岩,以及以海西期、印支期、燕山期为主的花岗岩类侵入岩体。

外生与内生作用元素组合特征富集区,以地槽区分布良好。主要表现为 Sr、Cd、P、B、Th、U、La、Be、Zr、Hg、W、Sn、Mo、Au、Cu、Pb、Zn、Ag 等元素富集场,主要的成矿元素为 Au、Cu、Pb、Zn。地质背景为古元古界、下古生界的海相碎屑岩、碳酸盐岩以及上古生界的中酸性火山岩、火山碎屑岩,同时有海西期、燕山期的侵入岩体分布。

2. 元素的浓集特征

应用1:20万化探数据,计算吉林省8个地质子区(图1-3-7)的元素算术平均值。通过与吉林省元素算术平均值和地壳克拉克值对比,可以进一步量化吉林省39种地球化学元素(包括氧化物)区域性的分布趋势和浓集特征。

吉林省39种元素(包括氧化物)在中东部地区的总体分布态势及在8个地质子区中的平均分布特征按照元素平均含量从高到低排序为:SiO_2—Al_2O_3—Fe_2O_3—K_2O—MgO—CaO—NaO—Ti—P—Mn—Ba—F—Zr—Sr—V—Zn—Sn—U—W—Mo—Sb—Bi—Cd—Ag—Hg—Au,表现出造岩元素—微

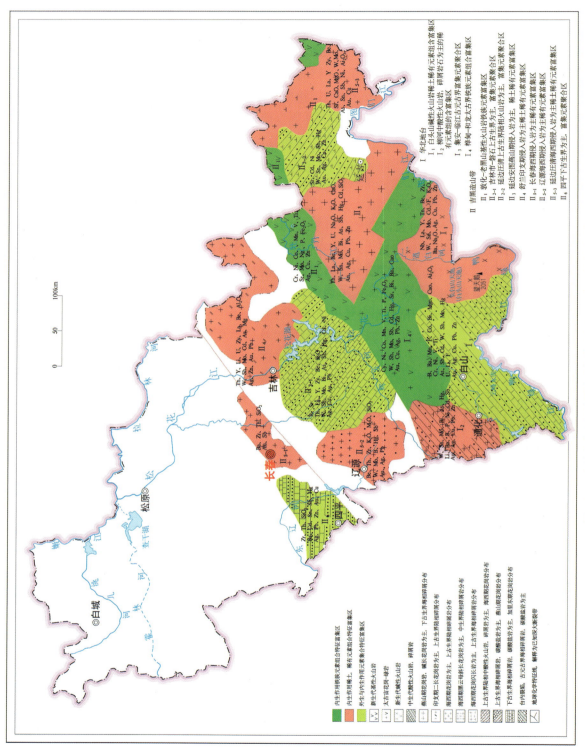

图 1-3-6 吉林省中东部地区地球化学元素分区及解释推断地质构造图

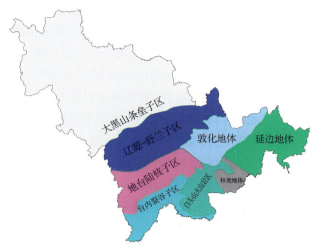

图 1-3-7　吉林省地质子区划分图

量元素→成矿系列元素的总体变化趋势,说明吉林省 39 种元素(包括氧化物)在区域上的分布分配符合元素在空间上的变化规律,这对研究吉林省元素在各种地质体中的迁移、富集、贫化有重要意义。

从整体上看,主要成矿元素 Au、Cu、Zn、Sb 在 8 个子区内的均值比地壳克拉克值要低。Au 元素能够在吉林省重要的成矿带上富集成矿,说明 Au 元素的富集能力超强,而且在另一方面也表明在吉林省重要的成矿带上,断裂构造非常发育,岩浆活动极其频繁,使得 Au 元素在后期叠加地球化学场中变异、分散的程度更强烈。

Cu、Sb 元素在 8 个子区内的分布呈低背景状态,而且其富集能力较 Au 元素弱,因此 Cu、Sb 元素在吉林省重要的成矿带上富集成矿的能力处于弱势,成矿规模偏小。而 Pb、W、稀土元素均值高于地壳克拉克值,显示高背景值状态,对成矿有利。

特别需要说明的是,7 地质子区为长白山火山岩覆盖层,属特殊景观区,Nb、La、Y、Be、Th、Zr、Ba、W、Sn、Mo、F、Na_2O、K_2O、Au、Cu、Pb、Zn 等元素(氧化物)均呈高背景值状态分布,是否具备矿化富集需进一步研究。

8 个地质子区均值与地壳克拉克值比值大于 1 的元素有 As、B、Zr、Sn、Be、Pb、Th、W、Li、U、Ba、La、Y、Nb、F,如果按属性分类,B、Zr、Be、Th、W、Li、U、Ba、La、Nb、Y 均为亲石元素,与花岗岩浆侵入关系密切,在 2 地质子区、3 地质子区、4 地质子区广泛分布;As、Sn、Pb 为亲硫元素,是热液型硫化物成矿的反映,查看异常图,As、Sn、Pb 在 2 地质子区、3 地质子区、4 地质子区亦有较好的展现。尤其是 As(4.19)、B(4.01),显示出较强的富集态势;而 As 为重矿化剂元素,来源于深源构造,对寻找矿体具有直接指示作用;B、F 属气成元素,具有较强的挥发性,是酸性岩浆活动的产物;As、B 的强富集反映出岩浆活动、构造活动的发育,也反映出吉林省东部山区后生地球化学改造作用的强烈,对吉林省成岩、成矿作用影响巨大。这一点与 Au 元素富集成矿所表现出来的地球化学意义相吻合。

8 个地质子区元素平均值与吉林省元素平均值比值研究表明,主要成矿元素 Au、Ag、Cu、Pb、Zn、Ni 相对于省均值,在 4 地质子区、5 地质子区、6 地质子区、7 地质子区、8 地质子区的富集系数都大于 1 或接近 1,说明 Au、Ag、Cu、Pb、Zn、Ni 在这 5 个地质子区内处于较强的富集状态,即吉林省的地台区为高背景值区,是重点找矿区域。区域成矿预测证明,4 地质子区、5 地质子区、6 地质子区、7 地质子区、8 地质子区是吉林省贵金属、有色金属的主要富集区域,有名的大型矿床、中型矿床都聚集于此。

在 2 地质子区 Ag、Pb 元素富集系数都为 1.02,Au、Cu、Zn、Ni 元素的富集系数都接近 1,也显示出较好的富集趋势,值得重视。

W、Sb 元素的富集态势总体显示较弱,只在 1 地质子区、2 地质子区和 6 地质子区、7 地质子区表现出一定富集趋势,表明在表生介质中元素富集成矿的能力呈弱势。这与吉林省钨、锡矿产的分布特点相吻合。

稀土元素除 Nb 以外,Y、La、Zr、Th、Li 在 1 地质子区、2 地质子区和 7 地质子区、8 地质子区的富集系数都大于 1 或接近 1,显示一定的富集状态,是稀土矿预测的重要区域。

Hg 是典型的低温元素,可作为前缘指示元素用于评价矿床剥蚀程度。另外,作为远程指示元素,Hg 是预测深部盲矿的重要标志。富集系数大于 1 的地质子区有 3 地质子区、5 地质子区、6 地质子区,显示 Hg 元素在吉林省主要的成矿区用于金、银、铜、铅、锌等矿产的预测可起到重要作用。

F 作为重要的矿化剂元素,在 6 地质子区、7 地质子区、8 地质子区中有较明显的富集态势,表明 F 元素在后期的热液成矿中,对 Au、Ag、Cu、Pb、Zn 等主成矿元素的迁移、富集起到非常重要的作用。

(二)区域地球化学场特征

吉林省可以划分为以铁族元素为代表的同生地球化学场;以稀有、稀土元素为代表的同生地球化学场以及以亲石、碱土铜属元素为代表的同生地球化学场。本次根据元素的因子分析图示,对以往的构造地球化学分区进行适当修整,如图 1-3-8 所示。

图 1-3-8 吉林省中东部地区同生地球化学场分布图
(据金丕兴和何启良,1992 修改)

三、区域遥感特征

1. 区域遥感特征分区及地貌分区

吉林省遥感影像图是利用 2000—2002 年接收的吉林省内 22 景 ETM 数据经计算机录入、融合、校正并镶嵌后,选择 B7、B4、B3 三个波段分别赋予红、绿、蓝后形成的假彩色图像。

吉林省的遥感影像特征可按地貌类型分为长白山中低山区,包括张广才岭、龙岗山脉及其以东的广大区域,遥感图像上主要表现为绿色、深绿色。中山地貌,除山间盆地谷地及玄武岩台地外,其他地区地形切割较深,地形较陡,水系发育;低山丘陵区,西部以大黑山西麓为界,东至蛟河-辉发河谷地,多由海拔500m以下的缓坡宽谷的丘陵组成,沿河一带发育成串的小盆地群或长条形地堑,其遥感影像特征主要表现为绿色—浅绿色,山脚及盆地多显示为粉色或藕荷色,低山丘陵地貌,地形坡度较缓,冲沟较浅,植被覆盖度为30%~70%;大黑山条垒以西至白城西岭下镇,为松辽平原部分,东部为台地平原区,又称大黑山山前台地平原区,地面高度在200~250m之间,地形呈波状或浅丘状;西部为低平原区,又称冲积湖积平原或低原区。

2. 区域地表覆盖类型及其遥感特点

长白山中低山区及低山丘陵区,植被覆盖度高达70%,并且多以乔、灌木林为主,遥感图像上主要表现为绿色、深绿色;盆地或谷地主要表现为粉色或藕荷色,主要被农田覆盖;松辽平原区,东部为台地平原,此区为大面积新生代冲洪积物,为吉林省重要产粮基地,地表被大面积农田覆盖,遥感图像上为绿色或紫红色;西部为低平原区,又称冲积湖积平原或低原区,该区地势最低,海拔110~160m,为大面积冲湖积物,湖泡周边及古河道发生极强的土地盐渍化,遥感图像上显示为粉色、浅粉色及粉白色,西南部发育土地沙化,呈沙垄、沙丘等,遥感图像上为砖红色条带状或不规则块状;岭下镇以西,为大兴安岭南麓,属低山丘陵区,植被较发育,多以低矮草地为主,遥感图像上显示为浅绿色或浅粉色。

3. 区域地质构造特点及其遥感特征

吉林省地跨两大构造单元,大致以开原—山城镇—桦甸—和龙一线为界,南部为中朝准地台,北部为天山-兴安地槽区,槽台之间为一规模巨大的超岩石圈断裂带(华北地台北缘断裂带)。遥感图像上主要表现为近东西走向的冲沟、陡坎、两种地貌单元界线,并伴有与之平行的糜棱岩带形成的密集纹理。吉林省内的大型断裂全部表现为北东走向,它们多为不同地貌单元的分界线,或对区域地形地貌有重大影响,遥感图像上多表现为北东走向的大型河流、两种地貌单元界线、北东向排列陡坎等。吉林省的中型断裂表现在多方向上,主要有北东向、北西向、近东西向和近南北向,它们以成带分布为特点,单条断裂长度十几千米至几十千米,断裂带长度几十千米至百余千米,其遥感影像特征主要表现为冲沟、山鞍、洼地等,控制二级、三级水系。小型断裂遍布吉林省的低山丘陵区,规模小,分布规律不明显,断裂长几千米至十几千米或数十千米,遥感图像上主要表现为小型冲沟、山鞍或洼地。

吉林省环形构造比较发育,遥感图像上多表现为环形或弧形色线、环状冲沟、环状山脊,偶尔可见环形色块,其规模从几千米到几十千米,大者可达数百千米,其分布具有较强的规律性,主要分布于北东向线性构造带上,尤其是该方向线性构造带与其他方向线性构造带交会部位,环形构造成群分布;块状影像主要为由北东向相邻线性构造形成的挤压透镜体,以及北东向线性构造带与其他方向线性构造带交会,形成棱形块状或眼球状块体,其分布明显受北东向线性构造带控制。

四、区域自然重砂特征

1. 铁族矿物

磁铁矿在吉林省中东部地区分布较广,以放牛沟地区、头道沟-吉昌地区、塔东地区、五凤地区以及闹枝-棉田地区集中分布。磁铁矿的这一分布特征与吉林省航磁 ΔT 等值线相吻合。黄铁矿主要分布在通化、白山及龙井、图们地区。铬铁矿分布较少,只在香炉碗子-山城镇、刺猬沟-九三沟和金谷山-后底洞地区展现。

2. 有色金属矿物

白钨矿是吉林省分布较广的重砂矿物，主要分布在吉林省中东部地区中部的辉发河-古洞河东西向复杂构造带上，即红旗岭-漂河川成矿带、柳河-那尔轰成矿带、夹皮沟-金城洞成矿带和海沟成矿带上。辉发河-古洞河构造带西北端大蒲柴河-天桥岭成矿带、百草沟-复兴成矿带和春化-小西南岔成矿带上也有较集中的分布。在吉林省的江蜜峰镇、天岗镇、天北镇以及白山地区的石人镇、万良镇亦有少量分布。

锡石主要分布在中东部地区的北部，以福安堡、大荒顶子和柳树河-团北林场最为集中，中部地区的漂河川及刺猬沟-九三沟地区有零星分布。

方铅矿作为重砂矿物主要分布在矿洞子-青石镇地区、大营-万良地区和荒沟山-南岔地区，其次是山门地区、天宝山地区和闹枝-棉田地区。而夹皮沟-溜河地区、金厂镇地区有零星分布。

黄铜矿集中分布在二密-老岭沟地区，部分分布在赤柏松-金斗地区、金厂地区和荒沟山-南岔地区，在天宝山地区、五凤地区、闹枝-棉田地区呈零星分布状态。

辰砂在中东部地区分布较广，山门-乐山成矿带、兰家-八台岭成矿带、那丹伯-一座营成矿带、山河-榆木桥子成矿带、上营-蛟河成矿带、红旗岭-漂河川成矿带、柳河-那尔轰成矿带、夹皮沟-金城洞成矿带、海沟成矿带、大蒲柴河-天桥岭成矿带、百草沟-复兴成矿带、春化-小西南岔成矿带以及二密-靖宇成矿带、通化-抚松成矿带、集安-长白成矿带都有较密集的分布，是金矿、银矿、铜矿、铅锌矿评价预测的重要矿物之一。

毒砂、泡铋矿、辉钼矿、辉锑矿在中东部地区分布稀少。其中，毒砂在二密-老岭沟地区以一小型汇水盆地出现，刺猬沟-九三沟地区、金谷山-后底洞地区及其北端以零星状态分布；泡铋矿集中分布在五凤地区和刺猬沟-九三沟地区及其外围；辉钼矿以零星点状分布在石嘴-官马地区、闹枝-棉田地区和小西南岔-杨金沟地区；辉锑矿以4个点异常分布在万宝地区。

3. 贵金属矿物

自然金与白钨矿的分布状态相似，以沿着敦密断裂带及辉发河-古洞河东西向复杂构造带分布为主，在其两侧亦有较为集中的分布。整体分布态势可归纳为四部分：一是沿石棚沟—夹皮沟—海沟—金城洞一线呈带状分布，二是在矿洞子—正岔—金厂—二密一带，三是在五凤—闹枝—刺猬沟—杜荒岭—小西南岔一带，四是沿山门—放牛沟到上河湾呈零星状态分布。第一部分近东西向横贯吉林省中部区域，称为中带；第二部分位于吉林省南部，称为南带；第三部分位于吉林省东北部延边地区，称为北带；第四部分位于大黑山条垒一线，称为西带。

自然银只有2个高值点异常，分布在矿洞子-青石镇地区北侧。

4. 稀土矿物

独居石在吉林省中东部地区分布广泛，分布在万宝-那铜成矿带、山门-乐山成矿带、兰家-八台岭成矿带、那丹伯-一座营成矿带、山河-榆木桥子成矿带、上营-蛟河成矿带、红旗岭-漂河川成矿带、柳河-那尔轰成矿带、夹皮沟-金城洞成矿带、海沟成矿带、大蒲柴河-天桥岭成矿带、百草沟-复兴成矿带、春化-小西南岔成矿带、二密-靖宇成矿带、通化-抚松成矿带、集安-长白成矿带，整体呈条带状分布。

钍石分布比较明显，主要集中在五凤、闹枝-棉田、山门-乐山地区、兰家-八台岭、那丹伯-一座营、山河-榆木桥子、上营-蛟河等地区。

磷钇矿分布较稀少，而且零散，主要分布在福安堡地区、上营地区的西侧，大荒顶子地区西侧，漂河川地区北端，万宝地区。

5. 非金属矿物

磷灰石在吉林省中东部地区分布最为广泛，主要集中在整个中东部地区的南部。以香炉碗子—石棚沟—夹皮沟—海沟—金城洞一带集中分布，而且分布面积大，沿复兴屯—金厂—赤柏松—二密一带也分布有较大规模的磷灰石；椅山-湖米预测工作区及外围、火炬丰预测工作区及外围、闹枝-棉田预测工作区有部分分布。其他区域磷灰石以零散状态存在。

重晶石亦主要存在于东部山区的南部，呈两条带状分布，即古马岭—矿洞子—复兴屯—金厂和板石沟—浑江南—大营—万良。椅山-湖米地区、金城洞-木兰屯地区和金谷山-后底洞地区以零星点状分布。

萤石只在山门地区和五凤地区以零星点状存在。

以上20种重砂矿物均分布在吉林省中东部地区，其分布特征与不同时代的岩性组合、侵入岩的不同岩石类型都具有一定的内在联系。以往的研究表明，这20种重砂矿物在白垩系、侏罗系、二叠系、寒武系—石炭系、震旦系以及太古宇中都有不同程度的存在。古元古界集安岩群和老岭岩群作为吉林省重要的成矿建造层位，其重砂矿物分布众多，重砂异常发育，与成矿关系密切。燕山期和海西期侵入岩在吉林省中东部地区大面积出露，其重砂矿物，如自然金、白钨矿、辰砂、方铅矿、重晶石、锡石、黄铜矿、毒砂、磷钇矿、独居石等都有较好展现，而且在人工重砂取样中也达到较高的含量。

第二章　成矿地质背景研究

第一节　技术流程

(1)明确任务,学习全国矿产资源潜力评价项目地质构造研究工作技术要求等有关文件。

(2)收集有关的地质、矿产资料,特别注意收集最新的有关资料,编绘实际材料图。

(3)图件编绘以1:25万综合建造构造图为底图,再以预测工作区1:5万区域地质图的地质资料加以补充,将收集到的与沉积变质型、火山沉积型、侵入岩浆型、矽卡岩型、斑岩型、复合内生型铜矿有关的资料编绘于图中。

(4)明确目标地质单元,划分图层,以明确的目标地质单元为研究重点,同时研究控矿构造、矿化、蚀变等内容。

(5)图面整饰,按统一技术要求,编制图示、图例。

(6)编图。遵照沉积、变质、岩浆岩研究工作要求进行编图。要将与相应类型铜矿形成有关的地质矿产信息较全面地标绘在图中,形成预测底图。

(7)编写说明书。按照统一要求的格式编写。

(8)建立数据库。按照规范要求建库。

第二节　建造构造特征

一、荒沟山-南岔预测工作区

(一)区域建造构造特征

该预测工作区位于吉林省东南部,主要分布于辽吉裂谷区的大横路-杉松岗地区。出露地层有太古宇表壳岩,古元古界老岭岩群大栗子岩组二云片岩、绢云千枚岩、十字石片岩、含碳千枚岩、石英岩及大理岩。主要岩浆岩为印支晚期—燕山期黑云母花岗岩、二长花岗岩及酸性—基性脉岩。区内荒沟山S型断裂及与之平行的断裂构造为区内重要的导矿、容矿构造。该构造带内褶皱变形强烈,对矿体的形态起控制作用。

(二)预测工作区建造构造特征

1. 火山岩建造

预测工作区内火山岩主要有三叠纪长白组玄武安山岩、安山岩、安山质火山角砾岩、安山质岩屑晶屑凝灰岩夹英安岩、流纹岩、流纹质岩屑晶屑凝灰岩、流纹质火山角砾岩夹英安岩。侏罗纪果松组玄武安山岩、安山岩、安山质火山角砾岩、安山质岩屑晶屑凝灰岩;林子头组流纹质岩屑晶屑凝灰岩、流纹质火山角砾岩夹流纹岩。新近纪军舰山组橄榄玄武岩、玄武岩等。

2. 侵入岩建造

预测工作区内侵入岩不甚发育,并具有多期多阶段性。主要为中生代侏罗纪中粒二长花岗岩、中细粒闪长岩、中细粒石英闪长岩;白垩纪中细粒碱性花岗岩、花岗斑岩等。

3. 沉积岩建造

预测工作区内地层自下而上如下所述。

(1)南华系:马达岭组紫色砾岩、长石石英砂岩、含砾长石石英砂岩;白房子组灰色细粒长石石英砂岩、杂色含云母粉砂岩、粉砂质页岩夹长石石英砂岩;钓鱼台组灰白色石英质角砾岩夹赤铁矿、灰白色石英砂岩、含海绿石石英砂岩;南芬组紫色、灰绿色页岩、粉砂质页岩夹泥灰岩;桥头组含海绿石石英砂岩、粉砂岩、页岩。

(2)震旦系:万隆组碎屑灰岩、藻屑灰岩、泥晶灰岩;八道江组浅灰色碎屑灰岩、叠层石灰岩、藻屑灰岩夹硅质岩;清沟子组黑色页岩夹灰岩、白云质厚层状沥青质灰岩及菱铁矿化白云岩透镜体等。

(3)寒武系:水洞组黄绿色、紫红色粉砂岩、含海绿石和胶磷矿砾石细砂岩;碱厂组灰色质纯页岩、泥质灰岩、结晶页岩、黑灰色厚层状豹皮状沥青质灰岩;馒头组东热段紫红色含铁泥质白云岩、含石膏泥质白云岩、暗紫色粉砂岩夹石膏,河口段上部青灰色黄绿色页岩、粉砂质页岩夹薄层页岩;张夏组青灰色厚层鳞片状生物碎屑页岩、薄层状灰岩夹少量页岩;崮山组紫色、黄绿色页岩、粉砂岩、竹叶状灰岩;炒米店组薄板状泥晶灰岩、泥晶砾屑灰岩、泥晶—亮晶生物碎屑灰岩夹黄绿色页岩。

(4)奥陶系:冶里组中层、中薄层灰岩夹紫色、黄绿色页岩和竹叶状灰岩;亮甲山组豹皮状灰岩夹燧石结核白云质灰岩;马家沟组白云质灰岩、灰岩夹豹皮状灰岩、燧石结核页岩。

(5)石炭系:本溪组黄灰色、灰白色砾岩夹黄绿色含铁质结核粉砂岩,青灰色、黄色石英砂岩、杂砂岩、粉砂岩,灰黑色碳质、黄绿色粉砂质页岩夹煤线;太原组灰色、灰绿色页岩、粉砂质页岩、铝土质页岩夹灰岩、泥灰岩,局部夹透镜状薄层煤;山西组暗色粗砂岩、粉砂岩、页岩夹煤。

(6)二叠系:石盒子组杂色中粗粒砂岩、细砂岩、页岩夹铝土质岩;孙家沟组红色、砖红色砂岩、粉砂岩夹铝土质页岩。

(7)侏罗系:小东沟组紫灰色粉砂岩夹页岩;鹰嘴砬子组铁胶质砾岩、黄绿色页岩夹煤线,灰色、灰绿色泥灰岩,黄绿色厚层砂岩、长石砂岩夹泥灰岩;石人组黄绿色厚层砾岩夹粗砾岩。

(8)白垩系:小南沟组杂色砂岩、粉砂岩,紫色砾岩。

(9)第四系:Ⅱ级阶地灰黄色黄土、亚黏土;Ⅰ级阶地及河漫滩松散砂、砾石堆积。

4. 变质岩建造

预测工作区内变质岩有中太古代英云闪长质片麻岩;新太古代变二长花岗岩;古元古代集安岩群荒岔沟岩组石墨变粒岩、含墨透辉变粒岩、含大理岩夹斜长角闪岩,大东岔岩组含矽线石榴变粒岩、片麻岩夹含榴黑云斜长片麻岩,老岭岩群珍珠门岩组白色厚层白云质大理岩、条带状角砾状大理岩,花山组云母片岩、大理岩,临江岩组二云片岩、黑云变粒岩夹灰白色中厚层石英岩,大栗子岩组千枚岩、大理岩、千枚岩夹大理岩及石英岩。

二、石嘴-官马预测工作区

(一)区域建造构造特征

该预测工作区位于吉林省中部,属于小兴安岭-张广财岭构造岩浆带的西缘,省内通常称为南楼山-悬羊砬子火山构造隆起(Ⅳ级)。区内印支晚期、燕山早期火山活动十分强烈,并发育同期的中酸性侵入岩。火山岩及其沉积岩占据研究区的东部,西部出露晚古生代基底岩层。

(二)预测工作区建造构造特征

1. 火山岩建造

(1)窝瓜地组:酸性火山熔岩夹灰岩建造,由片理化流纹岩、凝灰熔岩、英安质凝灰岩夹灰岩组成,为沿近南北向断裂海底喷溢的产物。在灰岩夹层中有䗴类化石,时代为晚石炭世—早二叠世。本组为窝瓜地铜矿的载体。

(2)四合屯组:安山岩夹安山质火山碎屑岩建造和安山质集块岩建造,上部由深灰色安山岩夹安山质凝灰岩、安山质火山角砾岩、火山集块岩组成;下部由安山质凝灰角砾岩、流纹质凝灰角砾岩组成。在悬羊砬子、杨木顶子火山口附近夹有大量的火山集块岩、火山角砾岩。悬羊砬子火山口呈北北东向椭圆形,目前尚未发现环状断裂或放射状构造。组成南楼山-悬羊砬子火山构造隆起的早期喷溢-喷发相,其基底为早古生代呼兰群或晚古生代"吉林群"。本组在工作区北倒木沟一带碎屑岩夹层中曾觅得植物化石,时代为晚三叠世。

(3)玉兴屯组:上部为凝灰质砂岩建造,中部为流纹质-安山质火山碎屑岩建造,底部为凝灰质砂砾岩建造。分布于预测工作区北东部细木河、南东部的联合一带,主体在预测工作区西部,西样沟、大榆树一带。属于钙碱性系列的火山喷发-沉积建造。

(4)南楼山组:顶部为流纹岩建造,由深灰色、暗红色流纹岩、晶屑玻屑流纹岩组成,属于溢流相。上部为安山岩、英安岩、安山质火山碎屑岩建造,岩性包括灰黑色、灰绿色安山岩、英安质含角砾凝灰岩,属溢流-喷发相;下部为安山质集块岩建造;底部为安山质凝灰角砾岩建造,岩性包括安山质集块岩、安山质凝灰角砾岩和流纹质凝灰角砾岩,属火山口相。后者分布较局限,见于预测工作区东南双鸭子一带。南楼山组中酸性火山岩及其碎屑岩为壳幔混源的钙碱性系列。在官马镇本组安山质凝灰熔岩、安山岩中有热液型金矿床,该矿床与南楼山期火山活动期后的热液活动紧密相关。

2. 侵入岩建造

(1)中侏罗世闪长岩、石英闪长岩、花岗闪长岩、二长花岗岩及正长花岗岩。

闪长岩:出露于晚三叠世四合屯组杨木顶子火山口附近,岩株状产出,岩石为深灰色,斜长石含量50%~60%,暗色矿物为黑云母、角闪石。

石英闪长岩:分布于取柴河-官马断裂带和烟筒山-驿马断裂带,其长轴北西向或南北向,与火山岩的展布方向大体相同。石英闪长岩呈灰色、灰白色,柱粒结构,斜长石占50%~60%,石英15%,暗色矿物25%~30%。在石嘴镇北窝瓜地组石英闪长岩与窝瓜地组接触带形成铜矿床,可能与石英闪长岩侵入后的热液活动有关。

花岗闪长岩：分布面积较广，见于石嘴镇东永宁、新开岭一带，此外在自由屯、驿马西等地零星分布。花岗闪长岩呈肉红色，似斑状结构。斑晶为斜长石、少量碱长石，含量10%；基质为中—中粗粒，其中有闪长岩包体和富云包体。

二长花岗岩：仅分布于预测工作区西部余庆、蛤蟆河及杨木岗、安乐乡一带。岩石呈肉红色，矿物粒径在1～3mm之间，主要矿物为斜长石、钾长石，各含35%，石英呈他形粒状，含量25%，其余为黑云母等暗色矿物。

正长花岗岩：分布于预测工作区西部。岩石呈肉红色，主要由正长石及少量斜长石和石英组成，含少量黑云母等暗色矿物。

上列花岗岩类的时代在工作区内尚无时代依据，只根据岩性对比，依邻区的测年资料置于中侏罗世。

(2)早白垩世花岗斑岩：分布于预测工作区的西部明城、七间房和小西沟一带，均呈小岩株产出。岩石呈斑状。斑晶为斜长石、角闪石和石英，含量约15%，基质为长英质。

3. 沉积岩建造

沉积岩建造为石炭系—二叠系碎屑岩建造，分布于预测工作区西部，构成南楼山-悬羊砬子火山隆起的基底之一。

(1)鹿圈屯组：砂岩夹灰岩与灰岩互层建造，下部为粗砂岩、砂岩夹生物屑灰岩；上部由砂岩、生物屑灰岩互层组成，产大量的珊瑚、腕足、牙形刺，厚度1185m，时代为早石炭世。属潮坪相，退积型沉积。

(2)磨盘山组：灰岩建造，由厚层结晶灰岩、含燧石生物屑灰岩、燧石条带灰岩组成，产大量的蜓类化石。厚度自南而北变大，南部大于350m，北部超过1000m，时代为早、晚石炭世。

(3)石嘴子组：砂岩与页岩互层夹灰岩建造，由细砂岩、砂质页岩、含砾砂岩夹灰岩组成，产蜓类化石，厚度南厚北薄，在石嘴子一带厚度为578m。时代为晚石炭世—早二叠世。本建造为石嘴子铜矿的重要载体。

(4)寿山沟组：砂岩夹灰岩建造，上部为砂质板岩、含砾粉砂岩、粉砂岩，下部为细砂岩、砂质板岩、粉砂岩夹生物屑灰岩，产蜓、珊瑚、牙形刺等化石。厚度316m，时代为早二叠世。

此外还有更新世Ⅱ级阶地堆积及全新世Ⅰ级阶地和河漫滩冲洪积、残坡积层，厚度大于2m。局部冲洪积层中有砂金。

4. 变质岩建造

变质岩出露于驿马以西、西安屯、后自然屯一带，主要是黄莺屯组变质岩系，构成南楼山火山盆地的基底岩层。黄莺屯组为变粒岩与大理岩互层夹斜长角闪岩建造，由灰色黑云斜长变粒岩、黑云角闪斜长变粒岩与硅质条带大理岩互层夹斜长角闪岩、蓝晶石十字石白云母片岩组成，属于低温区域变质的高绿片岩相—低角闪岩相。在中段大理岩夹变粒岩中测得Rb-Sr同位素年龄为$524\pm16Ma$，时代为寒武纪。原岩为基性—中酸性火山碎屑岩、陆缘碎屑岩、碳酸盐岩建造。

三、大梨树沟-红太平预测工作区

(一)区域建造构造特征

区内构造主要以断裂构造为主，褶皱构造次之。褶皱构造仅发育在二叠纪庙岭组中，其受后期构造的影响,而形成背斜和紧密倒转背斜,背斜轴面产状为北东向。区内断裂构造按照断裂展布方向划分,主要有北东向和北西向两组,为区内主要控矿构造;其次为北北东向断裂构造和北北西向断裂构造,为区内控矿、容矿构造。区内火山岩建造、侵入岩建造、沉积岩建造均较发育,与成矿有关的为火山岩建造。

(二)预测工作区建造构造特征

1. 火山岩建造

预测工作区火山岩建造主要有晚三叠世托盘沟组安山岩、安山质火山碎屑岩建造;晚三叠世天桥岭组流纹质和英安质火山岩、火山碎屑岩建造;早白垩世刺猬沟组安山岩、英安岩及火山碎屑岩建造;早白垩世金沟岭组玄武岩、玄武安山岩及火山碎屑岩建造;新近纪老爷岭组橄榄玄武岩、气孔状玄武岩建造。

2. 侵入岩建造

预测工作区侵入岩建造主要有闪长玢岩、细晶岩、霏细岩、煌斑岩脉等,岩浆多期次、多阶段的活动为成矿提供了热源,带来了丰富的成矿物质。

3. 沉积岩建造

预测工作区沉积岩建造主要为二叠纪庙岭组,为一套火山碎屑岩-碳酸盐岩建造,地层韵律明显,富含碳质,相变频繁。下部碎屑岩段厚度大于350m,岩石组合为碎屑岩(砂岩、粉砂岩夹泥质灰岩)、长石砂岩、粉砂质泥岩、泥质粉砂岩、含碳泥质粉砂岩夹微晶泥灰岩,产早二叠世化石;上部火山熔岩、碎屑岩段,东部厚度20m向西逐渐增厚至84m,岩石组合以安山质凝灰岩为主夹少量安山岩、安山质凝灰熔岩。

此外,沉积建造还包括上三叠统滩前组砂岩夹泥灰岩建造;上三叠统马鹿沟组灰色砂岩、含砾砂岩、粉砂岩建造;下白垩统大拉子组砾岩、砂砾岩、砂岩、粉砂岩、泥岩建造;上白垩统龙井组紫红色砾岩、砂岩夹粉砂岩、泥灰岩建造。

4. 变质岩建造

预测工作区主要变质岩建造为黑龙江岩群万宝岩组片岩夹大理岩变质建造及杨木岩组片岩与变粒岩互层夹大理岩变质建造。

四、闹枝-棉田预测工作区

(一)区域建造构造特征

区内褶皱构造有汪清盆地向斜构造、百草沟向斜构造;断裂构造也比较发育,其中有近东西向断层、南北向断层、北东向断层、北西向断层。区内与成矿有关的次火山岩建造有次安山岩建造、闪长玢岩建造、粗安山岩建造和钠长斑岩建造。区内铜矿与早白垩世石英闪长岩关系密切,多处铜矿点均产于石英闪长岩的挤压破碎带中。

(二)预测工作区建造构造特征

1. 火山岩建造

(1)早白垩世刺猬沟组(K_1cw):岩石组合为安山岩、英安岩、含角砾安山岩。火山岩相为喷溢相。火山建造为安山岩、英安岩建造。火山构造为吉林东部罗子沟-金仓-杜荒子火山构造洼地,刺猬沟复式火山构造。

(2)早白垩世金沟岭组(K_1j):岩石组合为安山岩、安山质角砾凝灰岩、安山质凝灰角砾岩、安山质角砾岩。火山岩相为喷溢相、喷发相。火山岩建造为安山岩建造、安山岩夹安山质火山碎屑岩建造。火山构造为吉林省东部罗子沟-金仓-杜荒子火山构造洼地,金仓-杜荒子复式火山构造。

(3)新近纪中新世老爷岭组(N_1l):岩石组合为深灰色、灰黑色块状玄武岩、气孔状玄武岩。火山岩相为喷溢相。火山岩建造为玄武岩建造。火山构造为闹枝沟-长白山火山构造洼地,溢流玄武岩。同位素测年值为5.89Ma(K-Ar)。

2. 侵入岩建造

区内的侵入岩比较发育,主要有早侏罗世侵入岩和早白垩世侵入岩。

(1)早侏罗世闪长岩($J_1\delta$):仅在新兴村西南有小面积出露,岩性为细粒闪长岩,以岩株产出,侵入寒武系—奥陶系马滴达组,被早侏罗世花岗闪长岩侵入。

(2)早侏罗世花岗闪长岩($J_1\gamma\delta$):在区内有大面积分布,以岩基产出,该侵入岩侵入马滴达组($\in$-O)m、庙岭组(P_2m)、滩前组(T_3t)及闪长岩($J_1\delta$)中,被早白垩世石英闪长岩侵入。岩性为中细粒花岗闪长岩,同位素测年值为163.5Ma(K-Ar)、(189 ± 3)Ma(U-Pb)。

(3)早侏罗世二长花岗岩($J_1\eta\gamma$):仅在该预测工作区西部有小面积出露,侵入早侏罗世花岗闪长岩中,被早白垩世石英闪长岩侵入。岩性为中粒二长花岗岩。同位素测年值为(187 ± 1)Ma(U-Pb)。

(4)早侏罗世碱长花岗岩($K_1\xi\gamma$):分布于安阳村的西北部及东部,出露面积小,以岩株产出,侵入马滴达组和早侏罗世花岗闪长岩中,岩性为中粒碱长花岗岩。

(5)早白垩世石英闪长岩($K_1\delta o$):分布于预测工作区西南部,以岩基产出,侵入早侏罗世花岗闪长岩、二长花岗岩。岩性为中细粒石英闪长岩。同位素测年值为123.5Ma(K-Ar)、129.4Ma(U-Pb)。

(6)脉岩:区内脉岩比较发育,其中有花岗斑岩、闪长斑岩、闪长玢岩、煌斑岩、石英脉等。其中闪长玢岩脉、石英脉与铜矿的成矿有密切关系。

3. 沉积岩建造

(1)上三叠统滩前组(T_3t):出露于汪清县西北部,岩性为灰色、深灰色细砂岩、粉砂岩夹泥灰岩。沉积建造为砂岩夹泥灰岩建造。

(2)下白垩统大拉子组下段(K_1dl^1):分布于百草沟、汪清县等地,岩性为土黄色细砂岩、粉砂岩夹油页岩,底部为砾岩和中粗粒砂岩。沉积建造为砂岩夹油页岩建造、砂砾岩建造。

(3)上白垩统龙井组(K_2l):出露于百草沟西部,岩性为紫色、土黄色粗砂岩、细砂岩夹泥岩、泥灰岩,斜层理、交错层理发育。沉积建造为砂岩夹泥灰岩建造。

(4)第四系中更新统Ⅲ级阶地(Qp_2^{al}):在昌村一带嘎呀河南侧发育有Ⅲ级阶地,主要岩性为冲洪积砂砾石、亚黏土和暗土黄色亚黏土,厚度大于8m。

(5)第四系上更新统Ⅱ级阶地(Qp_3^{al}):沿嘎呀河流域分布,岩性为冲洪积砂砾石、亚砂土及土黄色亚黏土,厚度大于8m。

(6)第四纪全新世Ⅰ级阶地及河床河漫滩（Qh^{al}）：主要为冲洪积砂砾石、砂、亚黏土堆积物，厚度1～5m。

4. 变质岩建造

区内变质岩仅出露有五道沟群马滴达组。岩石组合为灰色变质砂岩、变质粉砂岩夹变质英安岩；变质建造为变质砂岩夹变质英安岩建造，变质英安岩建造；原岩建造为碎屑岩-变质火山岩；变质矿物组合为 $Bi+Pl+Qz+Hb$；变质相为绿片岩相。

五、地局子-倒木河预测工作区

（一）区域建造构造特征

该预测工作区位于吉林省中部，二级构造岩浆带属于小兴安岭-张广才岭构造岩浆带的西缘，吉林省内通常称为南楼山-悬羊砬子火山构造隆起（Ⅳ级）。区内印支晚期、燕山早期火山活动十分强烈，并有同期的中酸性侵入岩。

（二）预测工作区建造构造特征

1. 火山岩建造

预测工作区内火山岩较发育，主要为中生代陆相火山岩，分布于预测工作区中南部。

(1)早侏罗世玉兴屯组（J_1yx）：中酸性火山碎屑岩及陆源碎屑岩建造，主要岩性为安山质火山角砾岩、流纹质凝灰岩、含角砾凝灰岩、火山角砾岩、砂岩等。

(2)早侏罗世南楼山组（J_2n）：中酸性火山熔岩及其碎屑岩建造，主要岩石类型有流纹岩、安山岩、英安质含角砾凝灰岩、安山质集块岩、安山质凝灰角砾岩、流纹质凝灰角砾岩等。

(3)早白垩世安民组（K_1a）：中性火山熔岩夹碎屑岩及含煤建造，主要岩石类型有安山岩、砂岩、页岩，局部含煤。

2. 侵入岩建造

预测工作区内侵入岩发育，具有多期多阶段性。分别为：中二叠世辉长岩（$P_2\nu$）、晚二叠世二长花岗岩（$P_3\eta\gamma$）、早侏罗世闪长岩（$J_1\delta$）、早侏罗世花岗闪长岩（$J_1\gamma\delta$）、早侏罗世二长花岗岩（$J_1\eta\gamma$）、中侏罗世闪长岩（$J_2\delta$）、早侏罗世石英闪长岩（$J_1\delta o$）、中侏罗世花岗闪长岩（$J_2\gamma\delta$）、中侏罗世二长花岗岩（$J_2\eta\gamma$）、早白垩世花岗斑岩（$K_1\gamma\pi$）。各期次侵入岩沿北东向分布，其中早侏罗世花岗闪长岩与二长花岗岩呈岩基状产出，其他以小岩株状、岩瘤状产出，构成吉林省东部火山-岩浆岩带的一部分。

3. 沉积岩建造

预测工作区内沉积岩地层分布较广泛，除第四纪全新统河漫滩相砂砾石松散堆积外，出露的地层如下。

(1)上石炭统四道砾岩（C_2sd）：为一套砾岩夹砂岩、灰岩建造，主要岩石类型为灰色钙质砾岩、中细粒钙质砂岩、含砾粉砂岩夹灰岩透镜体。

(2)中二叠统大河深组（P_2d）：为一套海-陆交互相火山沉积建造，主要岩石类型有流纹质凝灰岩、安山质凝灰岩夹流纹岩,凝灰质砾岩、砂岩夹流纹质凝灰岩。

(3)范家屯组($P_3 f$):为一套浅海相陆源碎屑岩及火山碎屑岩建造,主要岩石类型有细砂岩、粉砂岩、凝灰质砂岩、细砾岩、砂砾岩、砾岩。

4. 变质岩建造

区内变质岩不发育,仅在预测工作区西南角有少量分布,为寒武系黄莺屯组($\in hy$),岩性为变粒岩夹大理岩、斜长角闪岩及片岩变质建造。

六、杜荒岭预测工作区

(一)区域建造构造特征

该预测工作区主要分布于区域上的东西向断裂、北东向断裂、北西向断裂的交会处或近东西向断裂中,均与铜矿形成关系密切。区内侵入岩比较发育,其中有新元古代侵入岩、晚三叠世侵入岩、早侏罗世侵入岩、早白垩世侵入岩。沉积岩建造也比较发育,二叠系砂岩、砂岩与泥岩互层建造,古近系砂砾岩夹煤层建造。与成矿关系密切的为火山岩建造,直接与铜矿相关的为早白垩世金沟岭组火山岩的岩石组合、火山岩相、火山建造、火山构造。

(二)预测工作区建造构造特征

1. 火山岩建造

(1)托盘沟组($T_3 t$):岩性主要有灰绿色流纹质含角砾凝灰熔岩、灰黄色流纹岩、深灰色或黑灰色安山质含角砾凝灰熔岩夹安山质凝灰岩、安山岩、安山质角砾凝灰熔岩、安山质角砾岩和安山集块岩。火山岩相为爆发相、喷发相、溢流相。火山建造为流纹质火山碎屑岩建造、流纹岩建造、安山岩建造、安山质火山碎屑岩建造。在托盘沟组中保留有3处火山机构,其中西南岔西山的火山岩性为安山集块岩、安山质熔结角砾岩和安山质凝灰角砾岩等,均为爆发相近火山口的堆积物。火山口在北西向和北东向断裂的交会处,杜荒子北火山口主要岩性为安山质熔结角砾岩,亦受北东向和北西向断裂的交会部位控制。

(2)金沟岭组($K_1 j$):主要岩性为安山岩、安山质角砾凝灰岩、安山质集块岩、安山质角砾岩、安山质凝灰角砾岩、闪长玢岩等。火山岩相为爆发相、喷发相、溢流相。火山建造为安山岩夹安山质火山碎屑岩建造、安山质火山集块岩建造、安山质火山碎屑岩建造、闪长玢岩建造。在区内金沟岭组火山岩中保留有7处火山机构,其中以杜荒岭、雪岭为代表的4处火山口以安山质集块岩为主,另有3处火山口被闪长岩或次安山岩充填。7处火山机构均受北东向、北西向断裂交会部位控制,与金矿和金矿化关系密切。

2. 侵入岩建造

区内侵入岩比较发育,其中有新元古代侵入岩、晚三叠世侵入岩、早侏罗世侵入岩、早白垩世侵入岩。

(1)新元古代英云闪长岩($Pt_3 \gamma\delta o$):仅在预测工作区零星分布,变质程度较高,片麻理发育,并有叠加变形构造,U-Pb法测年结果为1 179.7Ma。

(2)晚三叠世闪长岩($T_3\delta$)位于区内的东南部,以岩株产出。晚三叠世石英闪长岩($T_3\delta o$)分布于西南部和中东部,以岩株产出。晚三叠世花岗闪长岩($T_3\delta r$)以岩基产出,主要为中细粒花岗闪长岩。测年值为216.8~209.5Ma(U-Pb)。晚三叠世二长花岗岩($T_3\eta r$)分布于东北部,以岩株产出,主要为中粒和中细粒二长花岗岩。

(3)早侏罗世花岗闪长岩($J_1\delta r$)分布于预测区的西南边缘,以岩基产出,岩性为中细粒花岗闪长岩。邻区获得年龄值(203±2)Ma(S)。

(4)早白垩世辉长岩($K_1\upsilon$),在区内零星分布,以小岩株产出,岩性为辉长岩、橄榄辉长玢岩。早白垩世闪长岩($K_1\delta$)在区内零星分布,以小岩株或脉状产出,岩性为中细粒闪长岩、闪长玢岩。早白垩世碱长花岗岩以小岩株产出,岩性为中粒碱长花岗岩。早白垩世花岗斑岩($K_1\gamma\pi$)以小岩株或脉状产出,岩性为花岗斑岩,斑晶为斜长石、石英、角闪石等,含量30%;基质为长英质,含量70%。

(5)脉岩:区内脉岩比较发育,其中有花岗斑岩、花岗细晶岩、次安山岩、石英脉等。区内的脉岩和次火山岩与金的形成有密切关系。

3. 沉积岩建造

(1)亮子川组($P_2 l$):灰黑色凝灰质砂岩、碳质粉砂岩、长石砂岩,厚度大于350m。

(2)解放村组($P_2 j$):以深灰色砂岩、粉砂岩为主,局部夹板岩,厚度为2874m。其与上覆地层上三叠统大东沟组呈整合关系。

(3)大东沟组($P_2 ld$):灰色、深灰色复成分砂岩、长石岩屑砂岩、泥质岩、砂质泥岩。

(4)珲春组(Eh):岩性以黄灰色砂岩、砾岩为主,局部夹煤线,厚度大于958m。

(5)第四纪全新统Ⅰ级阶地和河漫滩(Qh^{al}):主要以冲积砂砾石和亚黏土为主,局部堆有亚黏土,厚度1~15m。

七、刺猬沟-九三沟预测工作区

(一)区域建造构造特征

该预测工作区区域上位于百草沟-苍林东西向断裂,亲和屯-西大坡北东向断裂和大柳河-海山北西向断裂交会处。区内分布有寒武系—奥陶系、中二叠统、上三叠统、下白垩统,侵入岩有晚三叠世石英闪长岩、晚三叠世花岗斑岩、早侏罗世花岗闪长岩、晚侏罗世辉长岩,还有比较发育的晚期脉岩。火山岩建造也较发育,区内铜矿的形成主要与早白垩世刺猬沟组和金沟岭组火山岩关系密切,已知铜矿床和矿点多形成于安山质凝灰角砾、安山质集块岩中,说明安山质碎屑岩建造、安山质集块岩建造为区内的主要含矿建造。此外,位于火山口及附近的闪长玢岩、次安山岩亦与成矿有一定的成生联系。

(二)预测工作区建造构造特征

1. 火山岩建造

(1)晚三叠世托盘沟组($T_3 t$):以中性火山岩为主,其中有深灰色安山岩,灰绿色、紫灰色安山质凝灰角砾岩,具有轻微的片理化,有别于侏罗纪、白垩纪火山岩。火山岩相以安山岩居多的溢流相为主,而爆发相的火山角砾岩分布不稳定,出露局限。值得重视的是该期火山岩普遍具有片理化、绿泥石化和碳酸盐化。火山建造以安山岩建造、安山质火山碎屑岩建造为主。火山构造在东光乡南东2km处有一火山口,为爆破角砾岩筒,呈圆锥形,直径250m。爆破角砾岩具有凝灰结构,集块成分为安山岩和闪长玢岩,角砾成分为板岩、安山岩、闪长玢岩,围绕角砾岩筒断裂和次安山岩脉发育。该期火山岩同位素测年值为214.03Ma(Rb-Sr)。

(2)中侏罗世满河组(J_2mh):岩性以安山质凝灰角砾岩、安山质凝灰岩为主,还有安山岩。火山岩相为安山质火山碎屑岩,属喷发相,安山岩为喷溢相。火山建造主要有安山岩建造、安山质火山碎屑岩建造。同位素测年值为(174.19±3.61)Ma(K-Ar)。

(3)早白垩世刺猬沟组(K_1cw):主要岩性为安山岩、英安岩、含角砾安山岩,局部见安山质凝灰角砾岩、集块岩。同位素测年值为(111.48~109.81)Ma(K-Ar)。火山岩相主要有喷溢相、喷发相、爆发相。火山建造为安山岩建造、英安岩建造、安山质火山碎屑岩建造。刺猬沟组中火山机构很多,火山口有4处,多数火山口被次安山岩、闪长玢岩或花岗斑岩充填,在火山口或火山口附近多有金或铜的矿化,并有黄铁矿化、硅化等多种蚀变。

(4)早白垩世金沟岭组(K_1j):岩性有闪长玢岩、块状安山岩、安山质角砾凝灰岩、安山质集块岩、安山质角砾岩、凝灰角砾岩,局部为砂砾岩。火山岩相为次火山岩相、喷溢相、爆发相、喷发相。火山岩建造主要有闪长玢岩建造、安山岩夹安山质火山碎屑岩建造、安山质火山集块岩建造、安山质火山碎屑岩建造、陆源碎屑砂砾岩建造。

(5)中新世老爷岭组(N_1l):岩性为深灰色、黑灰色块状玄武岩、气孔状玄武岩。同位素测年值为5.89Ma(K-Ar)、12Ma(K-Ar)。

2. 侵入岩建造

区内侵入岩有晚三叠世石英闪长岩、花岗斑岩,早侏罗世花岗闪长岩,晚侏罗世辉长岩,还有比较发育的晚期脉岩。

(1)晚三叠世石英闪长岩($T_3\delta o$)分布于预测区的东南部,岩性为细粒石英闪长岩,以岩基产出,该岩体侵入中二叠统解放村组和关门嘴子组,被早侏罗世花岗闪长岩侵入。晚三叠世花岗斑岩($T_3\gamma\pi$)分布于十里坪东侧,岩性为花岗斑岩,以岩株产出,侵入中二叠统庙岭组中。

(2)早侏罗世花岗闪长岩($T_3\gamma\delta$)在区内的东部和西南部均有分布,岩性为中细粒花岗闪长岩,以岩基产出。侵入中二叠统关门嘴子组、庙岭组,亦侵入晚三叠世石英闪长岩,其上被早白垩世刺猬沟组、金沟岭组火山岩及大拉子组砂砾岩不整合覆盖。同位素测年值为164.91Ma(K-Ar)、187±Ma(S)。晚侏罗世辉长岩($J_3\upsilon$)位于983高地上,岩性为中细粒辉长岩,以岩株产出,侵入晚三叠世托盘沟组,同位素测年值为150.75Ma(K-Ar)。

(3)脉岩:区内脉岩比较发育,其中有辉绿玢岩、闪长岩脉、闪长玢岩、花岗斑岩、细晶岩脉、次安山岩、次玄武岩、煌斑岩、石英脉等。

3. 沉积岩建造

(1)寒武系—奥陶系马滴达组($\in-Om$):岩性为变质粉砂岩夹变质英安岩。

(2)中二叠统关门嘴子组(P_2g):岩性以灰色片理化安山岩为主,局部安山质火山碎屑岩夹灰岩。厚度2521m。

(3)中二叠统庙岭组(P_2m):岩性为深灰色细砂岩、粉砂岩夹灰岩,厚度702m。

(4)上三叠统山谷旗组(T_3s):岩石组合下部为灰色砾岩夹砂岩,上部为灰色、深灰色粗砂岩夹粉砂岩。厚度1040m。

(5)上三叠统滩前组(T_3ta):岩性为灰色、深灰色细砂岩、粉砂岩夹泥灰岩,厚度1536m。

(6)下白垩统大拉子组(K_1dl):其下部岩性为灰黄色砾岩、砂岩,上部岩性为土黄色细砂岩、粉砂岩夹油页岩。厚度1 012.36m。

(7)上更新统Ⅱ级阶地:岩性灰黄色砂砾、土黄色亚黏土。厚度5~20m。

(8)全新统Ⅰ级阶地、河漫滩堆积:岩性为冲洪积砂砾岩、亚黏土、亚砂土。厚度1~15m。

4. 变质岩建造

区内变质岩仅有马滴达组小面积分布。

岩石组合为变质砂岩、变质粉砂岩夹变质英安岩;变质建造为变质砂岩夹变质英安岩;原岩建造为砂岩夹英安岩建造;变质矿物组合为Bi+Pl+Qz+Hh。

八、大黑山-锅盔顶子预测工作区

(一)区域建造构造特征

该预测工作区位于余富屯石炭纪裂陷槽的东缘,是晚古生代吉林弧(褶皱带)与近南北向雁行排列的印支晚期—燕山早期驿马-吉林火山-岩浆构造带的叠合部位。区内主要出露晚三叠世、早侏罗世火山岩建造和火山碎屑岩建造,早—中侏罗世石英闪长岩、花岗闪长岩建造和晚侏罗世二长花岗岩建造。北部有寒武系头道岩组变质岩构造残片和二叠系范家屯组碎屑岩建造。

(二)预测工作区建造构造特征

1. 火山岩建造

区内主要有晚印支期—早燕山期火山活动,分布面积约占预测工作区总面积的40%,有晚三叠世四合屯组、早侏罗世玉兴屯组和南楼山组火山沉积岩建造。

(1)晚三叠世四合屯组(T_3s):安山岩及其火山碎屑岩建造主要分布于南部兴隆屯、下扁枣胡子、大桥村、八家子一带。自下而上可划分为早期的安山质、凝灰质角砾岩建造,由安山质凝灰角砾岩、流纹质凝灰角砾岩组成;中期安山质集块岩建造,由安山质集块岩、安山质角砾岩组成;晚期的安山岩夹安山质火山碎屑岩建造,由深灰色安山岩夹安山质凝灰岩、安山质火山角砾岩组成,属喷溢和喷发形成的火山岩建造。在髅头火山口东,安山岩建造与燕山期花岗斑岩接触带形成小型铜及多金属矿床。

(2)早侏罗世玉兴屯组(J_1yx):中酸性火山-沉积岩建造主要分布于西南部黑风顶子(锅盔顶子)、新立屯、齐心屯一带,可划分为下部和上部碎屑岩建造,中部流纹质-安山质火山碎屑岩建造。底部碎屑岩建造中常有粗碎屑,不整合上覆在四合屯组之上。在碎屑岩中产丰富的植物化石:*Neocalamites carrerei*,*Cycadocarpidium*? sp.,*Phoenicopsis* sp.等,时代为早侏罗世。中部火山碎屑岩建造由喷发相组成,岩性有灰黄色流纹质凝灰岩、含角砾凝灰岩、火山角砾岩、灰色安山质凝灰角砾岩,厚度大于482m。在锅盔顶子北本组与中侏罗世花岗闪长岩接触带的内带有锅盔顶子小型铜矿床,该矿床属岩浆期后热液型矿床,但与玉兴屯组火山-沉积建造不无联系。

(3)早侏罗世南楼山组(J_2n):火山碎屑岩建造,分布极广,构成取柴河-永吉县火山带的主体。火山建造可划分为喷发-沉积相、火山通道相、爆发相和喷溢相。喷发-沉积相出现于本组的底部,由安山质凝灰角砾岩建造组成,在双河镇二道川一带不整合上覆在范家屯组之上。组成岩性包括安山质凝灰角砾岩、凝灰岩及少量流纹质凝灰角砾岩等。火山通道相分布于头道沟北大顶子山,形成安山质集块岩建造,由安山质集块岩、碎斑熔岩及碎斑熔岩角砾岩组成。爆发相和喷溢相分布面积较广,由安山岩、英安岩、英安质火山碎屑岩建造和流纹岩建造组成,由灰黑色、灰绿色安山岩、英安质含角砾凝灰岩及暗红色流纹岩构成。流纹岩、安山岩的测年年龄为176.1~176.7Ma(全岩K-Ar),195.04Ma(全岩K-Ar),

时代为早、中侏罗世。在倒木河一带南楼山组火山碎屑岩建造中有大型砷、铜矿床和多处小型矿点、矿化点，属于与南楼山组火山岩有关的热液型矿床。

2. 侵入岩建造

区内侵入岩分布面积较广，占预测工作区总面积的40％，与火山岩共同组成驿马-吉林火山-岩浆构造带。区内有晚二叠世超基性岩，燕山早—中期碱长花岗岩、石英闪长岩、花岗闪长岩、二长花岗岩，燕山晚期晶洞碱长花岗岩、闪长玢岩和花岗斑岩。其中花岗闪长岩和二长花岗岩分布最广，约占花岗岩类的80％，并且在空间上与铜及多金属矿床关系密切。

（1）花岗闪长岩建造：分布面积较广，岩基状出露于东南部太平岭屯、西小屯、朝阳沟一带。在锅盔顶子、朝阳沟西南与四道组火山岩接触带内带中有小型铜矿床。花岗闪长岩为灰白色，似斑状结构，块状构造。斑晶主要为斜长石，还有少量碱长石，粒径5～8mm，似斑晶含量10％；基质为中、细粒花岗结构，由斜长石、少量碱长石、石英、黑云母和少量角闪石组成。岩石中常见闪长质细晶包体和富云包体。

（2）二长花岗岩建造：分布面积也较广，见于五里河子、北甸子、大岔屯、前撮落一带，呈岩基状产出。在倒木河、前撮落等地与南楼山组火山岩建造内、外接触带有多处铜及多金属矿床（矿点）。二长花岗岩为肉红色，矿物粒径为1～3mm，二长结构，块状构造，斜长石呈半自形、板状，含量35％；钾长石呈宽板状，含量35％；石英为他形、粒状，含量25％；暗色矿物为黑云母，含量5％左右。

此外燕山晚期花岗斑岩（朝阳沟小岩体）、闪长玢岩（长岗岭村小岩体）也见硫化物矿化，应引起重视。

3. 沉积岩建造

预测工作区沉积建造主要分布于西北部双河镇一带，有鹿圈屯组砂岩夹灰岩建造和范家屯组砂岩夹灰岩建造。此外有第四纪河漫滩堆积砂、砾石层。

4. 变质岩建造

头道岩组斜长阳起石岩夹变质砂岩建造：主要分布于永吉县头道沟、三家子、刘家沟一带，双河镇新立屯、长岗岭及小城子一带，呈构造残片保存于燕山早期花岗岩中。在1∶5万地质图中前撮落、一心屯、吊水湖一带也有大面积分布。可进一步划分为上部的变质砂岩夹阳起石岩建造和下部的斜长阳起石岩夹变质砂岩建造。前者岩性为变质粉砂岩、千枚状板岩、碳质板岩、变凝灰质砂岩及斜长阳起石岩；后者为头道岩组的主要部分，主要岩石有斜长阳起石岩夹变质砂岩和变质中性—基性—超基性喷出岩。斜长阳起石岩原岩为中、基性火山岩，即玄武安山岩类和玄武岩类。变质泥砂质岩类为粉砂质泥岩和泥岩类。头道岩组的原岩建造为中、基性火山岩夹粉砂质泥岩、泥岩建造。在斜长阳起石岩中常见硫铁矿化、磁铁矿化，并有多处铜、铅、锌及金硫化物矿点（矿化点），因此头道岩组阳起石岩夹变质砂岩建造很可能是与洋底火山喷发有关的块状硫化矿床的载体。

九、红旗岭预测工作区

（一）区域建造构造特征

该预测工作区位于天山-兴安地槽褶皱区与中朝准地台两大构造单元接壤地带的槽区一侧的吉黑褶皱系吉林优地槽褶皱带南缘。辉发河超岩石圈断裂不仅是两构造单元的分界线，也是含镍基性—超基性侵入岩体的导岩构造，由于辉发河超岩石圈断裂带不断活动，深度不断增大，引起基性—超基性岩和花岗岩沿断裂带大量侵入。

(二)预测工作区建造构造特征

1. 火山岩建造

该预测工作区火山岩建造包括晚古生代海相英安岩、砂岩夹灰岩建造(窝瓜地组),凝灰岩夹流纹岩建造和凝灰质碎屑岩夹灰岩建造(大河深组);大陆裂谷和断陷盆地中的英安岩夹英安质火山碎屑岩建造(金家屯组)和新生代船底山组玄武岩、军舰山组玄武岩建造。

2. 侵入岩建造

(1)印支期侵入岩建造:橄榄岩建造、辉长岩建造为红旗岭岩体群的组成部分,分布于红旗岭一带,西始茶尖岭,东至呼兰河口,宽20km;南始黑石镇,北达官马屯—三道岗一带,长约28km,呈北西向带状分布。在区内有30余个基性—超基性岩体。

(2)燕山早期侵入岩建造:该期侵入岩十分发育,是构成张广才岭岩浆带的一部分。主要有闪长岩建造、石英闪长岩建造、二长花岗岩建造、花岗闪长岩建造和正长花岗岩建造。

(3)燕山晚期、喜马拉雅期侵入岩建造:燕山晚期侵入岩为花岗斑岩类,喜马拉雅期侵入岩为细晶辉长岩类。

3. 沉积岩建造

区内有晚古生代海相碳酸盐岩沉积建造(磨盘山组)、碎屑岩夹灰岩沉积建造(石嘴子组、寿山沟组)和碎屑岩沉积建造(范家屯组);中生代火山盆地和陆内裂谷形成的碎屑岩夹煤建造和碎屑岩建造(前者有义和组、长安组,后者为小南沟组);新生代有碎屑岩夹有机岩建造(桦甸组)、碎屑岩夹硅藻土建造(土门子组)和砂砾石层、黏土层堆积(阶地及河流相)。

4. 变质岩建造

太古宙黑云片麻岩夹斜长角闪岩及磁铁石英岩变质建造、英云闪长质片麻岩变质建造,元古宙变质辉长辉绿岩建造,分布于辉发河断裂(大陆裂谷)的南侧。辉发河断裂北侧则有呼兰(岩)群变质建造,包括变粒岩与大理岩互层夹斜长角闪岩变质建造(黄莺屯组)、大理岩夹变粒岩变质建造(小三个顶子岩组)。值得注意的是,在大孤顶子、黄莺屯一带有变质角闪石岩、变质橄榄辉石岩、变质辉长岩类,它们的原岩属喷出岩还是侵入岩类,应进一步研究。呼兰(岩)群变质建造为基性—超基性岩的主要围岩。红旗岭7号岩体南端黑云母片麻岩、花岗片麻岩与顽火辉石岩(含矿)、蚀变辉石岩(含矿)互层产出,超镁铁质岩与片麻岩之间为构造接触,属于构造堆覆体。在呼兰岩群变质建造中应注意找此类超基性岩和矿层。

十、漂河川预测工作区

(一)区域建造构造特征

该预测工作区中与含矿有关的建造应为变质岩建造及侵入岩建造,变质岩建造即寒武系黄莺屯组,其本身富含Cu元素,受后期岩浆热液活动的影响,使有用矿物迁移、沉淀,局部富集形成矿体。区内与矿产有关的构造主要为近东西向呈弧形分布的二道甸子构造带,以及北西向、北北西向、北北东向的次级断裂,与压扭性、张扭性断裂有关的矿(化)体规模大、矿体形态稳定,含矿品位高且均匀;而与压性、张性断裂有关的矿(化)体形态变化大,含矿不均,多呈透镜体状,尤以张性断裂控制的矿体,含矿偏低,工业价值小。

(二)预测工作区建造构造特征

1. 火山岩建造

预测工作区内火山岩主要分布于北西和南东两侧,沿着敦密断裂带分布,为中—新生代火山岩。早白垩世安民组(K_1a)以安山岩为主夹砂岩、页岩,以喷溢相为主,其间具有火山喷发间断;中新世船底山组(N_1c)为致密块状玄武岩、气孔状玄武岩及橄榄玄武岩;上新世军舰山组(N_2j)为橄榄玄武岩、玄武岩。

2. 侵入岩建造

区内侵入岩发育,具有多期多阶段性,主要有晚三叠世辉长岩($T_3\nu$)、早侏罗世辉长岩($J_1\nu$)、早侏罗世二长花岗岩($J_1\eta\gamma$)、中侏罗世花岗闪长岩($J_2\gamma\delta$)、早白垩世二长花岗岩($K_1\eta\gamma$)、早白垩世晶洞花岗岩($K_1\gamma\nu$)、早白垩世闪长玢岩($K_1\delta\mu$)、早白垩世花岗斑岩($K_1\gamma\pi$)。各期次侵入岩沿北东向分布,其中早侏罗世花岗闪长岩与二长花岗岩呈岩基状产出,其余均以小岩株状、岩瘤状产出,构成吉林省东部火山-岩浆岩带的一部分。

3. 沉积岩建造

预测工作区内沉积岩地层分布较少,除第四纪全新世河漫滩相砂砾石松散堆积外,出露的地层仅见下白垩统小南沟组(K_1x),为一套砾岩夹砂岩建造,分布于预测工作区东南部,构成红石东沉积盆地及二道甸子沉积盆地。

4. 变质岩建造

区内变质岩呈大面积分布,主要为寒武系黄莺屯组($\in hy$),以变粒岩和大理岩为主,夹斜长角闪岩变质建造;其次为奥陶系小三个顶子组(O_1xs)大理岩夹变粒岩建造。

十一、赤柏松-金斗预测工作区

(一)区域建造构造特征

该预测工作区位于中朝准地台辽东台隆,铁岭-靖宇台拱与太子河-浑江陷褶断束接触带隆起一侧。区内地层主要以太古宙地体表壳岩为主,主要岩性为黑云斜长片麻岩、斜长角闪岩夹浅粒岩、透闪石岩及麻粒岩,变质程度较高,属高级角闪岩相与麻粒岩相,多被太古宙英云闪长岩侵入,仅以包体存在于英云闪长岩中。矿区东侧湾湾川一带表壳岩以片状斜长角闪岩、浅粒岩为主,多被钾长花岗岩侵入。

(二)预测工作区建造构造特征

1. 火山岩建造

预测工作区火山岩建造主要有中生代晚侏罗世果松组,为砾岩、安山岩、安山质火山碎屑岩建造;中生代晚侏罗世林子头组为安山质集块岩建造、安山岩建造、火山碎屑岩建造。

2. 侵入岩建造

（1）赤柏松基性—超基性岩建造：赤柏松基性—超基性构造岩浆带呈北西走向，长21km，宽11km。区内绘出11个（条）基性—超基性岩体。众多的辉绿玢岩脉、闪长玢岩、部分辉长岩、橄榄辉长岩及碱性岩脉没有填制。11条岩体北西成带，北东成脉，其中赤柏松岩体长约2.5km，宽200～300m，砬缝一带的岩体略大，长约4.5km，一般岩体1.5～2km。岩体分异作用不明显，没有基性、超基性岩所具有的按基性程度分异的似层状构造，但是岩体的不同部位岩性、岩相有差异，由此有人提出岩体形成的"脉动说"，认为基性熔浆在岩浆房发生重力分异阶段，多次侵入，形成复合岩体。岩体的围岩都是新太古代变质二长花岗岩。根据岩体的成因和形成时代，找矿应先找岩体，岩体应在前寒武纪地质体中寻找，中生代盖层之下可能有隐伏岩体。

总之赤柏松基性—超基性岩是铜矿床的载体，北西成带，北东成脉，找铜先找岩体，岩体出露于前寒武纪变质岩建造中，中生代盖层下部可能有隐伏的基性—超基性岩体，应采用高精度物探（磁法）方法寻找隐伏岩体。

（2）通化县-干沟花岗斑岩构造岩浆亚带：此带为晚中生代构造岩浆带，主要为花岗斑岩小岩体或岩株，呈北西向断续展布，是二密（松顶山）构造岩浆带的组成部分。

3. 沉积岩建造

预测工作区沉积岩建造主要包括中侏罗统小东沟组砾岩、砂岩建造，上侏罗统鹰嘴砬子组砾岩、泥灰岩建造。

4. 变质岩建造

区内新太古代红透山岩组变质岩较为发育，岩性为黑云变粒岩夹磁铁石英岩。此外，还有新太古代变质二长花岗岩建造。

十二、长仁-獐项预测工作区

（一）区域建造构造特征

该预测工作区位于天山-兴蒙-吉黑造山带（Ⅰ），包尔汉图-温都尔庙弧盆系（Ⅱ），清河-西保安-江域岩浆弧（Ⅲ）内。出露的下古生界寒武系—奥陶系（相当原青龙村群）是本区含镍基性、超基性岩体群的主要围岩。

（二）预测工作区建造构造特征

1. 火山岩建造

区内火山岩仅出露有船底山组（$N_1č$）。岩石组合为橄榄玄武岩、块状玄武岩；火山建造为玄武岩建造；火山岩相为喷溢相；火山构造为泛流玄武岩，隶属长白山-闹枝沟火山构造洼地。

2. 侵入岩建造

区内的侵入岩比较发育，海西早期、海西晚期及燕山期侵入岩均有出露。

（1）长仁-獐项超基性岩（DΣ）：分布于长仁-獐项的超基性岩群，由 10～15 个小岩株组成，岩性有橄榄岩、二辉橄榄岩、二辉岩、含长二辉岩、次闪石化辉岩等，该超基性岩侵入新元古代新东村岩组片麻岩中，与铜镍成矿关系极为密切。同位素测年值为 364Ma（K－Ar），其年龄指示的地质年代为晚泥盆世，说明这一超基性岩群的岩浆事件形成于海西早期。基性岩（Dν）主要分布在新东村、长仁、柳水坪、獐项等地，由 9 个小岩株构成基性岩群，岩性为辉长岩、角闪辉长岩等。据邻区（西北岔）同位素测年资料，辉长岩年龄值为 267Ma（K－Ar），也为海西早期的一次岩浆事件。

（2）中二叠世闪长岩（$P_2\delta$）：出露于鸡南村附近，以岩株产出，岩性为黑灰色中细粒闪长岩。

（3）晚二叠世二长花岗岩（$P_3\eta\gamma$）：分布于预测区西南部，以岩基产出，该岩体侵入新太古代鸡南岩组和新太古代英云闪长质片麻岩，被早侏罗世花岗闪长岩侵入。岩性为浅肉红色中细粒二长花岗岩。

（4）早侏罗世花岗闪长岩（$J_1\gamma\delta$）：分布于预测区东南部，以岩基产出，该岩体侵入新元古代新东村岩组，岩性为灰白色中细粒花岗闪长岩，同位素年龄值为 194.3Ma（U－Pb）。

（5）脉岩：区内脉岩比较发育，其中有闪长玢岩、花岗斑岩、花岗细晶岩、含钾伟晶岩等。

3. 沉积岩建造

中二叠统庙岭组（P_2m）岩性为灰色细砂岩、粉砂岩夹灰色灰岩；下白垩统长财组（K_1c）岩性为灰黄色砾岩、砂岩、粉砂岩夹煤；下白垩统大拉子组（K_1dl）岩性为灰黄色砾岩、砂岩，发育有较好的水平层理和斜层理；上白垩统龙井组（K_2l）岩性以紫色、土黄色粗砂岩细砂岩为主，夹泥岩、泥灰岩，交错层理发育；新近系中新统船底山组（N_1c）岩性为灰黑色橄榄玄武岩、块状玄武岩；第四纪全新统Ⅰ级阶地及河漫滩堆积（Qh^{al}）主要为冲积砂砾石，松散砂砾、亚砂土、亚黏土。

4. 变质岩建造

（1）新太古代鸡南岩组（$Ar_3j.$）：岩石组合为黑云角闪变粒岩夹角闪岩及磁铁石英岩变质建造；变质矿物组合为 Pl＋Bi＋Hb；原岩建造为中、基性火山岩-沉积岩含硅铁建造；变质相为角闪岩相；变质作用类型为中温中压区域变质作用。

（2）新太古代官地岩组（$Ar_3g.$）：岩石组合为黑云变粒岩与浅粒岩互层夹磁铁石英岩；变质建造为黑云变粒岩与浅粒岩夹磁铁石英岩变质建造；变质矿物组合为 Pl＋Bi＋Hb＋Q；原岩建造为中酸性火山岩-沉积岩含硅铁建造；变质相为绿片岩相；变质作用类型为低温中压区域变质作用。

（3）新元古代新东村岩组（$Pt_3xd.$）：岩石组合为黑云变粒岩、黑云浅粒岩、黑云斜长片麻岩、含石墨方解石大理岩；变质建造为黑云变粒岩夹黑云斜长片麻岩及含石墨方解石大理岩建造；变质矿物组合为 Pl＋Bi＋Hb＋Q；原岩建造为泥岩、粉砂岩建造；变质相为角闪岩相；变质作用类型为中温中压区域变质作用。

（4）新元古代长仁大理岩（Pt_3c）：岩石组合为白色含石墨大理岩、含硅质条带大理岩、含石墨硅质条带大理岩；变质建造为大理岩变质建造；变质矿物组合为 Ab＋Qz＋Cal；原岩建造为火山-陆源碎屑沉积建造；变质相为绿片岩相；变质作用类型为低温区域变质作用。

十三、小西南岔-杨金沟预测工作区

（一）区域建造构造特征

五道沟群变质岩系是矿体主要围岩之一，马滴达组、杨金沟组、香房子组的变质建造与成矿有关，可能为成矿提供物质来源。中二叠世闪长岩和晚三叠世花岗闪长岩是矿体的直接围岩之一，这两期岩浆热液可能带来铜成矿的有益组分。酸性次火山岩隐伏岩体、花岗斑岩类岩体中含矿。闪长玢岩、石英闪长岩小岩株、岩脉和花岗斑岩脉在时空关系上与成矿关系最为密切,矿体产于岩体与围岩接触带或穿插于其中。区内的断裂构造十分发育,其中有东西向断裂、北北东向断裂、北西向断裂和南北向断裂。已知铜矿床、矿点、矿化点均受上述4组断裂构造控制,断裂的交会部位是成矿最有利的部位。具体地说,北北东向断裂和东西向断裂是控矿构造,北西向断裂是容矿构造。

(二)预测工作区建造构造特征

1. 火山岩建造

区内火山岩主要为晚三叠世托盘沟组和中新世老爷岭组。

(1)晚三叠世托盘沟组(T_3t):岩石组合为灰黄色流纹岩、灰绿色安山质含角砾凝灰熔岩、深灰色安山质、暗紫色-灰绿色含斑安山岩、灰黑色安山质含角砾凝灰熔岩、灰黑色安山质角砾凝灰熔岩夹少量层凝灰岩。火山岩相为喷溢相-喷发相;火山建造为流纹岩建造、安山质火山碎屑岩建造、安山岩建造;火山构造为杜荒岭-大西南岔西山火山,未见火山机构。

(2)中新世老爷岭组(N_1l):岩性组合为橄榄玄武岩、气孔状玄武岩及致密块状玄武岩。同位素年龄为(12.4 ± 0.6)Ma(K-Ar)。火山岩相为喷溢相;火山建造为玄武岩建造;火山构造为气流玄武岩。

2. 侵入岩建造

区内属西拉木伦构造岩浆岩带,侵入岩较发育,其中有二叠纪闪长岩、花岗闪长岩,三叠纪闪长岩、花岗闪长岩、二长花岗岩,以及侏罗纪、白垩纪的脉岩。

(1)中二叠世闪长岩($P_2\delta$)为中细粒闪长岩,以岩株产出,侵入五道沟群,被中二叠世花岗闪长岩侵入,同时被晚三叠世花岗闪长岩侵入。该期闪长岩与金铜的成矿关系密切,小西南岔金矿体多赋存于该闪长岩中。同位素年龄为(270.3 ± 5.9)Ma(U-Pb)、(271.4 ± 8.8)Ma(U-Pb)。中二叠世花岗闪长岩($P_2\gamma\delta$)为中细粒花岗闪长岩,以岩基产出,侵入五道沟群和中二叠世闪长岩,被晚三叠世花岗闪长岩侵入。同位素测年值为(261.5 ± 5.3)Ma(U-Pb)、(267.1 ± 4.8)Ma(U-Pb)。

(2)晚三叠世闪长岩($T_3\delta$)为细粒闪长岩,以岩株产出,侵入五道沟群、中二叠统解放村组、下三叠统托盘沟组,被晚三叠世花岗闪长岩侵入,亦被早白垩世闪长玢岩侵入。晚三叠世花岗闪长岩($T_3\gamma\delta$)为中细粒花岗闪长岩,以岩基产出,侵入寒武系—奥陶系五道沟群,中二叠统关门嘴子组、解放村组、上三叠统托盘沟组,同时侵入晚三叠世闪长岩、花岗闪长岩,被早白垩世闪长玢岩侵入。岩石同位素测年值为(203 ± 2)Ma(U-Pb)。晚三叠世二长花岗岩($T_3\eta\gamma$)为中细粒二长花岗岩,分布于预测区西南隅,以岩基产出,侵入五道沟群、晚三叠世闪长岩和花岗闪长岩中。同位素测年值为(205 ± 5)Ma(U-Pb)。

(3)早白垩世闪长玢岩($K_1\delta\mu$):闪长玢岩(包括石英闪长玢岩、辉长玢岩)以岩株或岩墙(脉)产出。侵入五道沟群和解放村组,同时侵入中二叠世闪长岩,该期侵入岩与金矿产的形成有密切关系,闪长玢岩即为金的含矿侵入岩,可称之为目的层。同位素测年值为130.1Ma(K-Ar)。

(4)脉岩:区内的主要脉岩有闪长玢岩脉、花岗斑岩脉和石英脉。

3. 沉积岩建造

(1)寒武系—奥陶系五道沟群:五道沟群为一条变质岩系,包括马滴达组、杨金沟组、香房子组。马滴达组。岩性为变色变质砂岩、变质粉砂岩夹变质英安岩;杨金沟组岩性组合为黑灰色角闪石英片岩、绿色角闪黑云片岩、黑云石英片岩夹条带状大理岩及片理化变质粉砂岩,局部夹变质英安岩;香房子组岩性主要为黑灰色红柱石二云石英片岩、含榴黑云母石英片岩、红柱石二云片岩、角闪石英片岩夹变质细砂岩。

(2)中二叠统关门嘴子组主要岩性为灰色片理化安山岩,局部安山质碎屑岩夹灰岩,厚度 2521m。解放村组(P_2j)主要岩性为深灰色细砂岩、粉砂岩夹粉砂质板岩。厚度 2874m。

(3)上三叠统托盘沟组(T_3t)岩性主要为黄灰色流纹岩、灰绿色安山质含角砾凝灰熔岩、深灰色安山岩、暗紫色-灰绿色含斑安山岩、黑灰色安山质含角砾凝灰熔岩夹少量层凝灰岩。厚度大于 1180m。

(4)中新统土门子组(N_1t)岩性为土黄色半固结粗砂岩、砾岩,厚度 419.56m,老爷岭组(N_1l)岩性为橄榄玄武岩、气孔状玄武岩、致密块状玄武岩。

(5)全新统Ⅰ级阶地及河漫滩堆积(Qh^{al}):全段为冲洪积砂砾石、粗砂、亚砂土、亚黏土等。

4. 变质岩建造

区内的变质岩主要有五道沟群区域变质岩系。

(1)马滴达组岩性为灰色变质砂岩、变质粉砂岩夹变质英安岩。变质矿物组合为 Bi+Pl+Qz+Hb;原岩建造为碎屑岩-中酸性火山岩建造;变质建造为变质砂岩夹变质英安岩建造;变质相为绿片岩相。

(2)杨金沟岩组岩性为灰色角闪石英片岩、绿色角闪黑云片岩、黑云石英岩夹薄层状变质英安岩;变质矿物组合为 Bi+Pl+Qz+Hb;原岩建造为中性火山岩、火山凝灰岩夹碳酸盐岩及碎屑岩建造;变质建造为片岩夹大理岩及变质砂岩建造;变质相为绿片岩相。

(3)香房子岩组岩性为灰黑色红柱石二云石英片岩、含榴石黑云石英片岩、红柱石二云片岩、角闪石英片岩夹变质细砂岩;变质矿物组合为 Bi+Pl+Qz+Hb、Bi+Mu+Qz+Ad;原岩建造为泥岩、粉砂岩建造;变质建造为二云片岩与石英片岩互层夹变质砂岩建造;变质相为绿片岩相。

十四、农坪-前山预测工作区

(一)区域建造构造特征

五道沟群变质岩系是预测工作区矿体主要围岩之一。马滴达组、杨金沟组、香房子组的变质建造与成矿有关,可能为成矿提供物质来源。中二叠世闪长岩和晚三叠世花岗闪长岩是矿体的直接围岩之一,这两期岩浆热液可能带来铜成矿的有益组分。酸性次火山岩隐伏岩体、花岗斑岩类岩体中含矿。

(二)预测工作区建造构造特征

1. 侵入岩建造

预测工作区属小兴安岭-张广才岭构造岩浆岩带,侵入岩较发育。其中,有二叠纪闪长岩、花岗闪长岩,三叠纪闪长岩、花岗闪长岩、二长花岗岩,以及侏罗纪、白垩纪的一些脉岩。

中二叠世闪长岩($P_2\delta$):中细粒闪长岩,呈岩株产出,侵入五道沟群,被晚三叠世花岗闪长岩侵入。该期闪长岩与金、铜的成矿关系密切。同位素年龄(270.3 ± 5.9)Ma(U-Pb)、(271.4 ± 8.8)Ma(U-Pb)。

中二叠世辉长岩($P_2\gamma\delta$):中细粒花岗闪长岩,呈岩基产出,被中二叠世闪长岩和晚三叠世花岗闪长岩侵入。

晚三叠世辉长岩($P_3\nu$):呈岩株产出,被晚三叠世花岗闪长岩侵入。

晚三叠世闪长岩($T_3\delta$):细粒闪长岩,以小岩株产出,侵入五道沟群中二叠统关门嘴子组、下三叠统托盘沟组,被晚三叠世花岗闪长岩侵入。

晚三叠世花岗闪长岩（$T_3\gamma\delta$）：中细粒花岗闪长岩，以岩基产出，侵入五道沟群、中二叠统关门嘴子组、解放村组，上三叠统托盘沟组。岩石同位素测年值为（203±2）Ma（U-Pb）。

晚三叠世二长花岗岩（$T_3\eta\gamma$）：中细粒二长花岗岩，分布于预测区西北隅，以岩基产出，侵入五道沟群、解放村组，侵入晚三叠世闪长岩和花岗闪长岩。同位素测年值为（205±5）Ma（U-Pb）。

早白垩世闪长玢岩（$K_1\delta\mu$）：闪长玢岩（包含有石英闪长玢岩、辉长玢岩），以岩株或岩墙（脉）产出。侵入五道沟群和解放村组，同时侵入中二叠世闪长岩，该期侵入岩与Au、Cu矿产的形成有密切关系，这期闪长玢岩即为Au、Cu、W的含矿侵入岩，可称之为目的层。同位素测年值为130.1Ma（K-Ar）。

脉岩：预测区内的主要脉岩有闪长玢岩脉、花岗斑岩脉和石英脉。闪长玢岩脉、花岗斑岩脉与铜矿关系密切。

2. 沉积岩建造

预测工作区内发育沉积岩建造有寒武系—奥陶系五道沟群，中二叠统关门嘴子组及解放村组，上三叠统托盘沟组，中新统土门子组及老爷岭组。

寒武系—奥陶系五道沟群：五道沟群为一条变质岩系，包括有马滴达组、杨金沟组、香房子组。马滴达组，岩性为变色变质砂岩、变质粉砂岩夹变质英安岩；杨金沟岩组，岩性组合为黑灰色角闪石英片岩、绿色角闪黑云片岩、黑云石英片岩夹条带状大理岩及片理化变质粉砂岩，局部夹变质英安岩；香房子组，岩性主要为黑灰色红柱石二云石英片岩、含榴黑云母石英片岩、红柱石二云片岩、角闪石英片岩夹变质细砂岩。

中二叠统关门嘴子组（P_2g）：主要岩性为灰色片理化安山岩，局部安山质碎屑岩夹灰岩。

中二叠统解放村组（P_2j）：主要岩性为深灰色细砂岩、粉砂岩夹粉砂质板岩。

上三叠统托盘沟组（T_3t）：岩性主要为黄灰色流纹岩，灰绿色安山质含角砾凝灰熔岩。

中新统土门子组（N_1t）：岩性为土黄色半固结粗砂岩、砾岩。

中新统老爷岭组（N_1l）：岩性为橄榄玄武岩、气孔状玄武岩、致密块状玄武岩。

全新统Ⅰ级阶地及河漫滩堆积（Qh^{al}）：全段为冲洪积砂砾石、粗砂、亚砂土、亚黏土等。

3. 变质岩建造

预测区内的变质岩主要五道沟群区域变质岩系。

马滴达组岩性为灰色变质砂岩、变质粉砂岩夹变质英安岩；变质矿物组合为Bi+Pl+Qz+Hb；原岩建造为碎屑岩—中酸性火山岩建造；变质建造为变质砂岩夹变质英安岩建造；变质相为绿片岩相。

杨金沟组岩性为灰色角闪石英片岩、绿色角闪黑云片岩、黑云石英夹薄层状变质英安岩。变质矿物组合为Bi+Pl+Qz+Hb；原岩建造为中性火山岩、火山凝灰岩夹碳酸盐岩及碎屑岩建造；变质建造为片岩夹大理岩及变质砂岩建造；变质相为绿片岩相。

香房子组岩性为灰黑色红柱石二云石英片岩、含榴石黑云母石英片岩、红柱石二云片岩、角闪石英片岩夹变质细砂岩。

变质矿物组合为Bi+Pl+Qz+Hb、Bi+Mu+Qz+Ad；原岩建造为泥岩、粉砂岩建造；变质建造为二云片岩与石英片岩互层夹变质砂岩建造；变质相为绿片岩相。

十五、正岔-复兴屯预测工作区

（一）区域建造构造特征

区内集安岩群荒岔沟岩组的变粒岩-斜长角闪岩类含石墨大理岩变质建造，与成矿关系较为密切。

其中含石墨变粒岩、含石墨大理岩中含碳质较高的岩石对成矿有益元素有强烈的吸附作用,致使沿该岩层有金属元素的初步富集,形成初步的矿源层,在后期的构造活动和岩浆热液作用下进一步富集成矿。此外,变质岩与不同期次的花岗岩、闪长岩、石英闪长岩、花岗斑岩、闪长玢岩的接触部位是找矿的重要部位。

(二)预测工作区建造构造特征

1. 火山岩建造

预测工作区内主要发育有中侏罗世果松组安山质火山角砾岩、安山质岩屑晶屑凝灰岩、玄武安山岩、安山岩等。同位素年龄值为150～140Ma(K-Ar)、149～144Ma(Rb-Sr)。

2. 侵入岩建造

预测工作区内侵入岩较发育,具有多期多阶段性。主要有古元古代辉长岩、二辉橄榄岩、正长花岗岩、石英正长岩、花岗闪长岩、角闪正长岩、巨斑花岗岩;晚三叠世闪长岩、二长花岗岩;早白垩世花岗斑岩。此外,还有较发育的钠长斑岩、闪长斑岩、闪长玢岩等脉岩。

3. 沉积岩建造

预测工作区内沉积岩建造主要为侏罗系小东沟组紫灰色粉砂岩,局部夹劣质煤、杂色砂岩、粉砂岩、砾岩砂岩互层;第四系全新统Ⅰ级阶地及河漫滩堆积。

4. 变质岩建造

区内变质岩较发育,其中有古元古界集安岩群蚂蚁河岩组($Pt_1m.$)、荒岔沟岩组($Pt_1h.$)、大东岔岩组($Pt_1d.$);老岭岩群林家沟岩组($Pt_1l.$)、珍珠门岩组($Pt_1\varepsilon.$)、花山岩组($Pt_1hs.$)。

(1)蚂蚁河岩组:岩石组合为黑云变粒岩、钠长浅粒岩、斜长角闪岩夹白云质大理岩、含硼蛇纹石大理岩,电气石变粒岩等。变质建造为黑云变粒岩-浅粒岩夹大理岩、斜长角闪岩变质建造;原岩建造为中酸性火山碎屑岩-基性火山岩建造、镁质碳酸盐岩-砂泥质岩建造;变质矿物组合为$Sc+Di+Ti+Ol+Mu+Phl$;变质相为角闪岩相。

(2)荒岔沟岩组:岩石组合为石墨变粒岩、含石墨透辉变粒岩,含石墨大理岩夹斜长角闪岩。变质建造为变粒岩-斜长角闪岩夹含石墨大理岩变质建造;原岩建造为基性火山岩-碳酸盐岩-类复理石建造;变质矿物组合为$Hb+Bit+Pl+Qz+Di+Ep+Ti+Cal+Tl$;变质相为角闪岩相。

(3)大东岔岩组:岩石组合为含矽线石石榴子石变粒岩夹含榴黑云斜长片麻岩。变质建造为黑云变粒岩夹含榴石黑云斜长片麻岩变质建造;原岩建造为陆源碎屑岩-泥质粉砂岩建造;变质矿物组合为$Bi+Pl+Gr+Mu+Qz$;变质相为角闪岩相。

(4)林家沟岩组:依据岩石组合物征划分两个岩性段。新农村岩段($Pt_1l^x.$)岩石组合为钠长变粒岩、黑云变粒岩夹白云质大理岩;变质建造为钠长变粒岩夹白云质大理岩变质建造;原岩建造为中酸性火山碎屑岩夹碳酸盐岩建造;变质矿物组合为$Ab+Qz+Du+Cal$;变质相为绿片岩相。板房沟岩段($Pt_1l^b.$)岩石组合为透闪石变粒岩、黑云变粒岩夹大理岩、硅质条带大理岩;变质建造为黑云变粒岩夹大理岩变质建造;原岩建造为中酸性火山碎屑岩夹碳酸盐岩建造;变质矿物组合为$Bi+Pl+Cal+Qz+Hb$;变质相为绿片岩相。

(5)珍珠门岩组:岩石组合为灰白色厚层大理岩、条带状大理岩、角砾状大理岩。变质建造为厚层大理岩变质建造;原岩建造为白云岩-碳酸盐岩建造;变质矿物组合为$Ab+Qz+Do+Cal$;变质相为绿片岩相。

（6）花山岩组：岩石组合为二云母片岩、大理岩。变质建造为二云母片岩夹大理岩变质建造；原岩建造为泥质粉砂岩-碳酸盐岩建造；变质相为绿片岩相。

十六、兰家预测工作区

（一）区域建造构造特征

区域上与含矿有关的建造主要为沉积岩建造和侵入岩建造，即上二叠统范家屯组碎屑岩和石英闪长岩，受范家屯组层控明显。后者为其提供了热源和矿源，使有用矿物局部富集成矿；在两者接触带附近形成层控内生型铜矿。区内与矿产有关的构造主要为北西向兰家倒转向斜，以及北西向、北东向次级断裂构造，是主要的控矿和容矿构造。

（二）预测工作区建造构造特征

1. 火山岩建造

晚侏罗世火石岭组上部为安山岩、安山质凝灰岩、凝灰质角砾岩、砂岩、粉砂岩、泥质粉砂岩夹煤，中部以安山质凝灰岩、凝灰质角砾岩为主，夹砂岩、粉砂岩、泥质粉砂岩及煤线，下部为流纹岩、安山岩；安民组为流纹岩、安山岩、安山质凝灰岩、凝灰质角砾岩。

下白垩统营城组为安山岩、流纹岩、泥质粉砂岩夹煤。

2. 侵入岩建造

预测工作区内侵入岩发育，具有多期多阶段性，主要有中二叠世橄榄岩，晚二叠世闪长岩，晚三叠世石英闪长岩，中侏罗世花岗闪长岩、二长花岗岩，早侏罗世正长花岗岩、正长岩，脉岩有花岗斑岩。上述侵入岩在区内构成北东向展布的大黑山构造岩浆岩带。

3. 沉积岩建造

（1）石炭系：余富屯组岩性为细碧岩、角斑岩夹灰岩、砂岩；磨盘山组岩性为灰岩、含燧石结核灰岩、泥晶灰岩、亮晶灰岩夹硅质岩。

（2）二叠系：范家屯组底部为深灰色、黑色砂岩、粉砂岩、板岩，中部为厚层生物屑灰岩透镜体和凝灰质砂岩，上部为黑色、灰色板岩，夹砂岩；哲斯组岩性为砂岩、粉砂岩、泥质粉砂岩夹灰岩扁豆体；杨家沟组岩性为砂岩、粉砂岩、粉砂质泥岩夹灰岩透镜体。

（3）白垩系：下白垩统沙河子组上部灰白色砂岩、粉砂岩、泥质粉砂岩、泥岩夹煤，下部砂岩、凝灰质砂岩、砂砾岩；泉头组以紫色砂岩、泥岩为主，夹灰白色含砾砂岩、细砂岩。

（4）古近系古新统缸窑组：以黄灰色复成分砾岩为主，夹砂岩、粉砂岩。

（5）第四系：下更新统白土山组为灰白色、灰紫色砂砾石层（冰水堆积）；中更新统东风组和荒山组为黄土层、亚砂土、砂砾石层；上更新统青山头组和顾乡屯组为亚黏土、粗砂砾；全新世现代河流砂砾石冲积层。

十七、大营-万良预测工作区

(一)区域建造构造特征

区域上与含矿有关的建造主要为沉积岩建造和侵入岩建造,即震旦系八道江组碳酸盐岩建造与大青山复合岩体。矿体受层间构造和不同方向的容矿构造控制。

(二)预测工作区建造构造特征

1. 火山岩建造

火山岩建造主要为中生代松江-抚松构造火山带形成产物和新生代白头山火山构造隆起带形成的玄武岩。中生代火山岩包括晚三叠世长白组、晚侏罗世果松组和林子头组;第四纪火山岩为中新世老爷岭组和上新世军舰山组。

(1)长白组安山质火山碎屑岩建造:分布在东南部,是松山村火山盆地的延伸部分,由安山质火山角砾岩、安山质岩屑晶屑凝灰岩等组成。

(2)果松组砂砾岩建造、安山岩建造:前者为底部砾岩,仅在局部出现。后者分布面积极广,安山岩建造分布于松树镇西富民村、南岭村一带,中东部松江乡、兴隆乡一带和西北部荒沟村、向阳村一带。由灰黑色玄武安山岩、安山岩、安山质角砾岩夹凝灰岩组成。本组的同位素年龄值为(215.6 ± 10.3)Ma$(K-Ar)$,时代偏老,时代暂置中、晚侏罗世。在东部和北部被军舰山组玄武岩覆盖。

(3)林子头组流纹质火山碎屑岩夹流纹岩建造:分布于万良镇和南部大营火山盆地的核部,大夹皮沟、黑松沟、海青沟一带。由流纹质岩屑晶屑凝灰岩、流纹质火山角砾岩夹流纹岩组成,属喷发相和喷溢相。底部常有砂砾岩覆于果松组和老地层之上。同位素年龄值为(105.8 ± 2.3)Ma$(K-Ar)$,时代为晚侏罗世。

此外东部有大面积新生代玄武岩、橄榄玄武岩建造。

2. 侵入岩建造

区内有中—晚侏罗世大青山复合岩体、晚侏罗世抚松东二长花岗岩体和大营林场岩体。大青山复合岩体距冰郎沟铜矿点最近,约3km。铜矿与侵入岩体之间的关系还不清楚。

(1)大青山复合岩体:由闪长岩与二长花岗岩组成。闪长岩位于复合岩体的核部,岩体呈南缘向内凹的椭圆形,长轴东西向,长约5km,宽2~4km,被二长花岗岩侵入;岩石呈灰白色,块状构造,主要矿物斜长石占60%,暗色矿物主要为黑云母(15%)、角闪石(25%),矿物粒径1~3mm,时代暂置中侏罗世。二长花岗岩岩体呈东西向椭圆形,长12.5km,南北宽4~6km,岩体侵入晚侏罗世林子头组、果松组及老地层;岩石呈灰白色,中、细粒花岗结构,块状构造。组成矿物有斜长石半自形板状,含量35%~40%;钾长石宽板状,有格子双晶,常见暗色矿物包裹物,含量25%~30%;石英多为不规则粒状,含量25%~30%,暗色矿有少量角闪石、黑云母等。岩体北部高丽卜一带碳酸盐岩中有矽卡岩化和大理岩化。

抚松东二长花岗岩、大营林场二长花岗岩:岩石的结构和成分特点与大青山二长花岗岩基本相同。大营林场岩体东端,近接触带的岩体内部和外接触带有10余处矿点,应特别重视。

此外在松树镇北、大青山西、二道花园一带有闪长岩脉,局部还有细晶岩脉。

3. 沉积岩建造

区内沉积岩十分发育，有新元古界、古生界和中-新生界沉积层，自下而上简述如下。

(1) 南华系—震旦系，在区内有钓鱼台组、南芬组、桥头组、万隆组和八道江组，呈断块残留于盆地边缘。

钓鱼台组沉积建造：分布于抚松县北鸡冠砬子村、大方村一带，与底部前南华系不整合接触。下部为石英质角砾夹赤铁矿建造，上部为石英砂岩建造，由灰白色石英砂岩、含海绿石石英砂岩、铁质石英砂岩组成。属后滨相和前滨相沉积。

南芬组沉积建造：与钓鱼台组相伴出现，为页岩夹泥灰岩建造，也有人称含铜、含石膏杂色泥岩建造。主要岩性为紫色、灰绿色页岩、粉砂质页岩夹泥灰岩，局部有膏岩透镜体和铜矿化。

桥头组沉积建造：分布于抚松县以南、以北，形成石英砂岩与页岩互层建造。

万隆组沉积建造：分布于抚松县以南、以北和温泉镇以西，为灰岩夹页岩建造。组成岩性有灰黑色厚层灰岩、藻屑灰岩、页岩、粉砂岩。

八道江组沉积建造：分布于抚松县以南冰郎沟、温泉镇以西。在空间上，冰郎沟铜矿点赋存于本组。八道江组为灰岩建造，由厚层灰岩、叠层石灰岩、藻屑灰岩、硅质灰岩组成。

(2) 寒武系—奥陶系。区内下寒武统—中奥陶统连续沉积，但是由于脆性变形，沉积层呈断块状零星分布于抚松至松树镇一线。

馒头组沉积建造：分布于头道庙岭—高丽卜一带和温泉镇以西。下部为东热段蒸发岩建造；上部为河口段粉砂岩-页岩夹灰岩建造，产丰富的三叶虫化石。

张夏组沉积建造：分布于抚松县—头道庙岭一带和温泉镇以西。下部为灰岩夹粉砂岩、页岩建造；上部为生物屑灰岩建造。产 *Damesella* sp.，*Lisania* sp.，*Amphoton* sp. 等三叶虫化石。厚度95m。

崮山组沉积建造：与张夏组相伴出现，为粉砂岩、页岩夹灰岩建造，由紫色粉砂岩、页岩夹竹叶状灰岩、生物屑灰岩组成，其中有 *Blackwelderia* 等三叶虫化石。厚度85m，属潮间带—潮上带沉积。

炒米店组、冶里组沉积建造：分布于头道庙岭、温泉镇以南地区，均属灰岩夹页岩建造。由黄绿色、紫色页岩、粉砂岩夹竹叶状灰岩组成，向上灰岩增多，其中有三叶虫化石。厚度分别为85m、27m，属于潮下带沉积。

亮甲山组、马家沟组沉积建造：分布于松树镇、温泉镇及四方顶子东地区，为石炭系—二叠系含煤岩系的基底岩石。前者为砾屑灰岩夹含燧石结核灰岩建造；后者为白云质灰岩夹含燧石结核灰岩建造。组成岩石十分相似，厚层状、角砾状，含头足类化石。厚度分别为312m和531m。

(3) 石炭系—二叠系。石炭系—二叠系为吉林省重要的能源——煤的载体，主要分布于松树镇一带。自下而上划分为本溪组、太原组、山西组、石盒子组和孙家沟组。本溪组为砾岩夹砂岩建造，由砾岩、砂岩夹铁、铝质岩组成，产植物化石；太原组为砂岩、页岩夹灰岩建造，灰岩层较少，产蜓类化石；山西组为砂岩、页岩夹煤建造，由灰黑色砂岩、页岩为主，夹煤；石盒子组和孙家沟组为杂砂岩夹页岩、铝土质岩建造，由紫色、灰绿色杂砂岩、页岩夹铝土质岩组成，向上岩石的色调加深，多变。

(4) 侏罗系—白垩系。区内侏罗系—白垩系位于中生代江源-抚松构造火山带的北端，形成火山-沉积堆积。间火山期形成的沉积岩建造有下侏罗统义和组、上侏罗统鹰嘴砬子组和侏罗系—白垩系石人组。

义和组沉积建造：分布于松江盆地的西南缘，松树镇以西，盆地西缘靖宇县新立等地，为砂岩、砾岩夹煤建造。主要岩性为凝灰质砾岩、砂岩、页岩、夹煤，产植物化石，厚度大于460m。时代为早侏罗世。

鹰嘴砬子组沉积建造：分布于榆树川盆地南缘，四方顶子北及松效一带，为果松期间火山活动时的堆积体，为砂岩、砾岩夹煤建造，由砾岩、凝灰质砂岩、砂岩、页岩夹煤组成，产双壳类化石，时代为晚侏罗世。

石人组沉积建造：分布于榆树川盆地三道花园、榆树川、双河屯一带。为砂岩、砾岩夹煤建造，由砾岩、凝灰质砂岩、碳质页岩夹煤组成,产锥叶蕨-拟金粉蕨植物群化石和双壳类化石,厚度大于725m,时代为晚侏罗世—早白垩世。

此外,还有第四纪全新世河流阶地砂、砾石松散层堆积。

4. 变质岩建造

变质岩建造出现于预测工作区西北部,有中太古代四道砬子河岩组、英云闪长质片麻岩变质建造和新太古代变质钾长花岗岩变质建造。

(1) 四道砬子河岩组斜长角闪岩与黑云变粒岩互层夹磁铁石英岩变质建造:分布于万良西,在英云闪长质片麻岩中残余岩块,由灰色—深灰色斜长角闪岩、黑云变粒岩、石榴二云片岩夹磁铁石英岩组成。原岩为中基性(部分超基性)火山岩、酸性火山岩-火山碎屑岩及硅铁质沉积岩建造。变质相属麻粒岩相。

(2) 英云闪长质片麻岩变质建造:在庆开村一带大面积出露,在鸡寇砬子村呈断块残留。主要岩石类型为英云闪长质片麻岩、奥长花岗质片麻岩和石英闪长质片麻岩。原岩为英云闪长岩、花岗闪长岩、石英闪长岩建造。

(3) 变碱长花岗岩变质建造:在榆树川北西小面积分布,原岩为钾长花岗岩。

十八、万宝预测工作区

(一) 区域建造构造特征

该预测工作区位于中朝准地台与吉黑造山带接触带槽区一侧,二道松花江断裂带金银别-四岔子近东西向脆性-韧性剪切带东端与两江-春阳北东向断裂带交会处北端。含矿建造与构造为新元古代万宝岩组黑色板岩夹大理岩等,燕山期二长花岗岩、闪长玢岩成群成带分布区。槽台边界超岩石圈断裂与北东向深断裂交会处控制岩浆侵入,北东向断裂、裂隙带属压扭性断裂发育地段,与岩体周边内外接触带是控矿有利部位。

(二) 预测工作区建造构造特征

1. 侵入岩建造

区内侵入岩较发育,且具有多期、多阶段性,形成了大面积分布的侵入岩浆带。分别为:泥盆纪辉长岩($D\nu$)零散分布在中部,岩性为灰绿色辉长岩,辉长辉绿结构;中二叠世闪长岩($P_2\delta$)主要分布在万宝岩组分布区,岩性为灰色闪长岩;晚三叠世花岗闪长岩($P_3\gamma\delta$)分布在西部,岩性为灰白色中细粒花岗闪长岩;晚二叠世二长花岗岩($P_3\eta\gamma$)分布在东南侧,岩性为肉红色—浅肉红色中细粒二长花岗岩;早侏罗世花岗闪长岩($J_1\gamma\delta$)大面积分布,岩性为灰色—灰白色中粒花岗闪长岩;早侏罗世二长花岗岩($J_1\eta\gamma$)分布在北东部,岩性为肉红色二长花岗岩;中侏罗世二长花岗岩($J_2\eta\gamma$)以小岩株形式分布,岩性为肉红色中粒二长花岗岩;早白垩世石英闪长玢岩($K_1\delta\mu$)主要以小的岩株分布在早白垩世花岗闪长岩中,岩性为石英闪长玢岩,斑状结构,斑晶为斜长石;早白垩世花岗斑岩($K_1\gamma\pi$)以脉状或小的侵入体分布,具斑状结构。

2. 沉积岩建造

区内沉积岩出露地层局限,由老至新为新元古界万宝岩组、白垩系大拉子组及龙井组,以及第四纪全新世现代松散堆积。

(1) 新元古界万宝岩组($Pt_3w.$):分布在中部,呈北东向展布,出露面积12km²,为一套陆源碎屑-碳酸盐岩建造。岩性为大理岩、变质砂岩、变质粉砂岩。

(2) 下白垩统大拉子组(K_1d):主要分布预测工作区中、南部,大蒲柴河镇附近也有零星出露,出露面积3.5km²,为一套砂砾岩建造。岩性组合为灰黄色砾岩、砂岩,发育有水平层理和斜层理。并见有 *Yanjiestheria-Orthestheria* 组合,*Trigonioides-Plicatounio-Nippononaia* 动物群化石出露。

(3) 上白垩统龙井组(K_2l):仅见于大蒲柴河镇附近,出露面积小于0.2km²,为一套砂岩建造。岩性为紫色、土黄色粗砂岩、细砂岩,发育交错层理。

(4) 第四系全新统(Qh^{al}):分布在沟谷两侧,Ⅰ级阶地及河漫滩堆积、冲洪积。

3. 变质岩建造

区内变质岩不发育,仅见有万宝岩组,岩性为灰色变质细砂岩、粉砂岩互层夹大理岩透镜体、青灰色红柱石二云片岩。变质相为绿片岩相。

十九、二密-老岭沟预测工作区

(一) 区域建造构造特征

该预测工作区位于晚三叠世—新生代构造单元华北叠加造山-裂谷系(Ⅰ),胶辽吉叠加岩浆弧(Ⅱ),吉南-辽东火山-盆地区(Ⅲ),柳河-二密火山-盆地区(Ⅳ)。区域上北西向、东西向断裂交会破火山口处,或近南北向的继承性构造,不但控制了区域的构造岩浆活动,而且控制了含矿流体的区域分布和就位空间。燕山晚期石英闪长岩、花岗斑岩岩体控矿。

(二) 预测工作区建造构造特征

1. 火山岩建造

预测工作区主要有3期火山活动,早期晚三叠世长白组流纹岩-英安岩建造,中期中晚侏罗世果松组安山岩及其碎屑岩建造,晚期早白垩世三棵榆树组安粗岩-碱性流纹岩建造。

(1) 长白组:自下而上可划分为流纹岩建造、火山碎屑岩建造和流纹岩-英安岩建造,分布于光华西杨木桥子一带,不整合上覆在光华岩群之上。长白组火山建造由流纹岩、含角砾晶屑凝灰岩和英安岩组成,属喷溢-爆发-喷溢火山旋回形成。

(2) 果松组:安山岩建造、安山质火山碎屑岩建造,在区内分布面积较广,见于八道沟、臭松顶子、马当镇一带,呈北西向展布。在干沟一带也有出露,但大部分被三棵榆树组覆盖。本组由安山岩、玄武安山岩、安山质火山角砾岩、安山质岩屑晶屑凝灰岩等组成,底部常有砾岩。厚度巨大,达4480m,在臭松顶子一带火山角砾岩、集块岩分布区可能为火山口相。在邻区获得本组的年龄值为150~140Ma(K-Ar),Rb-Sr等时线年龄为(144±71)Ma,相当于晚侏罗世提塘期。此外在邻区本组底部砂砾岩中有中侏罗世植物化石,因此本组的时限大体与松顶山石英闪长岩相近,并且均属钙碱性系列,属同源的先喷发后侵入的产物。

(3) 三棵榆树组:安粗岩建造,主要分布于西部三棵榆树、干沟一带,仅在松顶山西部小面积分布。安粗岩系由粗面安山岩、辉石安山岩、粗面岩、碱性流纹岩等组成,底部常有砾岩或角砾岩。喷发时限有锆石高精度的测年数据（130Ma、115Ma、100Ma）。

值得一提的是，前人由三棵榆树组安粗岩系的成矿事件，推测松顶山石英闪长岩-石英二长闪长岩-花岗斑岩同属于安粗岩系，并将三棵榆树组安粗岩系的3个喷发期视为二密铜矿的3个成矿期，同时依据当代成矿理论对二密铜矿区的成矿事件、成矿边缘、成矿流体进行了分析研究。

2. 侵入岩建造

在区内北东向三源堡-三棵榆树拉分-张裂盆地和北西向通化-二密构造岩浆带（拉分-走滑）的交会部位有强烈的晚燕山期（166～95Ma）岩浆侵出活动。侵入岩在空间上可划分为南、北、中3个带：北部柳南-曙光北西向花岗斑岩小侵入体群，南部的快大茂-干沟北西向花岗斑岩小侵入体群和中部的松顶山复合岩体。岩石类型有石英闪长岩、石英二长闪长岩和花岗斑岩体，均为呈小岩株或小岩滴状产出的浅成或超浅成（次火山岩）侵出体。

（1）石英闪长岩建造：当前仅见于松顶山一带，呈近东西走向的小岩体，面积约7km^2。石英闪长岩呈灰绿色，柱状等粒结构，块状构造，粒度在1mm左右，主要矿物为斜长石，半自形粒状，含量45%；角闪石半自形粒状，含量20%，有较强的绢云母化、绿泥石化蚀变；石英他形粒状，含量30%，其次有少量黑云母。岩体局部有爆破角砾岩状和碎裂状，是主要的铜及硫化物载体。岩石中锆石U-Pb年龄为166.4Ma，时代相当于卡洛夫阶至巴通阶，与果松组火山事件基本吻合，同属于钙碱性岩石系列。

（2）石英二云闪长岩建造：为石英闪长岩的涌动型侵出体，分布于松顶山岩体的北侧或内部。与石英闪长岩建造区别在于岩石中长石含量略多，达55%，钾长石含量10%，暗色矿物有角闪石、黑云母，石英较少，约占10%。岩石中也有破碎、碎裂现象，其中有铜、硫化物矿化，是重要的赋矿载体之一。

（3）花岗斑岩建造：为松顶山杂岩体的一部分，产出在石英二长闪长岩的东缘，由8个岩滴状岩体组成，呈一向东凸出的弧形带，侵位于石英闪长岩与中生代地层接触带的内侧。在斑岩边缘的内侧有浸染状铜及硫化物矿化。除此之外在松顶山南、北各有一条花岗斑岩侵出带。北部为柳南-曙光北西向花岗斑岩小侵入体群，由6个小岩体或岩株呈北西向左型斜列式分布，并且在马鹿沟已见铜、金矿（化）。花岗斑岩呈肉红色，斑状结构，块状构造，斑晶为钾长石、石英，粒径1～4mm，石英含量15%～20%，钾长石具条纹状构造，少数钾长石斑晶中有斜长石包晶，含量5%，基质为细晶质。花岗斑岩类K-Ar年龄为97.5Ma、95Ma，相当于晚白垩世赛诺曼期。三次脉动或涌动侵入都伴随着铜、金等的硫化物成矿活动。

3. 沉积岩建造

沉积岩建造主要分布于预测工作区南部，包括南华系细河群、浑江群的万隆组，中、晚中生代沉积建造和第四纪阶地及河床堆积。

（1）南华系—震旦系沉积建造：细河群包括钓鱼台组铁质石英岩建造和石英砂岩建造，分布于通化市南、北葫芦套和金厂沟一带，主要岩性为铁质石英角砾岩、铁质石英砂岩、砂砂岩、海绿石石英砂岩等，厚度689m。南芬组页岩夹泥灰岩建造与钓鱼台组相伴出现，由杂色页岩、钙质页岩夹黄绿色泥灰岩组成，厚度500m。桥头组石英砂岩夹页岩建造与南芬组毗邻，分布于通化市一带。由厚—薄层石英砂岩、夹黄绿色、紫色页岩及砂页岩、铁锈斑点石英砂岩组成，厚度34.5m。万隆组灰岩建造分布面积较少，仅在通化市一带出露，以砂屑灰岩为主，夹砾屑灰岩、粉砂岩、蠕虫状灰岩、叠层石灰岩及泥灰岩，厚度233m。产 *Microconcentrica* 等微古化石，时代为震旦纪。

（2）中、晚中生代沉积建造：主要为小东沟组砂砾岩夹泥灰岩建造，鹰嘴砬子组钙质粉砂岩夹泥灰岩建造，林子头组凝灰质砂岩、凝灰质页岩互层夹砾岩建造，石人组砂岩夹煤建造，厚度达3600m，均为三棵榆树-二密火山沉积盆地间火山期的产物。此外还有第四纪阶地及河漫滩松散堆积。

4. 变质岩建造

变质岩建造包括光华岩群变质岩系和新太古代侵入岩变质岩系。光华岩群包括双庙岩组变质玄武岩、斜长角闪岩夹大理岩建造和同心岩组二长片麻岩夹变玄武岩建造。新太古代变质侵入岩包括雪花片麻岩(变质云英闪长岩-花岗闪长岩-奥长花岗质片麻岩)和太阳沟片麻岩(变质二长花岗质片麻岩、眼球状糜棱岩化花岗岩)。光华岩群和新太古代侵入岩均系光华裂谷形成和闭合期的产物。

二十、天合兴-那尔轰预测工作区

(一)区域建造构造特征

该预测工作区位于晚三叠世—新生代构造单元华北叠加造山-裂谷系(Ⅰ),胶辽吉叠加岩浆弧(Ⅱ),吉南-辽东火山-盆地区(Ⅲ),柳河-二密火山-盆地区(Ⅳ)。区内天合兴-刺秋岭花岗斑岩规模较大,南北长达16km,平均宽800～1000m,铜矿产于花岗斑岩与太古宙英云闪长质片麻岩相接触的部位,早白垩世花岗斑岩的侵入可以带来含Cu的有益组分,亦可活化集中Cu的有益组分而成矿。

(二)预测工作区建造构造特征

1. 侵入岩建造

晚侏罗世花岗闪长岩($J_3r\delta$)仅在预测工作区北部有小面积出露,呈岩株产出,在中细粒花岗闪长岩中,局部可见斜长石斑晶。早白垩世花岗斑岩($K_1r\pi$)分布于天合兴—刺秋岭村一带,呈岩株产出,总体走向近南北,长16km,平均宽800～100m。天合兴铜矿产于其中。

2. 沉积岩建造

上侏罗统—下白垩统石人组岩性为砾岩、砂岩、凝灰质砂岩、碳灰页岩夹煤。厚度101m。下白垩统那尔轰组岩性为灰白色流纹岩夹流纹质凝灰角砾岩,厚度大于356.3m。新近系上新统军舰山组岩性为橄榄玄武岩、致密块状玄武岩。

3. 变质岩建造

(1)四道砬子河岩组($Ar_2sd.$):岩石组合为斜长角闪岩、黑云变粒岩、石榴二云片岩夹磁铁石英岩,局部有石榴二辉麻粒岩或紫苏粒岩。变质建造为斜长角闪岩与黑云变粒岩互层夹磁铁石英变质建造。原岩建造为中基性(局部为超基性)火山岩、酸性火山岩-火山碎屑硅铁质建造;变质矿物组合为Pl+Qz+Di+Hy+Gr;变质相为麻粒岩相。

(2)杨家店岩组($Ar_2y.$):岩石组合为斜长角闪岩、黑云斜长片麻岩、黑云二长变粒岩夹磁铁石英岩。变质建造为黑云斜长片麻岩夹斜长角闪岩及磁铁石英岩变质建造;原岩建造为中基性—酸性火山岩-火山碎屑岩及硅铁质沉积建造;变质矿物组合为Bi+Pi+Qz+Mu+Gr;变质相为角闪岩相。

(3)英云闪长质片麻岩(Ar_2gnt):为深成侵入体(TTG)的代表岩性,其中包括英云闪长质片麻岩、奥长花岗质片麻岩、石英闪长质片麻岩。变质建造为英云闪长质片麻岩变质建造;原岩建造为英云闪长岩、花岗闪长岩、石英闪长岩;变质矿物组合为Bi+Pl+Qz+Hb;变质相为角闪岩相。

(4)变二长花岗岩($Ar_3r\eta$):变质建造为变二长花岗岩变质建造;原岩建造为二长花岗岩;变质矿物

组合为 Bi+Pl+Kp+Qz+Hb；变质相为绿片岩相—角闪岩相。

（5）变钾长花岗岩（$Ar_3\xi r$）：变质建造为变钾长花岗岩变质建造；原岩建造为钾长花岗岩；变质矿物组合为 Kp+Qz；变质相为绿片岩相-角闪岩相。

（6）紫苏花岗岩（$Ar_3 v$）：变质建造为紫苏花岗岩变质建造；原岩建造为含紫苏辉石的石英闪长岩、二长花岗岩；变质矿物组合为 Bi+Pl+Kp+Qz+Hb+Gr；变质相为麻粒岩相。

（7）变质辉长-辉绿岩（$Pt_1 v$）：多以岩墙或岩脉的形式成群出现，受北东向或北西向断裂控制，使其延伸方向为北东向或北西向。变质建造为变质辉长-灰绿岩建造；原岩建造为辉长岩、辉绿岩；变质矿物组合为 Pl+Prx+Hb；变质相为绿片岩相。

二十一、夹皮沟-溜河预测工作区

（一）区域建造构造特征

该预测工作区位于中朝准地台、龙岗断块北缘，处于辉发河-古洞河超岩石圈断裂向北突出弧的顶部。出露主要地层为新太古代夹皮沟绿岩地体表壳岩（原鞍山群三道沟组），主要岩性：下部（老牛沟组）为斜长角闪岩、角闪岩、黑云变粒岩、角闪磁铁石英岩等，夹少量超镁铁岩，是主含矿层，原岩为镁铁质火山岩夹超镁铁质岩；上部（三道沟组）为黑云变粒岩、黑云片岩、磁铁石英岩、斜长角闪岩，原岩为镁铁质-长英质火山岩及火山碎屑-沉积岩。

（二）预测工作区建造构造特征

1. 火山岩建造

预测工作区内火山岩不甚发育，仅见有早白垩世安民组灰色安山岩夹黄绿色砂岩、粉砂岩夹煤；上新世船底山组灰黑色斑状玄武岩，橄榄玄武岩；军舰山组紫色、灰黑色斑状玄武岩，橄榄玄武岩，构成玄武岩火山台地。

2. 侵入岩建造

预测工作区内侵入岩较为发育，并且具有多期、多阶段性特点。由老至新分别为早侏罗世石英闪长岩、花岗闪长岩、二长花岗岩；中侏罗世花岗闪长岩、二长花岗岩；早白垩世二长花岗岩；区域上构成大致呈近北东向展布的构造岩浆岩带。

3. 沉积岩建造

预测工作区内沉积岩地层不甚发育，均零星出露。由老至新分别有：上三叠统小河口组灰色—灰黄色砾岩、砂岩、粉砂岩；下白垩统长财组灰色砂岩、含砾砂岩、砾岩、粉砂岩夹煤；下白垩统大拉子组灰黄色砾岩、砂岩；上白垩统龙井组紫色、土黄色粗砂岩、细砂岩夹泥岩、泥灰岩；第四系全新统Ⅰ级阶地及河漫滩堆积。

4. 变质岩建造

区内变质岩极为发育，是区内主要的地质单元，由区域变质深成侵入体和变质表壳岩组成，即 TTG 组合，在区域上总体为北东向展布，局部呈北西向展布。由老到新分别为：中太古代龙岗岩群四道砬子河岩组灰色—深灰色斜长角闪岩、黑云变粒岩、石榴二云片岩夹磁铁石英岩；中太古代杨家店岩组灰色—深灰色斜长角闪岩、黑云斜长片麻岩、黑云二长变粒岩夹磁铁石英岩、石榴二辉麻粒岩、紫苏麻粒岩，以及英云闪长质片麻岩；新太古代夹皮沟岩群老牛沟组灰黑色斜长角闪岩、黑云变粒岩、绢云石英片岩、绢云绿尼片岩夹磁铁石英岩；新太古代三道沟岩组灰色—深灰色斜长角闪岩、角闪片岩、绢云绿尼片岩夹角闪磁铁石英岩、石榴二辉麻粒岩，以及英云闪长质片麻岩、变二长花岗岩、变钾长花岗岩、紫苏花岗岩等；古元古代变质辉长辉绿岩和张三沟岩组深灰色、灰绿色黑云变粒岩、黑云角闪片岩、角闪片岩、角闪变粒岩夹变质砂岩；新元古代色洛河群红旗沟岩组灰白色大理岩、白云质大理岩夹灰色—灰黑色变质粉砂岩、粉砂岩泥（板）岩、绢云石英片岩，达连沟岩组灰色—深灰色变质砂岩、粉砂岩、绢云石英片岩，铜银别岩组绿黑色角闪石岩、灰绿色绢云绿泥片岩、暗灰绿色角闪片岩，团结岩组变质粉砂岩、长石石英砂岩、含角砾大理岩、硅质大理岩、绢云石英片岩。

二十二、安口镇预测工作区

（一）区域建造构造特征

根据区域上发育的断裂构造，与成矿有关的构造为：北东向断裂构造是主要的控矿和储矿构造；北西向断裂构造是区内主要导矿和容矿构造，并且对矿体起到破坏作用。区内与已知矿产有关的含矿建造为火山岩建造，已知矿点成矿类型均为复合内生型成矿。

（二）预测工作区建造构造特征

1. 火山岩建造

预测工作区内火山岩仅发育有3期火山活动。由老至新分别为：中生代晚侏罗世果松组下部为砂岩、砾岩，上部为玄武安山岩、安山岩；新生代新近纪军舰山组橄榄玄武岩、玄武岩；第四纪全新世铜龙顶子组灰黑色橄榄玄武岩、紫色气孔状玄武岩。

2. 侵入岩建造

预测工作区内侵入岩不发育，仅见有古元古代辉长岩、二辉橄榄岩、巨斑状花岗岩；早白垩世碱长花岗岩。脉岩仅见有闪长玢岩，呈脉体出露。

3. 沉积岩建造

预测工作区内沉积岩地层极为发育，由老至新分别简述如下。
（1）南华系：细河群南芬组为紫色、灰绿色页岩、粉砂质页岩夹泥灰岩。
（2）震旦系：桥头组、万隆组为碎屑灰岩、藻屑灰岩、泥晶灰岩；八道江组为浅色碎屑和灰岩、叠层石灰岩、藻屑灰岩夹硅质岩。
（3）寒武系：下寒武统碱厂组为紫色质纯灰岩、泥质灰岩、结晶灰岩、黑灰色豹皮状沥青质灰岩；馒头组为紫红色含铁泥质白云岩、含石膏白云岩、暗紫色粉砂岩夹石膏、暗紫色含云母粉砂岩、粉砂质页岩夹薄层灰岩；中寒武统张夏组为青灰色、灰色、紫色厚层状生物碎屑灰岩、青灰色厚层状鲕状灰岩、薄层灰岩夹页岩；上寒武统崮山组为紫色、黄绿色页岩、粉砂岩夹薄层灰岩、竹叶状灰岩；炒米店组为薄板状泥晶灰岩、泥晶粒屑灰岩、泥晶—亮晶生物碎屑灰岩夹黄绿色页岩。

(4)奥陶系:下奥陶统冶里组为中层、中薄层灰岩夹紫色、黄绿色页岩和竹叶状灰岩;亮甲山组为豹皮状灰岩夹燧石结核灰岩。分布在预测工作区的东北部。

(5)侏罗系:中侏罗统小东沟组为杂色砂岩、砾岩、页岩;上侏罗统鹰嘴砬子组为砾岩、砂岩、粉砂岩、页岩夹煤。分布于预测工作区的西北部。

(6)白垩系:下白垩统石人组为砾岩、砂岩、凝灰质砂岩、碳质页岩夹煤,小南沟组为紫色、黄色砾岩、杂色砂岩、粉砂岩。

(7)第四系全新统:阶地及河漫滩松散砂、砾石堆积。

4. 变质岩建造

预测工作区内变质岩较为发育,是区内主要的岩石类型。主要为新太古代变质二长花岗岩($Ar_3\eta\gamma$),变质钾长花岗岩($Ar_3\xi\gamma$),含紫苏辉石的石英闪长岩-二长花岗岩($Ar_3\nu\gamma$);古元古代变质辉长-辉绿岩($Pt_1\nu$),红透山岩组斜长角闪岩、角闪斜长变粒岩夹磁铁石英岩,分布于中部—南部,构成区内变质岩带。

二十三、金城洞-木兰屯预测工作区

(一)区域建造构造特征

区内北东向断裂和北西向断裂的交会部位为富矿的有利地段。成矿建造为新太古代鸡南岩组、官地岩组变质表壳岩的分布区。在变质表壳岩中早侏罗世或更晚期花岗斑岩、闪长岩脉、闪长玢岩脉的分布及其附近也是成矿有利部位。

(二)预测工作区建造构造特征

1. 火山岩建造

(1)晚侏罗世屯田营组(J_3t):岩石组合为灰黑色蚀变安山岩、灰绿色气孔状安山岩、杏仁状安山岩。火山建造为安山岩建造;火山岩相为喷溢相;火山构造为吉林省东部长白山-罗子沟-金仓-杜荒子火山构造洼地,烟筒砬子-和龙复式火山。

(2)中新世船底山组($N_1\hat{c}$):岩石组合为灰黑色斑状玄武岩、橄榄玄武岩;火山建造为玄武岩建造;火山岩相为喷溢相;火山构造为泛流玄武岩、闹枝-长白山火山洼地。

2. 侵入岩建造

(1)新太古代:变质辉长岩($Ar_3\nu$)呈小岩株产出,侵入新太古代鸡南岩组,岩性为中细粒变质辉长岩;变质英云闪长岩($Ar_3\gamma\delta$)出露于预测工作区东部,岩性为中细变质英云闪长岩。

(2)早二叠世英云闪长岩($P_1\gamma\delta$)分布于预测工作区最南部,岩性为中细粒变质英云闪长岩,同位素测年值为281Ma(K-Ar)。

(3)早侏罗世花岗闪长岩($J_1\gamma\delta$)分布于预测工作区的北部,呈岩基产出,侵入新太古代鸡南岩组、官地岩组,被早侏罗世二长花岗岩侵入,岩性为中细粒花岗闪长岩,同位素测年值为189Ma(U-Pb),(171±5)Ma(U-Pb);二长花岗岩($J_1\eta\gamma$)分布于和龙市西部,呈岩基产出,侵入新太古代鸡南岩组和早侏罗世花岗闪长岩,岩性为中粒二长花岗岩,该岩体同位素年龄值为192~186±1Ma(U-Pb);花岗斑岩

($J_1\gamma\pi$)出露于预测工作区东部,呈岩株、岩脉产出,侵入新太古代鸡南岩组和官地岩组,同时侵入新太古代英云闪长质片麻岩,岩性为花岗斑岩,其年龄值为175Ma(K-Ar)。

(4)早白垩世石英二长岩($K_1\gamma o$):分布于预测工作区中部,以岩株产出。该岩体侵入新太古代官地岩组、新太古代英云闪长质片麻岩,同时侵入晚侏罗世屯田营组,岩性为中细粒石英二长岩,同位素测年值为110Ma(K-Ar)。

(5)脉岩:区内的脉岩比较发育,其中有闪长岩脉、闪长玢岩脉、花岗斑岩脉、煌斑岩脉、石英脉等,上述脉岩多形成于燕山期,与铜的成矿有比较密切的关系。燕山期岩浆活动带来含Au元素的岩浆,同时萃取围岩中的Au元素而成矿。

3. 沉积岩建造

(1)侏罗系长财组(K_1ch):分布于预测工作区东部,主要岩性为黄灰色砾岩、砂岩、粉砂岩夹煤,厚度240m;沉积建造为砂砾岩夹煤建造;沉积相为火山洼地河湖相。

(2)白垩系大拉子组(K_1dl):分布于预测工作区东部,岩性为灰黄色砾岩、砂岩,水平层理、斜层理发育,厚度766m;沉积建造为砂砾岩建造;沉积相为火山洼地河湖相。

(3)全新世冲洪积砂砾(Qh):分布于Ⅲ-Ⅳ级河流阶地和小沟谷,为冲洪积砂砾和亚砂土,厚度大于1m。

4. 变质岩建造

变质岩包括新太古代南岗岩群鸡南岩组和官地岩组及英云闪长质片麻岩。

(1)鸡南岩组($Ar_3j.$):岩石组合为灰黑色斜长角闪岩、黑云变粒岩夹磁铁石英岩;变质建造为斜长角闪岩夹变粒岩及磁铁石英岩建造;原岩建造为火山岩-硅铁质岩建造;变质相为绿片岩相—角闪岩相;变质矿物组合为Hb+Bi+Pl+Qz。

(2)官地岩组($Ar_3g.$):岩石组合为灰色浅粒岩、深灰色黑云变粒岩夹磁铁石英岩;变质建造为黑云变粒岩与浅粒岩互层夹磁铁石英岩;原岩建造为火山岩-硅铁质岩建造;变质相为绿片岩相—角闪岩相;变质矿物组合为Hb+Bi+Pl+Qz。

(3)英云闪长质片麻岩($Ar_3\gamma\delta o$):岩性为灰白色英云闪长质片麻岩;变质建造为英云闪长质片麻岩建造;原岩建造为酸性侵入体;变质相为绿片岩相—角闪岩相;变质矿物组合为(Pl+Hb+Bi+Qz,Pl+Hb+Bi+Qz+Prx)。

依据前人的同位素测年资料,鸡南岩组的年龄分别为2 704.5Ma(U-Pb)(刘洪文,1995)、2520Ma(U-Pb,天津地质矿产研究所,1985)、2490Ma(U-Pb,吉林省区域地质志,1988);官地岩组年龄值分别为2535Ma(U-Pb,天津地质矿产研究所,1985)、2511Ma(U-Pb,吉林省区域地质志,1988)。以上同位素测年数据均反映鸡南岩组、官地岩组的形成时代为新太古代。

第三节 大地构造特征

一、荒沟山-南岔预测工作区

预测工作区位于前南华纪华北东部陆块(Ⅱ),胶辽吉元古宙裂谷带(Ⅲ),老岭坳陷盆地(Ⅳ)内。

矿区位于老岭背斜南东翼的次级褶皱三道阳岔-三岔河复式背斜的北西翼,小四平-荒沟山-南岔S型断裂带在矿区的北侧通过,矿区处于该断裂带与大横路沟断裂、大青沟断裂所围限的区域内。

区域内最大的褶皱构造为三道阳岔-三岔河复式背斜,核部为花山组第一岩性段,褶皱枢纽向南西倾伏,倾角17°～20°,北西翼厚度大于南东翼,铜、钴矿赋存于背斜北西翼。

矿区断裂构造发育,可划分北东向、北西向、近南北向及近东西向4组,其中北东向断裂最发育。

二、石嘴-官马预测工作区

预测工作区位于南华纪—中三叠世天山-兴安-吉黑造山带(Ⅰ),包尔汉图-温都尔庙弧盆系(Ⅱ),下二台-呼兰-伊泉陆缘岩浆弧(Ⅲ),磐华上叠裂陷盆地(Ⅳ)内的明城-石嘴子向斜东翼,地质构造复杂。

矿区处于明城-石嘴子向斜的东翼,矿区内地层走向近南北(北北西),向东或向西陡倾斜。矿体严格受石嘴子组层位和喷气岩类岩性控制,呈似层状产出,与围岩呈整合接触。晚期石英脉型矿化在矿层中具有穿层现象,沿着矿体部位发育一条与地层产状一致的挤压片理带,它由片岩、片理化岩石、断层泥及构造透镜体组成,它对矿体既有破坏作用,又有一定的建设作用。矿体西300m处花岗闪长岩与石嘴子组呈侵入接触。在矿体附近沿着构造带有正长斑岩、闪长岩等岩脉顺层侵入。

三、大梨树沟-红太平预测工作区

预测工作区位于天山-兴蒙-吉黑造山带(Ⅰ),小兴安岭-张广才岭弧盆系(Ⅱ),放牛沟-里水-五道沟陆缘岩浆弧(Ⅲ),汪清-珲春上叠裂陷盆地(Ⅳ)北部。

矿区总体为轴向近东西展布的开阔向斜构造,核部地层为庙岭组上段,两翼为庙岭组下段。两翼产状均较缓,倾角在10°～30°之间变化。

矿区断裂构造比较发育、复杂,近东西向断裂和层间断裂与成矿关系密切,近东西向垂直或斜交层面的断裂对矿体有破坏作用,多为向北倾斜的正断层,断距较小,南北向F_{202}、F_{203}断层为成矿后构造,对矿体有明显的破坏作用,即矿层在30线和1线被其所截,两断层的两侧地层均抬升,矿层及矿体均被剥蚀掉。

四、闹枝-棉田预测工作区

预测工作区位于晚三叠世—新生代东北叠加造山-裂谷系(Ⅰ),小兴安岭-张广才岭叠加岩浆弧(Ⅱ),太平岭-英额岭火山盆地区(Ⅲ),罗子沟-延吉火山盆地群(Ⅳ),近东西向百草沟-金仓断裂带之南部隆起区内,区内北西向断裂发育。

预测工作区位于延边地区东西向构造带和南北向构造带的交会处。区内北西向断裂(嘎呀河断裂)发育,该区的次火山岩及主矿体的展布受向北西敞开、向南东收敛的压扭性帚状构造控制。成矿前构造即矿区范围内的次火山岩脉充填的与火山活动有关的环状放射状断裂构造;成矿期构造即矿体及矿化破碎蚀变带充填的帚状断裂构造;成矿后构造主要为水平剪切断裂构造,主要是继承成矿前和成矿期构造,对矿体破坏性较小。

五、地局子-倒木河预测工作区

预测工作区位于东北叠加造山-裂谷系(Ⅰ),小兴安岭-张广才岭叠加岩浆弧(Ⅱ),张广才岭-哈达岭火山-盆地区(Ⅲ),南楼山-辽源火山-盆地群(Ⅳ)。矿区位于吉中弧形构造的外带北翼,北西向桦甸-岔路河断裂与北东向口前断裂交会处,永吉-四合屯火山岩盆地的中部,倒木河破火山口构造的北东边缘。

六、杜荒岭预测工作区

预测工作区位于晚三叠世—中生代小兴安岭-张广才岭叠加岩浆弧(Ⅱ),太平岭-英额岭火山-盆地区(Ⅲ),罗子沟-延吉火山盆地群(Ⅳ)内。受北北东向图们断裂带与北西向嘎呀河断裂复合部位控制。

七、刺猬沟-九三沟预测工作区

预测工作区位于晚三叠世—中生代小兴安岭-张广才岭叠加岩浆弧(Ⅱ),太平岭-英额岭火山-盆地区(Ⅲ),罗子沟-延吉火山盆地群(Ⅳ)内。受北北东向图们断裂带与北西向嘎呀河断裂复合部位控制。

预测工作区位于百草沟-苍林东西向断裂、新和屯-西大坡北东向断裂和大柳河-海山北西向断裂交会处。围绕预测工作区四周有安山质角砾岩和集块岩成环带状分布。其中东山见有多层熔结凝灰岩和松脂岩,且次火山岩相当发育,因此,刺猬沟矿床所处部位可视为一个寄生埋藏火山口。

八、大黑山-锅盔顶子预测工作区

预测工作区位于吉黑褶皱系、吉林优地槽褶皱带、吉中复向斜南部。上叠为滨太平洋陆缘活动带,长白山火山-深成岩带,大黑山断隆区。

晚三叠世,本区受滨太平洋构造活动带影响,形成北东向敦密超岩石圈断裂和伊舒深断裂,并控制区域火山-岩浆构造带展布,吉林-柳河断裂带呈北东向贯穿矿区,控制吉林中部火山断陷盆地形成。

进入中生代以来,基底断裂也产生影响和改造,如双河镇-前撮落-大顶山断裂带,此时已显张性特征,并构成南北宽17km,东西长近40km隆断带,对矿田形成起到明显控制作用。

晚三叠世后,随着断裂活动不断加强,在几组断裂控制断块两侧,引起深部岩浆上涌。在隆与断衔接部位,先是中酸性岩浆喷发,继而是基性—超基性—中性—酸性岩浆侵入。

九、红旗岭预测工作区

预测工作区位于天山-兴蒙-吉黑造山带(Ⅰ),包尔汉图-温都尔庙弧盆系(Ⅱ),下二台-呼兰-伊泉陆缘岩浆弧(Ⅲ),盘桦上叠裂陷盆地(Ⅳ)内。辉发河超岩石圈断裂不仅是两构造单元的分界线,也是含镍基性—超基性侵入岩体的导岩(岩)构造,与之有成因联系的北西向次一级断裂为储岩(矿)构造。

十、漂河川预测工作区

预测工作区位于天山-兴蒙-吉黑造山带(Ⅰ),包尔汉图-温都尔庙弧盆系(Ⅱ),下二台-呼兰-伊泉陆缘岩浆弧(Ⅲ),盘桦上叠裂陷盆地(Ⅳ)内。

矿体主要受控于二道甸子-暖木条子轴向近东西背斜北翼,大体沿大河深组与范家屯组接触带展布。辉长岩类、斜长辉岩类、闪辉岩类基性岩体控矿。

十一、赤柏松-金斗预测工作区

预测工作区位于前南华纪华北东部陆块(Ⅱ),龙岗-陈台沟-沂水前新太古代陆核(Ⅲ),板石新太古代地块(Ⅳ)内的二密-英额布中生代火山-岩浆盆地的南侧。

矿区处于两个Ⅲ级构造单元接触带,古陆核一侧褶皱、断裂构造发育。

(1)褶皱构造:太古宙经历多期变质变形,表现在本区是 3 个穹状背形,即南侧三棵榆树背形,中部赤柏松—金斗穹状背形,东侧湾湾川背形,其褶皱轴走向分别为北东50°、北西20°、北西40°。

(2)断裂构造:本区主要断裂构造为本溪-二道江断裂,为铁岭-靖宇台拱与太子河-浑江陷褶断束的两个Ⅲ级构造单元分界断裂,形成于五台运动末期,具多期活动特点,总体走向西段为东西向,东段转为北东向。赤柏松矿区位于转弯处内侧,其为控制区域上基性岩浆活动的超岩石圈断裂。

①北东向或北北东向断裂构造:这一组断裂在本区十分发育,分布在穹状背形的核部,多被古元古代以来的基性岩、超基性岩充填,显多期活动特点,形成于古元古代,是本区控岩、控矿构造。

②东西向断裂构造:为本区发育最早的构造,多数为较大逆断层或逆掩断层,由于受后期岩浆构造改造、叠加,表现不够连续。

十二、长仁-獐项预测工作区

预测工作区位于天山-兴蒙-吉黑造山带(Ⅰ),包尔汉图-温都尔庙弧盆系(Ⅱ),清河-西保安-江域岩浆弧(Ⅲ)内。

矿床位于两大构造单元交接处的褶皱区一侧,以古洞河深断裂为界,北为吉黑古生代大洋板块褶皱造山带之东段与古洞河深大断裂交会处,南为龙岗-和龙地块。矿床、矿体的展布亦受超基性岩体的规模、形态及时空分布特征所制约。

十三、小西南岔-杨金沟预测工作区

预测工作区位于晚三叠世—新生代东北叠加造山-裂谷系(Ⅰ),小兴安岭-张广才岭叠加岩浆弧(Ⅱ),太平岭-英额岭火山-盆地区(Ⅲ),罗子沟-延吉火山-盆地群(Ⅳ)构造单元内。

(1)褶皱构造:发育在由早古生代浅—中深变质岩系组成的结晶基底中,构成线性延伸或紧闭型褶皱。主要褶皱构造有五道沟向斜,轴向近南北,小西南岔金铜矿位于向斜的西翼。

(2)断裂构造:断裂构造十分发育,主要有 4 组构造。

①东西向断裂,主要发育矿田南北两端的马滴达和杜荒子—大北坡一带,它们是延吉-图们-马滴达壳断裂和敦化-汪清-春化壳断裂的东延部分,是一系列高角度近东西走向冲断层,倾向隆起一侧,片理化及糜棱岩化发育。

②北北东向断裂,主要发育于三道沟—小西南岔一带,由一系列北北东走向、平行密集的挤压破碎带和右斜列的冲断层组成。三道沟断裂倾向西,沿断裂有闪长玢岩、花岗闪长斑岩等多期次火山岩充填。该断裂带与北西向、东西向断裂交切处,集中分布燕山早期的火山-深成杂岩,分布有金铜矿床、矿点,如小西南岔金铜矿床。

③北西向断裂,主要发育在大、小六道沟—大西南岔一带,沿断裂带有燕山早期中酸性侵入岩、次火山岩零星出露,并分布有大西南岔、豹虎岭等金铜矿。小西南岔金铜矿位于该断裂与北北东向断裂交会处,此组断裂倾向西南或近直立,西南盘下降并右行扭动,属平移正断层。

④南北向断裂,发育较差,主要见于四道沟、五道沟地区,为近南北向片理化带和断层角砾岩,属早

期挤压片理化带被中生代东西向断裂共轭的南北向张性断层沿袭改造而成。

十四、农坪-前山预测工作区

预测工作区位于晚三叠世—新生代东北叠加造山-裂谷系（Ⅰ），小兴安岭-张广才岭叠加岩浆弧（Ⅱ），太平岭-英额岭火山-盆地区（Ⅲ），罗子沟-延吉火山-盆地群（Ⅳ）构造单元内。

十五、正岔-复兴屯预测工作区

预测工作区位于前南华纪华北东部陆块（Ⅱ），胶辽吉古元古代裂谷带（Ⅲ），集安裂谷盆地（Ⅳ）内，正岔复式平卧褶皱转折端。矿区西侧沿褶皱轴有燕山期岩株式闪长岩、斑状花岗岩侵入体。矿区东南部有燕山晚期花岗斑岩小侵入体。

十六、兰家预测工作区

预测工作区位于晚三叠世—新生代华北叠加造山-裂谷系（Ⅰ），小兴安岭-张广才岭叠加岩浆弧（Ⅱ），张广才岭-哈达岭火山-盆地区（Ⅲ），大黑山条垒火山-盆地群（Ⅳ）内。

矿床内褶皱构造、断裂构造均较发育。断裂构造发育在范家屯组中，有兰家倒转向斜、兰家向形，兰家倒转向斜为兰家向形的一部分。断裂构造可分为3组，分别为北西向、北西西向、北北东向。矿床内断裂构造规模均很小。

褶皱构造：主要为兰家倒转向斜，其次为兰家向形及后期的小型褶皱构造。北部褶皱构造被石英闪长岩吞没。该区构造经历了3次变形，第一次变形形成兰家倒转向斜；第二次变形是兰家倒转向斜轴面二次变形形成的兰家向形；第三次变形是垂直褶皱轴线方向变形。近岩体处褶皱构造发育。上述褶皱构造及褶皱构造发育处对矿体赋存有利。

断裂构造：区内存在一组北西向断裂构造，是一组大致顺层间断裂构造，该构造为容矿构造。

十七、大营-万良预测工作区

预测工作区位于华北叠加造山-裂谷系（Ⅰ），胶辽吉叠加岩浆弧（Ⅱ），吉南-辽东火山盆地区（Ⅲ），抚松-集安火山-盆地群（Ⅳ）。

十八、万宝预测工作区

预测工作区位于槽台边界超岩石圈断裂与北东向深断裂交会处。区内构造主要为断裂构造，按照断裂展布方向划分，主要有北东向、北西向和近东西向，在区域上北东向断裂错断了北西向断裂，说明前者形成晚于后者。北东向断裂、裂隙带属压扭性断裂发育地段与岩体周边内外接触带是控矿有利部位。

十九、二密-老岭沟预测工作区

预测工作区位于晚三叠世—新生代构造单元华北叠加造山-裂谷系（Ⅰ），胶辽吉叠加岩浆弧（Ⅱ），吉南-辽东火山-盆地区（Ⅲ），柳河-二密火山-盆地区（Ⅳ），三源浦中生代火山沉积盆地内。

三源浦盆地是一个平缓开阔的向斜盆地,由于石英闪长岩体侵入的上拱作用,导致岩体周围地层向外倾斜形成似穹隆状构造形态。

控岩构造:北西向、东西向断裂交会破火山口处,导出松顶山序列侵入,闪长岩冷凝固结时产生收缩,形成应力薄弱带控制后期花岗斑岩侵入。

控矿构造:①与松顶山序列内外接触带、各个单元间接触带大致平行或斜交的北西向、东西向、北北东向断裂控制早期矿体。②花岗斑岩内外接触带北西向张性、张扭性、扭性裂隙群控制晚期矿体分布。③于东区生产中段至地表-60m中段及井北210～300m中段发育的环形破碎带控制浸染状富矿体。

成矿后断裂:北西向断裂主要分布在四方顶子区和南区。北东向断裂见于四道阳岔、四方顶子区,切断北西向断裂,以剪性为主。南北向断裂见于四方顶子南区,小横道河子及东区外围,属扭性。东西向断裂见于主矿区西部。

二十、天合兴-那尔轰预测工作区

预测工作区位于晚三叠世—新生代构造单元华北叠加造山-裂谷系(Ⅰ),胶辽吉叠加岩浆弧(Ⅱ),吉南-辽东火山-盆地区(Ⅲ),柳河-二密火山-盆地区(Ⅳ)。

矿区处于近南北向的那尔轰背斜的核部偏西,东西向和南北向构造的交会部位,褶皱与断裂构造错综复杂。

基底构造:区域结晶基底经历了多次区域变质、变形及岩浆侵入改造,形成一系列的相似平卧褶皱,晚期的花岗质岩浆以底辟侵入为特征,造成上壳岩重熔岩浆而地壳薄弱带侵入形成花岗岩穹隆。矿区内的那尔轰-天合兴韧性剪切带糜棱岩化普遍发育,沿片理面有大量同构造期的岩浆脉体贯入。基底的断裂构造是在早期深层次的塑性变形基础上逐渐演化为浅层次的脆性变形,是在地质历史演化中继承和发展起来的复杂构造。

燕山期构造:主要为东西向、南北向、北东向、北西向及北北西向、北北东向脆性断裂构造,尤其东西向、南北向构造是区域上的主要控岩和控矿断裂构造。

二十一、夹皮沟-溜河预测工作区

预测工作区位于前南华纪华北东部陆块(Ⅱ),龙岗-陈台沟-沂水前新太古代陆块(Ⅲ),夹皮沟新太古代地块(Ⅳ)内,处于辉发河-古洞河深大断裂向北突出弧形顶部。矿区内构造复杂,主要以阜平期的褶皱构造和韧性剪切带为基础构造,其褶皱轴及韧性剪切带展布方向总体上都为北西向,在韧性剪切带中有多次脆性构造叠加,形成了多条平行的挤压破碎带。

二十二、安口镇预测工作区

预测工作区位于胶辽吉叠加岩浆弧(Ⅱ),吉南-辽东火山-盆地群(Ⅲ),柳河-二密火山-盆地区。北东向柳河断裂与北西向水道-香炉碗子西山断裂交会部位。

区内地质构造较为复杂,主要以断裂构造为主,其次为褶皱构造和韧性变形构造。褶皱构造仅发育在震旦纪万隆组灰岩地层中,其受后期推覆构造的影响形成背斜,背斜轴面走向为北东向。区内断裂构造按照断裂展布方向划分,主要有北东向和北西向,为区内主要断裂构造;其次为北北东向断裂构造和北北西向断裂构造。区内北西向断裂构造错断北东向断裂,表明前者晚于后者。

韧性变形构造主要见于元古宙地质体内,区内总体走向为北东向。

二十三、金城洞-木兰屯预测工作区

预测工作区位于前南华纪华北东部陆块（Ⅱ），龙岗-陈台沟-沂水前新太古代陆块（Ⅲ），夹皮沟新太古代地块（Ⅳ）内，处于辉发河-古洞河深大断裂向北突出弧形顶部。

中浅层次变形构造：在鸡南岩组和官地岩组变质岩中，变形作用比较强烈，在上述两个岩组的表壳岩中发育有透入性面理，形成 M-N 型褶皱和 I 型褶皱，还见有香肠构造和眼球状构造，具有 S-C 组构。依据变形特征，表明该地区至少经历了 3 期变形，局部发育韧性剪切带。

表浅层次的脆性断裂：区内浅层次的脆性断裂比较发育，主要有北东向断裂、北西向断裂和南北向断裂。

第三章　典型矿床与区域成矿规律研究

第一节　技术思路与流程

一、技术思路

(一)指导思想

以科学发展观为指导,以提高吉林省铜矿矿产资源对经济社会发展的保障能力为目标,以先进的成矿理论为指导,以全国矿产资源潜力评价项目总体设计书为总纲,以GIS技术为平台规范而有效的资源评价方法、技术为支撑,以地质矿产调查、勘查以及科研成果等多元资料为基础,在中国地质调查局及全国项目组的统一领导下,采取专家主导,产学研相结合的工作方式,全面、准确、客观地评价吉林省铜矿矿产资源潜力,提高对吉林省区域成矿规律的认识水平,为吉林省及国家编制中长期发展规划、部署矿产资源勘查工作提供科学依据及基础资料。同时通过工作完善资源评价理论与方法,并培养一批科技骨干及综合研究队伍。

(二)工作原则

坚持尊重地质客观规律实事求是的原则;坚持一切从国家整体利益和地区实际情况出发,立足当前,着眼长远,统筹全局,兼顾各方的原则;坚持全国矿产资源潜力评价"五统一"的原则;坚持由点及面,由典型矿床到预测区逐级研究的原则;坚持以基础地质成矿规律研究为主,以物探、化探、遥感、自然重砂多元信息并重的原则;坚持由表及里,由定性到定量的原则;以充分发挥各方面优势尤其是专家的积极性,产学研相结合的原则;坚持既要自主创新,符合地区地质情况,又可进行地区对比和交流的原则;坚持全面覆盖、突出重点的原则。

(三)技术路线

充分搜集以往的地质矿产调查、勘查、物探、化探、自然重砂、遥感以及科研成果等多元资料;以成矿理论为指导,开展区域成矿地质背景、成矿规律、物探、化探、自然重砂、遥感多元信息研究,编制相应的基础图件,以Ⅳ级成矿区(带)为单位,深入全面总结主要矿产的成矿类型,研究以成矿系列为核心内容的区域成矿规律;全面利用物探、化探、遥感所显示的地质找矿信息;运用体现地质成矿规律内涵的预测技术,全面全过程应用GIS技术,在Ⅳ、Ⅴ级成矿区内圈定预测区基础上,实现全省铜矿资源潜力评价。

(四)工作流程

工作流程见图3-1-1。

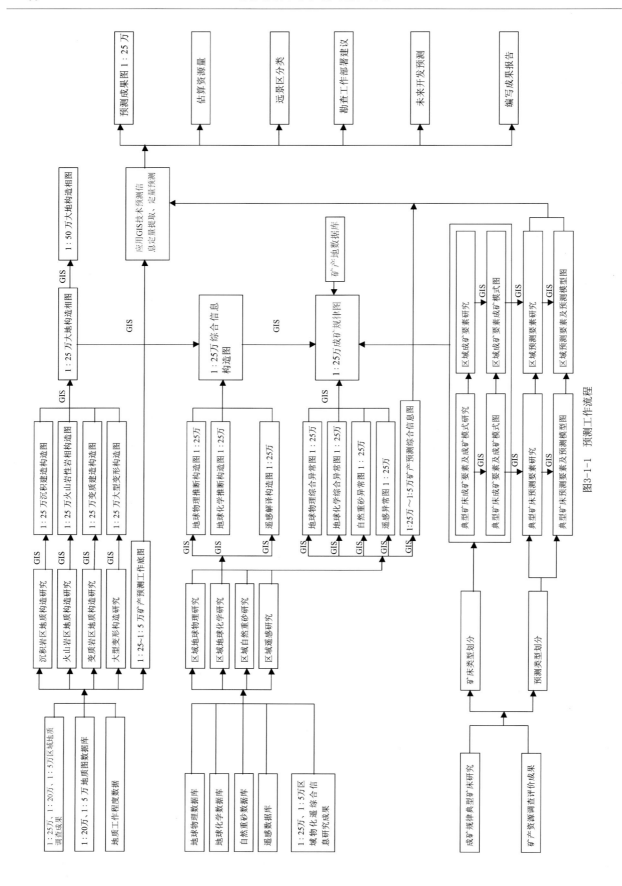

图3-1-1 预测工作流程

二、技术流程

典型矿床区域成矿规律研究一般遵循以下几个方面的流程。

1. 矿床基本特征

(1)研究矿床形成的地质构造环境及控矿因素。

(2)研究矿床三维空间分布特征,编制矿体立体图或编制不同中段水平投影组合图、不同剖面组合图。分析矿床在走向和垂向上的变化、形成深度、分布深度、剥蚀程度。

(3)研究矿床物质成分,包括矿床矿物组成,主元素及伴生元素含量及其赋存状态,平面、剖面分布变化特征。

(4)分析各成矿阶段蚀变矿物组合,蚀变作用过程中物质成分的带出、带入,蚀变空间分带特征,分析主元素迁移过程和沉淀过程的不同蚀变特征。

2. 矿床地球化学及年代学特征

(1)划分矿床的成矿阶段,研究主成矿元素在各成矿阶段的富集变化,划分成矿期,说明各成矿期主元素的变化。

(2)确定成矿时代:成矿作用一般经历了漫长的地质发展历史过程,有的是多期成矿、叠加成矿,因此一般情况下成矿作用时代以矿床就位年龄为代表。就位年龄包括直接测定年龄、间接推断年龄、地质类比年龄和矿床类比年龄,应收集重大地质事件对成矿的影响年龄。

(3)分析成矿地球化学特征:运用各成矿阶段的矿物组合、蚀变矿物组合、交代作用、同位素资料、包裹体成分、成矿温度、压力、酸碱度、氧逸度、硫逸度分析等资料,确定元素迁移、富集的内外部条件,地质地球化学标志和迁移、富集机理。

(4)分析可能的物质成分来源,包括主要成矿金属元素来源、硫来源、热液流体来源。

(5)确定具体矿床的直接控矿因素和找矿标志。

(6)结合沉积作用、岩浆活动、构造活动和变质作用等控矿因素分析成矿就位机制及成矿作用过程。

3. 建立典型矿床成矿模式

通过典型矿床的研究,系统总结成矿的地质构造环境,控矿的各类主要控矿因素,矿床的三维空间分布特征,矿床的物质组成,成矿期次,矿床的地球物理、地球化学、遥感、自然重砂特征及标志,成矿物理化学条件,成矿时代及矿床成因。编制成矿模式图,建立典型矿床成矿模式。

4. 建立典型矿床综合评价找矿模型

在典型矿床成矿模式研究的基础上,结合矿床地球物理、地球化学、遥感及自然重砂等特征,建立典型矿床综合评价找矿模型。其研究内容为:①成矿地质条件,包括构造环境、岩石组合、构造标志及围岩蚀变;②找矿历史标志,包括采矿遗迹和文字记录;③地球物理标志,包括重力、磁法、电法及伽马能谱等;④地球化学标志,主要包括区域和矿区的地球化学资料;⑤遥感信息标志,包括遥感的色、带、环、线、块,以及羟基和铁染异常;⑥地表找矿标志,包括含矿建造或岩石组合的特殊标志,原生露头或矿石转石等;⑦编制典型矿床综合评价找矿模型图。

第二节 典型矿床研究

一、典型矿床选取及其特征

根据吉林省铜矿成因类型,本次工作共确定 10 个典型矿床,全面开展铜矿特征研究,即沉积变质型白山大横路铜钴矿床;火山沉积型磐石石嘴铜矿床、汪清红太平多金属矿床;侵入岩浆型磐石红旗岭铜镍矿床、蛟河漂河川铜镍矿床、通化赤柏松铜镍矿床、和龙长仁铜镍矿床;矽卡岩型临江六道沟铜矿床;斑岩型通化二密铜矿床、靖宇天合兴铜矿床。

(一)白山大横路铜钴矿床

1. 地质构造环境

矿床位于前南华纪华北东部陆块(Ⅱ),胶辽吉元古宙裂谷带(Ⅲ),老岭坳陷盆地(Ⅳ)内。

(1)地层:区域内出露的地层由老至新有太古宇老变质岩、古元古界老岭岩群及震旦系。

太古宇老变质岩主要出露在大横路铜钴矿区的北部区域,呈北东向展布,岩性主要为角闪石英片岩、斜长角闪岩、角闪斜长片麻岩、混合质片麻岩(图 3-2-1)。

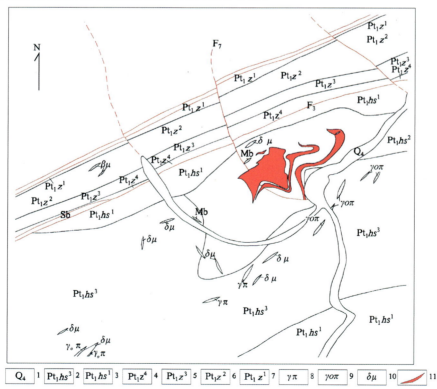

图 3-2-1 大横路铜钴矿区地质简图

1.第四系冲积物;2.绢云千枚岩夹石英千枚岩;3.绢云千枚岩夹大理岩、含碳绢云千枚岩;4.角砾状白云质大理岩;5.透闪石白云质大理岩;6.硅质条带白云质大理岩;7.硅质条带白云质大理岩;8.花岗斑岩;9.斜长花岗斑岩;10.闪长玢岩;11.矿体

老岭岩群珍珠门岩组主要分布在大横路铜钴矿区的北部,呈北东向展布。岩性自下而上主要为碳质条带状大理岩、硅质条带白云石大理岩、白云质大理岩、透闪石大理岩、紫红色角砾状大理岩。

老岭岩群花山岩组为本区的赋矿层位,总体呈北东向展布。自下而上划分为3个岩性段,一段下部为绢云千枚岩夹石英岩、石英千枚岩夹薄层条纹状-条带状石英岩,上部为中厚层绢云千枚岩夹石英千枚岩;二段下部为绢云千枚岩夹大理岩透镜体、石英千枚岩夹条纹状石英岩透镜体,上部为绿泥绢云千枚岩、含碳绢云千枚岩;三段为含钙千枚岩、绢云千枚岩夹含钙质绢云千枚岩。

(2)侵入岩:在区域的南部和北部分别见有印支期和燕山期的花岗岩及似斑状黑云母花岗岩岩体。矿区内见有少量的花岗斑岩脉和辉绿玢岩脉等。

(3)构造:矿区位于老岭背斜南东翼的次级褶皱三道阳岔-三岔河复式背斜的北西翼,小四平-荒沟山-南岔S型断裂带在矿区的北侧通过。矿区位于该断裂带与大横路沟断裂、大青沟断裂所围限的区域内。

区域内最大的褶皱构造为三道阳岔-三岔河复式背斜,核部为花山组第一岩性段,褶皱枢纽向南西倾伏,倾伏角17°~20°,北西翼厚度大于南东翼,铜钴矿赋存于背斜北西翼。

矿区断裂构造发育,可划分北东向、北西向、近南北向及近东西向4组,其中北东向断裂最发育。

2. 矿体三维空间分布特征

(1)矿体空间分布:矿体主要赋存在花山岩组第二岩性段含碳绢云千枚岩中。矿体主要受三道阳岔-三岔河复式背斜北西翼次一级褶皱构造控制。该褶皱由5个紧密相连的褶曲组成,其中3个向形、两个背形,每个褶曲宽约200m。褶曲轴呈北东-南西向,枢纽产状215°∠30°,轴面近直立,顶端歪斜,矿体形态受复式褶皱控制(图3-2-2),矿体与地层同步褶皱(图3-2-3)。褶皱向北东翘起,向南西倾伏,倾伏角17°~22°,沿走向呈舒缓波状。

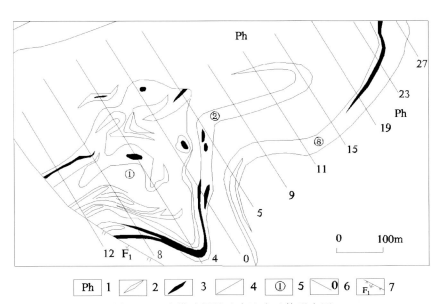

图3-2-2 大横路铜钴矿床地表矿体形态图

1.绿泥绢云千枚岩、绢云千枚岩、碳质条带绢云千枚岩夹薄层条纹状石英岩;2.贫矿体;3.富矿体;4.地质界线;5.矿体编号;6.勘探线位置及编号;7.正断层及编号

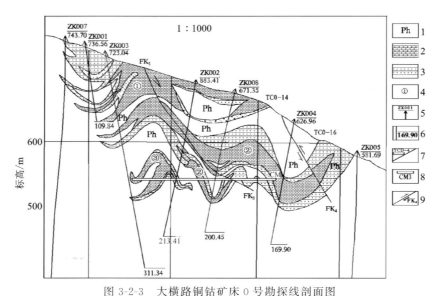

图 3-2-3 大横路铜钴矿床 0 号勘探线剖面图

1.千枚岩;2.钴富矿体;3.钴贫矿体;4.矿体编号;5.钻孔位置及编号;6.终孔钻孔;7.探槽位置及编号;8.穿脉坑道位置及编号;9.断层编号及错动方向

(2)矿体特征:矿区共圈出3层矿体,矿体均呈层状、似层状、分枝状或分枝复合状,矿体均赋存在同一含矿层内,与围岩呈渐变关系,并同步褶皱,矿体连续性好。

Ⅰ号矿体控制长度1340m,宽120~495m,平均宽315m,厚6.00~146.20m,平均68.98m。Co平均品位0.054%,伴生Cu平均品位0.16%。由于受构造形态的影响,矿体出露形态较为复杂。但总体走向为北东向,倾角多在30°~50°之间。

Ⅱ号矿体,主要为深部盲矿,仅在4—0线出露地表,该矿体沿走向及倾向具尖灭再现现象,矿体长1040m,厚3.00~31.70m之间,平均厚度14.63m。矿体Co品位平均0.036%,伴生Cu品位0.01%。由于受构造及地形的影响,矿体总体走向为北东向,0—27线矿体呈单斜,倾向北西,倾角50°左右。

(3)矿体剥蚀深度:大横路矿区矿体埋深一般在200~300m。由于控矿褶皱构造向南西倾伏,东部矿体处于褶皱构造倾向扬起端,而出露地表,剥蚀程度较大,根据已有的钻孔剖面判断,最小的剥蚀深度应在160m以上;而西部矿体处于褶皱构造倾向末端,所以矿体多为隐伏矿体,剥蚀程度较小。

3. 物质成分

(1)Co、Cu富存状态:Co在氧化矿石中赋存状态复杂,大量Co分散在褐铁矿、泥质及绢云母中,少量分布在孔雀石中,部分Co以硫镍钴矿形式存在。Cu在氧化矿石中主要以独立矿物孔雀石形式存在于褐铁矿中,少量赋存于其他含Cu矿物中。Cu主要以氧化铜的形式存在,其次为硫化铜形式。Cu在原生矿石中赋存状态较简单,主要赋存在黄铜矿中,少量Cu呈连生或机械形式赋存在其他金属矿物中。

(2)矿石类型:自然类型属贫硫化物型;工业类型为氧化矿石和原生矿石。

(3)矿物组合:金属矿物主要以硫化物、砷化物及次生氧化物的形式存在。主要矿物组合为黄铁矿、磁黄铁矿、黄铜矿、方铅矿、闪锌矿、硫镍钴矿、辉铜矿、毒砂、银金矿、自然金、白铅矿、孔雀石、褐铁矿等。脉石矿物主要为绢云母、黑云母、白云母、石英等,其次为绿泥石、绿帘石、石榴子石、电气石、磷灰石、角闪石、锆石等。钴主要以独立矿物硫镍矿出现,其次主要赋存于孔雀石、褐铁矿中。氧化矿石中主要矿石矿物为褐铁矿和孔雀石,少量黄铁矿、硫镍钴矿。原生矿石主要矿石矿物为黄铁矿、黄铜矿、硫镍钴矿、镍钴黄铁矿、含钴黄铁矿、磁黄铁矿等。

硫镍钴矿为重要矿石矿物,以半自形—他形粒状与黄铜矿、黄铁矿共生,或呈细小条纹状与黄铜矿交生,产于石英-硫化物细脉中。探针分析结果显示,硫钴镍矿中含 Co 28.46%～29.10%、Ni 18.06%～19.85%、Fe 7.13%～8.52%、S 42.42%～44.21%。

辉砷钴矿以包体形式产于黄铜矿与黄铁矿中,或以细粒状(0.01～0.03mm)产于石英、绢云母、电气石颗粒间,常与方钴矿、硫钴镍矿、黄铜矿共生,产于石英-硫化物细脉中。探针分析结果显示,辉砷钴矿中含 Co 25.89%～28.26%、S 23.53%～24.28%、As 37.85%～41.77%,并含有 Ni、Fe 等。

方钴矿较为少见,常以细粒(0.01～0.02mm)包体形式赋存于黄铁矿或黄铜矿中,探针分析结果显示,方钴矿中含 Co 14.6%、S 34.41%、As 35.73%、Fe 15.14%,并含微量 Ni 等。

(4)矿石结构:自形—半自形晶粒状结构,常见硫镍钴矿、黄铁矿、毒砂等;他形粒状结构,多为黄铜矿、闪锌矿、方铅矿、磁黄铁矿等;交代结构为矿石多见的一种结构类型,常见褐铁矿交代黄铁矿、硫镍钴矿、孔雀石、铜蓝等交代黄铜矿、磁黄铁矿。视交代作用程度的不同,形成了交代溶蚀、交代环边等交代结构类型;固溶体分解结构,常见为黄铜矿和闪锌矿形成固溶体分解结构,表现为黄铜矿呈细小的乳滴状分布于闪锌矿晶体中;包含结构常见磁黄铁矿中包含有硫镍钴矿、硫镍钴矿中包含有黄铁矿等。

(5)矿石构造:浸染状构造是矿石中一种主要构造类型,主要是金属硫化物黄铁矿、黄铜矿、方铅矿、闪锌矿等在矿石中稀疏分布;细脉浸染状构造分布于金属硫化物黄铜矿、黄铁矿矿石中;网脉状构造主要由金属硫化物黄铁矿、黄铜矿、方铅矿、闪锌矿等以及次生氧化物褐铁矿、孔雀石等沿裂隙或沿角砾间隙充填而成;团块状构造主要是黄铜矿、硫镍钴矿、磁黄铁矿,由于含量分布不均匀,矿石局部组成团块状。

4. 成矿阶段

根据矿体特征,矿石组分、结构、构造特征,将矿化过程划分为 4 个成矿期,5 个阶段。

(1)成矿早期:沉积成矿期形成富硅的隐晶质多金属硫化物阶段,形成富含 Fe、Cu、Co、Pb、Zn、Au 等元素的隐晶质 SiO_2,偶见胶状黄铁矿等矿物。

(2)主成矿期:区域变质叠加改造重结晶成矿期。

石英-金属硫化物阶段,矿物共生组合为石英-黄铁矿-硫镍钴矿、石英-黄铁矿-磁黄铁矿-硫镍钴矿-闪锌矿。

石英-绢云母-富硫化物阶段,矿物共生组合为石英-绢云母-黄铁矿-磁黄铁矿-黄铜矿-硫镍钴矿-方铅矿-闪锌矿、石英-绢云母-黄铁矿-毒砂-磁黄铁矿-黄铜矿-硫镍钴矿-方铅矿-闪锌矿、石英-黄铁矿-闪锌矿-方铅矿。

(3)成矿晚期:区域变质重结晶阶段晚期。即贫硫化物-碳酸盐阶段,矿物共生组合为方解石-黄铁矿-闪锌矿-方铅矿。

(4)表生期:孔雀石-褐铁矿阶段,矿物共生组合为孔雀石-褐铁矿、辉铜矿-蓝铜矿-孔雀石-褐铁矿。主要发生在 5m 以上的氧化矿石及覆盖层。

5. 蚀变特征

矿区内围岩蚀变属中—低温热液蚀变,总体上蚀变较弱。蚀变明显受花山岩组及北东向褶皱控制,呈北东向带状展布,与围岩没有明显的界线,呈渐变过渡关系。主要蚀变类型有硅化、绢云母化、绿泥石化、钠长石化、碳酸盐化。

硅化为矿区最普遍的一种蚀变类型,可分为早、晚两期,这两期均与成矿关系密切。绢云母化主要发育在矿区中部碳质绿泥绢云千枚岩、含碳质绿泥绢云千枚岩及与成矿有关的构造带中,与成矿关系比较密切。绿泥石化和黑云母化在矿区内普遍发育，多沿石英脉出现，分布于石英细脉的两侧及边缘，并在闪长玢岩脉中普遍见绿泥石化，蚀变与矿化关系不密切。钠长石化主要分布在矿体内，见于石英脉和网脉中，与成矿关系比较密切。碳酸盐化只在局部地段可见，多为方解石细脉，属晚期蚀变，与成矿无关。

6. 成矿时代

根据矿体赋存的地层、矿体特征、区域构造运动等特征，判断其成矿时代为古元古代晚期，成矿时代为18Ga左右。

7. 地球化学特征

(1)岩石地球化学特征：花山岩组含矿岩系化学成分较稳定，SiO_2一般在48.33%～62.43%之间，Al_2O_3一般在18.32%～21.59%之间，反映出原岩为高铝黏土岩；此外岩系以Fe^{2+}和K_2O含量高为特征，FeO含量一般在2.0%左右，K_2O含量一般在5.00%～7.00%之间，最高达9.0%，远远高于海相黏土质沉积岩中(K_2O含量3.07%)的含量，并且MgO＞CaO。由此看来，花山岩组原岩为以黏土质为主的正常沉积岩，沉积环境是较强的还原环境，并且有高钾的陆源补给区。

(2)微量元素特征：花山岩组岩系中Co与Ni、Cu，Cu与Co、Ni、V呈明显的正相关关系，Ti的均值为0.31%，最高值为1.09%，TiO_2最高值为1.69%。花山岩组岩石变质程度较低，绢云千枚岩中所见到的硅质多呈蠕虫状或无根的钩状体，并且碳质条带多呈沿片理方向拉伸的锯齿状，这说明变质作用中变质热液活动较弱。在矿区含矿岩系的黄铜矿化多呈细粒浸染状，极少呈无根的细脉状，说明变质期变质热液对矿体的叠加富集改造作用较弱。由此看来，在变质过程中物质迁移、元素的带入带出及热液活动不强，蚀变较弱。变质后期火山、岩浆活动弱。花山岩组含矿岩系的变质作用是在相对封闭、相对干燥的地球化学环境下发生的。因此Cu、Co、Ni、V、Ti等元素的地球化学特征基本上代表了原岩沉积物的地球化学特征，说明大横路铜钴矿床中Cu、Co的来源与碎屑、黏土质岩等沉积物有着同一来源。之所以在花山岩组含碳质绢云千枚岩中富集成矿，主要是因为碳质、黏土质对Cu、Co等元素的吸附作用以及其他地球化学场作用的结果。

(3)稀土元素特征：矿区碳质绢云千枚岩稀土总量为$161.39×10^{-6}$～$249.09×10^{-6}$，轻重稀土分馏明显，$\Sigma Ce/\Sigma Y$在3.0～5.12之间，δEu与δCe为负异常，δEu为0.61～0.73，δCe为0.68～0.76；绢云千枚岩夹薄层石英岩稀土总量为$49.09×10^{-6}$～$55.09×10^{-6}$，轻重稀土分馏不明显，$\Sigma Ce/\Sigma Y$为0.71～3.14，δEu与δCe为负异常，δEu为0.60～0.81，δCe为0.17～0.44；含矿石英脉稀土总量为$28.8×10^{-6}$～$67.38×10^{-6}$，轻重稀土分馏明显，$\Sigma Ce/\Sigma Y$为2.65～4.55，δEu为负异常，δEu为0.62～0.81，δCe为明显的正异常，为1.10～1.80；金属硫化物稀土总量为$18.19×10^{-6}$，δEu为0.61，δCe为0.82，$\Sigma Ce/\Sigma Y$为2.31。从形成环境上看，它是一种深海—次深海环境下形成的一套泥质沉积岩夹细碎屑岩，而后经变质作用，形成了现在的绢云千枚岩夹薄层石英岩或绢云石英片岩。

从稀土元素地球化学特征上看，大横路铜钴矿区成矿物质及围岩与岩浆活动无关。由于矿区没有明显的岩浆热液活动，说明金属硫化物、含矿石英脉都是变质热液阶段形成的，物质成分来自于碳质绢云千枚岩、绢云千枚岩夹薄层石英岩，它继承了碳质绢云千枚岩、绢云千枚岩夹薄层石英岩的稀土元素地球化学性质(图3-2-4、图3-2-5)。

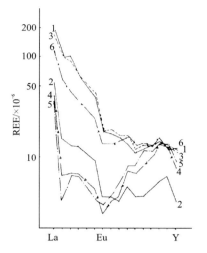 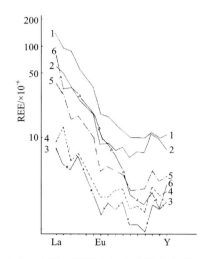

图 3-2-4　大横路铜钴矿区稀土配分曲线(1996)　　图 3-2-5　大横路铜钴矿区稀土配分曲线(1992)
1、3、6.碳质绢云千枚岩；　　　　　　　　　　1、2.绢云千枚岩夹薄层石英岩；
2、4、5.绢云千枚岩夹薄层石英岩　　　　　　　3.金属硫化物；4、5.含矿石英脉；6.斜长花岗斑岩

(4)硫同位素特征：矿区矿化石英脉和碳质绢云千枚岩中黄铁矿、闪锌矿、方铅矿、黄铜矿硫同位素组成较稳定，$\delta^{34}S$ 变化介于 $5.13\times10^{-3}\sim10.12\times10^{-3}$ 之间，极差 4.607×10^{-3}，且均为正值。在频率直方图上呈不规则的塔式分布，分布范围较窄，$\delta^{34}S$ 在 $7.0\times10^{-3}\sim9.0\times10^{-3}$ 之间出现的频率最高。硫同位素组成特征反映了成矿硫质来源的单一性。与岩浆硫特征相去甚远，与沉积硫相比较分布较窄，则成矿硫质来源可能为混合来源，亦或继承了物源区硫同位素的分布特征。

(5)铅同位素特征：矿区的铅同位素组成特征为 $^{206}Pb/^{204}Pb$ 16.2946～16.4514，$^{207}Pb/^{204}Pb$ 15.4147～15.4753，$^{208}Pb/^{204}Pb$ 35.5465～35.7873，其变化系数分别为 0.1568、0.0606、0.2408。由此看来铅同位素地球化学特征较稳定，反映了矿石铅与围岩组成的一致性，同时说明铅同位素组成均为正常铅，无外来物质的加入，即在成矿后没有热事件发生。

(6)流体包裹体特征：对大横路矿区的热液成矿期形成的石英-含 Co、Cu 元素金属硫化物脉(Ⅰ)及石英-方解石脉(Ⅱ)中的石英及方解石内流体包裹体研究结果表明，Ⅰ成矿阶段矿物石英内发育含子矿物三相、气液两相及纯液相 3 类原生流体包裹体，其中含子矿物三相包裹体均一温度为 320.7～368.4℃，热液盐度 $w(NaCl)$ 为 39.64%～45.72%；气液两相包体均一温度为 159.4～263.6℃，热液盐度 $w(NaCl)$ 为 7.4%～14.36%；Ⅱ成矿阶段矿物石英、方解石内发育气液两相及纯液相原生流体包裹体，其中气液两相包裹体均一温度为 97.7～206℃，热液盐度 $w(NaCl)$ 为 2.06%～12.53%。据 $NaCl$-H_2O 热液体系相图及相关公式，估算Ⅰ成矿阶段流体密度为 0.854～1.073g/cm³，Ⅱ阶段流体密度为 0.904～0.998g/cm³。由此表明，本区早期热液成矿阶段成矿流体温度、盐度相对较高，且存在部分高盐度、高密度流体，而晚期成矿流体温度、盐度逐渐降低。在成矿流体均一温度-盐度关系图上，Ⅰ、Ⅱ阶段流体分布于不同的温度、盐度范围，且两者之间有一定的重叠(图 3-2-6)。由此可以推断变质热液成矿早期成矿流体主要来自变质热液，到晚期可能有大气降水参与成矿作用，使得成矿流体得以不断冷却和稀释，从而表现出流体盐度降低、温度变低的特点。包裹体成分的激光拉曼光谱分析结果表明，成矿流体成分以 H_2O 为主，常见气相成分有 CO、CO_2、N_2、CH_4，液相成分除上述气体外，常见阴离子成分为 Cl^-、SO_4^{2-}、HCO_3^- 及 HS^-，Ⅱ阶段热液 HCO_3^-、N_2 含量较Ⅰ阶段高，这与晚期有大气降水不断参与的特点相吻合。Ⅰ、Ⅱ阶段石英及方解石内所发育的流体包裹体气、液相成分中均含不同数量的 CH_4、C_2H_4、C_3H_8 及 C_4H_6 等有机质组分，表明成矿流体为一种含有机质的盐水溶液；在各类有机质中 CH_4 含量明显较高，反映了有机质演化程度较高。成矿流体中有机质的存在可能对钴、铜成矿起了重要作用。

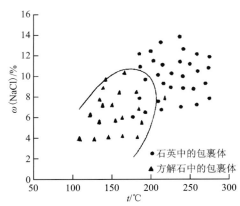

图 3-2-6　流体包裹体均一温度-盐度相关关系(据韦延光等,2002)

成矿压力的估算:据 NaCl–H_2O 体系相图,求得大横路铜钴矿床变质热液成矿压力为 1170×10^5 Pa (图 3-2-7),相应成矿深度约 4.25km,这一深度及温压数据与该区绿片岩相区域变质条件基本一致。

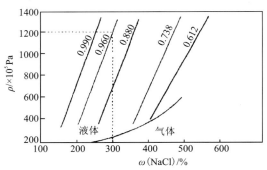

图 3-2-7　盐度-成矿压力关系相图
(底图据 Roedder,1985)(据韦延光等,2002)

(7)成矿物理化学条件:矿区内地层经历了两期变质作用,早期变质作用划分低绿片岩相、高绿片岩相及低角闪岩相。从矿物共生组合及变形史分析,早期变质作用具区域性特征,而晚期变质作用为局部热变质作用。花山岩组变质作用是在相对封闭、相对干燥的地球化学环境下发生的。变质热液活动相对较弱。

8.矿床物质来源及成因机制

(1)成矿物质来源:通过对大横路矿区矿石稀土元素、微量元素分布特征及原岩沉积环境的研究认为,花山岩组含铜钴矿黏土质岩、碎屑岩建造与原岩沉积物来源区的基性岩 Cu、Co 元素丰度值较高有直接关系。在辽吉古裂谷内花山岩组细碎屑岩-碳酸盐岩建造的物质来源主要是含 Cu、Co 较高的古陆基底,即太古宇地体(据松权衡等,2000)。

(2)成因机制:太古宇地体经长期风化剥蚀,陆源碎屑及大量 Cu、Co 组分被搬运到裂谷海盆中,与海水中 S 等相结合,或被有机质、碳质或黏土质吸附,固定沉积物中,实现了铜、钴金属硫化物富集,形成原始矿层或"矿源层"。之后在辽吉古裂谷的抬升回返过程中,含矿地层发生褶皱和断裂,为热液环流提供了构造空间。同时在伴随的区域变质作用下,Cu、Co 及其伴生组分发生活化,变质热液从围岩和原始矿层或"矿源层"中萃取 Cu、Co 及其伴生组分,形成含矿热液,含矿热液运移到有利的构造空间沉淀或叠加到原始矿层或"矿源层"之上,使成矿构造富集成矿。矿床属沉积变质热液矿床。

9.控矿因素及找矿标志

大横路铜钴矿床是一个经多期、多种成矿作用叠加复合而成的层控矿床,其形成受多种因素控制。

(1)地层控矿：矿区内直接赋矿层为一套富含碳质的千枚岩，矿体均成层状、似层状，沿走向及倾向上均稳定延伸，严格受这一层位的控制，且矿石品位的变化明显与碳质含量变化有关，这些特征反映了地层的控矿作用。另外，矿区含矿层位的碳质千枚岩、千枚状碳质板岩原岩为泥岩或黑色页岩，属于一种潟湖或盆地相静水强还原环境的产物，这种环境厌氧微生物繁盛，致使碳质含量较高，吸附作用把成矿元素固定于沉积层内，因此成矿物质的初始富集应受岩相古地理环境控制。

(2)褶皱控矿：矿区正处于复式向斜内，矿区的轮廓受这一复式向斜控制。次级褶皱主要为第二期褶皱，其转折端控制了富矿体（厚大的鞍状矿体）的展布。区内常见具褶皱的转折端部位矿体厚度大，品位也富，孔雀石化、褐铁矿化、硅化均强烈。在矿区内 Cu、Co 具明显的正相关关系，并且 Cu、Co 的高值均对应于褶皱的转折端部位，表明伴随变形变质作用，成矿物质组分发生活化迁移，其运移方向趋向于褶皱转折端部位。另外，在显微镜下也常具小褶皱的核部虚脱部位充填有金属硫化物及石英脉，也表明褶皱作用促进了矿化作用。总之，褶皱的控矿表现为变质过程中随变质热液的活动，成矿物质被带到褶皱核部沉淀。再者褶皱转折端处易形成虚脱部位，含矿的塑性岩层向核部机械运移。

(3)断裂控矿：区内以北东向断裂与成矿关系最为密切，这组断裂多属逆掩性质的层间断裂，受其影响，断层两侧，尤其是下盘岩层发生强烈破碎和片理化，并伴随有强烈的矿化作用。另外，晚期矿化石英脉也充填于北东向断层内。

(4)变质作用控矿：变质作用是本区一次重要的矿化期次，常具金属硫化物及次生孔雀石化沿千枚理面分布，又可见到沿千枚理分布的硅质条带与千枚理产状一致，且作同步褶曲。这种石英脉（硅质条带）常具有强烈的矿化现象，金属硅化物常沿石英脉（硅质条带）边部或内部分布。这种石英脉（硅质条带）显然为变质分异作用的产物。另外矿石金属硫化物的硫同位素组成也反映了变质作用的控矿作用。

(5)找矿标志：老岭岩群花山岩组中含碳质绢云千枚岩；经多期变质变形的构造核部；在 1∶20 万水系沉积物地球化学调查中，面积比较大的区域异常，形成异常的元素种类较多，异常结构复杂，并且在异常中亲 Fe 元素族和亲 S 元素族的异常套合好。物化探异常分布于成矿（区）带有利层位及构造位置。

(二)磐石市石嘴铜矿床

1. 地质构造环境及成矿条件

石嘴铜矿床位于南华纪—中三叠世天山-兴安-吉黑造山带（Ⅰ），包尔汉图-温都尔庙弧盆系（Ⅱ），下二台-呼兰-伊泉陆缘岩浆弧（Ⅲ），磐华上叠裂陷盆地（Ⅳ）内的明于-石嘴子向斜东翼，地质构造复杂。

(1)地层：区域出露的地层为上石炭统石嘴子组，在矿区主要由大理岩、板岩、变质砂岩、千枚岩夹喷气岩组成。石嘴子组形成于海底裂陷槽环境，沿着海底断裂有喷气作用发生，生成了喷气岩，并夹有碳酸盐岩及碎屑岩，呈薄层状产出。这套薄层状岩石由于经历了变质作用和热液蚀变作用，使其矿物成分、结构构造都变得比较复杂，形成了由硅质（石英）、电气石、绢云母、绿泥石、黑云母、透闪石、阳起石、方解石、石榴子石、金属硫化物等组成的片状、条带状岩石及石榴子石矽卡岩等。主要岩石类型有硅灰岩、电气石岩、条带状铜矿石、层纹状铜矿石。石嘴铜矿床即产于石嘴子组喷气岩中。

(2)侵入岩：石嘴矿区周围侵入岩比较发育，主要为花岗岩类岩体，尤以矿区西侧分布最广泛。其中较大的岩体有扇车山岩体和石嘴子岩体。

扇车山岩体侵入石炭系石嘴子组和窝瓜地组，局部被下三叠统南楼山组不整合覆盖，被燕山期花岗岩体侵入。已知同位素年龄有 195.6Ma，201Ma，220Ma。岩性主要为二长花岗岩、花岗闪长岩及少量钾长花岗岩、花岗岩、花岗斑岩。

石嘴子岩体侵入石炭系，被扇车山岩体所侵入。区域上与矿区西南侧的荞麦楞子岩体对比，后者同位素年龄 236.8Ma，主要为石英闪长岩，局部见有闪长岩、正长斑岩小侵入体。

(3)构造:矿区处于明城-石嘴子向斜的东翼,矿区内地层走向近南北向(北北西向),向东或向西作陡倾斜。矿体严格受石嘴子组层位和喷气岩类岩性控制,呈似层状产出,与围岩呈整合接触。晚期石英脉型矿化在矿层中具有穿层现象,沿着矿体部位发育一条与地层产状相一致的挤压片理带,它由片岩、片理化岩石、断层泥及构造透镜体组成。它对矿体既有破坏作用,又有一定的建设作用。矿体西300m处花岗闪长岩与石嘴子组呈侵入接触。在矿体附近沿着构造带有正长斑岩、闪长岩等顺层侵入。

2. 矿体三维空间分布特征

矿体形态、产状和规模:矿体严格受层位与岩性控制,产于喷气岩中,与喷气岩空间分布相一致,呈似层状、扁豆状产出,主要由3条矿体组成。

1号矿体是主矿体(占总量95%以上),出露地表长约120m,平均厚约10m,延深大于1100m,走向近南北向,倾向近270°,倾角约80°。在330m标高以下向北侧伏,倾角变化在77°~86°之间。

2号矿体位1号矿体之北,出露于390m中段,尖灭于710m中段,在530~590m标高与主矿体相连。走向最大延长180m,平均厚1m,延深达400m。

3号矿体位于1号矿体南,见于590~890m标高,最大延长70m,平均厚1.45m,延深达300m。

3. 矿床物质成分

(1)物质成分:不同类型矿石的物质组成不尽相同。条带状矿石中黄铜矿富铜、贫铁。成矿元素中贫Au、Co、Se、Mo、Sb、Pb、Zn等,较脉型矿石中黄铜矿明显偏低。条带状矿石中黄铁矿主要成分富硫,微量元素含量较低。不同类型矿石中黄铜矿、黄铁矿主要成分及微量元素含量对比列于表3-2-1、表3-2-2中。

矿石化学成分:矿石中Au、Ag含量较高,但分布不均。地表铜矿石含Au 3.7×10^{-6}、Ag 220.8×10^{-6};0m中段含Au 0.72×10^{-6}~8.4×10^{-6},平均 2.79×10^{-6};Ag 25.2×10^{-6}~112.3×10^{-6},平均 54.38×10^{-6};450m中段含Au 0~0.8×10^{-6},平均 0.41×10^{-6},Ag 4.8×10^{-6}~21.8×10^{-6},平均 12.57×10^{-6}。地表铜矿石Au、Ag含量最高,向深部含量逐渐降低,Cu与Au含量呈正相关。MoS_2 0.0205%,WO_3 0.279%,可综合利用回收。

表3-2-1 石嘴铜矿床与周围矿点矿石中黄铜矿成分对比表

样号	产地及矿石类型	主成分/%			微量元素/$\times10^{-6}$		
		Cu	Fe	S	As	Au	Co
SZ12	石嘴铜矿条带状矿石	34.59	29.04	34.66	0.63	0.03	0.03
SZ14	石嘴铜矿脉状矿石	34.08	30.01	34.61	0.26	0.27	0.03
SZ29	小铜矿金铜石英脉	34.31	30.04	34.69	0.10	0.07	0.08
SZ86	圈岭多金属矿石	34.33	29.73	34.76	0.70	0.12	0.09
样号	产地及矿石类型	微量元素/$\times10^{-6}$					
		Se	Mo	Ni	Ph	Zn	Sb
SZ12	石嘴铜矿条带状矿石	0.01	0.57	0.01	0.27	0.01	0.00
SZ14	石嘴铜矿脉状矿石	0.07	1.07	0.00	0.27	0.00	0.00
SZ29	小铜矿金铜石英脉	0.05	0.93	0.00	0.40	0.06	0.11
SZ86	圈岭多金属矿石	0.03	1.38	0.03	0.34	0.28	0.00

表 3-2-2　石嘴铜矿床与周围矿点矿石中黄铁矿成分对比表

样号	产地及矿石类型	主要成分/%			微量元素/×10⁻⁶			
		S	Fe	Cu	Pb	Zn	Au	Ag
SZ12	石嘴铜矿条带状矿石	52.76	45.09	0.03	0.00	0.04	0.11	0.02
SZ14	石嘴铜矿脉状矿石	52.14	45.51	0.03	0.00	0.04	0.11	0.00
SZ49	小铜矿含铜石英脉	52.48	44.20	0.03	0.47	0.04	0.11	0.00
SZ86	圈岭多金属矿石	50.50	45.05	0.07	0.74	0.01	0.19	0.04
样号	产地及矿石类型	微量元素/×10⁻⁶						
		As	Co	Se	Mo	Te	Ni	Sb
SZ12	石嘴铜矿条带状矿石	0.00	0.00	0.04	0.74	0.04	0.00	0.00
SZ14	石嘴铜矿脉状矿石	0.38	0.03	0.00	1.24	0.02	0.00	0.00
SZ49	小铜矿含铜石英脉	0.28	0.17	0.05	1.40	0.00	0.07	0.02
SZ86	圈岭多金属矿石	11.3	0.08	0.04	1.30	0.00	0.04	0.00

（2）矿石类型：就地表观察铜矿石可划分为条带状矿石、矽卡岩型矿石、石英脉型矿石。条带（包括条纹）状矿石为喷气沉积形成的，随岩层变形而变形。石英脉型矿石明显切穿条带状及矽卡岩型矿石。

（3）矿物组合：矿石矿物组分比较复杂，金属矿物主要是黄铜矿、斑铜矿、辉铜矿、白钨矿、辉钼矿等，其次是孔雀石、蓝铜矿、磁铁矿、砷黝铜矿、硫砷铜矿、辉铋矿、磁黄铁矿、黄铁矿、毒砂等，偶见方铅矿、闪锌矿、硫钴矿、辉锑矿、硫铋矿、辰砂、辉砷镍矿、针镍矿、砷钴矿、黝锡矿、雌黄、雄黄等。脉石矿物主要是石英、方解石、绢云母、绿泥石、石榴石、黑云母等，其次是透辉石、透闪石、绿帘石、蔷薇辉石、硅灰石、电气石、叶蜡石等，偶见方柱石、符山石、斧石、萤石等。

（4）矿石结构构造：矿石结构构造比较复杂，主要结构有他形晶粒状结构、半自形—他形粒状结构、固熔体分解结构、交代结构等。构造主要有条带状构造、层纹状构造、细脉状构造、斑杂状构造、角砾状构造、浸染状构造等。条带状和层纹状构造为金属矿物与硅质、绿泥石、绢云母、方解石构成条带，相间排列，与前寒武纪条带状磁铁石英岩的构造相似。在角砾状矿石中，见有失去棱角的碎屑被黄铜矿、方解子石、硅质所胶结，只能用沉积成因解释。各种矿物之间存在着明显的包裹、切穿及交代现象。白钨矿包裹石榴子石，辉钼矿切穿了白钨矿，磁铁矿切穿了石榴石，斑铜矿沿黄铜矿的颗粒间隙熔蚀交代石榴子石，方解石切穿绿帘石及石英，萤石脉切穿了方解石脉等，反映矿床成矿作用有多期特点。

4. 蚀变类型及分带性

矿床的形成经历了喷气沉积成矿阶段，此时形成的层状矿体围岩蚀变较弱，蚀变范围很小，仅限于矿体顶底板，主要为轻微的硅化、绢云母化、绿泥石化和碳酸盐化。

层状矿体形成后，遭受了变形变质作用改造及热液作用的叠加，出现矽卡岩化、硅化、绢云母化、绿泥石化、碳酸盐化和萤石化。但矿体的围岩蚀变范围仅限于矿体两侧几米的距离，蚀变也不强烈。

矽卡岩化主要发育在矿层中及矿体两侧，而矿体附近的大理岩及大理岩与花岗岩接触带却无矽卡岩化现象，上述情况说明本区矽卡岩化不发育，矽卡岩的形成可能与变质热液作用有关。矽卡岩化可分为两期，早期为石榴子石透辉石矽卡岩；晚期为绿帘石矽卡岩。矿化与矽卡岩化关系不密切，仅局部为石榴子石矽卡岩伴生辉钼矿白钨矿化和黄铜矿化，有时在后期脉岩中也见矽卡岩化。

硅化表现为多期特点，早期沉积矿化阶段，海底喷气作用引起微弱硅化；在矽卡岩化阶段伴随着较弱的硅化；热液期在所形成的含铜石英脉两侧有较强的硅化，但范围很窄。

5. 成矿阶段

根据矿体产出特征及矿物的共生组合,将矿床划分为沉积成矿期和热液-叠加改造成矿期2个成矿期,5个成矿阶段,即海底喷气沉积成矿阶段、成岩变形变质热液改造阶段、岩浆期后热液矽卡岩化阶段和石英硫化物矿化阶段及表生氧化阶段。

1)沉积成矿早期

海底喷气沉积成矿阶段,形成的主要金属矿物有黄铜矿、黄铁矿、磁黄铁矿、菱铁矿、闪锌矿;脉石矿物主要有电气石、石英、方解石、绿泥石、蛋白石、石榴子石、透辉石、绢云母、玉髓,还有少量的绿帘石和硅灰石。

成岩变形变质热液改造阶段,形成的主要金属矿物有黄铜矿、黄铁矿、菱铁矿、磁铁矿、硫砷铜矿、砷黝铜矿、辉砷镍矿、硫铋矿、砷钴矿、针镍矿;脉石矿物主要有石英、方解石、绿泥石、蛋白石、石榴子石、透辉石、绢云母、玉髓、绿帘石和硅灰石。

2)热液-叠加改造成矿期

岩浆期后热液矽卡岩化阶段,首先生成少量的黄铜矿、斑铜矿,之后大量生成黄铁矿、磁黄铁矿、毒砂、磁铁矿、白钨矿、辉钼矿、辉铋矿、黝锡矿及少量辉铜矿;脉石矿物主要有石英、方解石、绿泥石、石榴子石、透辉石、绢云母、绿帘石、硅灰石、符山石、透闪石、蔷薇辉石及方柱石。

石英硫化物矿化阶段,形成的主要金属矿物有黄铜矿、斑铜矿、黄铁矿、磁黄铁矿、毒砂、闪锌矿、方铅矿、辉锑矿、辰砂、雄黄、雌黄、辉铜矿、铜蓝;脉石矿物主要有石英、方解石、绿泥石、黑云母、绢云母、萤石,少量绿帘石、硅灰石、透闪石、蔷薇辉石、方柱石。

3)表生氧化阶段

该阶段主要形成褐铁矿、孔雀石及蓝铜矿。

6. 成矿时代及类型

根据矿床赋存的层位判断成矿时代为晚古生代,矿床的成因属海底喷气沉积-热液改造型矿床。

7. 地球化学特征

1)同位素地球化学特征

(1)硫同位素:石嘴铜矿床硫同位素组成见表3-2-3,$\delta^{34}S$ 变化范围为$-7.638\times10^{-3}\sim2.23\times10^{-3}$,极差达 9.868×10^{-3},平均值为-2.20×10^{-3};矿石与围岩硫同位素组成有些差别,矿石 $\delta^{34}S$ 变化范围$-3.2\times10^{-3}\sim2.23\times10^{-3}$,极差达 5.43×10^{-3},平均值-1.126×10^{-3};围岩$\delta^{34}S$变化范围$-7.638\times10^{-3}\sim0.095\times10^{-3}$,极差达 7.733×10^{-3};平均值为-3.16×10^{-3},说明硫具有多源特点,但以幔源硫为主,混有细菌还原轻硫,因此造成硫同位素平均值出现负值,略偏离幔源硫特征值。由于矿石围岩混入细菌还原硫量不同,造成矿石与围岩硫平均值差异。由于多期成矿,硫均一化程度较低,硫的分馏作用较差,大部分没达到平衡状态。

(2)氧同位素:石嘴铜矿床石中石英$\delta^{18}O$ 为 $11.066\times10^{-3}\sim14.785\times10^{-3}$,绿泥石$\delta^{18}O$为$4.555\times10^{-3}$,绿帘石 $\delta^{18}O$ 为 4.459×10^{-3},磁铁矿$\delta^{18}O$为-8.721×10^{-3}(表3-2-4),表明它为变质成因或沉积形成。石英$\delta^{18}O$最高14.875×10^{-3},岩性为硅质岩,具有沉积岩氧同位素组成特征。根据硅质岩最佳温度按石英-水的氧同位素分馏方程计算,水的$\delta^{18}D$组成为-0.58×10^{-3},表明为海水或大气降水,而不是岩浆水,其他矿物按氧同位素分馏方程计算水的$\delta^{18}O$组成范围在$4.3\times10^{-3}\sim10.7\times10^{-3}$,亦非岩浆水范围。上述结果表明,虽然矿石中$\delta^{18}O$差异明显,但成矿热液均属加热的大气降水。

表 3-2-3 石嘴铜矿床硫同位素组成(李之彤,1991)

样号	矿物名称	岩石类型	采样地点	$\delta^{34}S/\times10^{-3}$
7130-1-3-1	黄铁矿	绢云片岩	石嘴	-0.4
7130-1-3-2	黄铜矿	绢云片岩	石嘴	-3.9
7130-2-1-1	黄铜矿	绢云片岩	石嘴	-1.7
7130-2-1-2	黄铁矿	石英菱铁矿脉	石嘴	-3.2
7130-2-3-1	黄铁矿	大理岩	石嘴	-3.3
7130-2-3-2	黄铁矿	大理岩	石嘴	-5.1
7130-5	黄铁矿	矿脉	石嘴	-3.2
7130-7-1	黄铁矿	绢云片岩	石嘴	-2.7
7130-7-2	黄铁矿	绢云片岩	石嘴	-3.8
Sh87-5-1	黄铜矿	矿脉	石嘴铜矿	-1.4
Sh87-5-2	黄铜矿	矿脉	石嘴铜矿	-1.2
Sh87-5-3	闪锌矿	矿脉	石嘴铜矿	-5.5
SZ12	黄铜矿	条带状石英脉型铜矿石	石嘴铜矿陷坑	-2.42
SZ14	黄铜矿	角砾、斑杂状铜矿石	石嘴铜矿陷坑	-2.05
SZ32	黄铜矿	条带状铜矿石	石嘴铜矿陷坑	-1.96
SZ30	黄铁矿	绿泥片岩浸染状黄铁矿	石嘴铜矿陷坑	-7.638
SZ41	黄铁矿	硫化物石英脉	石嘴铜矿陷坑	-0.709
SZ12	毒砂	条带状石英脉浸染状矿石	石嘴铜矿陷坑	+2.230
SZ30	黄铜矿	绿泥片岩浸染状黄铁矿	石嘴铜矿陷坑	0.095
SZ42	黄铜矿	石英硫化物矿石	石嘴铜矿陷坑	-2.273
SZ42-1	方铅矿	石英硫化物矿石	石嘴铜矿陷坑	-1.390

表 3-2-4 石嘴铜矿床氧同位素组成(李之彤,1991)

样号	矿物名称	岩石类型	采样地点	$\delta^{18}O/\times10^{-3}$
Ⅱ-3-5	石英	二长花岗岩	扇车山硐体	8.62
SZ35	石英	条带状硅质岩	石嘴铜矿陷坑	11.066
SZ40	石英	石英脉	石嘴铜矿陷坑	11.221
SZ46	石英	硅岩	石嘴铜矿陷坑	14.785
SZ12	石英	条带状石英型铜矿石	石嘴铜矿陷坑	12.862
SZ121	方解石	方解石脉	石嘴铜矿陷坑	12.019
SZ35	绿泥石	条带状硅岩	石嘴铜矿	4.555
SZ14	磁铁矿	角砾状矿石	石嘴铜矿	-8.721
SZ36	绿帘石	矽卡岩	石嘴铜矿	4.539

(3)碳同位素：石嘴铜矿床方解石 δ^{13}C 为 1.155×10^{-3}，在普通海相碳酸盐岩 δ^{13}C（$5\times10^{-3}\sim2\times10^{-3}$）范围内，表明碳来自海相碳酸盐岩。

(4)铅同位素：矿床及附近矿点共采集铅同位素样品13个，其中矿石样品6个，地层样品3个，岩(脉)体样品4个，分析结果列于表 3-2-5。

表 3-2-5　石嘴铜矿床铅同位素组成

样品号	采样地点	岩石或矿物名称	^{206}Pb/^{204}Pb	^{207}Pb/^{204}Pb	^{208}Pb/^{204}Pb	模式年龄/Ma
Sz-10	石嘴铜矿床	矽卡岩型铜矿石	18.651 2	15.751 7	38.670 2	292
Sz-12	石嘴铜矿床	条带状铜矿石	18.509 1	15.655 2	38.421 0	202
Sz-122	石嘴铜矿床	块状铜矿石	18.318 5	15.377 7	38.494 8	287
Sz-77	石嘴铜矿床	花岗岩	18.950 0	15.859 9	38.956 4	289

由表可知，铅同位素组成差别较大。扇车山花岗岩具最高放射性成因铅：^{206}Pb/^{204}Pb 为 18.950 0，^{207}Pb/^{204}Pb 为 15.859 9，^{208}Pb/^{204}Pb 为 38.959 4，它落在地壳演化线上，说明花岗岩是由上地壳沉积演化来的。矿石铅同位素组成中具最高放射性成因铅的是矽卡岩型铜矿石，它与大理岩铅同位素组成相近，落在上地壳演化线附近，说明矽卡岩型铜矿与大理岩之间有着生成上的联系，部分成矿物质来源于大理岩，这点得到稀土元素分布模式的证实。石嘴子组大理岩落在上地壳演化线下，为上地壳的产物。

石嘴铜矿床矿石铅同位素组成复杂。矽卡岩型铜矿石铅同位素组成与大理岩相近，均降落在上地壳演化线附近，说明矽卡岩成矿物质与大理岩有关；块状铅矿石铅同位素组成投点落在下地壳与上地幔之间，说明成矿物质来源于深部，与海底喷气沉积成矿物质来源于深部的实际相符。矿石中的铅为异常铅与成矿时围岩放射性衰变铅的混入有关。被改造的条带状矿石铅同位素组成由于大理岩铅的混入，投点落入上地壳与造山带间，明显不同于圈岭和小铜矿，后者成矿物质与深源闪长岩有关。

2）微量元素地球化学特征

石嘴子组在石嘴子一带主要岩石类型的成矿元素与相同岩石克拉克值相比，相近的元素为 Au、Ag、Zn，偏高的元素为 Pb、As、Sb，偏低的元素为 Cu。喷气岩主要岩石类型的 Au、Ag、Cu、Pb、Zn、As、Sb 等元素含量明显高于石嘴子组中其他主要类型岩石的成矿元素含量，可作为反映喷气沉积物的标志元素，且 Au-Cu-Ag-As 之间相关性密切，而 Pb-Zn 为负相关。

3）稀土元素地球化学特征

喷气岩的 $\sum REE = 23.24\times10^{-6}\sim45.89\times10^{-6}$，明显高于结晶灰岩、大理岩、叶蜡石片岩（$\sum REE = 3.321\ 3\times10^{-6}$），但低于绢云母片岩、千枚岩 $\sum REE = 114.31\times10^{-6}\sim184.88\times10^{-6}$；喷气岩的 $(\sum Ge/\sum Y)_N = 0.97\sim1.37$，$(La/Sm)_N = (0.48\sim1.45)\times10^{-6}$，低于结晶灰岩、大理岩、叶蜡石片岩 $(\sum Ge/\sum Y)_N = 2.12\sim12.38$，$(La/Sm)_N = 4.77\sim35.27$，也低于绢云片岩和千枚岩 $(\sum Ge/\sum Y)_N = 2.10\sim3.16$，$(La/Sm)_N = 2.02\sim2.68$；喷气岩 $(Sm/Nd)_N = 0.48\sim2.28$，高于绢云片岩和千枚岩 $(Sm/Nd)_N = 0.64\sim0.72$；喷气岩 δEu 有弱正异常，结晶灰岩、大理岩、绢云片岩、千枚岩、叶蜡石片岩的 δEu 为弱负异常。

喷气岩稀土元素分布模式为亏损型，而结晶灰岩、绢云片岩、千枚岩为轻稀土富集型。喷气岩稀土元素含量、特征参数及分布模式明显区别于石嘴子组正常结晶灰岩、大理岩、叶蜡石片岩、绢云片岩、千枚岩等，说明喷气岩物质来源于深部，具幔源特征。

4）包裹体特征

石英包裹体成分：石嘴铜矿床石英包裹体成分极其重要的特征是 Na^+ 占绝对优势，按质量比 Na 是 K 的 5 倍，Ca 的 7 倍，富 Cl^-、SO_4^{2-}，这种热液很难用周围的花岗岩类侵入岩浆结晶分异演化形成来解释，而用海底喷气热液来解释更有说服力，这已被许多地质事实所证实（孙海田等，1990）。

均一温度:条带状矿石包裹体均一温度分别落在138~247℃及311~350℃两个区域;石英脉型矿石包裹体均一温度为266℃、301℃、311℃、344℃。两种矿石类型包裹体均一温度资料提供了不同成因矿石形成环境信息;条带状矿石形成温度是两个区间,一个是311~350℃区间,与一般海底火山喷出的黑烟(350℃)相一致(孙海田等,1990),它是早期成矿的一个连续过程,此时包裹体气液比较大,并含有气相包裹体,成矿热液有沸腾现象;另一个区间是138~247℃,喷气与周围介质反应,形成混合热液,其沉积是一个温度缓慢下降的较长区间。石英脉型矿石形成温度是某几个点,是在一种开放环境中以充填方式形成的。

爆裂温度:条带状矿石,石英爆裂温度为251℃、273℃、308℃,黄铜矿爆裂温度为246~286℃。石英脉型矿石,石英爆裂温度为241℃、283℃;斑杂状矿石,黄铜矿爆裂温度为283℃,方解石爆裂温度为232℃,方铅矿爆裂温度为211℃,黄铜矿爆裂温度为224℃。爆裂温度说明条带状矿石石英形成温度高于黄铜矿形成温度,与实际情况相一致,黄铜矿形成温度220~275℃,它与固熔体分解结构确定的形成温度275℃基本相吻合,属中温热液矿床。石英脉型矿石石英爆裂温度241~283℃与均一温度266℃基本吻合,黄铜矿爆裂温度220℃左右。条带状矿石黄铜矿爆裂脉冲数是石英型矿石黄铜矿爆裂脉冲数的7倍,说明喷气沉积形成的黄铜矿含有较多包裹体;而热液期后形成的黄铜矿含包裹体较少。

8. 物质来源

成矿物质来源与海底喷气作用有关,喷气作用形成矿层喷气岩,即矿源层。S、Pb同位素组成说明成矿物质具有多源特点,喷气沉积矿石成矿物质来源于下地壳和上地幔,矽卡型矿石成矿物质来源于喷气岩和大理岩。氢氧同位素组成说明成矿早期热液为海水和大气降水,晚期石英型矿石成矿热液为大气降水。

9. 控矿因素及找矿标志

(1)控矿因素:控矿地层主要为石嘴子组的大理岩、板岩、变质砂岩、千枚岩夹喷气岩;控矿构造主要为明城-石嘴子向斜的东翼。

(2)找矿标志:石嘴子组的大理岩、板岩、变质砂岩、千枚岩夹喷气岩出露区;明城-石嘴子向斜的东翼;重磁地球物理异常、原生地球化学异常也是热源体的重要标志。

10. 矿床形成及就位机制

石嘴铜矿床产于上石炭统石嘴子组喷气岩中,矿床严格受层位与岩性控制。矿体与喷气岩呈整合产出,其间界线为渐变过渡,矿体呈层状、似层状或扁豆状产出。矿石呈条带状、层纹状,与层理产状相一致,表明层状与条带状矿石为沉积形成。沉积矿石形成后经历了变形变质作用,致使局部矿层与岩层发生同步褶曲。在后期热液作用下原矿层两侧围岩发生矽卡岩化,有些矽卡岩呈层状,矿体与矽卡岩一起具有明显的层控性,呈似层状产出。在矽卡岩化阶段伴有金属矿化,形成矽卡岩型铜矿石,它与条带状矿石相伴,矿体中最晚一期石英硫化物矿脉明显切穿条带状沉积型和矽卡岩型矿石,三种类型矿石构成的铜矿体总体上仍呈层状、似层状。

(三)汪清县红太平铜多金属矿床

1. 地质构造环境及成矿条件

矿床位于天山-兴蒙-吉黑造山带(Ⅰ),小兴安岭-张广才岭弧盆系(Ⅱ),放牛沟-里水-五道沟陆缘岩浆弧(Ⅲ),汪清-珲春上叠裂陷盆地(Ⅳ)北部。

(1)地层:区内出露有二叠系庙岭组、柯岛组。

二叠系庙岭组：为红太平银多金属矿的矿源层，是本区银多金属矿的主要含矿地层，为一套火山碎屑岩-碳酸盐岩建造，地层韵律明显，富含炭质，相变频繁。下部碎屑岩段厚度大于350m，岩石组合为碎屑岩（砂岩、粉砂岩夹泥质灰岩）、长石砂岩、粉砂质泥岩、泥质粉砂岩、含炭泥质粉砂岩夹微晶泥灰岩。产 Yabeina hayasa Kai Ozawa, Neoschwagerina deuvillei Ozawa 等早二叠世化石；上部火山熔岩、碎屑岩段东部厚20m，向西逐渐增厚至84m，岩石组合以安山质凝灰岩为主夹少量安山岩、安山质凝灰熔岩。

二叠系柯岛组：上段为构造片岩、千枚岩，覆盖于庙岭组上段凝灰岩、蚀变凝灰岩之上，厚571.4m；下段为一套中酸性晶屑凝灰岩、粉砂质凝灰岩、凝灰质砾岩等，厚30～70m。

（2）侵入岩：主要有闪长玢岩、细晶岩、霏细岩、煌斑岩脉等，岩浆多期次、多阶段的活动为成矿提供了热源，带来了丰富的成矿物质。

（3）构造：红太平矿区总体为轴向近东西展布的开阔向斜构造，核部地层为庙岭组上段，两翼为庙岭组下段，两翼产状均较缓，倾角在10°～30°之间变化。

矿区断裂构造比较发育、复杂，近东西向断裂和层间断裂与成矿关系密切，近东西向垂直或斜交层面的断裂对矿体有破坏作用，多为向北倾斜的正断层，断距较小。南北向 F_{202}、F_{203} 断裂构造为成矿后构造，对矿体有明显的破坏作用，即矿层在30线和1线被其所截，两断层的两侧地层均抬升，矿层及矿体均被剥蚀掉。

2. 矿体三维空间分布特征

红太平缓倾斜短轴向斜是银多金属矿的主要控矿构造，庙岭组上段凝灰岩、蚀变凝灰岩为主要含矿层位，含矿岩石主要为凝灰岩、蚀变凝灰岩，编号为Ⅰ矿层，庙岭组下段碎屑中赋存有Ⅱ、Ⅲ、Ⅳ矿层，矿层较严格受向斜构造控制，层控特征较为明显，分布于短轴向斜四周的翼部。Ⅰ矿层中已发现Ⅰ-1、Ⅰ-2、Ⅰ-4、Ⅰ-6四条矿体，其中Ⅰ-1、Ⅰ-2矿体分布于向斜的北翼，为已评价的铜矿体；向斜的南翼和东翼分布有新发现的Ⅰ-4和Ⅰ-6矿体，这些矿体的控制程度很低，以上矿体向向斜核部延伸部位均分布有物探（激电）异常，即北部中（低）阻、高充电异常区（简称北部异常区），中部中（高）阻、高充电异常区（简称中部异常区）和南部高阻、高充电异常区（简称南部异常区）。Ⅱ、Ⅲ、Ⅳ矿层分布于庙岭组下段砂岩、粉砂岩、泥灰岩中，位于Ⅰ矿层下部，矿体编号为Ⅱ-1和Ⅲ-1，由于以往工程控制程度较低，矿体的连续性较差。

Ⅰ-1矿体：矿体呈层状、似层状，矿体厚2.16～15.3m，平均5.89m。近东西走向，延伸至26线以西。矿体向南西方向侧伏，恰与激电异常走向吻合，矿体倾向165°～185°，局部反倾，倾角15°～25°。品位 Ag 45.18×10^{-6}～$1\,142.24\times10^{-6}$，平均 69.76×10^{-6}（组合分析）；Cu 0.20%～23.12%，平均1.68%；Zn 0.50%～30.89%，平均 Zn 2.76%；Pb 平均0.62%。

Ⅰ-4矿体：长120m，厚2.13m。平均品位 Ag 104.25×10^{-6}，Cu 1.63%，Zn 0.17%。

Ⅰ-6矿体：矿体形态复杂，呈囊状、不规则状沿断裂构造分布，矿化与构造关系密切，矿化不连续，构造交会部位矿化较好。矿体厚3.05m，平均品位 Ag 184.25×10^{-6}，Cu 3.63%，Zn 0.05%。组合样品分析表明，稀有分散元素品位 Cd 0.000 5%，Ga 0.001 7%，In 0.000 02%，Co 0.012%，Ge 0.000 28%，Au 3.00×10^{-6}。

Ⅱ-1矿体：长度600m，真厚度0.36～3.57m，平均1.40m。平均品位 Cu 0.36%，Pb 0.07%，Zn 0.36%。

Ⅲ-1矿体：长600m，矿体呈层状、似层状分布，产状平缓，厚0.58～3.40m。品位 Cu 0.12%～0.72%，Zn 0.79%～2.33%，Pb 0.02%～0.246%。

Ⅳ-1矿体：为盲矿体，呈透镜体状、似层状产出，产状平缓，厚0.37m。品位 Cu 0.02%，Zn 1.02%，Pb 0.41%。

3. 矿床物质成分

（1）物质成分：成矿主要元素为 Cu、Pb、Zn、Ag，平均品位分别为1.16%，1.42%，2.73%，

201.20%～288.50%；有益组分 Cd、Ge、Ga、In、Au、Bi、W、Mo、Se、Sb、Re 等，品位 Cd 0.047 2%，Ga 12.858×10^{-6}，In 5.722×10^{-6}，Ge 4.138×10^{-6}，Mo 1.338×10^{-6}，Sb 66.36×10^{-6}，WO_3 31.036×10^{-6}，Au 0.2×10^{-6}，Bi 91.5×10^{-6}，Se 0.61×10^{-6}，Re 0.007 4×10^{-6}，S 0.946%；有害元素有砷和硫，As 0.07%。伴生有益元素概算远景资源量：Cd 678.70t，As 1 006.55t，S 13 602.80t，Co 0.015t，Bi 131.57t，Au 0.287 6t，Ag 100.31t，Sb 95.42t，Ge 5.95t，WO_3 1.49t，Mo 1.92t，Ga 18.49t，In 8.23t，Se 0.88t，Re 0.011t。

(2) 矿石类型：按矿物组合划分矿石自然类型为方铅矿-闪锌矿-黄铜矿类型、黄铜矿-闪锌矿类型、黄铜矿-斑铜矿类型、黄铜矿和闪锌矿单一类型。

按矿石结构、构造划分矿石类型为块状构造类型（黄铜矿-斑铜矿、黄铜矿-闪锌矿、黄铜矿、闪锌矿）；条纹状、条带状构造类型（黄铜矿-闪锌矿、方铅矿-闪锌矿-黄铜矿）；浸染-斑点状构造类型（黄铜矿-闪锌矿、毒砂-黄铁矿-闪锌矿）。

主要达到工业要求的元素为 Cu、Pb、Zn、Ag，矿石类型有铜铅锌银矿石、铜锌银矿石及铜银、锌银等工业类型矿石。

(3) 矿物组合：金属矿物有闪锌矿、黄铜矿、斑铜矿、方黄铜矿（磁黄铁矿）、方铅矿、银黝铜矿、毒砂、黄铁矿、辉锑矿；脉石矿物有绿泥石、绢云母、白云母、石英、石榴子石、绿帘石、方解石、长石、透闪石、电气石。次生矿物有孔雀石、蓝辉铜矿、辉铜矿、铜蓝、铅矾、锌华、褐铁矿等。

(4) 矿石结构构造：矿石结构有他形粒状结构、包含结构、固熔体分解结构、浸蚀结构、交代残余结构、交代假像结构和交代残蚀结构等。矿石构造有块状构造、条纹状、条带状构造、浸染-斑点状构造、稠密浸染状构造、角砾状（胶结）构造和蜂窝状构造等。

4. 蚀变类型及分带性

矿体围岩及近矿围岩均具有不同程度的蚀变，主要有硅化、矽卡岩化、碳酸盐化、绿帘石化、绿泥石化等，尤其是绿帘石化和绿泥石化较普遍，应该是与火山活动有关的区域性变质产物。

5. 成矿阶段

根据矿体的赋存空间环境、矿体特征、矿物的共生组合、同位素特征，将矿床划分为 2 个成矿期。

(1) 火山沉积期：矿体呈似层状，整合产于固定层位且与围岩同步弯曲，说明成矿与火山活动有一定关系，与英安岩、流纹岩、凝灰岩等海相火山岩相伴生；矿区火山—次火山岩类成矿元素丰度高，说明在早期海底火山喷发阶段沉积了原始矿体或矿源层。

(2) 区域变质成矿期：在火山岩中常具有黄铁矿、黄铜矿、磁黄铁矿、毒砂等矿化，而矿床附近围岩蚀变具有不同的矽卡岩化、碳酸盐化，而绿泥石化、绿帘石化则分布广泛，尤其是在火山碎屑岩中更是常见，因而可以认为除火山热液活动外，还有区域变质作用叠加而产生大范围的蚀变。在后期区域变质作用下成矿物质进一步富集，形成矿体。

6. 成矿时代

红太平矿床矿石矿物的铅同位素特征：$^{206}Pb/^{204}Pb=18.255\ 7$，$^{207}Pb/^{204}Pb=15.546\ 2$，$^{208}Pb/^{204}Pb=38.118\ 6$，在 $^{207}Pb/^{204}Pb$-$^{206}Pb/^{204}Pb$ 图解中投入 V 区，即为年轻异常铅，但靠近古老异常一侧，模式年龄为 290～250Ma（刘劲鸿，1997），与矿源层，即上二叠统庙岭组一致。另据金顿镐等（1991），红太平矿区方铅矿铅模式年龄为 208.8Ma。

7. 地球化学特征

(1) 硫同位素组成：矿石矿物的 $\delta^{34}S$ 变化范围 $-7.6‰$～$+1.6‰$，平均值 $-2.8×10^{-3}$，极差 R 为 9.2。$^{32}S/^{34}S$ 为 22.183～22.386，平均值为 22.279（表 3-2-6）。上述硫同位素具有近陨石硫的特点，表明 Cu、Pb、Zn、Ag、Fe、S、As 等来自下地壳或地幔，与早二叠世中酸性火山活动有成因联系。

表 3-2-6　红太平矿床硫同位素组成特征

矿物	测试结果	
	$\delta^{34}S/‰$	$^{32}S/^{34}S$
方铅矿	−3.786	
闪锌矿	−0.8	22.239
黄铜矿	−7.6	22.388
黄铁矿	+1.6	22.183
毒砂	−3.6	22.306

(2)微量元素：矿区内地层（庙岭组）成矿元素平均含量 Cu 为 $88×10^{-6}$，Pb 为 $49×10^{-6}$，Zn 为 $111×10^{-6}$。而世界主要类型沉积岩 Cu、Pb、Zn 平均含量分别为 $23×10^{-6}$、$12×10^{-6}$、$47×10^{-6}$。红太平矿区内地层 Cu、Pb、Zn 平均含量分别是世界沉积岩平均含量的 3.8 倍、4.0 倍、2.4 倍。若用众数法计算矿区地层的背景值为 Cu $50×10^{-6}$，Pb $8×10^{-6}$，Zn $50×10^{-6}$。可见该区地层为含 Cu、Pb、Zn 高值层位。红太平矿区内不同层位 Cu、Pb、Zn 含量的平均值见表 3-2-7，也同样说明该区地层为含 Cu、Pb、Zn 高的异常区。

表 3-2-7　红太平矿区内不同层位 Cu、Pb、Zn 含量的平均值

层位	样品数/个	平均值/$×10^{-6}$			浓集系数			备注
		Cu	Pb	Zn	Cu	Pb	Zn	
上交互层(含矿层)	259	167.8	29.8	311.3	7.3	7.5	6.6	用世界沉积岩平均值除以矿区平均值得到浓集系数
上砂板岩层	125	65.2	55.2	135.8	2.8	4.6	2.9	
下交互层(含矿层)	24	541.7	781.8	1 065.8	23.6	65.2	22.7	
下岩段杂色层	69	121.8	22.6	117.5	5.3	1.9	2.5	

(3)成矿温度：据矿石结构、构造及矿物组合特征认为，主要成矿作用发生于低温条件下，这与闪锌矿中含镉、标志成矿温度较低的特征相吻合。

8. 物质来源

该矿床与含钙质岩石和火山活动产物密切相关，钙质岩增多，火山活动产物增多，易形成分布稳定、规模大、连续性好的矿体，这标志着成矿作用发生于海水具有一定深度和火山活动间歇期。矿床成矿物质来源与海底火山喷发中性熔岩有关，表现在矿体往往与海底火山岩及碎屑岩相伴生，含矿层中富含英安岩、玢岩、流纹岩、凝灰岩夹层。通过各层火山物质含量统计可知上、下交互层火山岩占 20%~30%，而其他层位仅占 5%~10%。同时对各层 Cu、Pb、Zn 含量亦做了统计，上、下交互层较板岩层含量高 6 倍。这充分说明矿体与火山物质成正相关关系。上、下交互层不仅火山岩相当发育，而且在火山岩中常具有黄铁矿、黄铜矿、磁黄铁矿、毒砂等矿化。而矿床附近围岩蚀变具有不同的矽卡岩化、碳酸盐化，绿泥石化、绿帘石化则甚广泛，尤其是在火山碎屑岩中更是常见，因而可以认为除火山热液活动外，还有区域变质作用叠加而产生大范围的蚀变。

总之，海底古火山活动为本类矿床提供了物质来源。该矿床应属经强烈变质改造后的海底火山-沉积矿床。

9. 控矿因素及找矿标志

(1)控矿因素：二叠系庙岭组凝灰岩、蚀变凝灰岩、砂岩、粉砂岩、泥灰岩为主要含矿层位和控矿层

位。二叠纪庙岭-开山屯裂陷槽控制了早期的海底火山喷发,是控矿的区域构造;轴向近东西展布的开阔向斜构造控制红太平矿区。

(2)找矿标志:二叠纪北东东向展布的裂陷槽、构造盆地;二叠系庙岭组上段和下段火山碎屑岩与沉积岩交互层标志;硅化、绿泥石化、绢云母化及金属矿化;孔雀石、铅矾、铜蓝、辉铜矿、褐铁矿等矿物。重、磁梯度带或者异常转弯处,重、磁、遥解译的线性深源断裂带(切割深度达岩石圈)或其次一级线性、环状断裂的交会收敛处及其附近。红太平矿区大面积分布的高阻高激电、中阻高激电和低阻高激电异常,以及地表以下60～150m处激电测深(中)高阻、高充电异常带,可与已知矿体围岩泥灰岩、结晶灰岩地质体进行模拟,故该异常可作为多金属矿的间接找矿标志。大梨树沟、红太平及新华村一带分布的1:20万～1:5万地球化学异常。

10. 矿床形成及就位机制

在晚古生代二叠纪地壳活动较为剧烈,伴随地壳下陷,海水入侵,沉积了一套海相碎屑岩,并有海底火山爆发,喷发出大量中性熔岩。海底火山热液喷流形成了富含铅锌的矿层或矿源层,在后期的区域变形褶皱和强烈的变质改造作用,对多金属迁移富集起到了一定作用。因此该矿床同生、后生成因特征兼具,属海相火山-沉积成因,又受区域变质作用叠加。

(四)磐石市红旗岭铜镍矿床

1. 地质构造环境及成矿条件

矿床位于天山-兴蒙-吉黑造山带(Ⅰ),包尔汉图-温都尔庙弧盆系(Ⅱ),下二台-呼兰-伊泉陆缘岩浆弧(Ⅲ),盘桦上叠裂陷盆地(Ⅳ)内。辉发河超岩石圈断裂不仅是两构造单元的分界线,也是含镍基性—超基性侵入岩体的导岩(矿)构造,与之有成因联系的北西向次一级断裂为储岩(矿)构造。

(1)地层:辉发河超岩石圈断裂南东侧为华北陆块区,出露地层主要为太古宙地体;北西侧吉黑造山带,出露地层主要为志留系—泥盆系海相砂页岩和泥灰岩等(呼兰群片岩及大理岩);这种格局是由于辉发河超岩石圈断裂带在中奥陶世后,加里东运动时期,南东部上升强烈,开始长期隆起剥蚀,而北西侧相对下降、断陷、海侵,发展成上古生界褶皱带。

(2)侵入岩:由于辉发河超岩石圈断裂带不断活动,深度不断增大,引起基性—超基性岩和花岗岩沿断裂带大量侵入,根据岩相、生成时代及岩石化学特征等划分5种类型,其特征见表3-2-8。

表3-2-8 红旗岭矿区岩体特征一览表

岩体类型	时代	岩带	岩体形态	岩体组合	分异程度	岩石化学特征	含矿性	属于本类型岩体编号
斜长角闪石岩-角闪石岩型	加里东晚期	Ⅱ-Ⅲ	透镜状或不规则岩墙状	斜长角闪石岩-角闪石岩(变质中基性岩)	差	m/f值为1.3～2.8	无矿化	14号、16号、17号、20号、21号、22号、26号、27号、28号、29号、4号、5号、6号、15号、18号、19号、24号岩体
辉长岩-辉石岩型	海西早期	Ⅰ(Ⅲ)	岩墙状(或似盆状)	闪长岩-辉长岩-辉石岩	较好	m/f值为3.4(3号岩体平均成分)	有小型脉状矿体(8号岩体未见矿)	3号、30号、25号、8号、23号

续表 3-2-8

岩体类型	时代	岩带	岩体形态	岩体组合	分异程度	岩石化学特征	含矿性	属于本类型岩体编号
辉长岩-辉石岩-橄榄岩型	海西早期	I	似盆状或杯状	辉长岩-辉石岩-橄榄岩（橄榄辉岩）	好	m/f 值为 5.5（1号岩体平均成分）	大、中型矿床（2号F_1断层下盘岩体），目前仅发现小型脉状矿体	1号、2号，F_1断层下盘岩体
斜方辉石岩型	海西早期	I岩带亚带	岩墙状	（苏长岩）-顽火辉岩	单岩相岩体	m/f 值为 4.2～5.7（7号岩体平均成分）	大型矿床	7号、32号、33号
角闪橄榄岩型	海西早期	I（III）	似盆状或杯状	角闪橄榄岩-（角闪石岩）	较差	m/f 值为 4.7（9号岩体平均成分）	有小型脉状矿体（31号岩体未见矿）	9号、31号

红旗岭铜镍矿床主要由 H-7 大型矿床、H-1 中型矿床及 H-9 等 9 个小型矿床组成。矿床分布于开源-和龙超岩石圈断裂西段，辉发河超岩石圈断裂带北侧，含矿岩体受北西向次一级压扭性断裂控制，侵位于呼兰群中，单个岩体多为脉状、岩墙状与透镜状，呈串珠状排列。岩体类型为辉长岩-辉石岩-橄榄岩型与斜方辉石岩-苏长岩型。成岩时代属海西早期，同位素年龄为 350～331Ma（图 3-2-8）。

①1号（H-1）含矿岩体：岩体在平面上呈似纺锤形（图 3-2-9），走向北西 40°，长 980m，宽 150～280m，延深 560m。在横剖面上两端向中心倾斜，北西端倾角 75°，南东端倾角 36°，呈一向北西侧伏的不对称盆状体。在纵投影图上，岩体埋深由南而北逐渐变深，于南端翘起处矿化甚为富集。

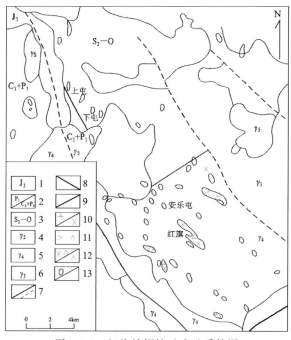

图 3-2-8 红旗岭铜镍矿床地质简图

1.上侏罗统火山碎屑岩；2.下二叠统、上石炭统至下二叠统砂岩、板岩、灰岩；3.中志留统至奥陶系呼兰群变质岩系、片岩及大理岩；4.燕山期钾长花岗岩；5.海西期黑云母花岗岩及花岗闪长岩；6.加里东期片麻状花岗岩；7.实测及推测一般性断裂；8.区域性大断裂；9.岩石圈断裂；10.中基性及基性岩体；11.中性—基性—超基性杂岩体；12.基性—超基性杂岩体及超基性岩体；13.性质不明的岩体

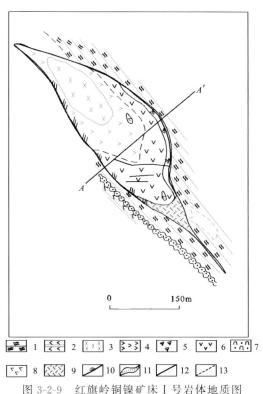

图 3-2-9 红旗岭铜镍矿床Ⅰ号岩体地质图
1.黑云母片麻岩;2.角闪片岩;3.辉长岩;4.斜方辉石岩;5.辉石橄榄岩;6.橄榄辉石岩;7.石英霏细斑岩脉;8.斜长岩脉;9.工业矿体;10.逆斜断层;11.破碎带;12.性质不明断层;13.相变界线

辉长岩相,由 An 50~60 的斜长石(含量 50%~55%)及辉石(单斜辉石 35%,斜方辉石小于 10%)组成,中等粒度($d=1.5\sim2$mm),辉长结构,仅局部见有辉绿结构。

含长辉橄岩相,产于岩体中心部位,包在辉长岩外围,主要由斜方辉石(En=90±的古铜-顽火辉石,含量为 20%~30%)与橄榄石(Fo=86%~90%,含量 50%~60%)组成,含 An 55~60 的斜长石(5%~10%)以及黑云母、棕闪石等。该岩相自身有相变,即随橄榄石的减少,辉石的增加,相变为含长橄榄岩等。嵌晶结构、反应边结构、自形—半自形粒状结构发育。

含长橄榄岩相,位于岩体底部,是主要的含矿岩相。主要由橄榄石、辉石类矿物组成,前者 Fo=87%,含量大于等于 25%,后者以古铜辉石为主,含量在 40%~70%之间,其次含少量斜长石、棕闪石、黑云母等。次闪石化、黑云母化、蛇纹石化等蚀变与矿化关系密切。以海绵陨铁结构为特征,流动构造发育。硫化物平均含量在 35%左右,由上至下硫化物含量有逐渐增加的趋势。主要岩石化学特征:H-1岩体属正常系列基性—超基性岩体。基性岩相 $m/f=0.5\sim2$,为铁质基性岩。超基性岩相 $m/f=2\sim5.66$,为铁质超基性岩。统计表明,$m/f=2\sim4$ 者含矿性最好,在一些岩石化学图解上,3 个岩相分别分布在 3 个独立的、彼此不连续的区域内,这进一步表明该岩体是 3 次侵入作用形成的复式岩体。另外含矿与非含矿岩相的硫、镍含量差别显著,含矿岩相中硫、镍含量偏高,尤其是硫较非含矿岩相高出一个数量级。MgO 含量,辉长岩为 7.42%~11.61%,属于介于低温不含硫化物镁铁质岩与中温含硫化物中镁铁质岩之间的过渡岩石;辉橄岩与橄辉岩的 MgO 含量为 23.20%~33.66%,属于中温含硫化物中镁铁质岩,是含硫化铜镍矿最佳岩石类型。

②7号(H-7)含矿岩体:位于矿区东南部,沿北西向压扭性断裂的次一级断裂与围岩呈不整合侵入。岩体底盘为黑云母片麻岩,顶盘为花岗质片麻岩、角闪岩与大理岩的互层带。岩体南段被新近纪砂砾岩层覆盖(图 3-2-10)。岩体走向 30°~60°,总长数百米,宽数十米,其北西方向有两个与主岩体不相连的透镜体状小岩体。在剖面上岩体呈岩墙状(图 3-2-11),倾向北东向,倾角 75°~80°。在岩体中段

（如4线）产状稍有变化，从上往下由陡变缓，在转折处有狭缩现象。在4线附近，岩体上、下盘分别出现一个小的隐伏岩体，其产状与主岩体基本一致。

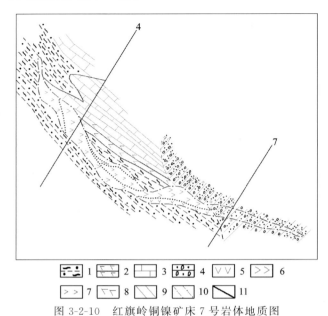

图 3-2-10　红旗岭铜镍矿床 7 号岩体地质图

1.黑云母片麻岩；2.角闪片岩；3.大理岩；4.砂砾岩；5.橄榄岩；6.顽火辉石岩；
7.蚀变辉石岩；8.苏长岩；9.边缘破碎带；10.岩体投影界线；11.断层

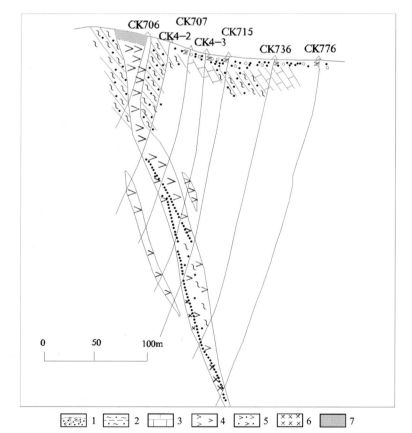

图 3-2-11　红旗岭铜镍矿床 7 号岩体 4 号勘探线剖面图

1.表土；2.黑云母片麻岩；3.大理岩、顽火辉石岩；5.蚀变辉石岩；6.苏长岩；7.矿体氧化带

组成岩体的主要岩相为顽火辉石岩(局部强烈次闪石化为蚀变辉岩)和少量苏长岩。前者是岩体的主体,占岩体总体积的96%,苏长岩多在岩体的边部,与围岩呈构造破碎接触。据其岩体化学特征及在岩体中的产状,可能由顽火辉石岩同化围岩形成。蚀变辉岩分布无明显的规律,多在岩体边部或苏长岩的内侧。

在岩体中段靠近下盘部位,常见有辉橄岩岩脉,这种岩脉由于其中橄榄石、斜方辉石相对含量变化,有时过渡为橄榄石岩或橄榄辉石岩,但总的说来,其成分主要为辉橄岩。它与两侧围岩(顽火辉石岩或蚀变辉岩)接触界线清楚,接触带常由小破碎带相隔。

顽火辉石岩:暗绿色,中细粒,自形—半自形粒状结构。组成矿物主要为顽火辉石(En为91,含量75%~80%),及少量棕闪石、拉长石和单斜辉石。部分岩石蚀变强烈,主要为皂石化、次闪石化、滑石化和少量绢石化。普遍含有较多的金属硫化物,往往构成海绵陨铁状或浸染状矿石。有时不规则状金属硫化物充填于造岩矿物之间,并沿解理交代硅酸盐。

苏长岩:分布于顽火辉石岩与围岩接触带内侧,与前者呈渐变关系。暗灰—灰绿色,压碎结构、辉长结构。组成矿物主要有斜长石、斜方辉石、棕闪石和少量普通辉石。斜长石靠近围岩以中长石为主,含量为35%~45%,接近顽火辉石岩时斜长石为拉长石,含量减少。斜方辉石含量为35%~65%,近片麻岩时含量较低,而近顽火辉石岩时则逐渐增加。一般岩石蚀变较强,以斜方辉石的滑石化、次闪石化和拉长石的绢云母化为主。

1号、7号岩体按其平均成分在硅-碱相关图上版图,均落在拉斑玄武岩区。稀土元素配合曲线显示贫轻稀土的平坦型。岩石中均出现斜方辉石和单斜辉石共生,橄榄石呈浑圆状晶体,具有二辉石系列的岩石属拉斑玄武岩系列(叶大年,1977)。因此含矿原始岩浆应属拉斑玄武岩浆。

2. 矿体三维空间分布特征

(1)1号岩体矿床特征:岩体中有4种构造类型的矿(化)体,即似层状矿体、上悬透镜状矿体、脉状矿体、纯硫化物矿脉。似层状矿体为该岩体中最主要的工业矿体(图3-2-12)。

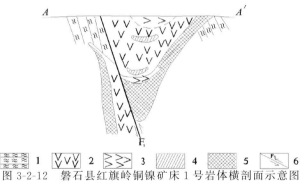

图3-2-12 磐石县红旗岭铜镍矿床1号岩体横剖面示意图
1.黑云母片麻岩;2.橄榄岩相;3.橄榄辉岩相;4.上悬透镜状矿床;5.似层状矿体;6.逆断层

①似层状矿体:矿体赋存在岩体底部橄榄辉石岩相中,通常与其上部的橄榄岩相界线清楚,其形态、产状与赋存岩相基本吻合,呈似层状。在横剖面上,矿体两翼向中心倾斜;在纵剖面上向北西呈缓倾斜。矿体由海绵陨铁状、斑点状和少量浸染状矿石组成。一般海绵陨铁状矿石在矿体底部和中部发育,而在其上部和边部则多为斑点状矿石。矿石中金属矿物主要为磁黄铁矿(60%左右)、镍黄铁矿(30%左右)、黄铜矿(5%左右)及少量磁铁矿、黄铁矿、墨铜矿、钛铁矿等。其中Ni/Cu值约为5。

②上悬透镜状矿体:矿体主要赋存于橄榄岩相的中、上部,形态不规则,呈透镜状或薄层状,主要由细粒浸染状矿石组成。矿石中金属矿物组合亦为磁黄铁矿(60%左右)、镍黄铁矿(35%左右)、黄铜矿(5%左右)及少量磁铁矿。其中Ni/Cu值约为4.6。

③脉状矿体:蚀变辉石岩脉发育于岩体西侧边部。这种脉岩由90%以上的次闪石及少量的棕闪石、滑石、绿泥石、金云母等组成。其中金属硫化物含量2%～6%,呈稀疏斑点状、浸染状在岩石中不均匀分布,有时构成矿体。因此,这种脉状矿体在空间上是不稳定的。矿石中主要金属矿物磁黄铁矿、镍黄铁矿、黄铜矿的相对含量分别为76%、20%、4%。其中Ni/Cu值近于5。

④纯硫化物矿脉:这种矿脉多见于似层状矿体的原生节理中,或者为受变动的原生节理控制,呈脉状或扁豆状,一般宽为数厘米到十几厘米,最宽可达20余厘米,断续出现,由致密块状矿石组成。其主要金属矿物为磁黄铁矿(69%左右)、镍黄铁矿(29%左右)及少量黄铜矿,个别见到黄铁矿、磁铁矿。其中Ni/Cu值最高可达20,有时矿脉两侧围岩有强烈蚀变。

此外,有时在橄榄岩相的斜方辉岩异离体中,在某些辉长伟晶岩中亦见矿化,其中金属硫化物常呈星散状或团块状。金属矿物以磁黄铁矿为主(80%),其次为镍黄铁矿(18%)及少量黄铜矿、磁铁矿、钛铁矿等。

在似层状矿体与片麻岩接触破碎带附近的蚀变辉岩中,有时可见不规则的团块状、细脉状和浸染状金属硫化物矿化。金属矿物组合为磁黄铁矿(50%～92%)、黄铜矿(1%～45%)及镍黄铁矿(5%～20%),3种矿物含量变化很大,并且以前二者含量占优势为特征。在局部地段还见有红砷镍矿、砷镍矿、辉钼矿以及电气石、黑云母、绿泥石、石英等矿物。这种矿化中镍品位低,Ni/Cu值低。

F_1断层下盘岩体中的矿床为脉状矿体,以含矿蚀变辉石岩脉为主,产于岩体西侧边部,有时穿插到黑云母片麻岩中(图3-2-12)。

(2)7号岩体矿床特征:岩体中有3种构造类型的矿体,即似板状矿体、脉状矿体、纯硫化物脉状矿体。

①似板状矿体:7号岩体中金属硫化物分布很普遍,绝大部分构成工业矿体,因此矿体形态、产状与岩体基本吻合。含矿岩石主要是顽火辉石岩或蚀变辉岩,少量为苏长岩。矿石多为海绵陨铁状构造,少量浸染状构造,局部为团块状构造。矿石的金属矿物组合主要为磁黄铁矿、镍黄铁矿(包括少量紫硫镍矿)及黄铜矿,其相对百分含量分别为54%、33%和13%。矿石中Ni/Cu值为3.3左右。

②脉状矿体:矿体主要产于辉橄岩脉中。矿体呈脉状,其形态、产状基本与所赋存的岩脉一致,由海绵陨铁状矿石和斑点状矿石构成。主要金属矿物组合亦为磁黄铁矿、镍黄铁矿、黄铜矿,它们的相对百分含量分别为56%、39%、5%。镍品位较似板状矿体高,Ni/Cu值为5.2。

③纯硫化物脉状矿体:产于顽火辉石岩与辉橄岩脉的接触破碎带中,三者界线清楚,呈突变关系。矿体全由致密块状矿石组成,其主要金属矿物亦为磁黄铁矿(58%)、镍黄铁矿(35%)和黄铜矿(7%)。其中有时见少量的橄榄石、顽火辉石和棕闪石。镍黄铁矿常呈椭圆形作定向排列,显示矿体形成过程的运移特征。这种矿体沿走向和倾向变化不大,呈稳定的脉状,延长大于延深。

3.矿床物质成分

(1)矿石类型:铜镍硫化物型。

(2)矿物组合:在该矿区各矿体的矿石中金属矿物主要有磁黄铁矿、镍黄铁矿、黄铜矿、紫硫镍矿和黄铁矿,其次是砷镍矿、红砷镍矿、磁铁矿、方铅矿、墨铜矿、砷镍矿、辉相矿和钛铁矿等。

(3)矿石结构、构造:在该矿区的各类型矿体中,矿石结构主要有半自形—他形晶粒状结构、火焰状结构、环边状结构等,此外也发育有填隙结构、蠕虫状结构。矿石构造主要有浸染状构造、斑点状构造、海绵陨铁状构造和块状构造等,其次是团块状构造、细脉浸染状构造、角砾状构造等。

4.蚀变类型

滑石化、次闪石化、黑云母化、皂石化、蛇纹石化、绢云母化等蚀变与矿化关系密切。

5.成矿阶段

成矿阶段主要为岩浆贯入-熔离阶段。

6. 成矿时代

前人通过 K-Ar 法测得 1 号岩体同位素年龄为 350～331Ma，属海西早期。

郗爱华等（2005）通过对红旗岭铜镍硫化物矿床 1 号含矿超镁铁质岩体和 8 号不含矿镁铁质—超镁铁质岩体进行单矿物 $^{40}Ar-^{39}Ar$ 法测年，得到与铜镍硫化物矿床相关的角闪石与黑云母结晶年龄分别为 250Ma 和 225Ma，这一结果与前人所报道的 K-Ar 法年龄有明显的差异。结合与热液矿化相关的斜长伟晶岩锆石 SHRIMP 法年龄 216Ma，认为镁铁质—超镁铁质岩形成于 250Ma 左右的印支早期，铜镍硫化物矿床的形成时间晚于含矿岩体，大约为 225Ma 的印支中期。216Ma 的岩浆期后热液叠加对成矿具有积极作用。

7. 地球化学特征

矿床稀土元素地球化学特征：矿区内岩浆活动频繁，出露的岩浆岩种类繁多，主要有吕梁期—加里东期、海西早期、海西晚期、燕山期花岗岩侵入体。与铜镍硫化物矿床有成因联系的主要是镁铁质—超镁铁质岩体。

对矿区内 1 号和 7 号岩体的稀土元素地球化学特征进行分析，其中 1 号岩体稀土元素总量 ΣREE 为 $(7.72～44.68)\times10^{-6}$，其平均值为 25.87×10^{-6}，Ce/Y 值为 1.25～3.84，平均值为 1.69，与上地幔稀土元素总量为 17.8×10^{-6}、Ce/Y 值为 1.15 相近，表明 1 号岩体的幔源性及重稀土亏损、轻稀土富集的地球化学特征；La/Yb 值为 2.96～9.01，$(La/Yb)_N$ 值为 1.76～8.16，La/Sm 值为 2.14～5.16，$(La/Sm)_N$ 值为 1.34～3.28，$(Gd/Yb)_N$ 值为 0.79～1.49，表明轻稀土分馏明显；Gd/Yb 值为 1.30～2.44，$(Gd/Yb)_N$ 值为 0.79～1.49，表明重稀土分馏明显。从样品的含矿性可以看出重、轻稀土元素富集程度越高，越有利于成矿。稀土元素配分模式图上（图 3-2-13），呈现右倾曲线特征，且各岩相岩石的稀土配分模式一致，无明显 Eu 异常，反映其成因为地幔部分熔融作用的产物，其矿石与其他岩相具同源性。

7 号岩体的 ΣREE 为 $(5.57～57.11)\times10^{-6}$，其平均值为 29.11×10^{-6}，Ce/Y 值为 1.70～2.59，同 1 号岩体相似，可见其来源于上地幔。对该矿区的 Sr 同位素组成研究也揭示，该区的岩浆来源于上地幔。7 号岩体的 La/Yb 值为 4.22～7.92，$(La/Yb)_N$ 值为 2.50～4.70，(La/Sm) 为 1.82～9.56，$(La/Sm)_N$ 为 1.14～5.97，表明轻稀土元素分馏明显；Gd/Yb 为 0.91～2.31，$(Gd/Yb)_N$ 为 0.55～1.42，表明重稀土元素分馏明显。根据样品的含矿性，可以得出与 1 号岩体相似的结论。从其稀土元素配分模式图（图 3-2-14）来看，各岩相岩石稀土分布基本一致，矿化橄榄辉石岩和蚀变辉岩的曲线同其他岩相略有差异，无明显的 Eu 异常。7 号岩体为斜方辉型岩体，整个岩体都是矿体，因此推断 7 号岩体的矿石和其他岩相具有相同的来源和成因特征，但含矿岩浆和残余矿浆之间存在一定的差异，这可能与岩体的混杂作用有关。稀土元素特征反映其成因与地幔部分熔融作用有关。

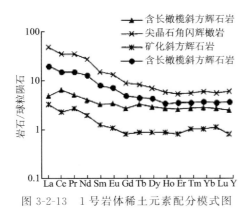

图 3-2-13　1 号岩体稀土元素配分模式图

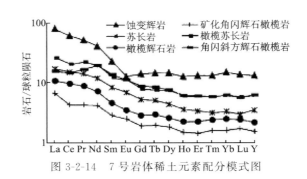

图 3-2-14　7 号岩体稀土元素配分模式图

8. 物质来源

红旗岭矿区积累的 90 余个硫同位素组成数据表明,尽管样品分布普遍、样品位置各异,但硫同位素组成极其相近,1 号、7 号岩体 $\delta^{34}S$ 分布范围分别为 1.2‰～2.8‰ 和 1.1‰～2.4‰ 之间,离差仅为 1.6‰ 和 1.3‰,说明它们具有相同的硫源和相似的物理化学条件。两岩体 $\delta^{34}S$ 接近陨石硫成分,说明硫源位于上地幔。

两岩体不同岩相的稀土丰度(表 3-2-9)表明:1 号岩体 ΣREE 在 $(11\sim24)\times10^{-6}$ 之间,平均 18.8×10^{-6},7 号岩体 ΣREE 在 $(12\sim40)\times10^{-6}$ 之间,平均 21.7×10^{-6},与上地幔稀土总量 (17.8×10^{-6}) 接近,两岩体均显示亏损轻稀土的平坦模型,也表明了它们的同源性和幔源性;7 号岩体苏长岩与主体相稀土分布相差很大(图 3-2-15C),无疑是混杂作用造成的,而辉橄岩脉与主体相的稀土模型极为吻合,说明它们是同源的。1 号岩体的不同侵入相同样显示稀土分布的差异性(图 3-2-15A)。容矿岩相轻、重稀土几乎无分异趋势(图 3-2-15B),而上部岩相轻、重稀土分异较明显,辉长岩相稍富轻稀土,而橄榄岩相轻稀土明显亏损。1 号岩体不同侵入相稀土分布的差异性也证明它们不是同期侵入的岩浆连续演化系列。

表 3-2-9 红旗岭矿区岩(矿)石稀土元素丰度 (单位:$\times10^{-6}$)

编号	1	2	3	4	5	6	7	8	9	10	11	12
La	4.14	3.44	1.69	2.00	0.75	1.06	1.64	9.59	1.36	2.35	3.37	0.70
Ce	6.88	6.16	4.82	5.70	2.49	2.77	4.32	21.90	3.30	7.20	8.19	1.10
Pr	1.02	0.96	0.68	0.89	0.42	0.38	0.64	2.76	0.38	1.21	0.92	1.00
Nd	3.65	4.79	2.96	4.20	2.04	1.95	2.31	11.89	1.79	6.16	3.27	5.00
Sm	0.69	1.40	0.81	1.26	0.65	0.53	0.54	2.80	0.44	2.16	0.73	1.30
Eu	0.16	0.45	0.26	0.33	0.17	0.23	0.13	0.72	0.13	0.69	0.11	0.30
Gd	0.55	1.52	0.88	1.40	0.65	0.71	0.53	2.59	0.56	2.66	0.61	1.20
Tb	<0.3	<0.3	<0.3	<0.3	<0.3	<0.3	<0.3	0.35	<0.3	0.43	<0.3	0.20
Dy	0.55	1.38	0.80	1.36	0.55	0.70	0.44	2.37	0.47	2.66	0.46	0.50
Ho	0.15	0.35	0.19	0.36	0.13	0.17	0.12	0.53	0.13	0.61	0.11	0.20
Er	0.32	0.69	0.41	0.71	0.27	0.39	1.25	1.20	0.26	0.35	0.22	0.50
Tm	<0.10	<0.10	<0.10	<0.10	<0.10	<0.10	<0.10	<0.10	<0.10	<0.10	<0.10	0.05
Yb	0.49	0.45	0.39	0.71	0.22	0.36	0.24	1.13	0.26	1.24	0.19	0.50
Lu	<0.10	<0.10	<0.10	<0.10	<0.10	<0.10	<0.10	0.140	<0.10	0.21	<0.10	0.15
Y	3.58	2.28	3.55	3.83	2.18	3.16	1.98	11.18	2.40	12.04	1.93	5.00
ΣREE	22.58	24.24	17.84	23.17	10.93	12.74	13.54	69.3	11.88	39.98	20.61	17.70

两岩体相同的硫同位素组成,相似的稀土分布模型,相近的辉石组成和金属矿物组合,说明它们成分上的同源性,它们均来自亏损轻稀土的富硫地幔。

9. 控矿因素及找矿标志

(1)控矿因素:区域上受槽台两大构造单元接触带辉发河-古洞河超岩石圈断裂控制。该断裂是区域导岩构造。与辉发河-古洞河超岩石圈断裂有成因联系的次一级北西向断裂是控岩控矿构造。辉长岩-辉石岩-橄榄岩型与斜方辉石岩-苏长岩型为主要的含矿岩体。

(2)找矿标志:与辉发河-古洞河超岩石圈断裂有成因联系的次一级北西向断裂;辉长岩-辉石岩-橄

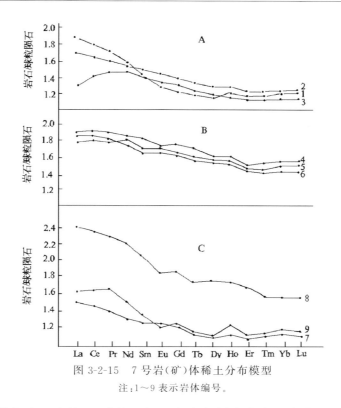

图 3-2-15 7 号岩(矿)体稀土分布模型

注:1~9 表示岩体编号。

榄岩型与斜方辉石岩-苏长岩型岩体;地球物理场重力线状梯度带中异常存在或中等强度磁异常;地球化学场中 Cu、Ni、Co 为高异常区域。

10. 矿床形成及就位机制

1) 成矿作用

从一系列特征表明,本矿床具有两种熔离作用,即深部熔离作用和就地熔离作用。

(1) 深部熔离作用:本矿区同源、同期基性—超基性岩体含矿性不同。特别是 7 号岩体,整个岩体就是矿体,硫化物含量高达 20% 之多。成矿物质如此高的比例以及广泛发育的流动构造,用就地熔离的观点难以解释。1 号岩体各侵入相接触关系的揭露,底部容矿岩相中硅酸盐矿物包裹硫化物乳滴结构的发现,以及豆状结构、海绵陨铁结构均可说明硫化物是在硅酸盐结晶前熔离的。特别是用 1 号岩体容矿岩相的样品所做的硫化物与硅酸盐不混溶实验(吴国忠,1984)确定,出现液态不混溶的温度为 1450℃,如此高温只能出现在地下深处。因此,深部熔离作用为本矿床的主要成矿作用。

镍有强烈亲硫的地球化学特征,因此岩浆阶段要使镍富集,硫的分压起决定作用,只有岩浆中 f_{S_2} 超过硫化物浓度积时,才能使镍呈硫化物相从岩浆中分离出来。资料表明,1600℃ 以上的高温(相当地幔岩浆的温度),硫呈单原子气体存在,与镍、钴、铜、硫等化学亲合力低,它们都将溶解在硅酸盐中,不会发生硫化物与硅酸盐的液态不混溶,而且玄武质岩浆的密度为 2.7~2.8g/cm³(Clark,1966),它与源区物质(密度为 3.25~3.4g/cm³,Green 和 Rjngwood,1966)明显的密度差异将使之强烈趋向上升。因此深部熔离作用发生在岩浆源,而且发生在岩浆上升到地壳中一定部位相对稳定的中间岩浆房中,据密度估算这一深度不大于 15km。重力效应和硫逸度是引起深部熔离作用的重要因素,这一过程可能是由于岩浆中"群聚态"的聚合迁移作用,岩浆分异成下部富 Mg^{2+}、Fe^{2+}、Ni^{2+} 等离子的熔浆和上部富含 CaO、Al_2O_3、SiO_2 的熔浆,熔浆上部吸收围岩中的 OH^- 而富 O^{2-},深部则 S^{2-} 相对富集,由于底部 f_{S_2} 增高,呈离子状态的 Ni、Co、Cu 与 S 结合成化合物,发生硫化物与硅酸盐的不混溶作用。熔离的硫化物液滴汇聚加大下沉到岩浆房底部。因此含矿岩浆在继续上升过程中,由于相对密度的差异而先后到达侵位,富硫化物熔体最后贯入成矿,形成 1 号岩体容矿岩相和 7 号岩体。

(2)就地熔离作用:含硫化物的熔浆侵入到地壳浅部,随温度降低,部分铁镁硅酸盐晶出,使熔体中 Mg^{2+}、Fe^{2+} 减少,Si^{4+}、Al^{3+}、Ca^{2+} 相对富集,提高了岩浆系统中硫的分压,促使硫化物溶解度降低而发生熔离作用,形成了1号岩体橄榄岩相中底部矿体和上悬矿体及容矿岩相中矿石的垂直分带。在局部富集挥发分的地段熔离聚集的纯硫化物熔体,形成1号岩体的纯硫化物脉。

本矿床熔离成矿作用过程可用硅酸盐与硫化物两组分相图表示(图3-2-16)。图中 T_1 是实验确定的硫化物与硅酸盐不混溶发生的温度,T_2 为硅酸盐矿物结晶温度,T_3 为单硫化物固溶体形成的温度。Y点为原始含矿岩浆的组成,当温度下降到 T_1 时,开始发生不混溶作用,熔浆分离出富硫化物熔体(b)和富硅酸盐熔体(a)。随着温度继续降低,两熔体组成分别沿bQ和aP线改变至 T_2,硅酸盐熔体开始结晶直至结束,而富硫化物熔体沿液相线QR向更加富硫化物的方向改变,直至R点硫化物结晶形成单硫化物固溶体。

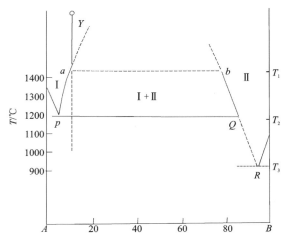

图3-2-16 硅酸盐-硫化物熔离相图(据 Hawlay,1962 资料修改)

Ⅰ.富硅酸盐熔浆;Ⅱ.富硫化物熔浆。T_1-T_2 为高温深部熔离阶段;T_2-T_3 为就地熔离结晶重力分异阶段;T_3 以下单硫化物固溶体调整组成阶段

2)就位机制

(1)由富集成矿组分异常地幔部分熔融产生的拉斑玄武质含矿熔浆,沿超壳断裂上升到地壳中相对稳定的中间岩浆房发生液态熔离和重力效应,形成顶部富硅酸盐熔体,底部富硫化物熔体的不混熔岩浆。

(2)伴随导岩容岩构造的脉动式间歇活动,岩浆房顶部相对密度轻、硫化物浓度低的岩浆首先侵入形成1号岩体的辉长岩相并结晶分异成辉长岩和斜长二辉岩。

(3)硫化物浓度稍高,基性程度大的岩浆紧接着到达侵位,与辉长岩相呈侵入接触关系,形成1号岩体橄榄岩相,并随温度降低,铁镁硅酸盐晶出,发生就地熔离作用,形成上悬矿体和底部矿体。

(4)岩浆房底部富硫化物熔体最后上升,较上部熔体侵位于1号岩体底部,并发生就地熔离和重力效应,形成容矿岩相矿石的垂直分带和纯硫化物脉。较下部更富硫化物的高黏度熔体在构造推动力作用下呈岩墙状贯入到张扭性断裂中,形成7号岩体。由于动力作用强,就地熔离不明显。

(5)岩浆房中残留的近于硫化物的熔体最后贯入,形成7号岩体中的纯硫化物脉。

(五)蛟河县漂河川铜镍矿床

1. 地质构造环境及成矿条件

矿床位于天山-兴蒙-吉黑造山带(Ⅰ),包尔汉图-温都尔庙弧盆系(Ⅱ),下二台-呼兰-伊泉陆缘岩浆弧(Ⅲ),盘桦上叠裂陷盆地(Ⅳ)内。

漂河川岩带长40km,最大宽度4000余米,已发现岩体100余个。岩带分布在二道甸子-暖木条子轴向近东西背斜北翼,大体沿大河深组与范家屯组接触带展布。岩体形态常见有长条状、扁豆状和透镜状。岩性以基性岩为主,伴有少量超基性岩和中性岩。基性岩以角闪辉长岩为主。在上述岩体中以4号、5号岩体工作程度最高,见矿最好。

1) 地层

岩体围岩为中二叠统大河深组黑云石英片岩段与绿片岩段。呈单斜层构造,走向近东西,倾向北西—北北东,倾角一般50°左右。其主要岩性为黑云石英片岩、绿泥阳起片岩、斜长角闪片岩及长英质岩等。

2) 4号岩体地质特征与岩石特征

地质特征:岩体位于区域控岩背斜构造北翼东段,黑云石英片岩段与绿片岩段略偏于黑云石英片岩段一侧。从岩体的轮廓、空间形态及岩体边部呈锯齿状的形态特征上看,岩体侵位的空间为北西向张扭性断裂裂隙。4号岩体地表出露长630m,宽40~250m,平均宽180m,呈不规则透镜状,走向315°,向北西侧伏,侧伏角20°。出露面积约0.07km²,其空间形态呈漏槽状。总体上漏槽南北两壁相向倾斜,南壁向北倾斜,倾角4°~20°,与围岩产状一致。北壁主要向南倾斜,倾角由东至西逐渐变陡,20°~70°。总体看岩体南侧产状较稳定,北侧变化颇大。4号岩体剥蚀深度,据其东段翘起,南侧下部岩相与底部矿体已出露地表,判定其剥蚀深度较深。岩体最大垂直深度约180m。

岩石特征:岩石类型有辉长岩类、斜长辉岩类、闪辉岩类。岩体岩相构造特征:一是垂直分带;二是岩相界面的产状基本与岩体南侧一致,如11线与15线剖面上所见,均向北东倾斜,倾角20°~30°。显然,成岩后岩体南侧有所抬起。岩体成岩、成矿后期构造多为脉岩充填,主要有闪长玢岩、闪斜煌斑岩,走向北西向,倾向北东和南西,并以前者为主。岩体内部尚见多处破碎带和断层,规模均小,多呈北西走向。岩体中最大的断层,东起15线TC2南端,经19线ZK9北至23线TC49北端以西,长达300余米,呈东西走向,倾向北,倾角40°~60°,切割岩体的上部岩相,为一逆断层。探槽中见有挤压破碎带,宽达4m左右。成岩后期构造对矿体无明显破坏作用。

岩体内部未见典型的原先流动构造,所见者仅有矿体中硫化物的拉长集合体和不连续条带。岩体中尚发育原生节理,多被碳酸盐矿物充填。岩体底部、岩体与围岩接触带常发育混染带,其宽度一般为十几厘米至2m,系辉长质物质侵入片岩中,与之混染而成。

3) 5号岩体地质特征与岩石特征

地质特征:岩体围岩为黑云石英片岩,其岩性与4号岩体基本相同,变质程度略有增高,反映在岩石构造上,眼球状构造较为明显,片理构造往往不甚清楚,片麻状构造有所发育。从区域上看,该岩体所处部位恰位于大河深组中部片岩段过渡于下部片麻岩段处。

岩体围岩总体上呈单斜层构造,岩层走向多为北西300°~320°,倾向北东,倾角40°~55°。局部倾向南东。岩体南部及北部分布有花岗岩。岩体内部有花岗斑岩、闪斜煌斑岩、闪长玢岩等后期脉岩纵横贯穿。岩体内部未见原生流动构造。

岩体长500m,宽40~80m,平均宽50m,面积约0.03km²。岩体走向北西向320°,与围岩片岩走向相一致,倾向南西,倾角65°,倾向与地层相反。其东南端翘起,向北西侧伏,侧伏角25°。在侧伏方向上,岩体底面呈平缓的舒缓波状,而顶面起伏明显,凹凸不平。在岩体东端,南侧倾向北东,倾角85°;北侧倾向南西,倾角50°。岩体南侧,倾向自东端向北西逐渐转向南西,倾角较陡,一般65°~85°;北侧倾向南西,倾角较缓,一般50°~75°。岩体与围岩呈不整合接触,两者虽走向一致,但倾向相反。故为一岩墙状岩体。据岩体侧伏特征,其剥蚀深度东段较深,向西逐渐变浅,岩体最深部位垂直深度达180m。岩体剥蚀深度较浅。

岩石特征:该岩体岩石类型总体上颇似于4号岩体。两者主要差别在于5号岩体中未见橄辉岩类。岩体岩石类型可以分为辉长岩类、斜长辉岩类、闪辉岩类3种。5号岩体岩相构造可以分为上部岩相与下部岩相。上部岩相以角闪辉长岩为主体,夹有辉长岩与辉绿辉长岩异离体;下部岩相以斜长角闪辉为主体,夹有含长辉岩及角闪辉岩异离体。上、下部岩相之间呈渐变过渡关系,其界线大体与岩体底界平行,岩相内各岩石类型之间亦无明显界线,均系渐变过渡。矿体赋存于下部岩相底部。

2. 矿体三维空间分布特征

(1)蕴矿岩相与矿体赋存部位:4号岩体蕴矿岩相为下部岩相,即斜长角闪橄辉岩相。组成岩相的主要岩石类型为斜长角闪橄辉岩、含长角闪橄辉岩及含长橄辉岩等。岩相中普遍见有含量不甚稳定的橄榄石和单斜辉石,橄榄石有时多达30%,单斜辉石多呈残晶产出。斜长石含量少于30%,而含长辉岩少于10%。按岩石化学特征,该岩相主要岩石类型属于辉长岩与辉岩的过渡类型,其b值为40～50,m/f值为1.2～2.0,属镁铁质—超镁铁质岩。其中,有益元素含量背景值较高(Ni 0.04%、Cu 0.02%、Co 0.007%、S 0.02%)。岩体中镍矿体基本受下部岩相的控制,矿体主要位于蕴矿岩相底部,与围岩界线较清楚。

5号岩体蕴矿岩相为其下部岩相,即斜长角闪辉岩相,其主要岩石类型为斜长角闪辉岩,其中夹有少量含长辉岩及角闪辉岩异离体。该岩相较4号岩体下部岩相基性程度略低,辉岩异离体较少,且未见橄榄石,其b值界于40～43之间,m/f值为1.7～2.0,属铁镁质岩,为辉长岩类与辉闪岩类的过渡类型。该岩相普遍遭受强烈蚀变,主要有次闪石化、绿泥石化、碳酸盐化等,尤其近矿围岩蚀变较深。蕴矿岩相中矿石主元素和主要伴生元素背景值:Ni 0.05%、Cu 0.03%、Co 0.004%、S 0.10%。矿体赋存于下部岩相底部,与围岩呈过渡关系。

(2)矿体规模、形态及产状:4号岩体镍矿床为单一工业矿体。矿体在地表出露部分,长174m,最大宽度45m,向深部沿侧伏方向延伸,矿体长430m,最大宽度165m,最大垂直深度170m(15线)。最大厚度32.88m(ZK3),最小厚度4.24m(ZK5),平均厚度12.71m。矿体厚度沿侧伏方向和倾向变化较大,沿侧伏方向在7线最厚,向东、西两端逐渐变薄,西段11线开始分叉,到15线分叉为两层。沿倾向矿体在中部最厚,向南、北两侧逐渐变薄,7线ZK3矿体向北沿倾向急剧收敛,矿体厚度变化系数为64(图3-2-17)。

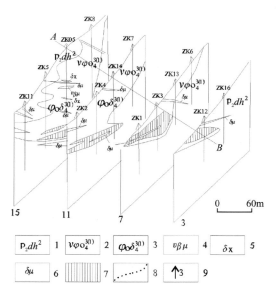

图3-2-17 蛟河县漂河川铜镍矿床4号岩体及矿体立体示意图
1.大河深组黑云母石英片岩;2.角闪辉长岩;3.斜长橄辉岩;4.辉绿辉长岩;
5.闪斜煌斑岩;6.闪长玢岩;7.矿体;8.岩相界线;9.勘探线位置及编号

矿体赋存于岩体底部,其形态受岩体底板形态、产状的控制。大体呈底面平坦,顶面略为拱起的扁豆体,其长轴与侧伏轴线吻合。在3线与11线岩体的底部,矿体超出岩体,赋存于片岩中,称之谓"底漏",延深达50余米(图3-2-18)。矿体产状与岩体底板两侧产状一致。其东端,随岩体而翘起,出露于地表,走向275°,倾向北东,倾角20°。向深部沿北西305°方向以20°侧伏角向下延伸,向北东倾斜,倾角

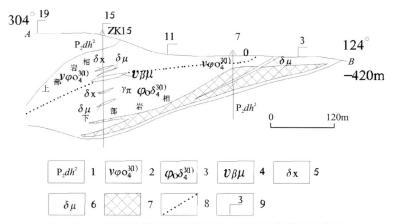

图 3-2-18 蛟河县漂河川铜镍矿床 4 号岩体纵剖面示意图

1.大河深组黑云母石英片岩;2.角闪辉长岩;3.斜长橄辉岩;4.辉绿辉长岩;
5.闪斜煌斑岩;6.闪长玢岩;7.矿体;8.岩相界线;9.勘探线位置及编号

30°。矿体被后期闪长玢岩及闪斜煌斑岩脉穿切,岩脉一般规模不大,最大岩脉于 7～15 线所见,长达 300 余米,宽 4～6m,切穿矿体。

5 号岩体镍矿体地表矿体出露于 4 线南端 TC79-4 与 TC79-1 探槽,长度为 5m 与 30m,宽约 1m,其走向 290°,倾向北东,呈陡倾斜的脉状体,属上悬矿体。规模甚小,无工业价值。

工业矿体产出于蕴矿岩相底部,未出露地表,为一盲矿体。沿侧伏方向,长 400m,最大宽度 80m,最大垂直深度 170m(7 线),最大厚度 10.57m(ZK8),最小厚度 4.75m(ZK1),平均厚度 7.27m。矿体厚度变化不大,厚度变化系数为 34(图 3-2-19)。

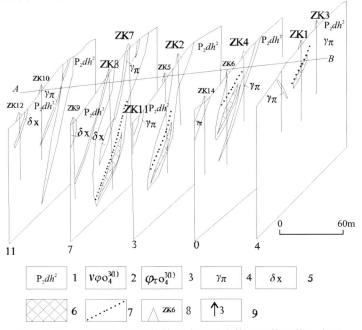

图 3-2-19 蛟河县漂河川铜镍矿床 5 号岩体及矿体立体示意图

1.大河深组黑云母石英片岩;2.角闪辉长岩;3.斜长角闪辉石岩;4.花岗斑岩;
5.闪斜煌斑岩;6.矿体;7.岩相界线;8.钻孔及编号;9.勘探线位置及编号

矿体赋存于岩体底部,其形态受岩体底板(北侧)形态、产状控制,呈似板状(图 3-2-20),其长短轴之比约 5∶1。矿体产状与岩体底板,即北侧产状一致,倾向南西 230°,倾角 45°～55°。矿体东段翘起,向北西侧伏,侧伏角约 20°。

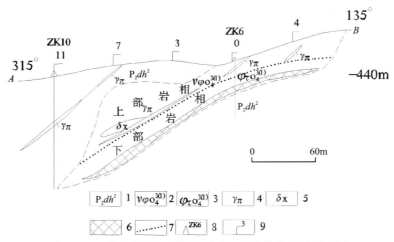

图 3-2-20　蛟河县漂河川铜镍矿床 5 号岩体纵剖面示意图
1. 大河深组黑云母石英片岩；2. 角闪辉长岩；3. 斜长角闪辉岩；4. 花岗斑岩；
5. 闪斜煌斑岩；6. 矿体；7. 岩相界线；8. 钻孔及编号；9. 勘探线位置及编号

3. 矿床物质成分

（1）物质成分：据矿石基本分析、组合分析及全分析，5 号岩体镍矿石化学成分及伴生有益元素与 4 号岩体基本相同，唯铂族元素分布较普遍，含量亦较高。矿石有益组分主元素为 Ni，伴生有益元素为 Cu、Co、Pt、Pd、Au、Ag、Se、Te、S，有害元素为 Pb、Zn、Bi。

矿石品位：矿石 Ni 含量一般 0.02%～1.00%，最高 2.10%（ZK5），平均 0.65%。矿体沿倾向均为单钻孔控制，故沿倾向上的品位变化情况不清。矿体 Ni 含量沿侧伏方向的变化，中段较高，东、西两段略低，而西段矿体收敛处（岩体低洼部位）较东段略有增高。Ni 品位变化系数为 64，总的来说还应属品位不均匀类型。

Cu 为主要伴生有益元素，其含量一般 0.02%～0.50%，最高 2.59%（ZK8），平均 0.32%。Cu 的含量变化趋势与 Ni 基本相同，且对矿体厚度的依存关系更明显，厚度大，Cu 含量相对较高。如 ZK8 单项工程 Cu 平均含量 0.4%。

Co 为另一主要伴生有益元素，其含量一般 0.01%～0.08%，最高 0.11%（ZK5），平均 0.035%。Co 含量变化趋势与 Ni、Cu 含量变化趋势一致。

Pt、Pd：矿石中普遍含 Pt、Pd，含量 Pt $0 \sim 0.8 \times 10^{-6}$，平均 0.117×10^{-6}；Pd $0 \sim 0.28 \times 10^{-6}$，平均 0.084×10^{-6}。Pt、Pd 产于镍矿体中，其含量由上而下递减，且随 Ni、Cu 含量的增高而增高。Ni、Cu 富集体（Pt+Pd$>0.3 \times 10^{-6}$），赋存于镍矿体底部，视厚度 1～2.5m，并由东向西逐渐增高，呈薄板状，其产状受镍矿体制约。

Au、Ag：Au 含量普遍较低，在 $0 \sim 0.5 \times 10^{-6}$ 之间，平均 0.156×10^{-6}。Ag 仅对 6 个样品做了分析，含量介于 $(1.2 \sim 8.1) \times 10^{-6}$ 之间。

Se、Te：据 6 个组合分析，Se 含量 0.000 5%～0.001%，平均 0.000 7%；Te 含量为 0.000 3%～0.000 4%，平均 0.000 3%。两者均符合一般工业要求，可回收。

S：S 未作组合分析，基本分析亦为数有限。据 14 个 Ni 品位高于边界品位的矿石分析，S 含量介于 1.73%～13.56%，平均 6.34%。

（2）矿石类型：硫化镍矿石。

（3）矿物组合：金属矿物有磁黄铁矿、镍黄铁矿、黄铜矿、紫硫镍铁矿、黄铁矿、黝铜矿、辉砷镍矿、白铁矿、铁板钛矿、磁铁矿、钛铁矿等；脉石矿物有橄榄石、铬尖晶石、辉石、角闪石、斜长石、黑云母、蛇纹石、次闪石、绿泥石、滑石、碳酸盐矿物、石英。

(4)矿石结构构造：矿石结构有自形、半自形及他形粒状结构、固熔体分解（网状、火焰状或羽毛状）结构、交代结构、海绵陨铁结构；矿石构造有块状构造、浸染状构造和斑点状构造及脉状构造。脉状构造表现为黄铁矿在矿石中呈细脉状。

4. 蚀变类型及分带性

基性岩体的各岩相普遍遭受强弱不同的蚀变，蚀变类型主要有次闪石化、绿泥石化、蛇纹石化及绢云母化等。往往在矿体附近和矿化地段蚀变强烈。

5. 成矿阶段

矿床划分2个成矿期和5个成矿阶段。

(1)岩浆期：岩浆早期成矿阶段，主要为成岩期，形成铬尖晶石、钛铁矿、磁铁矿；岩浆晚期成矿阶段，为成矿期，形成磁黄铁矿、镍黄铁矿、黄铜矿；残余岩浆期成矿阶段，为成矿期，形成磁黄铁矿、镍黄铁矿、黄铜矿，少量的黄铁矿、白铁矿和紫硫镍铁矿。

(2)热液期：热液早期阶段，形成磁铁矿、黄铁矿、白铁矿和紫硫镍铁矿；热液晚期阶段，形成黄铁矿、辉砷镍矿、黝铜矿。

6. 成矿时代

根据赋矿岩带分布在二道甸子-暖木条子背斜北翼，大体沿大河深组与范家屯组接触带展布的特征分析，其成矿时代应晚于二叠纪，可与区域红旗岭对比，其成矿时代应为镁铁质—超镁铁质岩的形成时代，时250Ma左右的印支早期，铜镍硫化物矿床的形成时间晚于含矿岩体，为225Ma前后的印支中期。

7. 地球化学特征

(1)硫同位素特征：4号岩体$\delta^{34}S$变化范围在0‰～+0.2‰之间，平均+0.1‰（样品共3块），极差为0.2‰。结合本岩带其他岩体硫同位素资料，其结果具有变化范围窄、接近陨石硫及塔式分布等特点，说明成岩成矿物质应来自地幔源；5号岩体矿石硫同位素测定结果，$\delta^{34}S$变化范围在-0.5‰～+0.1‰之间，平均-0.1‰（样品共4块），极差为0.6‰，结合岩带中其他岩体硫同位素资料，其结果具有变化范围窄，接近绢石硫及塔式分布等特点，故该矿床成矿物应来自地幔源。

(2)成矿温度：4号岩体矿石中硫化物包体测温资料显示，硫化物结晶温度在300℃左右，且浸染状矿石早晶出于块状矿石；5号岩体矿石包体测温显示，磁黄铁矿爆裂温度为290～300℃，结合岩带中其他含矿岩体矿石包体测温资料，推测硫化物结晶温度低于300℃。

8. 物质来源

4号岩体及5号岩体中硫来自地幔，且尚未发现岩浆对地壳硫的同化作用，说明成矿物质主要来自地幔。矿床成因为与基性岩有关的硫化镍矿床，其成因类型属岩浆熔离型。

9. 控矿因素及找矿标志

(1)控矿因素：矿体主要受控于二道甸子-暖木条子轴向近东西背斜北翼，大体沿大河深组与范家屯组接触带展布。辉长岩类、斜长辉岩类、闪辉岩类基性岩体控矿。

(2)找矿标志：二道甸子-暖木条子轴向近东西背斜北翼，大河深组与范家屯组接触带附近。次闪石化、绿泥石化、蛇纹石化及绢云母化等蚀变强烈地段。

10. 矿床形成及就位机制

岩体中岩石类型、矿物组成及岩石化学成分和硫化物中主元素和伴生元素含量随岩体垂直深度而递变。其总趋向是:由上而下,岩体基性程度和有益元素含量增高;上、下岩相呈渐变过渡关系,蕴矿岩相中硫化物向深部逐渐富集。总之,岩体中造岩、造矿元素和矿物的分布特征,表明岩浆侵位于岩浆房后,发生了液态重力分异。从而导致上部基性岩相及下部超基性岩相的形成。且由于岩浆在分异演化过程中,当分异作用达到一定程度时,随岩浆酸度增加,降低了硫化物熔融体的溶解度,促成了熔离作用的发生。经熔离生成的硫化物熔浆因重力作用而沉于岩体底部,而部分硫化物熔浆则顺层贯入于岩体底板的片岩中,从而形成目前岩体中的硫化镍矿床。根据矿石中硫化物包体测温资料,硫化物结晶温度在300℃左右,且浸染状矿石早晶出于块状矿石。

(六)通化县赤柏松铜镍矿

1. 地质构造环境及成矿条件

矿床位于前南华纪华北东部陆块(Ⅱ),龙岗-陈台沟-沂水前新太古代陆核(Ⅲ),板石新太古代地块(Ⅳ)内的二密-英额布中生代火山-岩浆盆地的南侧。

(1)地层:区内地层主要以太古宙地体表壳岩为主,主要岩性为黑云斜长片麻岩、斜长角闪岩夹浅粒岩、透闪石岩及麻粒岩,变质程度较深,属高级角闪岩相与麻粒岩相,多被太古宙云英闪长岩侵入,仅以包体存在于云英闪长岩中。矿区东侧湾湾川一带表壳岩以片状斜长角闪岩、浅粒岩为主,多被钾长花岗岩侵入。

(2)侵入岩:太古宙早期中酸性岩浆活动强烈,区域内形成大面积奥长花岗岩和英云闪长岩,现已被改造成片麻状花岗岩类和闪长岩类。

本区基性岩分布广泛,第一期基性岩(>2500Ma)多呈岩床、岩脉产出,由于受多期变质变形改造,具片理构造,片理产状与区域片理产状一致,如小赤柏松、高丽庙角闪岩、变质辉长岩等;第二期基性、超基性岩(古元古代,<2500Ma)分布于三棵榆树、赤柏-金斗穹状背形核部,呈岩墙(脉)状南北向或北东向侵入到太古宙地体中,全岩 K-Ar 法年龄值为 25~22.4Ga,已知含矿岩体均属这一期。赋矿岩体类型主要有辉绿辉长岩-橄榄苏长辉长岩-二辉橄榄岩-细粒苏长岩,含矿辉长玢岩型,为多次侵入复合岩体,具深源液态分离及良好的就地分异,赋存铜镍矿,如赤柏松1号矿体。辉绿辉长岩-橄榄苏长辉长岩-二辉橄榄岩(或斜长二辉橄榄岩)型,就地分异良好,赋存铜镍矿床,但规模小,品位低,如新安岩体。辉绿辉长岩-橄榄苏长辉长岩型,有分异作用显示,具矿化,如金斗Ⅲ-2号岩体。橄榄苏长岩型,岩性单一,不具分异作用,矿化弱,如下排1号岩体。辉绿辉长岩型,无明显分异作用,由单一的岩性组成,基性程度低,矿化微弱;第三期基性岩(新元古代)分布在湾湾川一带,呈岩墙(脉)状产出,侵入到新太古代地体中,走向北西向,岩体类型为辉绿岩型,无分异,岩性单一,矿化微弱,全岩 K-Ar 法年龄值为1052Ma。

燕山期中酸性脉岩广泛分布,主要有钠长斑岩、花岗斑岩、闪长玢岩等,空间上与基性岩相伴,产状相似,切割基性岩体,反映了控岩构造的继承性。赤柏松1号基性岩体侵入太古宙英云闪长岩中,呈岩墙状产出,地表长4800m,宽40~140m,面积0.4km²,走向北北东5°~10°,北段倾向南东,倾角63°~84°,中南段倾向转为北西,倾角55°~86°,岩体北端翘起,向南东东方向侧伏,侧伏角45°左右,直到已控制的Ⅶ线其侧伏产状均无明显变化。赤柏松1号岩体为同源岩浆多次侵入的基性—超基性复式岩体,由主侵入体与附加侵入体组成。主侵入体占岩体总面积的97.6%,其3个岩相分布特征为斜长二辉橄榄岩相产于主侵入体北端及底部,其外缘依次分布橄榄苏长辉长岩相及辉绿辉长岩相,三者呈渐变过渡关系。附加侵入体为细粒苏长辉长岩体,呈脉状穿插主侵入体底部,斜长二辉橄榄岩相中,又被后期含矿辉长玢岩穿插,空间上产于主侵入体与含矿辉长玢岩之间。含矿辉长玢岩体,呈脉状侵入于细粒苏长辉长岩体底部或边部,产于1号岩体北端和底部。辉绿辉长岩、橄榄苏长辉长岩、斜长二辉橄榄岩、细粒苏长辉长岩及含矿辉长玢岩,在空间上分布规律是沿走向由南往北,在剖面由上而下依次出现,并均向南东方向侧伏,侧伏角为45°左右(图3-2-21)。

各侵入体之间关系:宏观上细粒苏长辉长岩穿切斜长二辉橄榄岩,含矿辉长玢岩穿切前两者;斜长二辉橄榄岩与细粒苏长辉长岩之间岩性变化截然,界线清楚,后者中可见前者包体;细粒苏长辉长岩与含矿辉长玢岩之间界线清楚,并且后者切穿或包裹前者;岩体侵入顺序先是主侵入体就位,然后是附加侵入体的细粒苏长辉长岩体就位,后者是在前者处于凝固或半凝固状态时侵入的。

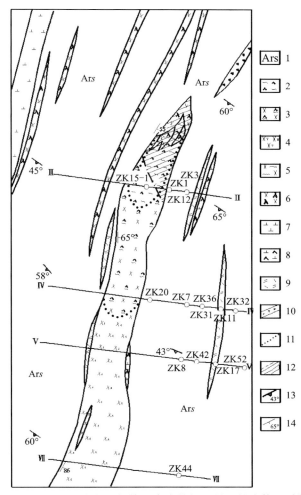

图3-2-21 通化县赤柏松铜镍矿床赤柏松1号基性岩体地质简图

1.太古宙英云闪长岩;2.斜长二辉橄榄岩;3.橄榄苏长辉长岩;4.辉绿辉长岩;
5.细粒苏长辉长岩;6.辉长玢岩;7.闪长岩;8.闪长玢岩;9.钠长斑岩;
10.破碎带;11.岩相界限;12.矿体;13.片麻理产状;14.岩体接触带产状

(3)构造:赤柏松矿区处于两个三级构造单元接触带,古陆核一侧褶皱、断裂构造发育。

褶皱构造:太古宙经历多期变质变形,表现在本区是3个穹状背形,即南侧三棵榆树背形、中部赤柏松-金斗穹状背形、东侧湾湾川背形,其褶皱轴走向分别为北东50°、北西20°、北西40°。

断裂构造:本区主要断裂构造为本溪-二道江断裂,为铁岭-靖宇台拱与太子河-浑江陷褶束的两个三级构造单元分界断裂,形成于五台运动末期,具多期活动特点,总体走向西段为东西向,东段转为北东向,赤柏松矿区位于转弯处内侧,其为控制区域上基性岩浆活动的超岩石圈断裂。北东向或北北东向断裂构造在本区十分发育,分布在穹状背形的核部,多被古元古代以来的基性岩、超基性岩充填,显示多期活动特点,是本区控岩、控矿构造。东西向断裂构造是本区发育最早的构造,多数为较大逆断层或逆掩断层,由于受后期岩浆构造改造、叠加,表现不够连续。

2. 矿体三维空间分布特征

1号基性岩体的矿体产于岩体翘起的北端并向岩体侧伏方向延伸，矿体受岩相控制，产于斜长二辉橄榄岩中下部，由上部熔离成矿和下部贯入成矿叠加而成，贯入成矿则构成富矿部位。矿体与围岩界线为渐变，矿体总体较完整，矿化均匀，无夹石，局部因脉岩和地层残留出现无矿地段。局部可见超出岩体产于地层中的矿体，但规模很小，如岩体北端地表等（图3-2-22）。

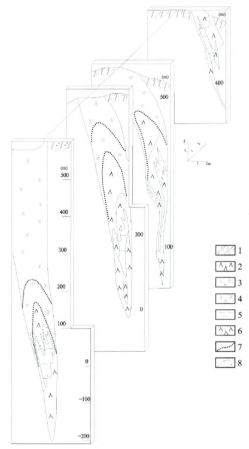

图3-2-22　通化县赤柏松铜镍矿床赤柏松1号基性岩体北段地质剖面图

1.黑云角闪斜长片麻岩；2.斜长二辉橄榄岩；3.橄榄苏长辉长岩；4.辉绿辉长岩；
5.细粒苏长辉长岩；6.含矿辉长玢岩；7.地质界线；8.矿体界线

1号岩体中铜镍矿体形态和产状受岩体控制，北端翘起，深部向南东东方向侧伏，侧伏角45°左右。

矿体地表长200m，厚24.72～31.45m，至Ⅷ线控制矿体最大斜深730m，斜长1000m，深部最大厚度51.6m，一般35.12～45.95m，富矿厚15.08～27.28m。Ⅷ线以北已探明铜、镍金属储量$14.4×10^4$t，伴生硫$63.1×10^4$t，硒286.23t，碲34.27t，其平均品位Ni 0.55%、Cu 0.32%、S 3.83%、Se 0.001 7%、Te 0.000 21%。

按矿体赋存的岩相、矿体形态、产状、矿石类型及成因将矿体划分为4种类型。

（1）似层状矿体：位于侵入体底部斜长二辉橄榄岩中，矿体特征与主侵入体斜长二辉橄榄岩基本一致，随其岩体北端翘起，向南东方向侧伏，侧伏角45°，矿体长大于1000m，厚度24.72～42.95m，主要由浸染状及斑点状矿石组成。

（2）细粒苏长辉长岩矿体：整个岩体都是矿体，因此形态产状与细粒苏长辉长岩一致，主要由浸染状矿石及细脉浸染状矿石组成。

(3)含矿辉长玢岩矿体:几乎全岩体都为矿体,其形态、产状与含矿辉长玢岩体完全一致,由云雾状、细脉浸染状及胶结角砾矿石组成,规模大,品位富,为主矿体。

(4)硫化物脉状矿体:沿裂隙贯入于含矿辉长玢岩接触处,局部贯入近侧围岩中,长数十米,厚几十厘米到几米。由致密块状矿石组成,规模小,品位富。

3. 矿床物质成分

(1)物质成分:矿石中有益元素主要是 Cu、Ni,伴生有益元素为 Co、Se、Te、Pb、Pd、Au、Ag、S。矿石中 Ni 的平均含量 0.57%,最高 9.95%;Cu 的平均含量 0.33%,最高 5.31%;Co 的平均含量 0.016%,最高 0.001%;Ag 的含量 $(1\sim5)\times10^{-6}$,最高 38×10^{-6};S 平均含量 3.96%,最高 22.47%。

Ni/Cu 值在熔离型矿石中比较稳定(1.52～1.81);贯入型的角砾状矿石为 8.39,块状矿石的比值高达 40.37,Ni/Cu 值出现负增长,证明此时已进入热液阶段,黄铜矿出现单矿物脉。

矿石中的有害组分为 Pb、Zn、As 和 Bi,其含量均较低。

(2)矿石类型:铜镍硫化物型。

(3)矿物组合:金属矿物有磁黄铁矿、镍黄铁矿、黄铜矿、黄铁矿、紫硫镍铁矿、辉镍矿、针镍矿、方黄铜矿、墨铜矿、白铁矿、毒砂、斑铜矿、方铅矿、辉钼矿、闪锌矿、磁铁矿、钛铁矿、铬尖晶石、赤铁矿、金红石、钙钛矿、锐钛矿、自然金、针镍矿、孔雀石、蓝铜矿、铜蓝等。以磁黄铁矿、镍黄铁矿、黄铜矿为主,三者紧密共生。含镍矿物主要为镍铁矿,其次为紫硫镍矿、辉镍矿、针镍矿。镍矿物占硫化物总量的29.7%,镍矿物中镍的相对含量是:镍黄铁矿 69.5%、紫硫镍铁矿 20.4%、针镍矿 8.9%、辉镍矿 1.2%。

(4)矿石结构:共结结构和显微文象状似共结结构,是熔离矿石最常见的结构,磁黄铁矿、镍黄铁矿和黄铜矿密切共生,黄铜矿又常沿前两种矿物边缘分布。交代结构是贯入成矿和热液期的黄铁矿、白铁矿、紫硫镍铁矿等沿镍黄铁矿、磁黄铁矿的裂隙和边缘交代,为贯入成矿中常见的结构,此外还有热液阶段的交代结构,如黄铜矿、方铅矿交代黄铁矿等。

(5)矿石构造:浸染状构造和斑点状构造,为金属硫化物散布于硅酸盐矿物间,是熔离成因矿石中普遍发育的构造。贯入型矿石中主要发育稠密浸染状构造、细脉状构造、角砾状构造和块状构造,富硫化物脉多见于块状矿石中,细脉状构造还出现在细粒和斑状苏长辉长岩的接触部位。

4. 蚀变类型及分带性

1 号岩体从不含矿岩相到含矿岩相,黑云母的含量由 1.5%～5%增长,在贯入型矿石中金属硫化物周围分布有黑云母等,这是一种钾化的表现。此外,次闪石化在含矿的岩体边部较为发育。

5. 成矿阶段

根据矿石中矿物组合的差异以及空间的交切关系,赤柏松铜镍矿床可以划分为 3 个成矿期,5 个成矿阶段。

(1)成矿早期:早期岩浆阶段形成的主要矿物有磁铁矿、铬尖晶石、钛铁矿、金红石、锐钛矿、钙钛矿。该阶段晚期有磁黄铁矿、镍黄铁矿、黄铜矿;岩浆熔离阶段形成的主要矿物有磁黄铁矿、镍黄铁矿、黄铜矿。

(2)主成矿期:岩浆贯入阶段形成的主要矿物有磁黄铁矿、镍黄铁矿、黄铁矿、白铁矿、黄铜矿;热液阶段形成的主要矿物有白铁矿、黄铁矿、紫硫镍矿、方黄铜矿、墨铜矿、斑铜矿、辉钼矿、方铅矿、闪锌矿、赤铁矿、自然金。

(3)表生期:针铁矿、纤铁矿、孔雀石、蓝铜矿、铜蓝。

在上述的 5 个成矿阶段中岩浆贯入阶段、热液阶段为主要成矿阶段。

6. 成矿时代

赤柏松基性岩群侵位于太古宙地体中,后遭受区域变质作用。1号岩体$^{40}Ar/^{40}K$同位素测年资料显示,岩体形成年龄在2240~997.5Ma之间,以2240~1960Ma为主(表3-2-10),而997.5Ma的测定资料应考虑岩体遭受变质作用的影响。另外金斗Ⅶ-2号岩体已测得2562Ma同位素年龄资料,故将1号岩体形成年龄定为元古宙早期。

表3-2-10 通化县赤柏松铜镍矿床同位素测年表

编号	测定对象	岩石名称	$^{40}K/\times10^{-6}$	$^{40}Ar/\times10^{-6}$	$^{40}Ar/^{40}K$	年龄值/Ma	测定单位
JMTC18	全岩	辉绿辉长石	1.21	0.111 7	0.077 4	997.5	沈阳地质研究所
JMTC 5	全岩	橄榄苏长辉长岩	0.48	0.146 8	0.247 0	2184	沈阳地质研究所
JMZK33	全岩	—	1.00	0.113 2	0.094 5	1163	沈阳地质研究所
5Zy-4TC5	全岩稀释法	橄榄苏长辉长岩	0.32	0.078 9	0.202 0	1960	中国科学院
5Zy-6ZK17	全岩稀释法	辉长玢岩	0.27	0.083 5	0.252 0	2240	中国科学院

7. 地球化学特征及成矿温度

(1)岩石化学成分:根据主要氧化物含量变化,该岩体原始岩浆为基性岩浆,属拉斑玄武岩系列。主侵入体主要氧化物呈有规律变化,岩体上部向底部镁、铁、铬、镍、钛逐渐增高,硅、铝、钙、钾、钠逐渐降低。主侵入体与附加侵入体的化学成分中主要氧化物按顺序是铁、镁组分逐渐增加,硅、铝组分逐渐降低。这种氧化物变化规律体现了岩浆演化总的规律。

(2)扎氏值特征:从图3-2-23可知,主侵入体分异曲线长且连续性好,说明岩体分异作用完善,碱性面沿Sb轴,从上往下逐渐由短变长,由缓变陡,随着基性程度增大,暗色矿物含量逐渐增多,铁、镁矿物中镁含量增高。

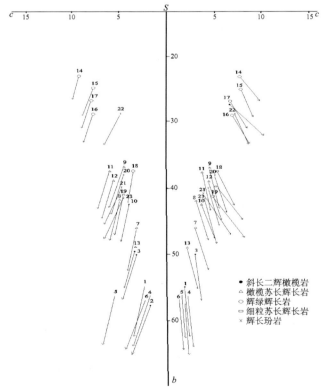

图3-2-23 通化县赤柏松铜镍矿床赤柏松1号基性岩体扎氏图解

(3)硫同位素地球化学特征:矿区采集18个样品35个单矿物进行硫同位素测定,测定结果表明,$\delta^{34}S‰$变化在$-1.3‰\sim 0.9‰$之间,离差系数为$0.76‰$;$^{32}S/^{34}S$值变化小,为$22.185\sim 22.249$,与陨石$^{32}S/^{34}S$值22.22相近,说明硫来源于上地幔;硫同位素塔式效应明显(图3-2-24)。各种矿石类型测定结果一致性说明分馏作用微弱,这也是岩浆熔离矿床特点。

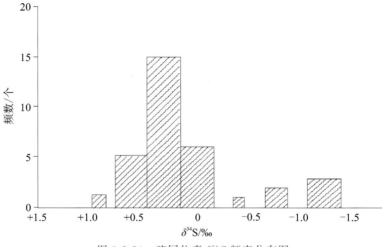

图 3-2-24　硫同位素 $\delta^{34}S$ 频率分布图

(4)成矿温度:橄榄石结晶温度为1412℃,辉石为$1\,107.90\sim 1\,124.68$℃,斜长石为$1\,155.81\sim 1\,206.26$℃,磁黄铁矿为310~495℃(张瑄,1983)。其中硅酸盐与熔化试验资料1075~1210℃相近。

硫化物主要结晶温度应低于330℃,一般认为磁黄铁矿-镍黄铁矿固熔体分解温度为425~600℃;X光衍射对磁黄铁矿测定d值,推算形成温度为325~550℃,与爆裂温度一致。

主侵入体应属熔离型矿床,附加侵入体矿床应属熔离-深源液态分离矿浆贯入型矿床,总的来看,1号基性岩体硫化铜镍矿床为熔离-深源液态分离矿浆贯入型矿床。

8. 物质来源

1号矿体为多次的复合岩体,而其硫化铜镍矿床形成也是多阶段、多种成矿作用过程。各种矿石类型测定结果一致性说明分馏作用微弱,也是岩浆熔离矿床特点,表明原始岩浆是来自上地幔的产物。

9. 控矿因素及找矿标志

(1)控矿因素:①岩浆控矿,分布于本区的古元古代基性—超基性岩,为有利成矿岩体。复式岩体是构造多次活动、岩浆多次侵入产物,多形成大而富矿床,单式岩体分异完善,基性程度越高,对形成熔离型矿床越有利。就地熔离矿体一般位于岩体底部或下部,深源液态分离贯入型矿体多位于先期侵入岩体底部、边部或近侧围岩中。②构造控矿,本溪-浑江超岩石圈断裂为控制区域基性—超基性岩浆活动的导矿构造,区域基性岩体沿断裂古隆起一侧,分段(群)集中分布。基底穹隆核部断裂构造控制基性—超基性岩产状、形态等特征。

(2)找矿标志:古元古代基性—超基性岩分布区,镍/硫、m/f和镍、硫丰度是基性程度和含矿性重要标志。地球物理场,重力场线性梯度带或变异带存在,磁场100~500nT。地球化学场,Ni为0.01~0.05,高者0.1%~0.3%,Cu、Ni、Co异常系数分别>2.2、>3.3、>2。磁异常与化探(Cu、Nu、Ag)异常重叠区。

10. 矿床形成及就位机制

早期岩浆成矿作用,金属硫化物与橄榄石、斜方辉石组成显微文象状似共结结构。这种结构早于熔离作用硫化物形成,在主侵入体与附加侵入体中均有所见,应属岩浆结晶作用早期阶段的产物。

熔离作用是原生岩浆由于温度、压力的变化或第三种成分的加入,使熔浆分为互不混溶的两种液体,即硅酸盐溶液与硫化物溶液。硫化物铜镍矿床形成主要取决于岩浆中硫和亲硫元素浓度及岩浆成分,只有浓度较高,才可能形成不混溶硫化物液体或硫化物结晶体从熔体中分离出来,进而形成熔离矿床。由于受重力影响而集中,岩体分异较完善,基性程度较高岩相中,多形成于岩体的底部。

深源液态分离作用,这是对附加侵入体的硫化物特别是纯硫化物形成而言,即苏长辉长岩体、含矿辉长玢岩单一岩相,本身铜矿又与主侵入体属同源异期产物。深源岩浆的形成就是在以离子为主体硅酸盐熔体中,也存在被溶解金属原子和金属硫化物分子,这种硅酸盐熔体被视为离子-电子液体,这种液体在微观上具有非常不均一的结构,从而在深源硫化物-硅酸熔浆液态即已分离为互不混溶的熔浆与富硫化物矿浆。已经发生熔离、分异的岩浆沿近南北向断裂依次上侵而形成铜镍矿床。

(七)和龙市长仁铜镍矿床

1. 地质构造环境及成矿条件

矿床位于天山-兴蒙-吉黑造山带(Ⅰ),包尔汉图-温都尔庙弧盆系(Ⅱ),清河-西保安-江域岩浆弧(Ⅲ)内。

(1)地层:矿区内仅出露下古生界寒武系—奥陶系(相当原青龙村群),是本区含镍基性、超基性岩体群的主要围岩。

(2)侵入岩:矿区共分布有22个与铜镍矿化关系密切的超基性岩体,它们均展布于古洞河深大断裂以北,呈北西向带状展布,按其空间组合形式自北而南划分为7个小岩带(表3-2-11)。矿区超基性岩体一般为扁豆状、透镜状、脉状、肾状,剖面上为似板状、歪盆状等。多数岩体规模小,一般长100~300m,最长1100m,宽十几米到几十米,最宽600m,厚一般几十米到100余米,延深100~1400m不等。长宽比值大于5的岩体对成矿有利。受压扭性-张扭性复合性断裂控制的岩体走向北北东向或近南北向,向西或北西西倾斜;受张扭性-压扭性复合性断裂控制的岩体走向北西向,倾向南西,倾角50°~70°。岩体大多有侧伏现象,近南北向岩体多数向南西侧伏,北西向岩体向北西侧伏,侧伏角25°~30°。

表3-2-11 矿区岩带划分

地区	小岩带	岩体编号	总体走向
长仁矿区	Ⅰ	Σ10、Σ1、Σ25、Σ11、Σ13、Σ2、Σ3	北北东
	Ⅱ	Σ1、Σ14、Σ23	北北东
	Ⅲ	Σ22	北北东
獐项矿区	Ⅳ	Σ6、Σ8	北北西
	Ⅴ	Σ5、Σ9、Σ12、Σ7	近南北
福洞地区	Ⅵ	Σ26、Σ27	北东
	Ⅶ	Σ15、Σ16、Σ21	北东

根据岩浆构造活动,区内岩体可划分3种类型,即单期单相岩体、单期多相岩体、多期多相岩体。

按岩石组合及分异特征,区内岩体可分4种类型,即辉石橄榄岩型、辉石岩型、辉石-橄榄岩型、橄榄岩-辉石岩-辉长岩-闪长岩杂岩型。各岩体岩石类型、岩相组合及分异特征见表3-2-12。其中单期多相、多期多相,并有一定规模的辉石岩相且分异良好的岩体,与成矿关系密切。

表3-2-12 矿区岩相组合及分异特征

岩体类型		岩体编号	主要岩石类型	分异特征
单期单相	辉石岩型	$\Sigma10、\Sigma2、\Sigma3、\Sigma14、\Sigma9、\Sigma23$	辉石岩、含长辉石岩、橄榄二辉岩	岩体本身分异不明显
单期多相	辉石岩-辉石橄榄岩型	$\Sigma1、\Sigma25、\Sigma11、\Sigma6、\Sigma4、\Sigma5、\Sigma8、\Sigma12$	辉石橄榄岩、含长辉石橄榄岩、橄榄辉石岩、辉橄岩	环带状流动结晶分异及重力分异
多期复合	辉石岩-橄榄岩型	$\Sigma13、\Sigma22$	斜长辉石岩、辉石岩、辉石橄榄岩	深源分异多期侵入
	橄榄岩-辉石岩-辉长岩-闪长岩型	$\Sigma15、\Sigma16、\Sigma27、\Sigma24、\Sigma26$	角闪辉石岩、橄榄辉石岩、辉石岩、辉石橄榄岩、辉长岩	

岩石化学特征:矿区岩体岩石化学成分相当于"B"型超基性岩的橄榄二辉岩及辉石岩成分。各岩体的主要岩相中Al_2O_3、SiO_2及K、Na含量低,而Fe_2O_3、FeO和MgO含量较高。各类岩体m/f值均在1.67~6.91间,基本属铁质超基性岩。基性度(M/S)变化范围在1.73~0.72间,属中高程度。一般岩相氧化度均小于40,变化范围在9.57~62.0之间。分异指数的变化范围在6.17~17.08之间,表示多数岩体分异程度较差。

按"王氏"数值特征:S值为40.25~42.43;M值为33.84~39.26;QC值为10.43~13.41;MgO/FeO值4.25~6.12以及Ni含量大于0.07%,Cu含量大于0.02%,Ni/Cu值介于2~5之间,可作为含矿岩体差别标志。

(3)构造:矿床位于两大构造单元交接处的褶皱区一侧,以古洞河深断裂为界,北为吉黑古生代大洋板块褶皱造山带的东段与古洞河深大断裂交会处;南为龙岗-和龙地块。矿床、矿体的展布亦受超基性岩体的规模、形态及时空分布特征所制约。

导岩构造:根据岩体形态规模、物质来源等综合分析,古洞河断裂是区内唯一活动时间长、期次多、规模大、切割深度深的导岩构造,它所控制的辉石岩中δ^{34}S值为0.1‰~2.9‰,反映切割深度抵达上地幔。

控岩构造:矿区控岩构造可分3期,第一期构造活动为沿古洞河断裂以及北东向断裂附近发育的北西向及北东向两组扭性断裂,以控制闪长岩体为主;第二期构造活动沿古洞河断裂及茌田-东丰深断裂两侧,以北北东向或近南北向压扭-扭张性断裂为主,主要控制辉长岩体;第三期构造活动为北北东向(或近南北向)及北西向两组扭性断裂。规模小,分布较密集,控制矿区基性—超基性岩体。该期构造控制的岩体与成矿关系密切(图3-2-25)。

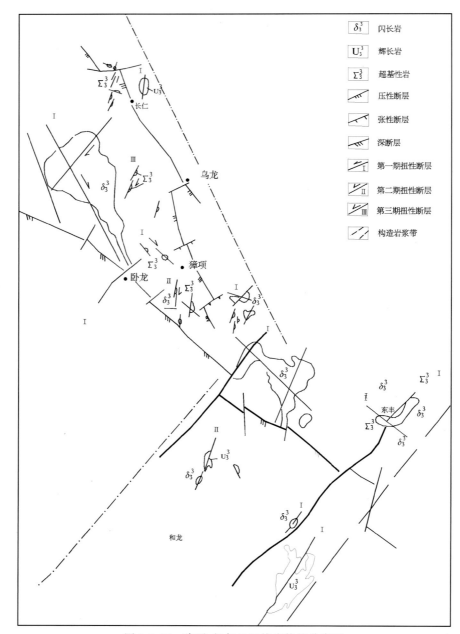

图 3-2-25 獐项-长仁地区控岩构造分布图

2. 矿体三维空间分布特征

根据矿体与围岩的关系及矿体赋存岩相特征,区内矿体可分为底部矿体、顶部矿体及中部矿体,其分布形态见图 3-2-26—图 3-2-28。

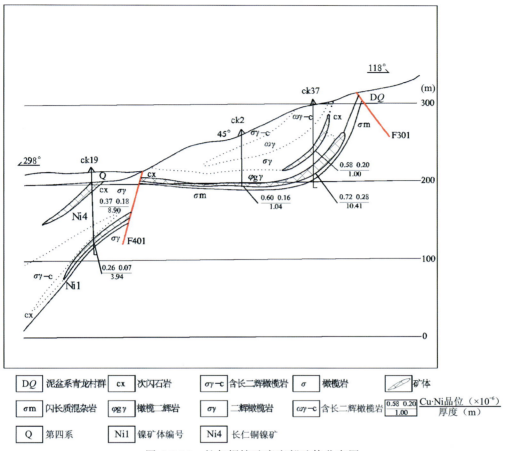

图 3-2-26　长仁铜镍矿床底部矿体分布图

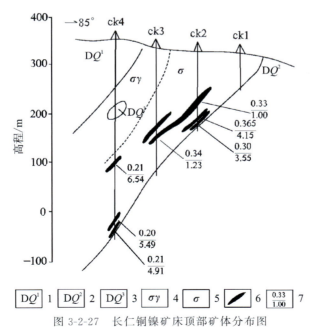

图 3-2-27　长仁铜镍矿床顶部矿体分布图

1.泥盆系青龙村群上段；2.泥盆系青龙村群中段；3.泥盆系青龙村群下段；
4.二辉橄榄岩；5.橄榄岩；6.矿体；7.Ni品位（×10^{-6}）及厚度（m）

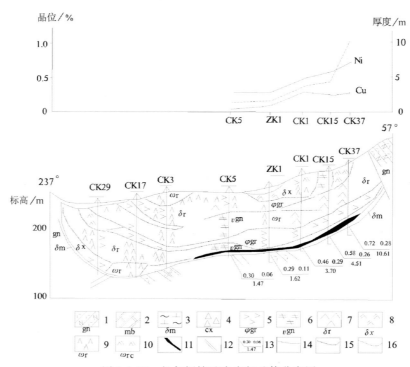

图 3-2-28 长仁铜镍矿床中部矿体分布图

1.斜长角山片麻岩;2.大理岩;3.闪长质混杂岩;4.次闪石岩;5.橄榄二辉岩;6.橄榄辉长苏长岩;7.二辉橄榄岩;8.斜辉橄榄岩;9.二辉橄榄岩;10.含长二辉橄榄岩;11.镍矿体;12.断层;13.$\frac{Ni、Cu 品位}{厚度}$;14.厚度变化曲线;15.Ni 品位变化曲线;16.Cu 品位变化曲线

(1)底部矿体:矿体赋存于岩体底部、边部次闪石岩及闪长质混染岩、二辉橄榄岩、含长二辉橄榄岩中。平面呈似层状、扁豆状。剖面矿体受岩体底板形态控制,岩体底部常见 1～3 条矿体,长一般 120～350m,最长达 600m,一般厚 1～5m,最厚达 25m。

(2)顶部矿体:这类矿体仅见于 Σ5 和 Σ6 号岩体,赋存于岩体顶部边缘闪长质混染岩及次闪石岩中或含长二辉橄榄岩、橄榄二辉岩中。矿体不连续,多呈扁豆状、透镜状,长 90～300m,厚 1.7～4.6m,最厚达 12.1m。

(3)中部矿体:仅见于 Σ5 和 Σ25 号岩体,赋存于次闪石岩或二辉橄榄岩中,矿体呈似层状,长 170～200m,厚 2～3.7m,最厚可达 8.9m。

3. 矿床物质成分

(1)矿石成分:矿石中镍主要以硫化镍形式存在,主要含镍矿物为镍黄铁矿,次要镍矿物有砷镍矿、紫硫镍铁矿及针镍矿。矿石中少部分镍以类质同象替换一部分镁进入到橄榄石、辉石晶格中,形成"硅酸镍",一般镍含量 0.1%～0.2%,其主要矿物为镍蛇纹石、镍绿泥石及镍阳起石-透闪石。矿区各岩体镍矿体中硫化镍与硅酸镍中 Ni 的比值一般为 2～4,少部分岩体的值为 0.125～0.86。主要有益元素为 Cu、Ni,其次为 Co,偶尔可见到微量的 Mo、Pd。其次除 Ni 富集达要求外其余均达不到工业要求,个别钻孔或样品中 Cu 可达工业品位,但尚不能单独圈定矿体。Ni 含量稳定,一般为 0.26%～0.46%;Cu 含量变化大,一般为 0.01%～0.18%;Co 含量微,一般为 0.004%～0.09%;铂族元素在个别岩体中有显示。个别样品中的 Pt 含量 $0.03×10^{-6}$,Pd 为 $0.03×10^{-6}$。

早期(第一期)岩体 Co、S、Ni 丰度低,Ni 含量 0.054%～0.073%,一般不含矿。晚期岩体(第二期)Ni、S、Co、Cu 含量相对较高,平均 Ni 含量为 $(0.26～0.44)×10^{-6}$;S 为 $(0.47～1.92)×10^{-6}$,常构成具

有工业意义的矿床。

(2)矿石类型:①钛铁矿-磁铁矿-尖晶石型,属岩浆早期产物,与铜镍矿化无关。②磁黄铁矿-镍黄铁矿-黄铜矿-黄铁矿型,属岩浆晚期熔离阶段产物,为铜镍矿床主要矿物组合之一。③黄铁矿-红砷镍矿-砷镍矿-针镍矿-紫硫镍矿-闪锌矿型,属岩浆晚期熔离-贯入—热液阶段产物,亦为铜镍矿床的主要矿物组合之一。④褐铁矿-孔雀石型,属上述硫化物地表同化作用(表生成矿期)所形成的次生矿物。

(3)矿物组合:金属矿物有钛铁矿、磁铁矿、磁黄铁矿、镍黄铁矿、黄铜矿、黄铁矿、红砷镍矿、砷镍矿、针镍矿、紫硫镍矿、闪锌矿、褐铁矿、孔雀石;脉石矿物有尖晶石、橄榄石、辉石、阳起石、透闪石、斜绿泥石、角闪石、黑云母、绿帘石、蛇纹石等。

(4)矿石结构、构造:常见的矿石结构有他形粒状、半自形粒状、固熔体分离结构、海绵晶洞状、角砾状结构。矿石构造有稀疏浸染状、稠密浸染状、斑点状、条带状、环状、致密块状、细脉状、网脉状、角砾状构造。

4. 蚀变类型

区内几乎所有岩体均有不同程度的蚀变,且以自变质作用为主。这类蚀变主要有蛇纹石化、次闪石化、滑石化、金云母化,多分布在岩体底部,中部辉石橄榄岩相中,与铜、镍矿化关系密切。

5. 成矿阶段

根据成矿作用综合分析,划分为岩浆成矿期、热液成矿期和表生成矿期。成矿阶段划分为岩浆早期熔离阶段、岩浆晚期熔离-贯入阶段及热液阶段,矿石中浸染状硫化铜镍矿生成最早,含砷镍矿生成时间最晚。

(1)岩浆成矿期:早期熔离阶段主要生成钛铁矿、磁铁矿、尖晶石、磁黄铁矿和镍黄铁矿,少量黄铜矿、黄铁矿,极少量方黄铜矿;晚期熔离-贯入阶段主要生成磁黄铁矿、镍黄铁矿、黄铁矿、黄铜矿、方黄铜矿,少量的砷镍矿、红砷镍矿、针镍矿、紫硫镍铁矿。

(2)热液成矿期:主要生成黄铁矿、砷镍矿、红砷镍矿、针镍矿、紫硫镍铁矿、闪锌矿。

(3)表生成矿期:主要生成褐铁矿和孔雀石。

6. 成矿时代

根据岩体产出地质环境,结合同位素年龄资料(大于361.4Ma)分析,区内超基性岩体属加里东晚期岩浆活动产物。其中Σ15、Σ16、Σ24、Σ27等岩体,被该期其他超基性岩体所切穿,而将其置于加里东晚期第一期,其余岩体(Σ11、Σ13、Σ4、Σ6等)置于加里东晚期第二期。

7. 物质来源

根据区域成矿对比,成矿物质主要来自地幔。矿床成因为与基性岩有关的硫化镍矿床,其成因类型属岩浆熔离型。

8. 控矿因素及找矿标志

1)控矿因素

(1)岩体控矿:区域赋矿岩体主要为辉石橄榄岩型、辉石岩型、辉石-橄榄岩型、橄榄岩-辉石岩-辉长岩-闪长岩杂岩型,区域超基性岩体控制了矿体的分布。岩浆熔离-浸染状矿化主要产于缓倾斜岩体底部,矿体多呈似层状、板状、透镜状,此类型矿化一般品位较低;岩浆晚期熔离-贯入式硫化主要产于陡倾斜岩体,矿体与成矿期构造关系密切,此类型矿化一般品位较富,但规模不大。混染交代浸染状矿化产于岩体边部及靠近岩体的闪长质或辉长质混染岩中,只在个别岩体局部富集,规模及工业意义不大。

(2)构造控矿:古洞河断裂是区内唯一活动时间长、期次多、规模大、切割深度深的导岩构造;沿古洞河断裂以及北东向断裂附近发育的北西向及北东向两组扭性断裂,以控制闪长岩体为主;沿古洞河断裂及茬田-东丰深断裂两侧,以北北东向或近南北向压扭-扭张性断裂为,主要控制辉长岩体;北北东向(或近南北向)及北西向两组扭性断裂,规模小,分布较密集,控制矿区基性—超基性岩体。该期构造控制的岩体与成矿关系密切。

2)找矿标志

古洞河断裂北东侧北北东向(或近南北向)及北西向两组扭性断裂内,超基性岩体出露区。

9. 矿床形成及就位机制

加里东晚期,褶皱区回返隆起,古断裂及次级断裂构造活动加剧,上地幔初始岩浆沿古洞河深大断裂上升侵位,并集聚形成地下岩浆房。在地壳相对稳定时期,岩浆房内超镁铁质熔浆开始分异或熔离,经初始分异,Cu、Ni 元素局部集中,在多期次级继承性构造活动作用下,发生了物质成分不同的多期侵入体或复合侵入体。

经过一定分异的贫硫化物熔浆一次侵位后,由于外界条件的改变,使熔浆自身发生分层熔离,即就地重结晶作用。并在重力作用下,镍及相对密度大的铁镁矿物多在岩体的底部或中部富集,形成底部、中部矿体。成矿温度 395~400℃。

当贫硫化物熔浆一次侵位结束后,由于深部岩浆房的分异作用继续进行,在岩浆房及至岩体底部,生成了晚期富硫残余熔浆。在压滤和互熔作用下,富硫熔浆沿刚好形成或正在形成的构造裂隙上侵,形成晚期熔离-贯入式矿床。富镍岩浆侵位后,与围岩发生接触交代作用,使围岩中的 Al^{3+}、Si^{4+}、Ca^{2+}、Na^+ 带入岩浆,从而使硫化镍的熔点降低,使部分岩体的边缘混染带中出现矿化富集。

成矿作用:晚期岩浆熔离分凝式矿床的成矿作用为贫硫化物熔浆一次侵位后,熔浆自身发生分层熔离——就地重结晶作用所形成的矿床;晚期岩浆熔离-贯入式矿床的成矿作用为贫硫化物熔浆一次侵位后,由于深源分异作用及就地重结晶分异作用继续进行,在岩浆底部及岩浆房内,生成晚期富硫残余熔浆,沿构造裂隙贯入形成矿脉;混染带硫化作用矿化,岩浆侵位后,与围岩发生接触交代,硫化镍熔点降低,沉淀形成矿床。

(八)临江市六道沟铜矿床

1. 地质构造环境及成矿条件

矿床位于华北叠加造山-裂谷系(Ⅰ),胶辽吉叠加岩浆弧(Ⅱ),吉南-辽东火山盆地区(Ⅲ),长白火山-盆地群(Ⅳ)。

(1)地层:矿区主要地层为古元古界老岭岩群珍珠门岩组,其上部为角岩夹大理岩及角岩与片岩类夹大理岩;下部为厚层白云石大理岩。

中生代火山岩分布于矿区的北西、南东两侧,分布面积较广,总体呈近东西向展布,倾向分别为北西及南东,倾角 20°~40°。岩性组成:下部为碎屑岩及中性火山岩;上部为中酸性火山岩。

(2)岩浆岩:矿区地处中生代鸭绿江构造岩浆岩带中。区内燕山期岩浆喷发-侵入活动十分频繁。喷发岩为辉石安山岩、安山质角砾岩、安山岩、流纹岩、流纹质晶屑岩屑凝灰岩、流纹质火山角砾岩等,表现出由中性—中酸性—酸性分异演化的完整序列。火山岩化学性质属钙碱系列,数值特征见表 3-2-13。

上述火山喷发(溢流)后,相继侵入闪长岩、石英闪长岩、花岗闪长岩、闪长玢岩、英安斑岩、花岗斑岩等。它们侵入同期火山岩及老岭岩群中。其中石英闪长岩与成矿关系密切,呈岩株状侵入;闪长玢岩、英安玢岩、花岗斑岩等或为岩枝,或为脉岩,与该区火山岩为同源岩浆演化产物,构成火山-侵入杂岩系列。

表 3-2-13 临江地区中生代火山岩岩石化学特征简表

岩性	化学特征					
	SiO_2/%	K_2O/%	δ	τ	K_2O+Na_2O	Fe_2O_3/FeO
安山岩	57.73	2.96	3.61	17.03	7.29	1.46
流纹岩	73.68	3.94	1.47	59.76	7.04	0.96

(3)构造：矿区位于中朝准地台北缘,鸭绿江断裂带北东侧,头道沟-长白镇近东西向断裂北侧,中生代烟筒沟火山岩断陷盆地东南部边缘。区域东西向断裂构造及北东向断裂构造控制该区中生代岩浆活动。

2. 矿体三维空间分布特征

(1)矿化特征：矿化发育于老岭岩群珍珠岩门岩组厚层白云石大理岩与上部角岩夹大理岩的过渡带。

与成矿有关的侵入体为石英闪长岩体。其长轴近东西向,面积 $2km^2$,平面上呈东宽西窄,剖面呈上大下小似楔形,东部前缘多分支,南部边缘总体向外倾。岩体同位素年龄为120.5Ma(K-Ar法测定黑云母)。岩体相变明显,中心相为花岗闪长岩,过渡相为石英正长闪长岩,边缘相为石英闪长岩,接触带局部为闪长岩。该岩体岩枝发育,其岩性为石英闪长岩。边缘相、过渡相、岩被相与矿化关系密切。铜山矿床产于该花岗闪长岩体向南分出的岩枝——石英闪长岩南部接触带。岩体或岩枝边部见有异离体、围岩捕房体。岩体冷凝边不发育,主体相呈中粒花岗结构,块状构造,岩枝体岩石矿物颗粒亦大于1mm,斜长石环带结构不明显,钾长石多为条纹—微斜条纹长石。岩体内见花岗伟晶岩与细晶岩相伴产出,说明该岩体形成深度为中—浅深度,并经受中等剥蚀。

花岗闪长岩岩石化学特征属正常系列,部分为铝过饱和,SiO_2含量比中国同类岩石低,为60.05%；K_2O+Na_2O平均为6.63%,一般$K_2O>Na_2O$；$Fe_2O_3/(Fe_2O_3+FeO)$边缘相为0.38,内部相为0.32。

石英闪长玢岩均为岩枝或岩脉,形态不规则,自身蚀变强,具有以Mo为主的斑岩型矿化。岩石化学成分与前述花岗闪长岩的边缘相相似,唯CaO含量偏高,Mg略低,$Fe_2O_3/(Fe_2O_3+FeO)$为0.45,副矿物亦相似。

区域断裂构造控制该区中生代岩浆活动。成矿作用受火山构造控制。

矿区位于两个中生代火山岩盆地的中间隆起地段。在火山活动过程中,这里形成一系列环状、辐射状断裂及次火山岩体,为成矿创造了良好的条件。与该矿床相关的铜山花岗闪长岩体,即沿火山岩盆地边缘的环状断裂侵入,长轴大体呈近东西向。其岩枝体沿辐射状断裂侵入,多呈北西向。矿区北西向断裂与珍珠门岩组大理岩类层面基本吻合。矿体主要产于花岗闪长岩体与珍珠门岩组接触带矽卡岩内,呈北西向展布。

矿化水平分带特征：内接触带及钾化石英闪长玢岩岩枝(脉)体内发育钼矿化或铜钼矿化,正接触带及外接触带矿化以铜为主,外接触带围岩中具铅、锌矿化。

矿化垂直分带特征：600m标高以上矿体条数多,矿带宽,向下矿体条数变少,矿带变窄,单矿体规模变小至尖灭,以铜为主,几乎没有单独钼矿体；600～400m标高以铜为主,但出现单独钼矿体；400m标高以下,以钼为主,形成单独矿体,铜矿化减弱。

(2)矿体形态、规模、产状：铜山矿床共计有60多个大小不等的矿体。矿体形态复杂,为扁豆状、似层状、透镜状、不规则脉状。边界不清,须依化学分析圈定。矿体产状与地层产状大体一致,走向北西向,倾向北东,倾角45°～60°。

3. 矿石物质成分

(1)矿石物质成分：有益元素Cu平均品位0.675%,Mo平均品位0.071%,伴生有益组分Pb,平均含量 1.8%，Zn 平均含量 1.76%，另有少量 Au、Sn 及微量元素 Be、Re、W、Se、Co、Ni、Ga 等。

（2）矿石类型：含铜硫化物矿石。

（3）矿物组合：矿石矿物成分主要为黄铜矿、辉钼矿、斑铜矿、闪锌矿，次为方铅矿、闪锌矿、磁铁矿、黄铁矿、硫砷铜矿、黝铜矿、镜铁矿。脉石矿物主要为石榴子石、透辉石、绿帘石，次为阳起石、符山石、长石、方解石、沸石、石英、钾长石、葡萄石。

（4）矿石结构、构造：矿石呈交代残余结构、固溶体分离结构、格子状结构、致密块状构造、细脉浸染状构造、团块状构造。

4. 蚀变类型及分带性

围岩蚀变种类包括青磐岩化、硅化、绢云母化、黄铁矿化、矽卡岩化，矿化蚀变有矽卡岩型矿化蚀变和钾化斑岩型矿化蚀变。矽卡岩化是该矿区最主要、最发育的一种蚀变，与铜矿化关系极为密切，产于花岗闪长岩体与珍珠门岩组大理岩的接触带。尤以花岗闪长岩楔形岩体的前缘部位最为发育。富矿体产于楔形岩体的前缘含水矿物复杂的矽卡岩中。

蚀变分带现象不太明显。大体为：内接触带发育透辉石化、钾长石化、钠长石化、绢云母化，正接触带以石榴石矽卡岩为主，过渡到以透辉石矽卡岩，矿物颗粒由粗变细，外接触带绿帘石化较为发育。矿化分带：内接触带为铜钼矿化，局部形成钼矿工业矿体；正接触带及外接触带以铜矿化为主，外接触带见铅锌矿化。

含矿气水溶液对围岩的交代有明显的选择性。矽卡岩化主要发育在厚层白云石大理岩与角岩夹薄层大理岩两大套岩层的过渡层位，即角岩、大理岩、片岩、白云石大理岩互层部位。下部为厚层白云石大理岩，矽卡岩化微弱；上部为泥质岩较多的岩石，矽卡岩化亦很微弱，但却构成良好的封闭层，使含矿气水溶液不易散失。不纯碳酸盐岩层与片岩、角岩互层对矽卡岩化及矿化最为有利。

钾化斑岩型蚀变见于南山石英闪长玢岩浅成侵入体中，见有钾长石化、钠长石化、绢云母化、硅化、青磐岩化。石英闪长玢岩脉均较小，蚀变分带不明显。石英闪长玢岩膨大部分蚀变较强，钼矿体产于其中；石英闪长玢岩变窄处，蚀变较弱，仅见钼矿化。

接触带附近的火山岩中发育强烈的青磐岩化、硅化、绢云母化，并有较强的黄铁矿化，伴有铜、钼矿化。小铜矿沟西部钻孔中见安山岩褪色，有强烈黄铁矿化。酸性熔岩及凝灰岩类亦有强烈蚀变及黄铁矿化，钻孔中见铜钼矿化。

5. 成矿阶段

该矿床经历多期次矿化，大体归纳为 4 个成矿期：矽卡岩期、石英硫化物期、碱质硫化物期、碳酸盐期。铜矿主要形成在石英硫化物期的晚期阶段，钼矿主要形成在碱质硫化物期。矽卡岩期晚期阶段仅出现少量黄铜矿、磁铁矿、白钨矿，而碳酸盐期则没有成矿作用发生。

6. 成矿成因及时代

矿床产于燕山期花岗闪长岩体与老岭岩群珍珠门岩组大理岩接触带的矽卡岩中。矿石具交代残余结构。含矿矽卡岩体及矿体形态、规模、产状、蚀变、矿化富集均受接触带控制。花岗闪长岩体及其岩枝体石英闪长玢岩本身具钾化斑岩型铜钼矿。因此认为该矿床与花岗闪长岩有成因联系，其成因类型为接触交代（矽卡岩）型。斑岩型矿化不占主要位置。

该矿床形成于燕山早期。

7. 地球化学特征

硫同位素：矿石中硫化物的 $\delta^{34}S$ 值，脉状黄铜矿为 11.7‰，浸染状黄铜矿为 6.1‰，浸染状辉铜矿为 5.3‰~5.5‰，可以认为硫来源于地壳深部或上地幔。

8. 物质来源

根据矿体产出特征及矿床硫同位素特征判断,矿床成矿物质主要来源于含矿层位的大理岩和燕山期花岗岩岩类岩浆。

9. 控矿因素及找矿标志

(1)控矿因素:区域东西向断裂构造及北东向断裂构造控制该区中生代岩浆活动;燕山期花岗闪长岩体与老岭岩群珍珠门岩组大理岩接触带的矽卡岩带控制了矿体的产出部位。

(2)找矿标志:中生代火山岩盆地边缘,基底隆起带,碳酸盐岩与中酸性小侵入体的接触带上;外接触带200~300m范围内,岩枝体的前缘,岩枝(脉)体的下盘及分支处;不纯碳酸盐岩是良好的成矿围岩,特别是有不同岩性互层、泥质岩石作为上覆盖层时;接触带近处层间破碎发育处;成分复杂的矽卡岩是赋矿直接围岩,成分简单的矽卡岩含矿甚微或几乎不含矿;石英闪长玢岩中发育的钾化斑岩型铜钼矿化及蚀变,矽卡岩化等蚀变均为良好找矿标志;Cu、Mo、Ag、Bi、Pb、Zn 6种元素组合是本矿床的成矿指示元素。

10. 矿床形成及就位机制

燕山期花岗闪长岩体侵入老岭岩群珍珠门岩组大理岩中,在热源和水源的作用下,在花岗闪长岩体与大理岩接触带上形成矽卡岩,呈带状分布。含矿层位的大理岩和燕山期花岗岩岩类岩浆所带来的成矿物质在热源和水源的作用下富集成矿。

(九)通化县二密铜矿床

1. 地质构造环境及成矿条件

矿床位于晚三叠世—新生代构造单元华北叠加造山-裂谷系(Ⅰ),胶辽吉叠加岩浆弧(Ⅱ),吉南-辽东火山-盆地区(Ⅲ),柳河-二密火山-盆地区(Ⅳ),三源浦中生代火山沉积盆地内。

(1)地层:区内出露主要地层有上侏罗统果松组、鹰嘴砬子组、林子头组、下桦皮甸子组。

果松组:上部为暗灰紫色安山质集块岩、安山质凝灰角砾岩、斑状安山岩等,中部为灰紫色安山角砾岩、安山质集块岩、灰绿色斑状安山岩,下部为绿黑色斑状玄武安山岩、灰紫色安山岩夹粉砂岩薄层(图3-2-29)。

鹰嘴砬子组:上部为灰绿色流纹质凝灰岩、紫红色粉砂岩、砂质页岩、灰绿色流纹质凝灰岩等,下部为紫红色砂砾岩、巨(粒)砾岩、页岩等。

林子头组:上部为安山岩、凝灰岩互层夹安山质火山角砾岩,中部为粉砂岩、砾岩夹凝灰岩,下部为深灰色安山岩、二长安山岩等。

下桦皮甸子组:上部为紫黑色凝灰质粉砂岩、紫红色粉砂岩,下部为黄绿色粉砂岩,黄绿色与紫黑色粉砂岩互层。

(2)侵入岩:主要是石英闪长岩和花岗斑岩,岩体皆规模较小,呈岩株状,具次火山岩性质,属浅成—超浅成岩,与同期火山岩相对应,代表岩浆演化晚期,以单旋回为主。构成了复式岩体,复式岩体侵入于盆地林子头组中,总体呈北西向展布,面积仅9km²,据前人研究资料,其同位素年龄(K-Ar法)为79~56Ma,岩体倾向南东,倾角较缓,向南东分出两个岩枝伸入围岩。

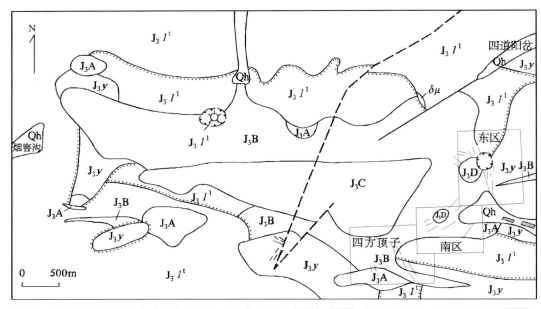

图 3-2-29　通化县二密铜矿床地质图

1.全新统；2.林子头组六合屯流纹岩段；3.林子头组太安安山岩段；4.鹰嘴砬子组；5.松顶山序列花岗斑岩单元；6.松顶山序列石英二长闪长岩单元；7.松顶山序列中粒石英闪长岩单元；8.松顶山序列细粒石英闪长岩单元；9.闪长玢岩；10.实测及推测地质界线；11.不整合地质界线/推断断层；12.环形构造；13.推测火山口；14.铜矿脉；15.铜矿生产区段

石英闪长岩岩石化学特征：SiO_2 及 Fe_2O_3 偏高，FeO、MgO、Na_2O 偏低，扎氏数值 d、S、d/c 值偏高，b、s、m、Q 值偏低，属偏碱性。花岗斑岩呈小岩株，侵入到石英闪长岩体东段内外接触带，面积仅 $0.4km^2$，斑状结构，岩石化学特征介于花岗闪长岩、花岗岩类之间，d/c 值接近花岗岩类。

脉岩主要见有细晶岩、闪长玢岩、橄榄辉长玢岩等。

(3)构造：三源浦盆地是一个平缓开阔的向斜盆地，由于石英闪长岩体侵入的上拱作用，导致岩体周围地层向外倾斜形成似穹隆状构造形态。

控岩构造：北西向、东西向断裂交会于破火山口处，导致松顶山序列侵入，闪长岩冷凝固结时产生收缩，形成应力薄弱带控制后期花岗斑岩侵入。

控矿构造：①与松顶山序列内外接触带、各个单元间接触带大致平行或斜交的北西向、东西向、北北东向断裂控制早期矿体；②花岗斑岩内外接触带北西向张性、张扭性、扭性裂隙群控制晚期矿体分布；③于东区生产中段至地表−60m 中段及井北 210~300m 中段发育的环形破碎带控制浸染状富矿体。

成矿后断裂：北西向断裂主要分布在四方顶子区和南区。北东向断裂见于四道阳岔、四方顶子区，切断北西向断裂，以剪性为主。南北向断裂见于四方顶子南区，小横道河子及东区外围，属扭性。东西向断裂见于主矿区西部。

2.矿体三维空间分布特征

矿床位于松顶山复式岩体东段，矿体沿石英闪长岩与花岗斑岩体内外接触带分布，自北向南分四道阳岔、东区、东南区、南区、四方顶子、小横道河子等几个区段；最近在岩体北部，石英闪长岩体中见到以浸染状、细脉浸染状为主的矿体，具有一定找矿前景。

二密铜矿大小工业矿体共 84 条，其中东区 39 条、南区 15 条、四方顶子区 13 条、小横道河子区 4

条。按矿体产出部位分为两大矿体群:一是石英闪长岩体顶部围岩中,垂直于接触带张性断裂系统中的矿体(简称顶部围岩矿体群);二是近接触带并与之平行的断裂系统中的矿体群。矿体按矿化特点可划分为脉状—细脉浸染状矿体、脉状—复脉状矿体、网脉—浸染状矿体、浸染状矿体、块状矿体,以脉状—复脉状矿体类型为主。

1)矿体特征

(1)石英闪长岩顶部围岩内矿体:分布在四方顶子一带,矿体产于石英闪长岩体上部接触带300m内围岩中(图3-2-30)。

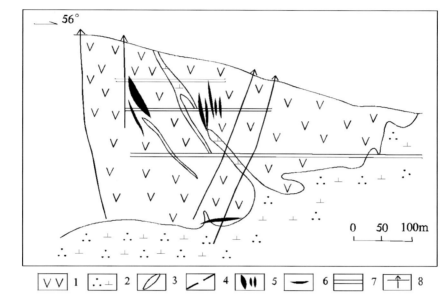

图3-2-30 通化县二密铜矿床四方顶子0线剖面石英闪长岩顶部围岩内张性断层中矿体
1.晚侏罗世安山岩;2.燕山期石英闪长岩;3.脉岩;4.断层;5.张性断层中陡倾斜矿体(早期);
6.近接触带缓倾斜矿体(晚期);7.坑道;8.钻孔

该矿体延伸到下部被接触带的缓倾斜矿体所截。依矿体产出特点分为东西向矿带和北西向矿带。东西向矿带长150～270m,宽25～500m,深160～200m,倾向南,倾角∠70°～85°;单矿体呈透镜状,长40～220m,延深40～60m,厚1～6m。矿体由长30～80m、宽0.5～1m的矿囊组成,每个矿囊长1～10m,宽0.12～2cm。北西向矿带有3条,受与岩枝平行的断层控制,矿带长450～600m,宽100～180m,深300～500m,倾向北东,倾角20°～80°。矿带中的单矿体呈透镜状,长80～100m,宽1～5m,最宽达9m。矿体由细脉状矿体和浸染状矿体组成,单一细脉长10～60m,宽0.5～5cm。

矿石以细脉浸染状为主,金属矿物以黄铜矿、磁黄铁矿、黄铁矿为主,少许毒砂、闪锌矿;脉石矿物以石英、方解石为主。

(2)石英闪长岩接触带附近矿体:这种矿体包括脉状—复脉状和网脉—浸染状矿体类型,尤以脉状—复脉状为主。矿体成群分布在石英闪长岩体的东南部,总体呈弧形,分布在岩体接触带内、外100～200m范围内,标高200～600m,实质上与弧形岩浆构造一致。矿体集中分布在花岗斑岩体顶部靠石英闪长岩接触带附近(图3-2-31)。弧形矿带总长3000m,宽200～300m,自北东至南西断续出现3条(东区、东南区及南区)矿体集中带,每条矿体集中带长600～1900m,宽100～300m,深400～700m,最深1800m。矿带产状自北东至南西变化为:30°∠35°→110°∠60°→150°∠35°→170°∠30°→220°∠10°,总体构成一个向南东突出,并向东倾斜的弧形矿带。矿带由矿组组成,矿组分布情况是:东区6个,东南区3个,南区10个。每个矿组由若干个矿体组成,单一矿体延长一般40～450m。

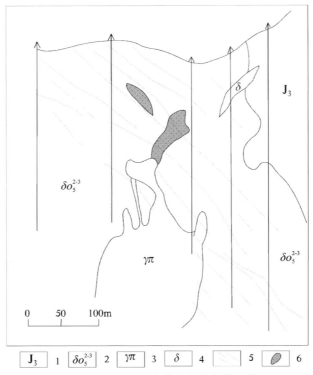

图 3-2-31　花岗斑岩体顶部接触带矿体
1.上侏罗统凝灰砂岩；2.燕山期石英闪长岩（δo_5^{2-3}）；
3.花岗斑岩（$\gamma\pi$）；4.闪长岩；5.脉状矿体；6.浸染状矿体

（3）花岗斑岩附近的浸染状矿化体-矿体：矿区内30多个浸染状矿化体，集中产在花岗斑岩顶部（图3-2-32）。围岩或隐爆角砾岩内，斑岩体内亦有赋存。矿体矿化强度不等，个别可开采利用，一般不具有工业价值。矿体呈椭圆状、柱状、扁豆状等，一般长20m，深30m，宽10～17m，最大的5508号浸染状矿体长25～27m，深90m，宽17m。当浸染状矿体为脉状矿体叠加时其Cu品位明显增高（可达1%），一般情况下铜含量只有0.3%～0.6%，表明浸染状矿体是花岗斑岩体本身带来的早期矿化，主要成矿作用在此之后发生；矿石以浸染状为主，部分为斑点状构造。

隐爆角砾岩内的富矿体：富矿体赋存于隐爆角砾岩底部花岗斑岩冷凝收缩产生的虚脱空间带内。典型矿体平面为环带状，剖面呈"锅底"状。分为3个带，外部为含石英晶簇的破碎带，是成矿后的产物，一般宽5～8m；中间含矿带，宽15～30m，不规则状，由棱角状蚀变岩和矿体组成，裂隙发育，赋存着大小不等、形态各异的富矿体上千个，规模大者25m，宽1～3m，深20m，Cu品位达12%；内部蚀变带由蚀变岩角砾组成，富矿体小且少。

该类矿石呈块状构造，金属矿物以黄铜矿为主，少许闪锌矿、白铁矿和磁黄铁矿，脉石矿物以石英为主。矿物生成顺序是磁黄铁矿→白铁矿→黄铜矿→方铅矿、闪锌矿→石英、方解石。

铜矿石Cu平均品位0.4%～1%，高者达7%～12%，伴生元素Au、Ag、In、Co、Sn、Ga等均可综合利用。

（2）矿床剥蚀情况：矿床矿化强度的主要指数（矿体面积、金属量）呈明显的正消长关系，分布在一定空间内，矿床矿化前缘带在450～640m标高，此带上部挥发组分硼大量出现，近前缘带在200～450m标高，根部在200m标高以下，矿化集中部位在200～450m标高之间。据此，认为矿床基本没遭受剥蚀，原生矿体基本保存。

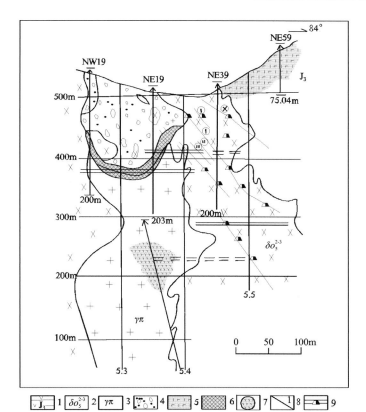

图 3-2-32 通化县二密铜矿床东区 17 线剖面花岗斑岩隐爆角砾岩内的矿体
1.侏罗纪凝灰砂岩；2.燕山期石英闪长岩；3.花岗斑岩；4.隐爆角砾岩；5.石英晶簇；
6.团块状富矿体；7.浸染状矿体；8.脉状矿体；9.坑道

3.矿石物质成分

(1)物质成分：矿石矿物主要有黄铜矿、磁黄铁矿、白铁矿、毒砂和闪锌矿、辉钼矿、方铅矿、孔雀石、蓝铜矿等。矿石化学成分除了主要元素 Cu 外，尚含有微量元素 Pb、Zn、Mo、Bi、Au、Ag、In、Co、Sn、Ga 等。

(2)矿石类型：主要有黄铜矿-白铁矿型，含铜磁铁矿型，次有电气石型、黄铜矿-磁黄铁矿-黄铜矿-毒砂型、孔雀石-褐铁矿型。

(3)矿物组合：矿物成分主要有黄铜矿、磁黄铁矿、白铁矿、毒砂和闪锌矿，次为黄铁矿、辉钼矿、方铅矿、磁铁矿，少量辉铋矿，脉石矿物有石英、方解石，次为绢云母、高岭土、绿泥石等。表生矿物有褐铁矿、孔雀石、蓝铜矿等。

(4)矿石结构、构造：结构有自形—半自形结构、他形晶结构、斑状结构、包含结构、固溶体分解结构、交代结构。构造有块状构造、条带状构造、浸染状构造、角砾状构造、脉状构造、网脉状构造、胶状构造等。

4.蚀变类型及分带性

矿区内存在面状和线状两种蚀变类型。面状蚀变主要发育在松顶山复式岩体和周围火山岩地层中，主要有黄铁矿化、黄铜矿化、绿泥石化、绿帘石化、电气石化、镜铁矿化、褐铁矿化、碳酸盐化、高岭土化、绢云母化、硅化等。线状蚀变主要发育在矿体上、下盘近矿围岩中，蚀变矿物种类明显受围岩岩性控制，在石英闪长岩及花岗斑岩中，从矿体两侧发育有黄铜矿化、黄铁矿化、磁黄铁矿化、绢云母化、高岭土化、硅化、绿泥石化、绿帘石化等；在安山岩中矿体两侧以硅化、绿泥石化为主，其次为绢云母化、高岭土化。蚀变分带如表 3-2-14 所示。

表 3-2-14　二密铜矿矿化蚀变分带

分带	石英闪长斑岩或花岗斑岩→围岩（安山岩）	
地表水平分带	电气石化、绢云母化、高岭土化、硅化，伴有黄铜矿化、磁黄铁矿化、黄铁矿化、闪锌矿化、毒砂矿化、白铁矿化	绿泥石化、黑云母化、硅化，伴有黄铁矿化、磁黄铁矿化及少量黄铜矿化、毒砂化
垂直分带	以上至地表蚀变组合 ↑ ├──上 30m（460m 标高）中段 ↓ 以下至深部蚀变组合	电气石化、硅化，伴有少量黄铜矿化、辉钼矿化、黄铁矿化、毒砂化 绢云母化、高岭土化、硅化、碳酸盐化，伴有黄铜矿化、磁黄铁矿化、黄铁矿化及少量闪锌矿化、毒砂化

5. 成矿阶段

根据二密铜矿矿体的空间赋存特征和矿物组合特征，将矿床划分为 4 个成矿期，9 个成矿阶段。

(1) 气成-高温热液成矿期：成矿温度为 300～360℃，$\delta^{34}S$ 为 2.3‰～3.8‰。早期形成的主要矿物为电气石，少量的石英、黄铁矿、毒砂，极少量的辉钼矿；晚期形成的主要矿物为石英、辉钼矿、黄铁矿、毒砂，极少量的磁黄铁矿、黄铜矿和电气石。

(2) 高—中温热液期：成矿温度为 320～350℃，$\delta^{34}S$ 为 3‰～5.7‰。早期形成的主要矿物为石英和毒砂，少量的黄铜矿和闪锌矿，极少量的辉钼矿和磁黄铁矿，伴随强硅化和弱绿泥石化、绢云母化、方解石化；中期形成大量的黄铜矿、石英、闪锌矿、方铅矿和磁黄铁矿，少量的黄铁矿和毒砂、磁铁矿，伴随强硅化和绿泥石化，弱绢云母化、方解石化；晚期形成大量的黄铜矿、石英、毒砂、闪锌矿，少量的白铁矿，极少量的黄铁矿、磁铁矿和方铅矿，伴随强绢云母化、方解石化，弱高岭土化。

(3) 中—低温热液期：成矿温度为 150～235℃，$\delta^{34}S$ 为 2.2‰～3.4‰。早期形成主要矿物为黄铜矿和白铁矿，极少量的石英、磁黄铁矿、闪锌矿、方铅矿、磁铁矿，伴随强高岭土化、方解石化，弱绿泥石化和绢云母化；中期主要形成石英、黄铜矿，少量的白铁矿，极少量的闪锌矿和方铅矿，伴随强方解石化和玉髓化（碧玉），弱高岭土化；晚期主要形成少量石英、黄铜矿、白铁矿、闪锌矿，伴随强烈的方解石化和弱绿泥石化。

(4) 表生期：即氧化物阶段，在这一阶段主要是已经形成的矿体遭受氧化淋滤，形成次生氧化矿物，主要有褐铁矿、蓝铜矿、辉铜矿、孔雀石、黝铜矿。

6. 成矿时代及成因

侏罗系林子头组同位素年龄为 89Ma，燕山期石英闪长岩岩株年龄为 79～56Ma，由于矿床成矿与石英闪长岩、花岗斑岩体侵入关系密切，因此，石英闪长岩的年龄可作为成矿年龄，为燕山晚期。

矿床主体为与中深成—浅成次火山岩有关的斑岩型，次为高—中温热液型，局部为爆破角砾型。

7. 地球化学特征及成矿温度

(1) 硫同位素组成特征：石英闪长岩和花岗斑岩中硫化物硫同位素组成 $\delta^{34}S$ 值均为正值。石英闪长岩变化范围为 2.3‰～6.3‰，极差为 4‰，平均值为 3.7‰；花岗斑岩变化范围为 2.1‰～5.3‰，极差为 3‰，平均值为 3.39‰。二者相近，都以富重硫为特征，表明硫源的一致性，体现深源硫特点，也反映两岩体的同源性。

矿体硫化物硫同位素组成：东区各矿脉硫化物 $\delta^{34}S$ 变化于 2.2‰～5.7‰之间，离差为 3.4‰，总平均值为3.32‰;南区各矿脉中硫化物δ³⁴S变化于2.3‰～5.3‰之间,离差为3.0‰,总平均值为3.4‰。两区基本一致,都以富重硫为特点,塔式效应明显(图3-2-33)。与矿区岩浆岩中δ³⁴S值非常接近,尤其矿体中δ³⁴S值更与花岗斑岩接近,可见东区、南区矿脉成矿热液主要与花岗斑岩有直接成因联系。

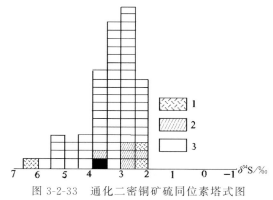

图 3-2-33　通化二密铜矿硫同位素塔式图
1.石英闪长岩;2.花岗斑岩;3.矿体

(2)成矿温度:矿区主要区段矿物测温结果如表3-2-15所示。由该表所列温度结果表明,二密铜矿床应属与中深成—浅成次火山岩有关的高—中低温热液型铜矿床。

表 3-2-15　矿区矿脉中矿物爆裂测温成果对比

区段	矿脉号	单矿物名称	爆裂法测温成果对比/℃		
			吉林冶金地质研究所		辽宁冶金地质研究所
			第一次测定	第二次测定	
东区	富矿	Cpy	—	—	168～227
	富矿	Cpy	—	—	168～218
	13	Mr	—	—	199～258
	1副	Pr	—	—	205～280
	12	Se	—	—	184～262
南区	14	Apy	起爆226	起爆260	262～364
	14	Cpy	起爆204	起爆240	161～211
	20	Cpy	起爆187	起爆320	188～252
	14	Cpy	起爆215	起爆300	199～298
	20	Cpy	起爆192	起爆230	195～256
	20	Mr	起爆178	—	199～260
	14	Se	起爆178	起爆320	205～260
	20	Apy	起爆179	起爆270	177～348

8. 物质来源

石英闪长岩、花岗斑岩都是成矿母岩,与成矿有直接成因联系,石英闪长岩平均含铜含量高出岩石2.5倍以上,而岩体东部含铜高出岩体其他地段4.5倍之多,花岗斑岩平均含铜高于同部位的石英闪长岩2.5倍,比其他地段石英闪长岩高出8倍。因此,两岩体为成矿提供了物质来源。

9. 控矿因素及找矿标志

（1）控矿因素：在石英闪长岩接触带附近，存在大致平行接触带近东西向、北东向以及外接触带安山岩中北西向陡倾斜断裂，控制与石英闪长岩有关的矿脉；花岗斑岩体与石英闪长岩接触带，尤其是石英闪长岩中发育的呈北西向缓倾斜的斑岩体控制着与花岗斑岩有关的矿体；花岗斑岩内环形破碎体构造控制着与斑岩有关的块状富矿。

燕山晚期石英闪长岩、花岗斑岩控矿：石英闪长岩、花岗斑岩侵入派生出的含矿热液为成矿提供了物质和热源条件。

（2）找矿标志：以电气石化、硅化、绢云母化、高岭土化、绿泥石化、黑云母化为主，电气石化、硅化伴有少量铜钼矿化是矿化晕，为重要的找矿标志；孔雀石化、褐铁矿化也是主要找矿标志。

矿床磁性特征：在火山岩中安山岩磁性较强，流纹岩、凝灰岩较弱。在松顶山序列中，石英二长岩、闪长岩、细粒石英闪长岩磁性较强，花岗斑岩呈弱磁性。矿石或矿化岩石具有一定磁性。其中浸染状磁黄铁矿石磁性最强；区内电性特征如下，区内充电率最高是铜矿石，其次是黄铁矿化或黄铜矿化岩石，花岗斑岩、细粒石英闪长岩充电率稍高，其余都比较低，仅为1.0%左右。总之铜矿石物性参数特征是低阻、高充电率、中等磁性。

10. 矿床形成及就位机制

89Ma左右形成二密中生代火山岩盆地。79～56Ma，石英闪长岩侵入，含矿溶液沿接触带或外接触带东西向、北东向和北北西向产生的断裂充填形成脉状铜矿。石英闪长岩侵入后，花岗斑岩侵入于石英闪长岩中，由于斑岩上侵，在外接触带石英闪长岩中形成许多绕斑岩体的张裂，在区域应力场作用下，迁就、追踪原张裂，形成以张扭性为主，伴有压扭、扭性的缓倾斜裂隙群，为成矿提供有利空间，而花岗斑岩派生出的含矿热液沿这些构造裂隙充填交代形成细脉、细脉浸染、浸染型的矿脉群。

（十）靖宇县天合兴铜矿床

1. 地质构造环境及成矿条件

矿床位于晚三叠世—新生代华北叠加造山-裂谷系（Ⅰ），胶辽吉叠加岩浆弧（Ⅱ），吉南-辽东火山-盆地区（Ⅲ），柳河-二密火山-盆地区（Ⅳ）。

（1）地层：矿区出露的地层主要有太古宙表壳岩及新近纪河谷冲洪积物。

太古宙表壳岩为一套深变质岩系，均呈大小不等的残片或捕房体广泛分布于太古宙奥长花岗岩中。由于遭受到多期次的区域变质、变形及岩浆侵入改造，其原岩很难恢复。按岩石共生组合特点，划分为两个岩石组合。

铁镁岩石组合：主要岩石有斜长角闪岩、角闪斜长片麻岩夹少量磁铁角闪石英岩等，原岩为基性熔岩、火山碎屑岩及硅铁质岩石。分布于矿区的Ⅱ号、Ⅳ号、Ⅷ号带及西北部小营子一带。

黑云变粒岩组合：主要岩石类型有黑云变粒岩、浅粒岩、黑云斜长片麻岩夹少量磁铁石英岩和斜长角闪岩。原岩为中酸性火山岩及碎屑沉积岩。分布于矿区的Ⅲ号、Ⅴ号带中及矿区东北部。

（2）岩浆岩：矿区内出露的侵入岩主要有阜平期花岗质岩类和燕山晚期酸性斑岩或次火山岩。

阜平期花岗质岩类：岩石类型以奥长花岗岩为主，同时见有英云闪长岩和花岗闪长岩等。主要分布于那尔轰倒转背斜的轴部，呈北东向展布。岩体中心部位铁、镁质含量较低，钾-钠含量较高，在捕房体或残留体较多的部位铁、镁质成分含量较高。岩石具有片麻状构造。

燕山晚期酸性斑岩：矿区内燕山晚期酸性斑岩主要为天合兴复式岩体。岩体以石英斑岩为主，常呈分枝复合或发育平行支脉，脉长几十米到几百米，总体走向近南北，受那尔轰-天合兴断裂带的控制，其边部脉岩成群出现。按岩性和相对侵入关系天合兴复式岩体可分为4次侵入形成。第一次侵入为花岗斑岩,主要出露于矿区南部Ⅳ号带,呈小岩株状受东西向及北东向、北西向断裂控制,岩体可划分出内、外部相;第二次侵入为石英斑岩,是纵贯矿区的主要岩体,呈岩墙及岩脉状,走向近南北,受那尔轰-天合兴断裂带的控制;第三次侵入为花岗斑岩,分布广泛,但主要出露在Ⅲ号带,呈脉状,走向北北西和近南北;第四次侵入为花岗斑岩,主要分布在Ⅲ号、Ⅴ号带,呈脉状,走向北西。

燕山晚期酸性斑岩地球化学特征:岩石化学成分具有富 Si,低 TFe、Al_2O_3,贫 CaO、MgO、TiO 等特点。$Al_2O_3 > CaO + K_2O + Na_2O$,为铝过饱和系列,极少数为正常系列。碱质成分含量较高,多数在8%左右,最高达9.2%;斑岩的分异指数高,DI 为 86.8~92.4。固结指数 SI 低,为 2.2~5.0,表明岩石分异程度高,基性程度低。氧化系数一般为 0.10~0.29,说明岩浆在离地表较深、相对较封闭的环境下形成。各岩石的 $SiO_2/(K_2O+Na_2O)$ 值变化不大,反映它们是同源的产物。矿区岩石的里特曼指数 σ 为 0.8~3,为钙碱性岩系。

在矿区南部Ⅲ号、Ⅳ号带分布有隐爆角砾岩,呈脉状及不规则状,规模小,一般长 20~30m,宽 1~3m。角砾成分有花岗斑岩、石英斑岩、奥长花岗岩、闪长玢岩等。角砾呈棱角状、次棱角状及浑圆状等。胶结物主要有热液蚀变矿物绿泥石、鳞片状黑云母、绢云母、萤石等。

另外,燕山期中基性岩脉发育,主要分布在天合兴、石人沟一带。多受北东向及南北向断裂的控制。

(3)构造:矿区处于近南北向的那尔轰背斜的核部偏西,东西向和南北向构造的交会部位,褶皱与断裂构造错综复杂。

基底构造:区域结晶基底经历了多次区域变质、变形及岩浆侵入改造,形成一系列的相似平卧褶皱,晚期的花岗质岩浆以底辟侵入为特征,造成上壳岩重熔岩浆而地壳薄弱带侵入形成花岗岩穹隆。矿区内的那尔轰-天合兴韧性剪切带糜棱岩化普遍发育,沿片理面有大量同构造期的岩浆脉体贯入。基底的断裂构造是在早期深层次的塑性变形基础上逐渐演化为浅层次的脆性变形,是在地质历史演化中继承和发展起来的复杂构造。

燕山期构造:主要为东西向、南北向、北东向、北西向及北北西向、北北东向脆性断裂构造。尤其东西向、南北向构造是区域上的主要控岩和控矿断裂构造。

2. 矿体三维空间分布特征

矿区矿化面积大,矿体分布广且比较零散。按 Cu 品位大于等于 0.3% 为边界,矿区共有 115 条矿体(包括 18 条钼矿体),其中 52 条为盲矿体。矿体呈脉状、透镜状、似层状,多产于石英斑岩、燕山期第二期花岗斑岩、辉绿辉长岩中。产于奥长花岗岩、黑云斜长片麻岩及变粒岩中的矿体矿化多为浸染状或细脉浸染状,矿体与围岩界线不明显。其中东西向的Ⅴ号、Ⅵ号矿化蚀变带控制的矿体,铜矿化一般以浸染状或细脉浸染状分布于辉绿岩脉中或边部及构造裂隙中。Ⅰ号、Ⅱ号、Ⅲ号、Ⅳ号、Ⅶ号、Ⅷ号矿化蚀变带控制的矿体主要受石英斑岩、燕山期第二期花岗斑岩控制,矿体分布于岩体内、外接触带上。铜矿体主要分布在Ⅲ号、Ⅴ号、Ⅱ号矿带中。

(1)Ⅲ号矿带:长大于 500m,宽 300m,带内有 25 条近于平行排列的矿体,以盲矿体为主,矿体倾向东,倾角 50°~70°。矿体具分枝复合、尖灭再现的特点。主矿体赋存标高为 300~700m。在 30 勘探线上矿体累计厚度大于 60m,矿带 Cu 平均品位 0.63%,最高 3.34%。其中Ⅲ-9号、Ⅲ-8号、Ⅲ-11号、Ⅲ-12号、Ⅲ-13号、Ⅲ-6号、Ⅲ-3号、Ⅲ-5号矿体完整性和连续性较好。Ⅲ-9号矿体呈似层状、脉状,总体走向为 346°,倾向东,倾角 40°~63°,其南端倾角较缓,北部倾角较陡。矿体沿走向和倾向均具有分枝复合现象。矿体厚 3.01m,Cu 平均品位 0.86%,最高 3.34%。空间上与石英斑岩相伴产出,与围岩界线不清,矿体北侧深部有变厚、品位变富趋势。

(2)Ⅴ号矿带:长 500m,宽 80m,带内有 6 条矿体,长 25~500m,厚 1.5~2.73m。矿体总体走向近东西,倾向北,倾角 70°~84°,总厚度大于 10m,Cu 平均品位 0.52%,最高 3.47%。矿体多分布于辉绿辉长岩及边部破碎带中,成矿与辉绿辉长岩关系密切。其中以Ⅴ-2号矿体规模最大。Ⅴ-2号矿体长

500m,平均厚 2.73m,膨大部位厚 15.6m,控制矿体斜深大于 300m,Cu 平均品位 0.57%,最高 3.47%。矿体沿走向和倾向均具有分枝复合现象。

(3)Ⅱ号矿带:长 700m,宽 80m,带内有 6 条矿体,矿体长 35~200m。走向近南北,倾向北东,倾角 60°。其中Ⅱ-1 号、Ⅱ-2 号矿体规模较大。Ⅱ-1 号矿体平均厚度 10.31m,控制斜深 250m,Cu 平均品位 0.51%,最高 0.85%,矿体分布在石英斑岩中。Ⅱ-2 号矿体长 200m,平均厚度 4.72m,Cu 平均品位 0.50%,最高 1.06%,矿体分布在石英斑岩边部的奥长花岗岩中。

(4)Ⅳ号矿带:长 900m,宽 400m,总体走向北北东,倾向东,倾角 50°~70°。该带内有 27 条矿体断续分布,其中钼矿体 18 条,因此是一条以钼矿化为主的矿带。

3. 矿床物质成分

(1)物质成分:矿石化学成分经光谱半定量分析了 43 种元素,除 Cu、Pb、Zn、Mo、Ag、Ga、Ni、Cr、Bi、Sn、V、Co、Ca、Mg、Al、Fe 和 Mn 共 17 种元素外,其他元素含量极低。在 17 种元素中具有一定富集成矿作用的有 Cu、Pb、Zn、Ag、Mo。

矿石矿物类主要有黄铜矿、斑铜矿、黝铜矿、辉铜矿、辉钼矿,次要有闪锌矿、方铅矿、铜蓝、黄铁矿、磁黄铁矿、辉银矿、斜方辉铅铋矿、毒砂、白铁矿、钛铁矿、磁铁矿、自然金、自然铋、银金矿、孔雀石、蓝铜矿、褐铁矿;脉石矿物有长石、石英、绿泥石、绿帘石、黑云母、绢云母、角闪石、萤石和方解石等。

(2)矿石类型:矿石的自然类型为硫化矿石,工业类型为石英-铜矿建造和石英-钼矿建造。

(3)矿物组合:石英-金属硫化物组合,石英-黄铜矿-黄铁矿,石英-闪锌矿-黄铜矿-黄铁矿,石英-方铅矿-闪锌矿-黄铜矿-黄铁矿,石英-辉钼矿-黄铜矿;金属硫化物组合,黄铜矿-闪锌矿-黄铁矿-磁黄铁矿,黄铜矿-辉钼矿-黄铁矿,黄铜矿-斑铜矿-黄铁矿-闪锌矿,闪锌矿-方铅矿-黄铜矿-黄铁矿;贫硫化物、碳酸盐组合,黄铜矿-黄铁矿-辉钼矿-方解石;氧化物组合,孔雀石-蓝铜矿-黑铜矿-褐铁矿。

(4)矿石结构、构造:矿石结构主要有自形—半自形粒状结构,是矿区常见的矿物结构,黄铜矿、斑铜矿、闪锌矿、黄铁矿、辉钼矿均有此类结构。他形粒状结构也是矿区常见的矿物结构,黄铜矿、黄铁矿、闪锌矿、辉银矿、方铅矿具有此类结构。固熔体分离结构,常见有黄铜矿与斑铜矿、黄铜矿与闪锌矿、黄铜矿与辉银矿。其次还有显微粒状结构、交代结构、交代残余结构、包裹共生结构;矿石构造有稀疏浸染状构造、浸染状构造、脉状构造、细脉浸染状构造、角砾状构造、斑点状构造。

4. 蚀变期次及类型

(1)蚀变期次:矿区由于受到多期次的构造运动和岩浆改造叠加,蚀变类型复杂,总体看蚀变不强,分带不明显。燕山期斑岩体的侵入过程早期以碱质交代作用为主,形成钾长石化、黑云母化及钠长石化的交代。中期以钾质交代的继续和水解作用的发生为主,形成石英—水云母化,黑云母褪色为白云母,石英-绿泥石化,伴有硫化物的沉淀。晚期以水解作用为主,以岩石的泥化为特点,伴有少量硫化物的沉淀。

(2)蚀变类型:硅化发育在斑岩体及其围岩中,以热液硅质交代为主,次有硅质细脉、网脉,少数为玉髓及细粒石英。在矿区的Ⅲ号和Ⅳ号带之间形成强硅化带。绢云母化分布广,主要分布在中等硅化带及近矿围岩中。绿泥石化多发育在中—基性岩脉或奥长花岗岩及变质岩中。高岭土化于晚期蚀变水解作用形成,主要为斜长石、钾长石表面的高岭土化,或发育在断裂破碎带中。其次还有碳酸盐化和萤石化,分布局限。

(3)蚀变与矿化:矿区的蚀变主要特点是南部为面型蚀变区,北部为线型蚀变区。南部面型蚀变区略显分带状,即中心以钼矿化为主,伴有铜矿化,是高—中温阶段产物。向外渐变为铜、铅锌矿化,是中—低温阶段产物。在酸性斑岩接触带,则以线型蚀变为特征,矿化主要与石英绢云母化、黑云母化、绿泥石化关系密切,硫化物以黄铜矿为主并伴有黄铁矿化。

5. 成矿阶段

根据矿石中金属矿物的共生组合，以及结晶生成顺序、矿石的结构构造等特点，将该矿床划分为 2 个成矿期。

(1)热液成矿早期，主要分为 4 个成矿阶段。

第一成矿阶段：主要以铜矿成矿为主。矿物组合为黄铜矿、黄铁矿、磁黄铁矿、闪锌矿、辉银矿等。受东西向构造裂隙控制，呈细脉状及团块状分布于岩石中，如Ⅴ号、Ⅵ号矿带。

第二成矿阶段：主要以钼矿化为主的铜钼矿化组合，与石英斑岩关系密切。矿物组合为黄铁矿、辉钼矿、黄铜矿、闪锌矿、锐钛矿等，呈浸染状、细脉浸染状分布于石英斑岩和花岗斑岩中。该阶段矿化活动主要受北东向构造裂隙控制，如Ⅳ号矿带。

第三成矿阶段：主要以铜矿成矿为主，次有铅锌矿化，与第二期花岗斑岩关系密切。矿物组合为黄铜矿、斑铜矿、闪锌矿、方铅矿、黄铁矿、磁黄铁矿、毒砂等，呈浸染状、细脉浸染状及细脉状分布于岩石中。该阶段矿化活动主要受南北向、北北东向及北北西向构造控制，如Ⅱ号、Ⅲ号、Ⅶ号矿带。

第四成矿阶段：为贫硫化物-碳酸盐阶段，是原生矿化作用最后阶段，矿区各带均有显示，尤以Ⅲ号、Ⅴ号矿带较明显。

(2)表生期：主要是由于构造运动使矿体或矿化体抬升至出露地表，经风化、淋滤作用后，硫化物氧化形成次生矿物孔雀石、蓝铜矿、黝铜矿及褐铁矿等。

6. 成矿时代及成因

根据矿床的赋存空间和控矿因素分析，成矿时代为燕山期。

矿床的成因类型为斑岩型。

7. 微量元素地球化学特征

对矿区外围地层和岩体中 Cu、Pb、Zn、Ag、Mo 进行分析，Cu 含量较高的是龙岗群黑云变粒岩、斜长角闪岩、黑云斜长片麻岩等。石英斑岩和花岗岩中的 Cu 含量较低。其他元素在不同岩石中的含量变化不大(表 3-2-16)。

表 3-2-16　靖宇县天合兴铜矿床不同岩石中成矿元素含量　　　　　　（单位：$\times 10^{-6}$）

岩性/地质体	样品数	Cu	Pb	Zn	Ag	Mo
奥长花岗岩	119	24.62	12.68	35.21	0.09	1.04
碱长花岗岩	29	14.14	14.40	40.29	0.10	0.99
石英斑岩	97	9.75	21.96	56.32	0.12	1.18
龙岗群变质岩	85	34.22	11.30	55.70	0.11	1.22
侏罗系	18	12.50	30.39	57.94	0.12	1.05

矿区内主要成矿元素在各岩石中有明显的富集，特别是在酸性斑岩中，与矿区外围岩体对比富集更加明显，与控矿和赋矿特征一致(表 3-2-17)。

表 3-2-17　靖宇县天合兴铜矿床成矿元素与外围岩体含量对比　　　　（单位：$\times 10^{-6}$）

元素	酸性斑岩					奥长花岗岩	变辉长辉绿岩	变粒岩
	$\gamma\pi_1$	$\lambda\pi$	$\gamma\pi_2$	$\gamma\pi_3$	平均值			
Cu	1 421.99	1 491.00	1152.00	736.25	1 200.31	3 875.00	1 071.90	193.80

续表 3-2-17

元素	酸性斑岩					奥长花岗岩	变辉长辉绿岩	变粒岩
	$\gamma\pi_1$	$\lambda\pi$	$\gamma\pi_2$	$\gamma\pi_3$	平均值			
Pb	93.50	38.00	64.95	11.50	48.26	6.50	26.75	33.50
Zn	1 241.90	175.52	184.40	76.30	534.28	28.80	276.75	52.50
Ag	2.70	3.62	2.40	1.45	2.33	3.00	11.40	10.70
Mo	10.26	24.93	39.92	6.37	17.64	36.90	6.29	2.68

8. 物质来源

成矿物质主要来源于岩浆及岩浆热液。

9. 控矿因素及找矿标志

1）控矿因素

斑岩控矿：从上述矿体的赋存空间、围岩性质、成矿阶段可以看出，该区域的铜、钼成矿主要受控于燕山晚期的石英斑岩及花岗斑岩，酸性的岩浆活动为区域的成矿提供了成矿物质。以浸染状或细脉浸染状分布于辉绿岩脉中或边部及构造裂隙中的铜矿体，实质上是第一期侵入的花岗斑岩所带来的成矿物质在不同空间部位的就位形式，对成矿真正起到控制作用的不是辉绿岩脉本身，而是它所在的构造空间。

构造控矿：从矿区岩体的空间分布、蚀变矿化特征分析，区域上近南北向的继承性构造不但控制了区域的构造岩浆活动，而且控制了含矿流体的区域分布和就位空间。因此区域上的南北向构造带是导岩、导矿、储矿的主要构造。

2）找矿标志

区域上南北向与东西向构造的交会部位是寻找该类型矿床的有利构造部位；区域上多期次岩浆侵位活动形成的中酸性复式杂岩体（岩墙、岩脉群）、地质体；隐爆角砾岩的存在可作为本类矿床的找矿标志；钾化、硅化、绢云母化及绿泥石化，深色岩石的褪色蚀变，是间接找矿标志，孔雀石化、蓝铜矿化是直接找矿标志；电法低阻高极化带是间接找矿标志；Cu、Mo、Sn、Bi、Ag、Pb、Zn 等元素的水系沉积物和土壤异常是直接找矿标志。

10. 矿床形成及就位机制

燕山期中酸性岩浆上侵，携带大量的成矿物质，在各方向的构造空间内形成工业矿体。

二、典型矿床成矿要素特征

（一）沉积变质型

与太古宇老变质岩、古元古界老岭岩群及震旦系有关的沉积变质型铜矿，代表性的矿床为白山市大横路铜钴矿床。

大横路铜钴矿成矿要素图以 1∶1 万矿区综合地质图为底图，突出标明和矿床时空定位有关的成矿要素，主要反映矿床成矿地质作用、矿区构造、成矿特征等内容，特别是地层柱状图、矿床典型剖面图能够直观地反映地层厚度、矿体深度,更加充分地发挥成矿要素的作用。包括成矿地质体图层、成矿构造图层、矿体图层、蚀变带图层等。对成矿要素按必要的、重要的、次要的进行分类,表明大横路铜钴矿的各种成矿要素。白山市大横路铜钴矿床成矿要素详见表3-2-18。

表 3-2-18　白山市大横路铜钴矿床成矿要素

成矿要素		内容描述	类别
特征描述		沉积变质型	
地质环境	岩石类型	富含碳质的千枚岩	必要
	成矿时代	古元古代	必要
	成矿环境	前南华纪华北东部陆块(Ⅱ),胶辽吉元古代裂谷带(Ⅲ),老岭坳陷盆地内	必要
	构造背景	褶皱构造:矿区正处于复式向斜内,矿区的轮廓受这一复式向斜控制。第二期褶皱的转折端控制了富矿体(厚大的鞍状矿体)的展布。断裂构造:区内以北东向断裂与成矿关系最为密切,这组断裂多属逆掩性质的层间断裂,受其影响,断层两侧,尤其是下盘岩层发生强烈破碎和片理化,并伴随有强烈的矿化作用	重要
矿床特征	矿物组合	金属矿物主要以硫化物、砷化物及次生氧化物的形式存在。主要矿物组合为黄铁矿、磁黄铁矿、黄铜矿、方铅矿、闪锌矿、硫镍钴矿、辉铜矿、毒砂、银金矿、自然金、白铅矿、孔雀石、褐铁矿等。脉石矿物主要为绢云母、黑云母、白云母、石英等,其次为绿泥石、绿帘石、石榴子石、电气石、磷灰石、角闪石、锆石等	重要
	结构构造	自形—半自形晶粒状结构、他形粒状结构、交代结构、固熔体分离结构、包含结构;浸染状构造、细脉浸染状构造、网脉状构造、团块状构造	次要
	蚀变特征	矿区内围岩蚀变属中—低温热液蚀变,总体上蚀变较弱,明显受花山岩组地层及北东向褶皱控制,呈北东向带状展布,与围岩没有明显的界线,呈渐变过渡关系。主要蚀变类型有硅化、绢云母化、绿泥石化、钠长石化、碳酸盐化	重要
	控矿条件	地层控矿:矿体严格受老岭岩群花山岩组富含碳质的千枚岩层位的控制。褶皱控矿:矿区正处于复式向斜内,矿区的轮廓受这一复式向斜控制。第二期褶皱的转折端控制了富矿体(厚大的鞍状矿体)的展布。断裂控矿:北东向断裂与成矿关系最为密切	必要

(二)火山沉积型

与晚古生代火山沉积建造有关的火山岩型铜矿,代表性的矿床为磐石市石嘴铜矿床、汪清县红太平铜多金属矿床。

1. 磐石市石嘴铜矿床

石嘴铜矿成矿要素图以1∶1万矿区综合地质图为底图,突出标明和矿床时空定位有关的成矿要素,主要反映矿床成矿地质作用、矿区构造、成矿特征等内容。特别是地层柱状图、矿床典型剖面图能够直观地反映地层厚度、矿体深度,更加充分地发挥成矿要素的作用。包括成矿地质体图层、成矿构造图层、矿体图层、蚀变带图层等。对成矿要素按必要的、重要的、次要的进行分类,表明石嘴铜矿的各种成矿要素。磐石市石嘴铜矿床成矿要素详见表3-2-19。

表 3-2-19　磐石市石嘴铜矿床成矿要素

成矿要素		内容描述	类别
特征描述		海底喷气沉积-热液改造型矿床	
地质环境	岩石类型	大理岩、板岩、变质砂岩、千枚岩夹喷气岩	必要
	成矿时代	晚古生代	必要
	成矿环境	位于南华纪—中三叠世天山-兴安-吉黑造山带（Ⅰ），包尔汉图-温都尔庙弧盆系（Ⅱ），下二台-呼兰-伊泉陆缘岩浆弧（Ⅲ），磐华上叠裂陷盆地（Ⅳ）内的明城-石嘴子向斜东翼，地质构造复杂	必要
	构造背景	明城-石嘴子向斜的东翼与地层产状相一致的挤压片理带	重要
矿床特征	矿物组合	金属矿物主要是黄铜矿、斑铜矿、辉铜矿、白钨矿、辉钼矿等，其次是孔雀石、蓝铜矿、磁铁矿、砷黝铜矿、硫砷铜矿、辉铋矿、磁黄铁矿、黄铁矿、毒砂等，偶见方铅矿、闪锌矿、硫钴矿、辉锑矿、硫铋矿、辰砂、辉砷镍矿、针镍矿、砷钴矿、黝锡矿、雌黄、雄黄等。脉石矿物主要是石英、方解石、绢云母、绿泥石、石榴子石、黑云母等，其次是透辉石、透闪石、绿帘石、蔷薇辉石、硅灰石、电气石、叶腊石等，偶见方柱石、符山石、斧石、萤石等	重要
	结构构造	他形晶粒状结构、半自形—他形粒状结构、固熔体分离结构、交代结构等；条带状构造、层纹状构造、细脉状构造、斑杂状构造、角砾状构造、浸染状构造等	次要
	蚀变特征	主要为轻微的硅化、绢云母化、绿泥石化和碳酸盐化	重要
	控矿条件	控矿地层主要为石嘴子组大理岩、板岩、变质砂岩、千枚岩夹喷气岩；控矿构造主要为明城-石嘴子向斜的东翼与地层产状相一致的挤压片理带	必要

2. 汪清县红太平铜多金属矿床

红太平铜多金属矿成矿要素图以 1∶1 万矿区综合地质图为底图，突出标明和矿床时空定位有关的成矿要素。主要反映矿床成矿地质作用、矿区构造、成矿特征等内容，特别是地层柱状图、矿床典型剖面图能够直观地反映地层厚度、矿体深度，更加充分地发挥成矿要素的作用。包括成矿地质体图层、成矿构造图层、矿体图层、蚀变带图层等。对成矿要素按必要的、重要的、次要的进行分类，表明红太平铜多金属矿的各种成矿要素。汪清县红太平铜多金属矿床成矿要素详见表 3-2-20。

表 3-2-20　汪清县红太平铜多金属矿床成矿要素

成矿要素		内容描述	类别
特征描述		经强烈变质改造后的海底火山-沉积矿床	
地质环境	岩石类型	凝灰岩、蚀变凝灰岩，砂岩、粉砂岩、泥灰岩	必要
	成矿时代	模式年龄为 290～250Ma（刘劲鸿，1997），与矿源层——早二叠世庙岭组一致；另据金顿镐等（1991），红太平矿区方铅矿铅模式年龄为 208.8Ma	必要
	成矿环境	位于天山-兴蒙-吉黑造山带（Ⅰ），小兴安岭-张广才岭弧盆系（Ⅱ），放牛沟-里水-五道沟陆缘岩浆弧（Ⅲ），汪清-珲春上叠裂陷盆地（Ⅳ）北部	必要
	构造背景	二叠纪庙岭-开山屯裂陷槽是控矿的区域构造标志；轴向近东西向展布的开阔向斜构造控制红太平矿区展布	重要

续表 3-2-20

成矿要素		内容描述	类别
矿床特征	矿物组合	金属矿物有闪锌矿、黄铜矿、斑铜矿、方黄铜矿（磁黄铁矿）、方铅矿、银黝铜矿、毒砂、黄铁矿、辉锑矿；脉石矿物有绿泥石、绢云母、白云母、石英、石榴子石、绿帘石、方解石、长石、透闪石、电气石。次生矿物有孔雀石、蓝辉铜矿、辉铜矿、铜蓝、铅矾、锌华、褐铁矿等	重要
	结构构造	矿石结构有他形粒状结构、包含结构、固熔体分离结构、浸蚀结构、交代残余结构、交代假像结构和交代蚕食结构等；矿石构造有块状构造，条纹、条带状构造，浸染-斑点状构造，稠密浸染状构造，角砾状（胶结）构造和蜂窝状构造等	次要
	蚀变特征	主要有硅化、矽卡岩化、碳酸盐化、绿帘石化、绿泥石化等	重要
	控矿条件	控矿地层：二叠系庙岭组凝灰岩、蚀变凝灰岩、砂岩、粉砂岩、泥灰岩；控矿构造：二叠纪庙岭-开山屯裂陷槽控制了早期的海底火山喷发，是控矿的区域构造；轴向近东西向展布的开阔向斜构造控制红太平矿区展布	必要

（三）侵入岩浆型

侵入岩浆型铜矿产于加里东晚期、海西中期侵入岩中及其接触带，均与镍共生。代表性的矿床有磐石市红旗岭铜镍矿床、蛟河县漂河川铜镍矿床、通化县赤柏松铜镍矿床、和龙市长仁铜镍矿床。

1. 磐石市红旗岭铜镍矿床

红旗岭铜镍矿成矿要素图以1∶1万矿区综合地质图为底图，突出标明和矿床时空定位有关的成矿要素，主要反映矿床成矿地质作用、矿区构造、成矿特征等内容。特别是地层柱状图、矿床典型剖面图能够直观地反映地层厚度、矿体深度，更加充分地发挥成矿要素的作用。包括成矿地质体图层、成矿构造图层、矿体图层、蚀变带图层等。对成矿要素按必要的、重要的、次要的进行分类，表明红旗岭铜镍矿的各种成矿要素。磐石市红旗岭铜镍矿床成矿要素详见表3-2-21。

表 3-2-21 磐石市红旗岭铜镍矿床成矿要素

成矿要素		内容描述	类别
特征描述		岩浆熔离型矿床	
地质环境	岩石类型	辉长岩-辉石岩-橄榄岩型与斜方辉石岩-苏长岩型	必要
	成矿时代	225Ma前后的印支中期	必要
	成矿环境	位于天山-兴蒙-吉黑造山带（Ⅰ），包尔汉图-温都尔庙弧盆系（Ⅱ），下二台-呼兰-伊泉陆缘岩浆弧（Ⅲ），盘桦上叠裂陷盆地（Ⅳ）内	必要
	构造背景	辉发河超岩石圈断裂不仅是两构造单元的分界线，也是含镍基性—超基性侵入岩体的导岩（矿）构造，与之有成因联系的北西向次一级断裂为储岩（矿）构造	重要
矿床特征	矿物组合	金属矿物主要有磁黄铁矿、镍黄铁矿、黄铜矿、紫硫镍矿和黄铁矿，其次是砷镍矿、红砷镍矿、磁铁矿、方铅矿、墨铜矿、砷镍矿、辉相矿和钛铁矿等	重要
	结构构造	主要有半自形—他形晶粒状结构、焰状结构、环边状结构、海绵陨铁状结构等，此外也发育有填隙结构、蠕虫状结构；矿石构造主要有浸染状构造、斑点状构造和块状构造等，其次是团块状构造、细脉浸染状构造、角砾状构造等	次要
	蚀变特征	滑石化、次闪石化、黑云母化、皂石化、蛇纹石化、绢云母化等蚀变与矿化关系密切	重要
	控矿条件	区域上受槽台两大构造单元接触带辉发河-古洞河超岩石圈断裂控制，是区域导岩（矿）构造；与辉发河-古洞河超岩石圈断裂有成因联系的次一级北西向断裂是控岩（矿）构造；辉长岩-辉石岩-橄榄岩型与斜方辉石岩-苏长岩型为主要的含矿岩体	必要

2. 蛟河县漂河川铜镍矿床

漂河川铜镍矿成矿要素图以1:1万矿区综合地质图为底图,突出标明和矿床时空定位有关的成矿要素,主要反映矿床成矿地质作用、矿区构造、成矿特征等内容。特别是地层柱状图、矿床典型剖面图能够直观地反映地层厚度、矿体深度,更加充分地发挥成矿要素的作用。包括成矿地质体图层、成矿构造图层、矿体图层、蚀变带图层等。对成矿要素按必要的、重要的、次要的进行分类,表明漂河川铜镍矿的各种成矿要素。蛟河县漂河川铜镍矿床成矿要素详见表3-2-22。

表3-2-22 蛟河县漂河川铜镍矿床成矿要素

成矿要素		内容描述	类别
特征描述		岩浆熔离型矿床	
地质环境	岩石类型	主要为辉长岩类、斜长辉岩类、闪辉岩类	必要
	成矿时代	铜镍硫化物矿床的形成时间晚于含矿岩体,为225Ma前后的印支中期	必要
	成矿环境	位于天山-兴蒙-吉黑造山带(Ⅰ),包尔汉图-温都尔庙弧盆系(Ⅱ),下二台-呼兰-伊泉陆缘岩浆弧(Ⅲ),盘桦上叠裂陷盆地(Ⅳ)内	必要
	构造背景	二道甸子-暖木条子轴向近东西向背斜北翼,大河深组与范家屯组接触带附近	重要
矿床特征	矿物组合	金属矿物有磁黄铁矿、镍黄铁矿、黄铜矿、紫硫镍铁矿、黄铁矿、黝铜矿、辉砷镍矿、白铁矿、磁铁矿、钛铁矿等;脉石矿物有橄榄石、铬尖晶石、辉石、角闪石、斜长石、黑云母、蛇纹石、次闪石、绿泥石、滑石、碳酸盐矿物、石英	重要
	结构构造	矿石结构有自形—半自形及他形粒状结构、固熔体分离(网状、焰状或羽毛状)结构、交代结构、海绵陨铁结构;矿石构造有块状构造、浸染状构造和斑点状构造及脉状构造,其中脉状构造为黄铁矿在矿石中呈细脉状	次要
	蚀变特征	基性岩体的各岩相普遍遭受强弱不同的蚀变,蚀变类型主要有次闪石化、绿泥石化、蛇纹石化及绢云母化等;往往在矿体附近和矿化地段蚀变强烈	重要
	控矿条件	矿体主要受控于二道甸子-暖木条子轴向近东西向背斜北翼,大体沿大河深组与范家屯组接触带展布;控矿岩体为辉长岩类、斜长辉岩类、闪辉岩类基性岩体	必要

3. 通化县赤柏松铜镍矿床

赤柏松铜镍矿成矿要素图以1:1万矿区综合地质图为底图,突出标明和矿床时空定位有关的成矿要素,主要反映矿床成矿地质作用、矿区构造、成矿特征等内容。特别是地层柱状图、矿床典型剖面图能够直观地反映地层厚度、矿体深度,更加充分地发挥成矿要素的作用。包括成矿地质体图层、成矿构造图层、矿体图层、蚀变带图层等。对成矿要素按必要的、重要的、次要的进行分类,表明赤柏松铜镍矿的各种成矿要素。通化县赤柏松铜镍矿床成矿要素详见表3-2-23。

表 3-2-23　通化县赤柏松铜镍矿床成矿要素

成矿要素		内容描述	类别
特征描述		熔离-深源液态分离矿浆贯入型矿床	
地质环境	岩石类型	辉绿辉长岩-橄榄苏长辉长岩-二辉橄榄岩-细粒苏长岩,含矿辉长玢岩	必要
	成矿时代	元古宙早期,2240～1960Ma	必要
	成矿环境	前南华纪华北东部陆块(Ⅱ),龙岗-陈台沟-沂水前新太古代陆核(Ⅲ),板石新太古代地块(Ⅳ)内的二密-英额布中生代火山-岩浆盆地的南侧	必要
	构造背景	本溪-浑江超岩石圈断裂为控制区域基性—超基性岩浆活动的导矿构造,区域基性岩体沿断裂古隆起一侧,分段(群)集中分布;基底穹隆核部断裂构造控制基性—超基性岩产状、形态等特征	重要
矿床特征	矿物组合	金属矿物主要有磁黄铁矿、镍黄铁矿、黄铜矿、黄铁矿、紫硫镍铁矿、辉镍矿、针镍矿、方黄铜矿、墨铜矿、白铁矿、毒砂、斑铜矿、方铅矿、辉钼矿、闪锌矿;次为磁铁矿、钛铁矿、铬尖晶石、赤铁矿、金红石、钙钛矿、锐钛矿、自然金、针铁矿、孔雀石、蓝铜矿、铜蓝等	重要
	结构构造	共结结构、显微文象状似共结结构、交代结构;浸染状构造、斑点状构造、稠密浸染状构造、细脉状构造、角砾状构造、块状构造	次要
	蚀变特征	1号岩体从不含矿岩相到含矿岩相,黑云母的含量由1.5%增长到5%,在贯入型矿石中金属硫化物周围分布有黑云母等,这是一种钾化的表现,次闪石化在含矿的岩体边部较为发育	重要
	控矿条件	岩浆控矿:分布于本区的古元古代基性—超基性岩,为有利成矿地质体;复式岩体是构造多次活动、岩浆多次侵入产物,多形成大而富矿床,单式岩体分异完善,基性程度越高,对形成熔离型矿床越有利;就地熔离矿体,一般位于岩体底部或下部,深源液态分离贯入型矿体多位于先期侵入岩体底部、边部或近侧围岩中。 构造控矿:本溪-浑江超岩石圈断裂为控制区域基性—超基性岩浆活动的导矿构造,区域基性岩体沿断裂古隆起一侧,分段(群)集中分布;基底穹隆核部断裂构造控制基性—超基性岩产状、形态等特征	必要

4. 和龙市长仁铜镍矿床

长仁铜镍矿成矿要素图以1:2000矿区综合地质图为底图,突出标明和矿床时空定位有关的成矿要素,主要反映矿床成矿地质作用、矿区构造、成矿特征等内容。特别是地层柱状图、矿床典型剖面图能够直观地反映地层厚度、矿体深度,更加充分地发挥成矿要素的作用。包括成矿地质体图层、成矿构造图层、矿体图层、蚀变带图层等。对成矿要素按必要的、重要的、次要的进行分类,表明长仁铜镍矿的各种成矿要素。和龙市长仁铜镍矿床成矿要素详见表3-2-24。

表 3-2-24　和龙市长仁铜镍矿床成矿要素

成矿要素		内容描述	类别
特征描述		岩浆熔离型矿床	
地质环境	岩石类型	辉石橄榄岩型、辉石岩型、辉石-橄榄岩型、橄榄岩-辉石岩-辉长岩-闪长岩杂岩型	必要
	成矿时代	加里东晚期	必要
	成矿环境	位于天山-兴蒙-吉黑造山带（Ⅰ），包尔汉图-温都尔庙弧盆系（Ⅱ），清河-西保安-江域岩浆弧（Ⅲ）内	必要
	构造背景	古洞河断裂是区内唯一活动时间长、期次多、规模大、切割深的导岩构造；沿古洞河断裂以及北东向断裂附近发育的北西向及北东向两组扭性断裂，以控制闪长岩体为主；沿古洞河断裂及茬田-东丰深断裂两侧，以北北东向或近南北向压扭—扭张性断裂为主，控制辉长岩体；北北东向（或近南北向）及北西向两组扭性断裂，规模小，分布较密集，控制矿区基性—超基性岩体	重要
矿床特征	矿物组合	金属矿物有钛铁矿、磁铁矿、磁黄铁矿、镍黄铁矿、黄铜矿、黄铁矿、红砷镍矿、砷镍矿、针镍矿、紫硫镍矿、闪锌矿、褐铁矿、孔雀石；脉石矿物有尖晶石、橄榄石、辉石、阳起石、透闪石、斜绿泥石、角闪石、黑云母、绿帘石、蛇纹石等	重要
	结构构造	矿石结构有他形粒状、半自形粒状，固熔体分离结构，海绵晶洞状结构、角砾状结构；矿石构造有稀疏浸染状构造、稠密浸染状构造、斑点状构造、条带状构造、环状构造、致密块状构造、细脉状构造、网脉状构造、角砾状构造	次要
	蚀变特征	蚀变主要有蛇纹石化、次闪石化、滑石化、金云母化，多分布在岩体底部、中部辉石橄榄岩相中，与铜、镍矿化关系密切	重要
	控矿条件	区域赋矿岩体为辉石橄榄岩型、辉石岩型、辉石-橄榄岩型、橄榄岩-辉石岩-辉长岩-闪长岩杂岩型基性—超基性岩体；古洞河断裂是区内唯一活动时间长、期次多、规模大、切割深的导岩构造；沿古洞河断裂以及北东向断裂附近发育的北西向及北东向两组扭性断裂，以控制闪长岩体为主；沿古洞河断裂及茬田-东丰深断裂两侧，以北北东向或近南北向压扭—扭张性断裂为主，控制辉长岩体；北北东向（或近南北向）及北西向两组扭性断裂，规模小，分布较密集，控制矿区基性—超基性岩体	必要

（四）矽卡岩型

形成于燕山早期的矽卡岩型铜矿，代表性矿床为临江市六道沟铜矿。

六道沟铜矿成矿要素图以 1∶2000 矿区综合地质图为底图，突出标明和矿床时空定位有关的成矿要素，主要反映矿床成矿地质作用、矿区构造、成矿特征等内容，特别是地层柱状图、矿床典型剖面图能够直观地反映地层厚度、矿体深度，更加充分地发挥成矿要素的作用。包括成矿地质体图层、成矿构造图层、矿体图层、蚀变带图层等。对成矿要素按必要的、重要的、次要的进行分类，表明六道沟铜矿的各种成矿要素。临江市六道沟铜矿床成矿要素详见表 3-2-25。

表 3-2-25　临江六道沟铜矿床成矿要素

成矿要素		内容描述	类别
特征描述		接触交代(矽卡岩)型	
地质环境	岩石类型	花岗闪长岩、大理岩、矽卡岩	必要
	成矿时代	燕山早期	必要
	成矿环境	位于华北叠加造山-裂谷系(Ⅰ),胶辽吉叠加岩浆弧(Ⅱ),吉南-辽东火山盆地区(Ⅲ),长白火山-盆地群(Ⅳ)	必要
	构造背景	区域东西向断裂构造及北东向断裂构造	重要
矿床特征	矿物组合	矿石矿物成分主要为黄铜矿、辉钼矿、斑铜矿、闪锌矿,次为方铅矿、闪锌矿、磁铁矿、黄铁矿、硫砷铜矿、黝铜矿、镜铁矿;脉石矿物主要为石榴子石、透辉石、绿帘石,次为阳起石、符山石、长石、方解石、沸石、石英、钾长石、葡萄石	重要
	结构构造	矿石呈交代残余结构、固熔体分离结构、格子状结构;致密块状构造、细脉浸染状构造,团块状构造	次要
	蚀变特征	围岩蚀变种类包括青磐岩化、硅化、绢云母化、黄铁矿化、矽卡岩化,矿化蚀变有矽卡岩型矿化蚀变和钾化斑岩型矿化蚀变	重要
	控矿条件	区域东西向断裂构造及北东向断裂构造控制该区中生代岩浆活动;燕山期花岗闪长岩体、老岭岩群珍珠门岩组大理岩控矿	必要

（五）斑岩型

斑岩型铜矿产于燕山期,代表性的矿床有通化县二密铜矿床、靖宇县天合兴铜矿床。

1. 通化县二密铜矿床

二密铜矿成矿要素图以1:1万矿区综合地质图为底图,突出标明和矿床时空定位有关的成矿要素,主要反映矿床成矿地质作用、矿区构造、成矿特征等内容。特别是地层柱状图、矿床典型剖面图能够直观地反映地层厚度、矿体深度,更加充分地发挥成矿要素的作用。包括成矿地质体图层、成矿构造图层、矿体图层、蚀变带图层等。对成矿要素按必要的、重要的、次要的进行分类,表明二密铜矿的各种成矿要素。通化县二密铜矿床成矿要素详见表 3-2-26。

表 3-2-26　通化县二密铜矿床成矿要素

成矿要素		内容描述	类别
特征描述		主体为属中深成—浅成次火山岩有关的斑岩型铜矿,次为高—中温热液型,局部为爆破角砾岩型	
地质环境	岩石类型	石英闪长岩和花岗斑岩	必要
	成矿时代	燕山晚期	必要
	成矿环境	位于晚三叠世—新生代华北叠加造山-裂谷系（Ⅰ）,胶辽吉叠加岩浆弧（Ⅱ）,吉南-辽东火山-盆地区（Ⅲ）,柳河-二密火山-盆地区（Ⅳ）,三源浦中生代火山沉积盆地内	必要
	构造背景	北西向、东西向断裂交会破火山口处；松顶山序列内外接触带、与各个单元间接触带大致平行或斜交的北西向、东西向、北北东向断裂；花岗斑岩内外接触带北西向张性、张扭性、扭性裂隙群	重要
矿床特征	矿物组合	矿物成分有黄铜矿、磁黄铁矿、白铁矿、毒砂和闪锌矿,次为黄铁矿、辉钼矿、方铅矿、磁铁矿,少量辉铋矿；脉石矿物有石英、方解石,次为绢云母、高岭土、绿泥石等；表生矿物褐铁矿、孔雀石、蓝铜矿等	重要
	结构构造	结构有自形—半自形结构、他形晶结构、斑状结构、包含结构、固熔体分离结构、交代结构；构造有块状构造、条带状构造、浸染状构造、角砾状构造、脉状构造、网脉状构造、胶状构造等	次要
	蚀变特征	面状蚀变主要有黄铁矿化、黄铜矿化、绿泥石化、绿帘石化、电气石化、镜铁矿化、褐铁矿化、碳酸盐化、高岭土化、绢云母化、硅化等；线状蚀变主要发育在矿体上、下盘近矿围岩中,蚀变矿物种类明显受围岩性控制,在石英闪长岩及花岗斑岩中,从矿体两侧发育有黄铜矿化、黄铁矿化、磁黄铁矿化、绢云母化、高岭土化、硅化、绿泥石化、绿帘石化等；在安山岩中矿体两侧以硅化、绿泥石化为主,其次为绢云母化、高岭土化	重要
	控矿条件	控矿构造：石英闪长岩接触带附近,大致平行接触带的近东西向、北东向以及外接触带安山岩中北西向陡倾斜断裂,控制与石英闪长岩有关的矿脉；花岗斑岩体与石英闪长岩接触带,尤其是石英闪长岩中发育的呈北西向缓倾斜的斑岩体,控制与花岗斑岩有关的矿体；花岗斑岩内环形破碎体构造控制与斑岩有关的块状富矿；燕山晚期石英闪长岩、花岗斑岩控矿：由于石英闪长岩、花岗斑岩侵入派生出的含矿热液为成矿提供了物质和热源条件	必要

2. 靖宇县天合兴铜矿床

天合兴铜矿成矿要素图以 1∶5000 矿区综合地质图为底图,突出标明和矿床时空定位有关的成矿要素,主要反映矿床成矿地质作用、矿区构造、成矿特征等内容。特别是地层柱状图、矿床典型剖面图能够直观地反映地层厚度、矿体深度,更加充分地发挥成矿要素的作用。包括成矿地质体图层、成矿构造图层、矿体图层、蚀变带图层等。对成矿要素按必要的、重要的、次要的进行分类,表明天合兴铜矿的各种成矿要素。靖宇县天合兴铜矿床成矿要素详见表 3-2-27。

表 3-2-27 靖宇县天合兴铜矿床成矿要素

成矿要素		内容描述	类别
特征描述		斑岩型	
地质环境	岩石类型	石英斑岩及花岗斑岩	必要
	成矿时代	燕山期	必要
	成矿环境	位于晚三叠世—新生代华北叠加造山-裂谷系（Ⅰ），胶辽吉叠加岩浆弧（Ⅱ），吉南-辽东火山-盆地区（Ⅲ），柳河-二密火山-盆地区（Ⅳ）构造单元内	必要
	构造背景	东西向、南北向构造是区域上的主要控岩和控矿断裂构造	重要
矿床特征	矿物组合	矿石矿物类主要有黄铜矿、斑铜矿、黝铜矿、辉铜矿、辉钼矿，次要有闪锌矿、方铅矿、铜蓝、黄铁矿、磁黄铁矿、辉银矿、斜方辉铅铋矿、毒砂、白铁矿、钛铁矿、磁铁矿、自然金、自然铋、银金矿、孔雀石、蓝铜矿、褐铁矿；脉石矿物有长石、石英、绿泥石、绿帘石、黑云母、绢云母、角闪石、萤石和方解石等	重要
	结构构造	矿石结构主要有自形—半自形粒状结构、他形粒状结构、固熔体分离结构，其次还有显微粒状结构、交代结构、交代残余结构、包裹共生结构；矿石构造有稀疏浸染状构造、浸染状构造、脉状构造、细脉浸染状构造、角砾状构造、斑点状构造	次要
	蚀变特征	硅化发育在斑岩体及其围岩中，以热液硅质交代为主，次有硅质细脉、网脉，少数为玉髓及细粒石英；在矿区的Ⅲ号和Ⅳ号带之间形成强硅化带；绢云母化分布广，主要分布在中等硅化带及近矿围岩中；绿泥石化多发育在中性—基性岩脉或奥长花岗岩及变质岩中；高岭土化由于晚期蚀变水解作用形成，主要为斜长石、钾长石表面的高岭土化，或发育在断裂破碎带中；其次还有碳酸盐化和萤石化，分布局限	重要
	控矿条件	斑岩控矿：从矿体的赋存空间、围岩性质、成矿阶段可以看出，该区域的铜、钼成矿主要受控于燕山晚期的石英斑岩及花岗斑岩，酸性的岩浆活动为区域的成矿提供了成矿物质；以浸染状或细脉浸染状分布于辉绿岩脉中或边部及构造裂隙中的铜矿体，实质上是第一期侵入的花岗斑岩所带来的成矿物质在不同空间部位的就位形式，对成矿真正起到控制作用的不是辉绿岩脉本身，而是它所在的构造空间； 构造控矿：从矿区岩体的空间分布、蚀变矿化特征分析，区域上近南北向的继承性构造不但控制了区域的构造岩浆活动，而且控制了含矿流体的区域分布和就位空间，因此区域上的南北向构造带是主要的导岩、导矿、储矿的主要构造	必要

三、典型矿床成矿模式

1. 白山市大横路铜钴矿床

成矿模式见表 3-2-28。

表 3-2-28　白山市大横路铜钴矿床成矿模式

名称	大横路式铜钴矿床	
成矿的地质构造环境	前南华纪华北东部陆块（Ⅱ），胶辽吉元古代裂谷带（Ⅲ），老岭坳陷盆地内	
主要控矿因素	大地构造背景：前南华纪华北东部陆块（Ⅱ），胶辽吉元古代裂谷带（Ⅲ），老岭坳陷盆地内； 地层：矿体严格受富含碳质的千枚岩层位的控制； 褶皱：矿区正处于复式向斜内，矿区的轮廓受这一复式向斜控制，次级褶皱主要为第二期褶皱，其转折端控制了富矿体（厚大的鞍状矿体）的展布； 断裂：区内以北东向断裂与成矿关系最为密切，这组断裂多属逆掩性质的层间断裂，受其影响，断层两侧，尤其是下盘岩层发生强烈破碎和片理化，并伴随有强烈的矿化作用	
矿床的三维空间分布特征	产状	矿体形态受复式褶皱控制，矿体与地层同步褶皱，褶皱向北东翘起，向南西倾伏，倾伏角 17°~22°，沿走向呈舒缓波状
	形态	矿体均呈层状、似层状、分支状或分枝复合状
成矿期次	成矿早期：沉积成矿期形成富硅的隐晶质多金属硫化物阶段，形成富含 Fe、Cu、Co、Pb、Zn、Au 等元素的隐晶质 SiO_2，偶见胶状黄铁矿等矿物；主成矿期：区域变质叠加改造重结晶成矿期，石英-金属硫化物阶段，矿物共生组合为石英-黄铁矿-硫镍钴矿、石英-黄铁矿-磁黄铁矿-硫镍钴矿-闪锌矿；石英-绢云母-富硫化物阶段，矿物共生组合为石英-绢云母-黄铁矿-磁黄铁矿-黄铜矿-硫镍钴矿-方铅矿-闪锌矿、石英-绢云母-黄铁矿-毒砂-磁黄铁矿-黄铜矿-硫镍钴矿-方铅矿-闪锌矿、石英-黄铁矿-闪锌矿-方铅矿；成矿晚期：区域变质重结晶阶段晚期，贫硫化物-碳酸盐阶段，矿物共生组合为方解石-黄铁矿-闪锌矿-方铅矿；表生期：孔雀石-褐铁矿阶段，矿物共生组合为孔雀石-褐铁矿，辉铜矿-蓝铜矿-孔雀石-褐铁矿；主要发生在 5m 以上为氧化矿石及覆盖层	
成矿时代	古元古代	
矿床成因	沉积变质	
成矿机制	太古宙地体经长期风化剥蚀，陆源碎屑及大量 Cu、Co 组分被搬运到裂谷海盆中，与海水中 S 等相结合，或被有机质、碳质或黏土质吸附，固定于沉积物中，实现了 Cu、Co 金属硫化物富集，形成原始矿层或"矿源层"；之后在辽吉裂谷的抬升回返过程中，含矿地层发生褶皱和断裂，为热液环流提供了构造空间；同时在伴随的区域变质作用下，Cu、Co 及其伴生组分，发生活化变质热液从围岩和原始矿层或"矿源层"中萃取 Cu、Co 及其伴生组分，形成含矿热液，含矿热液运移到有利的构造空间沉淀或叠加到原始矿层或"矿源层"之上，使成矿构造进一步富集成矿，矿床属沉积变质热液矿床	
找矿标志	大地构造：胶辽吉古元古代裂谷带老岭坳陷盆地； 地层：老岭岩群花山岩组含碳质绢云千枚岩地层出露区； 构造：经多期变质变形的构造核部	

2. 磐石市石嘴铜矿床

成矿模式见表 3-2-29、图 3-2-34。

表 3-2-29　磐石市石嘴铜矿床成矿模式

名称	红太平式海相火山岩型铜矿床	
成矿的地质构造环境	南华纪—中三叠世天山-兴安-吉黑造山带（Ⅰ），包尔汉图-温都尔庙弧盆系（Ⅱ），下二台-呼兰-伊泉陆缘岩浆弧（Ⅲ），磐华上叠裂陷盆地（Ⅳ）内的明城-石嘴子向斜东翼，地质构造复杂	
主要控矿因素	石嘴子组海底喷气沉积岩组合是石嘴子铜矿形成的矿源层，石嘴子组各种岩石 Cu 的浓集克拉克值为 2.5，特别是其中的片岩类（喷气岩组合）Cu 的浓集克拉克值高达 10.4，该组中各种岩石 Cu 的加权平均丰度为 114.6×10^{-6}，高于地壳和褶皱区地壳中 Cu 的丰度值；各种片岩类的平均丰度 480.5×10^{-6}，因此石嘴子组是 Cu 的高本底层；石嘴铜矿床矿体赋存在所谓"薄层互层带"，即喷气岩层中，呈层状矿石，具明显的层状矿床特点	
矿床的三维空间分布特征	产状	走向近南北，倾向近 270°，倾角约 80°
	形态	呈似层状、扁豆状
成矿期次	沉积成矿早期：海底喷气沉积成矿阶段，形成的主要金属矿物有黄铜矿、黄铁矿、磁黄铁矿、菱铁矿、闪锌矿；脉石矿物主要有电气石、石英、方解石、绿泥石、蛋白石、石榴子石、透辉石、绢云母、玉髓，还有少量的绿帘石和硅灰石；成岩变形变质热液改造阶段，形成的主要金属矿物有黄铜矿、黄铁矿、菱铁矿、磁铁矿、硫砷铜矿、砷黝铜矿、辉砷镍矿、硫铋矿、砷钴矿、针镍矿；脉石矿物主要有石英、方解石、绿泥石、蛋白石、石榴子石、透辉石、绢云母、玉髓、绿帘石和硅灰石。 热液+叠加改造成矿期：岩浆期后热液矽卡岩阶段，首先生成少量的黄铜矿、斑铜矿，之后大量生成黄铁矿、磁黄铁矿、毒砂、磁铁矿、白钨矿、辉钼矿、辉铋矿、黝锡矿及少量辉铜矿；脉石矿物主要有石英、方解石、绿泥石、石榴子石、透辉石、绢云母、绿帘石、硅灰石、符山石、透闪石、蔷薇辉石及方柱石；石英硫化物矿化阶段，形成的主要金属矿物有黄铜矿、斑铜矿、黄铁矿、磁黄铁矿、毒砂、闪锌矿、方铅矿、辉锑矿、辰砂、雄黄、雌黄、辉铜矿、铜蓝；脉石矿物主要有石英、方解石、绿泥石、黑云母、绢云母、萤石，少量绿帘石、硅灰石、透闪石、蔷薇辉石、方柱石。 表生氧化阶段主要形成褐铁矿、孔雀石及蓝铜矿	
成矿时代	晚古生代	
矿床成因	海底喷气沉积-热液改造	
成矿机制	石嘴铜矿床产于上石炭统石嘴子组喷气岩中，矿床严格受层位与岩性控制。矿体与喷气岩呈整合产出，其间界线为渐变过渡，矿体呈层状、似层状或扁豆状产出。矿石呈条带状、层纹状，与层理产状相一致，表明层状与条带状矿石为沉积形成。沉积矿石形成后经历了变形变质作用，致使局部矿层与岩层发生同步褶曲。在后期热液作用下原矿层两侧围岩发生矽卡岩化，有些矽卡岩呈层状，矿体与矽卡岩一起具有明显的层控性，呈似层状产出。在矽卡岩化阶段伴有金属矿化，形成矽卡岩型铜矿石，它与条带状矿石相伴矿体中最晚一期石英硫化物矿脉明显切穿条带状沉积型和矽卡岩型矿石，3 种类型矿石构成的铜矿体总体上仍呈层状、似层状	
找矿标志	大地构造：下二台-呼兰-伊泉陆缘岩浆弧，磐华上叠裂陷盆地； 地层：石嘴子组大理岩、板岩、变质砂岩、千枚岩夹喷气岩出露区； 构造：明城-石嘴子向斜的东翼	

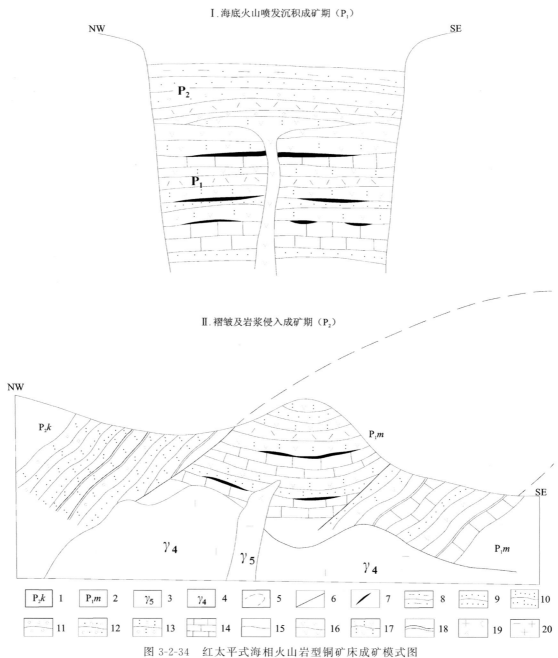

图 3-2-34 红太平式海相火山岩型铜矿床成矿模式图

1.柯岛组凝灰质砂板岩；2.庙岭组凝灰岩、砂岩、泥灰岩；3.燕山期钾长花岗岩；4.海西期花岗岩；5.推测倒转背斜；6.断层；7.矿体；8.粉砂岩；9.砂岩；10.凝灰质砂岩；11.砾岩；12.砂砾岩；13.凝灰质砾岩；14.泥灰岩；15.流纹岩；16.安山岩；17.安山质凝灰岩；18.板岩；19.钾长花岗岩；20.花岗岩

3. 汪清县红太平铜多金属矿床

成矿模式见表 3-2-30、图 3-2-34。

表 3-2-30　汪清县红太平铜多金属矿床成矿模式

名称	红太平式海相火山岩型铜矿床	
成矿的地质构造环境	位于天山-兴蒙-吉黑造山带（Ⅰ），小兴安岭-张广才岭弧盆系（Ⅱ），放牛沟-里水-五道沟陆缘岩浆弧（Ⅲ），汪清-珲春上叠裂陷盆地（Ⅳ）北部	
主要控矿因素	二叠系庙岭组凝灰岩、蚀变凝灰岩、砂岩、粉砂岩、泥灰岩为主要含矿层位和控矿层位；二叠纪庙岭-开山屯裂陷槽控制了早期的海底火山喷发，是控矿的区域构造；轴向近东西展布的开阔向斜构造控制红太平矿区	
矿床的三维空间分布特征	产状	矿体倾向 165°～185°，局部反倾，倾角 15°～25°
	形态	矿体呈层状、似层状
成矿期次	①火山沉积期：矿体呈似层状，整合产于固定层位且与围岩同步弯曲，说明成矿与火山活动有一定关系，与英安岩、流纹岩、凝灰岩等海相火山岩相伴生；矿区火山—次火山岩类成矿元素丰度高，说明在早期海底火山喷发阶段沉积了原始矿体或矿源层。 ②区域变质成矿期：在火山岩中常具有黄铁矿、黄铜矿、磁黄铁矿、毒砂等矿化，而矿床附近围岩蚀变具有不同的矽卡岩化、碳酸盐化，而绿泥石化、绿帘石化则甚广泛，尤其是在火山碎屑岩中更是常见，因而可以认为除火山热液活动外，还有区域变质作用叠加而产生大范围的蚀变，在后期区域变质作用下成矿物质进一步富集，形成矿体	
成矿时代	模式年龄为 290～250Ma（刘劲鸿，1997），与矿源层——下二叠统庙岭组一致，另据金顿镐等（1991），红太平矿区方铅矿铅模式年龄为 208.8Ma	
矿床成因	海相火山-沉积	
成矿机制	在晚古生代二叠纪地壳活动较为剧烈，伴随地壳下陷，海水入侵，沉积了一套海相碎屑岩，并有海底火山爆发，喷发出大量中性熔岩，形成了海底火山热液喷流，形成了富含铅锌的矿层或矿源层，在后期的区域变形褶皱和强烈的变质改造作用，对多金属迁移富集起到了一定作用，因此该矿床同生、后生成因特征兼具，系属海相火山-沉积成因，又受区域变质作用叠加	
找矿标志	大地构造：放牛沟-里水-五道沟陆缘岩浆弧，汪清-珲春上叠裂陷盆地北部； 地层：二叠系庙岭组凝灰岩、蚀变凝灰岩、砂岩、粉砂岩、泥灰岩出露区； 构造标志：二叠纪庙岭-开山屯裂陷槽，轴向近东西展布的开阔向斜构造	

4. 磐石市红旗岭铜镍矿床

成矿模式见表3-2-31、图3-2-35。

表3-2-31 磐石市红旗岭铜镍矿床成矿模式

名称	红旗岭式基性—超基性岩浆熔离-贯入型红旗岭铜镍矿床	
成矿的地质构造环境	位于天山-兴蒙-吉黑造山带（Ⅰ），包尔汉图-温都尔庙弧盆系（Ⅱ），下二台-呼兰-伊泉陆缘岩浆弧（Ⅲ），盘桦上叠裂陷盆地（Ⅳ）内；辉发河超岩石圈断裂不仅是两构造单元的分界线，也是含镍基性—超基性侵入岩体的导岩（矿）构造，与之有成因联系的北西向次一级断裂为储岩（矿）构造	
主要控矿因素	区域上受槽台两大构造单元接触带辉发河-古洞河超岩石圈断裂控制，是区域导岩构造；与辉发河-古洞河超岩石圈断裂有成因联系的次一级北西向断裂是控岩控矿构造；辉长岩-辉石岩-橄榄岩型与斜方辉石岩-苏长岩型为主要的含矿岩体	
矿床的三维空间分布特征	产状	1号含矿岩体走向北西40°，在横剖面上两端向中心倾斜，北西端倾角75°，南东端倾角36°；7号含矿岩体走向300°～360°西，倾向北东，倾角75°～80°
	形态	似层状矿体，透镜状矿体，脉状矿体
成矿期次	主要为岩浆贯入-熔离阶段	
成矿时代	225Ma前后的印支中期	
矿床成因	岩浆贯入-熔离	
成矿机制	由富集成矿组分异常地幔部分熔融产生的拉斑玄武质含矿熔浆，沿超壳断裂上升到地壳中相对稳定的中间岩浆房发生液态熔离和重力效应，形成顶部富硅酸盐熔体底部富硫化物熔体的不混熔岩浆。伴随导岩容岩构造的脉动式间歇活动，岩浆房顶部相对密度轻、硫化物浓度低的岩浆首先侵入形成1号岩体的辉长岩相并结晶分异成辉长岩和斜长二辉岩。 硫化物浓度稍高、基性程度大的岩浆紧接着到达侵位，与辉长岩相呈侵入接触关系，形成1号岩体橄榄岩相，并随温度降低，铁镁硅酸盐晶出，发生就地熔离作用，形成上悬矿体和底部矿体。岩浆房底部富硫化物熔体最后上升，较上部熔体侵位于1号岩体底轴部，并发生就地熔离和重力效应，形成容矿岩相矿石的垂直分带和纯硫化物脉。较下部更富硫化物的高黏度熔体在构造推动作用下呈岩墙状贯入到张扭性断裂中，形成7号岩体，由于动力作用强，就地熔离不明显，岩浆房中残留的近于硫化物的熔体最后贯入，形成7号岩体中的纯硫化物脉	
找矿标志	大地构造：下二台-呼兰-伊泉陆缘岩浆弧，盘桦上叠裂陷盆地内； 岩体：辉长岩-辉石岩-橄榄岩型与斜方辉石岩-苏长岩型基性—超基性岩体； 构造：与辉发河-古洞河超岩石圈断裂有成因联系的次一级北西向断裂	

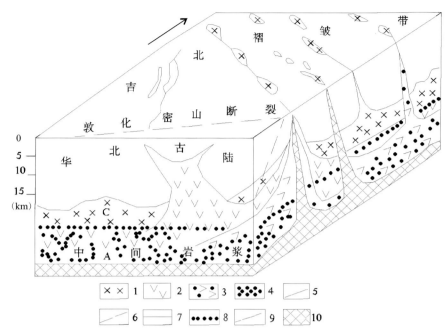

图 3-2-35 红旗岭式基性—超基性岩浆熔离-贯入型铜镍矿床成矿模式图
1.闪长-辉长岩类(岩浆与岩石,下同);2.辉橄岩类;3.橄辉岩类;4.硫化物液滴;5.压扭性断层;6.次一级控岩(矿)压扭断裂;7.张性断裂;8.熔体液态分界面;9.熔离纯硫化物矿浆界面;10.富硫化物矿浆(或矿体)

5. 蛟河县漂河川铜镍矿床

成矿模式见表 3-2-32、图 3-2-35。

表 3-2-32 蛟河县漂河川铜镍矿床成矿模式

名称		红旗岭式基性—超基性岩浆熔离-贯入型漂河川铜镍矿床
成矿的地质构造环境		位于天山-兴蒙-吉黑造山带(Ⅰ),包尔汉图-温都尔庙弧盆系(Ⅱ),下二台-呼兰-伊泉陆缘岩浆弧(Ⅲ),盘桦上叠裂陷盆地(Ⅳ)内
主要控矿因素		主要受控于二道甸子-暖木条子轴向近东西背斜北翼,大体沿大河深组与范家屯组接触带展布;辉长岩类、斜长辉岩类、闪辉岩类基性岩类控矿
矿床的三维空间分布特征	产状	4号岩体、矿体产状与岩体底板两侧产状一致,其东端随岩体而翘起,出露于地表,走向北西西275°,倾向北东,倾角20°;向深部,沿北西305°方向以20°侧伏角向下延伸,向北东倾斜,倾角30°;5号岩体矿体倾向南西230°,倾角45°~55°;矿体东段翘起,向北西侧伏,侧伏角约20°
	形态	呈似板状
成矿期次		①岩浆期:岩浆早期成矿阶段主要为成岩期,形成铬尖晶石、钛铁矿、磁铁矿;岩浆晚期成矿阶段为成矿期,形成磁黄铁矿、镍黄铁矿、黄铜矿;残余岩浆期成矿阶段为成矿期,形成磁黄铁矿、镍黄铁矿、黄铜矿,少量的黄铁矿、白铁矿和紫硫镍铁矿; ②热液期:热液早期阶段形成磁铁矿、黄铁矿、白铁矿和紫硫镍铁矿;热液早期阶段形成黄铁矿、辉砷镍矿、黝铜矿
成矿时代		铜镍硫化物矿床的形成时间晚于含矿岩体,为225Ma前后的印支中期
矿床成因		岩浆贯入-熔离

续表 3-2-32

名称	红旗岭式基性—超基性岩浆熔离-贯入型漂河川铜镍矿床
成矿机制	岩体中岩石类型、矿物组成及岩石化学成分和硫化物中主元素和伴生元素含量随岩体垂直深度而递变，其总趋向是：由上而下，岩相基性程度和有益元素含量增高；上、下岩相呈渐变过渡关系，蕴矿岩相中硫化物向深部逐渐富集。总之，岩体中造岩、造矿元素和矿物的分布特征，表明岩浆侵位于岩浆房后，发生了液态重力分异，从而导致上部基性岩相及下部超基性岩相的形成，且由于岩浆在分异演化过程中，当分异作用达到一定程度时，随岩浆酸度的增加，降低了硫化物熔融体的溶解度，促成了熔离作用的发生。经熔离生成的硫化物熔浆因重力作用而沉于岩体底部，而部分硫化物熔浆则顺层贯入于岩体底板的片岩中，从而形成目前岩体中的硫化镍矿床。根据矿石中硫化物包体测温资料，硫化物结晶温度在 300℃ 左右，且浸染状矿石早晶出于块状矿石
找矿标志	大地构造：下二台-呼兰-伊泉陆缘岩浆弧，盘桦上叠裂陷盆地内； 岩体：辉长岩类、斜长辉岩类、闪辉岩类基性岩体； 构造：二道甸子-暖木条子轴向近东西向背斜北翼

6. 通化县赤柏松铜镍矿床

成矿模式见表 3-2-33、图 3-2-36。

表 3-2-33　通化县赤柏松铜镍矿床成矿模式

名称		赤柏松式铜镍硫化物型赤柏松铜镍矿床
成矿的地质构造环境		位于前南华纪华北东部陆块（Ⅱ），龙岗-陈台沟-沂水前新太古代陆核（Ⅲ），板石新太古代地块（Ⅳ）内的二密-英额布中生代火山-岩浆盆地的南侧
主要控矿因素		岩浆控矿：分布本区古元古代基性—超基性岩，为有利成矿岩体；复式岩体是构造多次活动、岩浆多次侵入产物，多形成大而富矿床，单式岩体分异完善，基性程度越高，对形成熔离型矿床越有利；就地熔离矿体一般位于岩体底部或下部，深源液态分离贯入型矿体多位于先期侵入岩体底部、边部或近侧围岩中。 构造控矿：本溪-浑江超岩石圈断裂为控制区域基性—超基性岩浆活动的导矿构造，区域基性岩体沿断裂古隆起一侧，分段（群）集中分布，基底穹隆核部断裂构造控制基性—超基性岩产状、形态等特征
矿床的三维空间分布特征	产状	走向北北东 5°～10°，北段倾向南东，倾角 63°～84°，中南段倾向转为北西，倾角 55°～86°，岩体北端翘起，向南东东方向侧伏，倾角 45°左右
	形态	似层状、脉状
成矿期次		成矿早期：早期岩浆阶段形成的主要矿物有磁铁矿、铬尖晶石、钛铁矿、金红石、锐钛矿、钙钛矿，该阶段晚期有磁黄铁矿、镍黄铁矿、黄铜矿；岩浆熔离阶段形成的主要矿物有磁黄铁矿、镍黄铁矿、黄铜矿； 主成矿期：岩浆贯入阶段形成的主要矿物有磁黄铁矿、镍黄铁矿、黄铜矿、白铁矿、黄铁矿，热液阶段形成的主要矿物有白铁矿、黄铁矿、紫硫镍矿、方黄铜矿、黑铜矿、斑铜矿、辉钼矿、方铅矿、闪锌矿、赤铁矿、自然金； 表生期：针铁矿、纤铁矿、孔雀石、蓝铜矿、铜蓝
成矿时代		元古宙早期，2240～1960Ma
矿床成因		熔离-深源液态分离矿浆贯入
成矿机制		与蛟河县漂河川铜镍矿床相类似，不再赘述
找矿标志		大地构造：板石新太古代地块内的二密-英额布中生代火山-岩浆盆地的南侧； 岩体：辉绿辉长岩-橄榄苏长辉长岩-二辉橄榄岩细粒苏长岩，含矿辉长玢岩基性—超基性岩体； 构造：穹状背形核部的北东向或北北东向断裂构造

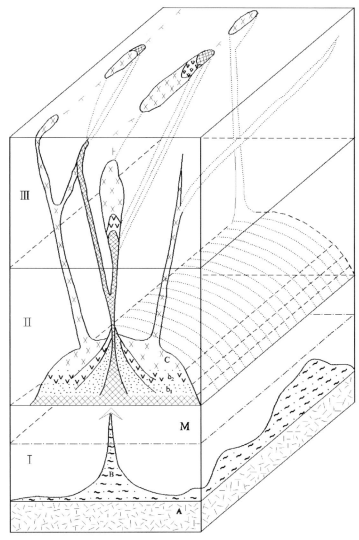

图 3-2-36 赤柏松式铜镍硫化物型矿床成矿模式图

Ⅰ.上地幔;A.上地幔物质;B.上地幔部分熔融原始熔浆;M.莫霍面;Ⅱ.深源岩浆库、原始熔浆转移后进行液态重力分异场所;a.硫化物矿浆;b_1.暗色橄榄长辉苏长辉长岩质矿浆;b_2.棕色橄榄长辉苏长辉长岩质矿浆;c.拉斑玄武质岩浆;Ⅲ.岩浆房、成岩成矿的地方

7. 和龙市长仁铜镍矿床

成矿模式见表 3-2-34、图 3-2-37。

表 3-2-34 和龙市长仁铜镍矿床成矿模式

名称	红旗岭式基性—超基性岩浆熔离-贯入型长仁铜镍矿床
成矿的地质构造环境	位于天山-兴蒙-吉黑造山带(Ⅰ),包尔汉图-温都尔庙弧盆系(Ⅱ),清河-西保安-江域岩浆弧(Ⅲ)内,古洞河断裂北东侧北北东向(或近南北向)及北西向两组扭性断裂内,超基性岩体出露区

续表 3-2-34

名称	红旗岭式基性—超基性岩浆熔离-贯入型长仁铜镍矿床	
主要控矿因素	区域赋矿岩体主要为辉石橄榄岩型、辉石岩型、辉石-橄榄岩型、橄榄岩-辉石岩-辉长岩-闪长岩杂岩型，所以区域超基性岩体控制了矿体的分布，古洞河断裂是区内唯一活动时间长、期次多、规模大、切割深的导岩构造。沿古洞河断裂以及北东向断裂附近发育的北西向及北东向两组扭性断裂，以控制闪长岩体为主；沿古洞河断裂及茬田-东丰深断裂两侧，以北北东向或近南北向压扭—扭张性断裂为主，控制辉长岩体；北北东向（或近南北向）及北西向两组扭性断裂，规模小，分布较密集，控制矿区基性—超基性岩体，该期构造控制的岩体与成矿关系密切	
矿床的三维空间分布特征	产状	受压扭—张扭性复性断裂控制的矿体走向北北东向或近南北向，向西或北西西倾斜；受张扭—压扭性复性断裂控制的矿体走向北西向，倾向南西，倾角50°～70°，矿体大多有侧伏现象，近南北向矿体多数向南西侧伏，北西向矿体向北西侧伏，侧伏角25°～30°
	形态	透镜状、脉状
成矿期次	早期熔离阶段：主要生成钛铁矿、磁铁矿、尖晶石、磁黄铁矿和镍黄铁矿，少量黄铜矿、黄铁矿，极少量方黄铜矿； 晚期熔离-贯入阶段：主要生成磁黄铁矿、镍黄铁矿、黄铁矿、黄铜矿、方黄铜矿，少量的砷镍矿、红砷镍矿、针镍矿、紫硫镍铁矿； 热液成矿期：主要生成黄铁矿、砷镍矿、红砷镍矿、针镍矿、紫硫镍铁矿、闪锌矿； 表生期：主要生成褐铁矿和孔雀石	
成矿时代	加里东晚期	
矿床成因	岩浆熔离	
成矿机制	加里东晚期，褶皱区回返隆起，古断裂及次级断裂构造活动加剧，上地幔初始岩浆沿古洞河深大断裂上升侵位，并集聚形成地下岩浆房。在地壳相对稳定时期，岩浆房内超镁质熔浆开始分异或熔离，经初始分异，Cu、Ni元素局部集中，在多期次级继承性构造活动作用下，形成了物质成分不同的多期侵入体或复合侵入体。晚期岩浆熔离分离式矿床在贫硫化物熔浆一次侵位后，熔浆自身发生分层熔离-就地重结晶作用所形成；晚期岩浆熔离贯入式矿床在贫硫化物熔浆一次侵位后，由于深源分异作用及就地重结晶分异作用继续进行，在岩浆底部及岩浆房内，生成晚期富硫残余熔浆，沿构造裂隙贯入形成矿脉；混染带硫化作用矿化，岩浆侵位后，与围岩发生接触交代，硫化镍熔点降低，沉淀形成矿床	
找矿标志	大地构造：清河-西保安-江域岩浆弧内； 岩体：辉石橄榄岩型、辉石岩型、辉石-橄榄岩型、橄榄岩-辉石岩-辉长岩-闪长岩杂岩型基性—超基性岩体出露区； 构造：古洞河断裂北东侧北北东向（或近南北向）及北西向两组扭性断裂	

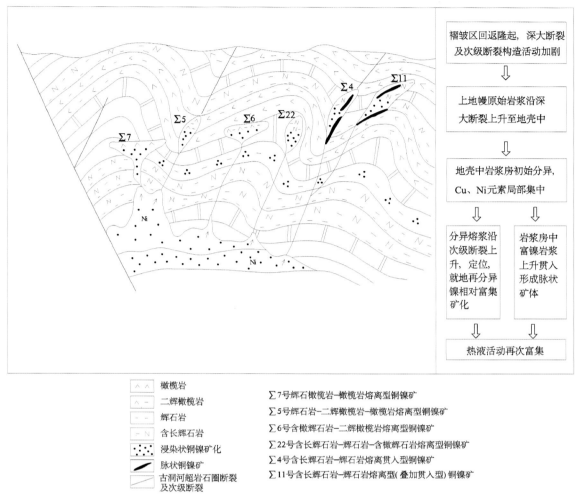

图 3-2-37 红旗岭式基性—超基性岩浆熔离-贯入型长仁铜镍矿床成矿模式图

8.临江市六道沟铜矿床

成矿模式见表 3-2-35。

表 3-2-35 临江市六道沟铜矿床成矿模式

名称	六道江式矽卡岩型六道沟铜矿床	
成矿的地质构造环境	位于华北叠加造山-裂谷系（Ⅰ），胶辽吉叠加岩浆弧（Ⅱ），吉南-辽东火山盆地区（Ⅲ），长白火山-盆地群（Ⅳ）	
主要控矿因素	区域东西向断裂构造及北东向断裂构造控制该区中生代岩浆活动；燕山期花岗闪长岩体，老岭岩群珍珠门岩组大理岩控矿	
矿床的三维空间分布特征	产状	矿体产状与地层产状大体一致，走向北西向，倾向北东，倾角 45°～60°
	形态	为扁豆状、似层状、透镜状、不规则脉状
成矿期次	矽卡岩期、石英硫化物期、碱质硫化物期、碳酸盐期；铜矿主要形成于石英硫化物期的晚期阶段，钼矿主要形成在碱质硫化物期；矽卡岩期晚期阶段仅出现少量黄铜矿、磁铁矿、白钨矿，而碳酸盐期则没有成矿作用	
成矿时代	燕山早期	

续表 3-2-35

名称	六道江式矽卡岩型六道沟铜矿床
矿床成因	接触交代（矽卡岩）
成矿机制	燕山期花岗闪长岩体侵入老岭岩群珍珠门岩组大理岩中，在热源和水源的作用下，在花岗闪长岩体与大理岩接触带上形成矽卡岩，呈带状分布；含矿层位的大理岩和燕山期花岗岩类岩浆所带来的成矿物质在热源和水源的作用下富集成矿
找矿标志	大地构造：清河-西保安-江域岩浆弧内； 接触带：燕山期花岗闪长岩体与老岭岩群珍珠门岩组大理岩形成的矽卡岩带； 构造：区域东西向断裂构造及北东向断裂构造

9. 通化县二密铜矿床

成矿模式见表 3-2-36、图 3-2-38。

表 3-2-36　通化县二密铜矿床成矿模式

名称		二密式斑岩型二密铜矿床
成矿的地质构造环境		位于晚三叠世—新生代构造单元华北叠加造山-裂谷系（Ⅰ），胶辽吉叠加岩浆弧（Ⅱ），吉南-辽东火山-盆地区（Ⅲ），柳河-二密火山-盆地区（Ⅳ），三源浦中生代火山沉积盆地内
主要控矿因素		控矿构造：石英闪长岩接触带附近，大致平行接触带近东西向、北东向以及外接触带安山岩中北西向陡倾斜断裂，控制与石英闪长岩有关的矿脉；花岗斑岩体与石英闪长岩接触带，尤其是石英闪长岩中发育的呈北西向缓倾斜的斑岩体，控制与花岗斑岩有关的矿体；花岗斑岩内环形破碎体构造，控制与斑岩有关的块状富矿。 燕山晚期石英闪长岩、花岗斑岩控矿：由于石英闪长岩、花岗斑岩侵入派生出的含矿热液为成矿提供了物质和热源条件
矿床的三维空间分布特征	产状	矿带产状自北东至南西变化为：30°∠35°→110°∠60°→150°∠35°→170°∠30°→220°∠10°，总体构成一个向南东突出、向东倾斜的弧形矿带
	形态	矿体呈椭圆状、柱状、扁豆状
成矿期次		气成-高温热液成矿期：这一时期的成矿温度为 300～360℃，δ^{34}S 在 2.3‰～3.8‰ 之间，早期形成的主要矿物为电气石，少量的石英、黄铁矿、毒砂，极少量的辉钼矿；晚期形成的主要矿物为石英、辉钼矿、黄铁矿、毒砂，极少量的磁黄铁矿、黄铜矿和电气石。 高—中温热液期：这一时期的成矿温度为 320～350℃，δ^{34}S 在 3‰～5.7‰ 之间，早期形成的主要矿物为石英和毒砂，少量的黄铜矿和闪锌矿，极少量的辉钼矿和磁黄铁矿，伴随强硅化和弱绿泥石化、绢云母化、方解石化；中期形成大量的黄铜矿、石英、闪锌矿、方铅矿和磁黄铁矿，少量的黄铁矿和毒砂、磁铁矿，伴随强硅化和绿泥石化，弱绢云母化、方解石化；晚期形成大量的黄铜矿、石英、毒砂、闪锌矿，少量的白铁矿，极少量的黄铁矿、磁铁矿和方铅矿，伴随强绢云母化、方解石化，弱高岭土化。 中—低温热液期：这一时期的成矿温度为 150～235℃，δ^{34}S 在 2.2‰～3.4‰ 之间。早期形成主要矿物为黄铜矿和白铁矿，极少量的石英、磁黄铁矿、闪锌矿、方铅矿、磁铁矿，伴随强高岭土化、方解石化，弱绿泥石化和绢云母化；中期主要形成石英、黄铜矿，少量的白铁矿，极少量的闪锌矿和方铅矿，伴随强方解石化和玉髓化（碧玉），弱高岭土化；晚期主要形成少量石英、黄铜矿、白铁矿、闪锌矿，伴随强烈的方解石化和弱绿泥石化。 表生期：即氧化物阶段，在这一阶段主要是已经形成的矿体遭受氧化淋滤，形成次生氧化矿物，主要有褐铁矿、蓝铜矿、辉铜矿、孔雀石、黝铜矿

续表 3-2-36

名称	二密式斑岩型二密铜矿床
成矿时代	燕山期石英闪长岩株年代为79~56Ma,为燕山晚期（喜马拉雅山早期）
矿床成因	主体为属中深成—浅成次火山岩有关的斑岩型铜矿,次为高—中温热液型,局部为爆破角砾岩型
成矿机制	89Ma左右形成二密中生代火山岩盆地,79~56Ma,石英闪长岩侵入,含矿溶液沿接触带或外接触带东西向、北东向和北北西向产生的断裂充填形成脉状铜矿。石英闪长岩侵入后,花岗斑岩侵入于石英闪长岩中,由于斑岩上侵,在外接触带石英闪长岩中形成许多绕斑岩体的张裂,在区域应力场作用下,迁就、追踪原张裂,形成以张性为主,伴有压扭、扭性的缓倾斜裂隙群,为成矿提供有利空间,而花岗斑岩派生出的含矿热液沿这些构造裂隙充填交代形成细脉、细脉浸染、浸染型的矿脉群
找矿标志	大地构造：清河-西保安-江域岩浆弧内； 岩体：燕山期石英闪长岩和花岗斑岩出露区； 构造：北西向、东西向断裂交会破火山口处；松顶山序列内外接触带、各个单元间接触带大致平行或斜交的北西向、东西向、北北东向断裂控制早期矿体；花岗斑岩内外接触带北西向张性、张扭性、扭性裂隙群控制晚期矿体分布

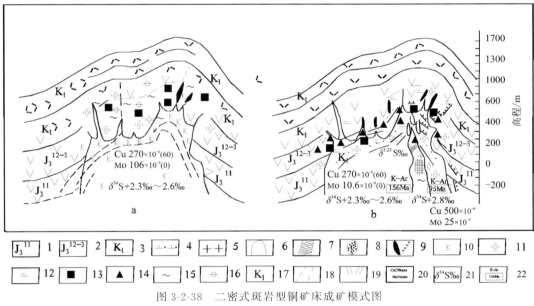

图 3-2-38 二密式斑岩型铜矿床成矿模式图

1.上侏罗统林子头组安山岩；2.上侏罗统林子头组安山岩、安山质凝灰岩；3.白垩系安山岩、流纹岩；4.燕山中—晚期石英闪长岩；5.花岗斑岩；6.隐爆角砾岩；7.浸染状矿体；8.浸染状矿化体（矿体）；9.脉状-浸染状矿体（①早期石英闪长岩有关的矿体；②晚期花岗斑岩有关的矿体）；10.钾化；11.矽卡岩化；12.绢云母化；13.黄铁矿化；14.电气石化；15.绿泥石化；16.绿帘石化；17.高岭石化；18.石英闪长岩原生节理；19.张性断裂；20.Cu、Mo 丰度值；21.S 同位素含量；22.同位素年龄值

10. 靖宇县天合兴铜矿床

成矿模式见表 3-2-37。

表 3-2-37　靖宇县天合兴铜矿床成矿模式

名称	二密式斑岩型天合兴铜矿床	
成矿的地质构造环境	位于晚三叠世—新生代华北叠加造山-裂谷系（Ⅰ），胶辽吉叠加岩浆弧（Ⅱ），吉南-辽东火山-盆地区（Ⅲ），柳河-二密火山-盆地区（Ⅳ）构造单元内	
主要控矿因素	斑岩控矿：从矿体的赋存空间、围岩性质、成矿阶段可以看出，该区域的铜钼成矿主要受控于燕山晚期的石英斑岩及花岗斑岩，酸性的岩浆活动为区域的成矿提供了成矿物质，以浸染状或细脉浸染状分布于辉绿岩脉中或边部或构造裂隙中的铜矿体，实质上是第一期侵入的花岗斑岩所带来的成矿物质在不同空间部位的就位形式，对成矿真正起到控制作用的不是辉绿岩脉本身，而是它所在的构造空间； 构造控矿：从矿区岩体的空间分布、蚀变矿化特征分析，区域上近南北向的继承性构造不但控制了区域的构造岩浆活动，而且控制了含矿流体的区域分布和就位空间，因此区域上的南北向构造带是导岩、导矿、储矿的主要构造	
矿床的三维空间分布特征	产状	Ⅲ号矿带矿体倾向东，倾角 50°～70°；Ⅴ号矿带倾向北，倾角 70°～84°；Ⅱ号矿带倾向北东，倾角 60°
	形态	脉状、透镜状、似层状
成矿期次	热液成矿早期：第一成矿阶段主要以铜矿成矿为主，矿物组合为黄铜矿、黄铁矿、磁黄铁矿、闪锌矿、辉银矿等；第二成矿阶段主要以钼矿化为主的铜钼组合，与石英斑岩关系密切，矿物组合为黄铁矿、辉钼矿、黄铜矿、闪锌矿、锐钛矿等；第三成矿阶段主要以铜矿成矿为主，次有铅锌矿化，与第二期花岗斑岩关系密切，矿物组合为黄铜矿、斑铜矿、闪锌矿、方铅矿、黄铁矿、磁黄铁矿、毒砂等；第四成矿阶段为贫硫化物-碳酸盐阶段，是原生矿化作用最后阶段。 表生期：主要是由于构造运动使矿体或矿化体抬升至出露地表，经风化、淋滤作用后，硫化物氧化形成次生矿物孔雀石、蓝铜矿、黝铜矿及褐铁矿等	
成矿时代	燕山期	
矿床成因	斑岩型	
成矿机制	燕山期中酸性岩浆上侵，携带来大量的成矿物质，在各方向的构造空间内，形成工业矿体	
找矿标志	大地构造：辽南-辽东火山-盆地区，柳河-二密火山-盆地区构造单元内； 岩体：燕山晚期的石英斑岩及花岗斑岩出露区； 构造：东西向、南北向构造的交会部位	

第三节　预测工作区成矿规律研究

一、预测工作区地质构造专题底图确定

（一）荒沟山-南岔预测工作区

1. 预测工作区范围

预测工作区位于白山市境内，总面积为 3410 km²。编图比例尺为 1∶5 万。

2. 地质构造专题底图特征

在空间上铜矿床与前寒武纪变质建造关系十分密切，因此对这一部分进行了较详细的划分。保留沉积岩、火山岩、侵入岩地质体和代号。侵入岩建造及岩浆期后热液活动与多金属矿产关系十分密切，因此详细划分了侵入岩建造，包括成分特征、形态及空间分布特征、与围岩的接触关系等。荒沟山变质核杂岩属大型变形构造，有韧性剪切带、不整合面、断层群、褶皱、糜棱岩等。对上列变形构造进行了详细研究。充分收集了 1：20 万区域地质调查和矿产普查中发现的铜矿产及围岩蚀变资料，确定了矿产与变质建造及区域地质构造之间的成因联系，转绘了矿点、矿化点和围岩蚀变，为矿产预测提供了最为直接的信息。并叠加了专业部门提供的物探、化探、遥感资料。编制了侵入岩建造综合柱状图、火山岩建造综合柱状图、沉积岩建造柱状图、变质岩综合柱状图。

（二）石嘴-官马预测工作区

1. 预测工作区范围

预测工作区位于磐石县内，面积为 690km²。编图比例尺为 1：5 万。

2. 地质构造专题底图特征

在空间上铜矿床与火山岩建造关系十分密切，因此突出了与火山岩有关的火山岩性、岩相和火山构造、侵入岩的表达。转绘矿点、矿化点和围岩蚀变，并研究矿产与火岩性、岩相和火山构造之间的成因联系。合理地划分了火山岩建造类型和火山机构。编制了沉积岩建造柱状图、火山岩建造综合柱状图、侵入岩建造综合柱状图。

（三）大梨树沟-红太平预测工作区

1. 预测工作区范围

预测工作区位于吉林省汪清县天桥岭镇以西的红太平村一带，总面积约 940.27km²。编图比例尺为 1：5 万。

2. 地质构造专题底图特征

在充分利用已有大比例尺地质资料的基础上，编制了 1：5 万吉林省大梨树沟-红太平预测工作区火山岩性岩相建造构造图。在空间上铜矿床与火山岩建造关系十分密切，因此突出了与火山岩有关的火山岩性、岩相和火山构造、侵入岩的表达。将收集到的与火山岩有成矿关系的矿产资料编绘于图中。转绘矿点、矿化点和围岩蚀变，并研究矿产与火山岩性、岩相和火山构造之间的成因联系。以岩石地层单位为基础，合理地划分了火山岩建造类型和火山机构。编制了沉积岩建造柱状图、火山岩建造综合柱状图、侵入岩建造综合柱状图。

（四）闹枝-棉田预测工作区

1. 预测工作区范围

预测工作区位于吉林省汪清县（西南隅部分隶属延吉市）闹枝—棉田一带，面积为 504.72km²。编图比例尺为1∶5万。

2. 地质构造专题底图特征

以基础资料为依据划分图层,包括区内的岩石地层单位、火山岩、侵入岩、变质岩,与铜矿产有关的火山岩、火山建造、火山岩相、火山构造及与成矿有关的侵入岩特征。以收集的矿产资料为编图依据,以已知矿床、矿点、矿化点的时空分布、成矿机理,研究成矿因素和控矿因素。表达区域构造内容,即区内主要的控矿构造、矿化蚀变带的时空展布特征。转绘物探、化探、遥感解译资料。编制了沉积岩建造柱状图、火山岩建造综合柱状图、侵入岩建造综合柱状图、变质岩建造综合柱状图。

(五) 地局子-倒木河预测工作区

1. 预测工作区范围

预测工作区位于吉林省吉林市地局子—倒木河一带,预测工作区总面积约$3529km^2$。编图比例尺为1∶5万。

2. 地质构造专题底图特征

在空间上铜矿床与火山岩建造关系十分密切,因此突出了与火山岩有关的火山岩性、岩相和火山构造、侵入岩的表达。以收集的矿产资料为编图依据,以已知矿床、矿点、矿化点的时空分布、成矿机理,研究成矿因素和控矿因素。表达区域构造内容,即区内主要的控矿构造、矿化蚀变带的时空展布特征。转绘物探、化探、遥感解译资料。编制了沉积岩建造柱状图、火山岩建造综合柱状图、侵入岩建造综合柱状图、变质岩建造综合柱状图。

(六) 杜荒岭预测工作区

1. 预测工作区范围

预测工作区位于汪清县之东杜荒子一带,面积为$957.1km^2$。编图比例尺为1∶5万。

2. 地质构造专题底图特征

区内已知陆相火山岩型铜矿床、金矿点、铜矿化点有多处,还有1处砂岩矿床、两处砂金矿点,亦与原生火山岩型铜矿联系密切,所以图面主要表达陆相火山岩,即重点表达与铜成矿有直接密切关系的早白垩世金沟岭组火山岩的岩石组合、火山岩相、火山建造、火山构造和含矿侵入岩特征。表达区域构造内容,即区内主要的控矿构造、矿化蚀变带的时空展布特征。转绘物探、化探、遥感解译资料。在图面上将与铜有关的矿化、各种蚀变准确的标划出来,铜的矿化和蚀变的集中区就是铜的找矿靶区。编制了沉积岩建造柱状图、火山岩建造综合柱状图、侵入岩建造综合柱状图、变质岩建造综合柱状图。

(七) 刺猬沟-九三沟预测工作区

1. 预测工作区范围

预测工作区位于吉林省汪清县东南部刺猬沟、九三沟一带,面积为$934.86km^2$。编图比例尺为1∶5万。

2. 地质构造专题底图特征

预测工作区内铜矿床、矿点的形成多与该区中生代陆相火山岩有密切的成生联系。因此突出了与火山岩有关的火山岩性、岩相和火山构造、侵入岩的表达。将与 Cu 成矿有关的所有地质、矿产信息表达图面中。充分运用综合信息资料,将这一区域遥感解译、物探、化探等相关资料表述在图面中,起到矿产预测应有的作用。表达区域构造内容,即区内主要的控矿构造,矿化蚀变带的时空展布特征。编制了沉积岩建造柱状图、火山岩建造综合柱状图、侵入岩建造综合柱状图、变质岩建造综合柱状图。

(八)大黑山-锅盔顶子预测工作区

1. 预测工作区范围

预测工作区位于吉林省磐石市和永吉县内,总面积为 $1064km^2$。编图比例尺为 1∶5 万。

2. 地质构造专题底图特征

根据 1∶5 万地质图及大比例尺普查资料补充、修改建造构造图,特别是火山岩和侵入岩建造。突出与火山岩有关的火山岩性、岩相和火山构造和侵入岩,其他地质内容尽可能简化。图区内头道沟岩组变质岩建造中铜及多金属矿点较多,头道沟岩组的原岩多属火山岩建造,因此对变质岩建造也进行了较详细的划分。转绘矿点、矿化点和围岩蚀变,并研究矿产与火岩性、岩相和火山构造之间的成因联系。转绘物探、化探、遥感解译资料。编制了沉积岩建造柱状图、火山岩建造综合柱状图、侵入岩建造综合柱状图、变质岩建造综合柱状图。

(九)红旗岭预测工作区

1. 预测工作区范围

预测工作区位于吉林省中部,磐石市东部和桦甸市西部、北部。编图区呈反"L"形,东始桦树林子、西至磐石富太镇;北起金沙、南达黑石镇。总面积为 $1332km^2$。编图比例尺为 1∶5 万。

2. 地质构造专题底图特征

在空间上铜矿床与侵入岩建造关系十分密切,因此修改侵入岩建造构造,简化沉积岩建造、火山岩建造和变质岩建造。即重点突出侵入岩建造和构造。构造岩浆带按行政地名或自然地理名称命名。红旗岭基性、超基性岩带可划分为 3 个亚带,用虚线表示了构造岩浆亚带的范围,同时在柱状图上写出构造岩浆带的全名。转绘矿点、矿化点和围岩蚀变,及物探、化探、遥感解译资料。编制了沉积岩建造柱状图、火山岩建造综合柱状图、侵入岩建造综合柱状图、变质岩建造综合柱状图。

(十)漂河川预测工作区

1. 预测工作区范围

预测工作区位于吉林省吉林市漂河川一带,总面积约 $808.86km^2$。编图比例尺为 1∶5 万。

2. 地质构造专题底图特征

在空间上铜矿床与侵入岩关系建造关系十分密切,因此修改侵入岩建造构造图,简化沉积岩建造、火山岩建造和变质岩建造。即重点突出侵入岩建造和构造。通过资料的收集和整理后,明确了区内含矿目的层,划分图层,以预测区内的侵入岩为研究重点,其次为变质岩。研究内容包括侵入岩岩石建造、岩石特征,以及主要的与成矿有关的构造,即成矿构造、控矿构造等,同时注意区内矿化特点、蚀变类型等。转绘矿点、矿化点和围岩蚀变,及物探、化探、遥感解译资料。编制了沉积岩建造柱状图、火山岩建造综合柱状图、侵入岩建造综合柱状图、变质岩建造综合柱状图。

(十一) 赤柏松-金斗预测工作区

1. 预测工作区范围

预测工作区位于通化县内,西起魏家、林源,东至黎明,北始英额布水库,南到虎马岭,通化县县政府所在地块大茂镇就在图区的西部。总面积约 455.42km²。编图比例尺为 1∶5 万。

2. 地质构造专题底图特征

在空间上铜矿床与侵入岩建造关系十分密切,因此修改侵入岩建造构造图,简化沉积岩建造、火山岩建造和变质岩建造。即重点突出侵入岩建造和构造。构造岩浆带按行政地名或自然地理名称命名。在图上划分了两个构造岩浆带,并用虚线表示了构造岩浆带的范围,同时在柱状图上标明出构造岩浆带的全名。转绘矿点、矿化点和围岩蚀变,及物探、化探、遥感解译资料。编制了沉积岩建造柱状图、火山岩建造综合柱状图、侵入岩建造综合柱状图、变质岩建造综合柱状图。

(十二) 长仁-獐项预测工作区

1. 预测工作区范围

预测工作区位于吉林省和龙县东北部长仁—獐项一带,呈近规正的方型,面积为 543.3km²。编图比例尺为 1∶5 万。

2. 地质构造专题底图特征

在空间上铜矿床与侵入岩建造关系十分密切,因此修改侵入岩建造构造图,简化沉积岩建造、火山岩建造和变质岩建造。铜镍矿与长仁-獐项基性—超基性岩群有密切的成生联系,所以要重点表达区内侵入岩的特征。构造岩浆带按行政地名或自然地理名称命名。在图上划分了两个构造岩浆带,并用虚线表示了构造岩浆带的范围,同时在柱状图上写出构造岩浆带的全名。对控矿构造、围岩蚀变等与成矿有关的地质矿产信息表达于图面中。充分利用综合信息资料,将这一区域的物探、化探、遥感资料充分利用起来,让其起到矿产预测应有的作用。编制了沉积岩建造柱状图、火山岩建造综合柱状图、侵入岩建造综合柱状图、变质岩建造综合柱状图。

(十三) 小西南岔-杨金沟预测工作区

1. 预测工作区范围

预测工作区位于吉林省珲春市东北部五道沟、杨金沟、大小六道沟、小西南岔一带,面积为 1043km²。编图比例尺为 1∶5 万。

2. 地质构造专题底图特征

区内已知的铜矿床、矿点、矿化点的成矿均与侵入岩有着密切的成生联系，因此修改侵入岩建造构造图，简化沉积岩建造、火山岩建造和变质岩建造，即重点表达区内侵入岩的特征。构造岩浆带按行政地名或自然地理名称命名。在图上划分构造岩浆带，并用虚线表示了构造岩浆带的范围，同时在柱状图上写出构造岩浆带的全名。对控矿构造、围岩蚀变等与成矿有关的地质矿产信息表达于图面中。充分利用综合信息资料，将这一区域的物探、化探、遥感资料充分利用起来，让其起到矿产预测应有的作用。编制了沉积岩建造柱状图、火山岩建造综合柱状图、侵入岩建造综合柱状图、变质岩建造综合柱状图。

（十四）农坪-前山预测工作区

1. 预测工作区范围

预测工作区位于吉林省珲春市东北部平安、柳树河子、马滴达、闹枝沟一带，面积为 $1264km^2$。编图比例尺为 1:5 万。

2. 地质构造专题底图特征

区内已知的铜矿床、矿点、矿化点的成矿均与侵入岩有着密切的成生联系，因此修改侵入岩建造构造图，简化沉积岩建造、火山岩建造和变质岩建造，即重点表达区内侵入岩的特征。构造岩浆带按行政地名或自然地理名称命名。在图上划分构造岩浆带，并用虚线表示了构造岩浆带的范围，同时在柱状图上写出构造岩浆带的全名。对控矿构造、围岩蚀变等与成矿有关的地质矿产信息表达于图面中。充分利用综合信息资料，将这一区域的物探、化探、遥感资料充分利用起来，让其起到矿产预测应有的作用。编制了沉积岩建造柱状图、火山岩建造综合柱状图、侵入岩建造综合柱状图、变质岩建造综合柱状图。

（十五）正岔-复兴屯预测工作区

1. 预测工作区范围

预测工作区位于吉林省南部山区的集安—复兴一带，总面积约 $964.13km^2$。编图比例尺为 1:5 万。

2. 地质构造专题底图特征

区内已知的铜矿床、矿点、矿化点的成矿均与侵入岩有着密切的成生联系，铜矿体主要赋存于复兴屯闪长岩体及与荒岔河岩组接触的构造破碎带及裂隙中，含矿围岩主要为大理岩。构造岩浆带按行政地名或自然地理名称命名。在图上划分构造岩浆带，并用虚线表示了构造岩浆带的范围，同时在柱状图上写出构造岩浆带的全名。对控矿构造、围岩蚀变等与成矿有关的地质矿产信息表达于图面中。充分利用综合信息资料，将这一区域的物探、化探、遥感资料充分利用起来，让其起到矿产预测应有的作用。编制了沉积岩建造柱状图、火山岩建造综合柱状图、侵入岩建造综合柱状图、变质岩建造综合柱状图。

（十六）兰家预测工作区

1. 预测工作区范围

预测工作区位于吉林省的中部兰家—波泥河一带，预测工作区呈不规则矩形，北东向展布，总面积约 $577.91km^2$。编图比例尺为 1:5 万。

2. 地质构造专题底图特征

将与铜成矿关系密切的沉积岩、岩浆岩编绘在预测工作区图上，研究其岩石组合，以及沉积岩建造、侵入岩建造等。以实际地质材料为依据，以矿产资料为基础，研究与成矿背景有关的主要因素，对控矿构造、矿点、矿化点、围岩蚀变等与成矿有关的地质矿产信息表达于图面中。充分利用综合信息资料，将这一区域的物探、化探、遥感资料充分利用起来，让其起到矿产预测应有的作用。编制了沉积岩建造柱状图、火山岩建造综合柱状图、侵入岩建造综合柱状图、变质岩建造综合柱状图。

（十七）大营-万良预测工作区

1. 预测工作区范围

预测工作区位于白山市内，总面积为 1 093.3 km^2。编图比例尺为 1∶5 万。

2. 地质构造专题底图特征

将与铜成矿关系密切的沉积岩、岩浆岩编绘在预测工作区图上，研究其岩石组合，以及沉积岩建造、侵入岩建造等。以实际地质材料为依据，以矿产资料为基础，研究与成矿背景有关的主要因素，对控矿构造、矿点、矿化点、围岩蚀变等与成矿有关的地质矿产信息表达于图面中。充分利用综合信息资料，将这一区域的物探、化探、遥感资料充分利用起来，让其起到矿产预测应有的作用。编制了沉积岩建造柱状图、火山岩建造综合柱状图、侵入岩建造综合柱状图、变质岩建造综合柱状图。

（十八）万宝预测工作区

1. 预测工作区范围

预测工作区位于吉林省中东部山区的安图县海沟一带，总面积约 741.23 km^2。编图比例尺为 1∶5 万。

2. 地质构造专题底图特征

将与铜成矿关系密切的沉积岩、岩浆岩编绘在预测工作区图上，研究其岩石组合，以及沉积岩建造、侵入岩建造等。以实际地质材料为依据，以矿产资料为基础，研究与成矿背景有关的主要因素，对控矿构造、矿点、矿化点、围岩蚀变等与成矿有关的地质矿产信息表达于图面中。充分利用综合信息资料，将这一区域的物探、化探、遥感资料充分利用起来，让其起到矿产预测应有的作用。编制了沉积岩建造柱状图、火山岩建造综合柱状图、侵入岩建造综合柱状图、变质岩建造综合柱状图。

（十九）二密-老岭沟预测工作区

1. 预测工作区范围

预测工作区位于通化市和通化县，西北角属柳河县三源堡镇所辖，总面积约 551.84 km^2。编图比例尺为 1∶5 万。

2. 地质构造专题底图特征

将与铜成矿关系密切的侵入岩建造和与侵入岩建造有成生联系的火山岩建造编绘在预测工作区图上,并进行了详细划分。该侵入岩建造构造图充分反映了成矿事件、成矿边缘、成矿流体的完整面貌。以实际地质材料为依据,以矿产资料为基础,研究与成矿背景有关的主要因素,对控矿构造、矿点、矿化点、围岩蚀变等与成矿有关的地质矿产信息表达于图面中。充分利用综合信息资料,将这一区域的物探、化探、遥感资料充分利用起来,让其起到矿产预测应有的作用。编制了沉积岩建造柱状图、火山岩建造综合柱状图、侵入岩建造综合柱状图、变质岩建造综合柱状图。

(二十)天合兴-那尔轰预测工作区

1. 预测工作区范围

预测工作区位于靖宇县那尔轰、天合兴、新胜赤松等地范围内,面积为823.7km²。编图比例尺为1:5万。

2. 地质构造专题底图特征

将与铜成矿关系密切的侵入岩建造和与侵入岩建造有成生联系的火山岩建造编绘在预测工作区图上,并进行了详细划分。该侵入岩建造构造图充分反映了成矿事件、成矿边缘、成矿流体的完整面貌。以实际地质材料为依据,以矿产资料为基础,研究与成矿背景有关的主要因素,对控矿构造、矿点、矿化点、围岩蚀变等与成矿有关的地质矿产信息表达于图面中。充分利用综合信息资料,将这一区域的物探、化探、遥感资料充分利用起来,让其起到矿产预测应有的作用。编制了沉积岩建造柱状图、火山岩建造综合柱状图、侵入岩建造综合柱状图、变质岩建造综合柱状图。

(二十一)夹皮沟-溜河预测工作区

1. 预测工作区范围

预测工作区位于吉林省东部山区的夹皮沟—二道溜河一带,总面积约1 475.9km²。编图比例尺为1:5万。

2. 地质构造专题底图特征

通过资料的收集和整理后,明确了区内含矿目的层,划分图层,以预测工作区内的元古宙变质岩为研究重点,其次为侵入岩。以实际地质材料为依据,以矿产资料为基础,研究与成矿背景有关的主要因素,对控矿构造、矿点、矿化点、围岩蚀变等与成矿有关的地质矿产信息表达于图面中。充分利用综合信息资料,将这一区域的物探、化探、遥感资料充分利用起来,让其起到矿产预测应有的作用。编制了沉积岩建造柱状图、火山岩建造综合柱状图、侵入岩建造综合柱状图、变质岩建造综合柱状图。

(二十二)安口镇预测工作区

1. 预测工作区范围

预测工作区的范围位于吉林省柳河县安口镇—时家店一带,预测工作区为不规则状矩形,总体呈北东向条带状展布,总面积约799.88km²。编图比例尺为1:5万。

2. 地质构造专题底图编制

通过资料的收集和整理后,明确了区内含矿目的层,与铜成矿有关的主要为火山岩,即与侏罗纪果松组流纹岩、流纹质凝灰岩的关系较为密切,此外,还与构造破碎带(凝灰岩裂隙带)有关;因此火山岩的岩石组合、火山岩相、火山建造、火山构造,以及构造破碎带是预测工作区铜多金属成矿的最基础的资料。以实际地质材料为依据,矿产资料为基础,研究与成矿背景有关的主要因素,对控矿构造、矿点、矿化点、围岩蚀变等与成矿有关的地质矿产信息表达于图面中。充分利用综合信息资料,将这一区域的物探、化探、遥感资料充分利用起来,让其起到矿产预测应有的作用。编制了沉积岩建造柱状图、火山岩建造综合柱状图、侵入岩建造综合柱状图、变质岩建造综合柱状图。

(二十三) 金城洞-木兰屯预测工作区

1. 预测工作区范围

预测工作区位于吉林省和龙市金城洞—木兰屯一带,面积 1970km^2。编图比例尺为 1∶5 万。

2. 地质构造专题底图编制

通过资料的收集和整理后,明确了区内含矿目的层,详细标明与铜矿有关的新太古代鸡南组、官地组斜长角闪岩、浅粒岩、变粒岩或深成侵入体英云闪长质片麻岩,通过研究这些古老变质岩的实测剖面和实际材料图,厘清这套变质岩的岩石组合、变质相、变质建造。标明与铜矿有关的后期侵入岩、岩株、岩脉。以实际地质材料为依据,以矿产资料为基础,研究与成矿背景有关的主要因素,对控矿构造、矿点、矿化点、围岩蚀变等与成矿有关的地质矿产信息表达于图面中。充分利用综合信息资料,将这一区域的物探、化探、遥感资料充分利用起来,让其起到矿产预测应有的作用。编制了沉积岩建造柱状图、火山岩建造综合柱状图、侵入岩建造综合柱状图、变质岩建造综合柱状图。

二、预测工作区成矿要素特征

(一) 沉积变质型

荒沟山-南岔预测工作区

预测工作区成矿要素图以 1∶5 万吉林省荒沟山-南岔预测工作区变质建造构造图为预测底图,突出标明与成矿有关的地质内容。图面标明全部矿床、矿点、矿化线索、采矿遗迹、蚀变等有关内容;主要反映区域成矿地质作用、区域成矿构造体系、区域成矿特征等内容。总结区域成矿规律,确定各种成矿要素信息。在预测工作区范围内,可以根据区域成矿要素的空间变化规律,进行分区。吉林省荒沟山-南岔地区大横路式沉积变质型铜矿成矿要素详见表 3-3-1。

表 3-3-1　荒沟山-南岔地区大横路式沉积变质型铜矿成矿要素

区域成矿要素		内容描述	类别
特征描述		沉积变质型	
区域地质环境	岩石类型	云母片岩、大理岩、千枚岩夹大理岩	必要
	成矿时代	古元古代	必要
	成矿环境	前南华纪华北东部陆块（Ⅱ），胶辽吉元古代裂谷带（Ⅲ），老岭坳陷盆地内	必要
	构造背景	矿区位于小四平-荒沟山-南岔"S"形断裂带与大横路沟断裂、大青沟断裂所围限的区域内；褶皱控矿：矿区正处于复式向斜内，其轮廓受这一复式向斜控制，次级褶皱主要为第二期褶皱的转折端，控制了富矿体的展布；断裂控矿：区内以北东向断裂与成矿关系最为密切，这组断裂多属逆掩性质的层间断裂，受其影响，断层两侧，尤其是下盘岩层发生强烈破碎和片理化，并伴随有强烈的矿化作用	重要
区域矿床特征	蚀变特征	矿区内围岩蚀变属中—低温热液蚀变，总体上蚀变较弱，蚀变明显受花山岩组及北东向褶皱控制，呈北东向带状展布，与围岩没有明显的界线，呈渐变过渡关系；主要蚀变类型有硅化、绢云母化、绿泥石化、钠长石化、碳酸盐化	重要
	控矿条件	地层控矿：矿体严格受大栗子岩组云母片岩、大理岩、千枚岩夹大理岩变质建造控制；褶皱控矿：矿区正处于复式向斜内，其轮廓受这一复式向斜控制，次级褶皱主要为第二期褶皱的转折端，控制了富矿体的展布；断裂控矿：区内以北东向断裂与成矿关系最为密切，这组断裂多属逆掩性质的层间断裂，受其影响，断层两侧，尤其是下盘岩层发生强烈破碎和片理化，并伴随有强烈的矿化作用	必要

（二）火山沉积型

1. 石嘴-官马预测工作区

预测工作区成矿要素图以1:5万吉林省石嘴-官马预测工作区火山岩性岩相构造图为预测底图，突出标明与成矿有关的地质内容。图面标明全部矿床、矿点、矿化线索、采矿遗迹、蚀变等有关内容；主要反映区域成矿地质作用、区域成矿构造体系、区域成矿特征等内容。总结区域成矿规律，确定各种成矿要素信息。在预测工作区范围内，可以根据区域成矿要素的空间变化规律，进行分区。吉林省石嘴-官马地区红太平式火山岩型铜矿成矿要素详见表3-3-2。

表 3-3-2　石嘴-官马地区红太平式火山岩型铜矿成矿要素

区域成矿要素		内容描述	类别
特征描述		火山沉积型	
区域地质环境	岩石类型	砂岩与页岩互层夹灰岩，酸性火山熔岩夹灰岩	必要
	成矿时代	晚古生代	必要
	成矿环境	位于南华纪—中三叠世天山-兴安-吉黑造山带（Ⅰ），包尔汉图-温都尔庙弧盆系（Ⅱ），下二台-呼兰-伊泉陆缘岩浆弧（Ⅲ），磐华上叠裂陷盆地（Ⅳ）内的明城-石嘴子向斜东翼	必要
	构造背景	明城-石嘴子向斜的东翼与地层产状相一致的挤压片理带	重要
区域矿床特征	蚀变特征	主要为轻微的硅化、绢云母化、绿泥石化和碳酸盐化	重要
	控矿条件	控矿地层主要为石嘴子组的砂岩与页岩互层夹灰岩，窝瓜地组酸性火山熔岩夹灰岩；控矿构造主要为明城-石嘴子向斜的东翼与地层产状相一致的挤压片理带	必要

2. 大梨树沟-红太平预测工作区

预测工作区成矿要素图以1：5万吉林省大梨树沟-红太平地区火山岩性岩相建造构造图为预测底图，突出标明与成矿有关的地质内容。图面标明全部矿床、矿点、矿化线索、采矿遗迹、蚀变等有关内容；主要反映区域成矿地质作用、区域成矿构造体系、区域成矿特征等内容。总结区域成矿规律，确定各种成矿要素信息。在预测工作区范围内，可以根据区域成矿要素的空间变化规律，进行分区。吉林省大梨树沟-红太平地区红太平式火山岩型铜矿成矿要素详见表3-3-3。

表3-3-3 大梨树沟-红太平地区红太平式火山岩型铜矿成矿要素

区域成矿要素		内容描述	类别
特征描述		火山沉积型	
区域地质环境	岩石类型	火山碎屑岩夹灰岩、凝灰岩、蚀变凝灰岩、砂岩、粉砂岩、泥灰岩	必要
	成矿时代	模式年龄为290~250Ma(刘劲鸿,1997)，与矿源层——下二叠统庙岭组年代一致；另据金顿镐等(1991)，红太平矿区方铅矿铅模式年龄为208.8Ma	必要
	成矿环境	位于天山-兴蒙-吉黑造山带(Ⅰ)，小兴安岭-张广才岭弧盆系(Ⅱ)，放牛沟-里水-五道沟陆缘岩浆弧(Ⅲ)，汪清-珲春上叠裂陷盆地(Ⅳ)北部	必要
	构造背景	区内构造主要以断裂构造为主，褶皱构造次之；褶皱构造仅发育在二叠系庙岭组中，其受后期构造的影响，而形成背斜和紧密倒转背斜，背斜轴面产状为北东向；区内断裂构造有北东向、北西向，为区内主要控矿构造；其次北北东向断裂构造和北北西向断裂构造为区内控矿、容矿构造	重要
区域矿床特征	蚀变特征	主要有硅化、矽卡岩化、碳酸盐化、绿帘石化、绿泥石化等	重要
	控矿条件	二叠系庙岭组火山碎屑岩夹灰岩、凝灰岩、蚀变凝灰岩、砂岩、粉砂岩、泥灰岩为主要含矿层位和控矿层位；二叠纪庙岭-开山屯裂陷槽控制了早期的海底火山喷发，是控矿的区域构造；轴向近东西向展布的开阔向斜构造控制红太平矿区展布	必要

3. 闹枝-棉田预测工作区

预测工作区成矿要素图以1：5万吉林省闹枝-棉田预测工作区火山岩相构造图为预测底图，突出标明与成矿有关的地质内容。图面标明全部矿床、矿点、矿化线索、采矿遗迹、蚀变等有关内容；主要反映区域成矿地质作用、区域成矿构造体系、区域成矿特征等内容。总结区域成矿规律，确定各种成矿要素信息。在预测工作区范围内，可以根据区域成矿要素的空间变化规律，进行分区。吉林省闹枝-棉田地区闹枝式火山岩型铜矿成矿要素详见表3-3-4。

表 3-3-4 闹枝-棉田地区闹枝式火山岩型铜矿成矿要素

区域成矿要素		内容描述	类别
特征描述		火山沉积型	
区域地质环境	岩石类型	次安山岩、闪长玢岩、粗安山岩和钠长斑岩	必要
	成矿时代	燕山晚期	必要
	成矿环境	位于晚三叠世—新生代东北叠加造山-裂谷系(Ⅰ),小兴安岭-张广才岭叠加岩浆弧(Ⅱ),太平岭-英额岭火山盆地区(Ⅲ),罗子沟-延吉火山盆地群(Ⅳ),近东西向百草沟-金仓断裂带之南部隆起区内,区内北西向断裂发育	必要
	构造背景	褶皱构造:汪清盆地向斜构造、百草沟向斜构造;断裂构造:区内断裂构造比较发育,其中有近东西向断层、南北向断层、北东向断层、北西向断层	重要
区域矿床特征	蚀变特征	主要有黄铁矿化、硅化、绢云母化、绿泥石化、绿帘石化、高岭土化、钾化等	重要
	控矿条件	下白垩统金沟岭组、刺猬沟组次安山岩、闪长玢岩、粗安山岩和钠长斑岩为主要控矿层位;区内的断裂构造以走向北西向的断裂最为发育,北西向挤压破碎带和北西向扭性断层为区内的控矿断层和容矿断层,其次近东西向断层对金铜矿产亦有控矿作用	必要

4. 地局子-倒木河预测工作区

预测工作区成矿要素图以1:5万吉林省地局子-倒木河地区火山建造构造图为预测底图,突出标明与成矿有关的地质内容。图面标明全部矿床、矿点、矿化线索、采矿遗迹、蚀变等有关内容;主要反映区域成矿地质作用、区域成矿构造体系、区域成矿特征等内容。总结区域成矿规律,确定各种成矿要素信息。在预测工作区范围内,可以根据区域成矿要素的空间变化规律进行分区。吉林省地局子-倒木河地区闹枝式火山岩型铜矿成矿要素详见表3-3-5。

表 3-3-5 地局子-倒木河地区闹枝式火山岩型铜矿成矿要素

区域成矿要素		内容描述	类别
特征描述		火山沉积型	
区域地质环境	岩石类型	安山质火山角砾岩、流纹质凝灰岩、含角砾凝灰岩、火山角砾岩、砂岩	必要
	成矿时代	侏罗纪	必要
	成矿环境	东北叠加造山-裂谷系(Ⅰ),小兴安岭-张广才岭叠加岩浆弧(Ⅱ),张广才岭-哈达岭火山-盆地区(Ⅲ),南楼山-辽源火山-盆地群(Ⅳ)内	必要
	构造背景	区内构造主要为断裂构造,以北西向为主,北东向次之	重要
区域矿床特征	蚀变特征	硅化、绢云母化、褐铁矿化、黄铁矿化等	重要
	控矿条件	与含矿有关的地层为下侏罗统南楼山组、玉兴屯组的安山质火山角砾岩、流纹质凝灰岩、含角砾凝灰岩、火山角砾岩、砂岩地层;北西向或北北西向断裂为控矿的区域构造	必要

5. 杜荒岭预测工作区

预测工作区成矿要素图以1:5万吉林省杜荒岭预测工作区火山岩性岩相建造构造图为预测底图,突出标明与成矿有关的地质内容。图面标明全部矿床、矿点、矿化线索、采矿遗迹、蚀变等有关内容;主要反映区域成矿地质作用、区域成矿构造体系、区域成矿特征等内容。总结区域成矿规律,确定各种成矿要素信息。在预测工作区范围内,可以根据区域成矿要素的空间变化规律进行分区。吉林省杜荒岭地区闹枝式火山岩型铜矿成矿要素详见表3-3-6。

表 3-3-6　杜荒岭地区闹枝式火山岩型铜矿成矿要素

区域成矿要素		内容描述	类别
特征描述		火山沉积型	
区域地质环境	岩石类型	安山岩、安山质角砾凝灰岩、安山质集块岩、安山质角砾岩、安山质凝灰角砾岩、闪长玢岩	必要
	成矿时代	早白垩世	必要
	成矿环境	位于晚三叠世—新生代东北叠加造山-裂谷系（Ⅰ），小兴安岭-张广才岭叠加岩浆弧（Ⅱ），太平岭-英额岭火山盆地区（Ⅲ），罗子沟-延吉火山盆地群（Ⅳ），近东西向百草沟-金仓断裂带之南部隆起区内，区内北西向断裂发育	必要
	构造背景	褶皱构造：仅在杜荒岭一带珲春组（Eh）中发育有比较宽缓的向斜构造；断裂构造：东西向断裂、南北向断裂、北西向断裂、北东向断裂，这些实测断裂多数延伸距离很短，而且分布相对比较分散	重要
区域矿床特征	蚀变特征	硅化、高岭土化、绿泥石化、绿帘石化、黄铁矿化、碳酸盐化、褐铁矿化、阳起石化等	重要
	控矿条件	下白垩统金沟岭组安山岩、安山质角砾凝灰岩、安山质集块岩、安山质角砾岩、安山质凝灰角砾岩、闪长玢岩为主要含矿层位和控矿层位；控矿的区域构造为东西向断裂、北东向断裂、北西向断裂及近东西向断裂	必要

6. 刺猬沟-九三沟预测工作区

预测工作区成矿要素图以 1∶5 万吉林省刺猬沟-九三沟预测工作区火山岩性岩相构造图为预测底图，突出标明与成矿有关的地质内容。图面标明全部矿床、矿点、矿化线索、采矿遗迹、蚀变等有关内容；主要反映区域成矿地质作用、区域成矿构造体系、区域成矿特征等内容。总结区域成矿规律，确定各种成矿要素信息。在预测工作区范围内，可以根据区域成矿要素的空间变化规律进行分区。吉林省刺猬沟-九三沟地区闹枝式火山岩型铜矿成矿要素详见表 3-3-7。

表 3-3-7　刺猬沟-九三沟地区闹枝式火山岩型铜矿成矿要素

区域成矿要素		内容描述	类别
特征描述		火山沉积型	
区域地质环境	岩石类型	安山岩、英安岩、含角砾安山岩，次安山岩和次玄武岩	必要
	成矿时代	早白垩世	必要
	成矿环境	晚三叠世—中生代小兴安岭-张广才岭叠加岩浆弧（Ⅱ），太平岭-英额岭火山-盆地区（Ⅲ），罗子沟-延吉火山盆地群（Ⅳ）内；受北北东向图们断裂带与北西向嘎呀河断裂复合部位控制	必要
	构造背景	褶皱构造：在中二叠统庙岭组存在有轴向近南北向的 3 个向斜构造和 3 个背斜构造，每个褶皱两翼倾角相对较陡，多在 40°～70°之间，枢纽向南倾伏。在西部下白垩统大拉子组分布区存在一个向斜构造，褶皱轴向为北北西向，两翼倾角在 20°～30°，枢纽近水平。断裂构造：区内的断裂构造比较发育，其中有东西向断裂、南北向断裂、北东向断裂和北西向断裂，区内的断裂具有多期多次活动的特点	重要
区域矿床特征	蚀变特征	主要有黄铁矿化、硅化、绢云母化、绿泥石化等	重要
	控矿条件	下白垩统刺猬沟组安山岩、英安岩、含角砾安山岩和金沟岭组次安山岩和次玄武岩为主要含矿层位和控矿层位；近东西向断裂、南北向断裂、北东向断裂和北西向断裂为区内的控断裂构造；其中北东向和北西向断裂的交会部位对成矿有利，控矿作用更为明显	必要

7. 大黑山-锅盔顶子预测工作区

预测工作区成矿要素图以1：5万吉林省大黑山-锅盔顶子地区火山建造构造图为预测底图，突出标明与成矿有关的地质内容。图面标明全部矿床、矿点、矿化线索、采矿遗迹、蚀变等有关内容；主要反映区域成矿地质作用、区域成矿构造体系、区域成矿特征等内容。总结区域成矿规律，确定各种成矿要素信息。在预测工作区范围内，可以根据区域成矿要素的空间变化规律进行分区。吉林省大黑山-锅盔顶子地区闹枝式火山岩型铜矿成矿要素详见表3-3-8。

表3-3-8　大黑山-锅盔顶子地区闹枝式火山岩型铜矿成矿要素

区域成矿要素		内容描述	类别
特征描述		火山沉积型	
区域地质环境	岩石类型	安山质凝灰角砾岩、凝灰岩及少量流纹质凝灰角砾岩	必要
	成矿时代	早、中侏罗世	必要
	成矿环境	位于吉黑褶皱系，吉林优地槽褶皱带，吉中复向斜南部，上叠为滨太平洋陆缘活动带，长白山火山-深成岩带，大黑山断隆区	必要
	构造背景	以东西向断裂构造为主	重要
区域矿床特征	蚀变特征	主要有钾长石化、绢云母化、黄铁绢英岩化、青磐岩化等	重要
	控矿条件	南楼山组安山质凝灰角砾岩、凝灰岩及少量流纹质凝灰角砾岩为含矿层位；东西向断裂构造为控岩构造，也是控矿构造	必要

（三）侵入岩浆型

1. 红旗岭预测工作区

预测工作区成矿要素图以1：5万吉林省红旗岭地区侵入岩建造构造图为预测底图，突出标明与成矿有关的地质内容。图面标明全部矿床、矿点、矿化线索、采矿遗迹、蚀变等有关内容；主要反映区域成矿地质作用、区域成矿构造体系、区域成矿特征等内容。总结区域成矿规律，确定各种成矿要素信息。在预测工作区范围内，可以根据区域成矿要素的空间变化规律进行分区。吉林省红旗岭地区红旗岭式基性—超基性岩浆熔离-贯入型铜镍矿成矿要素详见表3-3-9。

表3-3-9　红旗岭地区红旗岭式基性—超基性岩浆熔离-贯入型铜镍矿成矿要素

区域成矿要素		内容描述	类别
特征描述		岩浆熔离型	
区域地质环境	岩石类型	辉长岩-辉石岩-橄榄岩型与斜方辉石-苏长岩型	必要
	成矿时代	225Ma前后的印支中期	必要
	成矿环境	位于天山-兴蒙-吉黑造山带（Ⅰ），包尔汉图-温都尔庙弧盆系（Ⅱ），下二台-呼兰-伊泉陆缘岩浆弧（Ⅲ），盘桦上叠裂陷盆地（Ⅳ）内	必要
	构造背景	区域上受槽台两大构造单元接触带辉发河-古洞河超岩石圈断裂控制，是区域导岩构造，该断裂不仅是两构造单元的分界线，也是含镍基性—超基性侵入岩体的导岩（矿）构造，与之有成因联系的北西向次一级断裂为储岩（矿）构造	重要
区域矿床特征	蚀变特征	滑石化、次闪石化、黑云母化、皂石化、蛇纹石化、绢云母化等蚀变与矿化关系密切	重要
	控矿条件	区域上受槽台两大构造单元接触带辉发河-古洞河超岩石圈断裂控制，是区域导岩构造，与辉发河-古洞河超岩石圈断裂有成因联系的次一级北西向断裂是控岩控矿构造；含矿岩体为辉长岩-辉石岩-橄榄岩型与斜方辉石-苏长岩型的基性—超基性岩体	必要

2. 漂河川预测工作区

预测工作区成矿要素图以1:5万吉林省漂河川预测工作区侵入岩浆构造图为预测底图,突出标明与成矿有关的地质内容。图面标明全部矿床、矿点、矿化线索、采矿遗迹、蚀变等有关内容;主要反映区域成矿地质作用、区域成矿构造体系、区域成矿特征等内容。总结区域成矿规律,确定各种成矿要素信息。在预测工作区范围内,可以根据区域成矿要素的空间变化规律进行分区。吉林省漂河川地区红旗岭式基性—超基性岩浆熔离-贯入型铜镍矿成矿要素详见表3-3-10。

表3-3-10 漂河川地区红旗岭式基性—超基性岩浆熔离-贯入型铜镍矿成矿要素表

区域成矿要素		内容描述	类别
特征描述		岩浆熔离型	
区域地质环境	岩石类型	主要为斜长角闪橄辉岩、含长角闪橄辉岩、斜长角闪辉岩,及含长橄辉岩等	必要
	成矿时代	铜镍硫化物矿床的形成时间晚于含矿岩体,为225Ma前后的印支中期	必要
	成矿环境	位于天山-兴蒙-吉黑造山带(Ⅰ),包尔汉图-温都尔庙弧盆系(Ⅱ),下二台-呼兰-伊泉陆缘岩浆弧(Ⅲ),盘桦上叠裂陷盆地(Ⅳ)内	必要
	构造背景	区内构造主要以断裂构造为主,其展布方向以北东向为主,北西向次之	重要
区域矿床特征	蚀变特征	含矿石英脉主要表现为黄铜矿化、黄铁矿化、云英岩化、褐铁矿化、辉锑矿化等,而围岩中则发育黄铁矿化、硅化、碳酸盐化、绢云母化、绿泥石化等蚀变	重要
	控矿条件	矿体主要受控于二道甸子-暖木条子轴向近东西向背斜北翼,大体沿大河深组与范家屯组接触带展布;控矿岩体为斜长角闪橄辉岩、含长角闪橄辉岩、斜长角闪辉岩,及含长橄辉岩基性—超基性岩体	必要

3. 赤柏松-金斗预测工作区

预测工作区成矿要素图以1:5万吉林省赤柏松-金斗预测工作区侵入岩浆构造图为预测底图,突出标明与成矿有关的地质内容。图面标明全部矿床、矿点、矿化线索、采矿遗迹、蚀变等有关内容;主要反映区域成矿地质作用、区域成矿构造体系、区域成矿特征等内容。总结区域成矿规律,确定各种成矿要素信息。在预测工作区范围内,可以根据区域成矿要素的空间变化规律进行分区。吉林省赤柏松-金斗地区赤柏松式铜镍硫化物型铜镍矿成矿要素详见表3-3-11。

表3-3-11 赤柏松-金斗地区赤柏松式铜镍硫化物型铜镍矿成矿要素

区域成矿要素		内容描述	类别
特征描述		熔离-深源液态分离矿浆贯入型	
区域地质环境	岩石类型	变质辉长岩、橄榄苏长辉长岩、二辉橄榄岩、变质辉绿岩、正长斑岩等	必要
	成矿时代	元古宙早期,2240~1960Ma	必要
	成矿环境	前南华纪华北东部陆块(Ⅱ),龙岗-陈台沟-沂水前新太古代陆核(Ⅲ),板石新太古代地块(Ⅳ)内的二密-英额布中生代火山-岩浆盆地的南侧	必要
	构造背景	分布在穹状背形核部的北东向或北北东向断裂构造是本区控岩、控矿构造,本溪-浑江超岩石圈断裂为控制区域基性—超基性岩浆活动的导矿构造,区域基性岩体沿断裂古隆起一侧,分段(群)集中分布;基底穹隆核部断裂构造控制基性—超基性岩产状、形态等特征	重要

续表 3-3-11

区域成矿要素		内容描述	类别
特征描述		熔离-深源液态分离矿浆贯入型	
区域矿床特征	蚀变特征	1号岩体从不含矿岩相到含矿岩相,黑云母的含量由1.5%→3%→5%的增长,在贯入型矿石中金属硫化物周围分布有黑云母等,这是一种钾化的表现,次闪石化在含矿的岩体边部较为发育	重要
	控矿条件	岩体控矿:分布于本区古元古代基性—超基性岩,为有利成矿岩体;复式岩体是构造多次活动、岩浆多次侵入产物,多形成大而富矿床,单式岩体分异完善,基性程度越高,对形成熔离型矿床越有利;就地熔离矿体一般位于岩体底部或下部,深源液态分离贯入型矿体多位于先期侵入岩体底部、边部或近侧围岩中。 构造控矿:分布在穹状背形核部的北东向或北北东向断裂构造是本区控岩、控矿构造;本溪-浑江超岩石圈断裂为控制区域基性—超基性岩浆活动的导矿构造	必要

4. 长仁-獐项预测工作区

预测工作区成矿要素图以1:5万吉林省长仁-獐项预测工作区侵入岩浆构造图为预测底图,突出标明与成矿有关的地质内容。图面标明全部矿床、矿点、矿化线索、采矿遗迹、蚀变等有关内容;主要反映区域成矿地质作用、区域成矿构造体系、区域成矿特征等内容。总结区域成矿规律,确定各种成矿要素信息。在预测工作区范围内,可以根据区域成矿要素的空间变化规律进行分区。吉林省长仁-獐项地区红旗岭式基性—超基性岩浆熔离-贯入型铜镍矿成矿要素详见表3-3-12。

表 3-3-12 长仁-獐项地区红旗岭式基性—超基性岩浆熔离-贯入型铜镍矿成矿要素

区域成矿要素		内容描述	类别
特征描述		岩浆熔离型	
区域地质环境	岩石类型	辉石岩,含长辉石岩橄榄二辉岩;辉石橄榄岩、含长辉石橄榄岩、橄榄辉石岩、橄榄辉岩;斜长辉石岩、辉石岩、辉石橄榄岩;角闪辉石岩、橄榄辉石岩、辉石岩、辉石橄榄岩、辉长岩	必要
	成矿时代	加里东晚期	必要
	成矿环境	位于天山-兴蒙-吉黑造山带(Ⅰ),包尔汉图-温都尔庙弧盆系(Ⅱ),清河-西保安-江域岩浆弧(Ⅲ)内	必要
	构造背景	褶皱构造:区内只发育有1个褶皱构造,即长仁向斜构造; 断裂构造:区内的断裂比较发育,主要有东西向断裂、北西向断裂和北东向断裂,其中北西向断裂为著名的古洞河大断裂的一部分。古洞河断裂是区内唯一活动时间长、期次多、规模大、切割深的导岩构造;沿古洞河断裂以及北东向断裂附近发育的北西向及北东向两组扭性断裂,以控制闪长岩体为主。沿古洞河断裂及苔田-东丰深断裂两侧,以北北东向或近南北压扭—扭张性断裂为主,控制辉长岩体;北北东向(或近南北向)及北西向两组扭性断裂,规模小,分布较密集,控制矿区基性—超基性岩体	重要
区域矿床特征	蚀变特征	基性—超基性岩体的蚀变以自蚀变为主,主要有蛇纹石化、次闪石化、绿泥石化、滑石化、金云母化,多分布在岩体底部、中部辉石橄榄岩相中,与铜、镍矿化关系密切	重要
	控矿条件	区域赋矿岩体主要为辉石岩、含长辉石岩、橄榄二辉岩;辉石橄榄岩、含长辉石橄榄岩、橄榄辉石岩、辉橄岩;斜长辉石岩、辉石岩、辉石橄榄岩;角闪辉石岩、橄榄辉石岩、辉石岩、辉石橄榄岩、辉长岩基性—超基性岩体;本区控矿构造为沿古洞河断裂及苔田-东丰深断裂两侧,以北北东向或近南北向压扭—扭张性断裂,北北东向(或近南北向)及北西向两组扭性断裂控制矿区基性—超基性岩体,该期构造控制的岩体与成矿关系密切	必要

(五)斑岩型

1. 二密-老岭沟预测工作区

预测工作区成矿要素图以1∶5万吉林省二密-老岭沟预测工作区侵入岩浆构造图为预测底图,突出标明与成矿有关的地质内容。图面标明全部矿床、矿点、矿化线索、采矿遗迹、蚀变等有关内容;主要反映区域成矿地质作用、区域成矿构造体系、区域成矿特征等内容。总结区域成矿规律,确定各种成矿要素信息。在预测工作区范围内,可以根据区域成矿要素的空间变化规律进行分区。吉林省二密-老岭沟地区二密式斑岩型铜矿成矿要素详见表3-3-19。

表 3-3-19　二密-老岭沟地区二密式斑岩型铜矿成矿要素

区域成矿要素		内容描述	类别
特征描述		主体为与中深成—浅成次火山岩有关的斑岩型铜矿,次为高—中温热液型,局部为爆破角砾岩型	
区域地质环境	岩石类型	石英闪长岩、石英闪长玢岩、石英二云闪长岩和花岗斑岩	必要
	成矿时代	燕山晚期	必要
	成矿环境	位于晚三叠世—新生代构造单元华北叠加造山-裂谷系(Ⅰ),胶辽吉叠加岩浆弧(Ⅱ),吉南-辽东火山-盆地区(Ⅲ),柳河-二密火山-盆地区(Ⅳ),三源浦中生代火山沉积盆地内	必要
	构造背景	区内中生代地层产状平缓,褶皱构造不发育,以断裂构造和火山构造为主。断裂构造形迹复杂多样,可分为东升-枝沟东西向断裂带、东北天北东向断层、张家街-东升屯北西向断层、六合屯-大连川近南北向断裂,其中六合屯-大连川近南北向断裂控制岩浆岩带的宏观分布,其次级断裂对矿体控制明显	重要
区域矿床特征	蚀变特征	面状蚀变主要有黄铁矿化、黄铜矿化、绿泥石化、绿帘石化、电气石化、镜铁矿化、褐铁矿化、碳酸盐化、高岭土化、绢云母化、硅化等;线状蚀变主要发育在矿体上、下盘近矿围岩中,蚀变矿物种类明显受围岩岩性控制,在石英闪长岩及花岗斑岩中,从矿体两侧发育有黄铜矿化、黄铁矿化、磁黄铁矿化、绢云母化、高岭土化、硅化、绿泥石化、绿帘石化等;在安山岩中矿体两侧以硅化、绿泥石化为主,其次为绢云母化、高岭土化	重要
	控矿条件	控矿构造:六合屯-大连川近南北向断裂控制岩浆岩带的宏观分布,其次级断裂对矿体控制明显; 燕山晚期石英闪长岩、花岗斑岩控矿:由于石英闪长岩、花岗斑岩侵入派生出的含矿热液为成矿提供了物质和热源条件	必要

2. 天合兴-那尔轰预测工作区

预测工作区成矿要素图以1∶5万吉林省天合兴-那尔轰预测工作区侵入岩浆构造图为预测底图,突出标明与成矿有关的地质内容。图面标明全部矿床、矿点、矿化线索、采矿遗迹、蚀变等有关内容;主要反映区域成矿地质作用、区域成矿构造体系、区域成矿特征等内容。总结区域成矿规律,确定各种成矿要素信息。在预测工作区范围内,可以根据区域成矿要素的空间变化规律进行分区。吉林省天合兴-那尔轰地区二密式斑岩型铜矿成矿要素详见表3-3-20。

表 3-3-20　天合兴—那尔轰地区二密式斑岩型铜矿成矿要素

区域成矿要素		内容描述	类别
特征描述		斑岩型、变质热液型	
区域地质环境	岩石类型	英斑岩及花岗斑岩,英云闪长质片麻岩、黑云斜长片麻岩	必要
	成矿时代	燕山期	必要
	成矿环境	位于晚三叠世—新生代构造单元华北叠加造山-裂谷系(Ⅰ),胶辽吉叠加岩浆弧(Ⅱ),吉南-辽东火山-盆地区(Ⅲ),柳河-二密火山-盆地区(Ⅳ)内	必要
	构造背景	南北向和近东西向断裂的交会部位	重要
区域矿床特征	蚀变特征	矿化蚀变有硅化、黄铁矿化、黄铜矿化、绢云母化、绿泥石化、碳酸盐化等	重要
	控矿条件	斑岩控矿:从矿体的赋存空间、围岩性质、成矿阶段可以看出,该区域的铜矿产于花岗斑岩与太古宙英云闪长质片麻岩相接触的部位,早白垩世花岗斑岩的侵入,可以带来含Cu的有益组分,亦可活化集中Cu的有益组分而成矿; 构造控矿:两组断裂的交会部位往往是控矿的有利部位,天合兴铜矿就产于南北向和近东西向断裂的交会部位	必要

(六)复合内生型

1. 夹皮沟-溜河预测工作区

预测工作区成矿要素图以 1∶5 万吉林省夹皮沟-溜河预测工作区综合建造构造图为预测底图,突出标明与成矿有关的地质内容。图面标明全部矿床、矿点、矿化线索、采矿遗迹、蚀变等有关内容;主要反映区域成矿地质作用、区域成矿构造体系、区域成矿特征等内容。总结区域成矿规律,确定各种成矿要素信息。在预测工作区范围内,可以根据区域成矿要素的空间变化规律进行分区。吉林省夹皮沟-溜河地区红透山式沉积变质改造型铜矿成矿要素详见表 3-3-21。

表 3-3-21　夹皮沟-溜河地区红透山式沉积变质改造型铜矿成矿要素

区域成矿要素		内容描述	类别
特征描述		沉积变质热液矿床,后期热液叠加	
区域地质环境	岩石类型	斜长片麻岩、黑云变粒岩、绢云石英片岩、斜长角闪岩、角闪片岩、绢云绿泥片岩夹角闪磁铁石英岩、石榴二辉麻粒岩英云闪长质片麻岩、变二长花岗岩、变钾长花岗岩、紫苏花岗岩等	必要
	成矿时代	新太古代	必要
	成矿环境	前南华纪华北东部陆块(Ⅱ),龙岗-陈台沟-沂水前新太古代陆块(Ⅲ),夹皮沟新太古代地块(Ⅳ)内	必要
区域矿床特征	构造背景	区内构造主要以韧性变质变形构造为主,构成夹皮沟大型韧性走滑型剪切带,总体呈北西向,局部呈近东西向展布。其次为脆性断裂构造,按照断裂构造在区内总体展布方向划分,主要有北东向和北西向,其次为近东西向。通过资料显示,区域韧性变质变形构造对含矿层起到控制作用	重要
	蚀变特征	主要蚀变类型有硅化、绢云母化、绿泥石化、绿帘石化、高岭石化等	重要
	控矿条件	新太古界夹皮沟岩群中老牛沟岩组和三道沟岩组的斜长片麻岩、黑云变粒岩、绢云石英片岩、斜长角闪岩、角闪片岩、绢云绿泥片岩夹角闪磁铁石英岩、石榴二辉麻粒岩英云闪长质片麻岩、变二长花岗岩、变钾长花岗岩、紫苏花岗岩是主要的含矿建造,即主要含矿目的层。上述岩组为铜矿的形成提供了充足的矿源层,经过后期构造和岩浆热液活动,以及区域变质作用的影响和改造,使矿源层中的Cu元素和有用矿物迁移、局部富集形成有用矿产。区内与矿产有关的构造主要为脆性断裂,区内展布方向以北东向断裂构造为主,其次为北西向断裂构造,同时区内北西向带状展布的变质变形构造也与铜矿具有密切的关系	必要

2. 安口镇预测工作区

预测工作区成矿要素图以 1∶5 万吉林省安口镇预测工作区建造构造图为预测底图,突出标明与成矿有关的地质内容。图面标明全部矿床、矿点、矿化线索、采矿遗迹、蚀变等有关内容;主要反映区域成矿地质作用、区域成矿构造体系、区域成矿特征等内容。总结区域成矿规律,确定各种成矿要素信息。在预测工作区范围内,可以根据区域成矿要素的空间变化规律进行分区。吉林省安口地区红透山式沉积变质改造型铜矿成矿要素详见表 3-3-22。

表 3-3-22 安口地区红透山式沉积变质改造型铜矿成矿要素

区域成矿要素		内容描述	类别
特征描述		火山热液型(复合内生型)成矿	
区域地质环境	岩石类型	砂岩、砾岩,玄武安山岩、安山岩	必要
	成矿时代	燕山期	必要
	成矿环境	胶辽吉叠加岩浆弧(Ⅱ),吉南-辽东火山-盆地群(Ⅲ),柳河-二密火山-盆地区。北东向柳河断裂与北西向水道-香炉碗子西山断裂交会部位	必要
	构造背景	北东向断裂构造是主要的控矿和储矿构造,北西向断裂构造是区内主要导矿和容矿构造,并且对矿体起到破坏作用	重要
区域矿床特征	蚀变特征	硅化、碳酸盐化、绿帘石化、绿泥石化等	重要
	控矿条件	区内与已知矿产有关的含矿建造为火山岩建造,即中生代上侏罗统果松组的砂岩、砾岩,玄武安山岩、安山岩,已知矿点成矿类型均为火山热液型(复合内生型)成矿;构造控矿:根据区域上发育的断裂构造看,北东向断裂构造是主要的控矿和储矿构造	必要

3. 金城洞-木兰屯预测工作区

预测工作区成矿要素图以 1∶5 万吉林省金城洞-木兰屯预测工作区建造构造图为预测底图,突出标明与成矿有关的地质内容。图面标明全部矿床、矿点、矿化线索、采矿遗迹、蚀变等有关内容;主要反映区域成矿地质作用、区域成矿构造体系、区域成矿特征等内容。总结区域成矿规律,确定各种成矿要素信息。在预测工作区范围内,可以根据区域成矿要素的空间变化规律进行分区。吉林省金城洞-木兰屯地区红透山式沉积变质改造型铜矿成矿要素详见表 3-3-23。

表 3-3-23 金城洞-木兰屯地区红透山式沉积变质改造型铜矿成矿要素

区域成矿要素		内容描述	类别
特征描述		沉积变质改造型	
区域地质环境	岩石类型	斜长角闪岩夹磁铁石英岩、浅粒岩、变粒岩或深成侵入体英云闪长质片麻岩	必要
	成矿时代	新太古代	必要
	成矿环境	前南华纪华北东部陆块(Ⅱ),龙岗-陈台沟-沂水前新太古代陆块(Ⅲ),夹皮沟新太古代地块(Ⅳ)内	必要
	构造背景	在鸡南组和官地组变质岩中,变形作用比较强烈,在上述两个地层的表壳岩中发育有透入性面理,形成 M-N 型褶皱和 I 型褶皱,还有香肠构造和眼球状构造,及 S-C 组构,依据变形特征,表明至少经历了 3 期变形,局部发育韧性剪切带;表浅层次的脆性断裂:区内浅层次的脆性断裂比较发育,主要有北东向断裂,为重要的控断裂;北西向断裂为容矿断裂	重要
区域矿床特征	蚀变特征	主要蚀变类型有黄铁矿化、硅化、绿帘石化、绿泥石、碳酸盐化等	重要
	控矿条件	新太古界鸡南岩组、官地岩组斜长角闪岩、浅粒岩、变粒岩或深成侵入体英云闪长质片麻岩,是主要的含矿建造,也是主要含矿目的层;北东向断裂和北西向断裂的交会部位为铜矿富集的有利地段	必要

三、预测工作区区域成矿模式

根据预测工作区区域地质构造背景、内生矿产的成矿作用特征,建立了预测工作区各类型矿床的成矿模式。

(一)沉积变质型

该类型矿床只分布在荒沟山-南岔预测工作区。处于前南华纪华北东部陆块(Ⅱ),胶辽吉元古代裂谷带(Ⅲ),老岭金铅锌铜钴锑滑石成矿带(Ⅳ)。矿带位于辽吉古元古代坳拉槽北段。矿体主要赋存在花山岩组第二岩性段含碳绢云千枚岩中,主要受三道阳岔-三岔河复式背斜北西翼次一级褶皱构造控制。太古宙地体经长期风化剥蚀,陆源碎屑及大量 Cu、Co 组分被搬运到裂谷海盆中,与海水中硫等相结合,或被有机质、碳质或黏土质吸附,固定在沉积物中,实现了 Cu、Co 金属硫化物富集,形成原始矿层或"矿源层"。之后在辽吉裂谷的抬升回返过程中,含矿地层发生褶皱和断裂,为热液环流提供了构造空间。同时在伴随的区域变质作用下,Cu、Co 及其伴生组分发生活化,变质热液从围岩和原始矿层或"矿源层"中萃取 Cu、Co 及其伴生组分,形成含矿热液,含矿热液运移到有利的构造空间沉淀或叠加到原始矿层或"矿源层"之上,使成矿构造进一步富集成矿。矿床属沉积变质热液矿床。变质作用是本区一次重要的矿化期次,常具金属硫化物及次生孔雀石化沿千枚理面分布,亦可见到沿千枚理分布的硅质条带与千枚理产状一致,且作同步褶曲。该矿床形成于古元古代。矿区内围岩蚀变属中—低温热液蚀变,总体上蚀变较弱,蚀变明显受花山岩组及北东向褶皱控制,呈北东向带状展布,与围岩没有明显的界线,呈渐变过渡关系。主要蚀变类型有硅化、绢云母化、绿泥石化、钠长石化、碳酸盐化。找矿标志为老岭岩群花山岩组中含碳质绢云千枚岩,经多期变质变形的构造核部。成矿模式见图 3-3-1。

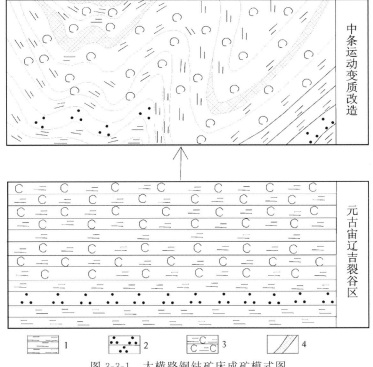

图 3-3-1 大横路铜钴矿床成矿模式图
1.泥页岩;2.石英岩;3.含碳质泥岩;4.矿带

（二）火山沉积型

该类型矿床包括海相火山沉积型及陆相火山沉积型两种类型。

1. 石嘴-官马预测工作区

该预测工作区矿床类型为海相火山沉积型，位于南华纪—中三叠世天山-兴安-吉黑造山带（Ⅰ），包尔汉图-温都尔庙弧盆系（Ⅱ），下二台-呼兰-伊泉陆缘岩浆弧（Ⅲ），磐华上叠裂陷盆地（Ⅳ）内的明城-石嘴子向斜东翼，地质构造复杂。石嘴铜矿床产于上石炭统石嘴子组喷气岩中，严格受层位与岩性控制。矿体与喷气岩呈整合产出，其间界线为渐变过渡，矿体呈层状、似层状或扁豆状产出。矿石呈条带状、层纹状，与层理产状相一致，表明层状与条带状矿石为沉积形成。沉积矿石形成后经历了变形变质作用，致使局部矿层与岩层发生同步褶曲。在后期热液作用下原矿层两侧围岩发生矽卡岩化，有些矽卡岩呈层状，矿体与矽卡岩一起具有明显的层控性，呈似层状产出。在矽卡岩化阶段伴有金属矿化，形成矽卡岩型铜矿石，它与条带状矿石相伴产生，矿体中最晚一期石英硫化物矿脉明显切穿条带状沉积型和矽卡岩型矿石，3种类型矿石构成的铜矿体总体上仍呈层状、似层状。矿床的形成经历了喷气沉积成矿阶段，此时形成的层状矿体围岩蚀变较弱，蚀变范围很小，仅限于矿体顶底板，主要为轻微的硅化、绢云母化、绿泥石化和碳酸盐化，层状矿体形成后，遭受了变形变质作用改造及热液作用的叠加，出现矽卡岩化、硅化、绢云母化、绿泥石化、碳酸盐化和萤石化。但矿体的围岩蚀变范围仅限于矿体两侧几米的距离，蚀变也不强烈。根据矿床赋存的层位，成矿时代为晚古生代。找矿标志为石嘴子组大理岩、板岩、变质砂岩、千枚岩夹喷气岩出露区，明城-石嘴子向斜东翼，重磁地球物理异常、原生地球化学异常也是热源体的重要标志。

2. 大梨树沟-红太平预测工作区

该预测工作区矿床类型为海相火山沉积型，位于天山-兴蒙-吉黑造山带（Ⅰ），小兴安岭-张广才岭弧盆系（Ⅱ），放牛沟-里水-五道沟陆缘岩浆弧（Ⅲ），汪清-珲春上叠裂陷盆地（Ⅳ）北部。矿体赋存在于二叠系庙岭组凝灰岩、蚀变凝灰岩、砂岩、粉砂岩、泥灰岩中。二叠纪庙岭-开山屯裂陷槽控制了早期的海底火山喷发，是控矿的区域构造。在晚古生代二叠纪地壳活动较为剧烈，伴随地壳下陷，海水入侵，沉积了一套海相碎屑岩，并有海底火山爆发，喷发出大量中性熔岩，形成了海底火山热液喷流，进而形成了富含铅锌的矿层或矿源层，后期的区域变形褶皱和强烈的变质改造作用对多金属迁移富集起到了一定作用。因此该矿床同生、后生成因特征兼具，系属海相火山-沉积成因，又受区域变质作用叠加后形成。矿体围岩及近矿围岩均具有不同程度的蚀变，主要有硅化、矽卡岩化、碳酸盐化、绿帘石化、绿泥石化等，尤其是绿帘石化和绿泥石化特征普遍，应该是与火山活动有关的区域性变质产物。根据矿床赋存的层位推断成矿时代为晚古生代。找矿标志为二叠纪北东东向展布的裂陷槽、构造盆地。成矿模式见图3-3-2。

3. 闹枝-棉田预测工作区

该预测工作区矿床类型为陆相火山沉积型，位于晚三叠世—新生代东北叠加造山-裂谷系（Ⅰ），小兴安岭-张广才岭叠加岩浆弧（Ⅱ），太平岭-英额岭火山盆地区（Ⅲ），罗子沟-延吉火山盆地群（Ⅳ），近东西向百草沟-金仓断裂带之南部隆起区内，区内北西向断裂发育。矿体存在于次安山岩、闪长玢岩、粗安山岩和钠长斑岩中；区内的断裂构造以走向北西向的断裂最为发育，北西向挤压破碎带和北西向扭性断层为区内的控矿断层和容矿断层，其次，近东西向断层对金铜矿产亦有控制作用。矿床成矿时代为燕山晚期。找矿标志为百草沟-金仓断裂带的南部隆起区内，屯田营组安山岩、次安山岩出露区；北西向线性构造与其他方向的线性构造的复合部位；面型的青磐岩化带叠加硅化、绢云母化、碳酸盐化、钾化、黄铁矿化区域。

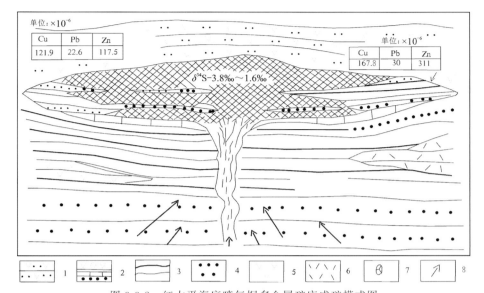

图 3-3-2 红太平海底喷气铜多金属矿床成矿模式图

1.安山质凝灰岩；2.含矿互层带（砂岩、泥灰岩、钙质砂岩、凝灰岩矿层）；3.板岩；4.砂岩；
5.安山岩；6.流纹岩；7.蚀化石；8.富含矿质的循环天水流体

4. 地局子-倒木河预测工作区

该预测工作区矿床类型为陆相火山沉积型，位于东北叠加造山-裂谷系（Ⅰ），小兴安岭-张广才岭叠加岩浆弧（Ⅱ），张广才岭-哈达岭火山-盆地区（Ⅲ），南楼山-辽源火山-盆地群（Ⅳ），近东西向百草沟-金仓断裂带之南部隆起区内，北西向断裂发育。矿体存在于安山质火山角砾岩、流纹质凝灰岩、含角砾凝灰岩、火山角砾岩、砂岩中。矿床成矿时代为燕山期。找矿标志为与含矿有关的地层，即下侏罗统南楼山组、玉兴屯组的安山质火山角砾岩、流纹质凝灰岩、含角砾凝灰岩、火山角砾岩、砂岩；北西向或北北西向断裂为控矿的区域构造；硅化、绢云母化、褐铁矿化、黄铁矿化区域。

5. 杜荒岭预测工作区

该预测工作区矿床类型为陆相火山沉积型，位于晚三叠世—新生代东北叠加造山-裂谷系（Ⅰ），小兴安岭-张广才岭叠加岩浆弧（Ⅱ），太平岭-英额岭火山盆地区（Ⅲ），罗子沟-延吉火山盆地群（Ⅳ），近东西向百草沟-金仓断裂带之南部隆起区内，北西向断裂发育。矿体存在于下白垩统金沟岭组安山岩、安山质角砾凝灰岩、安山质集块岩、安山质角砾岩、安山质凝灰角砾岩、闪长玢岩中。矿床成矿时代为燕山期。找矿标志为与含矿有关的地层及控矿的区域构造，以及硅化、高岭土化、绿泥石化、绿帘石化、黄铁矿化、碳酸盐化、褐铁矿化、阳起石化发育区域。

6. 刺猬沟-九三沟预测工作区

该预测工作区矿床类型为陆相火山沉积型，位于晚三叠世—新生代东北叠加造山-裂谷系（Ⅰ），小兴安岭-张广才岭叠加岩浆弧（Ⅱ），太平岭-英额岭火山盆地区（Ⅲ），罗子沟-延吉火山盆地群（Ⅳ）内。矿体存在于下白垩统刺猬沟组安山岩、英安岩、含角砾安山岩和金沟岭组次安山岩和次玄武岩中。矿床成矿时代为燕山期。找矿标志为与含矿有关的地层及北东向和北西向断裂的交会部位，黄铁矿化、硅化、绢云母化、绿泥石化发育区域。

7. 大黑山-锅盔顶子预测工作区

该预测工作区矿床类型为陆相火山沉积型，位于吉黑褶皱系，吉林优地槽褶皱带，吉中复向斜南部。

上叠为滨太平洋陆缘活动带,长白山火山-深成岩带,大黑山断隆区。矿体存在于南楼山组火山碎屑岩中,组成岩性包括安山质凝灰角砾岩、凝灰岩及少量流纹质凝灰角砾岩。矿床成矿时代为早、中侏罗世。找矿标志为与含矿有关的地层及东西向断裂构造,钾长石化、绢云母化、黄铁绢英岩化、青磐岩化发育区域。

(三) 侵入岩浆型

1. 红旗岭预测工作区

该预测工作区矿床类型为基性—超基性岩浆熔离-贯入型,位于天山-兴蒙-吉黑造山带(Ⅰ),包尔汉图-温都尔庙弧盆系(Ⅱ),下二台-呼兰-伊泉陆缘岩浆弧(Ⅲ),盘桦上叠裂陷盆地(Ⅳ)内。岩体类型为辉长岩-辉石岩-橄榄岩型与斜方辉石岩-苏长岩型。成岩时代属海西早期。其成矿过程为由富集成矿组分地幔部分熔融产生的拉斑玄武质含矿熔浆,沿超岩石圈壳断裂上升到地壳中相对稳定的中间岩浆房发生液态熔离和重力效应,形成顶部富硅酸盐熔体底部富硫化物熔体的不混熔岩浆;伴随导岩、容岩构造的脉动式间歇活动,岩浆房顶部相对密度轻、硫化物浓度低的岩浆首先侵入形成1号岩体的辉长岩相并结晶分异成辉长岩和斜长二辉岩;随后硫化物浓度基性程度大的岩浆紧接着到达侵位,与辉长岩相呈侵入接触关系,形成1号岩体橄榄岩相,并随温度降低,铁镁硅酸盐晶出,发生就地熔离作用,形成上悬矿体和底部矿体。岩浆房底部富硫化物熔体最后上升,较上部熔体侵位于1号岩体底轴部,并发生就地熔离和重力效应,形成容矿岩相矿石的垂直分带和纯硫化物脉。较下部更富硫化物的高黏度熔体在构造推动力作用下呈岩墙状贯入到张扭性断裂中,形成7号岩体。岩浆房中残留的近于硫化物的熔体最后贯入,形成7号岩体中的纯硫化物脉。控矿因素及找矿标志为区域上受槽台两大构造单元接触带辉发河-古洞河超岩石圈断裂,与辉发河-古洞河超岩石圈断裂有成因联系的次一级北西向断裂是控岩控矿构造,辉长岩-辉石岩-橄榄岩型与斜方辉石岩-苏长岩型为主要的含矿岩体,地球物理场重力线状梯度带,或存在中等强度磁异常;地球化学场中Cu、Ni、Co高异常。

2. 漂河川预测工作区

该预测工作区矿床类型为基性—超基性岩浆熔离-贯入型,位于天山-兴蒙-吉黑造山带(Ⅰ),包尔汉图-温都尔庙弧盆系(Ⅱ),下二台-呼兰-伊泉陆缘岩浆弧(Ⅲ),盘桦上叠裂陷盆地(Ⅳ)内。矿体存在于辉长岩类、斜长辉岩类、闪辉岩类基性岩体中。成矿时代为印支中期。其成矿过程为岩浆侵位于岩浆房后,发生了液态重力分异,从而导致上部基性岩相及下部超基性岩相的形成。且由于岩浆在分异演化过程中,当分异作用达到一定程度时,岩浆酸度的增加降低了硫化物熔融体的溶解度,促成了熔离作用的发生。经熔离生成的硫化物熔浆因重力作用而沉于岩体底部,而部分硫化物熔浆则顺层贯入于岩体底板的片岩中,从而形成目前岩体中的硫化镍矿床。根据矿石中硫化物包体测温资料,硫化物结晶温度在300℃左右,且浸染状矿石早晶出于块状矿石。基性岩体的各岩相普遍遭受强弱不同的蚀变,蚀变类型主要有次闪石化、绿泥石化、蛇纹石化及绢云母化等,往往在矿体附近和矿化地段蚀变强烈。控矿因素主要为二道甸子-暖木条子轴向近东西向背斜北翼,其大体沿大河深组与范家屯组接触带展布,以及辉长岩类、斜长辉岩类、闪辉岩类基性岩体控矿。找矿标志为二道甸子-暖木条子轴向近东西向背斜北翼,大河深组与范家屯组接触带附近,以及次闪石化、绿泥石化、蛇纹石化及绢云母化等蚀变强烈地段。

3. 赤柏松-金斗预测工作区

该预测工作区矿床类型为基性—超基性岩浆熔离-贯入型,位于前南华纪华北东部陆块(Ⅱ),龙岗-陈台沟-沂水前新太古代陆核(Ⅲ),板石新太古代地块(Ⅳ)内的二密-英额布中生代火山-岩浆盆地的南侧。矿体分布于本区古元古代基性—超基性岩中。本溪-浑江超岩石圈断裂为控制区域基性—超基性岩浆活动的导矿构造,区域基性岩体沿断裂古隆起一侧,分段(群)集中分布。基底穹隆核部断裂构造控制基性—超基性岩产状、形态等特征,形成于元古宙早期,形成过程为早期岩浆成矿作用,金属硫化物与橄榄石、斜方辉石组成显微文象状似共结结构,这种结构早于熔离作用硫化物的形成,在主侵入体与附加侵入体中均有所见,应属岩浆结晶作用早期阶段的产物。熔离作用主要是原生岩浆由于温度、压力的变化或第三种成分的加入,使熔浆分为互不混溶的两种液体,即硅酸盐溶液与硫化物溶液。硫化物铜镍矿床的形成主要取决于岩浆中硫和亲硫元素浓度及岩浆成分,只有较高浓度,才可能形成不混溶硫化物液体或硫化物结晶体从熔体中分离出来,进而形成熔离矿床。由于受重力影响而集中的岩体分异较完善、基性程度较高的岩相,多形成于岩体的底部。深源液态分离作用是对附加侵入体的硫化物特别是纯硫化物形成而言,即苏长辉长岩体、含矿辉长玢岩单一岩相,本身铜矿又与主侵入体属同源异期产物。深源岩浆形成就是在以离子为主体的硅酸盐熔体,其中也存在被溶解的金属离子和金属硫化物分子,这种硅酸盐熔体被视为离子-电子液体,这种液体在微观上具有非常不均一的结构,从而决定在深源硫化物-硅酸熔浆液态即已分离为互不混溶的熔浆与富硫化物矿浆。已经发生熔离、分异的岩浆沿近南北向断裂依次上侵而形成铜镍矿床。

4. 长仁-獐项预测工作区

该预测工作区矿床类型为基性—超基性岩浆熔离-贯入型,位于天山-兴蒙-吉黑造山带(Ⅰ),包尔汉图-温都尔庙弧盆系(Ⅱ),清河-西保安-江域岩浆弧(Ⅲ)内。矿体分布于辉石橄榄岩、辉石岩、橄榄岩、辉长岩等超基性岩体中。形成过程为加里东晚期,褶皱区回返隆开,古断裂及次级断裂构造活动加剧,上地幔初始岩浆沿古洞河深大断裂上升侵位,并集聚形成地下岩浆房。在地壳相对稳定时期,岩浆房内超镁质熔浆开始分异或熔离,经初始分异,Cu、Ni元素局部集中,在多期次级继承性构造活动作用下,形成了物质成分不同的多期侵入体或复合侵入体。经过一定分异的贫硫化物熔浆一次侵位后,由于外界条件的改变,使熔浆自身发生分层熔离,即就地重结晶作用。并在重力作用下,镍及相对密度大的铁镁矿物多集中在岩体的底部或中部,形成底部、中部矿体。成矿温度395～400℃。当贫硫化物熔浆一次侵位结束后,由于深部岩浆房的分异作用的继续进行,在岩浆房及至岩体底部,生成了晚期富硫残余熔浆。在压滤和互熔作用下,富硫熔浆沿刚好形成或正在形成的构造裂隙上侵,形成晚期熔离-贯入式矿床。富镍岩浆侵位后,与围岩发生接触交代作用,将围岩中的Al^{3+}、Si^{4+}、Ca^{2+}、Na^+带入岩浆,从而使硫化镍的熔点降低,使部分岩体的边缘混染带中出现矿化富集。蚀变主要有蛇纹石化、次闪石化、滑石化、金云母化,多分布在岩体底部、中部辉石橄榄岩相中,与铜、镍矿化关系密切。

5. 小西南岔-杨金沟预测工作区

该预测工作区矿床类型为斑岩型,位于晚三叠世—新生代东北叠加造山-裂谷系(Ⅰ),小兴安岭-张广才岭叠加岩浆弧(Ⅱ),太平岭-英额岭火山-盆地区(Ⅲ),罗子沟-延吉火山-盆地群(Ⅳ)内。矿体严格受北北西向压性断裂及其次级断裂控制。该类型矿床的形成具有多期、多类型成矿作用叠加特点。本区进入中生代后,由于受环太平洋活动带影响,沿近东西向和北东向深大断裂带喷发、侵入大量的中基性—酸性火山岩及花岗岩类,同时也从地壳深处随岩浆上侵带来了大量Au、Cu等有用元素,并经历了从高温到低温过程,在中温、低压、强还原性和碱性热水溶液形成易溶的稳定络合物,并迁移、富集,当溶液内碱性向酸性演化接近中性环境时,开始电离,络合物解体,金和其他金属硫化物及二氧化硅开始沉淀成矿,热液活动到晚期,随着大量金属硫化物析出,热液碱性相对增高,出现碳酸盐化。区域上东西向大断裂和其共轭断裂控制中生代火山盆地和隆起构造格架,在隆折带、断陷盆地带次级隆起区,主要出现铜-钼和金-铜系列成矿作用。而断陷带中次级凹陷区则出现铅-锌和金-铜成矿系列。矿床受区域性断裂交切构造控制,在两组构造交切部位发育有燕山早期火山-深成杂岩体。小西南岔矿床形成主要与燕山早期火山-深成杂岩晚期中酸性次火山岩有关,尤其是中基性次火山岩与成矿关系密切。小西南岔矿床是多期多阶段成矿作用叠加而成的,早期钾长石-黑云母-绿帘石和阳起石-透闪石-绿泥石是与早期花岗闪长岩、花岗斑岩有关的铜、铜-钼矿化阶段产物,蚀变范围广。中期硅化-绢云母化、碳酸盐化是金铜矿化阶段产物,属近矿蚀变组合。晚期碳酸盐化-绿泥石化为近矿蚀变外带。找矿标志有原生晕标志、金自然重砂标志,并在重砂中出现黄铜矿-磁黄铁矿组合时是近矿标志。成矿模式见图 3-3-3。

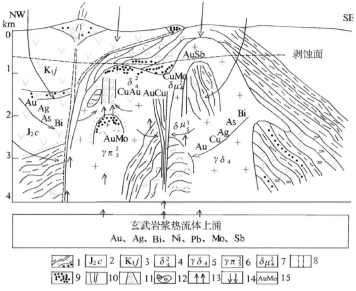

图 3-3-3 小西南岔金铜矿床成矿模式图

1.寒武系—奥陶系五道沟群变质岩;2.中侏罗统刺猬沟组安山岩-流纹岩;3.下白垩统金沟岭组玄武安山岩-安山岩;4.早海西期花岗闪长岩;7.燕山期闪长玢岩;8.深断裂及大断裂;9.细脉浸染状矿化;10.石英脉型矿化;11.角砾岩筒型矿化;12.火山口硅华;13.幔源岩浆热流体上涌;14.古大气降水—地下水运移方向;15.矿化、矿床类型:①早海西期细脉浸染状 Cu、Mo 矿化;②燕山早期花岗斑岩顶部细脉浸染状斑岩型 Cu、Mo 矿化;③斑岩体上部角砾岩筒型 Au、Cu 矿化;④燕山晚期密脉带 Au、Cu 矿化;⑤单脉型 Au、Cu 矿化;⑥单脉型 Au、Sb 矿化;⑦大六道沟单脉型 Au、Cu 矿化

6. 农坪-前山预测工作区

该预测工作区矿床类型为斑岩型,位于晚三叠世—新生代东北叠加造山-裂谷系(Ⅰ),小兴安岭-张广才岭叠加岩浆弧(Ⅱ),太平岭-英额岭火山盆地区(Ⅲ),罗子沟-延吉火山盆地群(Ⅳ)内。矿体存在于中二叠世闪长岩和晚三叠世花岗闪长岩中。矿床成矿时代为海西期。找矿标志为与含矿有关的地层及东西向断裂、北北东向断裂、南北向断裂,已知铜矿床、矿点、矿化点均受上述 3 组断裂构造控制,3 组断裂的交会部位是成矿最有利的部位。主要的矿化蚀变有黄铁矿化、黄铜矿化、褐铁矿化、硅化、绢云母化、黑云母化、绿帘石化、绿泥石化、钾长石化、高岭土化、阳起石化、碳酸盐化等。

7. 正岔-复兴屯预测工作区

该预测工作区矿床类型为斑岩型,位于前南华纪华北东部陆块(Ⅱ),胶辽吉古元古代裂谷带(Ⅲ),集安裂谷盆地(Ⅳ)内。矿体主要赋存于复兴屯闪长岩体及荒岔河岩组接触的构造破碎带及裂隙中,含矿围岩主要为大理岩。矿床成矿时代为燕山早期。古元古代荒岔沟期大体继承蚂蚁河期古地理位置,因构造变动,由蚂蚁河期的障壁海步入荒岔沟期的浅水盆地,形成一套有中性—基性火山作用的碳酸盐类复理石建造。由于当时古气候温暖潮湿,充分的大气降水使盆地水淡化,有利于生物生存繁衍,大量有机质堆积,分解出 H_2S、CH_4,水体缺氧,在还原条件下有利碳保存和黄铁矿在地层中均匀分布,由于 pH、Eh 值不断变化及有机质对金属离子的吸附,亲硫元素 Pb、Zn、Cu、Ag 等在地层中丰度相对较高。其中,Zn 高出地壳克拉克值 3~4 倍,形成荒岔沟岩组以含石墨为特征的(局部形成石墨矿床),以 Pb、Zn 多金属为主的矿源层。集安运动使地层发生变质变形作用,金属元素同时被活化、迁移,并初步富集形成变质后矿源层。燕山期花岗斑岩分异出的含矿热液,汇同加热的大气降水生成 $(Na、K)Cl + (Ca、Mg)Cl_2 - H_2O$ 含矿流体(260~400℃)萃取集安岩群内物质,形成富矿流体;含矿流体(偏酸性)与矽卡岩(偏碱性)相遇发生中和反应促使金属元素从矿液内沉淀而形成矿体。找矿标志为与含矿有关的地层及北东向断裂、北北东向断裂，主要的矿化蚀变有碳酸盐化、硅化、黄铁矿化、绿泥石化、重晶石化、阳起石化、钾化等。成矿模式见图 3-3-4。

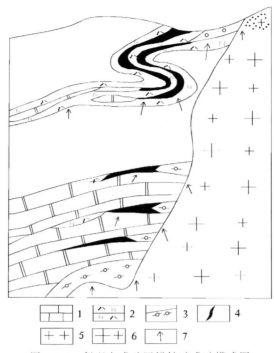

图 3-3-4　复兴屯成矿区铅锌矿成矿模式图
1.大理岩;2.斜长角闪岩;3.矽卡岩;4.矿体;5.花岗斑岩;6.铜矿化花岗斑岩;7.地下热液流动方向

(四)矽卡岩型

1. 兰家预测工作区

该预测工作区矿床类型为矽卡岩型，位于晚三叠世—新生代华北叠加造山-裂谷系(Ⅰ)，小兴安岭-张广才岭叠加岩浆弧(Ⅱ)，张广才岭-哈达岭火山-盆地区(Ⅲ)，大黑山条垒火山-盆地群(Ⅳ)内。与含矿有关的建造为沉积岩建造和侵入岩建造，即上二叠统范家屯组碎屑岩和石英闪长岩，受范家屯组层控明显。侵入岩建造为其提供了矿源，使有用矿物富集成矿;在两者接触带附近形成层控内生型铜矿。矿床成矿时代为印支晚期。石英闪长岩的岩浆期后热液与大理岩产生交代形成矽卡岩，靠近岩体一侧形成透辉石石榴子石矽卡岩，向围岩一侧则以阳起石、磁铁矿为特征，伴随有钙铁辉石、钙铁榴石、黑柱石等矿物，是矽卡岩作用较晚期的产物，形成阳起石矽卡岩。矽卡岩阶段结束后，则转入矽卡岩热液阶段，溶液开始表现为碱性环境，并有赤铁矿等矿物析出，而后慢慢向酸性过渡，出现了少量贫硫的自然金属及硫化物，这是金的主要沉淀时间，随后矿液中具有亲硫性质的铜开始沉淀就位。控矿找矿标志为上二叠统范家屯组碎屑岩和石英闪长岩，在两者接触带附近形成层控内生型铜矿。区内与矿产有关的构造主要为北西向兰家倒转向斜，以及北西向、北东向次级断裂构造。主要矿化蚀变有矽卡岩化、绿帘石化、钠长石化、赤铁矿化、水云母化、硅化、电气石化、沸石-萤石化、碳酸盐化等。

2. 大营-万良预测工作区

该预测工作区矿床类型为矽卡岩型，位于华北叠加造山-裂谷系(Ⅰ)，胶辽吉叠加岩浆弧(Ⅱ)，吉南-辽东火山盆地区(Ⅲ)，抚松-集安火山-盆地群(Ⅳ)。矿体赋存于寒武纪地层与中性和中酸性(钙碱

泥石化,及深色岩石的褪色蚀变是间接找矿标志,孔雀石化、蓝铜矿化是直接找矿标志;电法低阻高极化带是间接找矿标志;Cu、Mo、Sn、Bi、Ag、Pb、Zn水系沉积物和土壤异常是直接找矿标志。

(六)复合内生型

1. 夹皮沟-溜河预测工作区

该预测工作区矿床类型为沉积变质改造型,位于前南华纪华北东部陆块(Ⅱ),龙岗-陈台沟-沂水前新太古代陆块(Ⅲ),夹皮沟新太古代地块(Ⅳ)内。矿床成矿时代为新太古代,产于新太古界夹皮沟岩群的老牛沟岩组和三道沟岩组中,岩性为斜长片麻岩、黑云变粒岩、绢云石英片岩、斜长角闪岩、角闪片岩、绢云绿泥片岩夹角闪磁铁石英岩、石榴二辉麻粒岩英云闪长质片麻岩、变二长花岗岩、变钾长花岗岩、紫苏花岗岩等。新太古界夹皮沟岩群的老牛沟岩组和三道沟岩组是主要的含矿建造,即主要含矿目的层。上述岩组为铜矿的形成提供了充足的矿源层,在经过后期构造和岩浆热液活动,以及区域变质变形作用的影响和改造,矿源层中的Cu元素和有用矿物迁移、局部富集形成有用矿产。区内与矿产有关的构造主要为脆性断裂,区内展布方向以北东向断裂构造为主,其次为北西向断裂构造,同时区内北西向带状展布的变质变形构造也与铜矿具有密切的关系。主要蚀变类型有硅化、绢云母化、绿泥石化、绿帘石化、高岭土化等。成矿模式见图3-3-6。

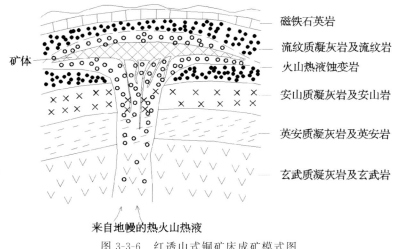

图3-3-6 红透山式铜矿床成矿模式图

2. 安口镇预测工作区

该预测工作区矿床类型为沉积变质改造型,位于胶辽吉叠加岩浆弧(Ⅱ),吉南-辽东火山-盆地群(Ⅲ),柳河-二密火山-盆地区,北东向柳河断裂与北西向水道-香炉碗子西山断裂交会部位。矿床成矿时代为燕山期。区内与已知矿产有关的含矿建造为火山岩建造,即中生界上侏罗统果松组的砂岩、砾岩,玄武安山岩,安山岩,已知矿点成矿类型均为火山热液型(复合内生型),根据区域上发育的断裂构造看,与成矿有关的构造为北东向断裂构造,为主要的控矿和储矿构造;北西向断裂构造是区内主要导矿和容矿构造,并且对矿体起到破坏作用。主要蚀变类型有硅化、碳酸盐化、绿帘石化、绿泥石化等。

3. 金城洞-木兰屯预测工作区

该预测工作区矿床类型为沉积变质改造型,位于前南华纪华北东部陆块(Ⅱ),龙岗-陈台沟-沂水前新太古代陆块(Ⅲ),夹皮沟新太古代地块(Ⅳ)内。矿床成矿时代为新太古代,产于太古宇鸡南岩组和官地岩组中,岩性为斜长角闪岩夹磁铁石英岩、浅粒岩、变粒岩或深成侵入体英云闪长质片麻岩等,因此该地层是主要的含矿建造,即主要含矿目的层。上述岩组为铜矿的形成提供了充足的矿源层,经过后期构造和岩浆热液活动,以及区域变质变形作用的影响和改造,使矿源层中的 Cu 元素和有用矿物迁移、局部富集形成有用矿产。区内与矿产有关的构造主要为脆性断裂,展布方向以北东向断裂构造为主,为重要的控矿断裂,北西向断裂为容矿断裂。主要蚀变类型有黄铁矿化、硅化、绿帘石化、绿泥石、碳酸岩化等。

第四章 物化遥、自然重砂应用

第一节 重　力

一、技术流程

1. 资料收集整理

在 2008—2009 年 1∶100 万、1∶20 万重力资料及综合研究成果报告收集基础上,2010 年在开展典型矿床地球物理异常特征研究时,收集了通化赤柏松铜镍矿、磐石红旗岭铜镍矿、通化二密铜矿、白山市大横路铜钴矿等典型矿床大比例尺重力、磁测、电法的面积性和剖面性物探资料,其中重力大比例尺较少,后两者略多,还收集了这些矿区密度参数、磁参数、电参数等物性资料。

预测工作区和典型矿床所在区域研究时,全部使用 1∶20 万重力资料。

2. 预测工作区重力工作方法与技术

(1)预测工作区重力基础图件及推断图件编制。配合预测工作区预测底图的编制,编制不同预测工作区重力基础图件及推断地质构造图。编图比例尺和范围与预测组提供的相一致。吉林省铜矿矿产预测工作区重力资料比例尺以 1∶20 万为主(没有大于 1∶20 万比例尺资料)。预测工作区比例尺为 1∶5 万。采用北京 54 坐标系,投影方式为高斯-克吕格投影、依标准 6 度分带规定,确定投影分带的中央经线的经度值(单位:度分秒),吉林省中央经线的经度值有 123°00′、129°00′两个,投影原点纬度(单位:度分秒)规定使用地球赤道纬度:00°00′00″。参照《全国矿产资源潜力评价数据模型 空间坐标系统及其参数规定分册》《重力资料应用技术要求》《重力资料应用数据模型》等相关要求执行。

(2)预测工作区重力资料解释技术方法。重力解释的目的是对重力场所载有的地下各密度体的有关信息,作出合理的地质解释。重力解释工作重点是以铜矿矿产资源潜力预测评价为目标,对预测工作区内重力异常进行定性、定量解释,提取依据重力资料解释推断的地质要素信息。

3. 典型矿床重力异常特征研究

开展典型矿床重力异常特征研究,研究异常与成矿的规律,建立典型矿床地质地球物理找矿模型,为矿产预测提供综合信息和要素。

4. 建立数据库并提交成果

按一图一库、一说明书、一元数据提交数据库工作成果。

5. 编写重力地质解释工作报告

按规定的要求编写重力地质解释工作报告。

二、资料应用情况

收集了吉林省1：100万区域重力调查成果解释报告（1987年），长春市、四平市、辽源市、梅河口市幅1：20万区域重力解释报告（1989年），通化市、浑江市、桓仁县、集安市幅1：20万区域重力调查成果解释报告（1991年）。还收集了长春兰家金矿、磐石红旗岭铜镍矿、大黑山铜钼矿等矿区大比例尺地质、重磁资料。

根据全国项目组下发的吉林省1：20万和1：100万重力数据，编制吉林省布格重力异常图、剩余重力异常图，预测工作区布格重力异常图、剩余重力异常图。预测工作区使用的全部为1：20万重力数据。结合吉林省相关图幅1：25万～1：5万地质矿产图、本次预测工作区航磁图件、区域性密度参数、磁参数、矿区密度参数、磁参数、电参数等物性资料，开展重力资料地质解释工作，编制重力推断地质构造图和典型矿床地质矿产及物探剖析图，为矿产预测提供综合信息。

工作过程中充分利用前人工作成果，采纳利用其中正确的解释推断成果，对不合理的部分重新进行解释推断，提出新的认识。

三、数据处理

重力异常数据处理采用中国地质调查局发展中心提供的RGIS重磁电数据处理软件。

1. 布格重力异常"五统一"

全国项目组下发的吉林省1：20万重力数据，为已经按新规范（DZ/T 0082—2006）"五统一"要求进行统一改算的布格重力异常值。

2. 数据扩边

重力数据扩边能够减少数据处理导致的边界数据范围损失。宜尽量采用已有数据进行，即将所要处理的区域向外进行适当扩大。吉林省为1：20万和1：100万布格重力异常数据，数据向外扩边距离大于20km。

3. 离散数据网格化

编制预测工作区布格重力异常平面图前对1：20万比例尺测点的布格重力异常值网格化，形成对应网格化文件（*.GRD文件）。网格化方法采用"Kring泛克立格法"，网格化间距1km×1km，搜索类型采用八方位,搜索半径为5个数据点距。其他变差函数类型:线性模型;漂移类型:无漂移。块金效应:测量误差效应值为0,微结构误差效应值为0;几何异向性参数:比率为1,角度为0。

运用MapGIS软件DTM分析模块进行等值线绘制。

4. 剩余重力异常计算

编制预测工作区剩余重力异常平面图前,首先采用矩形窗口滑动平均法,计算剩余重力异常。根据吉林省及预测工作区具体地质构造特征,滑动平均窗口选定为30km×30km和14km×14km两种。采用窗口滑动平均的异常值作为窗口中心点的区域背景场,该点重力值与区域背景场相减即为该点的剩余重力异常。数据扩边范围大于滑动平均窗口的半边长。等值线绘制等项与布格重力异常图相同。

另外还进行了不同方向水平一阶导数、垂向导数、不同高度向上延拓等数据处理,编制重力异常水平一阶导数、垂向导数、不同高度向上延拓图件。

数据处理的目的是突出重力异常形态特征,为解释推断提供异常信息。

四、地质推断解释

(一)典型矿床

1. 通化赤柏松铜镍矿床

赤柏松大型硫化铜镍矿床在1:25万布格重力异常图上,处于"人"字形重力高异常带右支的内侧,以布格重力-32×10^{-5}m/s^{2}异常值圈定的高异常带场态宽缓。右支的端处,也就是矿床的南东部叠加有近等轴状局部重力高异常,最大值-26×10^{-5}m/s^2。在剩余重力异常图上(图4-1-1),异常特征更为明显,矿床处于以2×10^{-5}m/s^{2}异常值圈定的椭圆状剩余重力高异常中心,异常长4.4km,宽2.5km,椭圆状重力高异常剩余重力异常最大值略大于3×10^{-5}m/s^2。矿床的南西侧分布有近东西走向呈似椭圆状布格重力低异常,异常强度最低值为-45×10^{-5}m/s^2,边部有梯度带环绕,该梯度带北东段总体呈北西走向,在矿床位置有局部错动,显示出北西向和北东向重力梯度带交会的特征,同时也是北侧重力高异常向南正向变异部位。与1:25万地质图进行对比,矿床处于北西向、北东向、东西向断裂构造交会部位,含矿辉绿岩体位于局部重力高异常上。根据辉绿岩体、新太古代片麻岩、侏罗纪火山沉积地层密度依次降低的物性参数特征,新太古代英云闪长质片麻岩、花岗片麻岩分布区与重力高异常带较吻合,推断是引起重力高异常带的主体,侵入其中的新元代古冰湖沟变质辉绿岩体呈北东走向,沿北西方向雁行排列和平行排列,构成赤柏松基性—超基性岩群,是引起重力高异常带上的局部重力高异常的主要因素,推断辉绿岩体深部规模变大,重力低异常区与侏罗纪火山沉积地层范围基本一致。

综上所述,矿床位于区域布格重力异常北西向、北东向梯度带交会并发生错动部位及重力高异常带的边缘,说明矿床产出明显受太古宇鞍山群古老变质岩基底隆起和断裂构造控制,含矿的辉绿辉长岩群侵入其中产生局部重力高异常。重力高异常带的边缘、梯度带交会并发生错动部位是寻找与基性、超基性岩有关的硫化铜镍矿床的有利部位。

2. 磐石县红旗岭铜镍矿床

红旗岭基性—超基性岩群所处区域布格重力场为一在负背景场上产出的海龙-黑石北东向重力低

异常带的北西侧红旗岭-三道岗呈北西向展布的重力高异常带的东南端。在 14km×14km 窗口滑动平均剩余重力异常图上,该重力高异常带长约 40km,宽约 20km,其内可分解出红旗岭、茶尖岭和三道岗 3 个北西走向的局部重力高剩余异常(图 4-1-2)。这 3 个剩余重力高异常区恰是红旗岭、茶尖岭和三道岗 3 个基性—超基性岩群分布区。其中红旗岭岩区重力异常形态呈北西向规则椭圆状,长约 10km,宽 8km,最大剩余重力值为 $4×10^{-5}$ m/s²,其四周被二道岗、西半截河、黑石等重力低异常围合,并在高低异常之间呈现明显线性重力梯级带,在区内北东向梯级带有团林镇-蛟河口乡-黑石镇、富太镇-呼兰镇和茶尖岭-呼兰镇 3 条,北西向有松山镇-富太镇-石嘴镇、五道沟-呼兰镇-驿马镇 2 条。红旗岭剩余重力高异常处在北东向和北西向两组重力梯级带切割成的菱形断块区内。

经与地质和矿产资料关联,红旗岭基性—超基性岩群(共计 35 个岩体)均分布在该重力高异常区内。红旗岭矿田赋存有大型硫化铜镍矿床 2 个(1 号、7 号岩体),小型矿床 4 个(2 号、3 号、新 3 号、9 号岩体),呈北西向带状展布在红旗岭重力高异常区的南西侧。红旗岭-三道岗重力高异常带分布基本上与呼兰倾伏背斜吻合,出露地层主要为下古生界上寒武统黄莺屯岩组斜长片麻岩、黑云斜长变粒岩、角闪斜长变粒岩和蓝晶石片岩,以及下、中奥陶统小三个顶子组变质砂岩、石英砂岩、粉砂岩与结晶灰岩、大理岩及少量火山岩。此外在其西南侧茶尖岭一带还出露有中、晚二叠世石盒子组中酸火山岩、砂砾岩夹灰岩透镜体。区内早、晚古生代浅变质岩系是红旗岭基性—超基性岩的主要侵入围岩。依据区域物性资料分析,红旗岭重力高异常主要由古生代地层岩性所引起。区内基性—超基性岩群大量侵入增加了古生代地层的基性程度,亦是引起重力高异常的重要地质因素。此外北东向和北西向两组重力梯级带均是已知断裂构造所引起。这两组断裂控制了矿田的分布,其中团林-蛟河口-黑石镇断裂是敦化-密山区域性深大断裂带组成部分,是深源岩浆上侵的通道,而其北西向次级断裂为储岩、储矿构造。

总之,本区 1∶25 万区域重力异常特征指出矿田的分布范围,以及矿田构造体系的基本特征。受北东向和北西向两组重力梯级带控制的重力高异常是红旗岭矿田区域性重力异常找矿标志。

3. 白山市大横路铜钴矿床

在 1∶25 万布格重力异常图上,白山市大横路铜钴矿床处于七道沟-临江北东-北东东向相对布格重力高异常带的中部。此布格重力高异常带与老岭背斜基底隆起有关,异常带上从七道沟到临江分布有 6 个局部重力高异常,铜钴矿床即位于三棚甸子局部重力高异常东北侧边缘;重力高异常带的南部、北部为相对重力低异常带(区)(图 4-1-3)。重力高异常带与南、北两侧重力低异常带(区)之间梯度带沿北东—北东东向呈波浪状起伏,梯度带北侧比南侧略陡,向东在临江附近交会在一起。重力高、低异常带(区)特征在剩余重力异常图上更加醒目,局部重力高、低异常犬牙交错,导致了梯度带沿北东—北东东向呈波浪状展布,铜钴矿床所在的三棚甸子局部重力高异常为椭圆状,北东走向,长 6.1km,宽 3.5km,剩余重力异常最大值 $7×10^{-5}$ m/s²。重力高异常带主要为老岭岩群珍珠门岩组、花山岩组、大栗子岩组的大理岩、千枚岩、石英片岩引起。太古宙混合花岗岩和青白口纪沉积地层也能产生一定程度的重力高异常。重力高异常带北部东段椭圆状局部重力低异常是燕山期梨树沟、老秃顶子及草山似斑状黑云母花岗岩体引起。北部西段北东走向的条带状局部重力低异常带是侏罗纪果松期、林子头期火山沉积盆地的反映,两者分布范围大体一致。南部重力低异常区为印支期幸福山、燕山期老虎山花岗岩体引起。重力高异常带南、北两侧梯度带为老岭群与青白口纪沉积地层、印支期和燕山期侵入花岗岩体及侏罗纪—白垩纪火山沉积盆地的断层接触带的反映。

4. 通化县二密铜矿床

在 1∶25 万布格重力异常图上(图 4-1-4),二密中生代火山盆地整体上呈现出大面积重力低异常区,其北部叠加有北北东向椭圆状局部布格重力低异常,二密铜矿床即位于该椭圆状局部重力低异常的东南端梯度带扭曲部位,由此向南东等值线呈凸起状,显示有北西-南东向次一级的重力低异常带的存在。以 $-40×10^{-5}$ m/s² 等值线圈定的近椭圆状布格重力低异常长 12.6km,宽 6.4km,北宽南窄,中心偏北,最小值为$-45\times10^{-5}\,\mathrm{m/s^2}$,等值线向南较缓,场值逐渐升高。东西两侧梯度带梯度略陡,梯度接近,西侧呈弧形向西凸起,东侧梯度带平直但在铜矿床处向南东方向发散。

在剩余重力异常图上,铜矿床处于以$-2\times10^{-5}\,\mathrm{m/s^2}$异常值圈定的重力低异常南部平缓异常区的东南缘,也是南北向椭圆状重力低异常转为南东向异常的过渡部位。

从1∶25万地质图上看出,椭圆状重力低异常大部分处于上侏罗统果松组和松顶山石英闪长岩体、花岗斑岩体分布区,仅重力低异常中心东北外侧为新太古代变质二长花岗质片麻岩分布区。根据区域重力报告中物性密度参数统计结果,新太古代片麻岩、侏罗纪火山沉积地层、松顶山中酸性岩体具有密度依次降低的物性参数特征,重力低异常中心分布区的果松组火山岩有爆发相与喷溢相显示,地质上推测有火山喷发中心,同时中心处有六合屯花岗斑岩体出露,因此可推断为本区最主要的岩浆侵入活动中心,果松组火山岩与新太古代变质二长花岗质片麻岩的角度不整合接触说明此火山机构为深源性质。南部重力低平缓异常区与松顶山石英闪长岩体的东部主体部分位置一致,推断石英闪长岩体与六合屯花岗斑岩体为同源同期产物,铜矿体一般分布在松顶山岩体与侏罗纪火山岩的接触带上,与松顶山石英闪长岩体侵入有着密切关系。

(二)预测工作区

1. 荒沟山-南岔预测工作区

在1∶5万布格重力异常图上,区内从西南部到东部,即南岔—临江—贾家营地区,有一带状布格重力高异常分布,异常强度从西向东逐渐降低。南岔-临江段为北东东走向,南北两侧梯度带较陡,局部重力高异常特征明显,多为椭圆状,规模逐渐变小。在金矿床北东8km处出现布格重力异常最大值$-28\times10^{-5}\,\mathrm{m/s^2}$;临江-贾家营段重力高异常为东西走向,中间略低。此布格重力高异常带与老岭背斜基底隆起有关。重力高异常带的南部、北部为相对重力低异常带(区)。北部重力低局部异常区主要是侏罗纪果松期、林子头期火山沉积盆地及梨树沟花岗岩体、草山花岗岩体、蚂蚁河花岗岩体的反映,两者分布范围大体一致。南部重力低异常区主要为印支期幸福山、头道沟花岗岩体及六道沟花岗岩体引起。重力高异常带南、北两侧梯度带为老岭岩群与青白口纪沉积地层、印支期和燕山期侵入花岗岩体及侏罗纪—白垩纪火山沉积盆地的断层接触带的反映。

这些重力高异常边缘梯度带上,或分布有沉积变质型铁矿、铜钴矿,或分布有岩浆热液改造型金矿。即南岔、大横路、错草沟、荒沟山、八里沟、老三队等金矿和荒沟山铅锌矿、天后沟铅锌矿、大横路铜钴、大栗子铁矿等,反映了这些与老岭岩群等老地层有关的矿产和重力高异常的密切关系。

2. 石嘴-官马预测工作区

在1∶5万布格重力异常图上,主要分布有两条贯穿全区的北西向和东西向重力异常梯度带,东西向梯度带向西到明城与北西向梯度带相交并终止,与北西走向的盘双接触带及次一级断裂构造有关。北西向重力异常梯度带毗邻的北东侧分布有与其平行的重力高异常带,在官马附近被东西向重力梯度带截断;其南西侧石嘴附近分布有一块状局部重力低异常,长、宽约12.4km,最低值为$-28\times10^{-5}\,\mathrm{m/s^2}$。

局部重力高异常区(带)地表分布有寒武系黄莺屯组变粒岩与大理岩,石炭系鹿圈屯组砂岩夹灰岩、磨盘山组灰岩,下三叠纪四合屯组安山岩、石嘴子组砂岩与页岩互层夹灰岩、寿山沟组砂岩夹灰岩,下侏罗纪南楼山组中酸性火山熔岩及其碎屑岩。重力低异常区(带)主要为侏罗纪花岗岩和新生代沉积地层分布区。

区内中部有官马镇火山热液型金矿、石嘴子铜矿、驿马火山热液型锑矿等,产于四合屯组和南楼山组火山岩中,在重力场上处于重力异常梯度带或局部重力高与重力低异常的过渡部位。

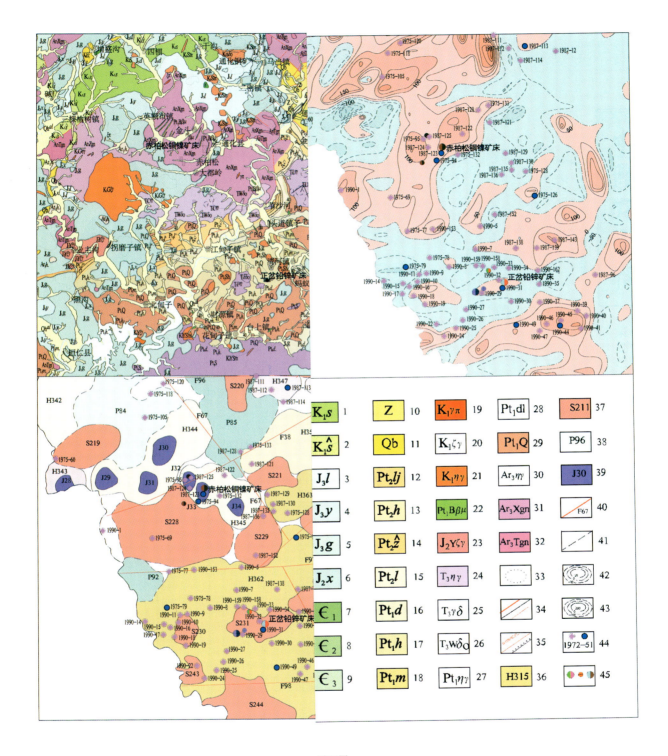

平面图

1.三棵榆树组;2.石人组;3.林子头...;17.荒岔沟岩组;18.蚂蚁河岩组;19.花岗斑岩;20.碱长花岗岩;21.二长花岗岩、花岗闪长岩;29.前桌沟二长花岗岩、中酸性岩体及注记;30.新太古代变...37.重磁推断酸性岩体、中酸性岩体及注记;38.重磁推断盆地及注记;39.重磁...线及注记;44.甲、乙、丙类航磁异常点及注记;45.铜镍、金、铅锌矿

3)矿床所在位置地球物理特征

通化地区综合地质队 1974 年在赤柏松矿区完成的 1∶2.5 万的物化探工作,根据磁测和土壤扫面圈定基性岩体,结合剖面性电法工作,进一步研究了主要基性岩体含矿性及产状。

(1)矿区岩(矿)石物性参数特征。

矿区及外围岩(矿)石物性参数详见表 4-2-1。赤柏松矿区广泛出露太古宇鞍山群,中基性岩体(脉)尤为发育,岩石磁性复杂。从表中可以看出,本区磁铁石英岩磁性最强,磁化率高达 $32\ 798\times10^{-5}$ SI,可引起近 10 000nT 的磁异常。岩石以基性岩、中性岩磁性较强,但中基性岩间磁性差异较小,斜辉橄榄岩、闪长岩、闪长玢岩等磁性较强,磁化率一般为 $(3300\sim5500)\times10^{-5}$ SI,可以引起 1000nT 以上的磁异常,其次为橄榄苏长岩、辉长辉绿岩、辉长玢岩、黑色流纹岩、辉长岩等具有中等磁性,磁化率一般在 $(1200\sim2200)\times10^{-5}$ SI 之间,可以引起 $500\sim1000$nT 的磁异常。磁性较弱,形成区域背景场的岩性有石英正长斑岩、细粒蚀变辉绿辉长岩、流纹岩、凝灰岩及混合岩、斜长角闪岩等,磁化率一般在 $(260\sim950)\times10^{-5}$ SI 之间。

表 4-2-1 赤柏松矿区岩(矿)石磁参数统计表

岩石名称	块数	$\kappa/\times10^{-5}$SI		$Jr/\times10^{-3}$A·m^{-1}		备注
		变化范围	常见值	变化范围	常见值	
磁铁石英岩	4	9299~7163	32 798	1400~19 500	8320	
含磁铁矿角闪岩	5	7540~13 823	10593	850~5900	2270	
安山岩	17	1483~14 074	8218	640~15 800	2400	
钠长斑岩	18	4046~12 566	7980	380~15 800	2400	
斜辉橄榄岩	9	2262~20 986	5466	1800~6500	1690	1972 年资料
闪长岩	31	1508~10 933	4725	210~11 900	750	
闪长玢岩类	29	679~12 566	3368	170~7000	1000	
橄榄苏长岩	7	1068~4398	2187	450~3400	1150	1972 年资料
辉长辉绿岩	40	0~6535	2011	0~1300	250	
辉长玢岩	3	691~2865	1759	870~6450	2800	
黑色流纹岩	8	1420~2639	1634	210~670	520	部分为 1972 年资料
辉长岩类	32	50~3519	1169	0~540	180	部分为 1972 年资料
石英正长斑岩	11	0~2639	942	0~8050	840	
斜长角闪岩	26	0~3142	892	0~720	80	
细粒蚀变辉绿辉长岩	23	0~3016	842	0~200	50	
混合岩类	30	0~2513	829	0~7800	350	
流纹岩	31	0~2011	402	0~340	60	
凝灰岩	12	25~1005	264	0~3500	600	

(2)矿床所在位置地磁场特征。

矿区最主要的Ⅰ号含矿基性岩体的物探异常分析如下:

从地磁剖面平面图上可以看出(图 4-2-2),由于区内北北东向中基性岩体(脉)极其发育,区内磁异常显得较为杂乱,但依然有规律可循,可划出岩体边界。异常走向以北北东向为主,与中基性岩体(脉)有一定的对应关系。图中主要异常编号分别为 C1-1、C2、C7、C11。通过分析得知,C1-1 是Ⅰ号含矿基性岩体所引起,基性岩体由辉绿辉长岩、橄榄苏长辉长岩、二辉橄榄岩组成,二辉橄榄岩为含矿岩石。C2、C7、C11 分别为辉绿辉长岩、辉长玢岩、闪长岩所引起。C1-1 和 C2 异常之间,Ⅰ号基性岩体北端有北西向沟谷,应有断裂构造存在。C1-1 是 C1 异常的北段,C1-2、C1-3 是 C1 的中段和南段。C1 走向北北东向,长近 6000m,两端尖灭,宽几十米到百余米,强度一般为 500~1000nT。北段 C1-1 较南段 C1-3 高,负值不明显,梯度陡,北段西侧较东侧陡,南段西侧较东侧缓。该异常由辉绿辉长岩(向下基性增高)即Ⅰ号含矿基性岩体引起,埋深小,下延大。北段倾向南东,南段倾向北西且基性程度较差。C1-1 北端(矿区)有联剖与激电异常,并与土壤 Cu、Ni、Cr 异常相吻合。C2 异常位于 C1-1 北部,走向北北东向,长 2200m,两端均趋于尖灭。宽 100 余米,强度变化大,一般为 200~1000nT,反映了物性不均匀,梯度大,西侧有负值。由辉绿辉长岩即Ⅱ号岩体引起,埋深小,下延大。倾向北西,南端有 Cu、Cr 单点异常。

C7 异常位于 C1-1 东侧,相距 100m,走向北北东,长 2000m,两端尖灭。宽 20~30m,强度 1000nT 左右,无负值,呈尖峰状,经槽探证实,为辉长玢岩引起。

C11 异常位于 C1-1 西侧,相距 100m,走向北东向,长 2500m,宽 50m,强度近 1000nT,为闪长岩引起,已有工程证实。

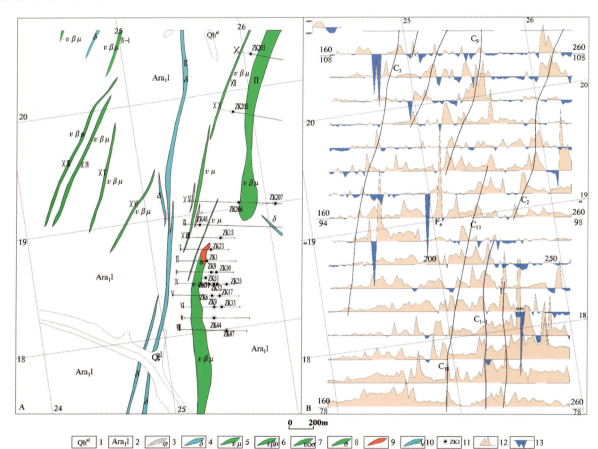

图 4-2-2 赤柏松铜镍矿典型矿床所在位置地质矿产及物探剖析图
A.地质矿产图;B.地磁剖面平面图

1.全新统Ⅰ级阶地冲积层;2.龙岗组混合质片麻岩夹斜长角闪岩;3.钠长斑岩隔水岩脉;4.闪长岩;5.辉长玢岩;6.辉绿辉长岩;7.橄榄苏长辉长岩;8.含长二辉橄榄岩;9.铜镍矿体;10.基性岩体及编号;11.钻孔及编号;12.地磁正异常;13.地磁负异常

2. 磐石县红旗岭铜镍矿床

1) 矿床所在区域磁场特征

红旗岭矿田 1∶25 万航磁异常特征不甚明显，处在红旗岭-二道岗北西向高磁异常带的南西侧边缘。在化极图上，矿田分布在北西向正负磁场间梯级带内。然而，垂向一阶导数正负磁异常分布和结构展现出一定的规律性。红旗岭矿田位于团林-蛟河口-黑石北东向串珠状正磁异常带的北西侧，蛟河口-细林-牛心和五道河-呼兰-驿马两条北西向高磁异常带间，红旗岭-石嘴子北西向负磁异常带的南东段。负磁异常带北西长约 30km，宽约 20km，异常平缓、低弱，最小强度为－50nT。该区在前述两条高磁异常带之间局部磁异常（正、负）走向多为北西向，其外侧则多为近东西向。而且正负异常之间线性零等值线方向随异常走向不同而有所改变，在负异常区内的线性零值线方向多以北西向为主。在 1∶5 万航磁异常图上，各矿段均处于负磁场区上强度较弱的局部相对高异常的边部。

从图 4-2-2 中看出，重磁局部正负剩余异常之间有密切负相关关系。重力正、负异常与航磁负、正异常相对应。由此指出，引起重磁异常地质因素有着同源性。经与地质关联，负航磁异常带多半是由古生代变质岩地层所引起。古生代地层是本区基性—超基性岩浆侵入的主要围岩，因此，区内负磁异常（相对重力高异常）反映了该区基性—超基性岩的产生，具有间接找矿意义。高航磁异常主要由加里东期、海西期及燕山期中性—酸性花岗岩侵入体所引起，各相岩浆活动受北西向、北东向和东西向 3 组构造控制。北东向岩体产出受区域性团林-蛟河口-黑石深大断裂（敦密断裂）控制；北西向岩体主要沿蛟河口-牛心乡、黑石-烟筒山及五道沟-驿马等北西向断裂产生。区域航磁异常特征显示，北东向和北西向两组断裂构造交切的块状负磁场区控制了红旗岭硫化铜镍矿田的分布。北东向深大断裂是深源岩浆活动的通道，而北西向断裂是基性—超基性岩的储岩构造。

2) 1 号、7 号含矿体物探异常特征

红旗岭 1 号、7 号岩体两个大型硫化铜镍矿床的发现，是地质与物化探相结合的结果。其中综合物探方法（磁法、重力、激电、自电）的应用，对于快速发现岩体、评价岩体的含矿性起到了重要作用。

(1) 1 号含矿岩体。

矿区详查结果表明，重、磁方法在 1 号含矿岩体上均有明显异常反映。剩余异常等值线以零等值线圈闭的异常范围、形态与岩体相一致，反映了二者内在的相关性。地面磁测以 200nT 等值线圈定的高磁异常亦与岩体形态、范围相吻合。异常呈北西向长椭圆形，强度由北向南逐渐升高，最高达 800~1000nT，异常强度变化与岩体岩相变化具有一定的相关性，大体随岩性基性度增大而升高。200~600nT 范围与岩体辉长岩相分布一致，600~800nT 范围与辉石岩相大体吻合，＞800nT 范围则与橄榄岩相相对应。由此可见，地面大比例尺磁测除能发现和圈定具有一定规模的岩体外，尚对其岩相划分具有一定的效果。

在 1 号岩体上，激电中梯、视电阻率联合剖面及自然电位结构取得了一定的找矿效果（图 4-2-3）。激电中梯 η_s 曲线在 1 号岩体上出现明显高值异常反映，强度一般在 5%~10% 之间，最高可达 38%。异常形态在岩体变窄处呈现单峰状而在变宽处则出现"鞍形"异常（即在岩体边缘叠加有局部在 10%~20% 强度的高峰状异常），而岩体围岩 η_s 曲线平稳低缓，强度仅为 2%~3%。分析认为，岩体与围岩电化学活动性的差异主要为岩体电子导体含量相对围岩增高所引起，异常与岩体普遍磁黄铁矿化关系更为密切。在岩体南端和其西侧边缘高峰状异常多与硫化铜镍矿体赋存部位相一致，推断异常是由矿体引起。此外，自然电位测量在岩体南端出露的氧化矿体上产生强度达－400mV 的自然电位异常，异常机制无疑与硫化铜镍矿化强度高和氧化还原界面浅（潜水面）有关。总之，岩体金属硫化物富集是引起激电和自然电位异常的主导因素，因此，激电和自然电位异常对评价 1 号岩体的含矿性起到了一定的作用。

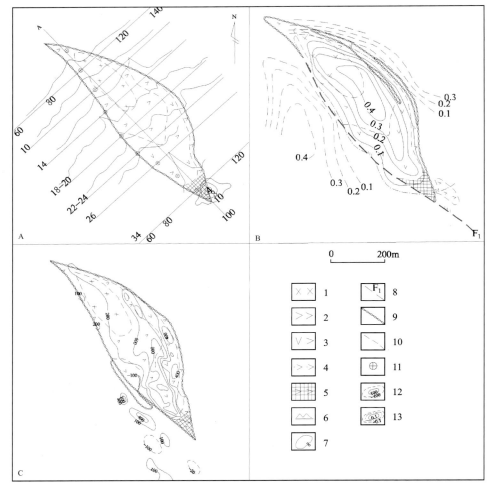

图 4-2-3　红旗岭铜镍矿 1 号含矿岩体典型矿床所在位置地质矿产及物探剖析图

A.1 号含矿岩体激电自电综合平面图；B.1 号含矿岩体剩余 Δg 异常平面图；C.1 号含矿岩体磁法综合平面图
1.辉长岩；2.辉石岩；3.辉石橄榄岩；4.橄榄岩；5.工业矿体；6.激电视极化率曲线（1cm=10%）；7.自然电位等值线（mV）；8.断层及编号；9.构造破碎带；10.推断岩相界线；11.联剖视电阻率正交点；12.磁法 ΔZ 正、负异常曲线（nT）；13.剩余 Δg 异常等值线正、负、零值线

（2）7 号含矿岩体。

7 号岩体硫化铜镍矿床是深熔分异出的富含铜镍熔浆直接贯入形成的"满罐式"单一的矿体，其大比例尺综合物探方法异常特征要比 1 号岩体就地熔离分异成因矿床的异常更为直观、简单、明显，剖面上的磁异常（ΔZ）、激电异常（η_s）、视电阻率异常（ρ_s）和自然电位异常（v）均直接由含矿岩体（矿体）所引起。因此，"两高（ΔZ、η_s）"和"两低（ρ_s、v）"异常组合成为该成因类型矿床的找矿标志。在矿区采用快速、简捷的地面磁测和自然电位常规方法有效地圈定和评价了 7 号含矿岩体的空间分布（图 4-2-4）。地面磁法以 300nT 等值线圈闭的异常和自然电场法的－10mV 电位等值线圈闭异常范围和形态基本重合，并且与 7 号含矿岩体水平地面投影形态、范围相吻合。磁、电异常引起机制主要与岩体富含磁黄铁矿、镍黄铁矿、黄铜矿等金属硫化物有关。由此看出，对于圈定浅埋深的"满罐式"矿化岩体，采用简捷、轻便的常规经典物探手段（磁法、自然电位）便可取得满意的地质效果。

3.白山市大横路铜钴矿床

1）矿床所在区域磁场特征

在 1∶25 万区域航磁异常图上，大横路铜钴矿床位于负磁场背景中北东向近椭圆状正磁异常的西

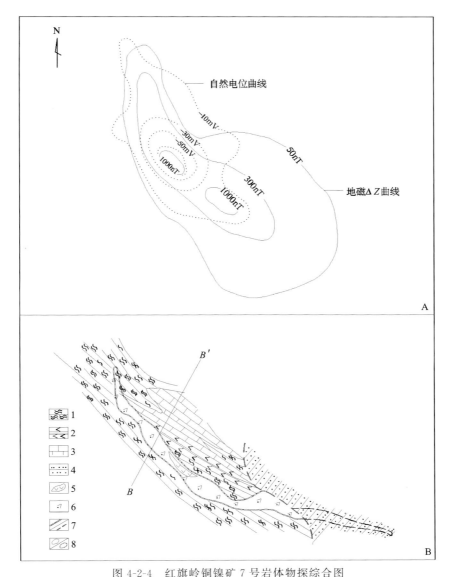

图 4-2-4 红旗岭铜镍矿 7 号岩体物探综合图
A. 地磁 ΔZ 曲线/自然电位异常等值线图；B. 7 号含矿岩体地质图
1. 黑云母片麻岩；2. 角闪片岩；3. 大理岩；4. 砂砾岩；5. 橄榄岩脉；6. 斜方辉岩；7. 构造破碎带/断层；
8. 地磁 ΔZ 异常/自然电位异常等值线

南边缘零值线上,即正、负磁场过渡带上。负磁场背景异常区等值线平稳宽缓,强度一般在 $-150\sim-50$ nT 之间,在椭圆状正磁异常的北西和南东两侧,负磁异常走向北东向,在南西一带负磁异常走向北西向,负磁场区与老岭岩群、青白口纪沉积地层、侏罗纪(火山)沉积盆地分布区相对应,反映出负磁场区受沉积地层及北东向、北西向断裂控制的特点;椭圆状正磁异常形态规整,长 20km,宽 12km,周边梯度较陡,仅东南一侧略缓,其上分布有两个叠加局部异常,两局部异常大小接近,近似椭圆状,长约 9.2km,宽约 6.5km,西南局部异常长轴呈北西向,强度为 200nT,东北局部异常长轴呈东西向,强度为 300nT,分别为较强磁性的梨树沟花岗岩岩体和老秃顶子花岗岩岩体所引起的磁异常,两个局部异常与两个岩体位置相比向南有位移,是地磁场斜磁化所致。在航磁异常化极等值线图上,由于消除了地磁场斜磁化的影响,两个局部异常与两个岩体分布形态范围基本一致。在航磁异常化极垂向一阶导数等值线图上,两个局部异常的走向特征明显、突出,铜钴矿床位置完全在负磁场区一侧,离椭圆状正磁异常有一段距离,这说明铜钴矿床并不在梨树沟岩体与老岭岩群的接触带上,这与实际情况是相符的。

矿床赋存于大栗子岩组中，由于距离梨树沟岩体较近，说明该岩体的岩浆热液活动与成矿关系密切。

2）矿床所在地区磁场特征

在1:5万航磁异常图和剖面平面图上，以朝鲜堡子为界，西南为负磁异常区，东北为正磁异常区，在宏观上分别为老岭岩群和梨树沟岩体的磁性反映（图4-2-5）。

大横路铜钴矿床位于梨树沟岩体产生的正磁异常和老岭岩群产生的负磁异常的过渡带上，该处等值线沿北西方向平直，沿北东方向梯度缓。东北部正磁异常区略显向西南凸起的弧形，在高丽沟北西侧有一向西南凸起的次一级条带状磁力高异常，主要为太古宇的反映；三道阳岔-大青沟负异常区为珍珠门岩组无磁性的反映；三道阳岔-大青沟以南，大横路沟北西区域磁异常略显扰乱并有所升高，显示出大栗子岩组因遭受热液蚀变而磁性增强的磁场特征。在1:5万航磁异常化极等值线图上，铜钴矿床处于宽缓并略显扰动的负磁场中，在航磁异常化极垂向一阶导数等值线图上，则处于强度接近零值的大面积宽缓平稳的负磁场中，这主要是含矿的老岭岩群无磁性或微弱磁性的反映。

4. 通化县二密铜矿床

1）矿床所在区域磁场特征

在1:25万区域航磁异常图上（图4-1-4），二密铜矿床位于南北走向椭圆状局部磁异常的西北边部内侧，此局部磁异常叠加在马当以西近圆状正磁场背景的东半部，南北向长7.6km，东西向宽5.0km，强度不高，约400nT，梯度西缓东陡，西侧边缘梯度带内侧与松顶山序列中酸性岩体、火山岩接触带位置大致吻合。推断局部磁异常为具有中强磁性的侏罗纪火山岩（以果松组为主）所引起。正背景磁场西半部呈宽缓平稳场态特征。以环绕正背景磁场边部的梯度带为界，背景场值在150~250nT之间，规模约11.2km×11.2km。环形梯度带除西北部外，其他部分均与相应河谷位置吻合，显示出环形构造的磁场特征。正背景磁场为以沉积为主的火山沉积盆地及松顶山序列岩体的中低磁性反映。

在航磁异常化极垂向一阶导数等值线图上，局部正磁异常南北向变长，梯度西缓东陡特征更明显，铜矿床处于西侧边缘梯度带内侧。

2）矿床所在地区磁场特征

在1:5万航磁异常图上（图4-2-6），松顶山岩体分布形态总体上与相对低磁异常区相对应，东侧、北东侧、南东侧有强磁异常环绕，最高值为860nT，出现在距离接触带稍远的北东外侧。特别是侵入岩体东部主体部分低磁场区特征明显，边部梯度陡，磁异常中心偏向东南，最低值为60nT，但由于受斜磁化影响低磁场区相对侵入岩体略向南移，经过化极后，低磁异常区边部梯度带与岩体边界基本吻合，西部低磁场特征则不明显。这主要是因为侵入岩体中心在东部，岩体较西部深，加之东部岩体矿化蚀变亦强于西部，以中粒石英闪长岩、石英二长闪长岩为主体的中弱磁性的岩体经矿化蚀变后产生退磁，磁性进一步降低，与周围的细粒石英闪长岩、中性火山岩相比磁性差异明显，可形成明显的低磁异常区，而西部低磁场不明显主要因为松顶山岩体由东向西逐渐变窄、变薄，受围岩细粒石英闪长岩、中性火山岩较强磁性影响增强，从而使西部磁场整体抬高所致。在航磁异常化极垂向一阶导数等值线图上，上述岩体东部主体部分与负磁异常区位置大致吻合，东北、东、东南、西南四面正磁场围绕，北侧边部有条带状负磁异常分布，东部负磁异常区西南角向东南方伸出的条带状负异常与出露岩枝位置吻合，但比岩枝在走向上要长很多，推断该岩枝以隐伏的形式继续向东南方向伸出，西部低磁场特征也有明显增强；岩体南北边缘接触带与磁异常梯度带大体吻合，岩体东部边缘接触带外侧有南北走向磁异常梯度带出现，并有东西向错动显示，推断此处为松顶山侵入岩体东部隐伏的实际边界，磁异常梯度带错动部位处推断有北西向断裂存在。二密铜矿体主要分布在松顶山岩体东部、东南部内外接触带上，分为东采区、南采区及四方顶子采区，与上述东部明显的低磁场区关系密切，矿体多分布在低磁场区边缘梯度带上。

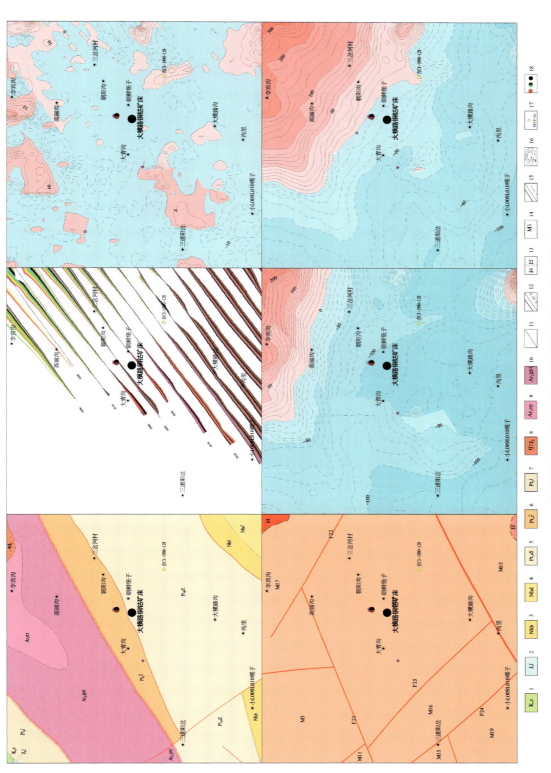

图 4-2-5 大横路铜钴矿典型矿床所在区域地质矿产及物探剖析图

A.地质矿产图；B.航磁△T剖面平面图；C.航磁△T化极平面图；D.航磁推断地质构造图；E.航磁△T化极等值线平面图；F.航磁△T等值线平面图

1.小南沟组；2.林子头组；3.白房子组；4.钓鱼台组；5.大栗子组；6.珍珠门岩组；7.林家沟岩组；8.中休罗世二长花岗岩；9.新太古代二长花岗岩；10.中太古代英云闪长质片麻岩；11.角度不整合界线；12.实测性质不明断层界线/韧性剪切带；13.磁法推断酸性岩体,中酸性岩体及注记；14.磁法推断变质岩地层及注记；15.磁法推断三级断裂及注记；16.磁法推断隐伏地质界线；16.航磁异常零等值线及注记；17.航磁丙类异常正等值线及注记；航磁异常负等值线及注记；18.金矿/钴矿/铜钴矿

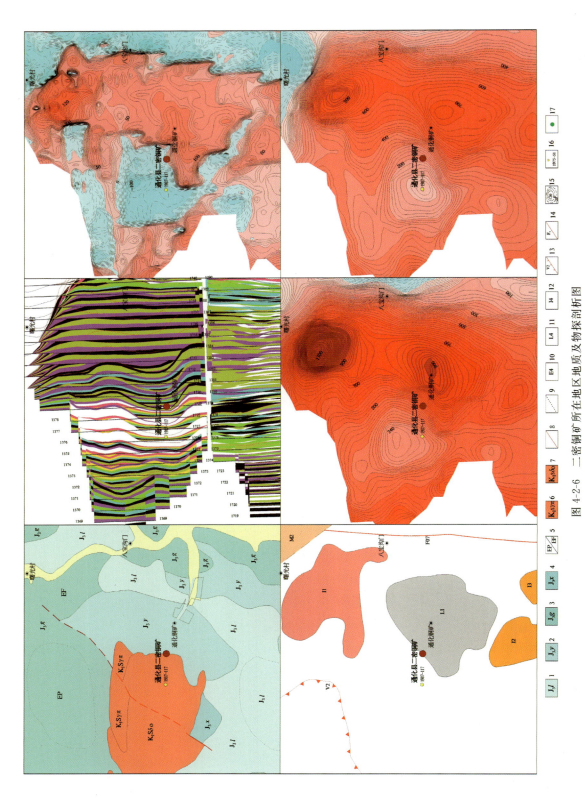

图 4-2-6 二密铜矿所在地区地质及物探剖析图

A. 地质矿产图;B. 航磁 ΔT 剖面平面图;C. 航磁 ΔT 化极平面图;D. 重磁推断断地质构造图;E. 航磁 ΔT 化极等值线平面图;F. 航磁 ΔT 等值线平面图

1. 林子头组;2. 鹰嘴砬子组;3. 果松组;4. 东小沟组;5. 爆发相;6. 松顶山花岗斑岩;7. 松顶山石英闪长岩;8. 实测性质不明断层;9. 相变界线;10. 磁法推断中性岩体及注记;11. 磁法推断火山岩地层及注记;12. 磁法推断变质岩地层及注记;13. 磁法推断三级断裂及注记;14. 磁法推断火山构造线及注记;15. 航磁异常零等值线及注记;16. 航磁丙类异常点及注记;17. 铜矿

二、预测工作区

1. 荒沟山-南岔预测工作区

1）磁场特征

预测工作区西部,大青沟、三道湖、护林村、石人镇一线以西,为大面积平稳负值区,异常值为$-200\sim-100$nT。负磁场主要反映了中新元古代白云质大理岩、砂岩、页岩、石英岩及古生代的碳酸盐岩、砂岩、页岩等无磁性地层的磁场特征。在其东部银子沟、大黑松沟、前进沟、陆桩子村一带,是一宽$8\sim12$km的正异常带,异常值一般$200\sim300$nT,局部异常在700nT以上。与异常带对应的是太古宙变质岩及侏罗纪的侵入岩体,即梨树沟岩体、老秃顶子岩体,在航磁图上很醒目,尤其是老秃顶子岩体,因有脉岩侵入,异常更高。而在其东部的草力岩体则处于负磁场中。异常带东侧负异常梯度带反映了老岭岩群珍珠门岩组大理岩磁场与地质上确定的荒山"S"形构造带相对应,是区内一条重要的成矿构造带。

2）推断断裂

(1) F_1,位于预测工作区西部,北东向,沿小涛沟里、三道湖、护林村、小石人村一线梯度带延伸,长21km,南端转为南北向。断裂东侧为古元古界老岭岩群、太古宙变质岩及侏罗纪侵入岩,航磁呈一条北东向的异常带。西侧主要为侏罗系及白垩系,航磁为负异常区,断裂控制新老地层的分布。

(2) F_3,位于预测工作区南部,南北向,沿板子庙、浑江铅锌矿、杉松岗、周家窝林场、珍珠门、四棚湖、铁石沟一线延伸,南段转为东西向,长约25km。断裂处于负磁场中,对应古元古界珍珠门岩组和花山岩组。该断裂为地质上确认的"S"形构造的一部分,处于铅锌等多金属成矿带上。

(3) F_9,位于预测工作区中部,北西西向,沿岗顶、大黑松沟、古石砬子一线延伸,长约9.5km。断裂处在南北两片正异常之间的低值带上,南侧为老秃顶子岩体,北侧为中太古代英云闪长质片麻岩及侏罗纪侵入岩。

(4) F_6,位于预测工作区东部,自东沟、小西沟、天桥沟、七十二道河子一线,北北东向沿梯度带延伸,长约19km。断裂东侧为一异常带,西侧为负异常区。断裂北段处于花山岩组,南段在草山岩体。东侧的异常带为沿断裂产生的磁性蚀变带,如异吉C-87-53,异吉C-87-54,附近均有Cu元素化探异常,异吉C-87-62-1附近有磁黄铁矿点,是寻找多金属矿的有利地段。

区内推断断裂42条,其中北东向19条、东西向6条、北西向16条、南北向1条。

3）岩浆岩

预测工作区处于鸭绿江构造岩浆岩带上,岩浆活动强烈,区内岩体有梨树沟、老秃顶子及草山岩体,梨树沟岩体和老秃顶子岩体航磁反映明显,异常很醒目,而草山岩体则异常不明显。在预测工作区南部还有早白垩世碱长花岗岩岩体,航磁为负磁场。

本区岩体如梨树沟、老秃顶子、草山岩体与Pb、Zn、Ag、Au等多金属及贵金属成矿有密切关系,围绕岩体的周边,是寻找上述矿产的有利地带。

4）变质岩地层

区内出露地层主要为老岭岩群花山岩组、达台山岩组和珍珠门岩组。荒沟山铅锌矿区主要出露珍珠门岩组,是一套白云质大理岩。老岭岩群主要处于航磁负磁场中,铅锌矿区处于负磁场梯度带上。

据地质资料,南岔金矿位于荒山沟-南岔"S"形断裂带南部,矿体赋存于花山岩组下部与珍珠门岩组白云质大理岩接触面的构造蚀变岩中,或珍珠门岩组厚层的白云质大理岩破碎蚀变岩中。严格受北东向、北西向及东西向构造控制。金矿主要位于-100nT的平静负磁场中。

大横路铜钴矿、大栗子铁矿等反映了与老岭岩群老地层有关的矿产和重力高异常的密切关系。

2. 石嘴-官马预测工作区

1）磁场特征

在预测工作区东南部，南小屯、永宁村、安乐乡、草明山屯一带，为局部强异常区，强度一般在400~500nT，对应岩性为中侏罗世花岗闪长岩体。在预测工作区中部余富屯、小新开岭，双合村至驿马镇一带，为一条北东向6~8km的宽缓异常带，中部连续性差，强度一般在100~200nT。该异常带对应断续出露的中生代侵入岩体。在预测工作区内为大面积负异常区，如北部、新立屯—明城镇、下鹿村——清村，赤卫机器厂—杨木顶子一带，在预测工作区南部蛤蟆塘村，西北屯至自由屯一带，均为平稳负磁场。分别对应晚古生代、中生代沉积岩地层。

区内石嘴铜矿处于负磁场中或负异常梯度带上。

2）推断断裂

（1）F_8、F_{12}，位于预测工作区南部，北西向，自泉眼村、朱奇村、余庆屯一线，长约20.5km。断裂南东段两侧磁场不同，南西侧强异常带出露侏罗纪花岗闪长岩，北东侧负磁场区为二叠系寿山沟组。北西段负磁场对应花岗闪长岩体。

（2）F_6，位于预测工作区西部，沿七间房—上鹿一线，北东向，长约13km。断裂北侧为平稳负磁场，对应石炭系，南侧低缓正异常带，对应侏罗纪花岗闪长岩及部分石炭系。

（3）F_4，位于预测工作区北部，沿北东向串珠状异常分布，长约11km，串珠状异常推断为侵入岩引起，断裂南东侧负磁场对应晚三叠世四合屯组火山碎屑岩。断裂南段有金矿分布。

区内推断断裂13条，其中北东向5条、北西向3条、东西向4条、南北向1条。

3）侵入岩

区内侵入岩主要是中侏罗世花岗闪长岩（$J_2\gamma\delta$）、二长花岗岩（$J_2\eta\gamma$）、石英闪长岩（$J_2\delta o$）。出露于东南部余庆屯、永丰南屯、南小屯、杨木岗村、草明山屯一带，航磁为高磁异常带、中等强度异常带；东部双鸭子、二道甸子村、驿马一带，异常呈北西西向分布；在北部官马镇—碱草村一带呈北东向分布，磁场中等强度，异常呈带状或串珠状。

4）火山岩

区内火山岩出现在北部黄河南、寻条村、官马村一带，异常多呈团块状或孤立异常，强度高、梯度陡。主要岩性为下侏罗统南楼山组安山岩等。另一处在东部悬羊砬子、七五三、保安村一带，异常呈北东向条带状，中等强度。岩性为上三叠统四合屯组安山岩类。

5）古生代地层

区内古生代地层主要是石炭系、二叠系。石炭系出现在西部明城镇，七间房村、下鹿村、一清村一带，航磁为一片平稳负异常，与周围的侏罗纪侵入岩及侏罗纪火山岩磁场有一定的差异。石炭系，特别是上石炭统石嘴子组对本区金矿成矿起重要作用。区内二叠系出现在南部蛤蟆塘村、西北屯、柳杨村一带，航磁为负异常，有局部正异常出现。

3. 大梨树沟-红太平预测工作区

1）磁场特征

预测工作区处于吉北古生代褶皱区，晚古生代被动陆缘裂陷带内。石门-蛤蟆塘-天桥岭大断裂在预测工作区内通过。预测工作区东部异常规律明显，主要为北东向的异常带，异常强度不一，如在庙岭村至大荒地异常带，异常低缓，强度不高，一般为100~200nT，异常带对应的是下白垩统金沟组火山岩及火山碎屑岩等。而在口山村、天桥岭、鱼亮子村一带，异常梯度陡，强度高，可达800~1000nT，两侧有负值，异常对应上三叠统天桥岭组火山岩、火山碎屑岩及沿断裂分布的玄武岩。

在红太平、桃源村、骆驼山村一带,异常带走向大体为北东向局部异常,呈团块状或孤立异常,异常最高强度一般400~500nT。异常带分别对应二叠系庙岭组、中二叠世二长花岗岩及早侏罗世花岗闪长岩。该处位于二叠系与花岗岩、花岗闪长岩的接触部位,对成矿十分有利,处于接触带的异常有吉C-78-118、吉C-78-122、吉C-78-123、吉C-78-124、吉C-78-128等。在吉C-78-128异常附近分布有已知的鹿圈子铜矿点,属中温热液裂隙充填型。这类异常峰值强度一般在200~300nT,呈单峰,形状规则,多数是孤立异常,范围小。因此,对弱小的航磁异常不可忽视,它们对寻找铜等多金属矿提供了线索。

在F_1断裂以西,除沿断裂分布的条带状异常强度较高外,其余异常强度较低,在大片负磁场中(一般为-100nT左右)分布一些孤立异常或团状异常,强度不大,在200~300nT。该磁场对应中生代地层及侵入岩和新生代玄武岩。

区内红太平多金属矿处在异常带边部的负磁场中,负磁场中的局部小异常为矿床产出部位。

2)推断断裂

(1)F_1位于预测工作区中部五家村—大兴村一带,沿北东向梯度带、磁场突变带展布,北部延出预测工作区,区内长28km。在断裂南东侧,负磁场对应下白垩统大拉子组砂砾岩、泥岩等无磁岩性。另一侧正磁异常带对应晚三叠世二长花岗岩,二者呈断层接触。该断裂与地质上实测断裂吻合。

(2)F_3位于预测工作区东部,经口山村、天桥岭至青松村附近,沿北东向磁场梯度带及磁场突变带延伸,两端均延出预测工作区,区内长20.7km。断裂的南东一侧为北东向的高值异常带,异常带的异常最高强度达1000nT。从南向北分别是沿断裂分布的玄武岩、安山岩等火山岩。断裂南西侧主要是中生代火山碎屑岩。

(3)F_5位于预测工作区东部,经鹿圈子村、托盘沟岩沿北东向梯度带、磁场突变带延伸,两端延出预测工作区,区内长16.5km,断裂北段处于上三叠纪天桥岭组火山碎屑岩与早白垩世火山岩、火山碎屑岩接触部位。断裂两侧均有玄武岩分布。

南段位于上三叠纪托盘沟组中酸性火山碎屑岩中,并有玄武岩分布。

(4)F_2位于预测工作区东部,从天桥岭至大兴岭,沿北西向梯度带、磁场突变带展布,长14.5km,断裂南东段处在二叠系庙岭组与侏罗纪花岗闪长岩接触带上,北段在花岗闪长岩中,断裂与北西向的河道一致。区内推断断裂北东向7条、北西向1条,共计8条。

3)侵入岩

(1)早二叠世片麻状英云闪长岩($P_1\gamma\delta$)位于预测工作区西部,处于负磁场中,岩体略高于背景场,局部有孤立的小异常。岩体范围约$(6.4×6.5)km^2$。

(2)中二叠世二长花岗岩($P_2\eta\gamma$)位于预测工作区南部,处于波动磁场中,局部有一些孤立小异常,范围约$(5.5×8)km^2$。

(3)晚二叠世二长花岗岩($P_3\eta\gamma$)位于预测工作区西部,形态不规则,处于负磁场区。

(4)晚三叠世花岗闪长岩($T_3\gamma\delta$)位于预测工作区西部,呈北东向分布,处于波动升高的磁场中,异常较连续,位于断裂的一侧,范围$(9.5×3)km^2$。

(5)晚三叠世二长花岗岩位于预测工作区西部,呈北东向分布,处于高值异常中,异常形态不规则,范围约$(2.5×8)km^2$。

(6)早侏罗世花岗闪长岩($J_1\gamma\delta$)共3处:①位于预测工作区东部,骆驼山村—天山村一带,形状不规则,磁场多为低缓正异常。②位于预测工作区东部南侧,在桃源村东南方向,开拓屯、开原一带,异常形态不规则,局部有北东向的高值异常带。③位于预测工作区西部,形态不规则,处于负磁场区。

区内圈定各期侵入岩体共8处。

4)火山岩

玄武岩遍布全预测工作区,以小片出现。磁场以杂乱跳变磁场为主,从平面等值线图上看,主要是正负相间的磁场,异常不连续。区内玄武岩为新生界老爷岭组玄武岩,分布在预测工作区西部、中部及东部的天桥岭附近,玄武岩共圈出4处。

5)变质岩地层

(1)杨木岩组(Pt_3y)岩性为含榴二方石英片岩、钠长片岩、变粒岩夹大理岩。岩性磁性较弱,地层处于负磁场中,区内只有1处,位于预测工作区西北部。

(2)庙岭组(P_2m)岩性为砂砾岩、粉砂岩、板岩和灰岩等。泥质砂板岩、泥灰岩中见有含铜层位,品位较高。航磁对应中等强度的磁场,并有部分负磁场。区内共有2处,一处在红太平、桃源村、开拓屯一带,范围较大,并有一小型铜铅锌矿床。另一处在庙岭村以北,鹿圈子村附近,范围较小。庙岭组是多金属矿的主要含矿层位,红太平多金属矿即产于该层位中。

4. 闹枝-棉田预测工作区

1)磁场特征

本区磁场以负背景场为主,局部异常为北西向、北东向及东西向分布。异常强度较高,如吉C-60-123,最高1400nT。区内大面积出露中生代侵入岩。预测工作区东部、南部,新柳村—棉田村一带,出露早白垩世石英闪长岩($K_1\zeta o$),出露面积大于$100km^2$,石英闪长岩磁性较弱,岩体磁场以负异常为主,局部为低缓正异常。预测工作区东部东兴村永丰洞、长德、南城等地出露早侏罗世花岗闪长岩($J_1\gamma\delta$),岩体磁场主要为负磁场及低缓正异常,与白垩纪石英闪长岩差别很大。

预测工作区西北部中生代地层上,高值异常带对应下白垩统金沟岭组玄武岩、玄武安山岩、安山岩及火山碎屑岩等。负异常区对应上白垩统龙升组砾岩、砂岩、粉岩、泥灰岩等无磁性沉积岩,及下白垩统大拉子组砾岩、砂岩、粉砂岩、泥岩等沉积岩。从本区异常分布上看,异常主要与火山岩有关。

2)推断断裂

(1)F_7,位于预测工作区西部,高城村—安田村一线东西向分布,长12.7km。断裂两侧岩性不同,南侧是白垩纪火山岩,磁场较强;北侧是侏罗纪侵入岩,磁性较弱。

(2)F_8,位于预测工作区东南部,永昌村—新星村一线,北西向沿梯度带展布,长17.5km。断裂处于侏罗纪花岗闪长岩中,沿断裂有脉岩及白垩纪刺猬沟组火山岩分布。

(3)F_4,位于预测工作区东北部,新兴村—沙北村一线,北西向沿梯度带延伸,长12.2km。断裂北段处于早侏罗世花岗闪长岩中,南端西侧为花岗闪长岩,东侧为下白垩统大拉子组,该断裂与地质实测断裂吻合。

区内推断断裂12条,共4组,其中北东向、北西向、东西向、南北向各3条。

3)侵入岩

(1)早侏罗世花岗闪长岩($J_1\gamma\delta$)。在区内大面积出露,主要分布在预测工作区东部、北部及西部,航磁图上对应低缓正异常,一般50~100nT,局部为负异常。其边界主要根据磁场特征并结合1:25万地质图圈定。

(2)早白垩世石英闪长岩($K_1\zeta o$)。位于预测工作区西南部新柳村—新田村一带,对应航磁为低缓正异常50~100nT或负异常,依据磁场特征圈定。

4)火山岩

区内火山岩主要是下白垩统金沟岭组(K_1J)玄武岩、玄武安山岩、安山岩等;刺猬沟组(K_1cw)安山岩、英安岩、火山碎屑岩等。由于玄武岩、安山岩磁性强,火山岩异常很明显,强度一般在600~800nT,

最高1400nT,便于圈定。区内火山岩发育,含矿性好,并且受后期热液作用,是寻找火山岩型金、铜矿产的有利地区。

5) 古生代变质岩地层

寒武系—奥陶系五道沟岩群($\in$—O)w,由一套海底火山-碎屑岩建造组成,在本套地层中发现大量的金铜矿化及化探组合异常,是金铜等多金属矿产的主要矿源层。区内五道沟群变质岩对应航磁弱磁场,强度一般为50～100nT,局部磁场升高,可达100～300nT。区内共圈出变质岩地层2处。

5. 地局子-倒木河预测工作区

1) 磁场特征

本区磁场可分为两部分,一是二道沟组、活龙村、平安屯、中烟筒砬子,营椿村一线以东,航磁为一片平稳负磁场,并有局部异常,负磁场对应侏罗纪花岗闪长岩、二长花岗岩,及石炭系、二叠系、侏罗系。二是在八道河子、新开河、吉庆屯、南沟村等地,为正磁场,局部异常呈团块状,强度一般为200～400nT,并有一些狭窄、尖锐、强度大的异常,如吉C-72-158,强度大于1500nT。经查证,异常由蚀变安山岩引起。其他异常主要与侏罗系南楼山组火山岩及侏罗纪—白垩纪侵入岩有关。

2) 推断断裂

(1) F_6,位于预测工作区南部,沿新乡屯、横道河子复安屯、朝阳林场、大河深村一线北东向分布,长27.2km。断裂北东段处于二叠系大河深组,南西段处于二叠系与石炭系及二叠系与侏罗系的接触部位。

(2) F_1,位于预测工作区北部,沿南沟村、新范村一线,呈北西向分布,长12km。断裂处于侏罗纪二长花岗岩和侏罗系南楼山组火山岩中。

(3) F_{13},位于预测工作区中部,沿前蜂蜜顶子、活龙村、地局子、营林村、玉兴村一线,呈北东向分布,长37.5km。断裂南东侧负磁场对应二叠系范家屯组,北西侧正磁场反映了侏罗系,断裂南西段处于侏罗系中。

区内推断断裂17条,其中北东向9条,北西向、北北西向8条。

3) 侵入岩

早侏罗世花岗闪长岩($J_1\gamma\delta$)、石英闪长岩($J_1\delta o$)分布于预测工作区南部,沿石头扁子、腰岭子、兴隆屯一带出露,对应磁场为正或负的低缓弱磁场。

中侏罗世花岗闪长岩($J_2\gamma\delta$)、二长花岗岩($J_2\eta\gamma$)主要位于预测工作区西部,沿八道河子、新开河、贺家屯、小山屯及常山林场一带出露,对应磁场中等强度,为100～200nT,局部高异常与闪长岩或安山岩有关。

早白垩世花岗岩($K_1\gamma\pi$)在预测工作区北部常山林场工地一带有出露,呈低缓带状异常。

4) 火山岩

火山岩主要分布在前蜂蜜顶子、王家、大范沟、西南岔、王兴屯等地的南楼山组和王兴屯组中,主要岩性为安山岩、安山质凝灰岩等,异常较明显。

5) 地层

石炭系分布在预测工作区南部四道屯和向阳屯一带,主要是四道砾岩组(C_2sd)砂岩、砾岩等,磁场为负值。

二叠系范家屯组分布在活龙屯、文华屯以及地局子营林屯一带,大河深组(P_2d)分布于四合屯、大河深村一带,均处于负磁场中。西部是侏罗系南楼山组,周围是侏罗纪花岗闪长岩。金矿北侧是一处东西向分布的高值磁异常吉C-72-158,金矿处在磁异常的边部梯度带上,据航磁资料显示,异常由蚀变安山岩引起,故认为金矿形成可能与蚀变安山岩有关。

6. 杜荒岭预测工作区

1) 磁场特征

预测工作区磁场东部呈平稳降低的负磁场,西部逐渐升高。根据1:25万地质资料,区内除西部大面积分布的白垩系金沟岭组火山岩、火山碎屑岩外,东部为三叠系大兴沟组火山碎屑岩,二叠系解放村组碎屑岩类磁场较弱,其余晚三叠世二长花岗岩、花岗闪长岩、中酸性花岗岩类磁性较弱,磁场强度−20~100nT。预测工作区中部东西向分布的团块状异常组成的异常带在复兴村、杜荒岭一带,航磁报告中推断由火山机构引起,为岩浆热液型多金属成矿的有利部位。

2) 推断断裂

(1) F_2,位于预测工作区中部,在磁场上以梯度带磁场线性变异带、低值带为特征,北东向分布,区内长约31km。断裂北东段控制了古生界的展布及闪长岩的侵入;南西段制约了中生代火山岩的分布。

(2) F_3,位于预测工作区南部,北东走向,西端延出预测工作区,区内长30km。断裂以梯度带、异常低值带展布。沿断裂有中酸性侵入体分布,并且断裂一侧有火山口分布。

(3) F_7,位于预测工作区南部,呈东西走向分布于荒沟村、东南岔、杜荒村一线。东部延出预测工作区,表现为一条东西向的梯度带及磁场变异带,区内长约37.8km。在ΔT化极图上,南北两侧磁场不同。断裂的地质特征明显,控制了中生代火山喷发,并在新生代继续活动造成玄武岩的喷溢。沿断裂一线化探异常发育,呈串珠状展布,是区内重要的控矿构造之一。

区内共推断断裂8条,其中北东向4条,东西向4条。

3) 侵入岩

晚三叠世闪长岩($T_3\delta$)主要出现在断裂附近,多为孤立小异常,在杜荒岭附近成片出现,强度一般300~600nT,区内共圈定11处;晚三叠世石英闪长岩($T_3\delta o$),出现在预测工作区东南部,磁性弱于闪长岩,航磁表现为负磁场,据地质资料显示,该类岩石与古生界往往形成侵入接触带,是寻找铜铁矿的有利部位,同时由于后期热液叠加发生强烈混染的闪长岩内已发现斑岩型矿床,是金铜矿的成矿母岩之一;晚三叠世花岗闪长岩($T_3\gamma\delta$)、二长花岗岩($T_3\eta\gamma$)大面积出露在预测工作区北部和南部,航磁表现为0~100nT的低缓正异常或−100~0nT负异常,沿着与古生界的侵入接触带往往形成矽卡岩化,是寻找铁铜等多金属矿的有利地段。

4) 火山岩

火山岩主要出现在预测工作区中部和西部,岩性为中生代中酸性火山岩。异常形态多为团块状和条带状,强度高、梯度陡,强度为600~1000nT,异常在ΔT化极图上十分醒目。

5) 变质岩地层

古生代变质岩主要是中二叠统解放村组($P_2 j$),岩性为海陆交互相碎屑沉积岩系,即砂岩、细砂岩、泥质粉砂岩等。航磁表现为负磁场,出现在预测工作区东部和北部。该地层与中酸性岩体的接触带可能形成矽卡岩型矿化蚀变带,并出现局部磁异常。

7. 刺猬沟-九三沟预测工作区

1) 磁场特征

在预测工作区北部,即新兴村、磨盘山村、满河村、庙沟村一线以北,为强磁异常区,局部异常呈团块状或条带状分布。在预测工作区东部,异常呈北东向分布,在西部,异常多呈北西向分布,反映北东向和北西向的构造线异常区对应中生代火山岩地层,岩性主要为安山岩类;磁性很强,异常最高强度达

2400nT。预测工作区南部磁场相对较弱,磁场强度为 0～100nT,主要是三叠纪石英闪长岩、侏罗纪花岗闪长岩,以及中生代弱磁性地层的反映。局部出现一些孤立异常,可能和火山岩或基性岩有关。本区火山岩地区是寻找金铜等多金属矿的有利地区。

2)推断断裂

(1)F_1,位于预测工作区西部,北西向沿梯度带、磁场低值带展布,两端延出预测工作区,由北西向南东经金城村、小汪清村、磨盘山村一直到预测工作区边部,区内长 28.5km。沿断裂有串珠状小异常分布,可能为小基性岩体,断裂控制了二叠纪—三叠纪火山岩的分布。中酸性火山岩体沿断裂侵入。

(2)F_6,位于预测工作区东部,南起长兴纪红星,经新发,在苍林延出预测工作区,区内长 24km。断裂呈北东向,沿梯度带、磁场低值带展布。断裂切割了二叠系,沿断裂有脉岩及玄武岩分布。

(3)F_8,位于预测工作区西南部,大坎子村—松林村附近,北西向展布,区内长 15km。断裂沿梯度带展布,北西段控制了中生代地层的分布。

预测工作区内共推断断裂 11 条,其中北西向 3 条,北东向 5 条,东西向 2 条,南北向 1 条。

3)侵入岩

区内大面积出露中生代地层及小范围二叠系,只在西部和东部有岩体出露。

三叠纪石英闪长岩($T_3\delta o$)在预测工作区东南部有出露,磁场较弱,一般为-50～50nT。

侏罗纪花岗闪长岩($J_1\gamma\delta$)在预测工作区内有两处:一处在预测工作区西南部,磁场强度为 0～100nT;另一处在海沟村以东,磁场强度为 50～150nT。

4)火山岩

区内中酸性火山岩分布在北部,以升高的正异常为主,呈条带状、团块状展布,曲线规则,梯度陡,强度高,如吉 C-78-147,主要岩性为安山质角砾凝灰岩等,最高强度达 1600nT。区内共圈定火山岩 8 处。

5)变质岩地层

古生代庙岭组(P_2m)分布在预测工作区西部,明月沟村、磨盘山村附近,及红星村、长荣村附近,解放村组(P_2j)分布在庙沟村东。根据重、磁特征并结合 1:25 万地质图圈出。二叠系与中酸性岩体接触带往往形成蚀变带,并发现矽卡岩型铁、铜矿。

8. 大黑山-锅盔顶子预测工作区

1)磁场特征

本区处于南楼山-四合屯钼铜铅锌多金属成矿带上,区内有大黑山钼(铜)矿、锅盔顶子铜矿等多金属矿床及矿点。中生代北东向火山岩带为区内控矿构造。

区内磁场有北高南低的趋势,异常走向大体呈北东向。在五间房、小城子、刘家沟一线以北,呈现100～200nT 平缓波动的正磁场。南部是正负变化、强度稍低的磁场。局部异常遍布全区。在头道沟、二道沟、黑石嘴村一带,分别是北东向、近南北向分布的基性—超基性岩强磁异常带。而位于前撮落的大黑山钼(铜)矿处于负磁场中,对应弱磁性的中生代花岗岩。

预测工作区南部,局部异常出现在小取柴河村、大崴子西南沟、兴龙屯、草庙子村一带,异常主要反映了中生代火山岩及中酸性侵入岩。锅盔顶子铜矿及铜矿点处于南部磁场区的波动负磁场中。

2)推断断裂

(1)F_1,位于预测工作区北部,近南北向,沿串珠状异常梯度带分布,长 13.5km,经查证,串珠状异常由已知的芹菜沟超基性岩体引起。

(2)F_2,是一条与 F_1 平行的断裂,并与 F_1 组成一条近南北向的断裂带。

(3) F_4，位于预测工作区西北部，北东向梯度带上，断裂两侧磁场不同，南东侧高于北西侧，长 8.5km。南东侧出露寒武系头道岩组变质岩，北西侧为二叠系范家屯组，二者为断层接触。

(4) F_{22}，位于预测工作区东南部，近东西向梯度带上，长 19km。断裂两侧磁场不同，北侧是强弱变化的正磁场，南侧是一片波动的负磁场。断裂处在上三叠统四合屯组火山岩、火山碎屑岩中，及中侏罗世花岗闪长岩的边部。锅盔顶子铜矿位于该断裂的一侧。

(5) F_8，位于预测工作区东部，北北西向梯度带上，长 17km。断裂处于第四系中，南段西侧，分别是侏罗纪花岗闪长岩和二长花岗岩，北段两侧是侏罗纪二长花岗岩和南楼山组火山岩、火山碎屑岩。

本区推断 22 条断裂，其中北东向 17 条，南北向 2 条，北北西向 1 条，东西向 2 条。

3) 侵入岩

晚二叠世超基性岩($P_3\Sigma$)主要在头道沟、芹菜沟一带出露。航磁异常平面形态呈团块状、等轴状或不规则状，强度一般在 600～1000nT 之间，最高达 1500～2000nT，异常走向为北东向、近南北向。

侏罗纪花岗岩(Jr)在区内分布广泛，有二长花岗岩($J_2 n\gamma$)、花岗闪长岩($J_2\gamma\delta$)、石英闪长岩($J_2\delta o$)、二长花岗岩($J_3 n\gamma$)。

4) 火山岩

区内火山岩主要是中生代中性—酸性火山岩，即上三叠统四合屯组和下侏罗统南楼山组。

四合屯组火山岩分布在南部八家子、兴龙屯一带，岩性为安山岩、安山质凝灰角砾岩、安山质凝灰熔岩等，航磁对应正负变化的磁场，并有局部异常出现。

南楼山组火山岩在区内面积较大，在前半拉山、前进屯、五间房、白石砬村一带均有分布，岩性为安山岩、安山质凝灰角砾岩、中酸性熔岩。航磁对应正负变化的磁场，并有局部安山岩强磁异常出现。

5) 古生代地层

寒武系头道岩组($\in t$)，在头道沟、新立屯有出露，岩性为斜长阳起石岩、变质砂岩、千枚状板岩、大理岩，为区内变质岩基底，对应波动正磁场，磁场强度一般 200～300nT。

二叠系范家屯组($P_3 f$)，在黄狼沟村、黄家油坊村等地出露，岩性为砂岩、粉砂岩、板岩夹灰岩透镜体。磁场强度在 0～50nT 之间。

9. 红旗岭预测工作区

1) 磁场特征

预测工作区位于辉发河深断裂北侧，槽区南缘，主要沿辉发河断裂带沉积的中生代地层出露，航磁以负磁场为主要特征。

燕山期花岗岩及二长花岗岩遍布全区，航磁主要为低缓异常或负异常。在西部，异常方向呈北西向分布，主要与北西向的断裂构造有关。在东部，异常多呈北东向，与辉发河深断裂的方向一致。区内构造线方向为北西向及北东向，北西向断裂为北东向断裂的次级构造，控制基性—超基性岩体分布，也是区内铜镍矿的控矿构造。

2) 推断断裂

(1) F_6，位于预测工作区中部，北东向展布，长约 39.5km，沿梯度带延伸，为辉发河深断裂带的一部分，断裂不仅构成了槽台分界线，而且有多次活动的特点，控制了后期的岩浆活动，以及区内镍、铜矿的分布，是区内重要的导矿构造。

(2) F_7，与 F_6 平行，为辉发河深断裂带中主体断裂之一。

(3) F_1，位于预测工作区西部，北西向展布，长 22.5km，为辉发河深断裂的次级断裂，沿断裂分布不同期次的基性—超基性岩，以湾西早期的基性—超基性岩含矿性最好，区内铜镍矿床主要在此岩带上。

本区共推断断裂 11 条,其中北东向 4 条,北西向 6 条,东西向 1 条。

3)侵入岩

(1)早侏罗世花岗闪长岩、二长花岗岩($J_1\gamma\delta$,$J_1\eta\gamma$),区域上大面积出露,在区内除部分古生代地层外,均为花岗岩分布区,磁场为波动的低缓正磁场及负磁场。

(2)中性—中酸性闪长岩($J_1\delta$)出现在西部,沿断裂呈带状、串珠状、团块状北西向分布,强度 300nT 左右,共圈定 9 处。而在丰桦村的异常沿北东向断裂分布,推断为中基性侵入岩体。

(3)基性—超基性岩,始新世辉长岩($E\upsilon$),异常近东西走向,强度 100~300nT,区内共圈定 3 处;中侏罗世超基性岩($J_2\Sigma$),沿断裂分布,强度 100~150nT,区内圈定 2 处;晚三叠世辉长岩($T_3\upsilon$),沿断裂分布,强度 100~300nT,区内圈出 7 处;早泥盆世辉长岩($D_1\sigma$),该岩性磁性变化较大,磁场接近背景场,大部分岩体无法圈定,但该岩体异常较好,是铜、镍矿的赋矿岩体。根据前人工作,地面磁法效果很好,岩体上均对应磁异常。

4)火山岩

火山岩出现在预测工作区东北部,异常十分明显,经对比,为军舰山组玄武岩(N_2j)。

5)地层

黄莺屯组($\in hy$)和小三个顶子组(Oxs)在红旗岭镇的火药库—黄瓜营一带出露,对应航磁以负磁场为主,局部为正异常。

石盒子组($P_2\hat{s}$),在新益村和平村及仙人洞一带出露,对应航磁均为负磁场,依据磁场特征,结合 1:25 万地质图圈出。

10. 漂河川预测工作区

1)磁场特征

在 1:5 万航磁化极图上,呈现大面积负异常,构成区内背景场,对应岩性是侏罗纪花岗闪长岩($J_2\gamma\delta$)侵入体和古生代变质岩地层($\in hy$),与老地层相比,花岗岩体磁场强度更低。

预测工作区东部寒葱沟村—新立屯一带,有一条东西向的异常带,最高强度在 200nT 以上,与中基性侵入岩有关。预测工作区中西部,西南岔—蛇岭沟一带,有一条北东向的异常带,异常连续性差,强度为 100~200nT。异常与玄武岩分布区吻合,推测异常由玄武岩引起。预测工作区东南部,八道河子以南,异常呈带状或团块状,梯度较陡,强度为 200~400nT,异常与玄武岩有关。

2)推断断裂

(1)F_6,位于预测工作区东部,呈北东向,沿梯度带及低值带展布,两端延出预测工作区,长 25km。断裂控制了中酸性侵入岩及火山岩的分布,并且沿断裂形成了中生代沉积盆地。该断裂为敦化-密山断裂的一部分。

(2)F_3,位于预测工作区中部,呈北东向,沿梯度带展布,长 34km,沿断裂有玄武岩分布,为敦化-密山断裂的次级断裂。

(3)F_1、F_8 为一条断裂,位于预测工作区中部,北西走向,沿梯度带异常低值带展布,长 37km。该断裂为敦化-密山断裂的次级断裂,控制了区内基性岩的分布。

(4)F_5,位于预测工作区东部漂河川附近,沿梯度带东西向展布,长 15.7km。断裂两侧磁场明显不同,北侧为升高的磁场,南侧为低磁场。东西向断裂控制基性岩的分布,对铜镍矿成矿起重要作用。区内共推断断裂 8 条,其中北东向 4 条,北西向 2 条,东西向 2 条。

3)侵入岩

中侏罗世花岗闪长岩($J_2\gamma\delta$)大面积出露,遍及全区。航磁为平缓负磁场。主要出现在预测工作区西部西元兴、柳树河子一带,北部、三道沟、头道沟下屯一带,西北岔—东北岔一带及东北部二道沟、漂河以上屯等地。区内花岗岩对本区金矿成矿起重要作用。

晚三叠世基性岩带（$T_3\upsilon$），位于预测工作区东部漂河川一带，航磁有两处，正异常近东西向分布，异常处在寒武系黄莺屯组变质岩中。据地质资料显示，晚三叠世辉长岩为铜、镍矿的含矿岩体，部分辉长岩体上航磁反映不明显，但地磁均有很好的异常对应。

4）火山岩

区内火山岩航磁对应正异常，在八道河子以南成片分布，强度较高并有负值相伴。另一类为负异常为主，如在牛头山附近及大暖木条子村以东。根据航磁异常特征，结合1∶5万地质图共圈出玄武岩4处。

5）变质岩地层

区内寒武系黄莺屯组变质岩系大致呈北东向分布，岩性为变粒岩与大理岩互层，夹斜长角闪岩。黄莺屯组变质岩系是区内的重要赋矿层位，分布较广，主要分布于在梨树沟、蛇岭沟、漂河川、暖木条子、八道河子等地，对应航磁为负异常。

11. 赤柏松-金斗预测工作区

1）磁场特征

预测工作区处于龙岗断块南部，出露岩层主要是龙岗群深变质岩系，对应航磁是一条高值异常带。在徐家大沟、广信村、金斗、暴家沟一带，局部异常多为南北向分布，一般值在400～500nT，最高值大于800nT。异常带对应太古宙片麻岩，高值部分与基性岩吻合。小赤松附近含铜、镍矿的超基性岩体，磁场强度在500～600nT之间。异常带南部虎马岭村附近，局部异常近东西向条带状及团块状分布，最高异常值850nT。经查证，为玄武岩引起。

另一高值区位于预测工作区东北部，自黎明村、三河堡村、河夹信，向北至西趟子附近，异常带大体上呈北北西向分布，异常值为700nT。高值异常主要是侏罗纪安山岩的反映。而南北向分布早白垩世松顶山岩体的一系列花岗斑岩小岩株，磁场强度一般在200～300nT之间。

预测工作区西部窑上、大西沟以西，磁场低缓。北部为侏罗系，磁场强度0～100nT。在王家村、魏家村一带，有几处条带状及团块状异常，形态与玄武岩异常相似，最高强度可达800nT，可能与玄武岩有关。南部半截沟门附近，对应岗山岩体的一部分，磁场强度100～200nT。

2）推断断裂

（1）F_4，断裂沿南北向线性梯度带展布，长12.2km，断裂东侧磁场降低，西侧为升高的异常区。断裂位于新太古代雪花片麻岩出露区内，北段与南北向河道对应。

（2）F_5，位于预测工作区东北部，沿磁场梯度带，呈北西向展布，长10.5km，断裂西侧磁场低，东侧高。断裂从新太古代片麻岩边部穿过。北东侧主要为侏罗系，断裂与北西向的河道对应。

（3）F_3，位于预测工作区西部，沿北北东向磁场梯度带展布，长14.8km，断裂西侧磁场低缓，有局部异常带，东侧磁场升高。高磁场区对应新太古代雪花片麻岩。西侧对应侏罗系，断裂控制了侏罗系的分布。

（4）F_{11}，位于预测工作区南部，沿北西西向磁场梯度带展布，长约12.5km。西侧磁场不同北侧，略高于南侧。断裂位于侏罗系中，沿断裂南侧有一系列玄武岩分布。

区内推断11条断裂，其中北东向4条，北西向2条，东西向4条，南北向1条。

3）侵入岩

新太古代花岗质片麻岩在预测工作区内广信村、金斗、赤柏松、大都岭等地大面积分布，航磁呈高背景高值异常带，异常主要与基性、超基性岩有关。局部地段片麻岩磁场偏低。

中生代侵入岩主要有岗山岩体和松顶山岩体。岗山岩体（$K_1G\xi\gamma$）分布在预测工作区西南部，半截沟门附近，岩性为角闪碱长花岗岩，磁场强度200～300nT；松顶山岩体（$K_1S\gamma\pi$）分布在预测工作区东北部,近南北向不连续分布,岩性为花岗斑岩,磁场强度 200～300nT。

4) 火山岩

火山岩主要在预测工作区西部、南部、北部出露,岩性为侏罗系林子头组、果松组中性—基性火山岩。异常呈条带状或团块状,强度高,梯度陡,如吉 C-75-90(虎马岭异常),由粗玄岩引起,强度 1000nT。

12. 长仁-獐项预测工作区

1) 磁场特征

预测工作区处于富尔河-古洞河深大断裂带上,沿断裂带岩浆活动频繁,形成不同期次岩体,如新太古代甲山岩体,寒武纪孟山北沟岩体,晚二叠世—早三叠世小蒲岩体,早侏罗世榆树川岩体,及基性—超基性岩体等,均在区内出露。对应区内磁场的异常方向为北西向,磁场由平缓负异常—低缓正异常,岩体之间磁性差异不大。基性—超基性岩异常呈北西向或北东向分布,受深大断裂的次级断裂控制。

2) 推断断裂

(1) F_5,位于预测工作区南部,沿河西洞、卧龙村、仲黑村北西向梯度带展布,长 24km,断裂处于寒武纪片麻状花岗闪长岩中,与糜棱岩带平行,沿断裂有基性岩出露。北西向断裂是区内主要控岩控矿构造。

(2) F_7,位于预测工作区南部,本部—鸡南村一线,东西向沿梯度带展布,长 11km。断裂两侧磁场不同,北侧为东西向的低缓异常带,主要岩性为晚二叠世—早三叠世亮兵岩体二长花岗岩。南侧为正负变化的磁场,对应岩性为新太古代鸡南组变质岩,沿断裂有基性岩分布。

(3) F_2,位于预测工作区东部,自龙门村,经青龙村至长仁村一线,沿梯度带北西向展布,长 19km。断裂两侧磁场略有不同,北东侧为早侏罗世花岗岩,对应正负变化的低缓异常带。南西侧为新元古代新东村组变质岩。沿断裂两侧有基性岩出露。

区内北西向断裂 3 条,东西向 2 条,北东向、南北向各 1 条,共 7 条。

3) 岩浆岩

新太古代甲山岩体($Ar_3Js\gamma\delta o$),主要在预测工作区内东南部的安平村附近出露,岩性为变质英云闪长岩,对应磁场较弱,以负异常为主。

早寒武世孟山北沟岩体($\epsilon_1 M\gamma\delta$),在北部孟山北洞至中部仲黑村出露,岩性为片麻状花岗闪长岩。

晚二叠世—早三叠世小蒲柴河岩体$(P_3-T_1)x\gamma\delta$ 及 $(P_3-T_1)L\eta\gamma$,分别在预测工作区北部和南部出露,磁场以低缓异常为主。

中侏罗世榆树川岩体($J_1Y\eta\gamma$),在青龙村以北—大灰屯一带出露,对应磁场较弱。

基性—超基性岩体主要受北西向断裂构造控制,异常形态多为孤立小异常,如吉 C-60-107、吉 C-60-136 等,区内共圈出 7 处,其中编号异常 3 处。

4) 变质岩地层

新元古界青龙村岩群、新东村岩组(Pt_3x)主要在预测工作区北部及中部柳树沟—青龙村一带,岩性为黑云斜长片麻岩、黑云变粒岩、浅粒岩等,处于低缓弱磁场中。

新太古界官地岩组及鸡南岩组在预测工作区南部有零星分布。

13. 小西南岔-杨金沟预测工作区

1) 磁场特征

杨金沟-大北沟地区是预测工作区内大体呈北东向的高磁异常带分布区。高值异常主要与闪长花岗岩有关。据物性资料,闪长岩磁性较强,κ 平均值 2300×10^{-5}SI,Jr 平均值 1000×10^{-3}A/m。在闪长岩体上,磁场一般为 400～600nT,最大在 1200nT 以上,如吉 C-94-227 为 700nT,吉 C-94-228 为

900nT,吉 C-60-144 为 1300nT。物性参数与航磁反映结果基本一致,区内闪长岩与多金属矿成矿关系密切。如小西南岔斑岩型金铜矿床与闪长岩有关,是区内重要的成矿母岩。闪长岩体的集中分布对在区内寻找多金属矿床十分有利。

在高值航磁异常范围内有一条南北向分布的低缓异常带,对应由寒武系—奥陶系变质岩组成的春化—四道沟中间凸起,位于小西南岔至区外的马滴达一带,由一套海底火山-碎屑岩建造组成。在该地层中发现大量的金铜矿化及化探组合异常,是区内金铜矿等多金属矿产的主要矿源层。

在预测工作区东部分布大片负磁场区,局部为低缓正异常,分别对应二叠系解放村组碎屑岩及二叠纪花岗闪长岩。二叠系与中酸性岩体接触带往往形成蚀变带,并发现矽卡岩型铁铜矿化,是寻找矽卡岩型矿产的有利地带。

2)推断断裂

(1)F_2,沿南北向磁场梯度带延伸,南起上四道沟,向北至大北城附近,全长 38km,区内长 27km,沿断裂古生代地层呈南北向展布,并有闪长岩分布,是区内岩浆活动的重要通道。沿断裂有矿化蚀变现象,地表伴有化探异常,是区内重要的控矿构造。

(2)F_{10},位于预测工作区中西部,沿东西向磁场梯度带、异常低值带延伸,长 19.5km。断裂两侧有闪长岩分布,为汪清-金仓东西向断裂的次级断裂。与南北向断裂交会部位,即小西南岔附近是寻找多金属矿床的有利部位。

(3)F_6,位于预测工作区中部,沿北东向梯度带、磁场突变带延伸全长 40km,区内长 27km,断裂两侧磁场不同。南东侧为平静负磁场,沿断裂有闪长岩出露。北东向断裂控制了侵入岩的分布。区内推断断裂 11 条,其中北东向 5 条,东西向 4 条,北西向、南北向各 1 条。

3)侵入岩

在小西南岔金铜矿区进行的地面磁测及磁化率测定结果表明,遭受强烈混染的中细粒闪长岩 κ 变化仅在 $(20\sim50)\times10^{-5}$ SI,在航磁图上反映低背景场。中二叠世闪长岩($P_2\delta$),在区内主要分布在高磁异常带上,在航磁图上反映明显以强度大、梯度陡为特征,并且最高强度可达 800~1200nT,平均磁化率在 2300×10^{-5} SI,断续分布,在区内分布较为密集,该闪长岩与多金属成矿关系密切。中二叠世花岗闪长岩($P_2\gamma\delta$)位于预测工作区中南部,航磁处于负异常或低缓正异常中,区内圈出 1 处。晚三叠世闪长岩($T_3\delta$)位于预测工作区西部,磁场强度 100~200nT,低于二叠纪闪长岩磁场强度,区内圈定 1 处。晚三叠世花岗闪长岩($T_3\gamma\delta$)遍布全区。

4)变质岩地层

寒武系—奥陶系五道沟群香房子组、杨金沟组、马滴达组,主要呈南北向展布于小西南岔—马滴达一带。航磁呈负异常或低缓正异常。依据磁场特征,结合 1∶25 万地质图及重力资料圈定,但各岩组之间不易区分。

二叠系解放村组(P_2j),岩性为海陆交互相沉积岩系,即砂岩、细砂岩、泥质粉砂岩等,在预测工作区北部有出露,航磁对应负异常及低缓正异常。结合地质资料及重力资料进行圈定。

14. 农坪-前山预测工作区

1)磁场特征

从预测工作区内磁场形态看,除北部马营附近有一处强异常带外,其余均为负异常或低缓异常。强磁异常与晚二叠世闪长岩有关。区内大面积出露晚三叠世中酸性花岗岩,主要对应低缓正异常及负异常。古生代二叠纪海陆交互相碎屑岩无磁性,航磁表现为负异常,分布在一松亭村至八道沟一带,而在与花岗岩接触部位往往形成局部异常。

2)推断断裂

(1)F_3,位于预测工作区西部,北东向延伸,南起平安村。经一松亭村、雪带山村等地,长约 28km。沿断裂有闪长岩分布,对岩浆热液型矿产分布起到了控制作用。

(2)F_8,位于预测工作区北部,南北向分布,为小西南岔-四道沟断裂的南部,区内长约11km。断裂控制了古生代地层的分布和中酸性岩浆侵入,是区内控矿构造。

(3)F_6,位于预测工作区东部,北东向展布,北段延出预测工作区,区内长约12km。沿断裂有闪长岩分布,航磁呈带状正异常带。

(4)F_9,位于预测工作区南部,沿梯度带东西向展布。西起上杨树沟、农坪、四道沟村,至镇安岭村,长约24km。沿断裂有闪长岩出露,并控制了花岗岩体及古生代地层的分布。

区内推断断裂9条,其中北东向共5条(F_1、F_3、F_4、F_6、F_7),东西向共3条(F_2、F_7、F_9),南北向1条(F_5)。

3)侵入岩

(1)中二叠世闪长岩($P_2\delta$),主要在预测工作区东部,沿断裂呈北东向分布,形态为平缓小异常,强度在100nT左右,或负磁场中的相对高值,区内圈定4处。晚三叠世闪长岩($T_3\delta$),多为孤立弱异常,强度一般在50~100nT之间。但在马营村近为强异常,区内共圈定6处。

(2)晚三叠世花岗闪长岩遍全区,多呈岩基产出,航磁曲线波状起伏,呈团块状或条带状的正磁场。磁场强度变化较大,一般强度为100~300nT。二长花岗岩磁场略低,一般强度为50~100nT,局部为负值。

4)变质岩地层

(1)寒武系—奥陶系变质岩,在预测工作区内分布在闹枝沟、四道沟,向北至小西南岔一带。由一套海底火山-碎屑岩建造组成。在本地层内发现金铜矿化及化探异常,是区内含铜等多金属矿产的主要矿源层。航磁表现为低缓正异常,重力场为重力高异常。

(2)二叠系解放村组、关门嘴子组,岩性有轻微变质,为火山岩、碎屑岩组成。航磁以负磁场为主,局部为低缓正异常,重力场为重力高异常。圈定了八道沟、一松亭村、松林村、马滴达村等6处异常。

15. 正岔-复兴屯预测工作区

1)磁场特征

从预测工作区航磁化极图上可以看出,预测工作区磁场大体可分为两部分。西起青岭、高丽道沟、东沟村、东岔沟、獐子沟一线以南,为高背景强磁场区。异常主要分布在新建村、柞树沟、宝甸村以南,东岔村、六道阳岔附近,异常大体呈东西向分布,强度300~500nT,最高在800nT以上。岩性为侏罗纪火山岩。背景场由大面积分布的古元古代侵入岩磁场构成。北部异常区以起伏不大的负异常为特征,其岩性由古元古界集安岩群和老岭岩群中浅变质岩系组成,磁性除个别岩性外,均较弱。而局部异常则由中酸性侵入体或隐伏岩体引起。在多金属矿区,磁异常都有较明显的反映,但复兴屯铜矿反映不明显。

2)推断断裂

(1)F_2,位于预测工作区北部,沿新民村—江甸镇一线,沿梯度带及磁场低值带东西向展布,长12.3km。沿断裂带磁场特征明显。断裂北侧为古元古界珍珠门岩组及花山岩组,南侧为古元古界大东岔岩组及荒岔沟岩组。

(2)F_{20},位于预测工作区东部,在东沟村、东岔沟獐子沟一线,呈北东向,沿梯度带、磁场低值带展布,长20.5km。断裂两侧磁场明显不同,北侧低背景磁场分布双岔沟岩组,南侧为高背景磁场,出露钱桌沟花岗岩体,并且有侏罗纪安山岩分布。

(3)F_{11},位于预测工作区东部,沿南岔、青沟村一线,呈北西向,沿梯度带展布,长15.4km,断裂一侧有古元古代山城子花岗岩体分布,并有闪长玢岩脉出露。

(4)F_9,位于预测工作区中部,从双兴村、南沟村至团结村,呈北东向,沿磁场线性梯度带展布,长24.5km。断裂处于荒岔沟变质岩地层中,断裂从复兴村二长花岗岩($T_3F\eta\gamma$)西侧通过。区内推断断裂23条,其中北东向或北东东向17条,北西向4条、东西向2条。

3）侵入岩

（1）古元古代钱桌沟岩体（Pt_1Q），在预测工作区南部宝甸村、刘家村、台上镇、矿山村一带出露。磁场强度中等（100～200nT），在预测工作区西部，二道沟村一带和预测工作区东北部黑窝附近，共有3处分布，根据磁场特征并结合1：25万地质图圈出。

（2）古元古代双岔沟岩体（Pt_1S），在预测工作区南部柞树村、兴安村、荒崴村一带大面积出露，岩性为巨斑状花岗岩，磁场强度100nT左右，区内圈定1处。

（3）三叠纪复兴村二长花岗岩体（$T_3F\gamma\eta$）及复兴村石英闪长岩体（$T_3F\delta o$），在预测工作区中部二道村一带出露，二长花岗岩磁场强度100nT左右，石英闪长岩略强，在200nT左右。

（4）白垩纪花岗斑岩体（$K_1\gamma\pi$），位于预测工作区东部，磁场较弱，场值在－100nT左右，综合1：25万地质图圈出1处。

4）火山岩

预测工作区内火山岩主要是侏罗系果松组中的安山岩类，分布于预测工作区南部，异常醒目，强度较高，一般在300～500nT，最高为600～800nT。共圈定6处异常。

5）变质岩地层

古元古界荒岔沟岩组在预测工作区内分布面积较大，从财源向北东方向至驮道村、二道村一带，大面积出露，航磁表现为弱背景磁场，局部异常多数与岩体有关，正岔铅锌矿即赋存在荒岔沟岩组花岗斑岩、闪长岩梯度带部位，矿体赋存于斜长角闪岩夹石墨大理岩中。大东岔岩组位于预测工作区南部二道阳岔附近，呈北东向分布，对应磁场略高，在150nT左右，区内圈定2处，另1处在江甸子镇附近。珍珠门岩组位于预测工作区北部姚家街附近，东西向分布，对应磁场强度0～50nT。花山岩组位于江甸镇北万盛街—西鲜村一带，对应磁场强度－50～－100nT。

16. 兰家预测工作区

1）磁场特征

预测工作区位于大黑山条垒地区，东侧是伊-舒深大断裂带。在1：5万航磁图上，区内磁场大体可分为两部分。预测工作区两侧为一条北东向的强磁异常带，在北部李家屯—新立屯一带，局部异常呈条带状或等轴状分布，强度200～300nT，对应白垩系泉头组，岩性为砂岩、泥岩等，为弱磁性，推测白垩系下有隐伏岩体。在南部杨棚铺、大顶子、后双泉一带，呈三角形异常带，局部异常为北东向条带状，强度一般300～500nT，最高达1300～1500nT，对应岩性为燕山期花岗岩、海西期花岗岩、海西期石英闪长岩，及二叠纪蚀变安山岩等。

预测工作区东侧为一相对弱磁场，负磁场中分布一些北东向或东西向的正异常，强度为100～300nT，弱磁场对应二叠系的砂岩、页岩、灰岩等弱磁性岩石，正异常主要与燕山期花岗岩有关。兰家铜金矿分布在磁异常边部，梯度带附近。

2）推断断裂

（1）F_2，位于预测工作区西部，自闫家屯、杨家屯、甘家岭村一线，呈北东向，沿梯度带分布，长22.6km。断裂北东段处于白垩系中，其北东侧出露石炭系余富屯组，升高的磁场可能与侵入体有关。断裂南西段西侧高磁场位于侏罗纪花岗岩中，东侧为白垩系，该断裂与地质上实测断层部分吻合。

（2）F_{14}，位于预测工作区中部，大蒋家屯附近，沿梯度带南北向分布，长约4km，东侧负磁场主要与二叠系有关，西侧正负异常由石英闪长岩引起，断裂的一侧有兰家铜金矿分布，该断裂与铜金矿成矿有关。

（3）F_6，位于预测工作区北部，自团山子村—李家屯一线，沿北东向梯度带及异常低值带分布，长8.5km。断裂北东段处于石英闪长岩中，并有蚀变安山岩，南西段处于第四系覆盖中。断裂属于大断裂带中的次级断裂。

（4）F_{10}，位于预测工作区中部，李家屯—林山村一线，呈北东向，沿梯度带弧形分布，长12.6km。磁场北西侧弱,南东侧强,断裂处于侏罗纪二长花岗岩中,为大断裂的次级断裂。

区内推断断裂共15条,其中北东向、北东东向10条,北西向3条,南北向、东西向各1条。

3)侵入岩

区内侵入岩发育,除少量基性—超基性岩类外,主要为中性、中酸性和酸性岩类,岩浆活动频繁,往往呈多次侵入的复式岩体。岩体反映的磁场较为复杂,表现为多个岩体磁性的叠加。在预测工作区南部后双泉—乌龙泉一带有两条并列的北东向条带状异常,最高强度分别为1370nT和1540nT,根据其形态、强度高、梯度陡,推断为两个闪长岩体。在上三家子、烧锅甸子、杨棚铺一带,北东向的带状异常带为隐伏的中生代闪长岩或花岗闪长岩体的反映。

在预测工作区北部,团山子村北东向的高值异常推断两处基性岩体。在四家乡、杂木村、王家瓦房村,出露3处侏罗纪黑云母碱长花岗岩,磁场处于低缓异常带或负磁场中。

在兰家铜金矿附近,成矿岩体为石英闪长岩,其含矿性较好,磁性较弱,区内有多处分布。

4)地层

上二叠统范家屯组,劝农山及石头口门附近出露岩性为粉砂岩、砂板岩、灰岩、凝灰岩、凝灰质砂岩等,该地层与铜、硫、镁成矿关系密切。对应航磁为负异常。

17. 大营-万良预测工作区

1)磁场特征

在预测工作区北部,从榆树川乡、顺江村向北至万良镇附近,分布一条北北东向强异常带,长约14km,宽约4km。该异常带与侏罗系果松组($J_{2-3}g$)吻合,推断异常由侏罗纪火山岩引起。其东侧是一片正负相间的杂乱异常带,异常带与军舰山组(N_2j)玄武岩对应,反映了玄武岩地区的磁场特征。

在预测工作区中部,青岭村—汤河村一带,有一条北西西向强异常带,异常带长约17km,宽6~7km,异常强度高、不连续,可能为侏罗纪中性火山岩或侵入岩的反映。

区内磁场除两片强异常外,其余为平稳低缓异常区,侏罗纪花岗岩、古生代变质地层均处于弱磁场。在松树镇—太平村一带,磁场平稳低缓,为元古宙及古生代地层的反映,其北部是侏罗纪二长花岗岩,接触带两侧是区内矽卡岩型或热液型多金属成矿的有利部位。

2)推断断裂

(1)F_1,位于预测工作区北部,呈北东走向,在其南部新安村附近,转向近东西向延出预测工作区。区内长约14km,沿带状负磁场展布,断裂两侧磁场明显不同。西侧为中太古代片麻岩,东侧为侏罗纪火山岩,该断裂控制了火山岩的分布。

(2)F_2,位于F_1东侧,与F_1组成一条断裂带。

(3)F_4,位于顺江村—胜利村附近,走向北北东向,断裂沿梯度带展布,长约11km。该断裂控制了元古宙及中生代地层的分布。

(4)F_6,位于预测工作区中部,时家大院—松江乡附近,走向北西向,沿梯度带及不同场区分界线展布,断裂南侧为强磁异常带,推断为侏罗纪中性侵入岩,北侧磁场较平静,为侏罗纪火山碎屑岩类。

区内推断7条断裂,其中北东向及北北东向4条,北西向2条,东西向1条。

3)侵入岩

(1)中侏罗世闪长岩($J_2\delta$),在汤河村—青岭村一带,集中分布8处闪长岩小岩体,其特点是异常强度高、不连续。另外,还有两处分散的小岩体。

(2)晚侏罗世二长花岗岩($J_3\gamma\gamma$),磁场低缓,一般在150~300nT之间。主要分布在汤河村—太平村一带,共圈定4处岩体与古生代、元古宙地层接触带,是寻找多金属矿的有利地带。

4)火山岩

中生代火山岩主要是安山岩类,异常强度大,两侧有负值,与中生代地层一致,区内圈定1处。

新生代火山岩为大面积覆盖的玄武岩,出现在预测工作区东部,磁场杂乱,正负相间,局部可出现较大的负值,区内圈定 2 处。

5)地层

(1)元古界出现在小冰凉沟—松郊乡一带,主要是震旦系万隆组(Z_1w)、八道江组(Z_2b),磁场平稳,强度为 100~200nT。青白口系出现在鸡冠砬子村附近,磁场较低,在-50~50nT 之间。以上地层根据磁场特征,并结合 1:25 万地质图及重力资料,各圈定 1 处。

(2)寒武系、奥陶系、石炭系出现在松树镇—太平村一带,磁场低缓平稳,强度在 50~100nT 之间。根据磁场特征,并结合 1:25 万地质图及重力资料,圈定 1 处。该处地层内有小型铅锌矿 1 处,是寻找多金属矿的有利部位。

18. 万宝预测工作区

1)磁场特征

预测工作区位于夹皮沟-和龙地块北部陆缘活动带,海西晚期侵入岩大面积分布。岩性为闪长岩、花岗闪长岩、二长花岗岩等中酸性侵入岩。磁场正负波动变化,只在江源村—新舍村一带及腰岔村以北等地出现局部正异常。零星分布的孤立小异常多由基性岩或闪长玢岩引起。

在太平村—新合村一带,北东向分布的新元古代万宝岩组变质岩,岩性为变质砂岩、粉砂岩夹大理岩,对应航磁为平稳负磁场,在与闪长岩的接触带上有局部异常出现。

2)推断断裂

(1)F_7,位于预测工作区东部,呈北东向,沿线性梯度带分布,长 22km。断裂大部分处于第四系河道中,两侧有闪长岩出露。

(2)F_1,位于预测工作区北部,沿梯度带东西向分布,长 16km。断裂处于小蒲柴河黑云母花岗岩中,但南北两侧磁场明显不同,南侧为正磁场,而北侧为升高的正异常区,沿断裂有石英闪长玢岩分布。

(3)F_8,位于预测工作区西南部,沿北西向梯度带及不同场区分界线展布,长 12km。断裂处于花岗闪长岩中,北西向糜棱岩带一侧,与地质实测断裂一致。据地质资料,北东向、北西向断裂为区内控矿构造。

本区推断 9 条断裂,其中北东向、北西向、东西向各 3 条。

3)侵入岩

小蒲柴河黑云母花岗闪长岩分布在西部王福岭—大蒲柴河一带,二长花岗岩分布在东部清沟子村一带,两者磁场相同,均为平稳负磁场。太平屯闪长岩在万宝镇及太平村附近出露,岩体对应低缓正异常或孤立异常。小湾沟二长花岗岩零星分布在早三叠世—晚二叠世花岗闪长岩、二长花岗岩中,无明显异常反映。

4)变质岩地层

变质岩地层位于万宝镇一带,北东向展布,对应磁场以负异常为主,局部为低缓异常,岩性为变质砂岩、粉砂岩夹大理岩,周围与花岗闪长岩、闪长岩接触,具有成矿有利条件。

在预测工作区西北部及东部分别有小型铜矿和铜铅矿点,并有多金属化探异常,是寻找多金属矿的有利地带。

19. 二密-老岭沟预测工作区

1)磁场特征

预测工作区内东部和西部磁场差异明显,东部是平缓弱磁场,西部是跳变的强磁场。在二密—新华村一带,呈现一条大致北北西向的磁异常高值带,幅值 700~1000nT,背景场 200~300nT。

预测工作区处于龙岗断块南部,出露地层主要是新太古代深变质岩系,磁场强度在 300nT 左右。八道沟村附近为侏罗纪火山岩覆盖,碎屑岩和酸性火山岩基本无磁性,而安山岩等中性岩磁化率可达 $n \times 100 \times 10^{-5}$ SI,辉石安山岩可达 1800×10^{-5} SI。火山岩岩性分布不均匀,磁性变化大,可产生一些跳跃较大的异常。区内岩浆活动频繁,沿裂隙多期多次侵入,形成大量不同性质的岩墙、岩枝、岩脉。在赤柏松附近,就有一片密集的中基性岩、基性脉岩群。其中分异较好的岩脉有铜镍矿床赋存。二密北部的石英闪长岩体边缘破碎带中有已知的铜矿。中基性—基性岩脉与多金属矿床的形成有密切联系。它们磁性较强,航磁异常明显。区内东部大片弱磁场区主要是新元古代地层和部分新太古代弱磁性变质岩的反映。

2) 推断断裂

(1) F_8,位于预测工作区东部,呈东西向,沿梯度带展布,长10.7km。南北两侧磁场不同,北侧为逐渐升高的磁场,岩性为新太古代片麻岩,南侧为平缓负磁场,岩性为青白口系碎屑岩地层,呈弱磁或无磁性。

(2) F_6,位于预测工作区西部,九道沟门—向阳村一线,呈东西向,沿梯度带及磁场低值带展布,长4.7km,断裂两侧均为火山岩。

(3) F_7,位于预测工作区中部,八宝沟门—马当镇一线,呈南北向,沿梯度带展布,长7km。断裂处于侏罗系中,西侧是高值异常区,有脉岩分布,东侧为低值异常或负异常区。

(4) F_{10},位于预测工作区南部大连川附近,呈北东东向,长9.2km,断裂北侧为高值异常区,主要为侏罗纪火山岩及侵入岩,南侧为低缓异常区。

区内推断断裂12条,其中北西向5条,东西向4条,北东向2条,南北向1条。

3) 侵入岩

新太古代片麻岩主要在预测工作区北部及东部,马当镇以北、光华镇以南、马鹿沟以东大面积出露,磁场大部分为低缓正异常,一些局部小异常多数与铁矿点有关。

早白垩世松顶山石英闪长岩体位于预测工作区西部通化铜矿附近,岩体处于高背景场中降低部分,最低处强度只有50nT。岩体与铜矿成矿关系密切。

闪长岩位于曙光村南1km,由航磁吉C-87-115推断范围(2.5×1.2)km^2,经工作查证,认为异常由闪长岩引起。

4) 火山岩

火山岩位于预测工作区西部高值异常区,异常呈条带状或团块状,强度高,梯度陡,两侧有负值。侏罗纪安山岩、斑状安山岩及次火山岩(闪长玢岩)等与异常吻合。另外,在该区内圈定火山机构2处,分布在西部八道沟村南北两侧。磁异常呈团块状,并有"中间低、四周高"的特点。

5) 地层

古元古界光华岩群双庙岩组(Pt_2s)位于光华镇一带,岩性为变质气孔状玄武岩、斜长角闪岩夹大理岩,磁场低缓,并有负磁场。

青白口系位于预测工作区南部葫芦套乡—高丽道一带,岩性为砂岩、页岩、泥灰岩等,对应平稳负磁场。

20. 天合兴-那尔轰预测工作区

1) 磁场特征

预测工作区位于辉发河大断裂台区一侧,太古宙变质岩大面积出露,主要是中太古代英云质闪长片麻岩及部分杨家店组,南部玄武岩局部覆盖。区内磁场以低缓场为背景,一般在100~200nT。据物性资料,混合岩磁性较弱,片麻岩、斜长角闪岩磁性变化较大,因此,区内局部异常可能与岩性有关,而强异常与铁矿有关。预测工作区南部高值异常多与玄武岩有关。

预测工作区中部有一条北东向的低值异常带,对应一条北东向的带状脉岩与异常带吻合,岩性为早白垩世花岗斑岩、石英斑脉岩。重力场也是一条北东向的重力低场区,反映了片麻岩下部的中酸性侵入体。

2) 推断断裂

(1) F_1,位于预测工作区东北部,呈北西向,沿梯度带延伸,长 14.7km。断裂两侧磁场不同,北侧是一个逐步降低的负磁场,南侧是一条低缓的正异常带。在重力场中,断裂处在新太古代紫苏花岗岩重力低梯度带上,断裂的北西段有白垩纪侵入岩出露。

(2) F_2,位于预测工作区东部,呈北北东向,沿梯度带延伸,长 34km,北段转为近南北向。断裂在英云闪长质片麻岩中,沿断裂有中性—基性脉岩出露,南段有玄武岩分布。

(3) F_6,位于预测工作区中部,呈北北东向,沿梯度带、磁场低值带展布,中生代岩浆岩沿断裂侵入。

区内推断断裂 11 条,其中北东向 7 条,北西向 4 条。

3) 侵入岩

中太古代英云闪长质片麻岩全区分布,背景场低—中等强度,一般为 100~200nT,由于磁性不均,可形成局部异常。

区内岩浆活动频繁,小岩体较发育,基性、超基性岩体主要分布在预测工作区北部,如航磁异常吉 C-76-51、吉 C-76-52、吉 C-77-106,为已知超基性岩体引起。异常多为孤立异常,范围不大。区内圈定岩体共有 7 处。圈定的中性—基性岩体,编号异常包括吉 C-77-112、吉 C-77-113、吉 C-77-114、吉 C-76-49 共 4 处,未编号异常 6 处,共 10 处。

中生代侵入岩位于预测工作区中部,北东向呈带状分布,对应磁场为低值带。岩性为早白垩世花岗斑岩、石英斑脉岩。花岗斑岩是斑岩铜矿的含矿岩体,天河兴铜矿产于花岗斑岩中,其磁场值降低,与周围明显不同。

4) 火山岩

玄武岩覆盖区位于预测工作区南部,为军舰山组玄武岩(N_2j)。磁场杂乱,正负相间,异常呈等轴状或团块状,梯度陡,周围有明显负值。编号异常吉 C-59-13、吉 C-77-107、吉 C-77-110、吉 C-77-111 等均由玄武岩引起。

21. 夹皮沟-溜河预测工作区

1) 磁场特征

区内异常走向为北西向或北北西向。预测工作区中部苇厦子、菜抢子、老牛沟、夹皮沟一线是一条北西向的负异常带,异常带宽 6~9km,北西段窄,向南东变宽,强度-200~-100nT。负异常带中分布若干高值异常,为老牛沟铁矿异常。该处地层为新太古界三道沟组,岩性为斜长角闪岩、绿泥角闪片岩、绢云绿泥片岩夹磁铁石英岩。

预测工作区南西侧,清水河村、老金厂—东北岔、郎家店一带,是一片呈北西向分布、局部异常方向不一的异常带。强度一般在 200~400nT 之间,最高 800nT。岩性主要为杨家店组斜长角闪岩、黑云母片麻岩,以及新太古代侵入岩和脉岩等。局部异常多数与斜长角闪岩有关。

预测工作区北东侧的低缓正异常及负异常由面积性出露的中侏罗世花岗闪长岩引起。

2) 推断断裂

(1) F_4,位于预测工作区东北部,呈北西向,沿梯度带及不同场区分界线延伸,长 24.5km。断裂两侧磁场明显不同,北东侧异常带对应中侏罗世花岗闪长岩,南西侧负磁场对应新元古界色洛河群达连沟组沉积变质岩地层。

(2) F_{16},位于预测工作区中部,苇厦子、锦山村、老牛沟村、二道沟、云峰村一线,呈北西西向、北西向展布,在苇厦子—老牛沟村段为北西西向,老牛沟村—云峰村为北西向。断裂两侧磁场明显不同,北东侧为弱磁场,南西侧为强磁场。区内长51km。断裂为老牛沟大断裂带内的一条断裂,沿断裂有强烈的片理化、糜棱岩化现象,该断裂对夹皮沟、板庙子一带的金、铜及多金属内生矿的生成有明显的控制作用,为区内主要成矿断裂。

(3)F_{19},位于预测工作区北部老牛沟附近,沿东西向磁场低值带延伸,长约7.5km。断裂北侧为杨家店组及老牛沟组,南侧为新太古代紫苏花岗岩,沿断裂有晚海西期基性岩脉出露。

(4)F_{21},位于预测工作区西部,清水河村西2km,由北向南长约13.4km。断裂西侧磁场低缓,东侧略有升高;沿断裂有串珠状异常分布。断裂处于杨家店组及新太古代变二长花岗岩中。沿断裂有基性岩出露。

区内北西向构造控制了铁、金、铜等多金属成矿及分布,区内推断断裂21条,其中北西向12条,东西向6条,南北向3条。

3)侵入岩

太古宙侵入岩,云英闪长质片麻岩主要分布于预测工作区中部及南部,板庙子—夹皮沟一带的英云质片麻岩,磁场强弱不一,东侧为负异常,西侧则为正异常;变质二长花岗岩分布在预测工作区的中、西部,对应磁场为低缓正异常。

早侏罗世五道溜河岩体,位于预测工作区南部,磁场为连续的低缓正异常,椭圆状,长轴14km,短轴6km,岩性为中粒二长花岗岩,岩体周围形成的环状异常带推断由接触蚀变引起。岩体对金成矿起重要作用,提供了金的物质来源及成矿热动力。

中侏罗世天岗岩体位于预测工作区东北部,面积性出露,磁场强度为中等,一般在200~300nT之间,向北东向磁场变弱。

4)火山岩

本区火山岩主要是新生代玄武岩,预测工作区西北部蛤蟆屯附近、预测工作区北东端及东南端的宝石村附近共发育3处,均属强度大、梯度陡的孤立状异常。

5)变质岩地层

中太古界四道砬子河岩组($Ar_2sd.$)、杨家店岩组($Ar_2y.$)。四道砬子河岩组在预测工作区内有零星出露,杨家店岩组呈小块面积性出露,磁场强度为中等,处在东北岔—马家店以西的异常带上。

新太古界三道沟岩组($Ar_3sd.$)和老牛沟岩组($Ar_3ln.$)分布在板庙子、老牛沟、夹皮沟一带。岩性主要是斜长角闪岩、角闪片岩、黑云变粒岩等,航磁为一条北西向的负异常带,夹皮沟金矿赋存于三道沟组变质岩中,金矿带与北西向的负异常带一致,最近异常带的边部。

新元古界色洛河岩群达连沟岩组($Pt_3d.$)和红旗沟岩组($Pt_3h.$)主要岩性为变质砂岩、变质粉砂岩、大理岩等弱磁性地层,分布在老牛沟成矿带的北东一侧,航磁表现为负异常带。

22. 安口镇预测工作区

1)磁场特征

预测工作区东北部,何家屯、三人班至张家店、大砬子沟村一带,航磁以平稳负磁场为特征,强度-1000~-50nT,局部为低缓正异常,强度0~50nT。相对应岩性为泥质白云岩、灰岩、页岩、粉砂岩等。

预测工作区中部和南部,从老营沟、东兴、野猪沟至大顶子一带,出露新太古代雪花片麻岩、英云闪长质片麻岩。航磁为一条宽窄不等,强度100~200nT的异常带,长约42km。两侧负磁场为侏罗纪地层的反映。

2）推断断裂

(1) F_2，位于预测工作区南部，南起富源村附近，经老鹰沟、大兴村、北东向，沿梯度带呈弧形展布，长约 24.2km。断裂两侧磁场不同，北西侧负磁场区对应侏罗系及白垩系，南东侧为一条正异常带，出露新太古代雪花片麻岩。

(2) F_7，位于预测工作区东部，呈北东向，沿梯度带展布，长 13.7km。断裂南东侧负磁场反映了侏罗系沉积岩地层，北西侧异常带对应太古宙英云闪长岩。

(3) F_6，位于预测工作区西部，跃进、苇塘沟、安口镇一线，呈北东向，沿梯度带延伸，长 14.3km。断裂北西侧负异常区对应白垩系，南东侧正异常带对应新太古代英云闪长岩，沿断裂有玄武岩分布。

(4) F_{15}，位于预测工作区东北部，小泉眼、福民村、罗通山一线，呈北西向，沿不同场区分界线展布，长约 11.0km。断裂北东侧为负磁场，南西侧为低缓磁场，断裂处在古生界寒武系中。

区内北东向、北西向断裂发育，共推断断裂 15 条，其中北东向 6 条、北西向 4 条、东西向 4 条、南北向 1 条。

3）侵入岩

新太古代英云闪长岩（$Ar_3\gamma\delta o$）（或雪花片麻岩）分布于预测工作区南部，南起老营场，经老鹰沟，至大兴村、东兴一带，磁场以低缓正异常为背景，叠加若干带状异常，两侧负磁异常为中生代地层的反映，对应重力场为重力高异常。

另一处英云闪长岩位于预测工作区中部，南起跃进、翁圆岭，向北至长兴村。该岩体上航磁呈低缓异常带，与两侧侏罗系磁场明显不同。本区中生代侵入岩很发育，但在区内未见出露。

4）火山岩

军舰山组玄武岩沿断裂有零星出露，航磁图上多为孤立的局部异常。

5）变质岩

红透山岩组岩性为芝麻点状、条带状分布的斜长角闪岩、磁铁石英岩，呈小面积分散在英云闪长岩和变质二长花岗岩中，构成花岗-绿岩带，是铁、金矿产的矿源层。花岗-绿岩带即航磁反映的低缓异常带，是寻找金矿的有利地带。

23. 金城洞-木兰屯预测工作区

1）磁场特征

预测工作区位于古洞河深大断裂以南，和龙新太古代绿岩带上。航磁异常呈带状北向不连续分布，强度一般为 200～300nT，局部异常方向为东西向或北西向，最高强度 700nT 以上。

北部的负异常区反映了沿断裂分布的晚古生代侵入岩，岩性主要为花岗闪长岩，该岩性磁场较弱，据物性资料，花岗闪长岩磁化率为 $(0～500)\times10^{-5}$ SI。南部部分地区被玄武岩覆盖，使航磁异常变杂乱。

2）推断断裂

(1) F_1、F_3、F_5，位于预测工作区北部，呈北西向，沿线性梯度带延伸，长 25km，两端延出预测工作区。断裂北东侧负磁场对应大面积沿断裂侵入的晚二叠世花岗闪长岩，岩体磁性较弱。南西侧带状异常带由新太古界官地岩组和鸡南岩组变质岩引起，该断裂为古洞河深断裂的一部分。

(2) F_7，位于预测工作区西部，呈北西向，沿线性梯度带及不同场区分界线延伸，长 13km。断裂北东侧主要为正磁场，局部为负磁场。对应官地岩组变质岩、中新生代侵入岩及玄武岩。断裂南西侧大片负磁场为中生代地层及新太古代英云闪长岩的反映。

(3)F_{13},位于预测工作区中部,呈北东向,处于梯度带及磁场低值带上,长11.5km。断裂南段在新太古代英云闪长岩中,向南进入玄武岩覆盖区,北段切割了鸡南岩组、官地岩组。该断裂与地质上实测断裂吻合。

(4)F_{11},位于预测工作区中部,呈北东向,沿梯度带及磁场低值带延伸,长11.5km。断裂南段处于新太古代英云闪长岩中,北段在新太古界鸡南岩组与晚二叠世花岗闪长岩接触带上,断裂与北东向的河道吻合。

(5)F_{14},位于预测工作区东部,本部—鸡南村一线,呈东西向,沿梯度带及磁场低值带延伸,长11.7km。断裂北侧为晚二叠世二长花岗岩侵入体及新太古界鸡南岩组变质岩,南侧为鸡南岩组变质岩及新太古代英云闪长岩,与地质实测断裂部分吻合。

区内推断断裂14条,其中北西向4条,北东向5条,东西向5条。

3) 侵入岩

新太古代英云闪长岩,区内出露广泛,多处在负异常内,局部为正异常。

晚二叠世花岗闪长岩、二长花岗岩,花岗闪长岩分布在预测工作区北部及区外的庙岭林场,在新兴屯一带大面积出露,航磁为平稳负磁场;二长花岗岩在预测工作区中部及东部均有出露,航磁为低缓正异常或负异常。

早侏罗世花岗斑岩,在预测工作区南部东南村一带有出露,呈小岩株侵入到新太古代地层中,斑岩磁场与老地层磁场没有明显差异。

早白垩世石英二长岩,在预测工作区西部金城村以东有出露,磁场以负异常为主。据地质资料显示,燕山期侵入岩对成矿起重要作用。

4) 火山岩

区内玄武岩分布在南部,磁场较杂乱,正负相间。

5) 变质岩

新太古代变质岩在区内呈北西向带状分布,磁场以正异常为主,局部为负磁场,重力场表现为重力高异常。

第三节 化 探

一、技术流程

本次化探工作的基本技术流程见图4-3-1。

二、资料应用情况

吉林省1:20万水系沉积物测量工作共完成32个图幅的25个片区任务,并严格按照《1:20万化探数据库建设工作指南》完成数据的建库工作。

本次吉林省的基础图件和成果图件应用的数据即利用该数据库中的基础数据。该库是由中国地质调查局发展研究中心提供的,利用程度很高,具体见表4-3-1。

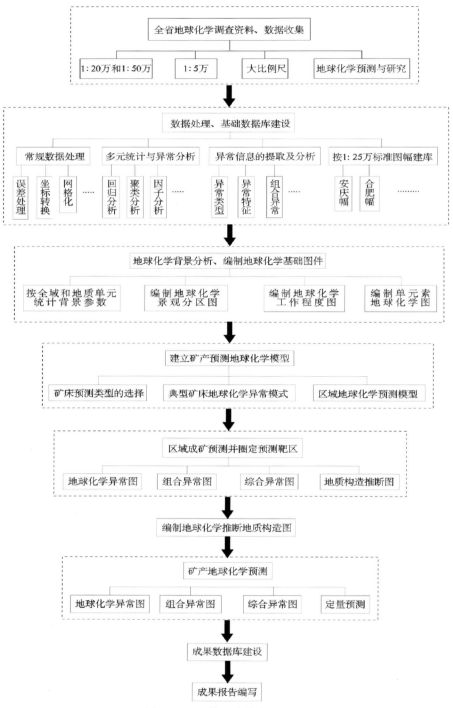

图 4-3-1 工作基本技术流程图

吉林省 1∶5 万水系沉积物测量工作,经查阅资料可知,共完成近 70 个图幅片区任务。但是,由于工作年份较早,承担的工作单位较多等原因,造成资料不完整且分布零散,致使中大比例尺资料收集十分艰难。经过半年多时间的努力,只收集到 40 多个图幅片区的 1∶5 万水系沉积物测量数据,大致可以覆盖吉林省中东部地区的 17 个预测工作区(表 4-3-2)。与工作程度相比虽然利用率较低,但所拥有的图幅资料基本上覆盖了吉林省贵金属和有色金属集中区域,可以很大程度地满足预测工作区及典型矿床的研究。因此,利用价值还是很高的。

1∶1万～1∶2万或更大比例尺的土壤、岩石化学测量资料没有收集到原始数据和图件,只是以典型矿床为单位,收集到矿区或外围的研究报告。

表 4-3-1　1∶20 万水系沉积物测量资料一览表

序号	项目名称	比例尺	工作面积/km²	工作年份	完成情况
1	长春市幅	1∶20 万	5976	1989	建库
2	吉林市幅	1∶20 万	5976	1993	建库
3	舒兰县幅	1∶20 万	5909	1991	建库
4	农安县幅、怀德县幅	1∶20 万	2168	1991	建库
5	四平市幅	1∶20 万	2549	1991	建库
6	磐石县幅	1∶20 万	6043	1986	建库
7	桦树林子幅	1∶20 万	6043	1983	建库
8	海龙县幅	1∶20 万	4583	1990	建库
9	蛟河县幅	1∶20 万	5976	1986	建库
10	大兴沟幅	1∶20 万	4249	1992	建库
11	敦化市幅	1∶20 万	4949	1992	建库
12	抚松县幅	1∶20 万	6111	1992	建库
13	向阳山幅、沙兰站幅	1∶20 万	4328	1991	建库
14	漫江幅、长白县幅	1∶20 万	5879	1989	建库
15	珲春县幅、春化幅、罗津幅	1∶20 万	5668	1990	建库
16	老黑山幅、大肚川幅	1∶20 万	3829	1990	建库
17	白头山幅	1∶20 万	6111	1992	建库
18	浑江市幅	1∶20 万	4537	1988	建库
19	通化市幅	1∶20 万	3620	1988	建库
20	辽源市幅	1∶20 万	6043	1987	建库
21	靖宇县幅	1∶20 万	6111	1987	建库
22	大碇子幅	1∶20 万	2291	1992	建库
23	延吉市幅	1∶20 万	5571	1988	建库
24	集安县幅、恒仁县幅	1∶20 万	1955	1989	建库
25	明月镇幅	1∶20 万	6043	1982	建库

表 4-3-2　吉林省现有的 1∶5 万化探工作情况一览表

预测工作区	图幅	预测矿种	典型矿床	采样介质	工作比例尺	数量
小西南岔-杨金沟	大西南岔幅、西土门子幅、五道沟幅、梨树沟幅	金、铜、钨	小西南岔金铜矿、杨金沟钨矿	水系沉积物	1∶5 万	4
刺猬沟-九三沟	汪清县幅、十里坪幅	金	刺猬沟金矿	水系沉积物	1∶5 万	2
闹枝-棉田	白草沟幅	金	闹枝金矿	水系沉积物	1∶5 万	1
万宝	大蒲柴河幅	金、铜		水系沉积物	1∶5 万	1
大梨树沟-红太平	大梨树沟幅、天桥岭镇幅	铜、铅锌、多金属	红太平多金属矿	水系沉积物	1∶5 万	2
金城洞-木兰屯	古洞河幅、卧龙湖幅、和龙幅	金	金城洞金矿	水系沉积物	1∶5 万	3
天合兴-那尔轰	那尔轰幅、白山镇幅、景山屯幅、榆树河子幅	铜、铅锌	天合兴铜矿	水系沉积物	1∶5 万	4
荒沟山-南岔	七道沟镇幅	金、铅锌、锑	荒沟山铅锌矿、南岔金矿、青沟子锑矿	水系沉积物	1∶5 万	1
六道沟-八道沟	蚂蚁河幅	金、铜	六道沟金铜矿	水系沉积物	1∶5 万	1
正岔-复兴屯	霸王朝幅、花甸子幅、清河幅	金、铅锌	正岔铅锌矿	水系沉积物	1∶5 万	3

注：其他工作区多以报告形式收集。

三、化探资料应用分析

区域地球化学数据由于受地理景观、采样介质和分析手段的影响，不可避免地会产生一些系统误差，尤其是区域性化探数据更为明显。因此，在数据应用之前对各元素数据进行处理，同时，再经过其他一系列的处理手段，使原始数据图示化，以便更有效地突出化探异常，为地质找矿服务。

1. 数据评估与校正

(1) 遵照中国地质调查局的要求，2008 年吉林省地质调查院对吉林省 1∶20 万区域化探扫面资料进行了重新评估。评估内容包括不同景观采样介质的选择、采样方法技术的重新厘定；样品元素测试设备、测试手段、质量监控以及计算机技术的引进和应用等方面，并在评估过程中增加了以往缺少的图幅。分析结果认为有些元素在不同图幅之间，1∶20 万水系沉积物测量数据存在比较明显的系统误差。因此，本次工作对 1∶20 万化探数据进行了必要的调平处理，即不同元素选择不同的数据段，直接乘以校正系数，以达到原始数据的线性化，使图幅之间的数据平滑过渡。参加调平的元素（氧化物）有 Ag、Pb、W、Hg、U、Th、Sn、V、Al_2O_3。

(2) 统一含量单位。不同的测试方法检出的数据含量不同，按照《化探资料应用技术要求》，结合吉林省实际情况统一更改。即 Au、Ag、Cd、Hg、Sb、Bi 含量单位为 $\times 10^{-9}$，CaO、MgO、Al_2O_3、K_2O、Na_2O、SiO_2 含量单位为％，其他元素的含量单位为 $\times 10^{-6}$。

(3) 在后期制作元素综合异常图时，需要对组合数据进行累加或累乘计算，为了统一量纲，采用标准化变换的方法。

2. 空间坐标转换

针对收集到的化探数据，检验数据有无样品点坐标，是否符合规定要求。对于不符合要求的依据技术要求进行了处理。

3. 数据网格化

采用的是 2km×2km 网格距,搜索半径 5km,距离为幂的指数加权法,使处理的数据能够在选定的坐标系中处理成图。

4. 数据分布检验

本次主要针对吉林省 1∶20 万化探数据制作数据分布直方图和基本参数来确定数据分布是近似正态分布还是近似对数正态分布。对大于标准差 3 倍的特高数据,在统计计算时应考虑剔除。

5. 因子分析

因子分析是很好的降维方法,对于认识不同指标间的相互组合关系和样品的差异性有较大帮助。本次工作采用吉林省 39 种元素(氧化物)的 1∶20 万化探数据,利用因子载荷矩阵,以旋转因子为基础,选择因子贡献大于 1 的因子绘制因子载荷等值线图。每个因子代表某一特定地质成因的元素组合,结合地质背景可以进行一定程度的解译。

6. R 型聚类分析

通过 GeoExpl 软件数据处理系统,实现元素在空间域上组合分类。

7. 异常下限的确定

根据不同地球化学景观,吉林省划分了 8 个地球化学子区,即大黑山条垒子区、辽源-舒兰子区、地台陆核子区、敦化地体子区、延边地体子区、台内裂谷子区、白头山火山岩区子区、和龙地体子区。分别截取每个子区内的 1∶20 万化探数据库中各元素的原始数据,并计算出每个子区内各元素的平均值,选择地台陆核子区为基准,将地台陆核子区各元素平均值除以其余 7 个子区内的各元素平均值,再把相除得到的 7 个子区系数乘以本子区内截取的数据(处理后的),最后集合 8 个地质子区所有数据,选择 85% 累频值为异常下限。

四、地球化学异常特征

吉林省铜矿多以伴生或共生矿为主,即主要与金、镍、钼伴生。已知的铜矿床以小型居多,而且数量有限。比较有名的典型矿床有磐石石嘴铜矿、珲春小西南岔铜金矿、通化二密铜矿、白山大横路铜钴矿、天合兴铜矿以及与基性—超基性岩有关的铜镍矿等。这些矿床 Cu 元素异常都有强势表现。

1. 荒沟山-南岔预测工作区

本次应用 1∶5 万化探数据圈出 Cu 元素异常 15 处,其中具有清晰 Cu 异常Ⅲ级分带和明显的浓集中心的有 3 处,异常强度高,内带值达到 212×10^{-6}。统计异常面积分别为 $31km^2$、$10km^2$、$249km^2$。

元素组合异常组分复杂,空间套合紧密,以 Cu 为主体的组合异常有 3 种表达方式:Cu - Au、Pb、Zn、Ag;Cu - As、Hg、Ag;Cu - W、Sn、Mo。构成复杂元素组分富集的叠生地球化学场。

5 号铜乙级综合异常落位在大青沟—高丽沟,面积约 $24km^2$,似椭圆状,呈北西向展布。大横路铜钴矿位于综合异常的南侧,是优质的矿致异常。

根据组合异常圈定的甲、乙级综合异常是找矿靶区。

2. 石嘴-官马预测工作区

本次应用 1∶5 万化探数据共圈定 Cu 元素异常 2 处（1 号、2 号），均具有清晰的Ⅲ级分带和明显的浓集中心的 Cu 元素异常，异常强度较高，为 92×10^{-6}，异常规模为 $4.27km^2$、$9km^2$。

元素组合异常组分复杂，空间套合紧密，以 Cu 为主体的组合异常有 3 种表达形式：Cu-Pb、Ag、Au；Cu-As、Sb、Hg；Cu-W、Sn、Bi、Mo。构成复杂元素组分富集的叠生地球化学场。

根据组合异常圈定的甲、乙级综合异常是找矿靶区。

3. 大梨树沟-红太平预测工作区

本次应用 1∶5 万化探数据圈定 Cu 元素异常 14 处，其中 2 号、4 号、7 号、9 号 Cu 元素异常具有清晰的Ⅲ级分带和明显的浓集中心，内带异常强度较高，极大值达到 94.5×10^{-6}，面积分别为 $16km^2$、$43km^2$、$18km^2$、$20km^2$。

元素组合异常组分复杂，空间套合紧密，以 Cu 为主体的元素组合异常有 3 种表达方式：Cu-Pb、Zn、Ag、Au；Cu-As、Sb、Ag；Cu-W、Sn、Bi、Mo。构成复杂元素组分富集的叠生地球化学场。

根据组合异常圈定的甲、乙级综合异常是找矿靶区。

4. 闹枝-棉田预测工作区

本次应用 1∶5 万化探数据圈定 Cu 元素异常 3 处。其中 2 号、3 号 Cu 元素异常具有清晰的Ⅲ级分带及明显的浓集中心，内带异常强度达到 772×10^{-6}。以 3 号铜异常表现最突出，统计其内带面积为 $33km^2$，中带面积为 $46km^2$，总面积为 $121km^2$。

3 号 Cu 组合异常显示的元素组分复杂，有 Au、Pb、Ag、As、Sb、W、Sn、Bi 与 Cu 在空间上紧密套合，构成复杂元素组分富集的叠生地球化学场。

根据组合异常圈定的甲、乙级综合异常是找矿靶区。

5. 地局子-倒木河预测工作区

本次应用 1∶20 万化探数据圈出 Cu 元素异常 10 处。其中 6 号、9 号 Cu 元素异常具有清晰的Ⅲ级分带和明显的浓集中心，异常强度达到 52×10^{-6}，面积分别为 $46km^2$、$6km^2$。

6 号、9 号 Cu 组合异常组分比较复杂，显示出复杂元素组分富集的叠生地球化学场和以高—中温为主的成矿地球化学环境，利于铜的富集、成矿。

根据组合异常所圈定的甲、乙级综合异常是找矿靶区。

6. 杜荒岭预测工作区

本次应用 1∶5 万化探数据圈出 Cu 元素异常 9 处。其中 6 号、9 号 Cu 元素异常具有清晰的Ⅲ级分带和明显的浓集中心，异常强度达到 50×10^{-6}，统计二者异常面积分别为 $35km^2$ 和 $5km^2$。

以 Cu 为主体的组合异常有两种表现形式：Cu-Au、As；Cu-W、Mo、Bi。组合异常组分比较简单。

根据组合异常所圈定的甲、乙级综合异常是找矿靶区。

7. 刺猬沟-九三沟预测工作区

本次应用 1∶5 万化探数据圈出 Cu 元素异常 13 处。其中 8 号 Cu 元素异常规模最大，统计面积为 $66km^2$，并具有清晰的Ⅱ级分带现象，中带异常强度达到 50×10^{-6}。其他 Cu 元素异常规模均较小，只具有外带，分布零散，显示的评价信息弱。

以 Cu 为主体的组合异常有两种表现形式：Cu-Au、Pb、Ag；Cu-As、Sb。组合异常组分比较简单。

根据组合异常所圈定的乙级综合异常是找矿靶区。

8. 大黑山-锅灰顶子预测工作区

4号Cu元素异常具有清晰的Ⅲ级分带和明显的浓集中心,异常强度很高,达到$1862×10^{-6}$,面积为$67km^2$。与锅灰顶子铜钼矿积极响应。

以Cu为主体的组合异常有两种表现形式:Cu-Pb、Zn、Ag、As;Cu-W、Mo、Bi。

4号Cu组合异常中,有Pb、Zn、Ag、As、W、Mo、Bi同心套合在Cu的内带,同时Pb、Zn、W、Mo、Bi又构成Cu的中带,而Cu的外带主要由As构成。显示出主成矿元素Cu经受后期Pb、Zn、Ag、As、W、Mo、Bi的叠加改造作用比较强烈,并在以高—中温为主的成矿地球化学环境中形成的较复杂元素组分富集区,进一步迁移、富集成矿。

根据组合异常所圈定的甲、乙级综合异常是找矿靶区。

9. 红旗岭预测工作区

本次应用1:20万化探数据在区内圈出Cu元素异常9处,其中3号、8号Cu元素异常具有清晰的Ⅲ级分带和明显的浓集中心,异常强度达到$300×10^{-6}$。其中以3号异常表现突出,内带面积达$38km^2$,显示Cu元素在此处处于较强的富集态势。

以Cu为主体的组合异常有3种表现形式:Cu-Mo、Bi、Au;Cu-Ni、Co、Cr;Cu-As、Sb、Hg、Ag。主要成矿元素Cu、Ni经受Mo、Bi、Au、Sb、Hg、Ag等元素的后期叠加改造作用,使Cu、Ni在迁移过程中进一步富集,并在较复杂组分异常构成的叠生地球化学场中成矿。

根据组合异常所圈定的甲、乙级综合异常是找矿靶区。

10. 漂河川预测工作区

本次应用1:20万化探数据圈定出Cu元素异常4处。其中1号、4号Cu元素异常具有清晰的Ⅲ级分带和明显的浓集中心,异常强度为$40×10^{-6}$,面积分别为$37km^2$、$21km^2$。

以Cu为主体的组合异常有4种表现形式:Cu-Au、Pb、Zn;Cu-Ni、Co、Cr;Cu-As、Sb;Cu-W、Mo,具有较复杂组分含量富集的特点。

根据组合异常所圈定的甲、乙级综合异常是找矿靶区。

11. 赤柏松-金斗预测工作区

本次应用1:20万化探数据圈出Cu元素异常2处。其中1号Cu元素异常具有清晰的Ⅲ级分带和明显的浓集中心,异常强度较高,内带异常强度达到$39×10^{-6}$,面积为$41km^2$。异常形态不规则,呈北西向延伸的趋势。

以Cu为主体的组合异常表现为两种形式:Cu-Ni、Co、Mn、Au;Cu-W、Sn、Mo。1号Cu组合异常中,与Cu空间组合关系密切的元素为Ni、Co、Mn、Au、W、Sn、Mo。其中Ni、Co、Mn、Au主要构成Cu的内带、中带,W、Sn、Mo则主要伴生在Cu的外带,显示为在以Co、Mn为主要组分的同生地球化学场中,在主成矿元素Cu在Ni、Au、W、Sn、Mo等元素的叠加作用下,形成较复杂元素组分富集的叠生地球化学场并富集成矿。

1号甲级综合异常落位在赤柏松村,面积$23km^2$,椭圆状。地质背景主要为元古宙辉长岩、二长橄榄岩以及新太古代变二长花岗岩,部分侏罗纪火山碎屑岩,北东向断裂构造从异常中心穿过,显示良好的成矿条件和找矿前景。赤柏松铜镍矿即分布其中,表明该综合异常的矿致性。

12. 长仁-獐项预测工作区

本次应用1:20万化探数据共圈出Cu元素异常5处。其中5号Cu元素异常具有清晰的Ⅲ级分带和明显的浓集中心,内带异常强度$46×10^{-6}$,异常面积$34km^2$。

以 Cu 为主体的元素组合有两种表现形式:Cu-Au、Pb、Zn;Cu-Ni、Mo、Bi。

5 号 Cu 元素组合异常中,与 Cu 元素异常空间套合密切的元素为 Au、Pb、Zn、Ni、Mo,形成的较复杂元素组分富集叠生地球化学场内迁移和富集。

根据组合异常所圈定的甲、乙级综合异常是找矿靶区。

13. 小西南岔-杨金沟预测工作区

本次应用 1:20 万化探数据圈出 Cu 元素异常 4 处。其中 3 号异常具有清晰的Ⅲ级分带和明显的浓集中心,内带异常强度很高,达到 $740×10^{-6}$。异常规模较大,统计其内带面积为 $16km^2$,中带面积为 $65km^2$,总面积为 $145km^2$。

以 Cu 为主体的组合异常有 3 种表现形式:Cu-Au、Pb、Zn、Ag;Cu-As、Sb、Hg;Cu-W、Sn、Bi、Mo。形成复杂元素组分富集的叠生地球化学场,利于 Cu 的迁移、富集和成矿。

根据组合异常所圈定的甲、乙级综合异常是找矿靶区。

14. 农坪-前山预测工作区

本次应用 1:5 万化探数据圈出 Cu 元素异常 11 处。其中 9 号 Cu 元素异常具有清晰的Ⅲ级分带和明显的浓集中心,异常强度高,极值达到 $101×10^{-6}$。内带异常规模较大,为 $25km^2$,中带为 $29km^2$,异常总面积为 $76km^2$。

以 Cu 为主体的组合异常有 Cu-Au、As;Cu-W、Bi、Mo,形成较复杂元素组分富集的叠生地球化学场。

根据组合异常所圈定的甲、乙级综合异常是找矿靶区。

15. 正岔-复兴预测工作区

本次应用 1:5 万化探数据圈出 Cu 元素异常 11 处。其中 2 号、6 号、9 号、11 号异常具有清晰的Ⅲ级分带和明显的浓集中心,异常强度较高,达到 $76×10^{-6}$,面积分别为 $2km^2$、$13km^2$、$14km^2$、$8km^2$,以 6 号异常浓集中心最大。

以 Cu 为主体的组合异常有 3 种表现形式:Cu-Au、Pb、Zn;Cu-As、Ag;Cu-W、Bi,形成较复杂元素组分富集的叠生地球化学场。

根据组合异常所圈定的甲、乙级综合异常是找矿靶区。

16. 兰家预测工作区

本次应用 1:20 万化探数据圈出 Cu 元素异常 9 处。其中 1 号、4 号、5 号、6 号、7 号、8 号、9 号 Cu 元素异常具有较清晰的Ⅱ级分带现象。其中 5 号、7 号、8 号中带分级较好,异常强度达到 $26×10^{-6}$。

以 Cu 为主体的组合异常只有一种形式,即 Cu-Au、Sb,形成简单元素组分富集的叠生地球化学场,不利于 Cu 的进一步迁移、富集。

根据组合异常所圈定的乙级综合异常可作为找矿有利区。

17. 大营-万良预测工作区

本次应用 1:20 万化探数据圈出 Cu 元素异常 7 处。其中 1 号、3 号 Cu 元素异常具有比较清晰的Ⅲ级分带和明显的浓集中心,异常强度达到 $44×10^{-6}$,面积分别为 $18km^2$、$19km^2$。

以 Cu 为主体的组合异常有两种表现形式:Cu-Au、Pb、Zn、Ag;Cu-As、Sb,形成较复杂元素组分富集的叠生地球化学场,利于 Cu 的迁移、富集。

根据组合异常所圈定的甲、乙级综合异常是找矿靶区。

18. 万宝预测工作区

本次应用1:5万化探数据圈出Cu元素异常8处,其中1号Cu元素异常具有非常清晰的Ⅲ级分带和明显的浓集中心,异常强度高,达到$195×10^{-6}$,统计区内面积为$58km^2$。

以Cu为主体的组合异常有两种形式:Cu-Au、Pb、Zn、Ag;Cu-W、Mo、Bi,形成的是较复杂元素组分富集的叠生地球化学场,利于Cu的富集成矿。

根据组合异常所圈定的甲、乙级综合异常是找矿靶区。

19. 二密-老岭沟预测工作区

本次应用1:20万化探数据圈出Cu元素异常4处,其中4号Cu元素异常具有清晰的Ⅲ级分带和明显的浓集中心,异常强度高,达到$738×10^{-6}$,内带和中带发育,异常面积为$58km^2$。

Cu组合异常列出3种:Cu-Pb、Zn、Ag、Au;Cu-As、Sb、Hg、Ag;Cu-W、Sn、Bi、Mo。4号Cu组合异常表现的组分复杂,空间上有Pb、Zn、Ag、Au、As、Sb、Hg、W、Sn、Bi、Mo与Cu套合紧密。其中Pb、Zn、Ag、Au、Mo、Hg、Sn与Cu呈同心套合状,只是Pb、Zn、Ag异常曲线面向西侧为开放式没有封闭。As、Sb、W则以较大的异常规模覆盖在Cu之上。这种组合特征表明Cu元素经历了高—中—低温的富集过程,在后期的岩浆侵入活动中产生强烈的叠加改造作用,形成复杂元素组分富集的叠生地球化学场,并在其中富集成矿。

2号甲级综合异常落位在通化的二密镇,由4号Cu元素组合异常构成,面积$80km^2$,椭圆形状,北西向展布。地质背景主要为中生界侏罗系、白垩系的中性—偏碱性火山岩及火山碎屑岩,具体为安山岩、粗面岩、碱性流纹岩以及安山质火山碎屑岩、砾岩等;侵入岩体为燕山晚期呈岩株状的花岗斑岩和石英二长岩,显示出优良的成矿条件和找矿前景。二密铜矿即分布在异常中心,表明2号甲级综合异常的矿致性,该甲级综合异常是找矿靶区。

20. 天合兴-那尔轰预测工作区

本次应用1:5万化探数据圈出11处Cu元素异常。其中1号Cu元素异常具有清晰的Ⅲ级分带和明显的浓集中心,内带异常强度为$88×10^{-6}$,面积$81km^2$。

以Cu为主体的元素组合有3种表现形式:Cu-Au、Pb、Zn、Ag;Cu-As、Sb、Hg、Ag;Cu-Ni、Cr。1号Cu组合异常中,与Cu异常空间套合紧密的元素为Au、Pb、Zn、Ag、As、Sb、Hg、Ni、Cr。其中Au、As、Hg、Ag构成Cu的外带,Au呈现较小规模,而Ag以较大异常规模存在。Pb、Zn、Sb、Ni、Cr主要构成Cu的中带、内带。该组合特征显示出在以Ni、Cr为主要成分的同生地球化学场中,主成矿元素Cu受后期Au、Pb、Zn、Ag、As、Sb、Hg等元素的叠加改造作用,形成较复杂元素组分的叠生地球化学场,并在中—低温的地球化学环境内富集成矿。

根据组合异常所圈定的甲级综合异常是找矿靶区。

21. 夹皮沟-溜河预测工作区

本次应用1:20万化探数据圈出Cu元素异常6处。其中3号Cu元素异常具有清晰的Ⅲ级分带和明显的浓集中心,异常强度较高,达到$137×10^{-6}$,异常规模大,面积$191km^2$。

以Cu为主体的组合异常以Cu-Au、Pb、Ag、Cu-W、Bi为代表。其中1号Cu组合异常中,有Au、Pb、W、Bi与Cu存在紧密的套合关系,Pb以较小的异常规模伴生在Cu的外带,Au是Cu组合异常中的延续,具有较复杂元素组分富集的特点。

根据组合异常所圈定的甲、乙级综合异常是找矿靶区。

22. 安口预测工作区

本次应用1:20万化探数据圈出Cu元素异常8处。其中4号Cu元素异常具有清晰的Ⅲ级分带和明显的浓集中心,异常强度达到 119×10^{-6},面积 $22km^2$。

以 Cu 为主体的组合异常为 Cu-Au、Ag、Hg,具有简单元素组分富集的特点。

2 号乙级综合异常落位在区内的马家店村,由 4 号 Cu 组合异常构成,似椭圆状,呈北东向展布。地质背景主要为新太古代变英云闪长岩建造,显示有北东向的韧性剪切带,发育硅化、绿泥石化等围岩蚀变,具备一定的成矿条件和找矿前景,是区内寻找铜矿的有望靶区。

23. 金城洞-木兰屯预测工作区

本次应用 1:5 万化探数据圈定 Cu 元素异常 3 处。其中 3 号 Cu 元素异常具有非常清晰的Ⅲ级分带和明显的浓集中心,异常强度较高,达到 48×10^{-6},面积为 $71km^2$。

以 Cu 为主体的组合异常有 4 种表现形式:Cu-Au、Pb、Zn、Ag;Cu-Ag、Hg;Cu-Mo、Bi;Cu-Cr、Co、Ni。

3 号 Cu 组合异常中,与 Cu 空间套合紧密的元素有 Au、Pb、Zn、Ag、Hg、Mo、Bi、Cr、Co、Ni。其中 Cr、Co、Ni 分布在 Cu 的内带,Au、Pb、Zn、Ag、Hg 主要构成 Cu 的中带、外带,而 Mo、Bi 局部伴生在 Cu 的外带,显示出在 Cr、Co、Ni 构成的同生地球化学场中,主成矿元素受 Au、Pb、Zn、Ag、Hg、Mo、Bi 等元素的叠加改造作用,于以高—中温为主的成矿地球化学环境中,形成复杂元素组分富集的叠生地球化学场。矿产主要分布于此。

Cu 的综合异常圈定 1 处,评定为甲级,由 3 号 Cu 组合异常构成,近椭圆状,北东向展布。地质背景主要为新太古界鸡南岩组斜长角闪岩、黑云变粒岩,官地岩组浅粒岩、黑云变粒岩夹磁铁石英岩以及含 Au 英云闪长质片麻岩,均为变质建造。北东向、北西向的断裂构造交会出现,整体具备较好的成矿条件和找矿前景。空间上与分布的铜矿产积极响应,表明异常的矿致性,是区内扩大找矿规模的重要靶区。

五、化探推断地质构造特征

吉林省应用 1:20 万水系沉积物测量数据,根据因子分析所展示的元素地球化学意义,结合主成矿元素、伴生元素以及造岩元素异常的空间分布特征,经综合解译后进行地质体和断裂构造的推断。本次工作共编制了 11 幅因子分析图,其中与 Cu 元素有关的是 F1、F3、F6 因子。

1. 推断地质体

(1)根据 F1 因子的构成组分,即 Fe_2O_3(0.896)、Ti(0.814)、Co(0.804)、Ni(0.707)、Cr(0.662)、V(0.617)、Mn(0.485)、Cu(0.211)元素组合,结合 F1 因子分析图,对吉林省基性岩体的分布进行推断,推断的基性岩体共有 7 处。

(2)根据 F3 因子的构成组分,即 Pb(0.880)、Zn(0.861)、Ag(0.721)、Cd(0.537)、Sb(0.376)、Cu(0.343),主要显示中酸性岩浆岩亲石元素富集组分。分布在大黑山条垒一带,推断为斜长花岗岩、黑云母花岗岩以及花岗闪长岩等,与实际分布此处的海西期富钾质花岗岩系列相吻合。

2. 推断断裂构造

(1)根据 F1 因子分析推断的基性地质体中铁族元素组合呈现高因子得分状态,即沿大椅山镇—那尔轰阵—红石镇—夹皮沟镇—露水河镇以及松江镇—和龙一线的分布趋势,推断出北东向断裂 1 条以及近东西向断裂构造 2 条。该组断裂与实际分布的北东向敦化-密山断裂、近东西向超岩石圈断裂相吻合,显示出吉林省的槽台界线,属一级构造属性。

(2)根据 F1 因子分析推断的基性地质体中铁族元素组合异常浓集中心呈串珠状分布及其延伸方向,推断出断裂构造 1 条,该断裂沿吉林省的辉发河呈北东向展布,属于二级构造属性。

(3)根据 F11 因子所显示出的 Hg 元素异常的高贡献,结合 F4 因子、F6 因子所代表的主要金属元素,即 Pb、Zn、Ag、Cd、Sb 和 Bi、Au、As、W、Cu 组合异常呈串珠状分布态势进行断裂构造的推断,共推断出 55 条断裂,均属三级构造属性,其中有 14 条未经地质、物探证明。

(4)F10 因子组成(SiO_2、Ba)除可以推测地质体外,在一定程度上还可以进行造山界线的分析推断。

总之,运用元素组合所表现出的地球化学信息,可以对具有特殊属性的地质体和区域性构造进行较好效果地推断,而以成矿元素组合来推测与成矿有关的断裂带和矿化带也是可行的,这在某种程度上扩展了地球化学信息在地质找矿领域中的应用。

第四节 遥 感

一、技术流程

(1)利用 MapGIS 将该幅 *.Geotiff 图像转换为 *.msi 格式图像,再通过投影变换,将其转换为 1∶5 万比例尺的 *.msi 图像。

(2)利用 1∶5 万比例尺的 *.msi 图像作为基础图层,添加该区的地理信息及辅助信息,生成该区 1∶5 万遥感影像图。

(3)利用 Erdas imagine 遥感图像处理软件将处理后的吉林省东部 ETM 遥感影像镶嵌图输出为 *.Geotiff 格式图像,再通过 MapGIS 软件将其转换为 *.msi 格式图像。

在 MapGIS 软件支持下,调入吉林省东部 *.msi 格式图像,在 1∶25 万精度的遥感矿产地质特征解译基础上,对吉林省各矿产预测类型分布区进行空间精度为 1∶5 万的矿产地质特征与近矿找矿标志解译。

二、资料应用情况

利用全国项目组提供的 2002 年 09 月 17 日接收的 117/31 景 ETM 数据经计算机录入、融合、校正形成的遥感图像。利用全国项目组提供的吉林省 1∶25 万地理底图提取制图所需的地理部分。参考吉林省区域地质调查所编制的吉林省 1∶25 万地质图和《吉林省区域地质志》(1999)。

三、遥感地质特征

线要素:主要包括断裂构造、脆—韧性变形构造两种基本构造类型。

带要素:主要包括赋矿地层、赋矿岩层相关的遥感信息。

环要素:包括由岩浆侵入、火山喷发、构造旋扭、围岩蚀变及沉积岩层或环状褶皱等形成的环状构造。

块要素:由几组断裂相互切割、地质体相互拉裂以及旋扭和剪切等形成的菱形、眼球状、透镜体状、四边形等块状地质体的遥感影像特征。

色要素:有别于正常地质体的色带、色块、色斑、色晕等,并且在遥感图像上可以目视鉴别的色异常。

近矿找矿标志：含矿岩层、脉岩类、断裂构造破碎带、各种围岩蚀变带或矿化蚀变带以及侵入岩体内外接触带等。

四、遥感异常提取

利用 B1、B4、B5、B7 四个波段对应的准归一化校正数据或无损失拉伸数据进行主成分分析，第四主成分存储于 14 通道中，对其分三级进行异常切割，一般情况一级异常 $K\sigma$ 取 3.0，二级异常 $K\sigma$ 取 2.5，三级异常 $K\sigma$ 取 2.0，个别情况 $K\sigma$ 值略有变动，经过分级处理的 3 个级别的羟基异常分别存储于 16、17、18 通道中。

利用 B1、B3、B4、B5 四个波段对应的准归一化校正数据或无损失拉伸数据进行主成分分析，第四主成分存储于 15 通道中，对其分三级进行异常切割，一般情况一级异常 $K\sigma$ 取 2.5，二级异常 $K\sigma$ 取 2.0，三级异常 $K\sigma$ 取 1.5，个别情况 $K\sigma$ 值略有变动，经过分级处理的 3 个级别的铁染异常分别存储于 19、20、21 通道中。

五、遥感地质构造及矿产特征的推断解译

（一）荒沟山-南岔预测工作区

1. 遥感地质特征解译

预测工作区内共解译线要素 437 条（其中遥感断层要素 418 条，遥感脆—韧性变形构造带要素 19 条），环要素 118 个，块要素 8 块，带要素 7 块，色要素 17 块。

1）线要素

本预测工作区内解译出 1 条大型断裂带，为集安-松江岩石圈断裂。该断裂带附近的次级断裂是重要的金-多金属矿产的容矿构造。

区内共解译出 5 条中型断裂（带），其中的大路-仙人桥断裂带与其他方向断裂交会部位，为金-多金属矿产形成的有利部位。兴华-白头山断裂带与北东向断裂交会处为重要的铜、多金属成矿区。

本预测工作区内的小型断裂比较发育，并且以北北西向和北西向为主，北东向次之。不同方向小型断裂的交会部位是重要的铜、多金属成矿区。

本预测工作区内的脆—韧性变形趋势带比较发育，共解译出 19 条，其中的 18 条为区域性规模脆—韧性变形构造，组成一条较大规模的脆—韧性变形构造带，南段与果松-华山断裂带重合，中段与大路-仙人桥断裂带重合，北段与兴华-白头山断裂带重合，为一条总体走向北东的"S"形变形带，该带与金、铁、铜、铅、锌矿产均有密切的关系。

2）环要素解译

本预测工作区内的环形构造比较发育，共圈出 118 个环形构造。区内的铜矿点多分布于环形构造内部或边部。

3）色要素解译

本预测工作区内共解译出色调异常 17 处，其中的 6 处为绢云母化、硅化引起，11 处为侵入岩体内外接触带及残留顶盖引起，它们在遥感图像上均显示为浅色色调异常。

区内的铜-多金属矿床（点）在空间上与遥感色调异常有较密切的关系，多形成于遥感色调异常区。

4) 带要素解译

本预测工作区共解译出 7 处遥感带要素,均由变质岩组成,其中 5 处为青白口系钓鱼台组、南芬组并层,分布于和龙断块内,该带与铜矿关系密切。其中一处为古元古界老岭岩群珍珠门岩组与花山岩组接触带附近,由白云质大理岩、透闪石化、硅化白云质大理岩、二云片岩夹大理岩组成,该带与铜-多金属矿的关系密切,另一处为中太古代英云闪长片麻岩。

5) 块要素解译

本预测工作区内共解译出 8 处遥感块要素,其中 2 处为区域压扭应力形成的构造透镜体,形成于老岭造山带中。6 处为小规模块体所受应力形成的菱形块体,它们全呈北东向展布,其中 2 处分布于大川-江源断裂带内,1 处分布于老岭造山带中。

2. 遥感羟基异常解译

1) 遥感异常面积

吉林省荒沟山-南岔地区沉积变质型铜钴矿预测工作区共提取遥感羟基异常面积 6 434 593.926m^2,其中一级异常 775 426.200m^2,二级异常 819 346.575m^2,三级异常 4 839 821.150m^2。

2) 遥感异常分布特征

预测工作区东北部,集安-松江岩石圈断裂附近以及环形构造集中区,羟基异常集中分布,为矿化引起的羟基异常。

预测工作区东西部,大川-江源断裂带与环形构造集中区交会处,有少量羟基异常。

3. 遥感铁染异常解译

1) 遥感异常面积

吉林省荒沟山-南岔地区沉积变质型铜钴矿预测工作区共提取遥感铁染异常面积 17 220 579.646m^2,其中一级异常 8 522 040.722m^2,二级异常 2 601 028.025m^2,三级异常 6 097 510.899m^2。

2) 遥感异常分布特征

预测工作区东北部,集安-松江岩石圈断裂附近以及环形构造集中区,铁染异常集中分布,为矿化引起的铁染异常。

浅色色调异常区内,铁染异常分布广泛,与矿化有关。

预测工作区南部,集安-松江岩石圈断裂与北西向断裂交会处,有少量铁染异常。

(二)石嘴-官马预测工作区

1. 遥感地质特征解译

预测工作区内共解译线要素 67 条(为遥感断层要素),环要素 8 个,色要素 5 块。

1) 线要素

区内共解译出 3 条中型断裂(带),其中的柳河-吉林断裂带及其附近矿产较为丰富,有钼矿、钨矿、铜矿、金矿、铁矿和多金属矿等。双阳-长白断裂带呈北西向,双阳盆地、烟筒山西的晚三叠世盆地、明城东的中侏罗世盆地和石嘴东的中侏罗世盆地等沿断裂带分布,北段西南侧七顶子—磐石一带燕山早期的花岗岩体和基性岩体群,中段石嘴红旗岭、黑石一带众多的燕山早期花岗岩小岩株和海西期基性—超基性岩体群均沿此断裂带呈北西向展布。

本预测工作区内的小型断裂比较发育,铜-多金属矿床、矿点多分布于不同方向小型断裂的交会部位。

2)环要素解释

本预测工作区内的环形构造比较发育,共圈出8个环形构造。它们主要集中于不同方向断裂交会部位。按其成因类型分为中生代花岗岩类引起的环形构造。形成的环形构造与铜、多金属矿床(点)的关系均较密切。

3)色要素解译

区内共解译出色调异常5处,全部由绢云母化、硅化引起,它们在遥感图像上均显示为浅色色调异常。从空间分布上看,区内的色调异常明显与断裂构造及环形构造有关,在不同方向断裂交会部位以及环形构造集中区,色调异常呈不规则状分布。

2. 遥感羟基异常解译

1)遥感异常面积

该区共提取遥感羟基异常面积 783 899.125 m^2,其中一级异常 205 681.625 m^2,二级异常 131 400.000 m^2,三级异常 446 817.500 m^2。

2)遥感异常分布特征

预测工作区南部,柳河-吉林断裂带与各向断裂交会部位以及环形构造集中区,羟基异常集中分布,为矿化引起的羟基异常。

遥感浅色色调异常区羟基异常集中分布,与矿化有关。

3. 遥感铁染异常解译

1)遥感异常面积

该区共提取遥感铁染异常面积 2 069 356.425 m^2,其中一级异常 1 537 905.275 m^2,二级异常 302 851.150 m^2,三级异常 228 600 m^2。

2)遥感异常分布特征

石嘴镇环形构造内有铁染异常分布,与中生代花岗岩有关;遥感浅色色调异常区,铁染异常集中分布,与矿化有关。

(三) 大梨树沟-红太平预测工作区

1. 遥感地质特征解译

预测工作区内共解译线要素37条(其中遥感断层要素36条和遥感脆—韧性变形构造带要素1条),环要素7个。

1)线要素

本区共解译出1条大型断裂(带),即集安-松江岩石圈断裂,2条中型断裂(带),即望天鹅-春阳断裂带和春阳-汪清断裂带。

本预测工作区内的小型断裂比较发育,以北西向和北东向为主,次为北东东向和北北西向断裂,局部见北西西向断裂。其中北西向和北东向小型断裂多显示张性特点,其他方向小型断裂多为压性断层。北东东向断裂与北西西向断裂的交会部位形成环形构造的聚集区,也是形成铜矿的有利部位。

脆—韧性变形趋势带共解译出1条,为区域性规模脆—韧性变形趋势带。晚二叠世花岗闪长岩、晚三叠世二长花岗岩及大兴沟群中酸性火山岩系沿该带呈北东向条带状展布,该带与铜矿有较密切的关系。

2)环要素解释

区内共圈出7个环形构造,在空间分布上有明显的规律,主要分布在不同方向断裂交会部位。按其成因类型分为与隐伏岩体有关的环形构造和由古生代花岗岩引起的环形构造。晚侏罗世隐伏岩体和古生代花岗岩对成矿条件有利。

2. 遥感羟基异常解译

1）遥感异常面积

该区共提取遥感羟基异常面积 783 899.125m²，其中一级异常 205 681.625m²，二级异常 131 400.000m²，三级异常 446 817.500m²。

2）遥感异常分布特征

预测工作区南部，柳河-吉林断裂带与各向断裂交会部位以及环形构造集中区，羟基异常集中分布，为矿化引起的羟基异常。

遥感浅色色调异常区，羟基异常集中分布，与矿化有关。

3. 遥感铁染异常解译

1）遥感异常面积

预测工作区内共提取遥感铁染异常面积 2 069 356.425m²，其中一级异常 1 537 905.275m²，二级异常 302 851.150m²，三级异常 228 600m²。

2）遥感异常分布特征

环形构造内有铁染异常分布，与中生代花岗岩有关；遥感浅色色调异常区，铁染异常集中分布，与矿化有关。

（四）闹枝-棉田预测工作区

1. 遥感地质特征解译

预测工作区内共解译线要素 27 条（其中遥感断层要素 25 条和遥感脆—韧性变形构造带要素 2 条），环要素 1 个，色要素 1 块。

1）线要素

区内共解译出 2 条中型断裂（带），即智新-长安断裂带和春阳-汪清断裂带。

本预测工作区内的小型断裂比较发育，北东向断裂与北西向断裂的交会部位是环形构造的聚集区，也是形成铜矿的有利部位。

区内的脆—韧性变形趋势带比较发育，共解译出 2 条，全部为区域性规模脆—韧性变形构造。晚石炭世花岗闪长岩、晚二叠世花岗闪长岩、三叠纪花岗岩、晚侏罗世花岗岩沿该带呈较宽带状分布，沿该带有青龙村群黑云斜长片麻岩、角闪斜长片麻岩捕虏体分布。该带与铜矿有较密切的关系。

2）环要素解译

区内共圈出 1 个环形构造。它在空间分布上有明显的规律，主要分布在不同方向断裂交会部位。其成因类型为与隐伏岩体有关的环形构造，形成于晚侏罗世。

3）色要素解译

区内共解译出色调异常 1 处，为绢云母化、硅化引起，它在遥感图像上显示为浅色色调异常。从空间分布上看，该色调异常区内有北东向、北西向断裂通过。该色调异常与铜矿有较密切的关系。

2. 遥感羟基异常解译

1）遥感异常面积

该区共提取遥感羟基异常面积 5 214 051.595m²，其中一级异常 650 378.574m²，二级异常

584 039.098m²，三级异常 3 979 633.923m²。

2）遥感异常分布特征

预测工作区西北部，北东向断裂与北西西向断裂交会处，羟基异常集中分布，为矿化引起的羟基异常。

遥感浅色色调异常区西北部、西南部，羟基异常集中分布，与矿化有关。

3. 遥感铁染异常解译

1）遥感异常面积

该区共提取遥感铁染异常面积 5 100 898.787m²，其中一级异常 1 023 690.500m²，二级异常 812 094.102m²，三级异常 3 265 114.184m²。

2）遥感异常分布特征

预测工作区西北部，北东向断裂与北西西向断裂交会处，铁染异常集中分布，为矿化引起的铁染异常。

预测工作区东北部，多向断裂交会处，铁染异常零星分布。

遥感浅色色调异常区西北部、西南部，铁染异常分布范围广，与矿化有关。

（五）地局子-倒木河预测工作区

1. 遥感地质特征解译

预测工作区内共解译线要素 66 条（即遥感断层要素），环要素 7 个，色要素 1 块。

1）线要素

区内共解译出 1 条中型断裂（带），即柳河-吉林断裂带。该带及其附近矿产较为丰富，有钼矿、钨矿、铜矿、金矿、铁矿和多金属矿等，该带形成于侏罗纪以前，但不早于晚古生代末，中生代活动较为强烈，新生代仍有活动。该断裂带呈北北东向通过本预测工作区中部。

本预测工作区内的小型断裂比较发育，解译出 1 条小型断裂（带），为桦甸-双河镇断裂带，以北西向为主，次为北北西向。不同方向断裂交会部位是重要的金成矿地段。

2）环要素解译

区内共圈出 7 个环形构造。它们在空间分布上有明显的规律，主要分布在不同方向断裂交会部位。按其成因类型分为两类，其中与隐伏岩体有关的环形构造 4 个、中生代花岗岩类引起的环形构造 3 个。这些环形构造与铜矿的关系均较密切。

3）色要素解译

区内共解译出色调异常 1 处，为绢云母化、硅化引起，它们在遥感图像上均显示为浅色色调异常。从空间分布上看，区内的色调异常明显与断裂构造有关。

2. 遥感羟基异常解译

1）遥感异常面积

该区共提取遥感羟基异常面积 4 706 693.825m²，其中一级异常 1 132 118.450m²，二级异常 994 370.250m²，三级异常 2 580 205.125m²。

2）遥感异常分布特征

预测工作区东北部，桦甸-双河镇断裂带与北东向断裂交会处，羟基异常较发育。

预测工作区西北部，遥感浅色色调异常区，羟基异常集中分布，与矿化有关。

预测工作区南部，各向断裂交会处、榆木桥子镇东环形构造附近，遥感异常分布广泛。

3. 遥感铁染异常解译

1)遥感异常面积

该区内共提取遥感铁染异常面积 1 125 754.727m², 其中一级异常 341 514.825m², 二级异常 75 580.725m², 三级异常 708 659.177m²。

2)遥感异常分布特征

预测工作区,桦甸-双河镇断裂带与北东向断裂交会处,铁染异常较发育。

预测工作区西北部,遥感浅色色调异常区,铁染异常集中分布,与矿化有关。

预测工作区南部,各向断裂交会处、榆木桥子镇东环形构造附近,遥感异常分布广泛。

(六) 杜荒岭预测工作区

1. 遥感地质特征解译

预测工作区内共解译线要素36条(其中遥感断层要素35条,遥感脆—韧性变形构造带要素1条),环要素8个。

1)线要素

区内共解译出3条中型断裂(带),为长白-图们断裂带、珲春-杜荒子断裂带、鸡冠-复兴断裂带。

本预测工作区内的小型断裂比较发育,并且以北西向和北东向为主,北北东向、北北西向和北东东向次之。其中北西向和北北东向小型断裂多显张性特征,其他方向小型断裂多表现为压性特点。不同方向小型断裂交会部位是重要的铜成矿地段。

2)环要素解译

区内共圈出8个环形构造。它们在空间分布上有明显的规律,主要分布在不同方向断裂交会部位。其成因类型分为与隐伏岩体有关的环形构造、中生代花岗岩引起的环形构造、古生代花岗岩引起的环形构造。这些环形构造与铜矿的关系均较密切。

2. 遥感羟基异常解译

1)遥感异常面积

该区共提取遥感羟基异常面积 117 755.573m², 其中二级异常 3 600.000m², 三级异常 114 155.573m²。

2)遥感异常分布特征

鸡冠-复兴断裂带周围有零星羟基异常分布,预测工作区北东部有少量羟基异常。

3. 遥感铁染异常解译

1)遥感异常面积

该区内共提取遥感铁染异常面积 2 085 017.349m², 其中一级异常 131 433.050m², 二级异常 222 598.775m², 三级异常 1 730 985.525m²。

2)遥感异常分布特征

预测工作区中部,北东向断裂、北西向断裂与复兴镇环形构造交会处,铁染异常集中分布。

鸡冠-复兴断裂带东部,有零星的铁染异常分布。

(七) 刺猬沟-九三沟预测工作区

1. 遥感地质特征解译

预测工作区内共解译线要素24条(其中遥感断层要素20条,遥感脆—韧性变形构造带要素4条),

环要素7个。

1）线要素解译

该区内共解译出2条中型断裂（带），分别为智新-长安断裂带、春阳-汪清断裂带。智新-长安断裂带为一条北北东向较大型波状断裂带，该断裂带对晚侏罗世二长花岗岩、晚二叠世闪长岩、寒武纪花岗闪长岩等均有控制作用，控制延吉盆地东侧边缘。该断裂带与其他方向断裂交会部位，为铜-多金属矿产形成的有利部位。

本预测工作区内的小型断裂比较发育，并且以北东向和北西向为主，北东东向次之，局部见近东西向小型断裂，不同方向小型断裂的交会部位是重要的铜等多金属成矿区。

该区内的脆—韧性变形趋势带比较发育，共解译出4条，即区域性规模脆—韧性变形构造，由晚石炭世花岗闪长岩、晚二叠世花岗闪长岩、三叠纪花岗闪长岩、晚侏罗世花岗岩沿该带呈较宽带状分布，沿该带有青龙村群黑云斜长片麻岩、角闪斜长片麻岩捕虏体分布，为一条总体走向北东的"S"形变形带，该带与金、铁、铜、铅、锌矿产均有密切的关系。

2）环要素解译

该区内共圈出7个环形构造。它们在空间分布上有明显的规律，主要分布在不同方向断裂交汇部位。按其成因类型分为与隐伏岩体有关的环形构造。区内的铜矿点多分布于环形构造内部或边部。

2. 遥感羟基异常解译

1）遥感异常面积

该区共提取遥感羟基异常面积 107 099.975m^2，其中二级异常 1 800.000m^2，三级异常 105 299.975m^2。

2）遥感异常分布特征

预测工作区羟基异常不明显，仅在预测工作区西南部，春阳-汪清断裂带与北东向断裂交会处有少量羟基异常分布。

3. 遥感铁染异常解译

1）遥感异常面积

该区共提取遥感铁染异常面积 1 125 754.727m^2，其中一级异常 341 514.825m^2，二级异常 75 580.725m^2，三级异常 708 659.177m^2。

2）遥感异常分布特征

预测工作区内，春阳-汪清断裂带与北东向断裂交会处，铁染异常集中发育。

智新-长安断裂带与北东向断裂交会处，有少量铁染异常分布，环形构造异常区内铁染异常分布不明显。

（八）大黑山-锅盔顶子预测工作区

1. 遥感地质特征解译

预测工作区内共解译线要素62条（均为遥感断层要素），环要素9个，色要素3块。

1）线要素解译

该区内共解译出2条中型断裂（带），分别为柳河-吉林断裂带、双阳-长白断裂带。柳河-吉林断裂带呈北东向和北北东向分布。该断裂切割了两个Ⅰ级构造单元，切割不同时代地质体，该带及其附近矿产较为丰富，有钼矿、钨矿、铜矿、金矿、铁矿和多金属矿等，形成于侏罗纪以前，但不早于晚古生代末，中生代活动较为强烈，新生代仍有活动。该断裂带与其他方向断裂交会部位，为铜-多金属矿产形成的有利部位。

本预测工作区内的小型断裂比较发育,北东向断裂与北西向断裂的交会部位是环形构造的聚集区,也是形成铜矿的有利部位。

2)环要素解译

该区内共圈出 9 个环形构造。它们在空间分布上有明显的规律,主要分布在不同方向断裂交会部位。按其成因类型分为 3 类,其中与隐伏岩体有关的环形构造 5 个、中生代花岗岩类引起的环形构造 2 个和基性岩类引起的环形构造 2 个。区内的铜矿点多分布于环形构造内部或边部。

3)色要素解译

该区内共解译出色调异常 4 处,为绢云母化、硅化引起,它们在遥感图像上均显示为浅色色调异常。从空间分布上看,区内的色调异常明显与断裂构造及环形构造有关,在北东向断裂带上及北东向断裂带与其他方向断裂交会部位以及环形构造集中区,色调异常呈不规则状分布。

该区内的铜、金-多金属矿床(点)在空间上与遥感色调异常有较密切的关系,多形成于遥感色调异常区。

2. 遥感羟基异常解译

1)遥感异常面积

该区共提取遥感羟基异常面积 2 856 943.425m^2,其中一级异常 605 532.600m^2,二级异常 470 487.925m^2,三级异常 1 780 922.900m^2。

2)遥感异常分布特征

预测工作区东北部,桦甸-双河镇断裂带附近羟基异常集中分布。

遥感浅色色调异常区,羟基异常零星分布,与矿化有关。

3. 遥感铁染异常解译

1)遥感异常面积

该区共提取遥感铁染异常面积 1 125 754.727m^2,其中一级异常 341 514.825m^2,二级异常 75 580.725m^2,三级异常 708 659.177m^2。

2)遥感异常分布特征

预测工作区西北部,北东向断裂带附近铁染异常集中分布。

遥感浅色色调异常区,铁染异常零星分布,与矿化有关。

(九)红旗岭预测工作区

1. 遥感地质特征解译

预测工作区内共解译线要素 82 条(其中遥感断层要素 80 条,遥感脆—韧性变形构造带要素 2 条),环要素 8 个,色要素 17 块。

1)线要素解译

区内共解译出 1 条大型断裂带,为敦化-密山岩石圈断裂带(敦密断裂带),该断裂带附近的次级断裂是重要的铜-多金属矿产的容矿构造。5 条中型断裂(带)分别为大路-仙人桥断裂带、大川-江源断裂带、果松-花山断裂带、头道-长白山断裂带和兴华-白头山断裂带。

(1)大路-仙人桥断裂带为一条北东南西向较大型波状断裂带,切割太古宙—侏罗纪的地层及岩体,控制中元古代、新元古代和古生代的沉积,该断裂带与其他方向断裂交会部位,为金—多金属矿产形成的有利部位。该断裂带沿吉林省红旗岭地区基性—超基性岩浆熔离-贯入型铜镍矿预测工作区分布。

(2)大川-江源断裂带北东向展布,由通化县向北东经白山至抚松后被第四纪玄武岩覆盖,向西南进入辽宁省,由10余条近于平行的断裂构造组成,为一中段宽、两端窄的较大型断裂构造带,中部较宽部位是重要的铁矿成矿带,其边部及两端收敛部位为金-多金属矿产聚集区。该断裂带沿吉林省红旗岭地区基性—超基性岩浆熔离-贯入型铜镍矿预测工作区分布。

(3)果松-花山断裂带切割中、古元古界及侏罗纪火山岩,三道沟北,太古宙花岗片麻岩逆冲于古元古界珍珠门岩组大理岩之上。沿断裂带有小型矿点分布。该断裂带沿吉林省红旗岭地区基性—超基性岩浆熔离-贯入型铜镍矿预测工作区。

(4)兴华-白头山断裂带呈近东西向通过预测工作区南部,断裂带西段切割地台区老基底岩系、古生代盖层及中生代地层,该断裂带又控制晚三叠世中酸性火山岩。沿断裂带侵入燕山期和印支期花岗岩。该带与北东向断裂交会处为重要的金、多金属成矿区。该断裂带沿吉林省红旗岭地区基性—超基性岩浆熔离-贯入型铜镍矿预测工作区。

本预测工作区内的小型断裂比较发育,并且以北北西向和北西向为主,北东向次之,局部见近南北向和近东西向小型断裂,其中的北西向及北北西向小型断裂多为正断层,形成时间较晚,多错断其他方向的断裂构造,其他方向的小型断裂多为逆断层,形成时间明显早于北西向断裂。不同方向小型断裂的交会部位,是重要的铜、多金属成矿区。

脆—韧性变形趋势带共解译出2条,为区域性规模脆—韧性变形构造,组成一条较大规模的韧性变形构造带,分布于敦化-密山岩石圈断裂带内,该断裂带同其形成的韧性变形构造带为一条总体走向北东的变形带,该带与金、铁、铜、铅、锌矿产均有密切的关系。

2)环要素解译

区内共圈出8个环形构造。它们在空间分布上有明显的规律,主要分布在不同方向断裂交会部位。按其成因类型分为3类,其中与隐伏岩体有关的环形构造2个、中生代花岗岩类引起的环形构造4个和古生代花岗岩类引起的环形构造2个。区内的铜矿点多分布于环形构造边部。

3)色要素解译

区内共解译出色调异常17处,其中的6处为绢云母化、硅化引起,11处为侵入岩体内外接触带及残留顶盖引起,它们在遥感图像上均显示为浅色色调异常。从空间分布上看,区内的色调异常明显与断裂构造及环形构造有关,在北东向断裂带上及北东向断裂带与其他方向断裂交会部位以及环形构造集中区,色调异常呈不规则状分布。

2. 遥感羟基异常解译

1)遥感异常面积

该区共提取遥感羟基异常面积2 602 482.122m^2,其中一级异常380 119.722m^2,二级异常593 477.474m^2,三级异常1 628 884.925m^2。

2)遥感异常分布特征

预测工作区东北部,不同方向断裂交会部位,羟基异常集中分布,为矿化引起的羟基异常。

3. 遥感铁染异常解译

1)遥感异常面积

该区共提取遥感铁染异常面积1 390 780.573m^2,其中一级异常885 358.250m^2,二级异常231 781.775m^2,三级异常273 640.548m^2。

2)遥感异常分布特征

预测工作区内铁染异常发育不明显,中部东辽-桦甸断裂带与桦甸-双河镇断裂带交会处,铁染异常集中分布。

（十）漂河川预测工作区

1. 遥感地质特征解译

预测工作区内共解译线要素 50 条（其中遥感断层要素 49 条，遥感脆—韧性变形构造带要素 1 条），环要素 9 个，色要素 3 块。

1）线要素解译

区内共解译出 1 条大型断裂带，为敦化-密山岩石圈断裂，该断裂带附近的次级断裂是重要的铜-多金属矿产的容矿构造。4 条中型断裂（带）分别为桦甸-蛟河断裂带、三源浦-样子哨断裂带、江源-新合断裂带、丰满-崇善断裂带。

（1）桦甸-蛟河断裂带：为一条北东向较大型波状断裂带，切割奥陶纪—白垩纪地层及岩体，控制蛟河盆地总体走向，该断裂带形成于晚侏罗世，多次活动并切割敦化-密山断裂带。该断裂带与其他方向断裂交会部分为铜-多金属矿产形成的有利部位。

（2）三源浦-样子哨断裂带：为一条北东向较大型波状断裂带，该断裂带主要由两条断裂组成，构成三源浦-样子哨断陷盆地西北侧和东南侧边缘压性断裂，控制新元古代—古生代地层沉积，南段限制三源浦-三棵榆树中生代火山洼地的西北缘，由于北西向断裂的切割破坏，使两个分支断裂沿新发—石家店一线发生北西-南东向位移。该断裂带与其他方向断裂交会部分为铜-多金属矿产形成的有利部位。

（3）江源-新合断裂带：为一条北西向较大型波状断裂带，该断裂带对新元古界青龙村岩群有明显的控制作用，对其及寒武纪—三叠纪地层及岩体进行切割，为一条形成较早，后期又活动的断裂带。断裂带与其他方向断裂交会部分为铜-多金属矿产形成的有利部位。

（4）丰满-崇善断裂带：为一条北西向较大型波状断裂带，由吉林丰满向东南经横道子切过敦化-密山断裂带并进入台区，再经崇善后进入朝鲜，断裂带切割由二叠系组成的北东向褶皱及中新生代地层，沿断裂带有第四纪玄武岩溢出。断裂带与其他方向断裂交会部分为铜-多金属矿产形成的有利部位。

本预测工作区内的小型断裂比较发育，并且以北北西向和北西向为主，北东向次之，局部见近南北向和近东西向小型断裂，其中的北西向及北北西向小型断裂多为正断层，形成时间较晚，多错断其他方向的断裂构造，其他方向的小型断裂多为逆断层，形成时间明显早于北西向断裂。不同方向小型断裂的交会部位是重要的铜、多金属成矿区。

脆—韧性变形趋势带共解译出 1 条脆—韧变形趋势带，为区域性规模脆—韧性变形构造，分布于敦化-密山岩石圈断裂带内，该断裂带同其形成的韧性变形构造带，为一条总体走向为北东向的变形带，该带与金、铁、铜、铅、锌矿产均有密切的关系。

2）环要素解译

区内共圈出 9 个环形构造。它们在空间分布上有明显的规律，主要分布在不同方向断裂交会部位。按其成因类型分为 4 类，其中与隐伏岩体有关的环形构造 2 个、中生代花岗岩类引起的环形构造 1 个、古生代花岗岩类引起的环形构造 4 个、成因不明的环形构造 2 个。

3）色要素解译

区内共解译出色调异常 3 处，其中的 1 处为绢云母化、硅化引起，2 处为侵入岩体内外接触带及残留顶盖引起，它们在遥感图像上均显示为浅色色调异常。从空间分布上看，区内的色调异常明显与断裂构造及环形构造有关，在北东向断裂带上及北东向断裂带与其他方向断裂交会部位以及环形构造集中区，色调异常呈不规则状分布。

区内的铜-多金属矿床（点）在空间上与遥感色调异常有较密切的关系，多形成于遥感色调异常区。

2. 遥感羟基异常解译

1) 遥感异常面积

该区共提取遥感羟基异常面积 5 778 592.635m^2,其中一级异常 1 044 561.152m^2,二级异常 1 261 865.127m^2,三级异常 3 472 166.357m^2。

2) 遥感异常分布特征

丰满-崇善断裂带附近有羟基异常分布。预测工作区东北部,北西西向断裂、北西向断裂交会处有零星羟基异常

遥感浅色色调异常区,羟基异常集中分布,与矿化有关。

3. 遥感铁染异常解译

1) 遥感异常面积

该区共提取遥感铁染异常面积 5 344 811.1m^2,其中一级异常 3 528 598.526m^2,二级异常 965 197.550m^2,三级异常 851 015.025m^2。

2) 遥感异常分布特征

预测工作区内铁染异常分布分散,敦化-密山岩石圈断裂附近铁染异常呈线性分布。

预测工作区北部,浅色色调异常区内及附近铁染异常分布集中,与矿化关系明显。

(十一) 赤伯松-金斗预测工作区

1. 遥感地质特征解译

预测工作区内共解译线要素 53 条(均为遥感断层要素),环要素 10 个,色要素 3 块。

1) 线要素解译

区内共解译出 1 条中型断裂(带),为大川-江源断裂带。

本预测工作区内的小型断裂比较发育,并在本预测工作区内解译出 1 条中型断裂(带),为四棚-青石断裂。此断裂(带)切割太古宙、古中元古代地层,侏罗纪火山岩,晚侏罗世闪长岩株及岩脉沿断裂侵入。预测工作区内的小型断裂以北东向和北西向为主,北北东向和东西向次之,局部见北西西向、北北东向、北东东向和北北西向小型断裂,北西向小型断裂多表现为张性特征,其他各方向断裂多表现为压性特征。区内的铜-多金属矿床、矿点多分布于不同方向小型断裂的交会部位。

2) 环要素解译

区内共圈出 10 个环形构造,它们主要集中于不同方向断裂交会部位。按其成因类型分为两类,其中与隐伏岩体有关的环形构造 9 个(形成于晚侏罗世)、中生代花岗岩引起的环形构造 1 个。隐伏岩体形成的环形构造与铜、金、多金属矿床(点)的关系均较密切。

3) 色要素解译

区内共解译出色调异常 3 处,分别为由绢云母化、硅化引起和侵入岩体内外接触带及残留顶盖引起。它们在遥感图像上均显示为浅色色调异常。从空间分布上看,区内的色调异常明显与断裂构造及环形构造有关,在不同方向断裂交会部位以及环形构造集中区,色调异常呈不规则状分布。区内的铜、金-多金属矿床(点)在空间上与遥感色调异常有较密切的关系,多形成于遥感色调异常区。

2. 遥感羟基异常解译

1) 遥感异常面积

该区共提取遥感羟基异常面积 2 602 482.122m^2,其中一级异常 380 119.722m^2,二级异常 593 477.474m^2,三级异常 1 628 884.925m^2。

2)遥感异常分布特征

预测工作区东北部,不同方向断裂交会部位,羟基异常集中分布,为矿化引起的羟基异常。

3. 遥感铁染异常解译

1)遥感异常面积

该区共提取遥感铁染异常面积 1 390 780.573m^2,其中一级异常 885 358.250m^2,二级异常 231 781.775m^2,三级异常 273 640.548m^2。

2)遥感异常分布特征

预测工作区内铁染异常发育不明显,中部东辽-桦甸断裂带与桦甸-双河镇断裂带交会处,铁染异常集中分布。

(十二) 长仁-獐项预测工作区

1. 遥感地质特征解译

预测工作区内共解译线要素 53 条(其中遥感断层要素 51 条,遥感脆—韧性变形构造带要素 2 条),环要素 13 个,块要素 8 块,带要素 7 块,色要素 17 块。

1)线要素解译

区内共解译出 1 条大型断裂带,为华北地台北缘断裂带,呈北西向分布,该断裂带附近的次级断裂是重要的铜-多金属矿产的成矿构造。

区内 2 条中型断裂(带),分别为红石-西城断裂带、望天鹅-春阳断裂带。

区内的小型断裂比较发育,并且以北东向和北西西向为主,北西向和东西向次之,不同方向小型断裂的交会部位是重要的铜等多金属成矿区。

区内的脆—韧性变形趋势带比较发育,共解译出 2 条,全为区域性规模脆—韧性变形构造,组成一条较大规模的韧性变形构造带,分布于华北地台北缘断裂带内,为该断裂带同期形成的韧性变形构造带。该带与金、铁、铜、铅、锌矿产均有密切的关系。

2)环要素解译

区内共圈出 13 个环形构造。它们在空间分布上有明显的规律,主要分布在不同方向断裂交会部位。按其成因类型分为两类,其中与隐伏岩体有关的环形构造 12 个、中生代花岗岩类引起的环形构造 1 个。区内的铜矿点多分布于环形构造内部或边部。

3)色要素解译

区内共解译出色调异常 17 处,为绢云母化、硅化引起,它在遥感图像上均显示为浅色色调异常。从空间分布上看,区内的色调异常明显与断裂构造及环形构造有关,在北东向断裂带上和北东向断裂带与其他方向断裂交会部位以及环形构造集中区,色调异常呈不规则状分布。

区内的铁、金、铜-多金属矿床(点)在空间上与遥感色调异常有较密切的关系,多形成于遥感色调异常区。

2. 遥感羟基异常解译

1)遥感异常面积

该区共提取遥感羟基异常面积 7 945 051.740m^2,其中一级异常 5 540 069.097m^2,二级异常 1 111 596.173m^2,三级异常 5 540 069.097m^2。

2)遥感异常分布特征

预测工作区东部,不同方向断裂交会部位以及环形构造集中区,羟基异常集中分布,为矿化引起的羟基异常。

3. 遥感铁染异常解译

1)遥感异常面积

区共提取遥感铁染异常面积 1 125 754.727m², 其中一级异常 341 514.825m², 二级异常 75 580.725m², 三级异常 708 659.177m²。

2)遥感异常分布特征

预测工作区内铁染异常分布广泛, 预测工作区东南部, 北东向断裂交会处, 铁染异常集中分布。

环形构造区内, 多有铁染异常分布, 与晚侏罗世的隐伏岩体有关。

华北地台北缘断裂带附近, 有铁染异常呈线性分布。

(十三) 小西南岔-杨金沟预测工作区

1. 遥感地质特征解译

预测工作区内共解译线要素45条(其中遥感断层要素42条, 遥感脆—韧性变形构造带要素3条), 环要素13个, 色要素3块。

1)线要素解译

区内共解译出2条中型断裂(带), 分别为鸡冠-复兴断裂带、珲春-杜荒子断裂带。

(1)鸡冠-复兴断裂带: 呈北西向, 该断裂切割晚二叠世—白垩纪地层及岩体, 复兴东南, 珲春组砂砾岩沿该断裂带方向展布。该断裂带与其他方向断裂交会部位为铜-多金属矿产形成的有利部位。

(2)珲春-杜荒子断裂带: 为一条北东向较大型波状断裂带, 切割晚侏罗世石英闪长岩、早三叠世花岗闪长岩, 带内有晚三叠世酸性火山岩分布, 控制珲春盆地东侧边缘。该断裂带与其他方向断裂交会部位为铜-多金属矿产形成的有利部位。

本预测工作区内的小型断裂比较发育, 并在本预测工作区内解译出1条小型断裂带, 即和龙-春化断裂带。不同方向小型断裂的交会部位是重要的铜、多金属成矿区。

本预测工作区内解译出3条脆—韧性变形趋势带, 为区域性规模脆—韧性变形构造, 晚石炭世花岗闪长岩、晚二叠世花岗闪长岩、三叠纪花岗岩、晚侏罗世花岗岩沿该带呈较宽带状分布, 沿该带有青龙村群黑云斜长片麻岩、角闪斜长片麻岩捕房体分布, 为该断裂带同其形成的韧性变形构造带。它们为总体走向为东西向的"S"形变形带, 与金、铁、铜、铅、锌矿产均有密切的关系。

2)环要素解译

区内共圈出13个环形构造。它们在空间分布上有明显的规律, 主要分布在不同方向断裂交会部位。按其成因类型分为3类, 其中与隐伏岩体有关的环形构造5个(形成于晚侏罗世)、中生代花岗岩类引起的环形构造7个、古生代花岗岩类引起的环形构造1个。

3)色要素解译

区内共解译出色调异常1处, 为绢云母化、硅化引起, 它在遥感图像上均显示为浅色色调异常。从空间分布上看, 区内的色调异常明显与断裂构造及环形构造有关。该区内的铜-多金属矿床(点)在空间上与遥感色调异常有较密切的关系, 多形成于遥感色调异常区。

2. 遥感羟基异常解译

1)遥感异常面积

该区共提取遥感羟基异常面积 527 520.674m², 其中一级异常 1800m², 二级异常 18 000m², 三级异常 507 720.674m²。

2)遥感异常分布特征

预测工作区东北部,北西向断裂与北东向断裂、北北东向断裂交会部位羟基异常集中分布,为矿化引起的羟基异常。

遥感浅色色调异常区,羟基异常集中分布,与矿化有关。

3. 遥感铁染异常解译

1)遥感异常面积

该区共提取遥感铁染异常面积 3 195 764.825m^2,其中一级异常 2 551 364.825m^2,二级异常 406 800m^2,三级异常 237 600m^2。

2)遥感异常分布特征

遥感浅色色调异常区,铁染异常集中分布,与矿化有关。

(十四)农坪-前山预测工作区

1. 遥感地质特征解译

预测工作区内共解译线要素43条(即遥感断层要素),环要素13个,色要素2块。

1)线要素解译

区内共解译出2条中型断裂(带),分别为珲春-杜荒子断裂带、敦化-杜荒子断裂带。其中敦化-杜荒子断裂带为北西西向展布,西段汪清—复兴一带的晚三叠世火山岩及杜荒子一带的古近系受此断裂控制,同时走向东西向的脉岩群十分发育,东段尚有海西晚期东南岔基性岩侵入。该断裂带与其他方向断裂交会部位为铜-多金属矿产形成的有利部位。

本预测工作区内的小型断裂比较发育,并在本预测工作区内解译出1条小型断裂带,即和龙-春化断裂带。不同方向小型断裂的交会部位是重要的铜、多金属成矿区。

2)环要素解译

区内共圈出13个环形构造。它们在空间分布上有明显的规律,主要分布在不同方向断裂交会部位。按其成因类型分为4类,其中与隐伏岩体有关的环形构造7个、中生代花岗岩类引起的环形构造3个、古生代花岗岩类引起的环形构造2个和基性岩类引起的环形构造1个。区内的铜矿点多分布于环形构造内部或边部。

3)色要素解译

区内共解译出色调异常2处,全为绢云母化、硅化引起,它在遥感图像上均显示为浅色色调异常。从空间分布上看,区内的色调异常明显与断裂构造及环形构造有关,在北东向断裂带上及北东向断裂带与其他方向断裂交会部位以及环形构造集中区,色调异常呈不规则状分布。

区内的铜-多金属矿床(点)在空间上与遥感色调异常有较密切的关系,多形成于遥感色调异常区。

2. 遥感羟基异常解译

1)遥感异常面积

该区共提取遥感羟基异常面积 356 914.775m^2,其中二级异常 7 063.250m^2,三级异常 349 851.525m^2。

2)遥感异常分布特征

预测工作区东部,不同方向断裂交会部位以及环形构造集中区,羟基异常集中分布,为矿化引起的羟基异常。

遥感浅色色调异常区,羟基异常集中分布,与矿化有关。

北东向、北西向断裂附近及它们的交会部位,有羟基异常分布,与矿化有关。

3. 遥感铁染异常解译

1) 遥感异常面积

该区共提取遥感铁染异常面积 829 705.750m^2,其中一级异常 8100m^2,二级异常 11700m^2,三级异常 809 905.750m^2。

2) 遥感异常分布特征

预测工作区东部,和龙-春化断裂带与珲春-杜荒子断裂带交会处,铁染异常集中分布。

遥感浅色色调异常区,铁染异常集中分布,与矿化有关。

(十五) 正岔-复兴预测工作区

1. 遥感地质特征解译

预测工作区内共解译线要素 139 条(均为遥感断层要素),环要素 69 个,色要素 5 块。

1) 线要素解译

区内共解译出 3 条中型断裂(带),分别为头道-长白山断裂带、大川-江源断裂带、大路-仙人桥断裂带。

本预测工作区内的小型断裂比较发育,以北东向和北西向为主,北北东向和北北西向次之,局部见北西西向、东西向、北东东向和近南北向小型断裂。区内的金-多金属矿床(点)多分布于不同方向小型断裂的交会部位。

2) 环要素解译

区内共圈出 69 个环形构造,主要集中于不同方向断裂交会部位。按其成因类型分为 6 类,其中与隐伏岩体有关的环形构造 55 个(形成于晚侏罗世)、中生代花岗岩引起的环形构造 2 个、古生代花岗岩引起的环形构造 5 个、褶皱引起的环形构造 3 个(分布于古中元古代变质岩系中)、闪长岩类引起的环形构造 1 个和成因不明环形构造 3 个(分布于元古宙变质岩中)。隐伏岩体形成的环形构造与铁矿、金矿、多金属矿床(点)的关系均较密切。

3) 色要素解译

区内共解译出色调异常 5 处,分别为由绢云母化、硅化引起和侵入岩体内外接触带及残留顶盖引起。它们在遥感图像上均显示为浅色色调异常。从空间分布上看,区内的色调异常明显与断裂构造及环形构造有关,在不同方向断裂交会部位以及环形构造集中区,色调异常呈不规则状分布。区内的铁、金-多金属矿床(点)在空间上与遥感色调异常有较密切的关系,多形成于遥感色调异常区。

2. 遥感羟基异常解译

1) 遥感异常面积

该区共提取遥感羟基异常面积 6 553 960.927m^2,其中一级异常 1 544 506.150m^2,二级异常 961 830.175m^2,三级异常 4 047 624.601m^2。

2) 遥感异常分布特征

预测工作区西北部、东南部,不同方向断裂交会部位以及环形构造集中区,羟基异常集中分布,为矿化引起的羟基异常。

遥感浅色色调异常区,羟基异常集中分布,与矿化有关。

3. 遥感铁染异常解译

1) 遥感异常面积

该区共提取遥感铁染异常面积 2 730 665.702m^2,其中一级异常 683 358.475m^2,二级异常

241 802.625m², 三级异常 1 805 504.602m²。

2）遥感异常分布特征

预测工作区西北部，不同方向断裂交会部位以及环形构造集中区，铁染异常集中分布，为矿化引起的铁染异常。

遥感浅色色调异常区，铁染异常零星分布，与矿化有关。

（十六）兰家预测工作区

1. 遥感地质特征解译

预测工作区内共解译线要素 25 条（全部为遥感断层要素），环要素 25 个。

1）线要素解译

区内共解译出 2 条大型断裂（带），分别为四平-德惠岩石圈断裂、依兰-伊通断裂带。

1 条中型断裂（带），为双阳-长白断裂带，呈北西向，双阳盆地、烟筒山西的晚三叠世盆地、明城东的中侏罗世盆地和石嘴东的中侏罗世盆地等沿断裂带分布，北段南西侧七顶子—磐石一带燕山早期的花岗岩体和基性岩体群，中段石嘴红旗岭、黑石一带众多的燕山早期花岗岩小岩株和海西期基性—超基性岩体群均沿此断裂带呈北西向展布。

本预测工作区内的小型断裂比较发育，以北东向和北西向为主，北北东向和北北西向次之，局部见北西西向、东西向、北东东向和近南北向小型断裂。区内的铜-多金属矿床（点）多分布于不同方向小型断裂的交会部位。

2）环要素解译

区内共圈出 25 个环形构造，它们主要集中于不同方向断裂交会部位。按其成因类型分为两类，其中与隐伏岩体有关的环形构造 21 个、中生代花岗岩类引起的环形构造 4 个。隐伏岩体形成的环形构造形成于晚侏罗世，与铜等多金属矿床（点）的关系均较密切。

2. 遥感羟基异常解译

1）遥感异常面积

该区共提取遥感羟基异常面积 523 969.755m²，其中一级异常 138 764.525m²，二级异常 41 434.175m²，三级异常 343 771.054m²。

2）遥感异常分布特征

预测工作区东北部，北北西向断裂与北东向断裂交会处，羟基异常集中分布。

东湖镇南环形构造内部及其周围有羟基异常分布。

3. 遥感铁染异常解译

1）遥感异常面积

该区共提取遥感铁染异常面积 1 089 790.778m²，其中一级异常 26 981.651m²，二级异常 41 368.599m²，三级异常 1 021 440.528m²。

2）遥感异常分布特征

双阳-长白断裂带西南部，铁染异常集中分布；四平-德惠岩石圈断裂北部，铁染异常呈线性分布。

（十七）大营-万良预测工作区

1. 遥感地质特征解译

预测工作区内共解译线要素 57 条（均为遥感断层要素），环要素 27 个，色要素 17 块。

1) 线要素解译

区内共解译出 1 条大型断裂带,为集安-松江岩石圈断裂,以松江一带为界分西南段和东北段,西南段为台区Ⅲ级、Ⅳ级构造单元分界线,在绿江村、杨木林子屯一带控制侏罗纪地层堆积。断裂切割晚三叠世、中晚侏罗世地层及中生代侵入岩,使古老的太古宙变质岩系、震旦系与侏罗系呈压剪性断层接触。该断裂带附近的次级断裂是重要的铜-多金属矿产的容矿构造。

5 条中型断裂(带)分别为柳河-靖宇断裂带、大路-仙人桥断裂带、大川-江源断裂带、抚松-蛟河断裂带、双阳-长白断裂带。

(1)柳河-靖宇断裂带:主要分布于太古宙绿岩地体中,金龙顶子玄武岩在该带上呈近东西向展布,该带东段南坪组黑色斑状和巨斑状玄武岩(现代火山口)成群分布。

(2)大路-仙人桥断裂带:为一条北东-南西向较大型波状断裂带,切割太古宇—侏罗纪的地层及岩体,控制中元古界、新元古界和古生界的沉积,该断裂带与其他方向断裂交会部位为铜-多金属矿产形成的有利部位。该断裂带沿吉林省大营—万良地区矽卡岩型铜矿预测工作区中部斜穿预测工作区。

(3)大川-江源断裂带:北东向,由通化县向北东经白山至抚松后被第四纪玄武岩覆盖,向西南进入辽宁省,由 10 余条近于平行的断裂构造组成,为一中段宽、两端窄的较大型断裂构造带,中部较宽部位是重要的铁矿成矿带,其边部及两端收敛部位为铜矿产聚集区。该断裂带沿吉林省大营—万良地区矽卡岩型铜矿预测工作区北西侧斜穿预测工作区。

(4)抚松-蛟河断裂带:呈北东向分布,切割两个Ⅰ级构造单元地质体,蛟河盆地分布在该断裂带上。

(5)双阳-长白断裂带:双阳盆地、烟筒山西的晚三叠世盆地、明城东的中侏罗世盆地和石嘴东的中侏罗世盆地等沿断裂带分布,北段南西侧七顶子—磐石一带燕山早期的花岗岩体和基性岩体群、中段石嘴红旗岭、黑石一带众多的燕山早期花岗岩小岩株和海西期基性—超基性岩体群均沿此断裂带呈北西向展布。

本预测工作区内的小型断裂比较发育,以北东向和北西向为主,北北东向和北北西向次之,局部见北西西向、东西向、北东东向和近南北向小型断裂。区内的多金属矿床(点)多分布于不同方向小型断裂的交会部位。

2) 环要素解译

区内共圈出 27 个环形构造。它们在空间分布上有明显的规律,主要分布在不同方向断裂交会部位。按其成因类型分为 5 类,其中与隐伏岩体有关的环形构造 17 个、中生代花岗岩类引起的环形构造 2 个、闪长岩类引起的环形构造 1 个、不明性质引起的环形构造 6 个(其中分为分布于侏罗纪砂砾岩与花岗岩接触带上和分布于侏罗纪砂砾岩中)和火山口引起的环形构造 1 个。区内的铜矿点多分布于环形构造内部或边部。

3) 色要素解译

区内共解译出色调异常 3 处,其中的 1 处为绢云母化、硅化引起,2 处为侵入岩体内外接触带及残留顶盖引起,它们在遥感图像上均显示为浅色色调异常。从空间分布上看,区内的色调异常明显与断裂构造及环形构造有关。

区内的铜矿床(点)在空间上与遥感色调异常有较密切的关系,多形成于遥感色调异常区。

2. 遥感羟基异常解译

1) 遥感异常面积

该区共提取遥感羟基异常面积 523 969.755m^2,其中一级异常 138 764.525m^2,二级异常 41 434.175m^2,三级异常 343 771.054m^2。

2) 遥感异常分布特征

预测工作区东北部,北北西向断裂与北东向断裂交会处,羟基异常集中分布。

东湖镇南环形构造内部及其周围有羟基异常分布。

3.遥感铁染异常解译

1)遥感异常面积

区共提取遥感铁染异常面积 1 089 790.778m², 其中一级异常 26 981.651m², 二级异常 41 368.599m², 三级异常 1 021 440.528m²。

2)遥感异常分布特征

双阳-长白断裂带西南部, 铁染异常集中分布; 四平-德惠岩石圈断裂北部, 铁染异常呈线性分布。

(十八) 万宝预测工作区

1.遥感地质特征解译

预测工作区内共解译线要素 47 条(其中遥感断层要素 46 条, 遥感脆—韧性变形构造带要素 1 条), 环要素 4 个, 色要素 1 块。

1)线要素

区内共解译出 3 条中型断裂(带), 分别为江源-新合断裂带、丰满-崇善断裂带和敦化-杜荒子断裂带。

(1)江源-新合断裂带:呈北西向和北西西向展布。该断裂带对新元古界青龙村岩群有明显的控制作用,对寒武纪—三叠纪地层及岩体进行切割,为一条形成较早,后期又有活动的断裂带。该断裂带与其他方向断裂交会部位为铜矿产形成的有利部位。

(2)丰满-崇善断裂带:为一条北西向较大型波状断裂带,由吉林丰满向东南经横道子切过敦化-密山断裂带并进入台区,再经崇善后进入朝鲜,断裂带切割由二叠系组成的北东向褶皱及中新生代地层,沿断裂带有第四纪玄武岩溢出。该断裂带与其他方向断裂交会部位为铜矿产形成的有利部位。

(3)敦化-杜荒子断裂带:呈东西向。西段汪清-复兴一带的晚三叠世火山岩及杜荒子一带的古近系受此断裂控制,同时走向东西的脉岩群十分发育,东段尚有海西晚期东南岔基性岩侵入。该断裂带与其他方向断裂交会部位为铜矿产形成的有利部位。

本预测工作区内的小型断裂比较发育,以北东向和北西向为主,北北东向和北北西向次之,局部见北西西向、东西向、北东东向和近南北向小型断裂。不同方向小型断裂的交会部位是重要的铜成矿区。

本预测工作区内解译出 1 条脆—韧性变形趋势带, 为区域性规模脆—韧性变形构造, 分布于华北地台北缘断裂带内, 该断裂带同期形成的韧性变形构造带, 为一条总体走向为北西向的变型带, 该带与铜矿产有密切的关系。

2)环要素解译

区内共圈出 4 个环形构造。它们在空间分布上有明显的规律,主要分布在不同方向断裂交会部位。按其成因类型分为 2 类, 其中中生代花岗岩类引起的环形构造 2 个, 浅成、超浅成次火山岩体引起的环形构造 2 个。

3)色要素解译

区内共解译出色调异常 1 处, 为绢云母化、硅化引起, 它在遥感图像上显示为浅色色调异常。从空间分布上看, 区内的色调异常明显与断裂构造及环形构造有关。铜-多金属矿床(点)在空间上与遥感色调异常有较密切的关系, 多形成于遥感色调异常区。

2.遥感羟基异常解译

1)遥感异常面积

该区共提取遥感羟基异常面积 1 648 562.172m², 其中一级异常 189 076.175m², 二级异常

178 130.376m², 三级异常 1 281 355.621m²。

2) 遥感异常分布特征

预测工作区东部,不同方向断裂交会部位以及环形构造集中区,羟基异常集中分布,为矿化引起的羟基异常。

遥感浅色色调异常区,羟基异常集中分布,与矿化有关。

北东向、北西向断裂附近及它们的交会部位,有羟基异常分布,与矿化有关。

3. 遥感铁染异常解译

1) 遥感异常面积

该区共提取遥感铁染异常面积 3 195 764.825m²,其中一级异常 2 551 364.825m²,二级异常 406 800m²,三级异常 237 600m²。

2) 遥感异常分布特征

预测工作区东北部,江源-新合断裂带与北东向断裂交会处,有羟基异常零星分布。

丰满-崇善断裂带与北东向断裂交会处,铁染异常分布不明显。

(十九) 二密-老岭预测工作区

1. 遥感地质特征解译

预测工作区内共解译线要素 141 条(其中遥感断层要素 136 条、脆—韧性变形构造带 5 条),环要素 18 个,色要素 3 块,块要素 2 块,带要素 1 处。

1) 线要素解译

区内共解译出 4 条中型断裂(带),为大川-江源断裂带、富江-景山断裂带、三源浦-样子哨断裂带。

本预测工作区内的小型断裂比较发育,以北东向和北西向为主,北北东向和北北西向次之,局部见北西西向、东西向、北东东向和近南北向小型断裂。不同方向小型断裂的交会部位是重要的铜成矿区。

本预测工作区内脆—韧性变形构造解译出 5 条,为区域性规模脆—韧性变形构造,形成于中生代以前的地层及岩体中,与兴华-白头山断裂带为同期形成。该带与铜矿产有密切的关系。

2) 环要素解译

区内共圈出 18 个环形构造。它们主要集中于不同方向断裂交会部位。按其成因类型分为 3 类,其中与隐伏岩体有关的环形构造 9 个(形成于晚侏罗世)、成因不明的环形构造 1 个、古生代花岗岩引起的环形构造 8 个。隐伏岩体形成的环形构造与铜、金、多金属矿床(点)的关系均较密切。

3) 色要素解译

区内共解译出色调异常 6 处,分别为由绢云母化、硅化引起和侵入岩体内外接触带及残留顶盖引起。它们在遥感图像上均显示为浅色色调异常。从空间分布上看,区内的色调异常明显与断裂构造及环形构造有关,在不同方向断裂交会部位以及环形构造集中区,色调异常呈不规则状分布。区内的铜、金-多金属矿床(点)在空间上与遥感色调异常有较密切的关系,多形成于遥感色调异常区。

4) 带要素解译

本预测工作区共解译出 1 处遥感带要素,为变质岩的反映,为青白口系钓鱼台组、南芬组并层,分布于和龙断块内,该带与铜矿关系密切;钓鱼台组、南芬组由石英砂岩、页岩组成。

5) 块要素解译

本预测工作区内共解译出 2 处遥感块要素,其中 1 处为区域压扭应力形成的构造透镜体,1 处为小规模块体所受应力形成的菱形块体。它们均呈北东向展布,两处分布于大川-江源断裂带内,一处分布于老岭造山带中。

2. 遥感羟基异常解译

1) 遥感异常面积

该区共提取遥感羟基异常面积 26 496.150m²,其中一级异常 2 698.975m²,三级异常23 797.175m²。

2) 遥感异常分布特征

本区域羟基异常不发育,在预测工作区东北部,浅色色调异常区有羟基异常零星分布。

遥感浅色色调异常区,羟基异常集中分布,与矿化有关。

北东向、北西向断裂附近及它们的交会部位,有羟基异常分布,与矿化有关。

3. 遥感铁染异常解译

1) 遥感异常面积

该区共提取遥感铁染异常面积 1 125 754.727m²,其中一级异常 341 514.825m²,二级异常75 580.725m²,三级异常 708 659.177m²。

2) 遥感异常分布特征

预测工作区西部,浅色色调异常区内铁染异常集中分布,与成矿关系密切。

预测工作区东南部,大川-江源断裂带与北东东向断裂交会处铁染异常明显。

(二十) 天合兴-那尔轰预测工作区

1. 遥感地质特征解译

预测工作区内共解译线要素81条(均为遥感断层要素),环要素6个,色要素2块。

1) 线要素解译

区内共解译出3条中型断裂(带),分别为富江-景山断裂带、三源浦-样子哨断裂带、双阳-长白断裂带。其中双阳-长白断裂带北段南西侧七顶子—磐石一带燕山早期的花岗岩体和基性岩体群,中段石嘴红旗岭、黑石一带众多的燕山早期花岗岩小岩株和海西期基性—超基性岩体群均沿此断裂带呈北西向展布,带内分布有多处铜矿床(点)。该断裂带呈北西向分布于预测工作区西南部。

本预测工作区内的小型断裂比较发育,以北东向和北西向为主,北北东向和北北西向次之,局部见北西西向、东西向、北东东向和近南北向小型断裂。不同方向小型断裂的交会部位是重要的铜成矿区。

本预测工作区内脆—韧性变形构造解译出5条,为区域性规模脆—韧性变形构造,形成于中生代以前的地层及岩体中,与兴华-白头山断裂带为同期形成。该带与铜矿产有密切的关系。

2) 环要素解译

区内共圈出6个环形构造,分布比较分散。按其成因类型分为2类,其中与隐伏岩体有关的环形构造 5 个、古生代花岗岩类引起的环形构造 1 个。

3) 色要素解译

区内共解译出色调异常2处,全部由绢云母化、硅化引起,它们在遥感图像上均显示为浅色色调异常。

2. 遥感羟基异常解译

1) 遥感异常面积

该区共提取遥感羟基异常面积 297 000m²,其中一级异常 64 800m²,二级异常 85 500m²,三级异常146 700m²。

2)遥感异常分布特征

遥感浅色色调异常区,羟基异常集中分布,与矿化有关。

3. 遥感铁染异常解译

1)遥感异常面积

区共提取遥感铁染异常面积 3 195 764.825m^2,其中一级异常 2 551 364.825m^2,二级异常 406 800m^2,三级异常 237 600m^2。

2)遥感异常分布特征

遥感浅色色调异常区,铁染异常集中分布,与矿化有关。

预测工作区西北部北东向断裂东侧有铁染异常分布,预测工作区中部北东向断裂与那尔轰镇南环形构造交会处,有明显的铁染异常,与成矿关系密切。

(二十一)夹皮沟-溜河预测工作区

1. 遥感地质特征解译

预测工作区内共解译线要素 248 条(其中遥感断层要素 234 条,遥感脆—韧性变形构造带要素 14 条),环要素 56 个,色要素 5 块。

1)线要素解译

区内共解译出 1 条巨型断裂带,即华北地台北缘断裂带。1 条大型断裂(带),即敦化-密山岩石圈断裂。3 条中型断裂(带)分别为抚松-蛟河断裂带、富江-景山断裂带和三源浦-样子哨断裂带。其中抚松-蛟河断裂带切割两个Ⅰ级构造单元地质体,蛟河盆地分布在该断裂带上,该断裂带与其他方向断裂交会部位,为多金属矿产形成的有利部位。该断裂带呈近南北向通过本预测工作区中部。

本预测工作区内的小型断裂比较发育,并且以北西向和北东向为主,次为近南北向断裂,局部见近东西向断裂。不同方向断裂交会部位以及北西向弧形断裂是重要的铜成矿地段。

本预测工作区内的脆—韧性变形趋势带比较发育,共解译出 14 条,全部为区域性规模脆—韧性变形构造。其中总体呈北西走向的脆—韧性变形构造与华北地台北缘断裂带相伴生,形成一条北东向韧性变形构造带,该带与铜矿均有较密切的关系。

2)环要素解译

区内共圈出 56 个环形构造。它们在空间分布上有明显的规律,主要分布在不同方向断裂交会部位。按其成因类型分为 2 类,其中与隐伏岩体有关的环形构造 49 个、古生代花岗岩类引起的环形构造 7 个。这些环形构造与铜矿的关系均较密切。

3)色要素解译

区内共解译出色调异常 5 处,其中的 3 处为绢云母化、硅化引起,2 处为侵入岩体内外接触带及残留顶盖引起,它们在遥感图像上均显示为浅色色调异常。从空间分布上看,区内的色调异常明显与断裂构造及环形构造有关,在北东向断裂带上及北东向断裂带与其他方向断裂交会部位以及环形构造集中区,色调异常呈不规则状分布。

2. 遥感羟基异常解译

1)遥感异常面积

该区共提取遥感羟基异常面积 2 142 763.748m^2,其中一级异常 554 982.625m^2,二级异常 495 457.398m^2,三级异常 1 092 323.724m^2。

2)遥感异常分布特征

预测工作区东北部,敦化-密山岩石圈断裂与北西向断裂交会处有羟基异常集中分布。

3. 遥感铁染异常解译

1)遥感异常面积

该区共提取遥感铁染异常面积 $4\,956\,847\mathrm{m}^2$,其中一级异常 $3\,287\,348.350\mathrm{m}^2$,二级异常 $517\,509.825\mathrm{m}^2$,三级异常 $1\,151\,988.825\mathrm{m}^2$。

2)遥感异常分布特征

预测工作区东南部,北东向断裂与北西向断裂交会处有铁染异常集中分布。

浅色色调异常区内,铁染异常零星分布,与矿化异常有关。

(二十二)安口预测工作区

1. 遥感地质特征解译

预测工作区内共解译线要素 75 条(均为遥感断层要素),环要素 49 个,色要素 10 块。

1)线要素解译

区内共解译出 2 条大型断裂(带),分别为敦化-密山岩石圈断裂和向阳-柳河断裂带。3 条中型断裂(带),分别为:柳河-靖宇断裂带,呈近东西向通过本预测工作区中部;三源浦-样子哨断裂带,仅分布在本预测工作区东南部边缘;兴华-白头山断裂带,呈近东西向通过本预测工作区中南部。

本预测工作区内的小型断裂比较发育,以北东向和北西向为主,北北东向和北北西向次之,局部见北西西向、东西向、北东东向和近南北向小型断裂。不同方向小型断裂的交会部位是重要的铜成矿区。

2)环要素解译

区内共圈出 49 个环形构造,它们主要集中于不同方向断裂交会部位。按其成因类型分为 3 类,其中与隐伏岩体有关的环形构造 38 个、中生代花岗岩类引起的环形构造 1 个、成因不明的环形构造 10 个。隐伏岩体形成的环形构造与铜矿的形成关系较密切。

3)色要素解译

区内共解译出色调异常 10 处,有 7 处由绢云母化、硅化引起,3 处为侵入岩体内外接触带及残留顶盖引起,它们在遥感图像上均显示为浅色色调异常。从空间分布上看,区内的色调异常明显与断裂构造及环形构造有关,在不同方向断裂交会部位以及环形构造集中区,色调异常呈不规则状分布。

2. 遥感羟基异常解译

1)遥感异常面积

该区共提取遥感羟基异常面积 $3\,165\,742.001\mathrm{m}^2$,其中一级异常 $544\,747.475\mathrm{m}^2$,二级异常 $404\,652.900\mathrm{m}^2$,三级异常 $2\,216\,341.626\mathrm{m}^2$。

2)遥感异常分布特征

预测工作区东北部,各向断裂与环形构造异常区交会处、浅色色调异常区附近羟基异常分布广泛。

3. 遥感铁染异常解译

1)遥感异常面积

该区共提取遥感铁染异常面积 $1\,125\,754.727\mathrm{m}^2$,其中一级异常 $341\,514.825\mathrm{m}^2$,二级异常 $75\,580.725\mathrm{m}^2$,三级异常 $708\,659.177\mathrm{m}^2$。

2)遥感异常分布特征

预测工作区内铁染异常发育不明显,向阳-柳河断裂带西南部倾末端,铁染异常集中分布。柳河-靖宇断裂带与北东向断裂交会处,有铁染异常分布。

浅色色调异常区内,铁染异常分布广泛,与矿化有关。

(二十三)金城洞-木兰屯预测工作区

1. 遥感地质特征解译

预测工作区内共解译线要素 73 条(其中遥感断层要素 70 条,遥感脆—韧性变形构造带要素 3 条),环要素 26 个,色要素 3 块。

1)线要素解译

区内共解译出 1 条中型断裂(带),即望天鹅-春阳断裂带。

本预测工作区内的小型断裂比较发育,并且以北西向和北东向为主,偶见近南北向和近东西向小型断裂,其中北西向小型断裂多显张性特征,其他方向小型断裂多表现为压性特点。不同方向小型断裂交会部位是重要的铜成矿地段。

本预测工作区内共解译出 2 条脆—韧性变形构造带,全部为区域性规模脆—韧性变形构造,且均分布于太古宙绿岩地体内。

2)环要素解译

区内共圈出 26 个环形构造。它们在空间分布上有明显的规律,主要分布在不同方向断裂交会部位,其成因类型为与隐伏岩体有关的环形构造。这些环形构造与铜矿的关系均较密切。

3)色要素解译

区内共解译出色调异常 3 处,全部为绢云母化、硅化引起,它们在遥感图像上均显示为浅色色调异常。从空间分布上看,区内的色调异常明显与断裂构造及环形构造有关,在北东向断裂上及北东向断裂带与其他方向断裂交会部位以及环形构造集中区,色调异常呈不规则状分布。

区内的矿床(点)在空间上与遥感色调异常有较密切的关系。

2. 遥感羟基异常解译

1)遥感异常面积

该区共提取遥感羟基异常面积 4 227 095.518m^2,其中一级异常 669 421.403m^2,二级异常 614 925.799m^2,三级异常 2 942 748.316m^2。

2)遥感异常分布特征

预测工作区东南部,不同方向断裂交会部位以及环形构造集中区,羟基异常集中分布,为矿化引起的羟基异常。

3. 遥感铁染异常解译

1)遥感异常面积

该区共提取遥感铁染异常面积 5 849 376.453m^2,其中一级异常 1 406 444.124m^2,二级异常 877 482.625m^2,三级异常 3 565 449.704m^2。

2)遥感异常分布特征

预测工作区东南部,浅色色调异常区与环形构造异常区交会处,铁染异常集中分布,与成矿关系密切。

第五节 自然重砂

一、技术流程

根据《重砂资料应用技术要求》，应用吉林省 1:20 万自然重砂数据编制吉林省自然重砂工作程度图、自然重砂采样点位图，以选定的 20 种自然重砂矿物为对象，相应编制自然重砂矿物分级图、有无图、等值线图、八卦图，并在这些图件的基础上，结合汇水盆地圈定自然重砂异常图、自然重砂组合异常图，并进行异常信息处理，编制自然重砂综合异常图等。工作流程见图 4-5-1。

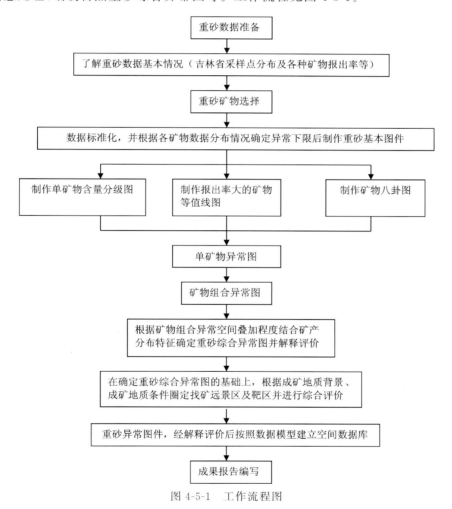

图 4-5-1 工作流程图

二、资料应用情况

吉林省自然重砂基础数据是由"全国矿产资源潜力评价"项目组统一提供的，主要源于全国 1:20 万的自然重砂数据库。本次工作对吉林省 1:20 万自然重砂数据库的自然重砂矿物数据进行了核实、检查、修正、补充和完善，重点针对参与自然重砂异常计算的字段值，包括自然重砂总重量、缩分后重量、磁性部分重量、电磁性部分重量、重部分重量、轻部分重量、矿物鉴定结果进行核实检查，并根据实际资料进行修整和补充完善。数据评定结果质量优良，数据可靠。本次修整的自然重砂矿物随代码共检索出 405 个。

根据吉林省确定的预测矿种（铁、铜、铅锌、金、钨、锑、稀土），对比研究以往自然重砂工作程度和自然重砂成果的找矿利用情况，经过筛选认为金、白钨矿、辰砂、锡石、磁铁矿、黄铁矿、铬铁矿、黄铜矿、方铅矿、辉钼矿、磷灰石、重晶石、钍石、磷钇矿、独居石、泡铋矿、毒砂、自然银、辉锑矿、萤石共 20 种自然重砂矿物信息完全可以满足预测要求。对于锆石、刚玉、石榴子石等自然重砂矿物，由于报出率较大，在中东部地区分布广泛，其异常特征缺乏代表性而没有参与到本次研究工作当中。而对于报出率极低的众多矿物以及经过作图试验证明无确定意义的造岩矿物，一并放弃选择。

在选择的 20 种自然重砂矿物中，金、白钨矿、辰砂、锡石是吉林省最重要的自然重砂矿物，分布较广，占 20 种自然重砂矿物的 80% 以上。而且应用自然重砂数据处理程序，20 种自然重砂矿物在统一颗粒换算过程中都予以了明确支持。总之，20 种重砂矿物质量评定优良，数据可靠，其异常信息完全可以满足预测需求。

三、自然重砂异常及特征分析

吉林省 20 种重砂矿物分布特征，与不同时代地层的岩性组合、侵入岩的不同岩石类型具有一定的内在联系。它们在重砂矿物种类、含量及分级程度上存在明显的差异。预测工作区的重砂矿物组合主要是依据预测的矿种、典型矿床中出现的重砂矿物以及 1:5 万单矿物重砂异常在预测工作区空间上的套合程度进行选择，同时结合矿物含量分级，将重点预测工作区的重砂组合异常进行划分。各预测工作区自然重砂异常及特征分析如下。

（一）石嘴-官马预测工作区

该预测工作区黄铜矿重砂异常圈出 1 处，金重砂异常圈出 2 处，均落位在石炭系鹿圈屯组（C_1l）和石嘴子组（$C_2\check{s}$）上。根据 1:5 万石嘴-官马预测工作区火山岩岩相构造图可知，鹿圈屯组（C_1l）含有 Au，石嘴组（$C_2\check{s}$）含有 Cu，而且黄铜矿和金重砂异常与区内的典型矿床空间关系密切，表明重砂异常具有矿致性质。

代表预测工作区矿物组合的是黄铜矿、金、辰砂、毒砂，共圈出 1 处 II 级组合异常，矿物含量分级以 3~4 级为主，中等规模，并与黄铜矿和金重砂异常具备相同的成矿背景和成矿条件。结合化探异常在空间上的分布特征，得出结论：区内成矿以金、铜规模大，分带清晰；从成矿温度上看，石嘴铜矿主要是中、低温成矿，这与预测工作区发育辰砂、毒砂矿物特点相吻合；从构造上看，化探异常和重砂异常均处于断裂构造发育地段。因此，重砂异常可为区内寻找火山热液型金、铜矿提供重要的找矿信息。

（二）闹枝-棉田预测工作区

预测工作区内圈出金重砂异常 4 处，I 级 1 处（1 号），II 级 2 处（2 号、4 号），III 级 1 处（3 号）。查看闹枝-棉田预测工作区建造构造图可知，1 号金重砂异常规模较大，落位在与成矿关系密切的安山岩构成的火山岩建造中，其水系源头是含金的五道沟群马滴达组的变质砂岩建造，而且闹枝金矿与其紧密相连，证明 1 号金重砂异常优良的矿致性质。2 号、4 号金重砂异常背景是燕山早期的花岗岩体，其水系源头亦是含金的变质砂岩建造，有强烈的矿化蚀变带存在，与铜矿点积极响应，亦显示 2 号、4 号金重砂异常的矿改性。区内黄铜矿重砂异常圈出 1 处，与 3 号金重砂异常具一定程度的套合，有矿化迹象，可作为寻找铜矿的重要指示性矿物。

代表区内重砂矿物组合的是金、方铅矿、黄铜矿、白钨矿、辰砂,共圈出组合异常3处,其中Ⅰ级2处,规模较大,矿物含量分级以4～5级为主;Ⅱ级1处,规模中等,矿物含量分级以3～4级为主。对比Au、Cu化探异常与该重砂组合异常吻合程度高。

综上所述,区内自然金、黄铜矿重砂异常与成矿关系密切,金、方铅矿、黄铜矿、白钨矿、辰砂的矿物组合形式是区内寻找火山热液型铜矿的重要重砂指标。

(三) 地局子-倒木河预测工作区

从重砂单矿物分级图上看,金的矿物含量分级较低,分级点稀少,而白钨矿、毒砂、锡石有一定程度的异常反映。由白钨矿、毒砂、锡石圈出的组合异常有1处,规模较小,为Ⅲ级组合异常。比较化探异常,Au、Cu、Pb、Zn、W、Sn、Mo元素在该工作区都有良好的异常显示,而且强度高、分带清晰。与金、白钨矿、毒砂、锡石的重砂异常在空间上完全吻合。再追溯该组合异常的水系源头有铜铅锌矿和钼矿点分布。因此,推断白钨矿、毒砂、锡石可作为在该工作区寻找铜-多金属矿的目标型矿物组合。

(四) 杜荒岭预测工作区

预测工作区内圈定金重砂矿物异常3处,Ⅱ级1处(1号),Ⅲ级2处(2号、3号)。查看杜荒岭预测工作区火山建造构造图可知,白垩系金沟岭组安山质火山碎屑岩建造和安山质集块岩、角砾岩建造是该区金矿的主要矿源层。追踪1号异常上游水系,分布的正是金沟岭组安山质火山碎屑岩以及安山质集块岩、角砾岩,以此推测1号金重砂异常可能为矿致异常。

圈定的金、白钨矿、磷灰石组合异常只有1处,为Ⅱ级,规模中等,矿物含量分级以3～4级为主。分布的地质背景与1号金重砂异常相同,亦可认为具有矿致性质。对比Cu、Au化探异常,与1号金重砂异常和组合异常空间吻合程度高,可视为该区重要的找矿靶区。

(五) 刺猬沟-九三沟预测工作区

预测工作区内圈出金重砂矿物异常4处,其中1号(Ⅱ级)、2号(Ⅰ级)异常规模大、级别高。1:5万建造构造图显示,1号、2号重砂异常上游是下白垩统刺猬沟组(K_1cw)安山岩、英安岩建造,均有金矿脉存在,而且分布的砂岩地层含有金、铜。因此,可以认为1号、2号异常是优质的矿致异常,追踪异常上游的火山岩建造群是金、铜成矿的重要物质来源。

圈出由金、辰砂、毒砂、泡铋矿构成的组合异常有1处,评定为Ⅰ级;异常轴向北西向,规模较大,矿物含量分级以4～5级为主;与2号金重砂异常重叠在同一汇水盆地中,具有同效的成矿地质背景和异常性质。比较Au、Cu化探异常的空间分布,金重砂异常均与Au、Cu化探异常有一定程度的吻合。

由此可见本区是火山热液型金矿的富集区,金、辰砂、毒砂、泡铋矿重砂组合为寻找火山热液型金、铜矿提供重要的重砂信息。

(六) 红旗岭预测工作区

该预测工作区内圈出金重砂异常4处,Ⅱ级1处,Ⅲ级3处,规模较小,形状不规则。水系源头分布有铜镍矿床,金矿点、铜矿点、镍矿点,显示金重砂异常的矿致性。

金、白钨矿、辰砂、磁铁矿、黄铁矿是区内重砂矿物组合代表,共圈定2处规模较大—中等的Ⅰ级组合异常,矿物含量分级以4～5级为主,与Cu、Ni化探异常吻合程度高,表现出较强的矿化性质。再追溯组合异常水系源头与金重砂异常一样,亦分布有镍矿及多处铜镍矿。因此,认为金、白钨矿、辰砂、磁铁矿、黄铁矿组合可为在本区寻找金矿、铜镍矿提供重砂信息。

(七) 长仁-獐项预测工作区

该预测工作区内重要的重砂矿物有磁铁矿、黄铁矿、白钨矿、方铅矿,其组合异常圈出1处,矿物含量分级以3～4级为主,评定为Ⅱ级。异常形态不规则,规模较大。而且该组合异常落位在区内的韧性剪切带上,并与产出的矿产积极响应,显示磁铁矿、黄铁矿、白钨矿、方铅矿组合异常的矿致性质。再对比区内 Au、Cu、Cr、Ni、Pb、W 化探异常,与重砂组合异常有一定的吻合表现。

综上所述:磁铁矿、黄铁矿、白钨矿、方铅矿组合异常可作为该区铜镍矿床的重砂找矿标志。

(八) 赤柏松-金斗预测工作区

该预测工作区内圈出金重砂异常4处,均为Ⅲ级。黄铜矿重砂异常有2处,1号为Ⅲ级异常,2号为Ⅱ级异常。异常轴向均有沿北东向延伸的趋势。查看区内建造构造图可知,2号铜重砂异常与金重砂异常的成矿背景中存在含 Cu 的林子头组安山岩以及构成侵入岩建造的辉长岩、二长橄榄岩,追索水系上游有金、铜矿点分布,显示金、黄铜矿重砂异常与矿化有关。

区内圈定的金、黄铜矿、辰砂、重晶石矿物组合1处,评定为Ⅱ级,规模中等,矿物含量分级以3～4级为主。该组合异常落位在有利于铜镍成矿的火山岩建造上,而且与分布的矿产积极响应,对比 Au、Cu、Ni 等化探异常,与金、黄铜矿及其组合异常都有一定程度的吻合。根据区内组合矿物的成因属性,预测金、黄铜矿、辰砂、重晶石重砂异常,能为在赤柏松-金斗预测工作区寻找中—低温热液型金矿、铜镍矿提供重砂依据。

(九) 小西南岔-杨金沟预测工作区

预测工作区内圈出金重砂异常4处,以2号异常规模大,异常级别高(Ⅰ级);白钨矿异常圈出2处,以1号异常规模大,异常级别高(Ⅰ级)。1号、2号异常与小西南岔铜金矿、珲春杨金沟金矿积极响应,是优质的矿致异常。同时追溯其上游地层是含 Au、Cu、W 的寒武系—奥陶系五道沟群香房子组和杨金沟组,还有含 Cu 的二叠系关门嘴子组安山岩夹灰岩。而且海西晚期和燕山早期花岗岩侵入体大面积出现共同实现了 Cu、Au 元素的富集与成矿。由此推测1号、2号重砂异常是矿致异常,该含矿建造可能是此预测工作区金、铜、钨成矿的主要矿源层。

以金、白钨矿、黄铁矿、方铅矿重砂组合为代表(黄铜矿重砂信息表现弱势),共圈出组合异常1处,评定为Ⅱ级异常,呈不规则状、异常轴向北东向展布,规模较大,矿物含量分级以3～4级为主;与金、钨重砂异常具备同样的推测结果。

以上重砂异常与 Cu、Au、Ni 化探异常完全吻合,这更进一步明确了小西南岔-杨金沟预测工作区重砂异常找矿的重要性。

(十) 农坪-前山预测工作区

预测工作区内圈出金重砂矿物异常4处,其中1号金重砂异常规模最大,评定为Ⅰ级异常。追溯1号金重砂异常的上游地层是寒武系—奥陶系马滴达组,为变质砂岩夹变安山岩变质建造,含 Au、Cu、W,还有含 Cu 的二叠系关门嘴子组安山岩夹灰岩建造。因此,认为1号金重砂异常应来源于此类建造的含矿层位。白钨矿异常圈出4处,其中2号、3号异常分别覆盖在含 Au、Cu、W 的变质砂岩夹变安山岩变质建造和二云片岩与石英片岩互层夹变质砂岩变质建造上,表明 2 号、3 号异常与该含矿变质建造关系密切。

由金、白钨矿、黄铁矿构成的矿物组合圈出 1 处 Ⅱ 级组合异常,异常轴向为北东向,规模中等,矿物含量分级以 3～4 级为主。与 1 号金重砂异常具备相同的成矿背景,是很有价值的找矿异常。结合 Cu、Au 化探异常的强势表现,该组合异常可作为小西南岔金铜矿床的外围找矿靶区。

(十一) 正岔-复兴屯预测工作区

该预测工作区内金重砂异常有 4 处,Ⅰ 级 2 处,Ⅲ 级 2 处。方铅矿重砂异常 3 处,Ⅱ 级 2 处,Ⅲ 级 1 处。正岔-复兴屯预测工作区建造构造图显示,金、方铅矿重砂异常的源头均分布有集安岩群,燕山期花岗闪长岩有部分分布。化探异常研究表明,集安岩群和燕山期花岗闪长岩以 Au、Cu、Pb 丰度高、浓集比值大为特征,而且集安岩群中的斜长角闪岩是金成矿的初始矿源层,并在中生代岩浆活动和构造有利部位聚集成矿。经对比,金、方铅矿重砂异常与 Au、Cu、Pb 化探异常叠合完整,由此推测金、方铅矿重砂异常为矿致异常,与集安岩群富含 Au、Cu、Pb 有密切关系。

预测工作区共圈出金、方铅矿、重晶石(磷钇矿)矿物组合异常 3 处,Ⅰ 级 1 处,Ⅲ 级 2 处。Ⅰ 级组合异常规模中等,矿物含量分级以 3～4 级为主,组合异常地质背景与金、方铅矿重砂异常相同,而且与金、铅矿点积极响应,矿致异常亦十分明显。对比 Au、Pb、Zn 等化探异常,与重砂组合异常完全吻合。

综上所述,正岔-复兴屯预测工作区是金、铜、铅找矿的代表区域,区内重砂异常可作为找矿标志。

(十二) 兰家预测工作区

区内出现的重砂矿物有自然金、辰砂、黄铁矿、磁铁矿、磷灰石、独居石等。与兰家金矿关系密切的重砂矿物选择自然金、辰砂、黄铁矿、独居石。以 1：20 万重砂数据为基础,按照《自然重砂应用技术要求》,应用 ZSAPS2.0 和 MapGIS 软件,在兰家预测工作区圈出自然金重砂异常 1 处,矿物含量分级较低,评定为 Ⅱ 级。兰家金矿落位在该异常内,而且建造构造图显示,金重砂异常上游为含金碳酸盐岩建造,表明该异常的矿致性。辰砂异常圈出 1 处,矿物含量分级较低,规模中等,评定为 Ⅲ 级。黄铁矿异常圈出 1 处,矿物含量分级较低,规模较小,评定为 Ⅲ 级。独居石异常圈出 1 处,矿物含量分级达 3～4 级,规模较大,评定为 Ⅱ 级。

从辰砂、黄铁矿、独居石重砂异常落位在矿产底图上可知,三者与兰家金矿存在积极响应的关系,对寻找金矿有重砂指示作用。

由自然金、辰砂、黄铁矿、独居石构成的组合异常圈出 1 处,分布在燕山期侵入体与含金碳酸盐岩建造的接触带上。由此推断该组合异常是矿致异常,为扩大兰家金矿找矿规模及寻找矽卡岩型铜矿提供重砂依据。

(十三) 大营-万良预测工作区

该预测工作区圈出金重砂异常 6 处,均为 Ⅲ 级,规模较小,形状不规则,以北东向延伸为主。方铅矿圈出 1 处 Ⅰ 级异常,呈条带状,面积 64.39km^3。空间上方铅矿异常与金 3 号、金 5 号重砂异常有叠合现象。

区内圈出金、方铅矿、白钨矿、辰砂、重晶石组合异常 2 处,其中 Ⅰ 级 1 处,Ⅱ 级 1 处,规模均较大,矿物含量分级为 3～4 级。组合异常落位于花岗侵入岩体与老地层的接触处,并与产出的矿产积极响应,表明组合异常是成矿的结果。对比 Au、Pb、Zn、W 等化探异常,与重砂组合异常吻合较好。

综上所述,区内组合异常可为找矿提供重砂依据。

（十四）万宝预测工作区

该预测工作区圈出金重砂异常4处，Ⅱ级2处，Ⅲ级2处，规模均较小，形状近椭圆状，轴向以北东向为主。根据万宝预测工作区建造构造图，4处金重砂异常背景为新元古界万宝岩组的变质砂岩夹大理岩建造，追索水系源头为燕山期的花岗岩体，这为寻找矽卡岩型金、铜矿创造了条件。

圈出辰砂异常1处，为Ⅱ级异常，面积47.53km^2，向北西向延伸，与金重砂异常紧密相连，其水系源头有铜矿点分布。

圈出的金、白钨矿、辰砂、独居石重砂组合异常有2处，Ⅰ级组合异常1处，矿物含量分级以4～5级为主，Ⅱ级组合异常1处，矿物含量分级以3～4级为主，规模均较大。比较Au、Cu、Pb、Zn、Hg等元素化探异常都较发育，且与区内的重砂组合异常都存在一定的响应程度，显示重砂异常源于成矿元素高背景地层及分布的矿点。

万宝预测工作区是金矿、铜矿、汞矿的有利找矿区域，金、白钨矿、辰砂、独居石重砂组合具有找矿预测的指示意义。

（十五）二密-老岭沟预测工作区

该预测工作区内内圈出铜重砂异常1处，为Ⅰ级异常。查看工作区建造构造图可知，铜重砂异常背景为含铜的侏罗系林子头组安山岩，水系源头有金、铜矿产分布，是优质的矿致异常。金重砂异常圈出3处，均为Ⅲ级。3号异常与黄铜矿重砂异常紧密相连，1号、2号金重砂异常与燕山晚期的花岗斑岩体关系密切，且其水系源头亦有多处铜矿点分布，表现出矿化迹象。

区内圈出黄铜矿、金、毒砂、重晶石组合异常1处，评定为Ⅰ级，规模中等，矿物含量分级为4～5级。其成矿背景与金、铜重砂异常相同。化探研究表明，二密铜矿Au、Cu化探异常规模大、强度高、浓度分带清晰，与重砂异常吻合程度高，并且主成矿元素经历了高、中、低温阶段的富集期。这一点与区内毒砂、重晶石异常的发育相一致。

工作区内金、黄铜矿重砂异常是矿化的结果，黄铜矿、金、毒砂、重晶石矿物组合可作为二密-老岭沟预测工作区斑岩型铜矿的重要找矿标志之一。

（十六）天合兴-那尔轰预测工作区

该预测工作区内圈出金重砂异常3处。其中，Ⅱ级1处，形状不规则，轴向近北东向；Ⅲ级2处，规模较小。工作区建造构造图表明，1号金重砂异常背景主要为含金的中太古代变质表壳岩，水系源头有金、铜矿产分布，是优良的矿致异常。

工作区以金、白钨矿、独居石、黄铁矿组合为代表，圈定一个规模较大的Ⅰ级组合异常，矿物含量分级以4～5级为主，并与1号金重砂异常具有相同的成矿背景，金矿点、铜矿点亦与之密切响应。同时，组合异常规模受北东向展布的韧性剪切带控制明显。

因此，天合兴-那尔轰预测工作区内的金、白钨矿、独居石、黄铁矿组合异常矿致性质明显，可为在本区寻找铜矿提供重要的重砂异常信息。

（十七）夹皮沟-溜河预测工作区

该预测工作区内圈出金重砂异常10处，其中Ⅰ级1处，Ⅱ级4处，Ⅲ级5处。夹皮沟-溜河预测工作区综合建造构造图显示，该10处金重砂异常的上游均存在含Au的英云闪长质片麻岩（Ar_2gnt）、老牛沟组(Ar_3ln)和三道沟组(Ar_3sd),同时还分布有金矿床(点),以此推测金重砂异常应为矿致异常,并依据金重砂异常的分布特征进一步证实,太古宇各岩组是吉林省金矿主要矿源层。

该预测工作区除金以外,白钨矿、独居石、黄铁矿、方铅矿、黄铜矿、泡铋矿亦有异常显示。由金、白钨矿、独居石、黄铁矿构成的重砂组合异常圈定3处(Ⅰ级1处,Ⅱ级2处)。Ⅰ级组合异常呈条带状分布,轴向北西向,规模大,矿物含量分级为4~5级,Ⅱ级组合异常规模较大—中等,轴向均为北西向,矿物含量分级以3~4级为主。该组合异常成矿地质背景与金重砂异常一致,同样具有矿致性质。结合Au、Cu、Pb等元素化探异常得出结论:金-白钨矿、黄铁矿、独居石及金-方铅矿、黄铜矿、泡铋矿重砂组合,可以作为寻找铜矿的指示标志。

(十八)金城洞-木兰屯预测工作区

该预测工作区内圈出金重砂异常8处(Ⅱ级5处,Ⅲ级3处)。追踪其水系源头均是鸡南岩组(Ar_3j)和官地岩组(Ar_3g)出露区。工作区建造构造图显示,鸡南岩组($Ar_3j.$)和官地岩组($Ar_3g.$)含有Au。而且,金城洞金矿以及金矿点亦分布在鸡南岩组($Ar_3j.$)和官地岩组($Ar_3g.$)中。

工作区圈出金、重晶石、辰砂、黄铁矿组合异常2处,均为Ⅰ级异常,规模较小,矿物含量分级主要为4~5级,地质背景与1号、2号、3号、4号、5号、6号金重砂异常相同。分析Au化探异常分布特征与金重砂异常及其组合异常叠加完整。

综上所述,区内金重砂异常与组合异常矿化信息显著,鸡南岩组($Ar_3j.$)和官地岩组($Ar_3g.$)为金成矿提供物质,预测在金城洞-木兰屯预测工作区有寻找热液脉型铜矿的可能。

通过对以上预测工作区的矿物组合异常进行的解释与评价可知,重砂矿物组合在预测与找矿中具有重要指示意义。其余的预测工作区由于重砂矿物组合简单,矿物含量分级差,重砂矿化信息弱,在此不予评价。

第五章　矿产预测

第一节　矿产预测方法类型及预测模型区选择

一、矿产预测方法类型选择

根据预测铜矿的成因类型选择预测方法类型如下：①变质型，即白山大横路铜钴矿；②火山岩型，即磐石石嘴铜矿、汪清红太平多金属矿；③侵入岩型，即磐石红旗岭铜镍矿、蛟河漂河川铜镍矿、通化赤柏松铜镍矿、和龙长仁铜镍矿、通化二密铜矿、靖宇天合兴铜矿；④层控内生型，即临江六道沟铜矿。

二、预测模型区的选择

根据典型矿床所在的最小预测区为模型区，无典型矿床的预测工作区选择成矿时代相同或相近、控矿建造相同或相近、成因类型相同、大地构造位置相同的其他预测工作区的模型区。

第二节　矿产预测模型与预测要素图编制

一、典型矿床预测模型

根据吉林省铜矿产预测方法类型确定10个典型矿床，全面开展铜矿特征研究。

1. 白山市大横路铜钴矿床

根据典型矿床成矿要素和地球物理、地球化学、遥感特征、重砂特征，确立典型矿床预测要素。详见表5-2-1。

表 5-2-1 白山市大横路铜钴矿床预测要素

预测要素		内容描述	类别
地质条件	岩石类型	富含碳质的千枚岩	必要
	成矿时代	古元古代	必要
	成矿环境	前南华纪华北东部陆块(Ⅱ),胶辽吉元古宙裂谷带(Ⅲ),老岭坳陷盆地内	必要
	构造背景	矿区处于复式向斜内,矿区的轮廓受这一复式向斜控制,次级褶皱主要为第二期褶皱的转折端控制了富矿体(厚大的鞍状矿体)的展布;区内以北东向断裂与成矿关系最为密切,这组断裂多属逆掩性质的层间断裂,受其影响,断层两侧,尤其是下盘岩层发生强烈破碎和片理化,并伴随有强烈的矿化作用	重要
矿床特征	控矿条件	地层控矿:矿体严格受富含碳质的千枚岩层位控制; 褶皱控矿:矿区正处于复式向斜内,矿区的轮廓受这一复式向斜控制,次级褶皱主要为第二期褶皱的转折端,控制了富矿体(厚大的鞍状矿体)的展布;断裂控矿:北东向断裂与成矿关系最为密切	必要
	蚀变特征	矿区内围岩蚀变属中—低温热液蚀变,总体上蚀变较弱,蚀变明显受花山岩组及北东向褶皱控制,蚀变呈北东向带状展布,蚀变与围岩没有明显的界线,呈渐变过渡关系,主要蚀变类型有硅化、绢云母化、绿泥石化、钠长石化、碳酸盐化	重要
	矿化特征	矿区共圈出3层矿体,均呈层状、似层状、分枝状或分枝复合状,矿体均赋存在同一含矿层内,与围岩呈渐变关系,并同步褶皱,矿体连续性好	重要
综合信息	地球化学	1∶5万化探数据圈定一处Cu元素异常,具备Ⅱ级分带,异常强度达到59×10^{-6},接近地壳均值,高出吉林省均值近3倍,呈椭圆状,面积$0.7km^2$,大横路铜钴矿即分布其中;围绕大横路铜钴矿床分布的伴生元素有Au、Ag、Pb、Zn、As、W,空间上与Cu套合紧密的是Ag、Pb、Zn、W,而Au、As与Cu呈局部套合状;分布在矿床北侧的两组Cu组合异常显示的元素组分较多,有Au、Ag、Pb、Zn、W、Sb、As,显示出此处铜组合异常可形成较复杂元素组分富集的叠生地球化学场,利于铜进一步富集成矿;与大横路铜钴矿积极响应的Cu综合异常评定为乙级,具有较好的成矿条件,是扩大找矿的有望靶区	重要
	地球物理	在1∶25万重力异常图上,老岭岩群引起的局部重力高异常边部梯度带内侧,外侧有燕山期花岗岩体引起重力低局部异常带(区); 在1∶5万航磁异常图上,大横路铜钴矿床位于梨树沟岩体产生的正磁异常和老岭岩群产生的负磁异常的正负过渡带上等值线突然发散及梯度带沿走向突然变缓部位; 1∶1万电法异常特征:绢云千枚岩、绿泥绢云千枚岩为低激电率,可形成低激化背景场,黄铁矿化、含碳绢云千枚岩激电率明显高于其他岩石,能引起激电率异常,大理岩显高阻低激化率,铜、钴矿石表现明显低阻高激化率特征; 1∶1万综合物探扫面后,将本区划分3个区,即大栗子岩组激电率高背景区,珍珠门岩组激电率中等背景区,太古宙地体激电率低背景区	重要
	重砂	异常较好的重砂矿物为白钨矿,其次为自然金、方铅矿,黄铜矿未见异常	重要
	遥感	位于果松-花山断裂带与大路-仙人桥断裂带之间,脆—韧性变形构造带分布密集,与隐伏岩体有关的环形构造比较发育,矿秃顶子块状构造边部,遥感浅色调异常区,老岭岩群形成的重要素中,矿区内及周围遥感铁染异常集中分布	次要
找矿标志		老岭岩群花山岩组中含碳质绢云千枚岩;经多期变质变形的构造核部;在1∶20万水系沉积物地球化学测量中,面积比较大的区域异常,形成异常的元素种类较多,异常结构复杂,并且在异常中亲Fe元素族和亲S元素族的异常套合好;物探、化探异常在成矿区带有利层位及构造位置	重要

2. 磐石市石嘴铜矿床

根据典型矿床成矿要素和地球物理、地球化学、遥感特征、重砂特征,确立典型矿床预测要素。详见表 5-2-2。

表 5-2-2　磐石市石嘴铜矿床预测要素

预测要素		内容描述	预测要素类别
地质条件	岩石类型	大理岩、板岩、变质砂岩、千枚岩夹喷气岩	必要
	成矿时代	晚古生代	必要
	成矿环境	位于南华纪—中三叠世天山-兴安-吉黑造山带(Ⅰ),包尔汉图-温都尔庙弧盆系(Ⅱ),下二台-呼兰-伊泉陆缘岩浆弧(Ⅲ),磐华上叠裂陷盆地(Ⅳ)内的明城-石嘴子向斜东翼,地质构造复杂	必要
	构造背景	明城-石嘴子向斜的东翼与地层产状相一致的挤压片理带	重要
矿床特征	控矿条件	控矿地层主要为石嘴子组的大理岩、板岩、变质砂岩、千枚岩夹喷气岩;控矿构造主要为明城-石嘴子向斜的东翼	必要
	蚀变特征	主要为轻微的硅化、绢云母化、绿泥石化和碳酸盐化	重要
	矿化特征	矿体严格受石嘴子组层位和喷气岩类岩性控制,呈似层状产出,与围岩呈整合接触。晚期石英脉型矿化在矿层中具有穿层现象,沿着矿体部位发育一条与地层产状一致的挤压片理带,它由片岩、片理化岩石、断层泥及构造透镜体组成,对矿体既有破坏作用,又有一定的建设作用	重要
综合信息	地球化学	Cu 元素异常具有清晰的Ⅲ级分带和明显的浓集中心,异常强度为 92×10^{-6},异常形态近椭圆状,呈北西向或北东向延伸的趋势;以 Cu 为主体的组合异常有 3 种表达形式:Cu－Pb、Ag、Au;Cu－As、Sb、Hg;Cu－W、Sn、Bi、Mo,构成较复杂组分含量富集的叠生地球化学场,利于铜的富集成矿;铜的甲、乙综合异常具有优良的成矿条件和进一步找矿前景,与分布的矿产积极响应,是矿致异常,可为扩大找矿提供重要靶区;原生晕异常显示的特征元素组合为 Cu－Au－Ag－As－Sb－Mo。灰岩与花岗岩接触带,石英脉以及构造蚀变带是区内主要的找矿标志	重要
	地球物理	矿床处于北西向相对局部重力低异常北东边缘盘双接触带所显示的线性梯度带上,矿床东侧附近等值线产生弯曲;在 1∶5 万航磁异常图上,矿床处于北西西向分布的向北凸起弧形正磁异常东南部低缓异常的边部,低缓正磁异常近等轴状,长、宽约 0.9km,异常强度最大值为 60nT;电法在断裂构造上为低阻正交点异常	重要
	重砂	黄铜矿重砂异常圈出 1 处,金重砂异常圈出 2 处,均落位在石炭系鹿圈屯组(C_1l)和石嘴组(C_2s)上,并有燕山早期的花岗岩侵入。黄铜矿、金、辰砂、毒砂,共圈出 1 处Ⅱ级组合异常,矿物含量分级以 3～4 级为主。重砂异常可为区内寻找矽卡岩型和火山热液型金、铜矿提供重要的找矿信息	重要
	遥感	位于北东向柳河-吉林断裂带与北西向双阳-长白断裂带交会处,各方向小型断裂构造发育,中生代花岗岩类引起的多重环形构造边部,矿区北西侧为遥感浅色色调异常密集区,矿区内及周围遥感铁染异常和羟基异常零星分布	次要
找矿标志		石嘴子组的大理岩、板岩、变质砂岩、千枚岩夹喷气岩出露区;明城-石嘴子向斜的东翼;重磁地球物理异常、原生地球化学异常也是热源体的重要标志;灰岩与花岗岩接触带,石英脉以及构造蚀变带	重要

3. 汪清县红太平多金属矿床

根据典型矿床成矿要素和地球物理、地球化学、遥感特征、重砂特征,确立典型矿床预测要素。详见表 5-2-3。

表 5-2-3 汪清县红太平铜多金属矿床预测要素

预测要素		内容描述	类别
地质条件	岩石类型	凝灰岩、蚀变凝灰岩合,砂岩、粉砂岩、泥灰岩	必要
	成矿时代	模式年龄为 290~250Ma(刘劲鸿,1997),与矿源层——下二叠纪庙岭组一致。另据金顿镐等(1991),红太平矿区方铅矿铅模式年龄为 208.8Ma	必要
	成矿环境	位于天山-兴蒙-吉黑造山带(Ⅰ),小兴安岭-张广才岭弧盆系(Ⅱ),放牛沟-里水-五道沟陆缘岩浆弧(Ⅲ),汪清-珲春上叠裂陷盆地(Ⅳ)北部	必要
	构造背景	二叠纪庙岭-开山屯裂陷槽是控矿的区域构造标志;轴向近东西向展布的开阔向斜构造控制红太平矿区	重要
矿床特征	控矿条件	二叠系庙岭组凝灰岩、蚀变凝灰岩、砂岩、粉砂岩、泥灰岩为主要含矿层位和控矿层位;二叠纪庙岭-开山屯裂陷槽控制了早期的海底火山喷发,是控矿的区域构造;轴向近东西向展布的开阔向斜构造控制红太平矿区	必要
	蚀变特征	主要有硅化、硅卡岩化、碳酸盐化、绿帘石化、绿泥石化等	重要
	矿化特征	红太平缓倾斜短轴向斜是银多金属矿的主要控矿构造,庙岭组上段凝灰岩和蚀变凝灰岩,下段砂岩、粉砂岩、泥灰岩为主要含矿层位,含矿岩石主要为凝灰岩、蚀变凝灰岩,层控特征较为明显	重要
综合信息	地球化学	应用 1:5 万化探数据圈定的 Cu 异常具有清晰的Ⅲ级分带和明显的浓集中心,内带异常强度较高,极大值达到 $131×10^{-6}$,异常形状均不规则,主要为北东向延伸;由 Cu-Pb、Zn、Ag、Au;Cu-As、Sb、Ag;Cu-W、Sn、Bi、Mo 代表的 Cu 组合异常具有较复杂元素组分富集的特点,是铜主要成矿场所;Cu 的甲、乙级综合异常具有优良的成矿地质条件,与分布的矿产积极响应,是扩大找矿的重要靶区;矿区西侧纵向 Cu、Pb 原生晕异常表现突出,从 100~400m,Cu、Pb 原生晕异常连续分布,并有浓集中心出现,向东 Cu、Pb 原生晕异常变窄,表明西侧深处有存在隐伏矿体的可能	重要
	地球物理	重、磁梯度带或者异常转弯处,重磁遥解译的线性深源断裂带(切割深度达岩石圈)或其次一级线性、环形断裂的交会收敛处及其附近;椭圆状局部重力高异常西侧边部或走向端部,航磁异常图上位于强度不大但略有波动的大片负场区上,附近有强磁异常带分布; 红太平矿区大面积分布的高阻高激电、中阻高激电和低阻高激电异常,以及地表以下 60~150m 处激电测深(中)高阻、高充电异常带,可与已知矿体围岩泥灰岩、结晶灰岩地质体进行模拟,电法中阻高激电异常为含矿性较好的凝灰岩、结晶灰岩等矿石的综合反映,故异常可作为多金属矿的间接找矿标志	重要
	重砂	重砂异常表现较好的重砂矿物有白钨矿、黄铁矿、独居石、辉铋矿,异常规模小、分散,而主要成矿矿物并没有重砂异常显示,表明该区的矿化程度较低,应用重砂信息指导找矿作用有限	
	遥感	矿床位于北东向望天鹅-春阳断裂带与北西向春阳-汪清断裂带交会处,与隐伏岩体有关的多重环形构造边部,矿区内及周围遥感铁染异常和羟基异常分布密集	次要
找矿标志		二叠纪北东东向展布的裂陷槽、构造盆地;二叠系庙岭组上段和下段火山碎屑岩与沉积岩交互层标志;硅化、绿泥石化、绢云母化及其金属矿化等多金属矿床的直接找矿标志;孔雀石、铅矾、铜蓝、辉铜矿、褐铁矿等矿物直接找矿标志;甲级化探综合异常分布区	重要

4. 磐石市红旗岭铜镍矿床

根据典型矿床成矿要素和地球物理、地球化学、遥感特征、重砂特征,确立典型矿床预测要素。详见表5-2-4。

表 5-2-4　磐石市红旗岭铜镍矿床预测要素

预测要素		内容描述	类别
地质条件	岩石类型	辉长岩-辉石岩-橄榄岩型与斜方辉石岩-苏长岩型	必要
	成矿时代	225Ma前后的印支中期	必要
	成矿环境	位于天山-兴蒙-吉黑造山带(Ⅰ),包尔汉图-温都尔庙弧盆系(Ⅱ)下二台-呼兰-伊泉陆缘岩浆弧(Ⅲ),盘桦上叠裂陷盆地(Ⅳ)内	必要
	构造背景	辉发河超岩石圈断裂不仅是两构造单元的分界线,也是含镍基性—超基性侵入岩体的导岩(矿)构造,与之有成因联系的北西向次一级断裂为储岩(矿)构造	重要
矿床特征	控矿条件	区域上受槽台两大构造单元接触带辉发河-古洞河超岩石圈断裂控制,是区域导岩构造,与辉发河-古洞河超岩石圈断裂有成因联系的次一级北西向断裂是控岩控矿构造,辉长岩-辉石岩-橄榄岩型与斜方辉石岩-苏长岩型为主要的含矿岩体	必要
	蚀变特征	滑石化、次闪石化、黑云母化、皂石化、蛇纹石化、绢云母化等蚀变与矿化关系密切	重要
	矿化特征	似层状矿体赋存在岩体底部橄榄辉岩相中,通常与其上部的橄榄岩相界线清楚,其形态、产状与赋存相基本吻合,呈似层状;上悬透镜体状矿体主要赋存于橄榄岩相的中、上部,形态不规则,呈透镜体状或薄层状;脉状矿体蚀变辉石岩脉发育于岩体西侧边部;纯硫化物矿脉多见于似层状矿体的原生节理中,或者为受变动的原生节理控制,呈脉状或扁豆状,一般宽为数厘米到十几厘米,最宽可达20余厘米,断续出现,由致密块状矿石组成,似板状矿体形态、产状与岩体基本吻合,含矿岩石主要是顽火辉岩或蚀变辉岩,少量为苏长岩;脉状矿体主要产于辉橄岩脉中,形态、产状基本与所赋存的岩脉一致	重要
综合信息	地球化学	单元素Cu具有清晰的Ⅲ级分带和明显的浓集中心,异常强度达到300×10^{-6},异常规模较大,向北东向延伸的趋势,主要找矿指示元素为Cu、Mo、Bi、Au、Ni、Co、Cr、As、Sb、Hg、Ag,其中Cu、Ni、Co、Cr、Au是近矿指示元素;Mo、Bi是评价矿床的尾部指示元素,As、Sb、Hg、Ag为找矿远程指示元素,铜甲、乙级综合异常具备优良的成矿地质条件,是类比找矿的重要靶区; 土壤化探异常和原生晕化探异常显示的特征元素组合为Cu-Ni-Co,在B_2层土壤中异常表现最好;Cu、Ni、Co在橄榄岩相中处于较强的富集状态,说明橄榄岩是主要的赋矿岩体	重要
	地球物理	红旗岭矿田赋存有大型硫化铜镍矿床2个(1号、7号岩体),小型矿床4个(2号、3号、新3号、9号岩体),呈北西向带状展布在红旗岭重力高异常区的南西侧,红旗岭-三道岗重力高异常带分布基本上与呼兰倾伏背斜吻合,海龙-黑石北东向重力低异常带为敦化-密山区域性深大断裂带组成部分,是深源岩浆上侵的通道,而其北西向次级断裂为储岩、储矿构造; 在1:5万航磁异常图上,各矿床均处于负磁场区上强度较弱的局部相对高异常的边部	重要
	重砂	金重砂异常圈出4处,Ⅱ级1处(1号),Ⅲ级3处(2号、3号、4号),规模较小,形状不规则,其水系源头分布有铜镍矿床,金矿点、铜矿点、镍矿点,显示金重砂异常的矿致性。是重要的重砂找矿标志; 金、白钨矿、辰砂、磁铁矿、黄铁矿是区内重砂矿物组合代表,共圈定2处规模较大到中等的Ⅰ级组合异常,矿物含量分级以4~5级为主,与Cu、Ni化探异常吻合程度高,表现出较强的矿致性质	重要
	遥感	位于伊通-辉南断裂带与双阳-长白断裂带交会处,矿区南侧脆—韧性变形构造带分布密集,环形构造在矿区两侧较发育,矿区内及周围遥感铁染异常零星分布	次要
找矿标志		与辉发河-古洞河超岩石圈断裂有成因联系的次一级北西向断裂;辉长岩-辉石岩-橄榄岩型与斜方辉石岩-苏长岩型岩体;地球物理场重力线性梯度带或异常存在,或中等强度磁异常;地球化学场,Cu、Ni、Co元素高异常区	重要

5. 蛟河县漂河川铜镍矿

根据典型矿床成矿要素和地球物理、地球化学、遥感特征、重砂特征,确立典型矿床预测要素。详见表 5-2-5。

表 5-2-5　蛟河县漂河川铜镍矿床预测要素

预测要素		内容描述	类别
地质条件	岩石类型	主要为斜长角闪橄辉岩、含长角闪橄辉岩、斜长角闪辉岩,及含长橄辉岩等	必要
	成矿时代	形成时间晚于含矿岩体,为 225Ma 前后的印支中期	必要
	成矿环境	位于天山-兴蒙-吉黑造山带(Ⅰ),包尔汉图-温都尔庙弧盆系(Ⅱ),下二台-呼兰-伊泉陆缘岩浆弧(Ⅲ),盘桦上叠裂陷盆地(Ⅳ)内	必要
	构造背景	二道甸子-暖木条子轴向近东西向背斜北翼,大河深组与范家屯组接触带附近	重要
矿床特征	控矿条件	矿体主要受控于二道甸子-暖木条子轴向近东西向背斜北翼,大体沿大河深组与范家屯组接触带展布,辉长岩类、斜长辉岩类、闪辉岩类基性岩体控矿	必要
	蚀变特征	基性岩体的各岩相普遍遭受强弱不同的蚀变,蚀变类型主要有次闪石化、绿泥石化、蛇纹石化及绢云母化等,往往在矿体附近和矿化地段蚀变强烈	重要
	矿化特征	4 号岩体:走向北西 315°,两侧相向倾斜,长 630m,宽 40～250m,面积约 0.07km²。平面上呈不规则透镜体状;在空间上呈漏槽状。其南东端略为翘起,向北西侧伏,侧伏角 20°。岩体剥蚀深度较深,当今岩体为底部残留部分。主要岩石类型有角闪辉长岩、斜长橄辉岩等。岩体可分为上部角闪辉长岩相、下部斜长角闪橄辉岩相。矿体赋存于下部斜长角闪橄辉岩相底部,为单一矿体。矿体呈扁豆状,向北西 305°方向侧伏,侧伏角 20°。矿体长 430m,宽 40～165m,厚 4.24～32.88m,平均 12.71m,厚度变化系数为 64。矿石主要金属矿物为磁黄铁矿、镍黄铁矿、黄铜矿等。主要构造为浸染状、斑点状及块状。矿石有益组分:主元素 Ni 平均品位 0.83%;伴生有益元素 Cu(0.31%)、Co(0.038%)、Se、Sb、S 等。 5 号岩体:走向北西向,长 500m,平均宽 50m,面积约 0.03km²,为一线性岩体。倾向南西,倾角 65°。南东端翘起,向北西侧伏,侧伏角 25°。岩体为一岩墙状岩体,剥蚀深度较浅。该岩体岩石类型、岩相构造、矿石矿物成分、结构、构造以及主要有益组分均与 4 号岩体类同。唯 5 号岩体未见辉岩类,其基性程度略低于 4 号岩体,且该岩体伴生有益组分中 Pt、Pa、Au、Ag 含量较高。5 号岩体矿体亦为单一矿体,长 400m,宽 80m,厚 4.75～10.57m,平均 7.27m,呈似板状赋存于岩体底部。平均品位 Ni0.65%,Cu 0.32%,Co0.035%	重要
综合信息	地球化学	矿床区域异常表现为单元素 Cu 具有清晰的Ⅲ级分带和明显的浓集中心,异常强度为 $40×10^{-6}$,是直接找矿标志,与铜空间上存在密切套合关系的元素有 Au、Zn、Ni、Co、Cr、As、Sb、W、Mo,形成较复杂元素组分富集的叠生地球化学场,是成矿的主要场所;Cu 的甲、乙级综合异常具有良好的成矿地质条件和找矿前景,与分布的铜矿、镍矿积极响应,是扩大找矿规模的重要靶区; 1∶1 万土壤测量显示,Ni 背景值为 $50×10^{-6}$,Ni 最高含量 $400×10^{-6}$,异常呈东西向分布,其峰值指示矿体存在的位置,Cu 与 Ni 呈正消长关系; 岩石地球化学研究表明,Cu 含量变化趋势与 Ni 基本相同,且对矿体厚度的依存关系更明显,厚度越大,Cu 含量相对较高	重要
	地球物理	矿床处于二道甸子北部重力高异常向东伸出的次一级异常的尖端部位,南、北两侧梯度带较陡,分别以北东向和北西向相交于矿床的东部外侧;处于东西向展布的航磁负磁场区中局部向北凸起部位上,该处异常强度为 $-200nT$,矿床以北梯度略陡,南侧略缓,整体上由北向南场值逐渐降低; 在硫化铜镍矿体上大比例尺(1∶1 万)综合异常特点为地磁、激电高异常,视电阻率为低值;物性参数测定结果,硫化铜镍矿石磁化率 $7540×10^{-5}$ SI,剩余磁化强度 $13\,000×10^{-3}$ A/m,极化率 26.6%;辉长岩磁化率 $327×10^{-5}$ SI,剩余磁化强度 $700×10^{-3}$ A/m,极化率 0.7%;闪长岩磁化率 $314×10^{-5}$ SI,剩余磁化强度 $60×10^{-3}$ A/m,极化率 0.8%	重要

续表 5-2-5

预测要素		内容描述	类别
综合信息	重砂	具有较好异常显示的重砂矿物有白钨矿、独居石、黄铁矿等,自然金、黄铜矿只有很弱的异常反映,具体为矿物含量低,分布稀少,因此白钨矿、独居石、黄铁矿是主要的重砂找矿指标	重要
	遥感	位于敦化-密山岩石圈断裂北西侧,多方向构造密集区,古生代花岗岩类引起的环形构造密集分布区,矿区内及周围遥感铁染异常和羟基异常密集分布	次要
找矿标志		二道甸子-暖木条子轴向近东西向背斜北翼,大河深组与范家屯组接触带附近,次闪石化、绿泥石化、蛇纹石化及绢云母化等蚀变强烈地段;铜的甲、乙级化探综合异常分布区。	重要

6. 通化县赤柏松铜镍矿床

根据典型矿床成矿要素和地球物理、地球化学、遥感特征、重砂特征,确立典型矿床预测要素。详见表 5-2-6。

表 5-2-6　通化县赤柏松铜镍矿床预测要素

预测要素		内容描述	预测要素类别
地质条件	岩石类型	辉绿辉长岩-橄榄苏长辉长岩-二辉橄榄岩细粒苏长岩,含矿辉长玢岩	必要
	成矿时代	元古宙早期,2240~1960Ma	必要
	成矿环境	前南华纪华北东部陆块(Ⅱ),龙岗-陈台沟-沂水前新太古代陆核(Ⅲ),板石新太古代地块(Ⅳ)内的二密-英额布中生代火山-岩浆盆地的南侧	必要
	构造背景	本溪-二道江断裂转弯处内侧其为控制区域上基性岩浆活动的超岩石圈断裂,分布在穹状背形的核部的北东向或北北东向断裂构造是本区控岩、控矿构造	重要
矿床特征	控矿条件	岩浆控矿:分布本区古元古代基性—超基性岩,为有利成矿地质体,复式岩体是构造多次活动、岩浆多次侵入产物,多形成大而富矿床,单式岩体分异完善,基性程度越高,对形成熔离型矿床越有利,就地熔离矿体一般位于岩体底部或下部,深源液态分离贯入型矿体多位于先期侵入岩体底部、边部或近侧围岩中; 构造控矿:本溪-浑江超岩石圈断裂为控制区域基性—超基性岩浆活动的导矿构造,区域基性岩体沿断裂古隆起一侧,分段(群)集中分布,基底穹隆核部断裂构造控制基性—超基性岩产状、形态等特征	必要
	蚀变特征	Ⅰ号岩体从不含矿岩相到含矿岩相,黑云母的含量由1.5%→3%→5%的增长,在贯入型矿石中金属硫化物周围分布有黑云母等,这是一种钾化的表现,次闪石化在含矿的岩体边部较为发育	重要
	矿化特征	似层状矿体位于侵入体底部斜长二辉橄榄岩中,矿体特征与主侵入体斜长二辉橄榄岩基本一致,随其岩体北端翘起,向南东方向侧伏,侧伏角45°,矿体长大于1000m,厚度24.72~42.95m,主要由浸染状及斑点状矿石组成; 细粒苏长辉长岩体,整个岩体都是矿体,因此形态产状与细粒苏长辉长岩一致,主要由浸染状矿石及细脉浸染状矿石组成; 含矿辉长玢岩体,几乎全岩体都为矿体,其形态、产状与含矿辉长玢岩完全一致,由云雾状、细脉浸染状及胶结角砾矿石组成,规模大,品位富,为主矿体; 硫化物脉状矿体,沿裂隙贯入于含矿辉长玢岩接触处,局部贯入近侧围岩中,长数十米,厚几十厘米到几米,由致密块状矿石组成,规模小,品位富	重要

续表 5-2-6

预测要素		内容描述	类别
综合信息	地球化学	单元素 Cu 具有清晰的Ⅲ级分带和明显的浓集中心,异常强度较高,内带值达到 39×10^{-6},是直接找矿指标,与 Cu 空间组合关系密切的元素为 Ni、Co、Mn、Au、W、Sn、Mo,主成矿元素铜在 Ni、Au、W、Sn、Mo 等元素的叠加作用下,形成较复杂元素组分富集的叠生地球化学场并富集成矿,铜甲级综合异常显示良好的成矿条件和找矿前景,赤柏松铜镍矿即分布其中,是扩大找矿规模的重要靶区。 1∶1万土壤测量显示,Ni 背景值为 50×10^{-6},Ni 最高含量 400×10^{-6},异常呈东西向分布,其峰值指示铜镍矿体存在的位置	重要
	地球物理	在1∶25万布格重力异常图上,处于近等轴状局部重力高异常边部"S"形梯度带转折处; 在1∶5万航磁异常图上,吉 C-1987-123 强磁异常向北东低缓异常过渡部位上,该处异常突然变窄,推断北西向和北东向断裂构造在此交会; 在矿体出露部位,联合剖面出现低阻带,得到清晰的正交点,交点两侧视电阻率曲线不对称,在矿体倾斜一侧缓,交点向矿体倾斜一侧偏移;对应低视电阻率和高视极化率特征,视极化率曲线在矿体倾斜一侧梯度较缓	重要
	重砂	区内圈出金重砂异常 4 处,黄铜矿重砂异常 2 处,金、黄铜矿、辰砂、重晶石矿物组合 1 处,评定为Ⅱ级,规模中等,矿物含量分级以 3~4 级为主;重砂异常与 Au、Cu、Ni 等化探异常有一定程度的吻合,预测金、黄铜矿、辰砂、重晶石矿物组合可为寻找中、低温热液型铜镍矿提供重砂依据	重要
	遥感	位于大川-江源断裂带与四棚-青石断裂交会处,与隐伏岩体有关的复合环形构造边部,矿区西侧遥感浅色色调异常密集区,矿区内及周围遥感铁染异常和羟基异常密集分布	次要
找矿标志		古元古代基性—超基性岩分布区;地球物理场,重力场线性梯度带或变异带存在,磁场 500~100nT;地球化学场:Ni0.01~0.05,高者 0.1%~0.3%,Cu、Ni、Co 异常系数分别为>2.2、>3.3、>2;磁异常与化探(Cu、Ni、Ag)异常重叠区	重要

7. 和龙长仁铜镍矿床

根据典型矿床成矿要素和地球物理、地球化学、遥感特征、重砂特征,确立典型矿床预测要素。详见表 5-2-7。

表 5-2-7　和龙市长仁铜镍矿床预测要素

预测要素		内容描述	类别
地质条件	岩石类型	辉石岩、含长辉石岩、橄榄二辉岩;辉石橄榄岩、含长辉石橄榄岩、橄榄辉石岩、辉橄岩;斜长辉石岩、辉石橄榄岩;角闪辉石岩、橄榄辉石岩、辉石橄榄岩、辉长岩	必要
	成矿时代	加里东晚期	必要
	成矿环境	位于天山-兴蒙-吉黑造山带(Ⅰ),包尔汉图-温都尔庙弧盆系(Ⅱ),清河-西保安-江域岩浆弧(Ⅲ)内	必要
	构造背景	古洞河断裂北东侧北北东向(或近南北向)及北西向两组扭性断裂	重要

续表 5-2-7

预测要素		内容描述	类别
矿床特征	控矿条件	区域赋矿岩体主要为辉石橄榄岩型、辉石岩型、辉石-橄榄岩型、橄榄岩-辉石岩-辉长岩-闪长岩杂岩型,所以区域超基性岩体控制了矿体的分布;古洞河断裂是区内唯一活动时间长、期次多、规模大、切割深的导岩构造;沿古洞河断裂以及北东向断裂附近发育的北西向及北东向两组扭性断裂,控制闪长岩体为主;沿古洞河断裂及茌田-东丰深断裂两侧,以北北东向或近南北向压扭—扭张性断裂控制辉长岩体分布;北北东向(或近南北向)及北西向两组扭性断裂,规模小,分布较密集,控制矿区基性—超基性岩体,该期构造控制的岩体与成矿关系密切	必要
	蚀变特征	蚀变主要有蛇纹石化、次闪石化、滑石化、金云母化,多分布在岩体底部、中部辉石橄榄岩相中,与铜,镍矿化关系密切。	重要
	矿化特征	根据矿体与围岩的关系,矿体赋存岩相特征,区内矿体可分为:①底部矿体,矿体赋存于岩体底部边部次闪石岩及闪长质混染岩、二辉橄榄岩、含长二辉橄榄岩中,平面呈似层状、扁豆状,剖面矿体受岩体底板形态控制,岩体底部常见 1~3 条矿体,长一般 120~350m,最长达 600m,一般厚 1~5m,最厚达 25m;②顶部矿体,这类矿体仅见于∑5 号和∑6 号岩体,赋存于岩体顶部边缘闪长质混染岩及次闪石岩中或含长二辉橄榄岩、橄榄二辉岩中,矿体不连续,多呈扁豆状、透镜体状,长 90~300m,厚 1.7~4.6m,最厚达 12.1m;③中部矿体,仅见于∑5 号和∑25 号岩体,赋存于次闪石岩或二辉橄榄岩中,矿体呈似层状,长 170~200m,厚 2~3.7m,最厚可达 8.9m	重要
综合信息	地球化学	矿床区域化探异常表现为应用 1∶20 万化探数据圈出的 Cu 异常只有一处具有清晰的 Ⅲ 级分带和明显的浓集中心,内带异常强度 $46×10^{-6}$,是直接找矿标志,而与 Cu 异常空间套合密切的元素为 Au、Pb、Zn、Ni、Mo,其中 Zn、Mo 同心套合在 Cu 异常的内带,Au、Pb、Ni 主要伴生在 Cu 异常的中带、外带,构成较复杂元素组分富集的叠生地球化学场;Cu 甲级综合异常优良的成矿条件和找矿前景可为扩大找矿规模提供化探依据;原生晕显示的特征元素组合为 Ni-Cu-Co,其中 Ni 为主要成矿元素,Cu、Co 为主要的伴生指示元素,Ni-Cu-Co 达到矿床级综合利用指标	重要
	地球物理	在 1∶25 万布格重力异常图上,矿床处于北西向巨大重力异常梯度带与北东向、东西向次一级梯度带的交会部位,也就是古洞河区域性深大断裂与次一级的北东向、东西向大断裂交会部位; 在 1∶5 万航磁异常图上,矿床处于北西西走向长条状正磁异常的西侧端部一微小局部异常之上,异常强度为 100nT,南北两侧边部梯度陡,相交于矿床处,为含矿超基性岩体引起	重要
	重砂	重砂异常表现好的是白钨矿,磁铁矿、黄铁矿、方铅矿、钍石矿物含量分级很低,一般 1~2 级,只有微弱的异常显示,整体重砂找矿信息呈弱势	重要
	遥感	位于华北地台北缘断裂带北侧,红石-西城断裂带边部,与隐伏岩体有关的环形构造比较发育,遥感浅色色调异常区,矿区内及周围遥感铁染异常和羟基异常密集分布	次要
找矿标志		古洞河断裂北东侧北北东向(或近南北向)及北西向两组扭性断裂内,超基性岩体出露区	重要

8. 临江六道沟铜矿床

根据典型矿床成矿要素和地球物理、地球化学、遥感特征、重砂特征,确立典型矿床预测要素。详见表 5-2-8。

表 5-2-8 临江六道沟铜矿床预测要素

预测要素		内容描述	类别
地质条件	岩石类型	花岗闪长岩、大理岩、矽卡岩	必要
	成矿时代	燕山早期	必要
	成矿环境	位于华北叠加造山-裂谷系（Ⅰ），胶辽吉叠加岩浆弧（Ⅱ），吉南-辽东火山盆地区（Ⅲ），长白火山-盆地群（Ⅳ）	必要
	构造背景	区域东西向断裂构造及北东向断裂构造	重要
矿床特征	控矿条件	区域东西向断裂构造及北东向断裂构造控制该区中生代岩浆活动；燕山期花岗闪长岩体、老岭岩群珍珠门岩组大理岩为主要的赋矿围岩	必要
	蚀变特征	围岩蚀变种类包括青磐岩化、硅化、绢云母化、黄铁矿化、矽卡岩化，矿化蚀变有矽卡岩型矿化蚀变和钾化斑岩型矿化蚀变	重要
	矿化特征	矿体主要产于花岗闪长岩体与珍珠门岩组接触带矽卡岩内，呈北西向展布；铜山矿床计有60多个大小不等的矿体，矿体形态复杂，为扁豆状、似层状、透镜体状、不规则脉状，边界不清，需依化学分析圈定；矿体产状与地层产状大体一致，走向北西向，倾向北东，倾角45°～60°	重要
综合信息	地球化学	应用1:5万化探数据圈定的异常具有清晰的Ⅲ级分带和明显的浓集中心，异常强度较高，达到218×10^{-6}，是主要的找矿标志；Cu组合异常代表为Cu-Au、Pb、Zn、Ag；Cu-Mo、Bi；Cu-As、Sb，构成较复杂元素组分富集叠生地球化学场，是铜成矿主要场所； 土壤化探异常显示Au、Cu、Ag、Pb、Zn、As、Sb空间套合程度高，Au、Cu、Ag、Pb、Zn是主要的近矿指示元素，As、Sb是远程指示元素； 钻孔原生晕异常显示的特征元素组合为Au-Cu-Pb-Zn-As-Sb，在层间破碎带发育处，Au、Cu、As、Sb异常值高，并且发生强烈的围岩蚀变，表明构造破碎带及围岩蚀变为重要的找矿标志	重要
	地球物理	六道沟铜矿床分两个矿段，在1:25万布格重力异常图上，处于弧形凸起的重力高异常带的局部重力高异常边部，等值线弯曲处，梯度陡； 在1:5万航磁异常图上，西侧、东侧两个矿段分别处于正磁场背景中的一个椭圆状局部低磁异常边部梯度带上和一个长条状局部高磁异常中心	重要
	重砂	主要的重砂矿物为黄铁矿、重晶石、自然金、白钨矿，其中黄铁矿、重晶石有较好的异常表现，白钨矿、自然金矿物含量分级差，异常级别低	重要
	遥感	分布在近东西向头道-长白断裂带北侧，与隐伏岩体有关的环形构造比较发育，矿区内及周围遥感铁染异常零星分布	次要
找矿标志		中生代火山岩盆地边缘，基底隆起带，碳酸盐岩与中酸性小侵入体的接触带上；接触带外带200～300m范围内，岩枝体的前缘，岩枝（脉）体的下盘及分枝处；不纯碳酸盐岩是良好的成矿围岩，特别有不同岩性互层泥质岩石作为上覆盖层时；接触带近处层间破碎带发育处；成分复杂的矽卡岩是赋矿直接围岩，成分简单的矽卡岩含矿甚微或几乎不含矿；石英闪长玢岩中发育的钾化斑岩型铜钼矿化及蚀变，矽卡岩化等蚀变均为良好找矿标志	重要

9. 通化县二密铜矿床

根据典型矿床成矿要素和地球物理、地球化学、遥感特征、重砂特征，确立典型矿床预测要素。详见表5-2-9。

表 5-2-9 通化县二密铜矿床预测要素

预测要素		内容描述	类别
地质条件	岩石类型	石英闪长岩和花岗斑岩	必要
	成矿时代	79～56Ma 主要为燕山晚期	必要
	成矿环境	位于晚三叠世—新生代华北叠加造山-裂谷系（Ⅰ），胶辽吉叠加岩浆弧（Ⅱ），吉南-辽东火山-盆地区（Ⅲ）柳河-二密火山-盆地区（Ⅳ）三源浦中生代火山沉积盆地内	必要
	构造背景	北西向、东西向断裂交会破火山口处；松顶山序列内外接触带、各个单元间接触带大致平行或斜交的北西向、东西向、北北东向断裂；花岗斑岩内外接触带北西向张性、张扭性、扭性裂隙群	重要
矿床特征	控矿条件	控矿构造：石英闪长岩接触带附近，大致平行接触带近东西向、北东向以及外接触带安山岩中北西向陡倾斜断裂，控制与石英闪长岩有关的矿脉；花岗斑岩体与石英闪长岩接触带，尤其是石英闪长岩中发育的呈北西向缓倾斜的斑岩体，控制着与花岗斑岩有关的矿体；花岗斑岩内环形破碎体构造，控制着与斑岩有关的块状富矿。燕山晚期石英闪长岩、花岗斑岩控矿：石英闪长岩、花岗斑岩侵入派生出的含矿热液为成矿提供了物质和热源条件	必要
	蚀变特征	面状蚀变主要有黄铁矿化、黄铜矿化、绿泥石化、绿帘石化、电气石化、镜铁矿化、褐铁矿化、碳酸盐化、高岭土化、绢云母化、硅化等；线性蚀变主要发育在矿体上下盘近矿围岩中，蚀变矿物种类明显受围岩岩性控制，在石英闪长岩及花岗斑岩中，从矿体两侧发育有黄铜矿化、黄铁矿化、磁黄铁矿化、绢云母化、高岭土化、硅化、绿泥石化、绿帘石化等；在安山岩中矿体两侧以硅化、绿泥石化为主，其次为绢云母化、高岭土化	重要
	矿化特征	矿床位于松顶山复式岩体东段，矿体沿石英闪长岩与花岗斑岩体内外接触带分布，一是石英闪长岩体顶部围岩中，垂直于接触带张性断裂系统中的矿体（简称顶部围岩矿体群）；二是近接触带并与之平行的断裂系统中的矿体群。矿体按矿化特点可划分脉状-细脉浸染状矿体、脉状-复脉状矿体、网脉-浸染状矿体、浸染状矿体、块状矿体，以脉状-复脉状矿体类型为主	重要
综合信息	地球化学	Cu 元素异常具有清晰的Ⅲ级分带和明显的浓集中心，异常强度高，达到 738×10^{-6}。Cu 组合异常有 3 种表现形式，即 Cu-Pb、Zn、Ag、Au、Cu-As、Sb、Hg、Ag、Cu-W、Sn、Bi、Mo，构成复杂元素组分富集的叠生地球化学场，显示出叠加改造作用的强烈，利于铜的迁移、富集、成矿；Cu 元素综合异常显示出优的成矿条件和找矿前景，与分布的矿产积极响应，表明综合异常的矿致性，是扩大找矿规模的重要靶区	重要
	地球物理	重力低异常走向转折部位或低异常边缘梯度带上，低值或负磁异常区；激电中梯极化率（M_s）高、视电阻率（ρ_s）低，自然电场（UM）负异常，瞬变电磁（V_t）高异常，视电阻率联合剖面出现低阻正交点	重要
	重砂	自然重砂矿物为黄铜矿、自然金、方铅矿，人工重砂矿物为黄铜矿、毒砂、黄铁矿、白铁矿、锡石、磁黄铁矿、方铅矿、赤铁矿	重要
	遥感	分布在大川-江源断裂带西侧，各方向小型断裂构造发育，二密镇环形构造边部，遥感浅色色调异常区，矿区内及周围遥感铁染异常零星分布	次要
找矿标志		燕山期石英闪长岩和花岗斑岩出露区；以电气石化、硅化、绢云母化、高岭土化、绿泥石化、黑云母化为主，电气石化、硅化伴少量铜钼矿化是矿化头晕，为重要的找矿标志，孔雀石化、褐铁矿化也是主要找矿标志	重要

10. 靖宇县天合兴铜矿床

根据典型矿床成矿要素和地球物理、地球化学、遥感特征、重砂特征，确立典型矿床预测要素。详见表 5-2-10。

表 5-2-10 靖宇县天合兴铜矿床预测要素

预测要素		内容描述	类别
地质条件	岩石类型	英斑岩及花岗斑岩	必要
	成矿时代	燕山期	必要
	成矿环境	位于晚三叠世—新生代华北叠加造山-裂谷系（Ⅰ），胶辽吉叠加岩浆弧（Ⅱ），吉南-辽东火山-盆地区（Ⅲ），柳河-二密火山-盆地区（Ⅳ）	必要
	构造背景	东西向、南北向构造是区域上的主要控岩和控矿断裂构造	重要
矿床特征	控矿条件	斑岩控矿：从矿体的赋存空间、围岩性质、成矿阶段可以看出，该区域的铜钼成矿主要受控于燕山晚期的石英斑岩及花岗斑岩，酸性的岩浆活动为区域的成矿提供了成矿物质，以浸染状或细脉浸染状分布于辉绿岩脉中或边部及构造裂隙中的铜矿体，其实质上是第一期侵入的花岗斑岩所带来的成矿物质在不同空间部位的就位形式，对成矿真正起到控制作用的不是辉绿岩脉本身，而是它所在的构造空间； 构造控矿：从矿区岩体的空间分布、蚀变矿化特征分析，区域上的近南北向的继承性构造不但控制了区域的构造岩浆活动，而且控制了含矿流体的区域分布和就位空间，因此区域上的南北向构造带是导岩、导矿、储矿的主要构造	必要
	蚀变特征	硅化发育在斑岩体及其围岩中，以热液硅质交代为主，次有硅质细脉、网脉，少数为玉髓及细粒石英。在矿区的Ⅲ号和Ⅳ号带之间形成强硅化带，绢云母化分布广，主要分布在中等硅化带及近矿围岩中；绿泥石化多发育在中性—基性岩脉或奥长花岗岩及变质岩中；高岭土化在晚期蚀变水解作用形成，主要为斜长石、钾长石表面的高岭土化，或发育在断裂破碎带中；其次还有碳酸盐化和萤石化，分布局限	重要
	矿化特征	矿区矿化面积大，矿体分布广且比较零散，按 Cu 品位大于等于 0.3% 为边界，矿区共有 115 条矿体（包括 18 条钼矿体），其中 52 条为盲矿体；矿体呈脉状、透镜体状、似层状，多产于石英斑岩、燕山期第二期花岗斑岩、辉绿辉长岩中，产于奥长花岗岩、黑云斜长片麻岩及变粒岩中的矿体矿化多为浸染状或细脉浸染状，矿体与围岩界线不明显，其中东西向的Ⅴ号、Ⅵ号矿化蚀变带控制的矿体，铜矿化一般以浸染状或细脉浸染状分布于辉绿岩脉中或边部及构造裂隙中	重要
综合信息	地球化学	矿床区域化探异常表现为 Cu 元素异常具有清晰的Ⅲ级分带和明显的浓集中心，内带异常强度为 $88×10^{-6}$，为主要的找矿标志；以 Cu 为主体的元素组合有 3 种形式：Cu-Au、Pb、Zn、Ag，Cu-As、Sb、Hg、Ag，Cu-Ni、Cr，形成较复杂元素组分的叠生地球化学场，是主要的成矿场所。Cu 的甲、乙级综合异常具备优良的成矿条件，是扩大找矿规模的重要靶区。土壤测量显示的化探异常特征元素组合为 Cu-Pb-Zn-Ag，其中 Cu 元素异常强度大，极大值达到 $(500\sim700)×10^{-6}$；原生晕异常确定的主要找矿指示元素有 Cu、Pb、Zn、Ag、Sn、Mo、Bi、As，其中 Cu、Ag 异常规模大，强度高，浓集中心明显，北西向延伸，构成组合异常的中带； 铜的次生晕、原生晕异常可直接圈定矿体	重要
	地球物理	椭圆状局部重力低异常的边部内侧，梯度陡；椭圆状正、负磁异常过渡带零值线两侧附近，磁异常梯度带转折端低、负磁场区一侧；电法低阻高极化带的存在是间接找矿标志	重要
	重砂	以金、白钨矿、独居石、黄铁矿组合为代表，圈定一个规模较大的Ⅰ级组合异常，矿物含量分级以 4～5 级为主，是重要的重砂找矿标志	次要
	遥感	分布在双阳-长白断裂带边部，近南北向构造发育，赤松乡西环形构造边部，遥感浅色色调异常区，矿区内及周围遥感铁染异常零星分布。	次要
找矿标志		区域上南北向与东西向构造的交会部位是寻找该类型矿床的有利构造部位；区域上多期次岩浆侵位活动形成的中酸性的复式杂岩体（岩墙、岩脉群）地质体；隐爆角砾岩的存在可作为本类矿床的找矿标志；钾化、硅化、绢云母化及绿泥石化，深色岩石的褪色蚀变，是间接找矿标志，孔雀石化、蓝铜矿化是直接找矿标志；电法低阻高极化带的存在是间接找矿标志；Cu、Mo、Sn、Bi、Ag、Pb、Zn 水系沉积物和土壤异常是直接找矿标志	重要

二、模型区深部及外围资源潜力预测分析

(一)典型矿床已查明资源储量及其估算参数

1. 变质型

该类型的典型矿床为白山市大横路铜钴矿床。

2. 火山岩型

该类型的典型矿床为磐石市石嘴铜矿床、汪清县红太平铜多金属矿床。

3. 侵入岩型

该类型的典型矿床为磐石县红旗岭铜镍矿床、蛟河县漂河川铜镍矿床、通化县赤柏松铜镍矿床、和龙市长仁铜镍矿床、小西南岔铜金矿床、二密铜矿床、靖宇县天合兴铜矿床。因为有些预测工作区成矿条件具有特殊性,且与以上几种典型矿床不匹配,故又以珲春市小西南岔金铜矿床作为一种特殊类型的典型矿床,以备预测资源量计算使用。

4. 层控内生型

该类型的典型矿床为临江六道沟铜镍矿床。

5. 复合内生型

该类型没有典型矿床,为了工作需要以桦甸县夹皮沟金矿床作为该类型的典型矿床。

已查明资源储量及其估算参数见表 5-2-11。

表 5-2-11 典型矿床查明资源储量表

编号	预测工作区	典型矿床	查明资源储量/t 矿石量	查明资源储量/t 金属量	面积/m²	延深/m	品位/%	体重	体积含矿率
1	荒沟山-南岔	大横路铜钴矿	40 354 430.00	59 716.00	1 726 693.78	500	0.12	2.83	0.000 069
2	石嘴-官马	石嘴铜矿	3 597 000.00	53 138.00	4 595 642.04	1000	1.53	3.63	0.000 012
3	大梨树沟-红太平	红太平铜多金属矿	970 000.00	9382.00	280 315.80	350	1.23	3.63	0.000 095
4	红旗岭	红旗岭铜镍矿	21 070 000.00	69 262.00	3 309 626.56	500	0.24	3.63	0.000 042
5	漂河川	漂河川铜镍矿	2 176 000.00	5532.00	1 100 311.00	300	0.32	3.29	0.000 017
6	赤柏松-金斗	赤柏松铜镍矿	12 626 000.00	40 359.00	1 562 063.69	750	0.33	3.02	0.000 034
7	长仁-獐项	长仁铜镍矿	3 100 000.00	5545.00	22 922.40	200	0.23	2.90	0.001 2
8	小西南岔-杨金沟	小西南岔金矿	133 709 360.00	306 808.90	11 454 838.71	300	0.11	2.46	0.000 089
9	六道沟-八道沟	六道沟铜矿	113.00	113.00	16 067.06	300	0.50	3.00	0.000 023
10	二密-老岭沟	二密铜矿	14 897 000.00	105 214.00	7 801 200.00	500	0.56	2.86	0.000 027
11	天合兴-那尔轰	天合兴铜矿	20 218 887.38	101 995.36	1 979 249.00	300	0.30	2.90	0.000 17
12	夹皮沟-溜河	夹皮沟金矿	2 413 000.00	4592.00	4 958 075.46	650	0.26	2.85	0.000 001 4

（二）典型矿床深部及外围预测资源量及其估算参数

1. 变质型

该类型的典型矿床为白山市大横路铜钴矿床。

矿区位于老岭背斜南东翼的次级褶皱三道阳岔-三岔河复式背斜的北西翼，小四平-荒沟山-南岔"S"形断裂带在矿区的北侧通过，矿区即在该断裂带与大横路沟断裂、大青沟断裂所围限的区域内，其矿体赋存在大栗子岩组第二岩性段含碳绢云千枚岩内，分为两层矿，矿体呈层状、似层状。通过已投入的工作综合分析，该矿床已被所投入的工程完全控制，所含矿体已基本完全探明，其下部及外围已不存在未知资源量，故不进行预测。

2. 火山岩型

该类型的典型矿床为磐石市石嘴铜矿床、汪清县红太平铜多金属矿床。

（1）磐石市石嘴铜矿床深部资源量预测：矿体沿倾向最大延深1015m，矿体倾角80°。实际垂深1000m，根据该含矿层位在区域上的产状、走向、延伸等均比较稳定，推断该套含矿层位在1500m深度仍然存在，所以本次对该矿床的深部预测垂深选择1500m。矿床深部预测资源实际深度为500m，面积仍然采用原矿床含矿的最大面积。

（2）汪清县红太平铜多金属矿床外围资源量预测：将该矿床中已知矿体的最大边界范围圈定出来，面积为280 315.80m²，其外围仍存在含矿地质体（二叠系庙岭组凝灰岩、蚀变凝灰岩、砂岩、粉砂岩及泥灰岩）。经1：1万典型矿床成矿要素图中圈定获得外围面积为447 011.00m²，延深仍然采用原矿床最大延深。

汪清县红太平铜多金属矿床深部资源量预测：矿体沿倾向最大延深650m，矿体倾角20°。含矿地质体为二叠系庙岭组凝灰岩、蚀变凝灰岩、砂岩、粉砂岩及泥灰岩，厚度大于350m，火山喷发沉积矿产的最大深度即可视为含矿层位厚度，故确定其实际垂深为350m。根据该含矿层位在区域上的产状、走向、延伸等均比较稳定，推断该套含矿层位在550m深度仍然存在，所以本次对该矿床的深部预测垂深选择550m。矿床深部预测资源实际深度为200m，面积仍然采用原矿床含矿的最大面积。

3. 侵入岩型

该类型的典型矿床为磐石县红旗岭铜镍矿床、蛟河县漂河川铜镍矿床、通化县赤柏松铜镍矿床、和龙市长仁铜镍矿床、通化县二密铜矿床、靖宇县天合兴铜矿床。因为有些预测工作区成矿条件具有特殊性，且与以上几种典型矿床不匹配，故又以珲春市小西南岔金铜矿床作为一种特殊类型的典型矿床，以备预测资源量计算使用。

（1）磐石县红旗岭铜镍矿床深部资源量预测：依据典型矿床区的实际钻探资料，该矿实际垂深500m。结合含矿地质体、控矿构造、矿化蚀变、地球化学分带、物探信息推断该套含矿层位在1300m深度仍然存在，所以本次对该矿床的深部预测垂深选择1300m。矿床深部预测资源实际深度为800m，面积仍然采用原矿床含矿的最大面积。

（2）蛟河县漂河川铜镍矿床外围资源量预测：将该矿床中已知矿体的最大边界范围圈定出来，面积为1 100 311.00m²，其外围仍存在含矿地质体辉长岩类、斜长辉岩类、闪辉岩类基性岩体。经1：1万典型矿床成矿要素图中圈定获得外围面积为1 841 507.96m²，延深仍然采用原矿床最大延深。

蛟河县漂河川铜镍矿床深部资源量预测：依据典型矿床区的实际钻探资料，该矿实际垂深300m。结合含矿地质体、控矿构造、矿化蚀变、地球化学分带、物探信息推断该套含矿层位在800m深度仍然存在,所以本次对该矿床的深部预测垂深选择800m。矿床深部预测资源实际深度为500m,面积仍然采用原矿床含矿的最大面积。

(3)通化县赤柏松铜镍矿床深部资源量预测:依据典型矿床区的实际钻探资料,该矿实际垂深750m。结合含矿地质体、控矿构造、矿化蚀变、地球化学分带、物探信息推断该套含矿层位在1200m深度仍然存在,所以本次对该矿床的深部预测垂深选择1200m。矿床深部预测资源实际深度为450m,面积仍然采用原矿床含矿的最大面积。

(4)和龙市长仁铜镍矿床深部资源量预测:依据典型矿床区的实际钻探资料,该矿实际垂深200m。结合含矿地质体、控矿构造、矿化蚀变、地球化学分带、物探信息推断该套含矿层位在500m深度仍然存在,所以本次对该矿床的深部预测垂深选择500m。矿床深部预测资源实际深度为300m,面积仍然采用原矿床含矿的最大面积。

(5)珲春市小西南岔金铜矿床深部资源量预测:依据典型矿床区的实际钻探资料,该矿实际垂深300m。结合含矿地质体、控矿构造、矿化蚀变、地球化学分带、物探信息推断该套含矿层位在400m深度仍然存在,所以本次对该矿床的深部预测垂深选择400m。矿床深部预测资源实际深度为100m,面积仍然采用原矿床含矿的最大面积。

(6)通化县二密铜矿床外围资源量预测:将该矿床中已知矿体的最大边界范围圈定出来,面积为$7\,801\,200.00m^2$,其外围仍然存在含矿地质体。经1:1万典型矿床成矿要素图中圈定获得外围面积为$624\,883.80m^2$,延深仍然采用原矿床最大延深。

通化县二密铜矿床深部资源量预测:依据典型矿床区的实际钻探资料,该矿实际垂深500m。结合含矿地质体、控矿构造、矿化蚀变、地球化学分带、物探信息推断该套含矿层位在700m深度仍然存在,所以本次对该矿床的深部预测垂深选择700m。矿床深部预测资源实际深度为200m,面积仍然采用原矿床含矿的最大面积。

(7)靖宇县天合兴铜矿床深部资源量预测:依据典型矿床区的实际钻探资料,该矿实际垂深300m。结合含矿地质体、控矿构造、矿化蚀变、地球化学分带、物探信息推断该套含矿层位在500m深度仍然存在,所以本次对该矿床的深部预测垂深选择500m。矿床深部预测资源实际深度为200m,面积仍然采用原矿床含矿的最大面积。

4. 层控内生型

该类型的典型矿床为临江六道沟铜镍矿床。

临江六道沟铜镍矿床深部资源量预测:依据典型矿床区的实际钻探资料,该矿实际垂深300m。结合含矿地质体、控矿构造、矿化蚀变、地球化学分带、物探信息推断该套含矿层位在600m深度仍然存在,所以本次对该矿床的深部预测垂深选择600m。矿床深部预测资源实际深度为300m,面积仍然采用原矿床含矿的最大面积。

5. 复合内生型

该类型没有典型矿床,为了工作需要以桦甸县夹皮沟金矿床作为该类型的典型矿床。

桦甸县夹皮沟金矿床深部资源量预测:依据典型矿床区的实际钻探资料,该矿实际垂深650m。结合含矿地质体、控矿构造、矿化蚀变、地球化学分带、物探信息推断该套含矿层位已达到最大垂深,因此不再进行深部预测。

各类型典型矿床深部及外围资源量预测公式:预测资源量=面积×延深×体积含矿率。计算结果见表5-2-12。

表 5-2-12 典型矿床深部和外围预测资源量表

编号	预测工作区	典型矿床	预测资源量/t	面积/m²	延深/m	体积含矿率
1	石嘴-官马	石嘴铜矿	26 569.00	4 595 642.04	500	0.000 012
2	大梨树沟-红太平	红太平铜多金属矿	5 326.00	280 315.80	200	0.000 095
			14 863.12	447 011.00	350	0.000 095
3	红旗岭	红旗岭铜镍矿	111 203.45	3 309 626.56	800	0.000 042
4	漂河川	漂河川铜镍矿	9 352.64	1 100 311.00	500	0.000 017
			9 391.69	1 841 507.96	300	0.000 017
5	赤柏松-金斗	赤柏松铜镍矿	23 899.57	1 562 063.69	450	0.000 034
6	长仁-獐项	长仁铜镍矿	8 252.06	22 922.40	300	0.001 200
7	小西南岔-杨金沟	小西南岔铜矿	101 948.06	11 454 838.71	100	0.000 089
8	二密-老岭沟	二密铜矿	42 126.48	7 801 200.00	200	0.000 027
			8 435.93	624 883.80	500	0.000 027
9	天合兴-那尔轰	天合兴铜矿	67 294.47	1 979 249.00	200	0.000 170
10	六道沟-八道沟	六道沟铜矿	110.86	16 067.06	300	0.000 023

(三)模型区预测资源量及估算参数确定

模型区是指典型矿床所在的最小预测区,其所预测资源量为该典型矿床已探明资源量和预测资源量之和;面积指典型矿床及其周边矿点、矿化点,考虑含矿建造及 Cu 元素化探异常加以人工修正后的最小预测区面积;延深为模型区内典型矿床的总延深,即最大预测深度。模型区建立在 1∶5 万的预测工作区内,其预测资源量及估算参数如下。

1. 变质型

该类型分布在荒沟山-南岔预测工作区。

2. 火山岩型

该类型分布在石嘴-官马预测工作区、大梨树沟-红太平预测工作区。

3. 侵入岩型

该类型分布在红旗岭预测工作区、漂河川预测工作区、赤柏松-金斗预测工作区、长仁-獐项预测工作区、小西南岔-杨金沟预测工作区、二密-老岭沟预测工作区、天合兴-那尔轰预测工作区。

4. 层控内生型

该类型分布在六道沟-八道沟预测工作区

5. 复合内生型

该类型分布在夹皮沟-溜河预测工作区
模型区预测资源量及估算参数见表 5-2-13。

表 5-2-13　模型区预测资源量及其估算参数

编号	名称	预测资源量/t	面积/m²	延深/m	含矿地质体面积/m²	含矿地质体面积参数
A2204301053001	HNA1	59 716.00	21 848 075.00	500	15 387 618.00	0.704 301
A2204401072007	SGA1	79 707.00	12 786 430.00	1500	6 100 243.00	0.477 087
A2204401036005	DHA1	29 571.12	21 147 780.00	550	3 202 515.14	0.151 435
A2204202059003	HQA1	180 465.45	46 680 000.00	1300	3 545 000.00	0.075 943
A2204202046006	PHA1	24 276.33	20 603 360.00	800	3 413 325.00	0.165 668
A2204203096011	CJA1	64 258.57	87 506 000.00	1200	2 206 059.50	0.025 210
A2204202005002	CZA1	13 797.06	12 567 270.00	500	330 053.00	0.026 263
A2204201103009	XYA1	408 757.00	43 583 948.83	400	37 567 981.51	0.861 968
A2204201027010	ELA1	155 776.40	34 778 400.00	700	15 215 052.40	0.437 486
A2204201068008	TNA1	169 289.83	23 945 950.00	500	7 683 025.00	0.320 849
A2204201000012	LDA1	223.86	37 129 950.00	600	213 375.00	0.021 906
A2204302029004	JLA1	4 592.00	46 365 671.40	650	4 958 075.46	0.106 934

三、预测工作区预测模型

根据典型矿床预测模型、预测工作区成矿要素及成矿模式、地球物理、地球化学、遥感特征、重砂特征,确立预测工作区预测模型。

(一)变质型

荒沟山-南岔预测工作区

(1)预测要素。根据荒沟山-南岔预测工作区区域成矿要素和地球化学、地球物理、遥感特征、重砂特征,确立了区域预测要素,详见表 5-2-14。

表 5-2-14　荒沟山-南岔地区大横路式沉积变质型铜矿预测要素

预测要素		内容描述	预测要素类别
地质条件	岩石类型	云母片岩、大理岩、千枚岩夹大理岩	必要
	成矿时代	古元古代	必要
	成矿环境	前南华纪华北东部陆块(Ⅱ),胶辽吉元古宙裂谷带(Ⅲ),老岭坳陷盆地内	必要
	构造背景	矿区位于小四平-荒沟山-南岔"S"形断裂带与大横路沟断裂、大青沟断裂所围限的区域内	重要

续表 5-2-14

预测要素		内容描述	预测要素类别
矿床特征	控矿条件	地层控矿：矿体严格受大栗子岩组云母片岩、大理岩、千枚岩夹大理岩变质建造控制；褶皱控矿：矿区正处于复式向斜内，其轮廓受这一复式向斜控制，次级褶皱主要为第二期褶皱的转折端控制了富矿体的展布；断裂控矿：区内以北东向断裂与成矿关系最为密切，这组断裂多属逆掩性质的层间断裂，受其影响，断层两侧，尤其是下盘岩层发生强烈破碎和片理化，并伴随有强烈的矿化作用	必要
综合信息	矿化蚀变特征	矿区内围岩蚀变属中—低温热液蚀变，总体上蚀变较弱，蚀变明显受花山岩组及北东向褶皱控制，蚀变呈北东向带状展布，蚀变与围岩没有明显的界线，呈渐变过渡关系。主要蚀变类型有硅化、绢云母化、绿泥石化、钠长石化、碳酸盐化	重要
	地球化学	区内 Cu 异常显示多处浓集中心，与 Cu 元素空间紧密套合的元素多且复杂，有 Au、Pb、Zn、Ag、W、Sn、Mo、As、Hg，其中，W、Sn、Mo 主要构成 Cu 的内带，Au、Pb、Zn、Ag 构成 Cu 的中带，而且 Pb、Zn 以较大的异常规模分布，As、Hg 则构成 Cu 的外带，形成复杂元素组分富集的叠生地球化学场，有利于铜的迁移、富集和成矿；从 Cu 元素组合异常的分布规律可知，工作区由北向南，以 Cu 为主体的元素组分显示出简单→复杂→简单的特征，表明在该工作区的中段应以寻找铜矿为主	重要
	地球物理	重力：在 1∶5 万布格重力异常图上，区内从西南部到东部，有一带状布格重力高异常分布，异常强度从西向东逐渐降低。重力高异常带南、北两侧梯度带为老岭岩群与青白口纪沉积地层、印支期和燕山期侵入花岗岩体及侏罗纪、白垩纪火山沉积盆地的断层接触带的反映。这些重力高异常边缘梯度带上，分布有沉积变质型铜钴矿等，反映了这些与老岭岩群老地层有关的矿产和重力高异常的密切关系。磁测：预测工作区西部为大面积平稳负值区，异常值在 −200～−100nT。负磁场主要反映了中新元古界及古生界无磁性地层的磁场特征，在其东部为宽 8～12km 的正异常带，异常值一般 200～300nT，局部异常在 700nT 以上。与异常带对应的是太古宙变质岩及侏罗纪的侵入岩体。而在其东部的草山岩体则处于负磁场中。异常带东侧负异常梯度带反映了老岭岩群珍珠门岩组大理岩磁场与地质上确定的荒山"S"形构造带相对应，是区内一条重要的成矿构造带。	重要
	重砂	预测工作区内重砂组合矿物异常显示弱，无法圈定	次要
	遥感	本预测工作区内解译出 1 条大型断裂带，为集安-松江岩石圈断裂，该断裂带附近的次级断裂是重要的多金属矿产的容矿构造；大路-仙人桥断裂带与其他方向断裂交会部位，为多金属矿产形成的有利部位；区内的脆—韧变形趋势带比较发育，为一条总体走向北东的"S"形变形带，该带与铜矿产有密切的关系；区内的环形构造比较发育，铜矿点多分布于环形构造内部或边部	次要
找矿标志		大栗子岩组千枚岩夹大理岩变质建造；经多期变质变形的构造核部；1∶20 万水系沉积物地球化学测量中，面积比较大的区域异常，Cu 元素异常浓集中心；重力高异常分布区；磁场中负异常梯度带	重要

(2)预测模型见图 5-2-2。

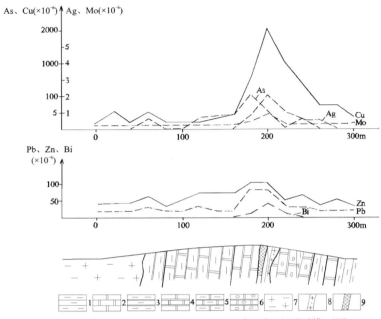

图 5-2-2　石嘴-官马地区红太平式火山岩型铜矿预测模型图

1.下二叠统寿山沟组板岩;2.下二叠统寿山沟组大理岩;3.上石炭统石嘴子组板岩;4.上石炭统石嘴子组大理岩;5.上石炭统石嘴子组条带状大理岩;6.上石炭统石嘴子组燧石结核大理岩;7.黑云母花岗岩;8.花岗岩脉;9.矿体

2. 大梨树沟-红太平预测工作区

(1)预测要素。根据大梨树沟-红太平预测工作区区域成矿要素和地球化学、地球物理、遥感特征、重砂特征,确立了区域预测要素,见表5-2-16。

表 5-2-16　大梨树沟-红太平地区红太平式火山岩型铜矿预测要素

预测要素		内容描述	预测要素类别
地质条件	岩石类型	火山碎屑岩夹灰岩、凝灰岩、蚀变凝灰岩,砂岩、粉砂岩、泥灰岩	必要
	成矿时代	模式年龄为290~250Ma(刘劲鸿,1997),与矿源层——下二叠统庙岭组一致,另据金顿镐等(1991),红太平矿区方铅矿铅模式年龄为208.8Ma	必要
	成矿环境	位于天山-兴蒙-吉黑造山带(Ⅰ),小兴安岭-张广才岭弧盆系(Ⅱ),放牛沟-里水-五道沟陆缘岩浆弧(Ⅲ),汪清-珲春上叠裂陷盆地(Ⅳ)北部	必要
	构造背景	区内构造主要以断裂构造为主,褶皱构造次之; 褶皱构造仅发育在二叠系庙岭组中,其受后期构造的影响,形成背斜和紧密倒转背斜,背斜轴面产状为北东向; 区内北东向、北西向为主要控矿构造;其次为北北东向断裂构造和北北西向断裂构造为控矿、容矿构造	重要
矿床特征	控矿条件	二叠系庙岭组火山碎屑岩夹灰岩、凝灰岩、蚀变凝灰岩,砂岩、粉砂岩、泥灰岩为主要含矿层位和控矿层位;二叠纪庙岭-开山屯裂陷槽控制了早期的海底火山喷发,是成矿的区域构造;轴向近东西向展布的开阔向斜构造控制红太平矿区展布	必要
	矿化蚀变特征	主要有硅化、矽卡岩化、碳酸盐化、绿帘石化、绿泥石化等	重要

续表 5-2-16

预测要素		内容描述	预测要素类别
综合信息	地球化学	Cu 元素异常具有清晰的Ⅲ级分带和明显的浓集中心,内带异常强度较高,极大值达到 $94.5×10^{-6}$。与 Cu 空间套合紧密的元素有 Pb、Zn、Ag、Au、W、Sn、Bi、Mo,其中 Pb、Zn、Ag 构成 Cu 的内带、中带,Au、W、Sn、Bi、Mo 则主要构成 Cu 的外带,为较复杂组分含量富集的叠生地球化学场,同时显示出铜的迁移、富集主要是在中、高温的成矿地球化学环境中	重要
	地球物理	重力:预测工作区位于延边地区北部,区内处于大片重力低异常内,主要反映了不同期次的侵入岩及火山岩的重力场特征,仅在红太平、拉其岭一带,有一条北东向的重力高异常分布,反映了二叠系庙岭组分布; 磁测:预测工作区处于吉北古生代褶皱区,晚古生代被动陆缘裂陷带内。异常带走向大体为北东向局部异常,呈团块状或孤立异常,异常最高强度一般 400~500nT;异常带分别对应二叠系庙岭组,中二叠世二长花岗岩及早侏罗世的花岗闪长岩;该处位于二叠系与花岗岩、花岗闪长岩的接触部位,对成矿十分有利。区内红太平多金属矿处在异常带边部的负磁场中,负磁场中的局部小异常为矿床产出部位	重要
	重砂	预测工作区内重砂矿物组合异常显示较弱,无法圈定	次要
	遥感	本预测工作区内的小型断裂比较发育,北东东向断裂与北西西向断裂的交会部位形成环形构造的聚集区,也是形成铜矿的有利部位;脆—韧性变形趋势带共解译出 1 条,为区域性规模韧性变形趋势带,晚二叠世花岗闪长岩、晚三叠世二长花岗岩及大兴沟群中酸性火山岩系沿该带呈北东向条带状展布,该带与铜矿有较密切的关系;晚侏罗世隐伏性岩体和古生代花岗岩对成矿条件有利	次要
找矿标志		二叠纪北东东向展布的裂陷槽、构造盆地;二叠系庙岭组上段和下段火山碎屑岩与沉积岩交互层;硅化、绿泥石化、绢云母化及其金属矿化等为多金属矿床的直接找矿标志;孔雀石、铅矾、铜蓝、辉铜矿、褐铁矿等矿物为直接找矿标志;Cu 地球化学异常的内带及多种组合元素叠加部位,重力高异常分布区;正负异常梯度带负磁场一侧	重要

(2)预测模型见图 5-2-3。

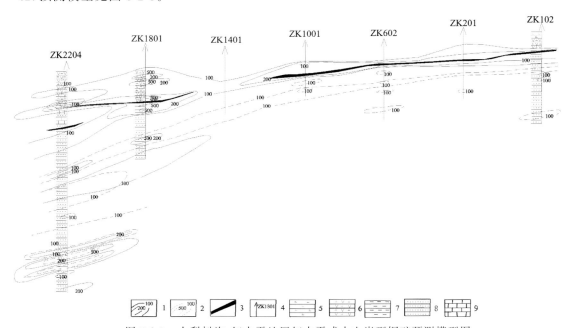

图 5-2-3 大梨树沟-红太平地区红太平式火山岩型铜矿预测模型图

1.铜异常等值线($×10^{-6}$);2.铅异常等值线($×10^{-6}$);3.矿体;4.钻孔及编号;5.绿泥绢云片岩;
6.安山质凝灰岩、安山岩;7.碳泥质粉砂岩;8.砂岩;9.泥质灰岩

3. 闹枝-棉田预测工作区

(1)预测要素。根据闹枝-棉田预测工作区区域成矿要素和地球化学、地球物理、遥感特征、重砂特征,确立了区域预测要素,见表 5-2-17。

表 5-2-17 闹枝-棉田地区闹枝式火山岩型铜矿预测要素

预测要素		内容描述	预测要素类别
地质条件	岩石类型	次安山岩、闪长玢岩、粗安山岩和钠长斑岩	必要
	成矿时代	燕山晚期	必要
	成矿环境	位于晚三叠世—新生代东北叠加造山-裂谷系(Ⅰ),小兴安岭-张广才岭叠加岩浆弧(Ⅱ),太平岭-英额岭火山盆地区(Ⅲ),罗子沟-延吉火山盆地群(Ⅳ),近东西向百草沟-金仓断裂带之南部隆起区内,区内北西向断裂发育	必要
	构造背景	褶皱构造:汪清盆地向斜构造、百草沟向斜构造;断裂构造:区内断裂构造比较发育,其中有近东西向断层、南北向断层、北东向断层、北西向断层;北西向挤压破碎带和北西向扭性断层为区内的控矿断层和容矿断层,其次近东西向断层对金铜矿产亦有控矿作用	重要
矿床特征	控矿条件	次安山岩、闪长玢岩、粗安山岩和钠长斑岩为主要控矿层位;区内的断裂构造以走向北西向的断裂最为发育,北西向挤压破碎带和北西向扭性断层为区内的控矿断层和容矿断层,其次近东西向断层对金铜矿产亦有控矿作用	必要
	矿化蚀变特征	主要有黄铁矿化、硅化、绢云母化、绿泥石化、绿帘石化、高岭土化、钾化等	重要
综合信息	地球化学	Cu 元素组合异常显示的元素组分复杂,有 Au、Pb、Ag、As、Sb、W、Sn、Bi 与 Cu 在空间上紧密套合。但 Cu 组合异常的内带主要是由 W、Sn、Bi 构成,中带由 Au、Pb、Ag 构成,As、Sb 则主要构成 Cu 组合异常的外带,形成复杂元素组分富集的叠生地球化学场以及高—中—低温的成矿地球化学环境	重要
	地球物理	重力:预测工作区位于汪清盆地内,区内重力场在区域布格异常图上是一片重力低异常,主要反映了侵入岩及火山岩。在预测工作区南部,有一条东西向的梯度带,向南重力场升高,出现重力高异常,推断存在一条东西向的断裂带,本区闹枝沟金矿即在东西向的梯度带上。 磁测:本区磁场以负背景场为主,局部异常呈北西向、北东向及东西向分布。预测工作区西北部中生代地层上,高值异常带对应早白垩世金沟岭组玄武岩、玄武安山岩、安山岩及火山碎屑岩等;负异常区对应上白垩统龙升组砾岩、砂岩、粉砂岩、泥灰岩等无磁性沉积岩,及下白垩统大拉子组砾岩、砂岩、粉砂岩、泥岩等沉积岩。从本区异常分布上看,异常主要与火山岩有关	重要
	重砂	预测工作区内圈定 3 个金、方铅矿、黄铜矿、白钨矿、辰砂矿物组合异常,其中两个Ⅰ级,一个Ⅱ级	次要
	遥感	本预测工作区内的小型断裂比较发育,北东向断裂与北西向断裂的交会部位是形成铜矿的有利部位;脆—韧性变形趋势带比较发育,共解译出 2 条,全部为区域性规模脆—韧性变形构造,该带与铜矿有较密切的关系;圈出 1 个环形构造,主要分布在不同方向断裂交会部位,形成于晚侏罗世;解译出色调异常 1 处,该色调异常与铜矿有较密切的关系	次要
找矿标志		次安山岩、闪长玢岩、粗安山岩和钠长斑岩出露层位;北西向挤压破碎带和北西向扭性断层发育区域;Cu 元素地球化学异常的内带及多种组合元素叠加部位;重力高异常区;负背景场中高值异常区	重要

（2）预测模型见图 5-2-4。

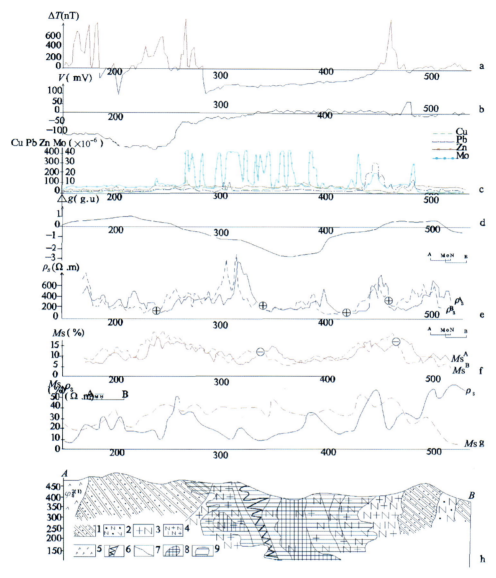

图 5-2-4　闹枝式火山岩型铜矿预测模型图

a.地磁异常曲线；b.自然电位异常曲线；c.化探异常曲线；d.剩余重力异常曲线；
e.联剖视电阻率曲线；f.联剖激电充电率曲线；g.激电中间梯度充电率和视电率曲线；h.地质剖面图
1.变质砂岩千枚状板岩、大理岩；2.霏细状斜长花岗岩；3.斜长花岗斑岩；4.中细粒斜长花岗岩；
5.超基性岩；6.石英脉；7.实测地质界线；8.富矿范围；9.贫矿范围

4. 地局子-倒木河预测工作区

（1）预测要素。根据地局子-倒木河预测工作区区域成矿要素和地球化学、地球物理、遥感特征、重砂特征，确立了区域预测要素，见表 5-2-18。

表 5-2-18 地局子-倒木河地区闹枝式火山岩型铜矿预测要素

预测要素		内容描述	预测要素类别
地质条件	岩石类型	安山质火山角砾岩、流纹质凝灰岩、含角砾凝灰岩、火山角砾岩、砂岩	必要
	成矿时代	侏罗纪	必要
	成矿环境	东北叠加造山-裂谷系(Ⅰ),小兴安岭-张广才岭叠加岩浆弧(Ⅱ),张广才岭-哈达岭火山-盆地区(Ⅲ),南楼山-辽源火山-盆地群(Ⅳ)	必要
	构造背景	区内构造主要以断裂构造为主,主要以北西向为主,北东向次之,北西向或北北西向断裂为控矿的区域构造	重要
矿床特征	控矿条件	与含矿有关的地层为下侏罗统南楼山组、玉兴屯组的安山质火山角砾岩、流纹质凝灰岩、含角砾凝灰岩、火山角砾岩、砂岩;北西向或北北西向断裂为控矿的区域构造	必要
	矿化蚀变特征	硅化、绢云母化、褐铁矿化、黄铁矿化等	重要
综合信息	地球化学	次生晕异常显示的特征元素组合为 Cu-Pb-Zn-Mo-Bi-As,主成矿元素 Cu 表现出较高的异常值,为(300~600)×10^{-6};原生晕中 Cu、Pb、Zn、As 反映明显,其中 Cu、As 晕带较宽,Pb、Zn 稍窄,晕带延伸方向与矿化蚀变带一致。垂直方向上原生晕含量由 As→Cu→Pb→Zn 依次递减,表明深处 As 既是主要的矿化剂元素,亦是热液型硫化物矿床的重要找矿标志	重要
	地球物理	重力:在 1∶5 万布格重力异常图上,有一条南北走向呈波状起伏的梯度带穿过区内中部,其西部重力场值高于东部。两侧局部重力异常多,大小规模不等,形态、走向各异。东北部分布有总体呈北西向、在中段发生东西向错动的重力梯度带,与南北走向梯度带在北部相交。重力高异常区地表分布有寒武系黄莺屯组变质岩、二叠系范家屯组浅海相陆源碎屑岩、火山碎屑岩,侏罗系南楼山组中酸性火山熔岩及其碎屑岩;重力低异常区主要为侏罗纪花岗岩分布区;两条重力异常梯度带与区域性断裂构造有关。磁测:本区磁场可分为两部分,一是以二道沟、活龙村、平安屯、中烟筒砬子、营椿村一线以东,航磁为一片平稳负磁场,并有局部异常。其余在八道河子、新开河、吉庆屯、南沟村等地为正磁场,局部异常呈团块状,强度一般 200~400nT,并有一些狭窄、尖锐、强度大的异常,如吉 C-72-158,强度大于 1500nT,经查证,异常由蚀变安山岩引起,其他异常主要与侏罗系南楼山组火山岩及侏罗纪—白垩纪侵入岩有关	重要
	重砂	预测工作区内重砂矿物组合异常显示较弱,无法圈定	次要
	遥感	柳河-吉林断裂带通过本区,有与隐伏岩体有关的复合环形构造,有浅色色调异常分布,矿区内及周围有铁染异常及羟基异常分布	次要
找矿标志		与含矿有关的地层为下侏罗统南楼山组、玉兴屯组的安山质火山角砾岩、流纹质凝灰岩、含角砾凝灰岩、火山角砾岩、砂岩地层;北西向或北北西向断裂为控矿的区域构造;硅化、绢云母化、褐铁矿化、黄铁矿化区域;Cu 元素地球化学异常的内带及多种组合元素叠加部位;重力高异常区;正磁场中高值异常区	重要

(2)预测模型同图 5-2-4。

5. 杜荒岭预测工作区

(1)预测要素。根据杜荒岭预测工作区区域成矿要素和地球化学、地球物理、遥感特征、重砂特征,确立了区域预测要素,见表 5-2-19。

(2)预测模型同图 5-2-4。

表 5-2-19 杜荒岭地区闹枝式火山岩型铜矿预测要素

预测要素		内容描述	预测要素类别
地质条件	岩石类型	安山岩、安山质角砾凝灰岩、安山质集块岩、安山质角砾岩、安山质凝灰角砾岩、闪长玢岩	必要
	成矿时代	早白垩世	必要
	成矿环境	位于晚三叠世—新生代东北叠加造山-裂谷系（Ⅰ），小兴安岭-张广才岭叠加岩浆弧（Ⅱ），太平岭-英额岭火山盆地区（Ⅲ），罗子沟-延吉火山盆地群（Ⅳ），近东西向百草沟-金仓断裂带之南部隆起区内，区内北西向断裂发育	必要
	构造背景	褶皱构造：仅在杜荒岭一带珲春组（Eh）中发育有比较宽缓的向斜构造；断裂构造：东西向断裂、南北向断裂、北西向断裂、北东向断裂，这些实测断裂多数延伸距离很短，而且分布相对比较分散	重要
矿床特征	控矿条件	下白垩统金沟岭组安山岩、安山质角砾凝灰岩、安山质集块岩、安山质角砾岩、安山质凝灰角砾岩、闪长玢岩为主要含矿层位和控矿层位，控矿的区域构造为东西向断裂、北东向断裂、北西向断裂及近东西向断裂	必要
	矿化蚀变特征	硅化、高岭土化、绿泥石化、绿帘石化、黄铁矿化、碳酸盐化、褐铁矿化、阳起石化等	重要
综合信息	地球化学	工作区属于亲石、碱土金属元素同生地球化学场，Cu 单元素异常具有分带清晰、浓集中心明显、异常规模较大、强度较高的基本特征，Cu 组合异常显示的元素组存在一定的复杂性，空间套合较紧密，构成较复杂元素组富集的叠生地球化学场，利于铜的迁移、成矿。Cu 的甲级综合异常规模较大，显示良好的成矿地质背景，空间上与分布的金、铜矿产积极响应，是矿致异常，同时为扩大找矿规模提供重要的化探依据。主要找矿指示元素为 Cu、Au、As、W、Mo、Bi，其中 Cu、Au 为近矿指示元素，As 为远程指示元素，尾部指示元素为 W、Mo、Bi	重要
	地球物理	重力：预测工作区位于吉林省东部重要成矿区，五凤-小西南岔-春化金、铜等多金属成矿带上。在区域布格重力异常图上，预测工作区中部是一条北西向的重力低值带，两端延出区外，低值带大体与下白垩统金沟岭组火山岩的分布一致，反映出中生代火山盆地的轮廓。从重力场走向上看，区内存在东西向、北西向、南北向 3 组断裂，金矿床矿点处于东西向和北西向梯度带上，反映了金矿床、矿点产于火山岩的边部或断裂带上。预测工作区东北部为一重力高异常，反映了古生代基底隆起。磁测：预测工作区磁场东部呈平稳降低的负磁场，西部逐渐升高。根据 1:25 万地质资料，区内除西部大面积分布的白垩系金沟岭组火山岩、火山碎屑岩，东部三叠系大兴沟组火山碎屑岩，二叠系解放村组碎屑岩类磁场较弱。其余晚三叠世二长花岗岩、花岗闪长岩、中酸性花岗岩类磁性较弱，磁场强度为−20～100nT。预测工作区中部东西向分布的团块状异常组成的异常带即复兴村、杜荒岭一带，航磁报告中推断由火山机构引起的磁异常，是岩浆热液型多金属成矿的有利部位	重要
	重砂	预测工作区内圈定 1 个金、白钨矿、磷灰石矿物组合异常，为 Ⅱ 级	次要
	遥感	长白-图们断裂带、珲春-杜荒子断裂带、鸡冠-复兴断裂带通过本区，有与隐伏岩体有关的复合环形构造，有浅色色调异常分布，矿区内及周围有铁染异常及羟基异常分布	次要
找矿标志		与含矿有关的地层及控矿的区域构造；硅化、高岭土化、绿泥石化、绿帘石化、黄铁矿化、碳酸盐化、褐铁矿化、阳起石化区域；Cu 元素地球化学异常的内带及多种组合元素叠加部位；重力低异常区；磁场较强区	重要

6. 刺猬沟-九三沟预测工作区

(1)预测要素。根据刺猬沟-九三沟预测工作区区域成矿要素和地球化学、地球物理、遥感特征、重砂特征,确立了区域预测要素,见表5-2-20。

(2)预测模型同图5-2-4。

表5-2-20　刺猬沟-九三沟地区闹枝式火山岩型铜矿预测要素

预测要素		内容描述	预测要素类别
地质条件	岩石类型	安山岩、英安岩、含角砾安山岩,次安山岩和次玄武岩	必要
	成矿时代	燕山早期	必要
	成矿环境	晚三叠世—中生代小兴安岭-张广才岭叠加岩浆弧(Ⅱ),太平岭-英额岭火山-盆地区(Ⅲ),罗子沟-延吉火山盆地群(Ⅳ)内,受北北东向图们断裂带与北西向嘎呀河断裂复合部位控制	必要
	构造背景	褶皱构造:在二叠系庙岭组存在有轴向近南北向的3个向斜构造和3个背斜构造,每个褶皱两翼倾角相对较陡,多在40°~70°之间,枢纽向南倾伏。在西部下白垩统大拉子组分布区存在一个向斜构造,褶皱轴向为北北西向,两翼倾角在20°~30°,枢纽近水平。断裂构造:区内的断裂构造比较发育,其中有东西向断裂、南北向断裂、北东向断裂和北西向断裂。区内的断裂具有多期多次活动的特点	重要
矿床特征	控矿条件	下白垩统刺猬沟组安山岩、英安岩、含角砾安山岩和金沟岭组次安山岩和次玄武岩为主要含矿层位和控矿层位;近东西向断裂、南北向断裂、北东向断裂和北西向断裂为区内的控矿断裂构造,其中北东向和北西向断裂的交会部位对成矿有利,控矿作用更为明显	必要
	矿化蚀变特征	主要矿化蚀变有黄铁矿化、硅化、绢云母化、绿泥石化等	重要
综合信息	地球化学	该区具有亲铁元素同生地球化学场的特征,主成矿元素Cu具有较好的Ⅱ级分带现象,Cu组合异常具有较复杂元素组分富集的特征,利于铜的迁移、富集;Cu综合异常显示良好的成矿条件和找矿前景,空间上与分布的矿产有一定的响应关系,是区内寻找铜矿的有望异常。主要的找矿指示元素有Cu、Au、Pb、Ag、As、Sb,其中Cu、Au、Pb、Ag是近矿指示元素,As、Sb是远程指示元素,尾部指示元素异常表现较差	重要
	地球物理	重力:预测工作区位于五凤-刺猬沟-小西南岔金铜多金属成矿带上。区内重力场呈北低南高、西低东高的趋势。在区域布格重力图上,西部为一北西向的重力低异常,北部较大范围的重力低异常,梯度带走向近东西向,反映了可能存在的东西向断裂。预测工作区东南部为一近南北向的重力高异常。在区域剩余重力异常图上,局部重力高异常及重力低异常十分清晰。从图上看,存在北西向、北东向及东西向断裂,刺猬沟金矿床、九三沟金矿床均处于东西向的梯度带上。与金属成矿密切相关的下白垩统刺猬沟组和金沟岭组火山岩处在重力低异常中。磁测:在预测工作区北部,即新兴村、磨盘山村、满河村、庙沟村一线以北,为强磁异常区,局部异常呈团块状或条带状分布。在预测工作区东部,异常呈北东向分布,在西部,异常多呈北西向分布,反映北东向和北西向的构造线异常对应中生代火山岩地层,岩性主要为安山岩类,磁性很强,异常最高强度达2400nT。本区火山岩地区是寻找金、铜等多金属矿的有利地区	重要
	重砂	预测工作区内圈定1个金、辰砂、毒砂、泡铋矿物组合异常,为Ⅰ级	次要
	遥感	智新-长安断裂带、春阳-汪清断裂带通过本区,有与隐伏岩体有关的复合环形构造,有浅色色调异常分布,矿区内及周围有铁染异常及羟基异常分布	次要
找矿标志		下白垩统刺猬沟组安山岩、英安岩、含角砾安山岩和金沟岭组次安山岩及次玄武岩为主要含矿层位和控矿层位;近东西向断裂、南北向断裂、北东向断裂和北西向断裂为区内的控矿断裂构造;其中北东向和北西向断裂的交会部位对成矿有利,控矿作用更为明显;Cu元素地球化学异常的内带及多种组合元素叠加部位;重力低异常中,强磁异常区	重要

7. 大黑山-锅盔顶子预测工作区

(1)预测要素。根据大黑山-锅盔顶子预测工作区区域成矿要素和地球化学、地球物理、遥感特征、重砂特征,确立了区域预测要素,见表5-2-21。

(2)预测模型见图5-2-4。

表 5-2-21　大黑山-锅盔顶子地区闹枝式火山岩型铜矿预测要素

预测要素		内容描述	预测要素类别
地质条件	岩石类型	安山质凝灰角砾岩、凝灰岩及少量流纹质凝灰角砾岩	必要
	成矿时代	早、中侏罗世	必要
	成矿环境	位于吉黑褶皱系,吉林优地槽褶皱带,吉中复向斜南部,上叠为滨太平洋陆缘活动带,长白山火山-深成岩带,大黑山断隆区	必要
	构造背景	东西向断裂构造	重要
矿床特征	控矿条件	南楼山组火山碎屑岩组成岩性包括安山质凝灰角砾岩、凝灰岩及少量流纹质凝灰角砾岩等,为含矿层位和控矿层位;东西向断裂构造为控岩构造,也是控矿构造	必要
	矿化蚀变特征	主要有钾长石化、绢云母化、黄铁绢英岩化、青磐岩化等	重要
综合信息	地球化学	预测工作区具有亲石、稀有、稀土元素同生地球化学场特点。主成矿元素Cu具有清晰的Ⅲ级分带和明显的浓集中心,异常强度很高、规模大。Cu组合异常具有较复杂元素组分富集的特点,利于铜的迁移、富集。主要的找矿指示元素为Cu、Pb、Ag、As、W、Mo、Bi,其中Cu、Pb、Ag是近矿指示元素,As是找矿的远程指示元素,W、Mo、Bi是评价矿体的尾部指示元素。Cu的综合异常显示优良的成矿条件及找矿前景,空间上与分布的钼矿产积极响应,为矿致异常,是区内扩大找矿规模的重要靶区	重要
	地球物理	重力:在布格重力异常图上,区内重力场处于由重力高异常向重力低异常过渡地带,大面积分布的火山岩和侵入岩重力特征接近,无明显差异。在预测工作区南部是一片东西向分布的重力高异常带,与区外连成一片,推断为古生代基底隆起。在五黑河子一带有一北东向的重力低异常,推断为一断陷带。 磁测:区内磁场有北高南低的趋势,异常走向大体呈北东向。在五间房、小城子、刘家沟一线以北,呈现100~200nT平缓波动的正磁场。南部是正负变化强度稍低的磁场。局部异常遍布全区。在头道沟、二道沟、黑石嘴村一带,分别是北东向、近南北向分布的基性、超基性岩强磁异常。而位于前撮落的大黑山钼(铜)矿处于负磁场中,对应弱磁性的中生代花岗岩。 预测工作区南部,局部异常出现在小取柴河村,大崴子西南沟、兴龙屯、草庙子村一带,异常主要反映了中生代火山岩及中酸性侵入岩,锅盔顶子铜矿及铜矿点处于南部磁场区的波动负磁场中	重要
	重砂	预测工作区内重砂矿物组合异常显示较弱,无法圈定	次要
	遥感	柳河-吉林断裂带、双阳-长白断裂带,有与隐伏岩体有关的复合环形构造,有浅色色调异常分布,矿区内及周围有铁染异常及羟基异常分布	次要
找矿标志		南楼山组火山碎屑岩组成岩性包括安山质凝灰角砾岩、凝灰岩及少量流纹质凝灰角砾岩等,为含矿层位和控矿层位;东西向断裂构造为控岩构造,也是控矿构造;Cu元素地球化学异常的内带及多种组合元素叠加部位;Cu元素的综合异常分布区;南部磁场区的波动负磁场中	重要

(三)侵入岩型

1. 红旗岭预测工作区

(1)预测要素。根据红旗岭预测工作区区域成矿要素和地球化学、地球物理、遥感特征、重砂特征，确立了区域预测要素，见表 5-2-22。

(2)预测模型见图 5-2-5。

表 5-2-22　红旗岭地区红旗岭式基性—超基性岩浆熔离-贯入型铜镍矿预测要素

预测要素		内容描述	预测要素类别
地质条件	岩石类型	辉长岩-辉石岩-橄榄岩型与斜方辉石岩-苏长岩型	必要
	成矿时代	225Ma 前后的印支中期	必要
	成矿环境	位于天山-兴蒙-吉黑造山带(Ⅰ)，包尔汉图-温都尔庙弧盆系(Ⅱ)，下二台-呼兰-伊泉陆缘岩浆弧(Ⅲ)，盘桦上叠裂陷盆地(Ⅳ)	必要
	构造背景	区域上受槽台两大构造单元接触带辉发河-古洞河超岩石圈断裂控制，是区域导岩构造，该断裂不仅是两构造单元的分界线，也是含镍基性—超基性侵入岩体的导岩(矿)构造，与之有成因联系的北西向次一级断裂为储岩(矿)构造	重要
矿床特征	控矿条件	与辉发河-古洞河超岩石圈断裂有成因联系的次一级北西向断裂是控岩控矿构造；含矿岩体为辉长岩-辉石岩-橄榄岩型与斜方辉石岩-苏长岩型的基性—超基性岩体	必要
	矿化蚀变特征	滑石化、次闪石化、黑云母化、皂石化、蛇纹石化、绢云母化等蚀变与矿化关系密切	重要
综合信息	地球化学	预测工作区具有亲铁元素同生地球化学场和亲石、稀有、稀土元素同生地球化学场的双重性质。主成矿元素 Cu 具有规模大、分带清晰、浓集中心明显、异常强度高的基本特征。异常组分复杂，主成矿元素 Cu、Ni 受后期伴生元素强烈的叠加改造，形成较复杂组分含量叠生地球化学场，并在其中富集成矿。以 Cu 元素为主体的组合异常组分复杂，空间套合紧密，形成较复杂组分含量富集区，利于铜的成矿。找矿主要指示元素为 Cu、Mo、Bi、Au、Ni、Co、Cr、As、Sb、Hg、Ag。其中，Cu、Ni、Co、Cr、Au 是近矿指示元素；Mo、Bi 是评价矿床的尾部指示元素；As、Sb、Hg、Ag 为找矿远程指示元素。Cu 元素甲级综合异常规模较大，与分布的矿产积极响应，是优质的矿致异常，其异常范围可为扩大典型矿床的找矿规模提供依据	重要
	地球物理	重力：区内重力场表现为东部低、西部高。在区内西部红旗岭一带为重力高异常，呈北西向分布，与寒武系黄莺屯组、奥陶系小三个顶子岩组吻合。区内中型铜镍矿床及小型铜镍矿床集中分布在重力高异常梯度带上。在预测工作区西部主要是一条北东向的重力低异常，该重力低异常反映了辉发河中生代断陷盆地。在西半截河—小呼兰一带重力低异常，反映了燕山期二长花岗岩体。区内断裂构造发育，在布格重力异常图上，有北东向、北西向及东西向断裂，北东向断裂为辉发河大断裂的一部分，为区内控矿构造，在预测工作区西部北西向断裂与岩体分布方向一致，为控岩断裂。在工作区南部黑石镇附近，有一条东西向断裂，断裂以南为大片重力高异常，推测与太古宙变质岩有关，其北侧为重力低异常，推测与侵入岩有关，区内红旗岭大型铜镍矿床分布于该断裂带上。 磁测：预测工作区位于辉发河深断裂北侧，槽区南缘。沿辉发河断裂带沉积的中生代地层，航磁以负磁场为主要特征。燕山期花岗岩及二长花岗岩遍布全区，航磁主要为低缓异常或负异常。在西部异常方向呈北西向分布，主要与北西向的断裂构造有关。在东部，异常多呈北东向，与辉发河深断裂的方向一致。区内构造线方向为北西向及北东向，北西向断裂为北东向断裂的次级构造，控制基性—超基性岩体分布，也是区内铜镍矿的控矿构造。基性—超基性岩体分布在负磁场中规模较小、强度不大的局部异常中	重要

续表 5-2-22

预测要素		内容描述	预测要素类别
综合信息	重砂	预测工作区内圈定 2 个金、白钨矿、辰砂、磁铁矿、黄铁矿矿物组合异常,均为Ⅰ级	次要
	遥感	敦化-密山岩石圈断裂附近的次级断裂是重要的铜矿产容矿构造,有与隐伏岩体有关的复合环形构造,有浅色色调异常分布,脆—韧性变形趋势带分布,矿区内及周围有铁染异常及羟基异常分布	次要
找矿标志		与辉发河-古洞河超岩石圈断裂有成因联系的次一级北西向断裂;辉长岩-辉石岩-橄榄岩型与斜方辉石岩-苏长岩型岩体;地球物理场重力线性梯度带,或异常存在或中等强度磁异常;地球化学场,Cu、Ni、Co 元素高异常,Cu 元素甲级综合异常规模较大,与分布的矿产积极响应,是优质的矿致异常,其异常范围可为扩大典型矿床的找矿规模提供依据;重力高异常梯度带上;负磁场中规模较小、强度不大的局部异常中	重要

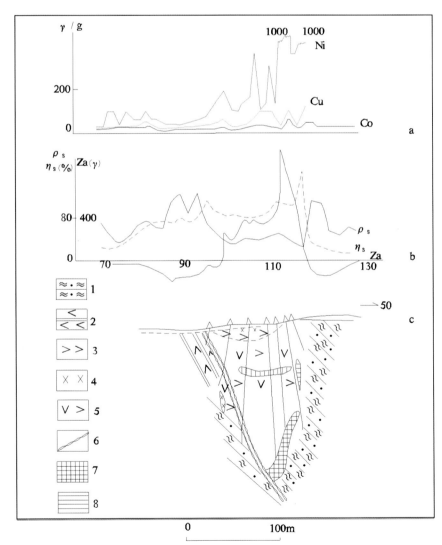

图 5-2-5 红旗岭式基性—超基性岩浆熔离-贯入型铜镍矿预测模型图
a.化探 Ni、Cu、Co 异常线;b.激电中梯视电阻率、视极化率曲线及地磁异常曲线;c.地质剖面图;
1.黑云母片麻岩;2.角闪片岩;3.辉岩;4.辉长岩;5.辉橄岩;6.破碎带;7.工业矿体;8.上悬矿体

2. 漂河川预测工作区

(1)预测要素。根据漂河川预测工作区区域成矿要素和地球化学、地球物理、遥感特征、重砂特征，确立了区域预测要素，见表5-2-23。

(2)预测模型见图5-2-6。

表 5-2-23 漂河川地区红旗岭式基性—超基性岩浆熔离-贯入型铜镍矿预测要素

预测要素		内容描述	预测要素类别
地质条件	岩石类型	主要为斜长角闪橄辉岩、含长角闪橄辉岩、斜长角闪辉岩,及含长橄辉岩等	必要
	成矿时代	铜镍硫化物矿床的形成时间晚于含矿岩体,为225Ma前后的印支中期	必要
	成矿环境	位于天山-兴蒙-吉黑造山带(Ⅰ),包尔汉图-温都尔庙弧盆系(Ⅱ),下二台-呼兰-伊泉陆缘岩浆弧(Ⅲ),盘桦上叠裂陷盆地(Ⅳ)内	必要
	构造背景	区内构造主要以断裂构造为主,其展布方向以北东向为主,北西向次之,矿体主要受控于二道甸子-暖木条子轴向近东西向背斜北翼,大体沿大河深组与范家屯组接触带展布	重要
矿床特征	控矿条件	矿体主要受控于二道甸子-暖木条子轴向近东西向背斜北翼,大体沿大河深组与范家屯组接触带展布,控矿岩体为斜长角闪橄辉岩、含长角闪橄辉岩、斜长角闪辉岩,及含长橄辉岩基性—超基性岩体	必要
	矿化蚀变特征	含矿石英脉主要表现为黄铜矿化、黄铁矿化、云英岩化、褐铁矿化、辉锑矿化等,而围岩中则发育黄铁矿化、硅化、碳酸盐化、绢云母化、绿泥石化等蚀变	重要
综合信息	地球化学	预测工作区具有亲铁元素同生地球化学场和亲石、稀有、稀土元素同生地球化学场的双重性质。异常组分复杂,形成较复杂组分含量富集的叠生地球化学场,是成矿的主要异常区。主成矿元素Cu具有异常规模较大、分带清晰、浓集中心明显的基本特征。Cu元素组合异常中,空间上组分异常套合紧密,显示出高、中、低温复杂的矿化过程。Cu元素甲级综合异常与分布的矿产积极响应,具有优良的成矿背景和找矿条件,是进一步找矿的重要依据。Cu元素综合异常具有明显的水平分带现象,内带为Au、Mo,中带为Pb、Zn、Cr、W、Ni、Co,外带为As、Sb。主要的找矿指示元素为Cu、Au、Pb、Zn、Ni、Co、Cr、As、Sb、W、Mo。其中Cu、Au、Pb、Zn、Ni、Co、Cr为近矿指示元素,As、Sb为远程指示元素,W、Mo主要用于评价矿化的剥蚀程度	重要
	地球物理	重力:在布格重力异常图上,出现2处重力低异常,主要反映了中生代断陷盆地。重力高异常也有2处:1处在区内西部,呈近东西向分布,为寒武系变质岩的反映,在重力高异常的边部有二道甸子大型金矿分布,在重力高异常向重力低异常过渡的梯度带上有小型铜镍矿床分布;另一重力高异常在区内东北部近东西向分布,反映了寒武系黄莺屯组。两重力高异常之间的重力低异常是燕山期侵入岩的分布区。磁测:在1:5万航磁化极图上,出现大面积负异常,构成区内背景场,对应岩性为侏罗纪花岗闪长岩侵入体和古生代变质岩地层及老地层,比花岗岩体上磁场更低。预测工作区东部寒葱沟村—新立屯一带,有一条东西向的异常带,最高强度在200nT以上,与中基性侵入岩有关。预测工作区中西部,西南岔-蛇岭沟一带,有一条北东向的异常带,异常连续性差,强度在100~200nT之间。异常与玄武岩分布区吻合,推测异常由玄武岩引起。预测工作区东南部,八道河子以南,异常呈带状或团块状,梯度较陡,强度200~400nT,异常与玄武岩有关	重要

续表 5-2-23

预测要素		内容描述	预测要素类别
综合信息	重砂	预测工作区内圈定 1 个白钨矿、独居石、黄铁矿重砂矿物组合异常	次要
	遥感	敦化-密山岩石圈断裂附近的次级断裂是重要的铜矿产容矿构造，有与隐伏岩体有关的复合环形构造，有浅色色调异常分布，脆—韧性变形趋势带分布，矿区内及周围有铁染异常及羟基异常分布	次要
找矿标志		矿体主要受控于二道甸子-暖木条子轴向近东西向背斜北翼，大体沿大河深组与范家屯组接触带展布；辉长岩类、斜长辉岩类、闪辉岩类基性岩体控矿；石英脉及围岩中的矿化蚀变特征是很好的找矿标志；Cu 元素甲级综合异常分布区是进一步找矿的重要依据；负磁场中规模较小、强度不大的局部异常中	重要

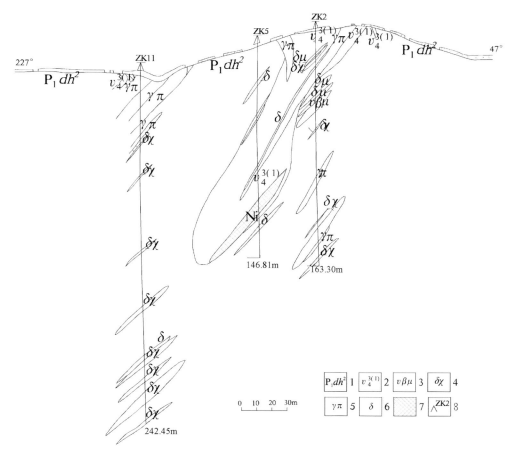

图 5-2-6 漂河川地区红旗岭式基性—超基性岩浆熔离-贯入型铜镍矿预测模型图

1. 黑云母石英片岩；2. 角闪辉长岩；3. 辉绿辉长岩；4. 斜长煌斑岩；5. 花岗斑岩；6. 闪长岩；7. 矿体；8. 钻孔及编号

3. 赤柏松-金斗预测工作区

（1）预测要素。根据赤柏松-金斗预测工作区区域成矿要素和地球化学、地球物理、遥感特征、重砂特征，确立了区域预测要素，见表 5-2-24。

（2）预测模型见图 5-2-7。

表 5-2-24 赤柏松-金斗地区赤柏松式铜镍硫化物型铜镍矿预测要素

预测要素		内容描述	预测要素类别
地质条件	岩石类型	变质辉长岩、橄榄苏长辉长岩、二辉橄榄岩、变质辉绿岩、正长斑岩等	必要
	成矿时代	元古宙早期,2240～1960Ma	必要
	成矿环境	前南华纪华北东部陆块(Ⅱ),龙岗-陈台沟-沂水前新太古代陆核(Ⅲ),板石新太古代地块(Ⅳ)内的二密-英额布中生代火山-岩浆盆地的南侧	必要
	构造背景	分布在穹状背形的核部的北东向或北北东向断裂构造是本区控岩、控矿构造。本溪-浑江超岩石圈断裂为控制区域基性—超基性岩浆活动的导矿构造,区域基性岩体沿断裂古隆起一侧,分段(群)集中分布。基底穹隆核部断裂构造控制基性—超基性岩产状、形态等特征	重要
矿床特征	控矿条件	岩浆控矿:分布本区古元古代基性—超基性岩,为有利成矿地质体。复式岩体是构造多次活动、岩浆多次侵入产物,多形成大而富矿床,单式岩体分异完善,基性程度越高,对形成熔离型矿床越有利。就地熔离矿体一般位于岩体底部或下部,深源液态分离贯入型矿体多位于先期侵入岩体底部、边部或近侧围岩中。 构造控矿:分布在穹状背形的核部的北东向或北北东向断裂构造是本区控岩、控矿构造;本溪-浑江超岩石圈断裂为控制区域基性—超基性岩浆活动的导矿构造	必要
	矿化蚀变特征	Ⅰ号岩体从不含矿岩相到含矿岩相,黑云母的含量由 1.5%增长到 5%,在贯入型矿石中金属硫化物周围分布有黑云母等,这是一种钾化的表现,次闪石化在含矿的岩体边部较为发育	重要
综合信息	地球化学	预测工作区具有亲石、稀有、稀土元素同生地球化学场和亲铁元素同生地球化学场的双重特征。主成矿元素 Cu 具有清晰的Ⅲ级分带和明显的浓集中心,异常强度较高,内带值达到 39×10^{-6}。Cu 元素组合异常在亲铁元素同生地球化学场的基础上,由于叠加改造作用,形成较复杂元素组分的叠生地球化学场,利于铜的迁移、富集和成矿。Cu 元素的综合异常具有良好的成矿条件和找矿前景,空间上与分布的矿产积极响应,是成矿的具体体现。找矿的主要指示元素有 Cu、Ni、Co、Mn、Au、W、Sn、Mo。近矿指示元素为 Cu、Ni、Au,尾部指示元素为 Co、Mn、W、Sn、Mo	重要
	地球物理	重力:赤柏松大型硫化铜镍矿床处在弧形重力高异常带东段中部南侧南北向椭圆状剩余局部重力高异常中心。在剩余重力异常图上,异常特征更为明显,矿床处于以 2×10^{-5} m/s² 异常值圈定的椭圆状剩余重力高异常中心,异常长 4.4km,宽 2.5km,椭圆状剩余重力高异常最大值略大于 3×10^{-5} m/s²。赤柏松铜镍矿床处于北东向、北北东向重力梯度带交会部位,推断有断裂构造在此交会。新安小型铜镍矿床位于赤柏松铜镍矿床西南 5.7km,处于南部重力低异常北部边缘梯度带内侧。赤柏松基性—超基性岩群沿北西方向雁行排列和平行排列,是引起重力高异常带上的局部重力高异常的主要因素。 磁测:预测工作区处于龙岗断块南部,出露岩层主要是龙岗群深变质岩系,对应航磁是一条高值异常带。在徐家大沟、广信村、金斗、暴家沟一带。局部异常多为南北向分布,一般值在 400～500nT 之间,最高值大于 800nT。异常带对应太古宙片麻岩,高值部分与基性岩吻合。小赤松附近含铜、镍矿的超基性岩体,磁场强度在 500～600nT 之间。异常带南部虎马岭村附近,局部异常呈近东西向条状及团块状分布,最高异常值 850nT。经查证,为玄武岩引起	重要
	重砂	预测工作区内圈定 1 个金、黄铜矿、辰砂、重晶石重砂矿物组合异常,异常等级为Ⅱ级	次要
	遥感	大川-江源断裂带通过本区,有与隐伏岩体有关的复合环形构造,有浅色色调异常分布,矿区内及周围有铁染异常及羟基异常分布	次要
找矿标志		古元古代基性—超基性岩分布区,本溪-浑江超岩石圈断裂分布区;Cu 的综合异常特别是甲级综合异常分布区具有良好的成矿条件和找矿前景;重力高异常地区;局部磁异常中的高值区	重要

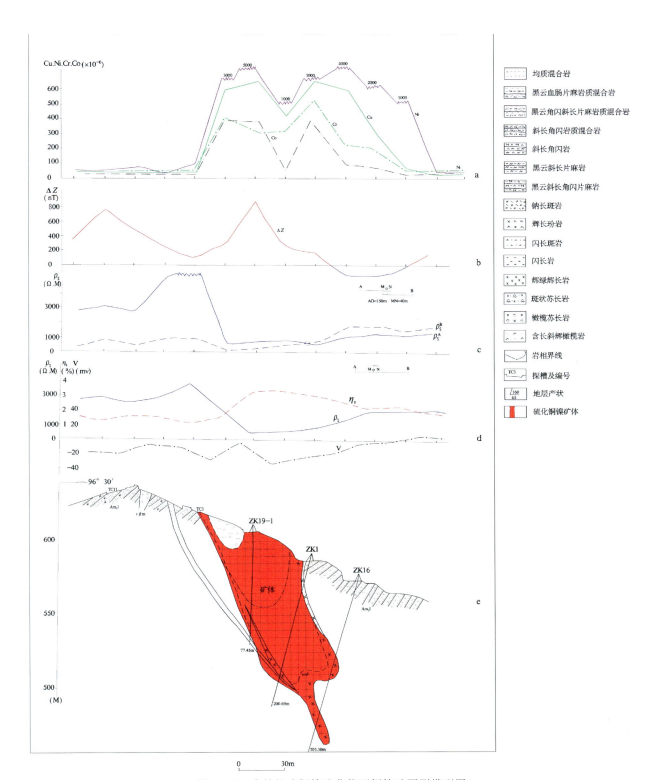

图 5-2-7 赤柏松式铜镍硫化物型铜镍矿预测模型图
a.化探异常图；b.地磁剖面图；c.联剖视电阻率图；d.激电中间梯度联剖视极化率、视电阻率图；e.地质剖面图

4. 长仁-獐项预测工作区

(1) 预测要素。根据长仁-獐项预测工作区区域成矿要素和地球化学、地球物理、遥感特征、重砂特征，确立了区域预测要素，见表5-2-25。

(2) 预测模型同图5-2-5。

表5-2-25　长仁-獐项地区红旗岭式基性—超基性岩浆熔离-贯入型铜镍矿预测要素

预测要素		内容描述	预测要素类别
地质条件	岩石类型	辉石岩、含长辉石岩、橄榄二辉岩；辉石橄榄岩、含长辉石橄榄岩、橄榄辉石岩、辉橄岩；斜长辉石岩、辉石岩、辉石橄榄岩；角闪辉石岩、橄榄辉石岩、辉石岩、辉石橄榄岩、辉长岩	必要
	成矿时代	加里东晚期	必要
	成矿环境	位于天山-兴蒙-吉黑造山带（Ⅰ），包尔汉图-温都尔庙弧盆系（Ⅱ），清河-西保安-江域岩浆弧（Ⅲ）	必要
	构造背景	褶皱构造：区内只发育有1个褶皱构造——长仁向斜构造； 断裂构造：区内的断裂比较发育，其中主要有东西向断裂、北西向断裂和北东向断裂，其中北西向断裂为著名的古洞河大断裂的一部分。古洞河断裂是区内唯一活动时间长、期次多、规模大、切割深的导岩构造；沿古洞河断裂以及北东向断裂附近发育的北西向及北东向两组扭性断裂，以控制闪长岩体为主。沿古洞河断裂及苍田-东丰深断裂两侧，以北北东或近南北向压扭—扭张性断裂为主，控制辉长岩体；北北东向（或近南北向）及北西向两组扭性断裂，规模小，分布较密集，控制矿区基性—超基性岩体	重要
矿床特征	控矿条件	区域赋岩岩体主要为辉石岩、含长辉石岩橄榄二辉岩；辉石橄榄岩、含长辉石橄榄岩、橄榄辉石岩、辉橄岩；斜长辉石岩、辉石岩、辉石橄榄岩；角闪辉石岩、橄榄辉石岩、辉石岩、辉石橄榄岩、辉长岩基性—超基性岩体。本区控矿构造为沿古洞河断裂及苍田-东丰深断裂两侧，以北北东向或近南北向压扭—扭张性断裂，北北东向（或近南北向）及北西向两组扭性断裂，该期构造控制的岩体与成矿关系密切	必要
	矿化蚀变特征	基性—超基性岩体的蚀变以自蚀变为主，主要有蛇纹石化、次闪石化、绿泥石化、滑石化、金云母化，多分布在岩体底部、中部辉石橄榄岩相中，与铜，镍矿化关系密切	重要
综合信息	地球化学	预测工作区属于亲铁元素同生地球化学场和亲石、碱土金属元素同生地球化学场。主成矿元素Cu具有分带清晰、浓集中心明显、异常强度较高的基本特征。以Cu为主体的组合异常，空间套合紧密，形成较复杂元素组分的叠生地球化学场，并显示铜主要在中—高温的地球化学环境中富集成矿。Cu元素甲级综合异常具备优良的成矿地质背景和成矿条件，空间上与分布的矿产积极响应，是元素富集成矿的具体表象，其异常范围为进一步扩大找矿规模提供化探依据。找矿的主要指示元素为Cu、Au、Pb、Zn、Ni、Mo、Bi；近矿指示元素为Cu、Au、Pb、Zn；尾部元素为Ni、Mo、Bi	重要
	地球物理	重力：在区域布格重力异常图上，预测工作区处于重力低异常中，尤其是区内中部，为一条明显的北西向重力低异常，主要反映了北西向的断陷带。预测工作区南部是东西向的梯度带，但在西端向北转弯，近南北向分布。区内北部和东部梯度带走向为北西向和北北西向。从梯度带的走向看，区内断裂构造较发育，主要为北西向、北北西向，以及局部的东西向、南北向。北西向断裂为区内主要断裂，为古洞河深大断裂的一部分，是区内主要控岩控矿构造，长仁-獐项附近的北北西向断裂为区内控矿断裂。 磁测：预测工作区处于富尔河-古洞河深大断裂带上，沿该断裂带岩浆活动频繁，形成不同期次岩体。如新太古代甲山岩体，寒武纪孟山北沟岩体，晚二叠世—早三叠世小蒲岩体，早侏罗世榆树川岩体及基性—超基性岩体等。对应区内磁场异常方向为北西向，磁场由平缓负异常—低缓正异常变化，岩体之间磁性差异不大。基性—超基性岩异常呈北西向或北东向分布，受深大断裂的次级断裂控制	重要

续表 5-2-25

预测要素		内容描述	预测要素类别
综合信息	重砂	预测工作区内圈定1个磁铁矿、黄铁矿、白钨矿、方铅矿重砂矿物组合异常,为Ⅱ级	次要
	遥感	华北地台北缘断裂带附近的次级断裂是重要的铜矿产的成矿构造;有与隐伏岩体有关的复合环形构造,有浅色色调异常分布,矿区内及周围有铁染异常及羟基异常分布	次要
找矿标志		区域基性—超基性岩体分布区,基性—超基性岩体的蚀变以自蚀变为主,主要有蛇纹石化、次闪石化、绿泥石化、滑泥石化、金云母化,多分布在岩体底部、中部辉石橄榄岩相中,与铜、镍矿化关系密切,可作为找矿标志	重要

5. 小西南岔-杨金沟预测工作区

(1)预测要素。根据小西南岔-杨金沟预测工作区区域成矿要素和地球化学、地球物理、遥感特征、重砂特征,确立了区域预测要素,见表 5-2-26。

(2)预测模型见图 5-2-8。

表 5-2-26　小西南岔-杨金沟地区小西南岔式斑岩型铜金矿预测要素

预测要素		内容描述	预测要素类别
地质条件	岩石类型	闪长岩、闪长玢岩、花岗斑岩	必要
	成矿时代	燕山期	必要
	成矿环境	位于晚三叠世—新生代东北叠加造山-裂谷系(Ⅰ),小兴安岭-张广才岭叠加岩浆弧(Ⅱ),太平岭-英额岭火山-盆地区(Ⅲ),罗子沟-延吉火山-盆地群(Ⅳ)	必要
	构造背景	褶皱构造:区内仅在五道沟群中发育有残破的向斜构造,向斜核部为香房子组。东翼为杨金沟组,西翼为杨金沟组和马滴达组,向斜枢纽向南西倾伏; 断裂构造:区内断裂十分发育,其中有东西向、北北东向、北西向和南北向断层。4组断裂的交会部位是成矿最有利的部位,具体地说北北东向断裂和东西向断裂是控矿构造,北西向断裂是容矿构造	重要
矿床特征	控矿条件	区内的断裂构造十分发育,北北东向断裂和东西向断裂是控矿构造,北西向断裂是容矿构造。铜矿床与海西期闪长岩和燕山期闪长玢岩、花岗斑岩有关,Cu 的矿物组分部分来源于五道沟群变质岩系中,主要来源于海西期至燕山期的中性、酸性岩浆,多期、多次岩浆活动富集成矿	必要
	矿化蚀变特征	矿化蚀变有黄铁矿化、黄铜矿化、褐铁矿化、硅化、绢云母化、黑云母化、绿帘石化、绿泥石化、钾长石化、高岭土化、阳起石化、碳酸盐化等	重要
综合信息	地球化学	预测工作区属于亲石、碱土金属元素为主的同生地球化学场,并具有亲铁元素同生地球化学场的特点。主成矿元素 Cu 具有清晰的Ⅲ级分带,明显的浓集中心和较高的异常强度,铜极值为 $92×10^{-6}$,是铜富集成矿的结果。以 Cu 为主体的组合异常组分复杂,Cu、Au、Pb、Zn、Ag、As、Sb、Hg、W、Sn、Bi、Mo 等共同构成复杂元素组分富集的叠生地球化学场。珲春小西南岔铜金矿,珲春杨金沟及铜、金矿点即落位其中。综合异常具有明显的水平分带特征,内带中有 W、Sn、Bi、Mo,中带为 Au、Pb、Zn、Ag、As、Sb、Hg,外带主要为 As、Sb、Hg,并且落位在成矿条件优良的地质背景上,与分布的矿产具有积极的响应关系。找矿指示元素为 Cu、Au、Pb、Zn、Ag、As、Sb、Hg、W、Sn、Bi、Mo。其中,As、Sb、Hg 为远程指示元素;Cu、Au、Pb、Zn、Ag 为近矿指示元素;W、Sn、Bi、Mo 是成矿评价的尾部指示元素。铜成矿主要经历了高、中、低温复杂的成矿过程,以高、中温阶段最为富集	重要

续表 5-2-26

预测要素		内容描述	预测要素类别
综合信息	地球物理	重力：区内重力曲线走向主要为南北向。在区域布格重力异常图上，梯度带呈南北走向，密集分布，小西南岔大型金铜矿床位于梯度带上，其西部为重力低异常，东西向为重力高异常。南北向梯度带反映了小西南岔-四道沟断裂带，该断裂形成于古生代末，中生代再次活动，沿断裂带海西期中基性岩呈串珠状展布，燕山期闪长岩、花岗岩侵入，并控制了春化-四道沟中间凸起，是区内重要的控矿构造。在剩余重力异常图上，形态更清晰，南北向重力高异常反映了古生代基底隆起，两侧的重力低异常反映了海西期、燕山期闪长岩，花岗闪长岩等中酸性岩体。区内金矿床、矿点主要分布在重力梯度带上。 磁测：杨金沟——大北沟是区内大体呈北东向的高磁异常带分布区。高值异常主要与闪长花岗岩有关。在高值航磁异常范围内有一条南北向分布的低缓异常带，对应寒武系—奥陶系变质岩组成的春化-四道沟中间凸起。位于小西南岔至区外的马滴达一带，由一套海底火山-碎屑岩建造组成。在该地层中发现大量的金铜矿化及化探组合异常，是区内金铜矿等多金属矿产的主要矿源层	重要
	重砂	预测工作区内圈定 1 个金、白钨矿、黄铁矿、方铅矿重砂矿物组合异常，异常等级为Ⅰ级	次要
	遥感	鸡冠-复兴断裂带、珲春-杜荒子断裂带与其他方向断裂交会部分，为铜-多金属矿产形成的有利部位。有与隐伏岩体有关的复合环形构造、浅色色调异常分布、脆—韧性变形趋势带，矿区内及周围有铁染异常及羟基异常分布	次要
找矿标志		区域海西期闪长岩和燕山期闪长玢岩、花岗斑岩分布区；断裂的交会部位；黄铁矿化、黄铜矿化、褐铁矿化、硅化、绢云母化、黑云母化、绿帘石化、绿泥石化、钾长石化、高岭土化、阳起石化、碳酸盐化等蚀变区域；Cu 元素综合异常具备良好的成矿地质背景和成矿条件，空间上与分布的矿产积极响应，是元素富集成矿的具体表象，其异常范围为进一步扩大找矿规模提供化探依据；重力梯度带；高磁异常区	重要

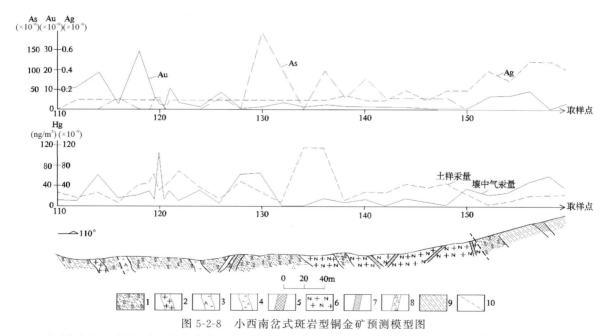

图 5-2-8　小西南岔式斑岩型铜金矿预测模型图

1.二云石英片岩；2.花岗斑岩；3.闪长玢岩；4.闪长岩；5.矿体；6.斜长花岗岩；7.石英脉；8.破碎带；9.黑云片岩；10.推测断层

6. 农坪-前山预测工作区

（1）预测要素。根据农坪-前山预测工作区区域成矿要素和地球化学、地球物理、遥感特征、重砂特征，确立了区域预测要素，见表 5-2-27。

（2）预测模型同图 5-2-8。

表 5-2-27　农坪-前山地区小西南岔式斑岩型铜金矿预测要素

预测要素		内容描述	预测要素类别
地质条件	岩石类型	闪长岩、花岗闪长岩	必要
	成矿时代	海西期	必要
	成矿环境	位于晚三叠世—新生代东北叠加造山-裂谷系（Ⅰ），小兴安岭-张广才岭叠加岩浆弧（Ⅱ），太平岭-英额岭火山-盆地区（Ⅲ），罗子沟-延吉火山-盆地群（Ⅳ）	必要
	构造背景	褶皱构造：预测工作区内在五道沟群中发育有残破的向斜构造，向斜核部为香房子组，东翼为杨金沟组，西翼为杨金沟组和马滴达组，向斜枢纽向南西倾伏； 断裂构造：预测工作区内断裂较发育，主要有东西向、北东向和南北向断层； 环形构造：预测工作区内环形构造较发育，见有多处，其中位于柳树河子、白虎山和烟筒砬子村的环形构造，其内见有铜矿床	重要
矿床特征	控矿条件	控矿断裂构造：区内断裂较发育，有东西向断裂、北北东向断裂、南北向断裂，已知铜矿床、矿点、矿化点均受上述3组断裂构造控制，断裂的交会部位是成矿最有利的部位，已知大型铜矿床处在断裂的交会部位。中二叠世闪长岩和晚三叠世花岗闪长岩是矿体的直接围岩之一，该两期岩浆热液可能带来成矿的 Au、Cu 的有益组分	必要
	矿化蚀变特征	主要的矿化蚀变有黄铁矿化、黄铜矿化、褐铁矿化、硅化、绢云母化、黑云母化、绿帘石化、绿泥石化、钾长石化、高岭土化、阳起石化、碳酸盐化等	重要
综合信息	地球化学	预测工作区属于亲石、碱土金属元素为主的同生地球化学场。主要成矿元素 Cu 具有分带清晰、浓集中心明显和异常强度高的基本特征，极大值达到 $101×10^{-6}$。以 Cu 为主体的组合异常，组分复杂，形成较复杂元素组分富集的叠生地球化学场，利于铜的富集成矿。Cu 元素的甲、乙级综合异常具有良好的成矿条件和扩大找矿前景，空间上与分布的铜矿产积极响应，是成矿的结果。Cu 元素综合异常具有明显的分带现象，即内带为 W、Mo、Bi，中带和外带为 Au、As。铜的富集成矿主要经历高、中温阶段	重要
	地球物理	重力：预测工作区位于五凤-小西南岔和马滴达-春化金、铜多金属成矿带上。在区内重力场中，梯度带走向为南北向、东西向、北东东向和北西向，反映了南北向、东西向等不同方向的断裂。以南北向断裂最长，南起闹枝沟，向北至小西南岔延出预测工作区。沿断裂古生代地层呈南北向展布，并有闪长岩及次火山岩分布，是区内岩浆活动的重要通道。并且沿断裂矿化蚀变明显，地表有套合较好的化探异常，有大型金铜矿及金矿点，是区内重要的控矿构造。 磁测：从区内磁场形态看，除北部马营附近有1处强异常带外，其余均为负异常或低缓异常，强磁异常与晚二叠世闪长岩有关。区内大面积出露晚三叠世中酸性花岗岩，主要对应低缓正异常及负异常。二叠纪海陆交互相碎屑岩无磁性，航磁表现为负异常，分布在一松亭村至八道沟一带，而在与花岗岩接触部位往往形成局部异常	重要
	重砂	预测工作区内圈定1个金、白钨矿、黄铁矿矿物组合异常，异常等级为Ⅱ级	次要
	遥感	珲春-杜荒子断裂带、敦化-杜荒子断裂带与其他方向断裂交会部位，为铜矿产形成的有利部位。有与隐伏岩体有关的复合环形构造、浅色色调异常分布、脆—韧变形趋势带，矿区内及周围有铁染异常及羟基异常分布	次要
找矿标志		东西向断裂、北北东向断裂、南北向断裂3组断裂的交会部位是成矿最有利的部位；中二叠世闪长岩和晚三叠世花岗闪长岩分布；主要矿化蚀变带；Cu 元素综合异常是元素富集成矿的具体表象，其异常范围为进一步扩大找矿规模提供化探依据；重力梯度带；强磁异常中	重要

7. 正岔-复兴屯预测工作区

(1) 预测要素。根据正岔-复兴屯预测工作区区域成矿要素和地球化学、地球物理、遥感特征、重砂特征,确立了区域预测要素,见表5-2-28。

(2) 预测模型同图5-2-8。

表5-2-28 正岔-复兴屯地区二密式斑岩型铜矿预测要素

预测要素		内容描述	预测要素类别
地质条件	岩石类型	早白垩世花岗斑岩,还有较发育的钠长斑岩、闪长斑岩、闪长玢岩等脉岩	必要
	成矿时代	主成矿期为燕山早期	必要
	成矿环境	位于前南华纪华北东部陆块(Ⅱ),胶辽吉古元古代裂谷带(Ⅲ),集安裂谷盆地(Ⅳ)	必要
	构造背景	区内的构造较为复杂,断裂构造很发育,其中有近东西向断裂,北东向—北北东向断裂和北西向断裂,以北东向—北北东向断裂最为发育	重要
矿床特征	控矿条件	控矿岩体主要为早白垩世花岗斑岩,还有较发育的钠长斑岩、闪长斑岩、闪长玢岩等脉岩;区内的构造较为复杂,断裂构造很发育,其中有近东西向断裂,北东—北北东向断裂和北西向断裂,其中以北东—北北东向断裂最为发育,亦是区内铜、多金属矿产最重要的控矿构造和容矿构造	必要
	矿化蚀变特征	碳酸盐化、硅化、黄铁矿化、绿泥石化、重晶石化、阳起石化、钾化等	重要
综合信息	地球化学	工作区具有亲石、稀有元素、稀土元素同生地球化学场和亲铁元素同生地球化学场的双重特征。主要成矿元素Cu具有清晰的Ⅲ级分带和明显的浓集中心,异常强度较高,达到$76×10^{-6}$。Cu元素组合异常形成较复杂元素组分富集的叠生地球化学场,显示出伴生元素对铜的强烈叠加改造作用。主要找矿指示元素有Cu、Au、Pb、Zn、Ag、As、W、Bi,其中Cu、Au、Pb、Zn、Ag为近矿指示元素,As为远程指示元素,W、Bi为评价成矿的尾部指示元素。铜成矿主要形成于高—中—低温复杂的成矿地球化学环境	重要
	地球物理	重力:在1:5万布格重力异常图上,区内全部为负重力场区。在花甸—清河有一条总体以北东走向为主的重力梯度带,其中段沿北西方向有较大错动、转折,错动距离约6.7km,两个转折处集中分布有金矿床、金银矿、铜金矿及硼矿等中、小型矿床。重力高异常区对应密度较高的古元古界集安岩群荒岔沟岩组、大东岔岩组老变质岩分布区。重力低异常区对应密度较低的古元古代花岗岩分布区;西岔金矿床、金厂沟金矿床、正岔铅锌矿床及复兴屯铜、金矿所在处的两处剩余重力低异常均为已知晚印支期复兴村二长花岗岩、石英闪长岩岩体所引起。 磁测:从预测工作区航磁化极图上可以看出,预测工作区磁场大体可分为两部分。西起青岭,沿高丽道沟—东沟村—东岔沟—獐子沟一线以南为高背景强磁场区。异常大体呈东西向分布,岩性为侏罗纪火山岩。背景场由大面积分布的古元古代侵入岩磁场构成。北部异常区以起伏不大的负异常为特征,其岩性由古中元古界集安岩群和老岭岩群中浅变质岩系组成,磁性除个别岩性外,均较弱。而局部异常则由中酸性侵入体或由隐伏岩体引起。在多金属矿区,磁异常都有较明显的反映,但复兴屯铜、金矿反映不明显	重要
	重砂	预测工作区内圈定3个金、方铅矿、重晶石、辰砂重砂矿物组合异常,其中1个Ⅰ级,2个Ⅲ级	次要
	遥感	头道-长白山断裂带、大川-江源断裂带、大路-仙人桥断裂带经过本区,有与隐伏岩体有关的复合环形构造,有浅色色调异常分布,矿区内及周围有铁染异常及羟基异常分布	次要
找矿标志		复兴屯闪长岩体及荒岔河岩组接触的构造破碎带及裂隙分布区;北东—北北东向断裂分布区;碳酸盐化、硅化、黄铁矿化、绿泥石化、重晶石化、阳起石化、钾化等蚀变矿化区域;Cu元素的甲、乙级综合异常具有较好的成矿地质条件和找矿前景,空间上与分布的矿产积极响应,是区内寻找铜矿的重要靶区;重力梯度带转折处,剩余重力低异常区	重要

8. 二密-老岭沟预测工作区

(1) 预测要素。根据二密-老岭沟预测工作区区域成矿要素和地球化学、地球物理、遥感特征、重砂特征，确立了区域预测要素，见表 5-2-29。

(2) 预测模型见图 5-2-9。

表 5-2-29　二密-老岭沟地区二密式斑岩型铜矿预测要素

预测要素		内容描述	预测要素类别
地质条件	岩石类型	石英闪长岩、石英闪长玢岩、石英二云闪长岩和花岗斑岩	必要
	成矿时代	燕山晚期	必要
	成矿环境	位于晚三叠世—新生代华北叠加造山-裂谷系（Ⅰ），胶辽吉叠加岩浆弧（Ⅱ），吉南-辽东火山-盆地区（Ⅲ），柳河-二密火山-盆地区（Ⅳ），三源浦中生代火山沉积盆地内	必要
	构造背景	区内中生代地层产状平缓，褶皱构造不发育，以断裂构造和火山构造为主。断裂构造形迹复杂多样，可分为东升-枝沟东西向断裂带、东北天北东向断层、张家街-东升屯北西向断层、六合屯-大连川近南北向断裂，其中六合屯-大连川近南北向断裂控制岩浆岩带的宏观分布，其次级断裂对矿体控制明显	重要
矿床特征	控矿条件	控矿构造：六合屯-大连川近南北向断裂控制岩浆岩带的宏观分布，其次级断裂对矿体控制明显； 燕山晚期石英闪长岩、花岗斑岩控矿：石英闪长岩、花岗斑岩侵入派生出的含矿热液为成矿提供了物质和热源条件	必要
	矿化蚀变特征	矿体按矿化特点可划分脉状-细脉浸染状矿体、脉状-复脉状矿体、网脉-浸染状矿体、浸染状矿体、块状矿体，以脉状-复脉状矿类型为主；区内围岩蚀变主要有黄铁矿化、黄铜矿化、滑石化、透闪石化、硅化等	重要
综合信息	地球化学	预测工作区属于由中性—偏碱性火山岩及火山碎屑岩构成的亲石、稀有、稀土元素同生地球化学场。主要的成矿元素为 Cu，异常规模大，具有分带清晰、浓集中心明显的基本特征，强度值达到 738×10^{-6}。主要的伴生元素有 Pb、Zn、Ag、Au、As、Sb、Hg、W、Sn、Bi、Mo 等。在后期的岩浆侵入活动中，对 Cu 进行了强烈的叠加改造作用，共同构成复杂元素组分富集的叠生地球化学场。利于 Cu 的迁移、富集、成矿。主要的找矿指示元素为 Cu、Pb、Zn、Ag、Au、As、Sb、Hg、W、Sn、Bi、Mo。近矿指示元素为 Cu、Pb、Zn、Ag、Au；远程找矿指示元素为 As、Sb、Hg；评价成矿的尾部指示元素为 W、Sn、Mo、Ni、Bi。Cu 元素甲级综合异常具有较好分带现象，Au、Mo、Hg、Sn 同心套合在 Cu 的内带，中带为 Pb、Zn、Ag，外带为 W、Bi、As、Sb。主要成矿元素经历了高、中、低温复杂的成矿过程	重要
	地球物理	重力：在 1∶5 万布格重力异常图上，预测工作区处于二密中生代火山盆地内，呈现出大面积重力负背景场区特征。其上叠加有比较明显的两处局部重力低异常和两处局部重力高异常。西部二密—柳南一带分布有近南北走向的椭圆状局部布格重力低异常，向南等值线较缓，场值逐渐升高。在二密铜矿附近椭圆状局部布格重力低异常向南东方向凸起，显示出次一级的重力低异常带的存在。椭圆状重力低异常大部分处于松顶山石英闪长岩体、花岗斑岩体及上侏罗统果松组分布区，仅重力低异常中心东北外侧为新太古代变质二长花岗质片麻岩分布区。 磁测：预测工作区处于龙岗断块南部，出露地层主要是新太古代深变质岩系，磁场强度在 300nT 左右。八道沟村附近为侏罗纪火山岩覆盖，碎屑岩和酸性火山岩基本无磁性，而安山岩等中性岩磁化率可达 $n\times100\times10^{-5}$ SI，辉石安山岩可达 1800×10^{-5} SI。火山岩性不均匀，磁性变化大，可产生一些跳跃较大的异常。区内岩浆活动频繁，沿裂隙多期多次侵入，形成大量不同性质的岩墙、岩枝、岩脉。在赤柏松附近，就有一片密集的中基性岩、基性脉岩群，其中分异较好的岩脉有铜镍矿床赋存。二密北部的石英闪长岩体边缘破碎带中有已知的铜矿	重要
	重砂	预测工作区内圈定 1 个黄铜矿、金、毒砂、重晶石重砂矿物组合异常，异常等级为Ⅰ级	次要

续表 5-2-29

预测要素		内容描述	预测要素类别
综合信息	遥感	大川-江源断裂带、富江-景山断裂带、三源浦-样子哨断裂带、兴华-白头山断裂带经过本区;有与隐伏岩体有关的复合环形构造及浅色色调异常分布,矿区内及周围有铁染异常及羟基异常分布	次要
找矿标志		花岗斑岩体与石英闪长岩接触带;花岗斑岩内环形破碎体构造;区域内主要蚀变带;Cu 元素甲级综合异常分布区;椭圆状局部重力低异常区	重要

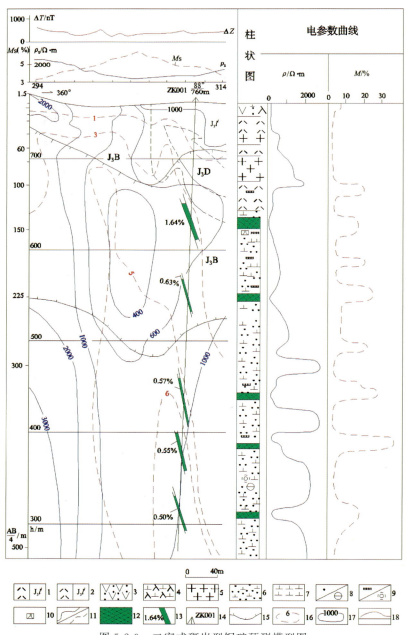

图 5-2-9 二密式斑岩型铜矿预测模型图

1.J_3l^l 林子头组六和屯段流纹岩;2.J_3l^l 林子头组六和屯段流纹斑岩;3.J_3l^l 林子头组六和屯段安山质凝灰岩;4.J_3l^l 林子头组六和屯段闪长玢岩;5.松顶山序列花岗斑岩;6.松顶山序列中粒石英闪长岩;7.松顶山序列细粒石英闪长岩;8.黄铜矿化、绿帘石化;9.黄铁矿化、硅化;10.方铅矿化;11.实测及推测地质界线;12.铜矿化;13.铜矿体及品位;14.钻孔及编号;15.ρ_s 一维反演低阻界面;16.Ms 等值线及注记;17.ρ_s 等值线及注记;18.地磁 ΔZ 异常曲线

9. 天合兴-那尔轰预测工作区

(1)预测要素。根据天合兴-那尔轰预测工作区区域成矿要素和地球化学、地球物理、遥感特征、重砂特征,确立了区域预测要素,见表5-2-30。

(2)预测模型。见图5-2-9。

表 5-2-30　天合兴-那尔轰地区二密式斑岩铜矿预测要素

预测要素		内容描述	预测要素类别
地质条件	岩石类型	英斑岩及花岗斑岩、英云闪长质片麻岩、黑云斜长片麻岩	必要
	成矿时代	燕山期	必要
	成矿环境	位于晚三叠世—新生代华北叠加造山-裂谷系(Ⅰ),胶辽吉叠加岩浆弧(Ⅱ),吉南-辽东火山-盆地区(Ⅲ),柳河-二密火山-盆地区(Ⅳ)	必要
	构造背景	南北向和近东西向断裂的交会部位	重要
矿床特征	控矿条件	斑岩控矿:从矿体的赋存空间、围岩性质、成矿阶段可以看出,该区域的铜矿产于花岗斑岩与太古宙英云闪长质片麻岩相接触的部位,早白垩世花岗斑岩的侵入,可以带来含Cu的有益组分,亦可活化集中Cu的有益组分而成矿; 构造控矿:两组断裂的交会部位往往是控矿的有利部位,天合兴铜矿就产于南北向和近东西向断裂的交会部位	必要
	矿化蚀变特征	矿化蚀变有硅化、黄铁矿化、黄铜矿化、绢云母化、绿泥石化、碳酸盐化等; 产于奥长花岗岩、黑云斜长片麻岩及变粒岩中的矿体矿化多为浸染状或细脉浸染状,矿体与围岩界线不明显,其中东西向的Ⅴ号、Ⅵ号矿化蚀变带控制的矿体,铜矿化一般以浸染状或细脉浸染状分布于辉绿岩脉中或边部及构造裂隙中	重要
综合信息	地球化学	预测工作区处于亲铁元素同生地球化学场。主成矿元素Cu具有分带清晰、浓集中心明显、异常强度高的特征。Cu元素组合异常组分复杂,形成分富集的叠生地球化学场。Cu元素综合异常具有良好的成矿背景和成矿条件,空间上与分布的矿产积极响应,为矿异常。主要的找矿指示元素为Cu、Au、Pb、Zn、Ag、As、Sb、Hg、Ni、Cr。近矿指示元素为Cu、Au、Pb、Zn、Ag,远程指示元素为As、Sb、Hg,尾部元素为Ni、Cr。显示中—低温的成矿地球化学环境	重要
	地球物理	重力:预测工作区内分布有两条明显的重力梯级带。一条在西北角,北东走向,梯度带陡,向两端延出区外,与台区和槽区之间的断裂带位置吻合。另一条在中部,重力梯级带整体呈北东向,在区内从西南部到东北部走向变化为北东向—北北东向—东西向—南东向。两条重力梯级带中间为重力高异常分布区,西部宽大,最大值为-20×10^{-5}m/s^2,向东北部变窄,异常形态与龙岗岩群杨家店岩组斜长角闪岩夹磁铁石英岩分布区基本吻合。两条重力梯级带外侧为重力低异常区,西北重力低异常区为中生代沉积盆地的反映,东南部分布有由南向北规模依次变小的3个椭圆状局部重力低异常,整体呈北北东向,异常中心部位早白垩世花岗斑岩岩脉出露,与3个局部重力低异常整体呈走向一致。 磁测:预测工作区位于辉发河大断裂台区一侧,太古宙变质岩大面积出露,主要是中太古代英云质闪长质片麻岩及部分杨家店组,南部玄武岩局部覆盖。区内磁场以低缓场为背景,一般在100~200nT之间。据物性资料,混合岩磁性较弱,片麻岩、斜长角闪岩磁性变化较大,因此,区内局部异常可能与岩性有关,而强异常与铁矿有关,预测工作区南部高值异常多与玄武岩有关。 预测工作区中部,有一条北东向的低值异常带,对应一条北东向的带状脉岩与异常带吻合,岩性为早白垩世花岗斑岩、石英斑脉岩。重力场也是一条北东向的重力低场区,反映了片麻岩下部的中酸性侵入体	重要

续表 5-2-30

预测要素		内容描述	预测要素类别
综合信息	重砂	预测工作区内圈定 1 个金、白钨矿、独居石、黄铁矿重砂矿物组合异常,异常等级为Ⅰ级	次要
	遥感	富江-景山断裂带、三源浦-样子哨断裂带、双阳-长白断裂带经过本区;有与隐伏岩体有关的复合环形构造及浅色色调异常分布,矿区内及周围有铁染异常及羟基异常分布	次要
找矿标志		燕山晚期的石英斑岩及花岗斑岩分布区;区域上的南北向构造带;主要蚀变带;Cu 元素综合异常具有良好的成矿背景和成矿条件,空间上与分布的矿产积极响应,为主要找矿区;局部重力低异常区	重要

(四)层控内生型

1. 兰家预测工作区

(1)预测要素。根据兰家预测工作区区域成矿要素和地球化学、地球物理、遥感特征、重砂特征,确立了区域预测要素,见表 5-2-31。

(2)预测模型见图 5-2-10。

表 5-2-31 兰家地区六道沟式矽卡岩型铜矿预测要素

预测要素		内容描述	预测要素类别
地质条件	岩石类型	砂岩、粉砂岩、板岩、厚层生物屑灰岩透镜体、凝灰质砂岩及石英闪长岩	必要
	成矿时代	印支晚期	必要
	成矿环境	位于晚三叠世—新生代华北叠加造山-裂谷系(Ⅰ),小兴安岭-张广才岭叠加岩浆弧(Ⅱ),张广才岭-哈达岭火山-盆地区(Ⅲ),大黑山条垒火山-盆地群(Ⅳ)	必要
	构造背景	区内构造主要以断裂构造为主,按照断裂展布方向划分,主要有北东向、北北东向、北西向 3 组,在区域上北东向断裂错断北西向断裂。从构造展布方向分析,预测工作区内断裂构造以北东向为主,其次为北西向。褶皱构造有后辛家窑向斜、杜家大屯东背斜、郑家油房向斜、团山子背斜、兰家倒转向斜,在兰家倒转向斜内发育有北西向、北西西向、北北东向断裂,断裂规模较小。区内金矿体、铁矿体、含铜硫铁矿体均赋存在该构造内	重要
矿床特征	控矿条件	依据地质、矿产资料分析后得知,与含矿有关的建造主要应为沉积岩建造和侵入岩建造,即上二叠统范家屯组砂岩、粉砂岩、板岩、厚层生物屑灰岩透镜体、凝灰质砂岩和石英闪长岩,后者为其提供了矿源,使有用矿物富集成矿;在两者接触带附近形成层控内生型铜矿,区内与矿产有关的构造主要为北西向兰家倒转向斜,以及北西向、北东向次级断裂构造	必要
	矿化蚀变特征	主要矿化蚀变有矽卡岩化、绿帘石化、钠长石化、赤铁矿化、水云母化、硅化、电气石化、沸石-萤石化、碳酸盐化等	重要
综合信息	地球化学	预测工作区具有亲石、碱土金属元素同生地球化学场特征。主成矿元素 Cu 具有较好的Ⅱ级分带,连续性较好,异常强度达到 26×10^{-6}。Cu 元素组合异常显示简单元素组分富集的特点,Cu 元素综合异常具有一定的成矿条件和找矿前景,与分布的铜矿产积极响应,是矿致异常,可为扩大找矿规模提供化探依据。主要的找矿指示元素为 Cu、Au、Sb。成矿主要经历了中、低温阶段	重要

续表 5-2-31

预测要素		内容描述	预测要素类别
综合信息	地球物理	重力：在1∶5万布格重力异常图上，区内西部和北部分布有布格重力正异常，中东部分布有布格重力负异常，西南部边界处重力正异常规模较大，强度在区内最高；东部布格重力负异常北东向等值线密集带为伊通-舒兰断陷盆地的西界，该处在区内最低；兰家金矿床位于呈北东向且近平行于四平-长春-榆树两条区域重力梯级带间夹持的大黑山断续分布的重力高异常带中段，绿家湾重力高异常北东缘兰家村向北延伸"舌状"正向变异东侧。 磁测：在1∶5万航磁平、剖面图及平面等值线图上，兰家矿田处于南部东风异常带同心北东向椭圆状高磁异常北半部北东侧边缘。同心高磁异常在兰家地区大体呈北东楔状，属于Ⅱ级叠加异常，Ⅱ级异常呈北东向条带状叠加在Ⅰ级高背景磁异常上，大体分为东西两个异常带，西带规模要大于东带。在航磁等值线上，两异常带均由多个串珠状局部小异常组成，异常排布规律明显，尤其东带与兰家金、铁、铜、硫等矿产空间分布关系密切，反映了兰家矿田的磁场特征	重要
	重砂	重砂矿物组合异常显示较弱，无法圈定异常	次要
	遥感	四平-德惠岩石圈断裂、依兰-伊通断裂带经过本区。有与隐伏岩体有关的复合环形构造及浅色色调异常分布，矿区内及周围有铁染异常及羟基异常分布	次要
找矿标志		上二叠统范家屯组碎屑岩和石英闪长岩的接触带；矽卡岩化、绿帘石化、钠长石化、赤铁矿化、水云母化、硅化、电气石化、沸石-萤石化、碳酸盐化等矿化蚀变带；Cu元素综合异常具有一定的成矿条件和找矿前景，与分布的铜矿产积极响应，是矿致异常，为有利的找矿区；重力梯度带的重力高异常段；高磁异常边缘地带	重要

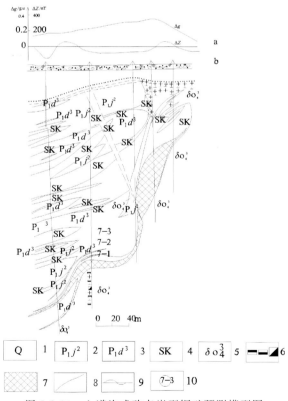

图 5-2-10 六道沟式矽卡岩型铜矿预测模型图

a.重力剩余异常曲线、磁法异常曲线综合剖面图；b.地质剖面图；
1.第四系；2.下二叠统角岩；3.下二叠统大理岩；4.矽卡岩；5.海西晚期石英闪长岩；6.磁黄铁矿化、黄铁矿化、黄铜矿化；7.含铜硫铁矿体；8.剩余重力 Δg 异常曲线；9.磁法 ΔZ 异常曲线；10.矿体编号

2. 大营-万良预测工作区

(1)预测要素。根据大营-万良预测工作区区域成矿要素和地球化学、地球物理、遥感特征、重砂特征,确立了区域预测要素,见表5-2-32。

(2)预测模型同图5-2-10。

表 5-2-32　大营-万良地区六道沟式矽卡岩型铜矿预测要素

预测要素		内容描述	预测要素类别
地质条件	岩石类型	厚层灰岩、叠层石灰岩、藻屑灰岩、硅质灰岩、花岗岩类岩体及脉岩	必要
	成矿时代	燕山期	必要
	成矿环境	位于华北叠加造山-裂谷系(Ⅰ),胶辽吉叠加岩浆弧(Ⅱ),吉南-辽东火山盆地区(Ⅲ),抚松-集安火山-盆地群(Ⅳ)	必要
	构造背景	北东向主断裂控制矿带展布,次级平行主断裂的层间断裂为容矿断裂	重要
矿床特征	控矿条件	矿床的围岩为寒武纪厚层灰岩、叠层石灰岩、藻屑灰岩、硅质灰岩;侵入岩为燕山期中性和中酸性(钙碱性)侵入岩;侵入岩的形态,特别是岩体的岩枝、岩体的突出部位利于成矿;北东向主断裂控制矿带展布,次级平行主断裂的层间断裂为容矿断裂	必要
	矿化蚀变特征	角砾岩化、矽卡岩化、硅化、碳酸盐化	重要
综合信息	地球化学	预测工作区具有亲石、碱土金属元素同生地球化学场,亲铁元素同生地球化学场以及稀有、稀土元素同生地球化学场的多重性质。Cu元素异常具有清晰的异常分带和浓集中心,异常强度达到44×10^{-6},是寻找铜矿主要标志。Cu元素组合异常形成较复杂元素组分富集的叠生地球化学场,利于Cu元素的迁移、富集。Cu元素的简单元素组分富集场亦有一定的找矿意义。Cu元素综合异常分布区具有一定的成矿条件及找矿前景指示完成,是区内寻找铜矿的靶区。主要成矿元素为Cu,主要伴生元素为Au、Pb、Zn、Ag、As、Sb;主要的找矿指示元素为Cu、Au、Pb、Zn、Ag、As、Sb,其中Cu、Au、Pb、Zn、Ag为近矿指示元素,As、Sb为远程指示元素。Cu元素的富集主要经历中、低温过程	重要
	地球物理	重力:区内重力场呈南低北高的特征,在南部仙人桥镇一带,有一东西向的重力低异常,向西延出区外,该重力低异常与二长花岗岩体吻合;在头道庙岭以北,为南北向逐渐升高的重力场,并有局部重力高异常,与新元古代及新太古代变质岩分布一致;根据重力梯度带的分布,推断有4条断裂,2条东西向断裂,位于松树镇以北和仙人桥镇以北,1条近南北向断裂,位于头道庙岭—万良镇一线,1条北北西向断裂;区内铅锌矿床位于重力低异常边部。磁测:区内磁场除两片强异常外,其余为平稳低缓异常区,侏罗纪花岗岩、古生代变质地层均处于弱磁场。在松树镇—太平村一带,磁场平稳低缓,为元古宙及古生代地层反映,其北部是侏罗纪二长花岗岩,接触带两侧是区内矽卡岩型或热液型多金属矿形成的有利部位	重要
	重砂	预测工作区内圈定2个金、方铅矿、白钨矿、辰砂、重晶石重砂矿物组合异常,其中一个Ⅰ级异常,一个Ⅱ级异常。	次要
	遥感	集安-松江岩石圈断裂附近的次级断裂是重要的铜矿产容矿构造;有与隐伏岩体有关的复合环形构造及有浅色色调异常分布,矿区内及周围有铁染异常及羟基异常分布	次要
找矿标志		寒武纪灰岩与燕山期中性和中酸性(钙碱性)侵入岩接触带;北东向主断裂及平行主断裂的层间断裂分布区;矿化蚀变带;Cu综合异常分布区;重力低异常边部地带	重要

3. 万宝预测工作区

(1)预测要素。根据万宝预测工作区区域成矿要素和地球化学、地球物理、遥感特征、重砂特征,确立了区域预测要素,见表 5-2-33。

(2)预测模型同图 5-2-10。

表 5-2-33　万宝地区六道沟式矽卡岩型铜矿预测要素

预测要素		内容描述	预测要素类别
地质条件	岩石类型	板岩夹大理岩、二长花岗岩、闪长玢岩	必要
	成矿时代	燕山期	必要
	成矿环境	位于槽台边界超岩石圈断裂与北东向深断裂交会处	必要
	构造背景	区内构造主要为断裂构造,按照断裂展布方向划分,主要有北东向、北西向和近东西向,在区域上北东向断裂错断了北西向断裂	重要
矿床特征	控矿条件	矿床的围岩为新元古界万宝岩组黑色板岩夹大理岩,侵入岩为燕山期二长花岗岩、闪长玢岩;槽台边界超岩石圈断裂与北东向深断裂交会处控制岩浆侵入,北东向断裂、裂隙带属压扭性,断裂发育地段与岩体周边内外接触带是控矿有利部位	必要
	矿化蚀变特征	硅化、钾长石化、钠长石化、电气石化、绿帘石化、绢云母化、绿泥石化、黄铁矿化,特别是线性分布的硅化-绢云母化-绿泥石化-黄铁矿化是找矿的直接标志	重要
综合信息	地球化学	预测工作区具有亲石、稀有、稀土元素同生地球化学场和碱土金属元素同生地球化学场的双重特性。Cu 元素异常具有分带清晰、浓集中心明显的基本特征,异常规模较大,强度较高,达到 195×10^{-6}。Cu 元素组合异常显示为复杂元素组分富集的叠生地球化学场,利于 Cu 元素的富集成矿。Cu 元素的甲级综合异常具备良好的成矿条件和找矿前景。空间上与分布的铜矿产积极响应,具有矿致性,是扩大找矿规模的重要靶区。主要的找矿指示元素有 Au、Ag、As、Sb、W、Bi、Mo,其中 Au、Ag 是近程指示元素,As、Sb 为远程指示元素,W、Bi、Mo 是评价成矿的尾部指示元素。Cu 元素的富集成矿主要经历了高、中温阶段	重要
	地球物理	重力:区内重力场由布格重力异常图可知,全部处于东西向的重力低异常中,只在万宝镇附近为一局部重力高异常。重力低异常主要反映了大面积花岗岩体的重力场特征,而重力高异常认为与新元古界万宝岩组变质岩有关。区内断裂从图上看存在两组,即东西向和南北向,东西向断裂与预测工作区南部深大断裂方向一致,南北向为局部小断裂。 磁测:预测工作区位于夹皮沟-和龙地块北部陆缘活动带,海西晚期侵入岩大面积分布。在太平村—新合村一带北东向分布的新元古界万宝岩组变质岩,岩性为变质砂岩、粉砂岩夹大理岩,对应航磁为平稳负磁场,与闪长岩的接触带上有局部异常出现	重要
	重砂	预测工作区内圈定 2 个金、白钨矿、辰砂、黄铁矿、独居石重砂矿物组合异常,其中一个Ⅰ级异常,一个Ⅱ级异常	次要
	遥感	江源-新合断裂带、丰满-崇善断裂带和敦化-杜荒子断裂带附近的次级断裂是重要的铜矿产容矿构造;区内有与隐伏岩体有关的复合环形构造及浅色色调异常,及脆—韧性变形趋势带分布,矿区内及周围有铁染异常及羟基异常分布	次要
找矿标志		新元古界万宝岩组黑色板岩夹大理岩与燕山期二长花岗岩、闪长玢岩的接触带;槽台边界超岩石圈断裂与北东向深断裂交会处;主要矿化蚀变带;Cu 元素的甲级综合异常具备良好的成矿条件和找矿前景,空间上与分布的铜矿产积极响应,是找矿的重要靶区;重力高异常与重力低异常接触处;平稳负磁场中局部异常部位	重要

(五)复合内生型

1. 夹皮沟-溜河预测工作区

(1)预测要素。根据夹皮沟-溜河预测工作区区域成矿要素和地球化学、地球物理、遥感特征、重砂特征,确立了区域预测要素,见表 5-2-34。

(2)预测模型见图 5-2-11。

表 5-2-34 夹皮沟-溜河地区红透山式沉积变质改造型铜矿预测要素

预测要素		内容描述	预测要素类别
地质条件	岩石类型	斜长片麻岩、黑云变粒岩、绢云石英片岩、斜长角闪岩、角闪片岩、绢云绿泥片岩夹角闪磁铁石英岩、石榴二辉麻粒岩、英云闪长质片麻岩、变二长花岗岩、变钾长花岗岩、紫苏花岗岩等	必要
	成矿时代	新太古代	必要
	成矿环境	前南华纪华北东部陆块(Ⅱ),龙岗-陈台沟-沂水前新太古代陆块(Ⅲ),夹皮沟新太古代地块(Ⅳ)	必要
	构造背景	区内构造主要以韧性变质变形构造为主,构成夹皮沟大型韧性走滑型剪切带,总体呈北西向,局部呈近东西向展布;其次为脆性断裂构造,按照断裂构造在区内总体展布方向划分,主要有北东向和北西向,少量近东西向。资料显示,区域韧性变质变形构造对含矿层起到控制作用	重要
矿床特征	控矿条件	新太古界夹皮沟岩群老牛沟岩组和三道沟岩组的斜长片麻岩、黑云变粒岩、绢云石英片岩、斜长角闪岩、角闪片岩、绢云绿泥片岩夹角闪磁铁石英岩、石榴二辉麻粒岩英云闪长质片麻岩、变二长花岗岩、变钾长花岗岩、紫苏花岗岩是主要的含矿建造,也是主要含矿目的层。上述岩组为铜矿的形成提供了充足的矿源,经过后期构造和岩浆热液活动,以及区域变质变形作用的影响和改造,使矿源层中的 Cu 元素和有用矿物迁移、局部富集形成有用矿产。区内与矿产有关的构造主要为脆性断裂,区内展布方向以北东向断裂构造为主,其次为北西向断裂构造,同时区内北西向带状展布的变质变形构造也与铜矿具有密切的关系	必要
	矿化蚀变特征	硅化、绢云母化、绿泥石化、绿帘石化、高岭石化等	重要
综合信息	地球化学	预测工作区属于由太古宙花岗-绿岩组分构成的亲铁元素同生地球化学场。主要成矿元素 Cu 具有清晰的Ⅲ级分带和明显的浓集中心,异常强度高,达到 $137×10^{-6}$,规模大。Cu 组合异常形成复杂元素组分富集的叠生地球化学场,结合沿北西向走滑断裂分布的简单元素组分富集的叠生地球化学场,共同构成找矿的重要异常区带。Cu 元素的综合异常具备优良的成矿条件和找矿前景,空间上与分布的铜矿产积极响应,为矿致异常,是区内进一步找矿的重要靶区。主要的找矿指示元素为 Cu、Au、Pb、Ag、W、Bi,近矿指示元素为 Cu、Au、Pb、Ag、Bi,远程指示元素为 Au、Ag、W,尾部指示元素为 Cr、Ni。Cu 元素的富集成矿主要经历高、中温阶段	重要
	地球物理	重力:在1:5万布格重力等值图上,该区位于华北地台北缘上,桦甸和红石砬子之间的北东向重力梯级带和夹皮沟北侧的北西向重力梯级带恰好与台区和槽区之间的断裂带位置吻合。以区内中部向北东向凸起呈起伏状的弧形梯度带为界,其内侧为相对重力高异常分布区,与太古宙表壳岩、TTG 组合出露区相对应,为老牛沟铁矿的赋矿层位;老牛沟铁矿分布在重力高异常北东侧边部弧形梯度带的内侧,弧形梯度带外侧为相对重力低异常分布区,是低密度大面积侏罗纪花岗闪长岩的重力异常反映,出现在预测工作区北东边部。 磁测:从1:5万航磁反映的情况来看,以三道沟岩组的平稳负磁场为背景,老牛沟铁矿航磁异常带明显,呈条带状分布,最高强度 2250nT,现已查明属于大型铁矿	重要

续表 5-2-34

预测要素		内容描述	预测要素类别
综合信息	重砂	预测工作区内可以圈定3个金、白钨矿、独居石、黄铁矿重砂矿物组合异常,其中一个Ⅰ级异常,两个Ⅱ级异常。	次要
	遥感	敦化-密山岩石圈断裂经过本区;有与隐伏岩体有关的复合环形构造、浅色色调异常,及脆—韧性变形趋势带,矿区内及周围有铁染异常及羟基异常分布	次要
找矿标志		夹皮沟岩群老牛沟岩组和三道沟岩组分布区;脆性断裂及北西向带状展布的变质变形构造分布区;矿化蚀变带;Cu元素的综合异常具备优良的成矿条件和找矿前景,空间上与分布的铜矿产积极响应,为矿致异常,是区内进一步找矿的重要靶区	重要

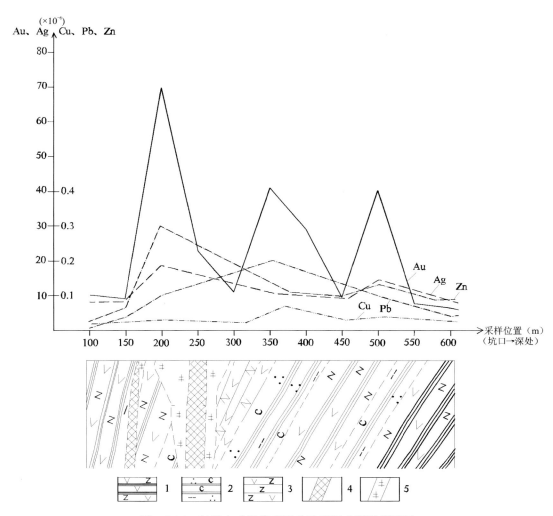

图 5-2-11 红透山式沉积变质改造型铜矿预测模型图
1.长石角闪角页岩;2.含碳云英角页岩;3.斜长角闪岩;4.矿体;5.石英脉及细石英脉

2. 安口镇预测工作区

(1)预测要素。根据安口镇预测工作区区域成矿要素和地球化学、地球物理、遥感特征、重砂特征,确立了区域预测要素,见表 5-2-35。

(2)预测模型同图 5-2-11。

表 5-2-35 安口地区红透山式沉积变质改造型铜矿预测要素

预测要素		内容描述	预测要素类别
地质条件	岩石类型	砂岩、砾岩,玄武安山岩、安山岩	必要
	成矿时代	燕山期	必要
	成矿环境	胶辽吉叠加岩浆弧(Ⅱ),吉南-辽东火山-盆地群(Ⅲ),柳河-二密火山-盆地地区,北东向柳河断裂与北西向水道-香炉碗子西山断裂交会部位	必要
	构造背景	北东向断裂构造是主要的控矿和储矿构造	重要
矿床特征	控矿条件	区内与已知矿产有关的含矿建造为火山岩建造,即中生代上侏罗统果松组的砂岩、砾岩,玄武安山岩、安山岩,已知矿点成矿类型均为火山热液型(复合内生型) 构造特征:根据区域上发育的断裂构造看,北东向断裂构造是主要的控矿和储矿构造;北西向断裂构造是区内主要导矿和容矿构造,并且对矿体起到破坏作用	必要
	矿化蚀变特征	硅化、碳酸盐化、绿帘石化、绿泥石化等	重要
综合信息	地球化学	预测工作区具有亲铁元素同生地球化学场特点。主成矿元素 Cu 具有比较清晰的Ⅱ级分带,异常强度较高,达到 119×10^{-6}。Cu 元素的组合异常形成较复杂元素组分富集的叠生地球化学场,利于 Cu 元素的进一步迁移、富集。而具有简单元素组分富集特点的 Cu 元素组合异常区,亦值得重视。Cu 元素的综合异常具备一定的成矿条件和找矿前景,是区内寻找铜矿的有望靶区。主要的找矿指示元素有 Cu、Au、Ag、Hg,其中 Cu、Au、Ag 为近矿指示元素,Hg 为远程指示元素,尾部指示元素为 Co、Cr、Ni	重要
	地球物理	重力:在 1:5 万布格重力异常图上,区内以重力低场区为背景,分布有 3 处重力高异常区,北部重力高异常呈椭圆状,与古生代地层相对应;中部重力高异常形态特征不明显,为北部重力高异常向南伸出的次一级异常,该处出露有大面积的太古宙英云闪长质片麻岩及零星出露的太古宙龙岗岩群杨家店岩组;南部重力高异常区整体呈条带状,其上分布有 3 个局部重力高异常,中间一个强度最大,地表全部为太古宙英云闪长质片麻岩分布区。南部呈条带状重力高异常区西侧为北东向条带状重力低异常区分布区与中新生代沉积盆地相对应。 磁测:预测工作区东北部,何家屯、三人班至张家店、大砬子沟村一带,航磁以平稳负磁场为特征,局部为低缓正异常。相对应岩性为泥质白云岩、灰岩、页岩、粉砂岩等。预测工作区中部和南部,从老营沟、东兴、野猪沟,至大顶子一带,出露新太古代雪花片麻岩、英云闪长质片麻岩。航磁为一条宽窄不等,强度为 $100\sim200\text{nT}$ 的异常带,长约 42km,两侧负磁场为侏罗纪地层的反映	重要
	重砂	重砂矿物组合异常较弱,无法圈定异常	次要
	遥感	敦化-密山岩石圈断裂和向阳-柳河断裂带经过本区。区内分布有与隐伏岩体有关的复合环形构造,浅色色调异常分布,矿区内及周围有铁染异常及羟基异常分布	次要
找矿标志		上侏罗统果松组的砂岩、砾岩,玄武安山岩、安山岩分布区;北东向断裂构造发育区;矿化蚀变带;Cu 元素的综合异常具备一定的成矿条件和找矿前景,是区内寻找铜矿的有望靶区;负磁场区	重要

3. 金城洞-木兰屯预测工作区

(1)预测要素。根据金城洞-木兰屯预测工作区区域成矿要素和地球化学、地球物理、遥感特征、重砂特征,确立了区域预测要素,见表 5-2-36。

(2)预测模型同图 5-2-11。

表 5-2-36 金城洞-木兰屯地区红透山式沉积变质改造型铜矿预测要素

预测要素		内容描述	预测要素类别
地质条件	岩石类型	斜长角闪岩夹磁铁石英岩、浅粒岩、变粒岩或深成侵入体英云闪长质片麻岩	必要
	成矿时代	新太古代	必要
	成矿环境	前南华纪华北东部陆块(Ⅱ),龙岗-陈台沟-沂水前新太古代陆块(Ⅲ),夹皮沟新太古代地块(Ⅳ)	必要
	构造背景	在鸡南岩组和官地岩组变质岩中,变形作用比较强烈,在上述两个岩组的表壳岩中发育有透入性面理,形成M−N型褶皱和I型褶皱,见有香肠构造和眼球状构造,还具有S−C组构,依据变形特征,表明至少经历了3期变形,局部发育韧性剪切带。浅表层次的脆性断裂:区内浅层次的脆性断裂比较发育,主要有北东向断裂,为重要的控矿断裂,北西向断裂为容矿断裂	重要
矿床特征	控矿条件	新太古界鸡南岩组、官地岩组斜长角闪岩、浅粒岩、变粒岩或深成侵入体英云闪长质片麻岩,是主要的含矿建造,也是主要含矿目的层;北东向断裂和北西向断裂的交会部位为铜矿富集的有利地段	必要
	矿化蚀变特征	主要蚀变类型有黄铁矿化、硅化、绿帘石化、绿泥石、碳酸盐化等	重要
综合信息	地球化学	预测工作区具有亲铁元素同生地球化学场特点。主成矿元素Cu具有非常清晰的Ⅲ级分带和明显的浓集中心,异常强度较高,达到$48×10^{-6}$,异常规模较大,呈不规则状,轴向延伸北东向。Cu元素组合异常形成复杂元素组分富集的叠生地球化学场,利于Cu元素的迁移、富集、成矿。Cu元素综合异常分布于变质岩建造中,具备良好的成矿条件及找矿前景。空间上与分布的铜矿产积极响应,表明异常的矿致性,是区内扩大找矿规模的重要靶区。主要伴生元素为Au、Pb、Zn、Ag、Hg、Mo、Bi,主要的找矿指示元素为Cu、Au、Pb、Zn、Ag、Hg、Mo、Bi,其中Cu、Au、Pb、Zn、Ag为近矿指示元素,Hg为远程指示元素,Mo、Bi是评价成矿的尾部指示元素。Cu元素的富集成矿主要经历高—中温阶段	重要
	地球物理	重力:在1:5万布格重力异常图上,区内以重力低场区为背景。中北部分布有"入"字形相对重力高异常,主要与官地岩组浅粒岩、黑云变粒岩互层夹磁铁石英岩分布区相对应,其上叠加4处椭圆状局部重力高异常,官地铁矿位于中部局部高异常的东南边缘。"入"字形重力高异常南、北边部各有一条密集的重力梯级带分布,梯度较陡,北支梯级带呈北西走向,为台区和槽区之间的断裂带在深部位置的反映,南支梯级带呈向北凸起的弧形。重力高异常以北重力低异常分布区为主,主要为古生代、中生代花岗岩及花岗闪长岩引起。磁测:预测工作区位于古洞河深大断裂以南,和龙新太古代绿岩带上。航磁异常呈带状北向不连续分布,强度一般200~300nT,局部异常方向为东西向或北西向,最高强度700nT以上。北部的负异常区反映了沿断裂分布的晚古生代侵入岩,岩性主要为花岗闪长岩,该岩性磁场较弱	重要
	重砂	预测工作区内可以圈定2个金、重晶石、辰砂、黄铁矿重砂矿物组合异常,均为I级异常	次要
	遥感	望天鹅-春阳断裂带经过本区;区内分布有与隐伏岩体有关的复合环形构造、浅色色调异常分布,脆—韧性变形趋势带,矿区内及周围有铁染异常及羟基异常分布	次要
找矿标志		新太古界鸡南岩组、官地岩组斜长角闪岩、浅粒岩、变粒岩或深成侵入体英云闪长质片麻岩分布区;北东向断裂和北西向断裂的交会部位;主要蚀变带;Cu元素综合异常分布区,空间上与分布的铜矿产积极响应,表明异常的矿致性,是区内扩大找矿规模的重要靶区;重力低场区相对重力高异常带	重要

四、区域预测要素图编制及解释

1. 区域预测要素图

该图件以区域成矿要素图为底图,综合区域地球化学、地球物理、自然重砂、遥感等综合致矿信息而编制的反映该区域铜矿产预测类型、预测要素的图件。图件比例尺为1:5万。

2. 综合信息要素图

该图件以成矿地质理论为指导,目的为吉林省区域成矿地质构造环境及成矿规律研究,为建立矿床成矿模式、区域成矿模式及区域成矿谱系研究提供信息,为圈定成矿远景区和找矿靶区、评价成矿远景区资源潜力、编制成矿区(带)成矿规律与预测图提供物探、化探、遥感、自然重砂方面的依据。因此该图件充分反映了与矿产资源潜力评价相关的物探、化探、遥感、自然重砂等综合信息,并建立空间数据库,为今后开展矿产勘查的规划部署奠定扎实基础。

第三节 最小预测区圈定

一、最小预测区圈定方法及原则

本次铜矿矿产预测类型最小预测区的圈定采用两种方法,即综合信息地质单元法、地质体积法。

1. 综合信息地质单元法

最小预测区圈定以含矿地质体和矿体产出部位为圈定依据,首先应用MARS软件对预测要素进行空间叠加的方法对预测工作区进行空间评价,圈定最小预测区。

2. 地质体积法

依据含矿地质体的展布情况,矿床、矿点、矿化点的分布特征,叠加Cu元素地球化学异常及相关伴生元素的地球化学异常后经地质矿产专业人员人工修整后的最小区域圈定最小预测圈。

二、圈定最小预测区操作细则

本次最小预测区的圈定主要根据地质体积法的圈定原则,针对不同的矿产预测类型对其含矿建造进行详细研究,没有出露的含矿建造采用物探、化探、遥感、自然重砂等综合致矿信息进行分析、判断,并考虑利用MARS软件对预测要素进行空间叠加的方法对预测工作区进行空间评价,圈定最小预测区的分布情况,综合圈定预测工作区的最小预测区。下面以二密-老岭沟预测工作区的最小预测区圈定为例进行说明。

首先以二密-老岭沟预测工作区侵入岩构造图(1:5万)为底图,将重力、化探、遥感的综合信息添加到图中。因为该预测工作区成矿预测类型为二密式斑岩型铜矿,因此在主要依据含矿地质体(出露的花岗斑岩体、铜矿床)和化探综合异常的基础上,考虑重力、遥感推断的内容并参照MRAS软件优选的最小预测区,最终进行最小预测区的圈定(图5-3-1),共圈定出4个最小预测区,其中A级1个,C级3个。对综合信息的应用见表5-3-1。

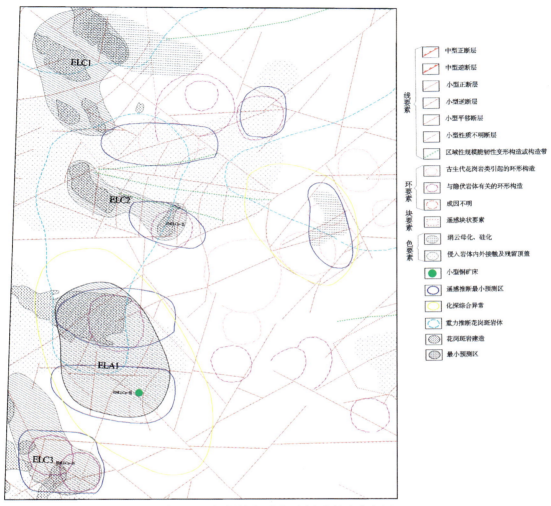

图 5-3-1　根据最小预测区圈定的综合信息图

表 5-3-1　二密-老岭沟预测工作区地质、化探、重力、遥感综合信息利用表

最小预测区	地质	化探	重力	遥感
ELA1	有出露的花岗斑岩体、铜矿床	有甲级综合异常	有半隐伏中酸性岩岩	有与岩体有关的环形构造;绢云母化、硅化;有小型断裂构造;与遥感推断的最小预测区基本吻合
ELC1	有出露的花岗斑岩体		有半隐伏中酸性岩岩	有绢云母化、硅化,有小型断裂构造
ELC2	有出露的花岗斑岩体		有半隐伏中酸性岩岩	有绢云母化、硅化,有小型断裂构造
ELC3	有出露的花岗斑岩体			有与岩体有关的环形构造;有小型断裂构造;与遥感推断的最小预测区基本吻合
合计		1个甲级综合异常	该预测工作区共推断1处隐伏中酸性岩体、3处半隐伏中酸性岩体,本次利用2处半隐伏岩体	该预测工作区共推断9处与隐伏岩体有关的环形构造、6处色要素,多处小型断裂构造。本次应用了多处小型断裂构造,及4处环形构造

其他各预测工作区最小预测工作区的圈定方法同上。

第四节 预测要素变量的构置与选择

对于各预测工作区针对不同矿产预测方法类型进行预测。

一、变质型

荒沟山-南岔预测工作区

该预测工作区内铜矿产于古元古界大栗子岩组千枚岩夹大理岩中。因此,古元古界大栗子岩组地质体单元作为重要的预测单元划分依据,同时为必要预测地质变量,化探异常、重力也是重要的圈定依据和预测变量。磁测、遥感、自然重砂则为次要预测地质要素。

二、火山岩型

1. 石嘴-官马预测工作区

该预测工作区内铜矿产于上石炭统石嘴子组的大理岩、板岩、变质砂岩、千枚岩夹喷气岩;下侏罗统南楼山组安山质、凝灰质角砾岩,玉兴屯组砂砾岩建造中。考虑石嘴铜矿为主要矿床,因此,以上石炭统石嘴组地质体单元作为重要的预测单元划分依据,同时为必要预测地质变量,化探异常、重力也是重要的圈定依据和预测变量。磁测、遥感、自然重砂则为次要预测地质要素。

2. 大梨树沟-红太平预测工作区

该预测工作区内铜矿产于二叠系庙岭组火山碎屑岩夹灰岩、凝灰岩、蚀变凝灰岩、砂岩、粉砂岩、泥灰岩中。因此,以二叠系庙岭组地质体单元作为重要的预测单元划分依据,同时为必要预测地质变量,化探异常、重力也是重要的圈定依据和预测变量。磁测、遥感、自然重砂则为次要预测地质要素。

3. 闹枝-棉田预测工作区

该预测工作区内铜矿产于下白垩统金沟岭组、刺猬沟组次安山岩、闪长玢岩、粗安山岩和钠长斑岩中。因此,以下白垩统金沟岭组、刺猬沟组地质体单元作为重要的预测单元划分依据,同时为必要预测地质变量,化探异常、重力也是重要的圈定依据和预测变量。磁测、遥感、自然重砂则为次要预测地质要素。

4. 地局子-倒木河预测工作区

该预测工作区内铜矿产于下侏罗统南楼山组、玉兴屯组的安山质火山角砾岩、流纹质凝灰岩、含角砾凝灰岩、火山角砾岩、砂岩中。因此,以下侏罗统南楼山组、玉兴屯组地质体单元作为重要的预测单元划分依据,同时为必要预测地质变量,化探异常、重力也是重要的圈定依据和预测变量。磁测、遥感、自然重砂则为次要预测地质要素。

5. 杜荒岭预测工作区

该预测工作区内铜矿产于下白垩统金沟岭组安山岩、安山质角砾凝灰岩、安山质集块岩、安山质角砾岩、安山质凝灰角砾岩、闪长玢岩中。因此,以下白垩统金沟岭组地质体单元作为重要的预测单元划分依据,同时为必要预测地质变量,化探异常、重力也是重要的圈定依据和预测变量。磁测、遥感、自然重砂则为次要预测地质要素。

6. 刺猬沟-九三沟预测工作区

该预测工作区内铜矿产于下白垩统刺猬沟组安山岩、英安岩、含角砾安山岩及金沟岭组次安山岩和次玄武岩中。因此,以下白垩统刺猬沟组地质体单元作为重要的预测单元划分依据,同时为必要预测地质变量,化探异常、重力也是重要的圈定依据和预测变量。磁测、遥感、自然重砂则为次要预测地质要素。

7. 大黑山-锅盔顶子预测工作区

该预测工作区内铜矿产于下侏罗统南楼山组火山碎屑岩组成岩性包括安山质凝灰角砾岩、凝灰岩及少量流纹质凝灰角砾岩中。因此,以下侏罗统南楼山组地质体单元作为重要的预测单元划分依据,同时为必要预测地质变量,化探异常、重力也是重要的圈定依据和预测变量。磁测、遥感、自然重砂则为次要预测地质要素。

三、侵入岩型

1. 红旗岭预测工作区

该预测工作区内铜矿产于辉长岩-辉石岩-橄榄岩型与斜方辉石岩-苏长岩型基性—超基性岩体中。因此,以基性超基性地质体单元作为重要的预测单元划分依据,同时为必要预测地质变量,磁测、重力、化探异常也是重要的圈定依据和预测变量。遥感、自然重砂则为次要预测地质要素。

2. 漂河川预测工作区

该预测工作区内铜矿产于辉长岩类、斜长辉岩类、闪辉岩类基性岩体中。因此,以基性—超基性地质体单元作为重要的预测单元划分依据,同时为必要预测地质变量,磁测、重力、化探异常也是重要的圈定依据和预测变量。遥感、自然重砂则为次要预测地质要素。

3. 赤柏松-金斗预测工作区

该预测工作区内铜矿产于区古元古代变质辉长岩、橄榄苏长辉长岩、二辉橄榄岩、变质辉绿岩基性—超基性岩体中。因此,以基性—超基性地质体单元作为重要的预测单元划分依据,同时为必要预测地质变量,磁测、重力、化探异常也是重要的圈定依据和预测变量。遥感、自然重砂则为次要预测地质要素。

4. 长仁-獐项预测工作区

该预测工作区内铜矿产于辉石橄榄岩型、辉石岩型、辉石-橄榄岩型,橄榄岩-辉石岩-辉长岩-闪长岩杂岩型基性—超基性岩体中。因此,以基性—超基性地质体单元作为重要的预测单元划分依据,同时为必要预测地质变量,磁测、重力、化探异常也是重要的圈定依据和预测变量。遥感、自然重砂则为次要预测地质要素。

5. 小西南岔-杨金沟预测工作区

该预测工作区内铜矿产于海西期闪长岩和燕山期闪长玢岩、花岗斑岩中。因此，以海西期、燕山期中酸性地质体单元作为重要的预测单元划分依据，同时为必要预测地质变量，磁测、重力、化探异常也是重要的圈定依据和预测变量。遥感、自然重砂则为次要预测地质要素。

6. 农坪-前山预测工作区

该预测工作区内铜矿产于中二叠世闪长岩和晚三叠世花岗闪长岩中。因此，以中二叠世、晚三叠世中酸性地质体单元作为重要的预测单元划分依据，同时为必要预测地质变量，化探异常、重力也是重要的圈定依据和预测变量。磁测、遥感、自然重砂则为次要预测地质要素。

7. 正岔-复兴屯预测工作区

该预测工作区内铜矿产于早白垩世花岗斑岩，还有较发育的钠长斑岩、闪长斑岩、闪长玢岩等脉岩。因此，以早白垩世中酸性地质体单元作为重要的预测单元划分依据，同时为必要预测地质变量，化探异常、重力也是重要的圈定依据和预测变量。磁测、遥感、自然重砂则为次要预测地质要素。

8. 二密-老岭沟预测工作区

该预测工作区内铜矿产于燕山晚期石英闪长岩、花岗斑岩中。因此，以燕山晚期中酸性地质体单元作为重要的预测单元划分依据，同时为必要预测地质变量，化探异常、重力也是重要的圈定依据和预测变量。磁测、遥感、自然重砂则为次要预测地质要素。

9. 天合兴-那尔轰预测工作区

该预测工作区内铜矿产于早白垩世英斑岩及花岗斑岩中。因此，以早白垩世花岗岩地质体作为重要的预测单元划分依据，同时为必要预测地质变量，化探异常、重力也是重要的圈定依据和预测变量。磁测、遥感、自然重砂则为次要预测地质要素。

四、层控内生型

1. 兰家预测工作区

该预测工作区内铜矿产于上二叠统范家屯组碎屑岩和石英闪长岩两者接触带中。区内与矿产有关的构造主要为北西向兰家倒转向斜，以及北西向、北东向次级断裂构造。因此，以上二叠统范家屯组沉积建造、控矿构造作为重要的预测单元划分依据，同时为必要预测地质变量，化探异常、重力也是重要的圈定依据和预测变量。磁测、遥感、自然重砂则为次要预测地质要素。

2. 大营-万良预测工作区

该预测工作区内铜矿产于寒武纪灰岩与燕山期中性和中酸性（钙碱性）岩体接触带中。北东向主断裂控制矿带展布。因此，以寒武纪灰岩、北东向主断裂作为重要的预测单元划分依据，同时为必要预测地质变量，化探异常、重力也是重要的圈定依据和预测变量。磁测、遥感、自然重砂则为次要预测地质要素。

3. 万宝预测工作区

该预测工作区内铜矿产于围岩与燕山期二长花岗岩、闪长玢岩接触带中。槽台边界超岩石圈断裂与北东向深断裂交会处控制岩浆侵入，北东向断裂、裂隙带属压扭性断裂发育地段与岩体周边内外接触带是控矿有利部位。因此，以新元古界万宝岩组沉积建造、断裂与岩体接触带作为重要的预测单元划分依据，同时为必要预测地质变量，化探异常、重力也是重要的圈定依据和预测变量。磁测、遥感、自然重砂则为次要预测地质要素。

五、复合内生型

1. 夹皮沟-溜河预测工作区

该预测工作区内铜矿产于新太古界夹皮沟岩群老牛沟岩组和三道沟岩组斜长片麻岩、黑云变粒岩、绢云石英片岩、斜长角闪岩、角闪片岩、绢云绿泥片岩夹角闪磁铁石英岩、石榴二辉麻粒岩英云闪长质片麻岩、变二长花岗岩、变钾长花岗岩、紫苏花岗岩中。经过后期构造和岩浆热液活动，以及区域变质变形作用的影响和改造，使矿源层中的 Cu 元素和有用矿物迁移，局部富集形成有用矿产。区内与矿产有关的构造主要为脆性断裂，区内展布方向以北东向断裂构造为主，其次为北西向断裂构造，同时区内北西向带状展布的变质变形构造也与铜矿有密切的关系。因此，以新太古界夹皮沟岩群老牛沟岩组和三道沟岩组变质岩、区内与成矿有关的脆性断裂、北西向带状展布的变质变形构造作为重要的预测单元划分依据，同时为必要预测地质变量，磁测、化探异常、重力也是重要的圈定依据和预测变量。遥感、自然重砂则为次要预测地质要素。

2. 安口镇预测工作区

该预测工作区内铜矿产于火山岩建造，即中生代上侏罗统果松组的砂岩、砾岩，玄武安山岩、安山岩中。与成矿有关的构造为北东向断裂构造，为主要的控矿和储矿构造。因此，以中生代上侏罗统果松组火山岩建造、北东向断裂构造作为重要的预测单元划分依据，同时为必要预测地质变量，化探异常、重力也是重要的圈定依据和预测变量。磁测、遥感、自然重砂则为次要预测地质要素。

3. 金城洞-木兰屯预测工作区

该预测工作区内铜矿产于新太古界鸡南岩组、官地岩组斜长角闪岩、浅粒岩、变粒岩或深成侵入体英云闪长质片麻岩中。北东向断裂和北西向断裂的交会部位为铜矿富集的有利地段。因此，以新太古界鸡南岩组、官地岩组变质岩建造、北东向断裂和北西向断裂交会部位作为重要的预测单元划分依据，同时为必要预测地质变量，化探异常、重力也是重要的圈定依据和预测变量。磁测、遥感、自然重砂则为次要预测地质要素。

第五节 最小预测区优选

最小预测区圈定以含矿地质体和矿体产出部位为主要圈定依据。首先应用 MARS 软件对预测要素进行空间叠加的方法对预测工作区进行空间评价，圈定最小预测区。优选最小预测区以矿产地、化探异常作为确定依据，特别是矿产地和矿体产出部位是区分资源潜力级别及资源量级别的最主要依据，经过地质专家进一步修正和筛选,最终优选出最小预测区。

各预测工作区圈定的最小预测区及优选最小预测区对比结果见图 5-5-1—图 5-5-18。

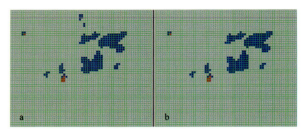

图 5-5-1 荒沟山-南岔预测工作区最小预测区(a)与优选最小预测区(b)对比图

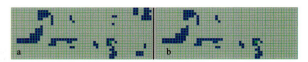

图 5-5-2 大梨树沟-红太平预测工作区最小预测区(a)与优选最小预测区(b)对比图

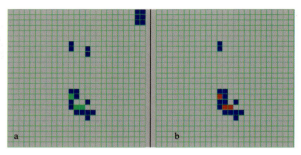

图 5-5-3 石嘴-官马预测工作区最小预测区(a)与优选最小预测区(b)对比图

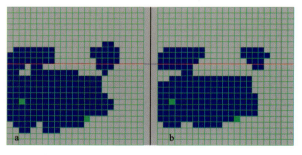

图 5-5-4 闹枝-棉田预测工作区最小预测区(a)与优选最小预测区(b)对比图

图 5-5-5 杜荒岭预测工作区最小预测区(a)与优选最小预测区(b)对比图

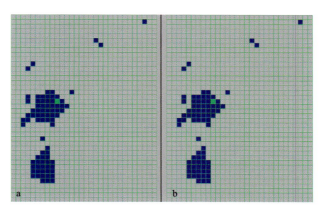

图 5-5-6　地局子-倒木河预测工作区最小预测
区(a)与优选最小预测区(b)对比图

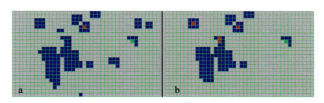

图 5-5-7　刺猬沟-九三沟预测工作区最小预测
区(a)与优选最小预测区(b)对比图

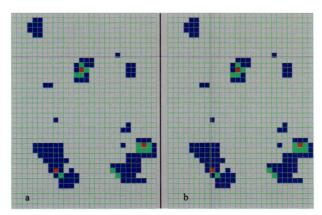

图 5-5-8　大黑山预测工作区最小预测
区(a)与优选最小预测区(b)对比图

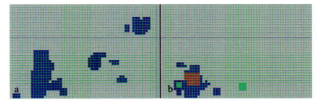

图 5-5-9　红旗岭预测工作区最小预测
区(a)与优选最小预测区(b)对比图

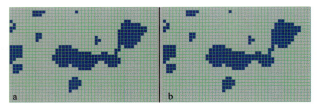

图 5-5-10 农坪-前山预测工作区最小预测区(a)与优选最小预测区(b)对比图

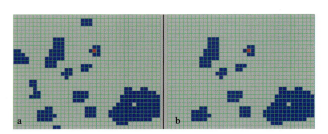

图 5-5-11 正岔-复兴屯预测工作区最小预测区(a)与优选最小预测区(b)对比图

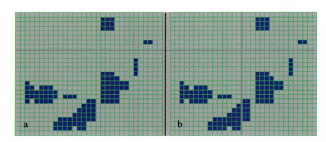

图 5-5-12 兰家预测工作区最小预测区(a)与优选最小预测区(b)对比图

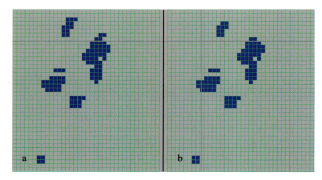

图 5-5-13 大营-万良预测工作区最小预测区(a)与优选最小预测区(b)对比图

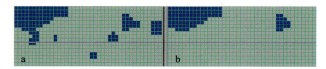

图 5-5-14 万宝预测工作区最小预测区(a)与优选最小预测区(b)对比图

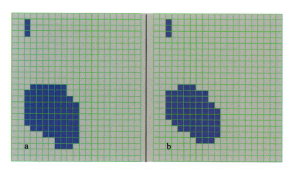

图 5-5-15　二密-老岭沟预测工作区最小预测区(a)与优选最小预测区(b)对比图

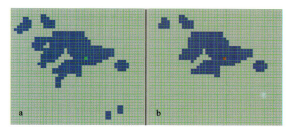

图 5-5-16　夹皮沟-溜河预测工作区最小预测区(a)与优选最小预测区(b)对比图

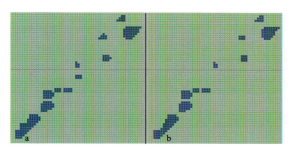

图 5-5-17　安口预测工作区最小预测区(a)与优选最小预测区(b)对比图

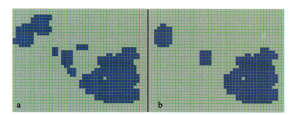

图 5-5-18　金城洞-木兰屯预测工作区最小预测区(a)与优选最小预测区(b)对比图

通过以上网格单元图对比,选择最终优选的最小预测区作为地质体积法圈定最小预测区的条件要素。

本次最小预测区的圈定主要根据地质体积法的圈定原则,针对不同的矿产预测类型对其含矿建造进行详细研究,依据含矿地质体的展布情况,矿床、矿点、矿化点的分布特征,叠加 Cu 元素地球化学异常及相关伴生元素的地球化学异常后,并参考利用 MARS 软件对预测要素进行空间叠加的方法优选的最小预测区,最终经地质矿产专业人员圈定的最小区域。在没有出露含矿建造的区域采用物探、化探、遥感、自然重砂等综合致矿信息进行分析、判断,对预测工作区进行空间评价,圈定预测工作区的最小预测区。

第六节　资源量定量估算

一、地质体积参数法资源量估算

应用含矿地质体预测资源量公式:

$$Z_{体} = S_{体} \times H_{预} \times K \times \alpha$$

式中:$Z_{体}$为模型区中含矿地质体预测资源量;$S_{体}$为含矿地质体面积;$H_{预}$为含矿地质体延深(指矿化范围的最大延深);K为模型区含矿地质体含矿系数;α为相似系数。

(一)模型区含矿系数确定

模型区是指典型矿床所在的最小预测区,其含矿地质体含矿系数确定公式为:含矿地质体含矿系数=模型区预测资源总量/模型区含矿地质体总体积。模型区建立在1∶5万的预测工作区内,其含矿地质体的含矿系数见表5-6-1。

表5-6-1　模型区含矿地质体含矿系数表

成矿预测类型	预测工作区	模型区编号	模型区名称	含矿地质体含矿系数	资源总量/t	含矿地质体总体积/m³
沉积变质型	荒沟山-南岔	A2204301053001	HNA1	0.000 007 8	59 716.00	7 693 809 000.00
火山沉积型	石嘴-官马	A2204401072007	SGA1	0.000 008 7	79 707.00	9 150 364 500.00
	大梨树沟-红太平	A2204401036005	DHA1	0.000 017 0	29 571.12	1 761 383 327.00
侵入岩浆型	红旗岭	A2204202059003	HQA1	0.000 039 0	180 465.45	4 608 500 000.00
	漂河川	A2204202046006	PHA1	0.000 008 9	24 276.33	2 730 660 000.00
	赤柏松-金斗	A2204203096011	CJA1	0.000 024 0	64 258.57	2 647 271 400.00
	长仁-獐项	A2204202005002	CZA1	0.000 084 0	13 797.06	165 026 500.00
	小西南岔-杨金沟	A2204201103009	XYA1	0.000 029 0	408 757.00	15 027 192 600.00
矽卡岩型	六道沟-八道沟	A2204201000012	LDA1	0.000 001 7	223.86	128 025 000.00
斑岩型	二密-老岭沟	A2204201027010	ELA1	0.000 015 0	155 776.40	10 650 536 680.00
	天合兴-那尔轰	A2204201069008	TNA1	0.000 044 0	169 289.83	3 841 512 500.00
复合内生型	夹皮沟-溜河	A2204302029004	JLA1	0.000 001 4	4 592.00	3 222 749 049.00

(二)最小预测区预测资源量及估算参数

本次最小预测区的圈定主要根据地质体积法圈定。
延伸依据典型矿床的实际钻探资料,含矿地质体的厚度,矿体的最大延深并结合预测工作区控矿构造、矿化蚀变、地球化学分带、物探信息,在此基础上推测含矿建造可能的延深。

相似系数是对比模型区和预测工作区全部预测要素的总体相似程度、各定量参数的各项相似系数来确定。

1. 沉积变质型

该类型分布在荒沟山-南岔预测工作区预测资源量及估算参数见表5-6-2。

表 5-6-2 荒沟山-南岔预测工作区最小预测工作区预测资源量估算

最小预测区编号	最小预测区名称	面积/m²	延深/m	模型区含矿地质体含矿系数	相似系数	预测资源量/t		
						500m以浅	1000m以浅	2000m以浅
B2204301056	HNB1	16 328 171	500	0.000 007 8	0.7	44 575.91		
B2204301048	HNB2	6 131 723	500	0.000 007 8	0.6	14 348.23		
C2204301051	HNC1	36 542 101	500	0.000 007 8	0.5	71 257.10		
合计						130 181.24		

2. 火山沉积型

该类型分布在石嘴-官马预测工作区、大梨树沟-红太平预测工作区、闹枝-棉田预测工作区、地局子-倒木河预测工作区、杜荒岭预测工作区、刺猬沟-九三沟预测工作区、大黑山-锅盔顶子预测工作区。

(1)石嘴-官马预测工作区预测资源量及估算参数见表5-6-3。

表 5-6-3 石嘴-官马预测工作区最小预测工作区预测资源量估算

最小预测区编号	最小预测区名称	面积/m²	延深/m	模型区含矿地质体含矿系数	相似系数	预测资源量/t		
						500m以浅	1000m以浅	2000m以浅
B2204401062	SGB1	5 126 387.15	1500	0.000 008 7	0.6	13 379.87	26 759.74	40 139.61
B2204401067	SGB2	4 986 132.58	1500	0.000 008 7	0.5	10 844.84	21 689.68	32 534.52
B2204401075	SGB3	2 711 640.00	1500	0.000 008 7	0.5	5 897.82	11 795.63	17 693.45
B2204401061	SGB4	3 214 876.39	1500	0.000 008 7	0.5	6 992.36	13 984.71	20 977.07
合计						37 114.89	74 229.76	111 344.65

(2)大梨树沟-红太平预测工作区预测资源量及估算参数见表5-6-4。

表 5-6-4 大梨树沟-红太平预测工作区最小预测工作区预测资源量估算

最小预测区编号	最小预测区名称	面积/m²	延深/m	模型区含矿地质体含矿系数	相似系数	预测资源量/t		
						500m以浅	1000m以浅	2000m以浅
C2204401032	DHC1	765 434.25	550	0.000 017	0.5	19 780.95	21 759.04	
C2204401010	DHC2	3 945 989.79	550	0.000 017	0.5	16 770.46	18 447.50	
合计						36 551.41	40 206.54	

(3)闹枝-棉田预测工作区预测资源量及估算参数见表5-6-5。

表5-6-5 闹枝-棉田预测工作区最小预测工作区预测资源量估算

最小预测区编号	最小预测区名称	面积/m²	延深/m	模型区含矿地质体含矿系数	相似系数	预测资源量/t		
						500m以浅	1000m以浅	2000m以浅
B2204401039	NMB1	3 589 475.89	550	0.000 017	0.5	15 255.27	16 780.80	
C2204401040	NMC1	1 948 234.00	550	0.000 017	0.4	6 624.00	7 286.40	
C2204401043	NMC2	839 756.95	550	0.000 017	0.4	2 855.17	3 140.69	
合计						24 734.44	27 207.89	

(4)地局子-倒木河预测工作区预测资源量及估算参数见表5-6-6。

表5-6-6 地局子-倒木河预测工作区最小预测工作区预测资源量估算

最小预测区编号	最小预测区名称	面积/m²	延深/m	模型区含矿地质体含矿系数	相似系数	预测资源量/t		
						500m以浅	1000m以浅	2000m以浅
A2204401092	DDA1	2 817 685.52	1500	0.000 008 7	0.6	7 354.16	14 708.32	22 062.48
A2204401089	DDA2	26 172 772.73	1500	0.000 008 7	0.6	68 310.94	136 621.87	204 932.81
B2204401080	DDB1	836 296.04	1500	0.000 008 7	0.5	1 818.94	3 637.89	5 456.83
C2204401084	DDC1	625 898.43	1500	0.000 008 7	0.4	1 089.06	2 178.13	3 267.19
C2204401090	DDC2	381 337.32	1500	0.000 008 7	0.4	663.53	1 327.05	1 990.58
C2204401098	DDC3	1 822 607.73	1500	0.000 008 7	0.4	3 171.34	6 342.67	9 514.01
C2204401091	DDC4	1 452 074.99	1500	0.000 008 7	0.4	2 526.61	5 053.22	7 579.83
C2204401094	DDC5	1 235 274.81	1500	0.000 008 7	0.4	2 149.38	4 298.76	6 448.13
合计						87 083.96	174 167.91	261 251.86

(5)杜荒岭预测工作区预测资源量及估算参数见表5-6-7。

表5-6-7 杜荒岭预测工作区最小预测工作区预测资源量估算

最小预测区编号	最小预测区名称	面积/m²	延深/m	模型区含矿地质体含矿系数	相似系数	预测资源量/t		
						500m以浅	1000m以浅	2000m以浅
A2204401078	DLA1	12 954 335.50	550	0.000 017	0.6	66 067.11	72 673.82	
C2204401077	DLC1	1 614 760.37	550	0.000 017	0.4	5 490.19	6 039.21	
C2204401079	DLC2	2 689 940.00	550	0.000 017	0.4	9 145.80	10 060.38	
C2204401081	DLC3	1 311 680.37	550	0.000 017	0.4	4 459.71	4 905.68	
合计						85 162.81	93 679.09	

(6)刺猬沟-九三沟预测工作区预测资源量及估算参数见表5-6-8。

表5-6-8 刺猬沟-九三沟预测工作区最小预测工作区预测资源量估算

最小预测区编号	最小预测区名称	面积/m²	延深/m	模型区含矿地质体含矿系数	相似系数	预测资源量/t		
						500m以浅	1000m以浅	2000m以浅
C2204401022	CWC1	1 032 875.49	550	0.000 017	0.4	3 511.78	3 862.95	
C2204401020	CWC2	865 428.99	550	0.000 017	0.4	2 942.46	3 236.70	
C2204401008	CWC3	1 910 092.44	550	0.000 017	0.4	6 494.31	7 143.75	
C2204401007	CWC4	18 212 388.77	550	0.000 017	0.4	61 922.12	68 114.33	
合计						74 870.67	82 357.74	

(7)大黑山-锅盔顶子预测工作区预测资源量及估算参数见表5-6-9。

表5-6-9 大黑山-锅盔顶子预测工作区最小预测工作区预测资源量估算

最小预测区编号	最小预测区名称	面积/m²	延深/m	模型区含矿地质体含矿系数	相似系数	预测资源量/t		
						500m以浅	1000m以浅	2000m以浅
A2204401012	DGA1	5 213 481.33	1500	0.000 008 7	0.6	13 607.19	27 214.37	40 821.56
A2204401018	DGA2	16 714 170.43	1500	0.000 008 7	0.6	43 623.98	87 247.97	130 871.95
A2204401021	DGA3	13 058 163.78	1500	0.000 008 7	0.6	34 081.81	68 163.61	102 245.42
B2204401013	DGB1	4 838 947.59	1500	0.000 008 7	0.5	10 524.71	21 049.42	31 574.13
合计						101 837.69	203 675.38	305 513.07

3. 侵入岩浆型

该类型分布在红旗岭预测工作区、漂河川预测工作区、赤柏松-金斗预测工作区、长仁-獐项预测工作区、小西南岔-杨金沟预测工作区、农坪-前山预测工作区、正岔-复兴屯预测工作区。

(1)红旗岭预测工作区预测资源量及估算参数见表5-6-10。

表5-6-10 红旗岭预测工作区最小预测工作区预测资源量估算

最小预测区编号	最小预测区名称	面积/m²	延深/m	模型区含矿地质体含矿系数	相似系数	预测资源量/t		
						500m以浅	1000m以浅	2000m以浅
C2204202065	HQC1	696 800.00	1300	0.000 039	0.5	6 793.80	13 587.60	17 663.88
C2204202066	HQC2	710 030.05	1300	0.000 039	0.5	6 922.79	13 845.59	17 999.26
C2204202070	HQC3	985 260.71	1300	0.000 039	0.5	9 606.29	19 212.58	24 976.36
合计						23 322.88	46 645.77	60 639.50

(2)漂河川预测工作区预测资源量及估算参数见表 5-6-11。

表 5-6-11 漂河川预测工作区最小预测工作区预测资源量估算

最小预测区编号	最小预测区名称	面积/m²	延深/m	模型区含矿地质体含矿系数	相似系数	预测资源量/t		
						500m 以浅	1000m 以浅	2000m 以浅
C2204202037	PHC1	2 736 725.45	800	0.000 008 9	0.5	6 089.21	9 742.74	
合计						6 089.21	9 742.74	

(3)赤柏松-金斗预测工作区预测资源量及估算参数见表 5-6-12。

表 5-6-12 赤柏松-金斗预测工作区最小预测区预测资源量估算

最小预测区编号	最小预测区名称	面积/m²	延深/m	模型区含矿地质体含矿系数	相似系数	预测资源量/t		
						500m 以浅	1000m 以浅	2000m 以浅
C2204203099	CJC1	4 316 328.00	1200	0.000 024	0.5	25 897.97	51 795.94	62 155.12
C2204203097	CJC2	2 214 140.42	1200	0.000 024	0.5	13 284.84	26 569.69	31 883.62
合计						39 182.81	78 365.63	94 038.74

(4)长仁-獐项预测工作区预测资源量及估算参数见表 5-6-13。

表 5-6-13 长仁-獐项预测工作区最小预测区预测资源量估算

最小预测区编号	最小预测区名称	面积/m²	延深/m	模型区含矿地质体含矿系数	相似系数	预测资源量/t		
						500m 以浅	1000m 以浅	2000m 以浅
A2204202006	CZA2	498 600.05	500	0.000 084	0.7	14 658.84		
合计						14 658.84		

(5)小西南岔-杨金沟预测工作区

预测资源量及估算参数见表 5-6-14。

表 5-6-14 小西南岔-杨金沟预测工作区最小预测区预测资源量估算

最小预测区编号	最小预测区名称	面积/m²	延深/m	模型区含矿地质体含矿系数	相似系数	预测资源量/t		
						500m 以浅	1000m 以浅	2000m 以浅
A2204201082	XYA2	6 224 585.37	400	0.000 029	0.7	50 543.63		
B2204201102	XYB1	4 406 630.60	400	0.000 029	0.5	25 558.46		
C2204201101	XYC1	1 674 110.73	400	0.000 029	0.3	5 825.91		
合计						81 928.00		

（6）农坪-前山预测工作区预测资源量及估算参数见表 5-6-15。

表 5-6-15　农坪-前山预测工作区最小预测区预测资源量估算

最小预测区编号	最小预测区名称	面积/m²	延深/m	模型区含矿地质体含矿系数	相似系数	预测资源量/t		
						500m以浅	1000m以浅	2000m以浅
B2204201026	NQB1	47 081 010.31	400	0.000 029	0.4	218 455.89		
C2204201042	NQC1	1 712 363.36	400	0.000 029	0.2	3 972.68		
C2204201041	NQC2	699 317.19	400	0.000 029	0.2	1 622.42		
C2204201034	NQC3	21 041 339.21	400	0.000 029	0.2	48 815.91		
C2204201044	NQC4	8 249 219.86	400	0.000 029	0.2	19 138.19		
合计						292 005.08		

（7）正岔-复兴屯预测工作区预测资源量及估算参数见表 5-6-16。

表 5-6-16　正岔-复兴预测工作区最小预测区预测资源量估算

最小预测区编号	最小预测区名称	面积/m²	延深/m	模型区含矿地质体含矿系数	相似系数	预测资源量/t		
						500m以浅	1000m以浅	2000m以浅
A2204201028	ZFA1	1 832 994.96	1200	0.000 024	0.6	13 197.56	26 395.13	31 674.15
C2204201011	ZFC1	1 882 139.75	1200	0.000 024	0.2	4 517.14	9 034.27	10 841.12
C2204201009	ZFC2	1 185 986.57	1200	0.000 024	0.2	2 846.37	5 692.74	6 831.28
C2204201035	ZFC3	3 898 877.08	1200	0.000 024	0.2	9 357.30	18 714.61	22 457.53
合计						29 918.37	59 836.74	71 804.09

4. 矽卡岩型

该类型分布在兰家预测工作区、大营-万良预测工作区、万宝预测工作区。

（1）兰家预测工作区预测资源量及估算参数见表 5-6-17。

表 5-6-17　兰家预测工作区最小预测区预测资源量估算

最小预测区编号	最小预测区名称	面积/m²	延深/m	模型区含矿地质体含矿系数	相似系数	预测资源量/t		
						500m以浅	1000m以浅	2000m以浅
B2204201014	LJB1	15 894 922.33	600	0.000 001 7	0.4	5 404.27	6 485.13	
C2204201060	LJC1	403 464.39	600	0.000 001 7	0.3	102.88	123.46	
C2204201063	LJC2	1 875 760.11	600	0.000 001 7	0.3	478.32	573.98	
C2204201019	LJC3	2 087 907.31	600	0.000 001 7	0.3	532.42	638.90	
合计						6 517.89	7 821.47	

(2)大营-万良预测工作区预测资源量及估算参数见表5-6-18。

表5-6-18 大营-万良预测工作区最小预测区预测资源量估算

最小预测区编号	最小预测区名称	面积/m²	延深/m	模型区含矿地质体含矿系数	相似系数	预测资源量/t		
						500m以浅	1000m以浅	2000m以浅
C2204201095	DWC1	8 678 947.14	600	0.000 001 7	0.3	2 213.13	2 655.76	
C2204201093	DWC2	14 750 159.53	600	0.000 001 7	0.3	3 761.29	4 513.55	
C2204201055	DWC3	9 716 350.01	600	0.000 001 7	0.3	2 477.67	2 973.20	
C2204201057	DWC4	1 730 841.56	600	0.000 001 7	0.3	441.36	529.64	
C2204201052	DWC5	2 940 288.44	600	0.000 001 7	0.3	749.77	899.73	
C2204201054	DWC6	1 256 235.53	600	0.000 001 7	0.3	320.34	384.41	
C2204201058	DWC7	1 816 425.00	600	0.000 001 7	0.3	463.19	555.83	
合计						10 426.76	12 512.11	

(3)万宝预测工作区预测资源量及估算参数见表5-6-19。

表5-6-19 万宝预测工作区最小预测区预测资源量估算

最小预测区编号	最小预测区名称	面积/m²	延深/m	模型区含矿地质体含矿系数	相似系数	预测资源量/t		
						500m以浅	1000m以浅	2000m以浅
A2204201024	WBA1	24 968 496.22	600	0.000 001 7	0.5	10 611.61	12 733.93	
C2204201015	WBC1	2 502 464.78	600	0.000 001 7	0.3	638.13	765.76	
C2204201100	WBC2	1 034 297.26	600	0.000 001 7	0.3	263.75	316.49	
合计						11 513.49	13 816.18	

5. 斑岩型

该类型分布在二密-老岭沟预测工作区、天合兴-那尔轰预测工作区。

(1)二密-老岭沟预测工作区预测资源量及估算参数见表5-6-20。

表5-6-20 二密-老岭沟预测工作区最小预测区预测资源量估算

最小预测区编号	最小预测区名称	面积/m²	延深/m	模型区含矿地质体含矿系数	相似系数	预测资源量/t		
						500m以浅	1000m以浅	2000m以浅
C2204201016	ELC1	10 748 000.00	700	0.000 015	0.4	32 244.00	45 141.60	
C2204201017	ELC2	8 539 000.00	700	0.000 015	0.4	25 617.00	35 863.80	
C2204201031	ELC3	7 613 800.00	700	0.000 015	0.4	22 841.40	31 977.96	
合计						80 702.40	112 983.40	

(2)天合兴-那尔轰预测工作区预测资源量及估算参数见表5-6-21。

表5-6-21 天合兴-那尔轰预测工作区最小预测区预测资源量估算

最小预测区编号	最小预测区名称	面积/m²	延深/m	模型区含矿地质体含矿系数	相似系数	预测资源量/t		
						500m以浅	1000m以浅	2000m以浅
B2204201064	TNB1	1 389 803.38	500	0.000 044	0.5	15 287.84		
C2204201068	TNC1	1 413 562.15	500	0.000 044	0.4	12 439.35		
C2204201071	TNC2	1 340 879.86	500	0.000 044	0.4	11 799.74		
C2204201033	TNC3	1 002 910.75	500	0.000 044	0.4	8 825.61		
C2204201047	TNC4	562 299.73	500	0.000 044	0.4	4 948.24		
C2204201049	TNC5	784 652.45	500	0.000 044	0.4	6 904.94		
C2204201050	TNC6	1 208 958.25	500	0.000 044	0.4	10 638.83		
C2204201030	TNC7	897 334.25	500	0.000 044	0.4	7 896.54		
合计						78 741.09		

6. 复合内生型

(1)夹皮沟-溜河预测工作区预测资源量及估算参数见表5-6-22。

表5-6-22 夹皮沟-溜河预测工作区最小预测区预测资源量估算

最小预测区编号	最小预测区名称	面积/m²	延深/m	模型区含矿地质体含矿系数	相似系数	预测资源量/t		
						500m以浅	1000m以浅	2000m以浅
B2204302001	JLB1	5 214 321.15	650	0.000 001 4	0.6	2 190.01	2 847.02	
B2204302004	JLB2	10 679 121.41	650	0.000 001 4	0.6	4 485.23	5 830.80	
B2204302023	JLB3	16 922 904.48	650	0.000 001 4	0.6	7 107.62	9 239.91	
C2204302002	JLC1	924 516.45	650	0.000 001 4	0.5	323.58	420.65	
C2204302025	JLC2	4 412 321.30	650	0.000 001 4	0.5	1 544.31	2 007.61	
C2204302045	JLC3	1 316 429.31	650	0.000 001 4	0.5	460.75	598.98	
C2204302038	JLC4	926 548.48	650	0.000 001 4	0.5	324.29	421.58	
合计						16 435.80	21 366.54	

(2)安口镇预测工作区预测资源量及估算参数见表5-6-23。

表5-6-23 安口预测工作区最小预测区预测资源量估算

最小预测区编号	最小预测区名称	面积/m²	延深/m	模型区含矿地质体含矿系数	相似系数	预测资源量/t		
						500m以浅	1000m以浅	2000m以浅
C2204301083	AKC1	8 452 141.31	650	0.000 001 4	0.4	2 366.60	3 076.58	
C2204301085	AKC2	3 258 411.49	650	0.000 001 4	0.4	912.36	1 186.06	
C2204301086	AKC3	4 928 126.22	650	0.000 001 4	0.4	1 379.88	1 793.84	
C2204301087	AKC4	6 222 403.16	650	0.000 001 4	0.4	1 742.27	2 264.95	
C2204301088	AKC5	9 947 654.39	650	0.000 001 4	0.4	2 785.34	3 620.95	
合计						9 186.45	11 942.38	

(3)金城洞-木兰屯预测工作区预测资源量及估算参数见表5-6-24。

表 5-6-24　金城洞-木兰屯预测工作区最小预测区预测资源量估算

最小预测区编号	最小预测区名称	面积/m²	延深/m	模型区含矿地质体含矿系数	相似系数	预测资源量/t		
						500m以浅	1000m以浅	2000m以浅
B2204302073	JMB1	28 464 331.21	650	0.000 001 4	0.5	9 962.52	12 951.27	
C2204302074	JMC1	9 963 744.79	650	0.000 001 4	0.4	2 789.85	3 626.80	
C2204302076	JMC2	14 964 528.68	650	0.000 001 4	0.4	4 190.07	5 447.09	
C2204302003	JMC3	18 376 458.49	650	0.000 001 4	0.4	5 145.41	6 689.03	
合计						22 087.84	28 714.19	

(三)最小预测区资源量可信度估计

1. 最小预测区参数可信度确定原则

(1)面积可信度：有含矿地质建造、矿床或矿点分布、化探异常较好定为0.75；有地质建造、矿床或矿点分布为0.5；只有化探异常为0.25。

(2)延深可信度：典型矿床的延深是根据已知模型区的最大钻探深度，同时结合已知控制矿体的可能延深确定，确定的延深可信度为0.9。预测工作区内最小预测区的延深是根据相同成因类型典型矿床的勘探深度确定的，确定的延深可信为0.75。

(3)含矿系数可信度：对矿床深部外围资源量了解比较清楚，与模型区处于相同的构造环境下、含矿建造相同、具有相同的化探异常浓集中心、有已知矿床(点)的最小预测区，含矿系数可信度为0.8；与模型区处于相同的构造环境下、含矿建造相同、化探异常特征相同、有已知矿化点的最小预测区，含矿系数可信度为0.5。与模型区处于相同的构造环境下、含矿建造相同、化探异常特征相似、没有已知矿点或矿化点的最小预测区，含矿系数可信度为0.25。

2. 各最小预测区预测资源量可信度分析

(1)沉积变质型：该类型分布在荒沟山-南岔预测工作区。最小预测区预测资源量可信度分析见表5-6-25。

(2)火山沉积型：该类型分布在石嘴-官马预测工作区、大梨树沟-红太平预测工作区、闹枝-棉田预测工作区、地局子-倒木河预测工作区、杜荒岭预测工作区、刺猬沟-九三沟预测工作区、大黑山-锅盔顶子预测工作区。最小预测区预测资源量可信度分析见表5-6-26—表5-6-32。

(3)侵入岩浆型：该类型分布在红旗岭预测工作区、漂河川预测工作区、赤柏松-金斗预测工作区、长仁-獐项预测工作区、小西南岔-杨金沟预测工作区、农坪-前山预测工作区、正岔-复兴屯预测工作区。最小预测区预测资源量可信度分析见表5-6-33—表5-6-39。

(4)矽卡岩型：该类型分布在兰家预测工作区、大营-万良预测工作区、万宝预测工作区。最小预测区预测资源量可信度分析见表5-6-40—表5-6-42。

(5)斑岩型：该类型分布在二密-老岭沟预测工作区、天合兴-那尔轰预测工作区。最小预测区预测资源量可信度分析见表5-6-43、表5-6-44。

(6)复合内生型：该类型分布在夹皮沟-溜河预测工作区、安口镇预测工作区、金城洞-木兰屯预测工作区。最小预测区预测资源量可信度分析见表5-6-45—表5-6-47。

表 5-6-25 荒沟山-南岔预测工作区最小预测区预测资源量可信度统计表

最小预测区编号	最小预测区名称	面积		延深		含矿系数		资源量综合依据
		可信度	依据	可信度	依据	可信度	依据	
A2204301053	HNA1	0.75	区内有铜镍矿床及含矿建造为 Cu 元素地球化学异常高浓度聚集中心	0.9	典型矿床的最大勘探深度	0.8	有矿床存在＋含矿环境下＋1:5万化探异常＋相同的构造建造相同	0.54	面积、延深、含矿系数乘积
B2204301056	HNB1	0.75	区内有金矿床存在及含矿建造为 Cu 元素地球化学异常高浓度聚集区	0.9	典型矿床的最大勘探深度	0.8	有矿床存在＋含矿环境下＋1:5万化探异常＋相同的构造建造相同	0.54	面积、延深、含矿系数乘积
B2204301048	HNB2	0.75	区内有金矿床存在及含矿建造为 Cu 元素地球化学异常高浓度聚集区	0.9	典型矿床的最大勘探深度	0.8	有矿床存在＋含矿环境下＋1:5万化探异常＋相同的构造建造相同	0.54	面积、延深、含矿系数乘积
C2204301051	HNC1	0.75	区内有金矿床存在及含矿建造为 Cu 元素地球化学异常高浓度聚集区	0.9	典型矿床的最大勘探深度	0.8	有矿床存在＋含矿环境下＋1:5万化探异常＋相同的构造建造相同	0.54	面积、延深、含矿系数乘积

表 5-6-26 石咀-官马预测工作区最小预测区预测资源量可信度统计表

最小预测区编号	最小预测区名称	面积		延深		含矿系数		资源量综合依据
		可信度	依据	可信度	依据	可信度	依据	
B2204401062	SGB1	0.75	区内石咀子组大理岩为含矿建造；有 Cu 元素地球化学异常浓集中心；有金矿化点存在	0.9	模型区的最大勘探深度	0.5	相同的构造环境＋含矿建造＋化探异常	0.338	面积、延深、含矿系数乘积
B2204401067	SGB2	0.75	区内有金矿化点存在；同上	0.9	模型区的最大勘探深度	0.5	有金矿点存在；相同的构造环境＋含矿建造＋化探异常	0.338	面积、延深、含矿系数乘积
B2204401075	SGB3	0.75	区内有金矿化点存在；同上	0.9	模型区的最大勘探深度	0.5	有金矿点存在；相同的构造环境＋含矿建造＋化探异常	0.338	面积、延深、含矿系数乘积
B2204401061	SGB4	0.75	区内有金矿化点存在；同上	0.9	模型区的最大勘探深度	0.5	有金矿点存在；相同的构造环境＋含矿建造＋化探异常	0.338	面积、延深、含矿系数乘积

表 5-6-27 大梨树沟-红太平预测工作区最小预测区预测资源量可信度统计表

最小预测区编号	最小预测区名称	面积		延深		含矿系数		资源量综合依据
		可信度	依据	可信度	依据	可信度	依据	
A2204401036	DHA1	0.75	区内有矿床存在;存在火山岩含矿建造;为Cu元素地球化学异常高浓度聚集区	0.9	模型区的最大勘探深度	0.8	区内有矿床存在;相同的构造环境+相同含矿建造+相同化探异常	0.54	面积、延深、含矿系数可信度乘积
C2204401032	DHC1	0.5	区内无矿化点存在;火山岩含矿建造;为Cu元素地球化学异常高浓度聚集区	0.9	模型区的最大勘探深度	0.25	相同的构造环境+相同含矿建造+相同化探异常	0.1	面积、延深、含矿系数可信度乘积
C2204401010	DHC2	0.5	区内无矿化点存在;火山岩含矿建造;为Cu元素地球化学异常高浓度聚集区	0.9	模型区的最大勘探深度	0.25	相同的构造环境+相同含矿建造+相同化探异常	0.1	面积、延深、含矿系数可信度乘积

表 5-6-28 闹枝-棉田预测工作区最小预测区预测资源量可信度统计表

最小预测区编号	最小预测区名称	面积		延深		含矿系数		资源量综合依据
		可信度	依据	可信度	依据	可信度	依据	
B2204401039	NMB1	0.75	区内有金矿化点存在;存在火山岩含矿建造;为Cu元素地球化学异常高浓度聚集区	0.75	依据典型矿床的实际钻探资料,含矿地质体的厚度、矿体的最大延深	0.8	有典型矿床存在,相同的构造环境+含矿建造+化探异常	0.45	面积、延深、含矿系数可信度乘积
C2204401040	NMC1	0.5	区内无矿化点存在;火山岩含矿建造;为Cu元素地球化学异常高浓度聚集区	0.75	依据典型矿床的实际钻探资料,含矿地质体的厚度、矿体的最大延深	0.25	相同的构造环境+含矿建造+化探异常	0.1	面积、延深、含矿系数可信度乘积
C2204401043	NMC2	0.5	区内无矿化点存在;火山岩含矿建造;为Cu元素地球化学异常高浓度聚集区	0.75	依据典型矿床的实际钻探资料,含矿地质体的厚度、矿体的最大延深	0.25	相同的构造环境+含矿建造+化探异常	0.1	面积、延深、含矿系数可信度乘积

第五章 矿产预测

表 5-6-29 地局子-倒木河预测工作区最小预测区预测资源量可信度统计表

最小预测区编号	最小预测区名称	面积 可信度	面积 依据	延深 可信度	延深 依据	含矿系数 可信度	含矿系数 依据	资源量综合 可信度	资源量综合 依据
A2204401092	DDA1	0.75	区内有铜矿点存在;存在含矿地质体;为Cu元素地球化学异常高浓度聚集区	0.75	类比典型矿床模型区最大勘探深度	0.8	有铜矿点存在;相同的构造环境+相同含矿建造+化探异常	0.45	面积、延深、含矿系数乘积
A2204401089	DDA2	0.75	区内有铜矿点存在;存在含矿地质体;为Cu元素地球化学异常高浓度聚集区	0.75	类比典型矿床模型区最大勘探深度	0.8	有铜矿点存在;相同的构造环境+相同含矿建造+化探异常	0.45	面积、延深、含矿系数乘积
B2204401080	DDB1	0.75	区内有铜矿点存在;存在含矿地质体;为Cu元素地球化学异常高浓度聚集区	0.75	类比典型矿床模型区最大勘探深度	0.8	有铜矿点存在;相同的构造环境+相同含矿建造+化探异常	0.45	面积、延深、含矿系数乘积
C2204401084	DDC1	0.5	区内无矿化点存在;有含矿地质体;有Cu元素地球化学异常存在	0.75	类比典型矿床模型区最大勘探深度	0.25	相同构造环境+相同含矿建造+化探异常	0.1	面积、延深、含矿系数乘积
C2204401090	DDC2	0.5	区内无矿化点存在;有含矿地质体;有Cu元素地球化学异常存在	0.75	类比典型矿床模型区最大勘探深度	0.25	相同构造环境+相同含矿建造+化探异常	0.1	面积、延深、含矿系数乘积
C2204401098	DDC3	0.5	区内无矿化点存在;有含矿地质体;有Cu元素地球化学异常存在	0.75	类比典型矿床模型区最大勘探深度	0.25	相同构造环境+相同含矿建造+化探异常	0.1	面积、延深、含矿系数乘积
C2204401091	DDC4	0.5	区内无矿化点存在;有含矿地质体;有Cu元素地球化学异常存在	0.75	类比典型矿床模型区最大勘探深度	0.25	相同构造环境+相同含矿建造+化探异常	0.1	面积、延深、含矿系数乘积
C2204401094	DDC5	0.5	区内无矿化点存在;有含矿地质体;有Cu元素地球化学异常存在	0.75	类比典型矿床模型区最大勘探深度	0.25	相同构造环境+相同含矿建造+化探异常	0.1	面积、延深、含矿系数乘积

表 5-6-30 杜荒岭预测工作区最小预测区预测资源量可信度统计表

最小预测区编号	最小预测区名称	可信度	面积依据	延深可信度	延深依据	含矿系数可信度	含矿系数依据	资源量综合可信度	资源量综合依据
A2204401078	DLA1	0.75	有金铜矿存在；存在安山岩含矿建造；为Cu元素地球化学异常高浓度聚集区	0.75	类比典型矿床最大勘探深度	0.8	有金铜矿存在；相同的构造+含矿建造+含矿环境+化探异常	0.45	面积、延深、含矿系数乘积
C2204401077	DLC1	0.5	区内无矿化点存在；为Cu元素地球化学异常高浓度聚集区	0.75	类比典型矿床最大勘探深度	0.25	无矿化点；有相同的构造+含矿建造+含矿环境+化探异常	0.1	面积、延深、含矿系数乘积
C2204401079	DLC2	0.5	区内无矿化点存在；为Cu元素地球化学异常高浓度聚集区	0.75	类比典型矿床最大勘探深度	0.25	无矿化点；有相同的构造+含矿建造+含矿环境+化探异常	0.1	面积、延深、含矿系数乘积
C2204401081	DLC3	0.5	区内无矿化点存在；为Cu元素地球化学异常高浓度聚集区	0.75	类比典型矿床最大勘探深度	0.25	无矿化点；有相同的构造+含矿建造+含矿环境+化探异常	0.1	面积、延深、含矿系数乘积

表 5-6-31 刺猬沟-九三沟预测工作区最小预测区预测资源量可信度统计表

最小预测区编号	最小预测区名称	可信度	面积依据	延深可信度	延深依据	含矿系数可信度	含矿系数依据	资源量综合可信度	资源量综合依据
C2204401022	CWC1	0.5	区内无矿化点存在；地质体侏罗系安山岩；为Cu元素地球化学异常高浓度聚集区	0.75	类比典型矿床最大勘探深度	0.25	相同的构造环境+含矿建造+化探异常	0.1	面积、延深、含矿系数乘积
C2204401020	CWC2	0.5	区内无矿化点存在；地质体侏罗系安山岩；为Cu元素地球化学异常高浓度聚集区	0.75	类比典型矿床最大勘探深度	0.25	相同的构造环境+含矿建造+化探异常	0.1	面积、延深、含矿系数乘积
C2204401008	CWC3	0.5	区内无矿化点存在；地质体侏罗系安山岩；为Cu元素地球化学异常高浓度聚集区	0.75	类比典型矿床最大勘探深度	0.25	相同的构造环境+含矿建造+化探异常	0.1	面积、延深、含矿系数乘积
C2204401007	CWC4	0.5	区内无矿化点存在；地质体侏罗系安山岩；为Cu元素地球化学异常高浓度聚集区	0.75	类比典型矿床最大勘探深度	0.25	相同的构造环境+含矿建造+化探异常	0.1	面积、延深、含矿系数乘积

表 5-6-32 大黑山-锅盔顶子预测工作区最小预测区预测资源量可信度统计表

最小预测区编号	最小预测区名称	面积		延深		含矿系数		资源量综合	
		可信度	依据	可信度	依据	可信度	依据	可信度	依据
A220440101012	DGA1	0.75	有铜矿存在及含矿安山岩建造；为Cu元素地球化学异常高浓度聚集区	0.75	类比典型矿床模型区最大勘探深度	0.8	有铜矿存在；含矿建造环境＋化探异常	0.45	面积、延深、含矿系数乘积
A220440101018	DGA2	0.75	有铜矿存在及含矿安山岩建造；为Cu元素地球化学异常高浓度聚集区	0.75	类比典型矿床模型区最大勘探深度	0.8	有铜矿存在；含矿建造环境＋化探异常	0.45	面积、延深、含矿系数乘积
A220440101021	DGA3	0.75	有铜矿存在及含矿安山岩建造；为Cu元素地球化学异常高浓度聚集区	0.75	类比典型矿床模型区最大勘探深度	0.8	有铜矿存在；含矿建造环境＋化探异常	0.45	面积、延深、含矿系数乘积
B220440101013	DGB1	0.5	无铜矿，存在安山岩建造；为Cu元素地球化学异常高浓度聚集区	0.75	类比典型矿床模型区最大勘探深度	0.25	相同的构造环境＋化探异常	0.1	

表 5-6-33 红旗岭预测工作区最小预测区预测资源量可信度统计表

最小预测区编号	最小预测区名称	面积		延深		含矿系数		资源量综合	
		可信度	依据	可信度	依据	可信度	依据	可信度	依据
A220420202059	HQA1	0.75	区内有典型矿床及矿点存在；有含矿建造；地球化学异常浓集中心	0.9	典型矿床的最大勘探深度	0.8	有典型矿床及矿点存在，具相同的构造环境＋含矿建造相同＋1:5万化探异常	0.54	面积、延深、含矿系数乘积
C220420202065	HQC1	0.5	区内无矿化点；有含矿建造；为Cu元素地球化学异常高浓度聚集区	0.9	典型矿床的最大勘探深度	0.25	相同的构造环境＋含矿建造相同＋1:5万化探异常	0.1	面积、延深、含矿系数乘积
C220420202066	HQC2	0.5	区内无矿化点；有含矿建造；为Cu元素地球化学异常高浓度聚集区	0.9	典型矿床的最大勘探深度	0.25	相同的构造环境＋含矿建造相同＋1:5万化探异常	0.1	面积、延深、含矿系数乘积
C220420202070	HQC3	0.5	区内无矿化点；有含矿建造；为Cu元素地球化学异常高浓度聚集区	0.9	典型矿床的最大勘探深度	0.25	相同的构造环境＋含矿建造相同＋1:5万化探异常	0.1	面积、延深、含矿系数乘积

表 5-6-34 漂河川预测工作区最小预测区预测资源量可信度统计表

最小预测区编号	最小预测区名称	可信度	面积 依据	延深 可信度	延深 依据	含矿系数 可信度	含矿系数 依据	资源量 可信度	资源量综合依据
A2204202046	PHA1	0.75	区内有典型矿床及矿点存在；有含矿建造；为铜地球化学异常浓集中心	0.9	典型矿床的最大勘探深度	0.8	有典型矿床及矿点存在，具相同的构造相同+1：5万化探异常	0.54	面积、延深、含矿系数可信度乘积
C2204202037	PHC1	0.5	区内无矿化点，但存在含矿建造；为铜地球化学异常高浓度聚集区	0.9	典型矿床的最大勘探深度	0.5	有矿点存在，具相同的构造环境+含矿建造相同	0.225	面积、延深、含矿系数可信度乘积

表 5-6-35 赤柏松—金斗预测工作区最小预测区预测资源量可信度统计表

最小预测区编号	最小预测区名称	可信度	面积 依据	延深 可信度	延深 依据	含矿系数 可信度	含矿系数 依据	资源量 可信度	资源量综合依据
A2204203096	CJA1	0.75	有典型矿床及中、小型铜镍矿床存在；有含矿建造；为Cu元素地球化学异常浓集中心	0.9	典型矿床的最大勘探深度	0.8	有典型矿床及矿点存在，具相同的构造环境+含矿建造相同+1：5万化探异常	0.54	面积、延深、含矿系数可信度乘积
C2204203099	CJC1	0.5	无矿化点存在，但存在含矿建造；为Cu元素地球化学异常高浓度聚集区	0.9	典型矿床的最大勘探深度	0.25	相同的构造环境+含矿建造相同+化探异常	0.1	面积、延深、含矿系数可信度乘积
C2204203097	CJC2	0.5	区内有铜镍矿化点存在；有含矿建造	0.9	典型矿床的最大勘探深度	0.5	有矿点存在，具相同的构造环境+含矿建造相同	0.225	面积、延深、含矿系数可信度乘积

表 5-6-36 长仁—漳项预测工作区最小预测区预测资源量可信度统计表

最小预测区编号	最小预测区名称	可信度	面积 依据	延深 可信度	延深 依据	含矿系数 可信度	含矿系数 依据	资源量 可信度	资源量综合依据
A2204202005	CZA1	0.75	区内有典型矿床及矿点存在；为Cu元素建造；为Cu元素地球化学异常浓集中心	0.9	典型矿床的最大勘探深度	0.8	有典型矿床及矿点存在，具相同的构造环境+含矿建造相同+1：5万化探异常	0.54	面积、延深、含矿系数可信度乘积
A2204202006	CZA2	0.75	区内有典型矿床及矿点存在；为Cu元素建造；为Cu元素地球化学异常浓集中心	0.9	典型矿床的最大勘探深度	0.8	有典型矿床及矿点存在，具相同的构造环境+含矿建造相同+1：5万化探异常	0.54	面积、延深、含矿系数可信度乘积

第五章 矿产预测

表 5-6-37 小西南岔-杨金沟预测工作区最小预测区预测资源量可信度统计表

最小预测区编号	最小预测区名称	面积 可信度	面积 依据	延深 可信度	延深 依据	含矿系数 可信度	含矿系数 依据	资源量综合 可信度	资源量综合 依据
A2204201103	XYA1	0.75	有金铜典型矿床存在及含矿建造；为Cu元素地球化学异常浓集中心	0.9	典型矿床的最大勘探深度	0.8	有典型矿床存在，具相同的构造环境＋含矿建造＋化探异常	0.54	面积、延深、含矿系数可信度乘积
A2204201082	XYA2	0.75	有金铜典型矿床存在及含矿建造；为Cu元素地球化学异常浓集中心	0.9	典型矿床的最大勘探深度	0.8	有典型矿床存在，具相同的构造环境＋含矿建造＋化探异常	0.54	面积、延深、含矿系数可信度乘积
B2204201102	XYB1	0.75	有含矿存在及含矿建造；具较好化探异常	0.9	典型矿床的最大勘探深度	0.5	有矿点存在，具相同的构造环境＋含矿建造＋化探异常	0.338	面积、延深、含矿系数可信度乘积
C2204201101	XYC1	0.5	有含矿建造；具较好化探异常	0.9	典型矿床的最大勘探深度	0.25	具相同的构造环境＋含矿建造相同	0.1	面积、延深、含矿系数可信度乘积

表 5-6-38 农坪-前山预测工作区最小预测区预测资源量可信度统计表

最小预测区编号	最小预测区名称	面积 可信度	面积 依据	延深 可信度	延深 依据	含矿系数 可信度	含矿系数 依据	资源量综合 可信度	资源量综合 依据
B2204201026	NQB1	0.75	区内有含矿建造发育；为Cu元素地球化学异常浓集中心	0.75	类比典型矿床的最大勘探深度	0.8	有典型矿床点存在，具相同的构造环境＋含矿建造＋化探异常	0.45	面积、延深、含矿系数可信度乘积
C2204201042	NQC1	0.5	区内有无矿点发育；为Cu元素地球化学异常浓集中心	0.75	类比典型矿床的最大勘探深度	0.25	无典型矿床点存在，具相同的构造环境＋含矿建造＋化探异常	0.1	面积、延深、含矿系数可信度乘积
C2204201041	NQC2	0.5	区内有无矿点发育；为Cu元素地球化学异常浓集中心	0.75	类比典型矿床的最大勘探深度	0.25	无典型矿床点存在，具相同的构造环境＋含矿建造＋化探异常	0.1	面积、延深、含矿系数可信度乘积
C2204201034	NQC3	0.5	区内有无矿点发育；为Cu元素地球化学异常浓集中心	0.75	类比典型矿床的最大勘探深度	0.25	无典型矿床点存在，具相同的构造环境＋含矿建造＋化探异常	0.1	面积、延深、含矿系数可信度乘积
C2204201044	NQC4	0.5	区内有无矿点发育；为Cu元素地球化学异常浓集中心	0.75	类比典型矿床的最大勘探深度	0.25	无典型矿床点存在，具相同的构造环境＋含矿建造＋化探异常	0.1	面积、延深、含矿系数可信度乘积

表 5-6-39 正岔-复兴屯预测工作区最小预测区预测资源量可信度统计表

最小预测区编号	最小预测区名称	面积		延深		含矿系数		资源量综合依据
		可信度	依据	可信度	依据	可信度	依据	
A220420l028	ZFA1	0.75	有铜金矿存在；含矿建造发育；为 Cu 元素地球化学异常浓集中心	0.75	类比典型矿床的最大勘探深度	0.8	有典型矿床及矿点存在，具相同的构造环境＋含矿建造相同＋化探异常	0.45	面积、延深、含矿系数可信度乘积
C220420l011	ZFC1	0.5	区内有无矿点，矿化点存在；含矿建造发育；为 Cu 元素地球化学异常浓集中心	0.75	类比典型矿床的最大勘探深度	0.25	无典型矿床，具相同的构造环境＋含矿建造相同＋化探异常	0.1	面积、延深、含矿系数可信度乘积
C220420l009	ZFC2	0.5	区内有无矿点，矿化点存在；含矿建造发育；为 Cu 元素地球化学异常浓集中心	0.75	类比典型矿床的最大勘探深度	0.25	无典型矿床，具相同的构造环境＋含矿建造相同＋化探异常	0.1	面积、延深、含矿系数可信度乘积
C220420l035	ZFC3	0.5	区内有无矿点，矿化点存在；含矿建造发育；为 Cu 元素地球化学异常浓集中心	0.75	类比典型矿床的最大勘探深度	0.25	无典型矿床，具相同的构造环境＋含矿建造相同＋化探异常	0.1	面积、延深、含矿系数可信度乘积

表 5-6-40 兰家预测工作区最小预测区预测资源量可信度统计表

最小预测区编号	最小预测区名称	面积		延深		含矿系数		资源量综合依据
		可信度	依据	可信度	依据	可信度	依据	
B220420l014	LJB1	0.75	区内有小型金矿存在及矽卡岩含矿建造；为 Cu 元素地球化学异常浓集中心	0.75	类比典型矿床最大勘探深度	0.8	金矿存在；有相同的构造环境下＋含矿建造相同＋化探异常	0.45	面积、延深、含矿系数可信度乘积
C220420l060	LJC1	0.5	区内无矽卡岩含矿建造；为 Cu 元素地球化学异常浓集中心	0.75	类比典型矿床最大勘探深度	0.25	无金矿存在；有相同的构造环境下＋含矿建造相同＋化探异常	0.1	面积、延深、含矿系数可信度乘积
C220420l063	LJC2	0.5	区内无矽卡岩含矿建造；为 Cu 元素地球化学异常浓集中心	0.75	类比典型矿床最大勘探深度	0.25	无金矿存在；有相同的构造环境下＋含矿建造相同＋化探异常	0.1	面积、延深、含矿系数可信度乘积
C220420l019	LJC3	0.5	区内无矽卡岩含矿建造；为 Cu 元素地球化学异常浓集中心	0.75	类比典型矿床最大勘探深度	0.25	无金矿存在；有相同的构造环境下＋含矿建造相同＋化探异常	0.1	面积、延深、含矿系数可信度乘积

表 5-6-41 大营-万良预测工作区最小预测区预测资源量可信度统计表

最小预测区编号	最小预测区名称	面积		延深		含矿系数		资源量综合	
		可信度	依据	可信度	依据	可信度	依据	可信度	依据
C2204201095	DWC1	0.5	区内无矿点存在;有含矿地质体;有铜地球化学异常存在	0.75	类比典型矿床的最大勘探深度	0.25	相同的构造环境下+含矿建造相同	0.1	面积、延深、含矿系数乘积
C2204201093	DWC2	0.5	区内无矿点存在;有含矿地质体;有铜地球化学异常存在	0.75	类比典型矿床的最大勘探深度	0.25	相同的构造环境下+含矿建造相同	0.1	面积、延深、含矿系数乘积
C2204201055	DWC3	0.5	区内无矿点存在;有含矿地质体;有铜地球化学异常存在	0.75	类比典型矿床的最大勘探深度	0.25	相同的构造环境下+含矿建造相同	0.1	面积、延深、含矿系数乘积
C2204201057	DWC4	0.5	区内无矿点存在;有含矿地质体;有铜地球化学异常存在	0.75	类比典型矿床的最大勘探深度	0.25	相同的构造环境下+含矿建造相同	0.1	面积、延深、含矿系数乘积
C2204201052	DWC5	0.5	区内无矿点存在;有含矿地质体;有铜地球化学异常存在	0.75	类比典型矿床的最大勘探深度	0.25	相同的构造环境下+含矿建造相同	0.1	面积、延深、含矿系数乘积
C2204201054	DWC6	0.5	区内无矿点存在;有含矿地质体;有铜地球化学异常存在	0.75	类比典型矿床的最大勘探深度	0.25	相同的构造环境下+含矿建造相同	0.1	面积、延深、含矿系数乘积
C2204201058	DWC7	0.5	区内无矿点存在;有含矿地质体;有铜地球化学异常存在	0.75	类比典型矿床的最大勘探深度	0.25	相同的构造环境下+含矿建造相同	0.1	面积、延深、含矿系数乘积

表 5-6-42 万宝预测工作区最小预测区预测资源量可信度统计表

最小预测区编号	最小预测区名称	面积		延深		含矿系数		资源量综合依据
		可信度	依据	可信度	依据	可信度	依据	
A2204201024	WBA1	0.75	区内有铜矿存在及含矿矽卡岩建造,为Cu元素地球化学异常浓集中心	0.8	类比典型矿床的最大勘探深度	0.75	有铜矿存在+相同的构造环境下+含矿建造相同	面积、延深、含矿系数可信度乘积
C2204201015	WBC1	0.5	区内无矿点存在;有含矿矽卡岩建造;有Cu元素地球化学异常存在	0.25	类比典型矿床的最大勘探深度	0.5	相同的构造环境下+含矿建造相同	面积、延深、含矿系数可信度乘积
C2204201100	WBC2	0.5	区内无矿点存在;有含矿矽卡岩建造;有Cu元素地球化学异常存在	0.25	类比典型矿床的最大勘探深度	0.5	相同的构造环境下+含矿建造相同	面积、延深、含矿系数可信度乘积

表 5-6-43 二密-老岭沟预测工作区最小预测区预测资源量可信度统计表

最小预测区编号	最小预测区名称	面积		延深		含矿系数		资源量综合依据
		可信度	依据	可信度	依据	可信度	依据	
A2204201027	ELA1	0.75	有典型矿床存在;含矿建造发育,为Cu元素地球化学异常浓集中心	0.9	根据典型矿床的最大勘探深度	0.8	有典型矿床及矿点存在、具相同的构造环境+含矿建造相同+化探异常	0.54	面积、延深、含矿系数可信度乘积
C2204201016	ELC1	0.5	无矿化点存在;有含矿建造、有Cu元素地球化学异常	0.9	根据典型矿床的最大勘探深度	0.25	无典型矿床及矿点存在、具相同的构造环境+含矿建造相同+化探异常	0.1125	面积、延深、含矿系数可信度乘积
C2204201017	ELC2	0.5	无矿化点存在、有含矿建造、有Cu元素地球化学异常	0.9	根据典型矿床的最大勘探深度	0.25	无典型矿床及矿点存在、具相同的构造环境+含矿建造相同+化探异常	0.1125	面积、延深、含矿系数可信度乘积
C2204201031	ELC3	0.5	无矿化点存在、有含矿建造、无Cu元素地球化学异常	0.9	根据典型矿床的最大勘探深度	0.25	无典型矿床及矿点存在、具相同的构造环境+含矿建造相同+化探异常	0.1125	面积、延深、含矿系数可信度乘积

表 5-6-44 天合兴-那尔轰预测工作区最小预测区预测资源量可信度统计表

最小预测区编号	最小预测区名称	面积		延深		含矿系数		资源量综合	
		可信度	依据	可信度	依据	可信度	依据	可信度	依据
A2204201069	TNA1	0.75	区内有金矿存在，含矿建造发育；为Cu元素地球化学异常浓集中心	0.9	根据典型矿床的最大勘探深度	0.8	有典型矿床及矿点存在，具相同的构造环境+含矿建造相同+化探异常	0.54	面积、延深、含矿系数可信度乘积
B2204201064	TNB1	0.75	有典型矿床存在；含矿建造发育；为Cu元素地球化学异常浓集中心	0.9	根据典型矿床的最大勘探深度	0.5	矿点存在，具相同的构造环境+含矿建造相同+化探异常	0.338	面积、延深、含矿系数可信度乘积
C2204201068	TNC1	0.75	有铜矿点存在，含矿建造发育；为Cu元素地球化学异常浓集中心	0.9	根据典型矿床的最大勘探深度	0.5	矿点存在，具相同的构造环境+含矿建造相同+化探异常	0.338	面积、延深、含矿系数可信度乘积
C2204201071	TNC2	0.75	有铜矿点存在；含矿建造发育；为Cu元素地球化学异常浓集中心	0.9	根据典型矿床的最大勘探深度	0.5	矿点存在，具相同的构造环境+含矿建造相同+化探异常	0.338	面积、延深、含矿系数可信度乘积
C2204201033	TNC3	0.5	区内无矿化点存在；含矿建造，无Cu元素地球化学异常	0.9	根据典型矿床的最大勘探深度	0.25	无矿点存在，具相同的构造环境+含矿建造相同	0.1125	面积、延深、含矿系数可信度乘积
C2204201047	TNC4	0.5	区内无矿化点存在；含矿建造，无Cu元素地球化学异常	0.9	根据典型矿床的最大勘探深度	0.25	无矿点存在，具相同的构造环境+含矿建造相同	0.1125	面积、延深、含矿系数可信度乘积
C2204201049	TNC5	0.5	区内无矿化点存在；含矿建造，无Cu元素地球化学异常	0.9	根据典型矿床的最大勘探深度	0.25	无矿点存在，具相同的构造环境+含矿建造相同	0.1125	面积、延深、含矿系数可信度乘积
C2204201050	TNC6	0.5	区内无矿化点存在；含矿建造，无Cu元素地球化学异常	0.9	根据典型矿床的最大勘探深度	0.25	无矿点存在，具相同的构造环境+含矿建造相同	0.225	面积、延深、含矿系数可信度乘积
C2204201030	TNC7	0.5	区内无矿化点存在；含矿建造，无Cu元素地球化学异常	0.9	根据典型矿床的最大勘探深度	0.25	无矿点存在，具相同的构造环境+含矿建造相同	0.1125	面积、延深、含矿系数可信度乘积

表 5-6-45　夹皮沟-漂河预测工作区最小预测区预测资源量可信度统计表

最小预测区编号	最小预测区名称	面积 可信度	面积 依据	延深 可信度	延深 依据	含矿系数 可信度	含矿系数 依据	资源量综合 可信度	资源量综合 依据
A22043020029	JLA1	0.75	有典型矿床及含矿地质建造，为Cu元素地球化学异常浓集中心	0.9	典型矿床的最大勘探深度	0.8	有典型矿床及矿点存在、具相同的构造环境＋含矿建造相同＋化探异常	0.54	面积、延深、含矿系数乘积
B22043020001	JLB1	0.75	有金矿点及含矿地质建造，为Cu元素地球化学异常浓集中心	0.9	典型矿床的最大勘探深度	0.5	有矿点存在、具相同的构造环境＋含矿建造相同＋化探异常	0.338	面积、延深、含矿系数乘积
B22043020004	JLB2	0.75	有金矿点及含矿地质建造，为Cu元素地球化学异常浓集中心	0.9	典型矿床的最大勘探深度	0.5	有矿点存在、具相同的构造环境＋含矿建造相同＋化探异常	0.338	面积、延深、含矿系数乘积
B22043020023	JLB3	0.75	有矿点及含矿地质建造，为Cu元素地球化学异常浓集中心	0.9	典型矿床的最大勘探深度	0.5	有矿点存在、具相同的构造环境＋含矿建造相同＋化探异常	0.338	面积、延深、含矿系数乘积
C22043020002	JLC1	0.5	无矿化点存在；有含矿地质体存在；无Cu元素地球化学异常	0.9	典型矿床的最大勘探深度	0.25	具相同的构造环境＋含矿建造相同	0.1	面积、延深、含矿系数乘积
C22043020025	JLC2	0.5	无矿化点存在；有含矿地质体存在；无Cu元素地球化学异常	0.9	典型矿床的最大勘探深度	0.25	具相同的构造环境＋含矿建造相同	0.1	面积、延深、含矿系数乘积
C22043020045	JLC3	0.5	无矿化点存在；有含矿地质体存在；无Cu元素地球化学异常	0.9	典型矿床的最大勘探深度	0.25	具相同的构造环境＋含矿建造相同	0.1	面积、延深、含矿系数乘积
C22043020038	JLC4	0.5	无矿化点存在；无含矿地质体存在；无Cu元素地球化学异常	0.9	典型矿床的最大勘探深度	0.25	具相同的构造环境＋含矿建造相同	0.1	面积、延深、含矿系数乘积

第五章 矿产预测

表 5-6-46 安口预测工作区最小预测区预测资源量可信度统计表

最小预测区编号	最小预测区名称	面积		延深		含矿系数		资源量综合依据
		可信度	依据	可信度	依据	可信度	依据	
C2204301083	AKC1	0.5	无矿化点存在；无Cu元素地球化学异常	0.75	类比典型矿床的最大勘探深度	0.25	无典型矿床及矿点存在；具相同的构造环境+含矿建造相同	0.1	面积、延深、含矿系数乘积
C2204301085	AKC2	0.5	无矿化点存在；无Cu元素地球化学异常	0.75	类比典型矿床的最大勘探深度	0.25	无典型矿床及矿点存在；具相同的构造环境+含矿建造相同	0.1	面积、延深、含矿系数乘积
C2204301086	AKC3	0.5	无矿化点存在；无Cu元素地球化学异常	0.75	类比典型矿床的最大勘探深度	0.25	无典型矿床及矿点存在；具相同的构造环境+含矿建造相同	0.1	面积、延深、含矿系数乘积
C2204301087	AKC4	0.5	无矿化点存在；无Cu元素地球化学异常	0.75	类比典型矿床的最大勘探深度	0.25	无典型矿床及矿点存在；具相同的构造环境+含矿建造相同	0.1	面积、延深、含矿系数乘积
C2204301088	AKC5	0.5	无矿化点存在；无Cu元素地球化学异常	0.75	类比典型矿床的最大勘探深度	0.25	无典型矿床及矿点存在；具相同的构造环境+含矿建造相同	0.1	面积、延深、含矿系数乘积

表 5-6-47 金城洞-木兰屯预测工作区最小预测区预测资源量可信度统计表

最小预测区编号	最小预测区名称	面积		延深		含矿系数		资源量综合依据
		可信度	依据	可信度	依据	可信度	依据	
B2204302073	JMB1	0.75	有金矿化点存在；为Cu元素地球化学异常浓集中心	0.75	类比典型矿床的最大勘探深度	0.8	有典型矿床及矿点存在；具相同的构造环境+含矿建造相同+化探异常	0.45	面积、延深、含矿系数乘积
C2204302074	JMC1	0.5	无矿化点存在；无Cu元素地球化学异常	0.75	类比典型矿床的最大勘探深度	0.25	具相同的构造环境+含矿建造相同	0.1	面积、延深、含矿系数乘积
C2204302076	JMC2	0.5	无矿化点存在；无Cu元素地球化学异常	0.75	类比典型矿床的最大勘探深度	0.25	具相同的构造环境+含矿建造相同	0.1	面积、延深、含矿系数乘积
C2204302003	JMC3	0.5	无矿化点存在；无Cu元素地球化学异常	0.75	类比典型矿床的最大勘探深度	0.25	具相同的构造环境+含矿建造相同	0.1	面积、延深、含矿系数乘积

二、其他方法资源量估算

吉林省铜矿产资源潜力定量预测地球化学面金属量法，即认为区域内资源量（储量）与异常范围内面积与平均值和背景值之差的乘积（面金属量）成正比。计算公式为：

$$K = S_{已知}(X_{已知} - B_{已知})/Pu_{已知} = S_{未知}(X_{未知} - B_{未知})/Pu_{未知} \quad （不考虑剥蚀系数）$$

式中：$Pu_{已知}$ 为已知矿区的资源量（储量）；$S_{已知}$ 为已知区的异常面积；$X_{已知}$ 为已知矿区的平均含量；$B_{已知}$ 为已知矿区的背景值；$Pu_{未知}$ 为未知矿区的资源量（储量）；$S_{未知}$ 为未知区的异常面积；$X_{未知}$ 为未知矿区的平均含量；$B_{未知}$ 为未知矿区的背景值。

计算结果见表 5-6-48。

表 5-6-48 吉林省各预测工作区铜资源量预测结果表

预测工作区	预测靶区名称	面积/km²	异常均值	背景值	含矿系数	资源量/t
荒沟山-南岔	双顶沟	5.96	38.44	16.09	0.005 43	24 531.49
	错草村	7.64	181.00	16.09	0.005 43	232 028.07
石嘴-官马	官马镇	4.27	40.28	20.40	0.003 21	26 439.41
	杨木顶子北	1.79	24.25	20.40	0.003 21	2 144.65
大梨树沟-红太平	小东振	16.39	37.51	14.66	0.044 8	8 359.63
	岭东林场北	29.86	37.51	14.66	0.044 8	15 229.93
	下大肚川村	3.79	24.5	14.66	0.044 8	832.45
	红石沟农场西	10.63	37.51	14.66	0.044 8	5 421.77
	光明村东	4.11	24.5	14.66	0.044 8	902.73
	营林区东南	2.09	24.50	14.66	0.044 8	459.71
闹枝-棉田	长兴村	16.33	55.28	22.28	0.044 8	12 029.16
	趟子沟村	11.07	176.11	22.28	0.044 8	38 011.37
	棉田村	74.73	244.19	22.28	0.044 8	370 165.38
地局子-倒木河	胜利铁矿北	2.06	25.75	17.70	0.003 21	5 165.40
	农林村北	2.16	25.75	17.70	0.003 21	5 416.15
	王家店东	1.63	25.75	17.70	0.003 21	4 087.19
	北局子村	46.00	31.01	17.70	0.003 21	190 720.87
	衫松村	2.13	25.75	17.70	0.003 21	5 340.93
	向阳屯南	15.50	25.75	17.70	0.003 21	38 865.89
	新乡东	6.04	31.01	17.70	0.003 21	25 042.48
	二道沟村西	3.48	25.75	17.70	0.003 21	8 726.02
杜荒岭	苗圃东	11.29	24.93	15.61	0.044 8	2 348.72
	兴华村	2.97	24.93	15.61	0.044 8	617.87
	杜荒岭	34.51	29.85	15.61	0.044 8	10 969.25
	杜荒岭村南	4.33	24.93	15.61	0.044 8	899.75
	东南岔东南	4.66	29.85	15.61	0.044 8	1 481.21

续表 5-6-48

预测工作区	预测靶区名称	面积/km²	异常均值	背景值	含矿系数	资源量/t
刺猬沟-九三沟	林子沟村	4.02	34.99	19.46	0.044 8	1 392.90
	西大坡村	76.31	38.12	19.46	0.044 8	31 770.85
大黑山-锅盔顶子	前撮落	16.45	35.40	18.45	0.003 21	86 887.77
	刘家沟	16.08	35.40	18.45	0.003 21	84 933.46
	前进屯	31.17	35.40	18.45	0.003 21	164 637.8
	前进铜矿	67.25	35.40	18.45	0.003 21	355 105.14
红旗岭	大榆树	27.92	26.1	20.36	0.066	2 430.31
	头道沟村	19.45	26.1	20.36	0.066	1 694.51
	磐石镍矿	7.97	26.1	20.36	0.066	694.36
	翻身村	5.95	73.07	20.36	0.066	4 752.34
漂河川	漂河川东	37.73	34.5	20.66	0.066	7 914.15
	暖木条子村东	2.47	32.5	20.66	0.066	443.25
	腰甸子南	20.87	34.5	20.66	0.066	4 377.64
赤柏松-金斗	赤柏松村东	11.47	32.20	19.70	0.009 5	15 087.28
	大西沟东	5.53	29.95	19.70	0.009 5	5 964.25
长仁-獐项	长仁村北	5.34	25.00	16.62	0.066	678.09
	仲里村西南	12.44	25.00	16.62	0.066	1 579.69
	香谷村北	7.84	25.00	16.62	0.066	995.56
	和兴村	2.46	25.00	16.62	0.066	312.38
	渔浪村	33.92	31.78	16.62	0.066	7 791.84
小西南岔-杨金沟	西土门子					47 758.79
	东南岔					17 192.36
农坪-前山	柳树河子					2 405.28
	马滴达					1 624.74
正岔-复兴	梨树村东北侧	1.36	38.12	22.26	0.009 5	2 270.48
	南沟村东	2.04	46.03	22.26	0.009 5	5 096.79
	泉眼村	13.56	38.12	22.26	0.009 5	22 638.06
	茧场村	6.36	33.7	22.26	0.009 5	7 658.78
	农兴村	1.35	33.7	22.26	0.009 5	1 625.68
	花甸镇北	3.33	33.7	22.26	0.009 5	4 010.02
	龙岗后西	3.68	33.7	22.26	0.009 5	4 431.49
	六道阳岔	61.20	38.12	22.26	0.009 5	102 687.16

续表 5-6-48

预测工作区	预测靶区名称	面积/km²	异常均值	背景值	含矿系数	资源量/t
兰家	大顶子	2.75	22.75	18.26	0.063	122.22
	唐家店	17.9	22.75	18.26	0.063	795.56
	上墙缝	9.19	22.75	18.26	0.063	408.44
	东风村西	0.81	22.75	18.26	0.063	36.00
	史家屯南沟	10.56	22.75	18.26	0.063	469.33
	后双泉	4.60	22.75	18.26	0.063	204.44
大营-万良	荒沟门村	17.36	36.5	14.66	0.063	6 017.58
	前营村	54.60	33.5	14.66	0.063	1 632.27
	四方顶子	18.50	36.5	14.66	0.063	6 412.75
	珠宝岗村	13.30	33.5	14.66	0.063	3 976.91
	青岭村东	2.50	33.5	14.66	0.063	747.53
万宝	腰岔村北	58.16	59.50	12.95	0.063	42 973.78
	新台村西	6.09	28.00	12.95	0.063	1 454.83
	大桥村	3.24	20.00	12.95	0.063	362.57
二密-老岭	六道江					1 640.38
	六道沟					13 843.16
	铜山					4 148.22
天合兴-那尔轰	东大沟					26 631.97
	那尔轰					8 667.23
夹皮沟-溜河	大庙	8.82	51.15	24.62	0.496	471.63
	苇厦子	8.85	51.15	24.62	0.496	473.24
	老牛沟村	15.05	51.15	24.62	0.496	804.77
	滴水河村	28.34	51.15	24.62	0.496	1 515.43
	马家店西	11.46	51.15	24.62	0.496	612.81
	宝山屯西	7.39	41.90	24.62	0.496	257.38
安口镇	老马大山西	2.85	43.50	21.52	0.496	126.32
	时家店乡	20.12	35.00	21.52	0.496	546.69
	福利屯	5.90	35.00	21.52	0.496	160.31
	大顶子	1.21	43.50	21.52	0.496	53.61
	苇干沟	21.98	35.00	21.52	0.496	597.24
	跃进	10.75	35.00	21.52	0.496	292.09
	东兴-老营场	74.68	43.50	21.52	0.496	3 308.75
金城洞-木兰屯	金城村	57.60	36.33	15.99	0.496	2 361.59
	第二林场西南	10.93	36.33	15.99	0.496	448.13
	金城洞村	197.9	41.10	15.99	0.496	10 017.17
总计						2 177 673.01

注：面积单位：km²，元素含量单位：$\times 10^{-6}$，资源量单位：t

第七节 预测工作区地质评价

一、最小预测区级别划分

预测区级别划分的主要依据:最小预测区内是否有含矿建造,是否有已知矿点、矿化点,是否有 Cu 元素地球化学异常存在。

(1)A 级:最小预测区与模型区含矿建造相同,区内有已知铜矿点、铜矿化点,有 Cu 元素地球化学异常存在。

(2)B 级:最小预测区与模型区含矿建造相同,区内有已知铜矿点、铜矿化点,但无 Cu 元素地球化学异常存在,或有与铜关联密切的其他矿点、矿化点存在,有 Cu 元素地球化学异常存在。

(3)C 级:最小预测区与模型区含矿建造相同,最小预测区内无已知铜矿点、铜矿化点,但有与铜关联密切的其它矿点、矿化点存在,无 Cu 元素地球化学异常存在,但有金、银、钨、汞、砷等地球化学异常存在。

二、评价结果综述

通过对吉林省铜矿矿产预测工作区的综合分析,依据最小预测划分条件共划分 103 个最小预测区,其中 A 级最小预测区为 18 个,预测资源量 1 111 881.06t,为成矿条件好区,具有很好的找矿前景;B 级为 17 个,预测资源量 520 736.87t,为成矿条件较好区,具有较好的找矿前景;C 级为 68 个,预测资源量 760 500.97t,成矿条件较差,但具有地球化学异常,可以辅助一些其他手段进一步预测。最小预测区编号前两位为预测工作区代码,后两位为级别及顺序号。其划分结果及各最小预测区资源量见表 5-7-1。

表 5-7-1 最小预测区估算预测资源量表

矿产预测类型	预测工作区名称	最小预测区编号	估算预测资源量/t
沉积变质型	荒沟山-南岔	B2204301056	44 575.91
		B2204301048	14 348.23
		C2204301051	71 257.10
火山沉积型	石嘴-官马	A2204401072	26 569.00
		B2204401062	40 139.61
		B2204401067	32 534.52
		B2204401075	17 693.45
		B2204401061	20 977.07
	大梨树沟-红太平	A2204401036	20 189.12
		C2204401032	21 759.04
		C2204401010	18 447.50
	闹枝-棉田	B2204401039	16 780.80
		C2204401040	7 286.40
		C2204401043	3 140.69

续表 5-7-1

矿产预测类型	预测工作区名称	最小预测区编号	估算预测资源量/t
火山沉积型	地局子-倒木河	A2204401092	22 062.48
		A2204401089	204 932.81
		B2204401080	5 456.83
		C2204401084	3 267.19
		C2204401090	1 990.58
		C2204401098	9 514.01
		C2204401091	7 579.83
		C2204401094	6 448.13
	杜荒岭	A2204401078	72 673.82
		C2204401077	6 039.21
		C2204401079	10 060.38
		C2204401081	4 905.68
	刺猬沟-九三沟	C2204401022	3 862.95
		C2204401020	3 236.70
		C2204401008	7 143.75
		C2204401007	68 114.33
	大黑山-锅盔顶子	A2204401012	40 821.56
		A2204401018	130 871.95
		A2204401021	102 245.42
		B2204401013	31 574.13
侵入岩浆型	赤柏松-金斗	A2204203096	23 899.57
		C2204203099	62 155.12
		C2204203097	31 883.62
	长仁-獐项	A2204202005	8 252.06
		A2204202006	14 658.84
	红旗岭	A2204202059	111 203.45
		C2204202065	17 663.88
		C2204202066	17 999.26
		C2204202070	24 976.36
	漂河川	A2204202046	18 744.33
		C2204202037	9 742.74
	小西南岔-杨金沟	A2204201103	101 948.06
		A2204201082	50 543.63
		B2204201102	25 558.46
		C2204201101	5 825.91

续表 5-7-1

矿产预测类型	预测工作区名称	最小预测区编号	估算预测资源量/t
侵入岩浆型	农坪-前山	B2204201026	218 455.89
		C2204201042	3 972.68
		C2204201041	1 622.42
		C2204201034	48 815.91
		C2204201044	19 138.19
	正岔-复兴屯	A2204201028	31 674.15
		C2204201011	10 841.12
		C2204201009	6 831.28
		C2204201035	22 457.53
矽卡岩型	兰家	B2204201014	6 485.13
		C2204201060	123.46
		C2204201063	573.98
		C2204201019	638.90
	大营-万良	C2204201095	2 655.76
		C2204201093	4 513.55
		C2204201055	2 973.20
		C2204201057	529.64
		C2204201052	899.73
		C2204201054	384.41
		C2204201058	555.83
	万宝	A2204201024	12 733.93
		C2204201015	765.75
		C2204201100	316.49
斑岩型	二密-老岭沟	A2204201027	50 562.41
		C2204201016	45 141.60
		C2204201017	35 863.80
		C2204201031	31 977.96
	天合兴-那尔轰	A2204201069	67 294.47
		B2204201064	15 287.84
		C2204201068	12 439.35
		C2204201071	11 799.74
		C2204201033	8 825.61
		C2204201047	4 948.24
		C2204201049	6 904.94
		C2204201050	10 638.83
		C2204201030	7 896.54

续表 5-7-1

矿产预测类型	预测工作区名称	最小预测区编号	估算预测资源量/t
复合内生型	夹皮沟-溜河	B2204302001	2 847.02
		B2204302004	5 830.80
		B2204302023	9 239.91
		C2204302002	420.65
		C2204302025	2 007.61
		C2204302045	598.98
		C2204302038	421.58
	安口镇	C2204301083	3 076.58
		C2204301085	1 186.06
		C2204301086	1 793.84
		C2204301087	2 264.95
		C2204301088	3 620.95
	金城洞-木兰屯	B2204302073	12 951.27
		C2204302074	3 626.80
		C2204302076	5 447.09
		C2204302003	6 689.03
总计			2 393 118.86

三、预测工作区资源总量成果汇总

（1）按精度统计预测工作区预测资源量结果如表 5-7-2 所示。

表 5-7-2 预测工作区预测资源量按精度统计表　　　　　　　　　　（单位：t）

预测工作区编号	预测工作区名称	精度		
		334-1	334-2	334-3
1	荒沟山-南岔		130 181.24	
2	石嘴-官马	26 569	111 344.65	
3	大梨树沟-红太平	20 189.12	40 206.54	
4	闹枝-棉田		27 207.89	
5	地局子-倒木河		261 251.86	
6	杜荒岭		93 679.09	
7	刺猬沟-九三沟		82 357.74	
8	大黑山-锅盔顶子		305 513.07	
9	红旗岭	111 203.45	60 639.50	

续表 5-7-2

预测工作区编号	预测工作区名称	精度		
		334-1	334-2	334-3
10	漂河川	18 744.33	9 742.74	
11	赤柏松-金斗	23 899.57	94 038.74	
12	长仁-獐项	8 252.06	14 658.84	
13	小西南岔-杨金沟	101 948.06	81 928.00	
14	农坪-前山		292 005.08	
15	正岔-复兴		71 804.09	
16	兰家		7 821.47	
17	大营-万良		12 512.11	
18	万宝		13 816.18	
19	二密-老岭沟	50 562.41	112 983.40	
20	天合兴-那尔轰	67 294.47	78 741.09	
21	夹皮沟-溜河		21 366.54	
22	安口		11 942.38	
23	金城洞-木兰屯		28 714.19	

(2) 按深度统计预测工作区预测资源量结果如表 5-7-3 所示。

表 5-7-3 预测工作区预测资源量按深度统计表 （单位：t）

编号	名称	500m以浅		1000m以浅		2000m以浅	
		334-1	334-2	334-1	334-2	334-1	334-2
1	荒沟山-南岔		130 181.24		130 181.24		130 181.24
2	石嘴-官马		37 114.89		74 229.76	26 569.00	111 344.65
3	大梨树沟-红太平	18 857.62	36 551.41	20 189.12	40 206.54	20 189.12	40 206.54
4	闹枝-棉田		24 734.44		27 207.89		27 207.89
5	地局子-倒木河		87 083.96		174 167.91		261 251.86
6	杜荒岭		85 162.81		93 679.09		93 679.09
7	刺猬沟-九三沟		74 870.67		82 357.74		82 357.74
8	大黑山-锅盔顶子		101 837.69		203 675.38		305 513.07
9	红旗岭		23 322.88	59 502.16	46 645.77	111 203.45	60 639.50
10	漂河川	13 132.73	6 089.21	18 744.33	9 742.74	18 744.33	9 742.74
11	赤柏松-金斗		39 182.81	13 277.54	78 365.63	23 899.57	94 038.74
12	长仁-獐项	8 252.06	14 658.84	8 252.06	14 658.84	8 252.06	14 658.84

续表 5-7-3

编号	名称	500m 以浅		1000m 以浅		2000m 以浅	
		334-1	334-2	334-1	334-2	334-1	334-2
13	小西南岔-杨金沟	101 948.06	81 928.00	101 948.06	81 928.00	101 948.06	81 928.00
14	农坪-前山		292 005.08		292 005.08		292 005.08
15	正岔-复兴		29 918.37		59 836.74		71 804.09
16	兰家		6 517.89		7 821.47		7 821.47
17	大营-万良		10 426.76		12 512.11		12 512.11
18	万宝		11 513.49		13 816.18		13 816.18
19	二密-老岭沟	8 435.93	80 702.40	50 562.41	112 983.40	50 562.41	112 983.40
20	天合兴-那尔轰	67 294.47	78 741.09	67 294.47	78 741.09	67 294.47	78 741.09
21	夹皮沟-溜河		16 435.80		21 366.54		21 366.54
22	安口		9 186.45		11 942.38		11 942.38
23	金城洞-木兰屯		22 087.84		28 714.19		28 714.19

（3）按矿床类型统计预测工作区预测资源量结果如表 5-7-4 所示。

表 5-7-4 预测工作区预测资源量矿产类型精度统计表　　　　　　（单位：t）

预测工作区编号	预测工作区名称	矿产类型	精度		
			334-1	334-2	334-3
1	荒沟山-南岔	沉积变质型		130 181.24	
2	石嘴-官马	火山沉积型	26569.00	111 344.65	
3	大梨树沟-红太平		20189.12	40 206.54	
4	闹枝-棉田			27 207.89	
5	地局子-倒木河			261 251.86	
6	杜荒岭			93 679.09	
7	刺猬沟-九三沟			82 357.74	
8	大黑山-锅盔顶子			305 513.07	
9	红旗岭	侵入岩浆型	111 203.45	60 639.50	
10	漂河川		18 744.33	9 742.74	
11	赤柏松-金斗		23 899.57	94 038.74	
12	长仁-獐项		8 252.06	14 658.84	
13	小西南岔-杨金沟		101 948.06	81 928.00	
14	农坪-前山			292 005.08	
15	正岔-复兴			71 804.09	
16	兰家	层控内生型		7 821.47	
17	大营-万良			12 512.11	
18	万宝			13 816.18	

续表 5-7-4

预测工作区编号	预测工作区名称	矿产类型	精度		
			334-1	334-2	334-3
19	二密-老岭沟	斑岩型	50 562.41	112 983.40	
20	天合兴-那尔轰		67 294.47	78 741.09	
21	夹皮沟-溜河	复合内生型		21 366.54	
22	安口			11 942.38	
23	金城洞-木兰屯			28 714.19	

(4) 按可利用性类别统计预测工作区预测资源量结果如表 5-7-5 所示。

表 5-7-5 预测工作区预测资源量可利用性统计表 （单位：t）

预测工作区编号	预测工作区名称	可利用			暂不可利用		
		334-1	334-2	334-3	334-1	334-2	334-3
1	荒沟山-南岔		130 181.24				
2	石嘴-官马	26 569.00	111 344.65				
3	大梨树沟-红太平	20 189.12	40 206.54				
4	闹枝-棉田		27 207.89				
5	地局子-倒木河		261 251.86				
6	杜荒岭		93 679.09				
7	刺猬沟-九三沟		82 357.74				
8	大黑山-锅盔顶子		305 513.07				
9	红旗岭	111 203.45	60 639.50				
10	漂河川	18 744.33	9 742.74				
11	赤柏松-金斗	23 899.57	94 038.74				
12	长仁-獐项	8 252.06	14 658.84				
13	小西南岔-杨金沟	101 948.06	81 928.00				
14	农坪-前山		292 005.08				
15	正岔-复兴		71 804.09				
16	兰家		7 821.47				
17	大营-万良		12 512.11				
18	万宝		13 816.18				
19	二密-老岭沟	50 562.41	112 983.40				
20	天合兴-那尔轰	67 294.47	78 741.09				
21	夹皮沟-溜河		21 366.54				
22	安口		11 942.38				
23	金城洞-木兰屯		28 714.19				

(5) 按可信度统计分析统计预测工作区预测资源量结果如表 5-7-6 所示。

表 5-7-6 预测工作区预测资源量可信度统计分析

(单位: t)

预测工作区编号	预测工作区名称	≥0.75 334-1	≥0.75 334-2	≥0.75 334-3	0.75~0.5 334-1	0.75~0.5 334-2	0.75~0.5 334-3	0.5~0.25 334-1	0.5~0.25 334-2	0.5~0.25 334-3	≤0.25 334-1	≤0.25 334-2	≤0.25 334-3
1	荒沟山-南岔		130 181.24										
2	石咀-官马		37 114.89			37 114.87		26 569.00	37 114.89				
3	大梨树沟-红太平	18 857.62	36 551.41		1 331.5	3 655.13							
4	闹枝-棉田		24 734.44			2 473.45							
5	地局子-倒木河		87 083.96			87 083.95			87 083.95				
6	杜荒岭		85 162.81			8 517							
7	刺猬沟-九三沟		74 870.67			74 87.07							
8	大黑山-铜钲顶子		101 837.69			6 637.40							
9	红旗岭		23 322.88		36 179.28	23 322.89		51 701.29	13 993.73				
10	漂河川	13 132.73	6 089.21		5 611.6	3 653.53							
11	赤柏松-金斗	8 252.06	39 182.81		13 277.54	65 088.09							
12	长仁-獐项		14 658.84										
13	小西南岔-杨金沟	101 948.06	81 928.00										
14	农坪-前山		292 005.08										
15	正岔-复兴屯		29 918.37			29 918.37			11 967.35				
16	兰家		6 517.89			1 303.58							
17	大营-万良		10 426.76			2 085.35							
18	万宝		11 513.49			2 302.69							
19	二密-老岭沟	8 435.93	80 702.40		50 562.41	112 983.40							
20	天合兴-那尔轰	67 294.47	78 741.09		67 294.47	78 741.09							
21	夹皮沟-溜河		16 435.80										
22	安口		9 186.45										
23	金城洞-木兰屯		22 087.84										

第六章 铜矿成矿区(带)划分及成矿规律总结

第一节 成矿区(带)划分

根据吉林省铜矿的控矿因素、成矿规律、空间分布,在参考全国成矿区(带)划分、吉林省综合成矿区(带)划分的基础上,对吉林省铜矿单矿种成矿区(带)进行了详细的划分,见表6-1-1。

表 6-1-1 吉林省铜矿成矿区(带)划分表

Ⅰ级	Ⅱ级	Ⅲ级	Ⅲ级亚带	Ⅳ级	Ⅴ级	代表性矿床(点)
Ⅰ-4 滨太平洋成矿域	Ⅱ-12 大兴安岭成矿省	Ⅲ-50 突泉-翁牛特成矿带		Ⅳ1 万宝-那金 Cu 成矿带	Ⅴ1 闹牛山-编坡营子 Cu 找矿远景区	闹牛山金铜钼矿点
	Ⅱ-13 吉黑成矿省	Ⅲ-55 吉中-延边(活动陆缘)Cu 成矿带	Ⅲ-55-① 吉中 Cu 成矿亚带	Ⅳ2 山门-乐山 Cu 成矿带	Ⅴ3 放牛沟 Cu 找矿远景区	
				Ⅳ3 兰家-八台岭 Cu 成矿带	Ⅴ4 兰家 Cu 找矿远景区	
					Ⅴ6 上河湾 Cu 找矿远景区	
				Ⅳ4 那丹伯-一座营 Cu 成矿带	Ⅴ7 西苇 Cu 找矿远景区	
					Ⅴ8 沙河镇 Cu 找矿远景区	
				Ⅳ5 山河-榆木桥子 Cu 成矿带	Ⅴ10 石嘴-官马 Cu 找矿远景区	石嘴铜矿
					Ⅴ11 大黑山 Cu 找矿远景区	
					Ⅴ12 倒木河 Cu 找矿远景区	
					Ⅴ13 大绥和 Cu 找矿远景区	
				Ⅳ6 上营-蛟河 Cu 成矿带	Ⅴ19 马鹿沟 Cu 找矿远景区	
					Ⅴ20 额穆 Cu 找矿远景区	
					Ⅴ21 塔东 Cu 找矿远景区	
				Ⅳ7 红旗岭-漂河川 Cu 成矿带	Ⅴ22 红旗岭 Cu 找矿远景区	红旗岭铜镍矿
					Ⅴ23 漂河川 Cu 找矿远景区	漂河川铜镍矿
			Ⅲ-55-② 延边 Cu 成矿亚带	Ⅳ9 大蒲柴河-天桥岭 Cu 成矿带	Ⅴ25 大蒲柴河 Cu 找矿远景区	
					Ⅴ26 亮兵 Cu 找矿远景区	
					Ⅴ27 红太平 Cu 找矿远景区	红太平多金属矿
					Ⅴ28 新华村 Cu 找矿远景区	
				Ⅳ10 百草沟-复兴 Cu 成矿带	Ⅴ29 石门 Cu 找矿远景区	
					Ⅴ31 百草沟 Cu 找矿远景区	
					Ⅴ32 石砚 Cu 找矿远景区	
					Ⅴ33 九三沟 Cu 找矿远景区	
					Ⅴ34 杜荒岭 Cu 找矿远景区	
				Ⅳ11 春化-小西南岔 Cu 成矿带	Ⅴ35 小西南岔 Cu 找矿远景区	小西南岔金铜矿
					Ⅴ36 农坪 Cu 找矿远景区	
				Ⅳ12 天宝山-开山屯 Cu 成矿带	Ⅴ37 天宝山 Cu 找矿远景区	天宝山多金属矿
					Ⅴ38 长仁 Cu 找矿远景区	长仁铜镍矿
					Ⅴ39 开山屯 Cu 找矿远景区	

续表 6-1-1

Ⅰ级	Ⅱ级	Ⅲ级	Ⅲ级亚带	Ⅳ级	V级	代表性矿床(点)
Ⅰ-4 滨太平洋成矿域	Ⅱ-14 华北(陆块)成矿省	Ⅲ-56 辽东(隆起)Cu成矿带	Ⅲ-56-① 铁岭-靖宇(次级隆起)Cu成矿亚带	Ⅳ13 柳河-那尔轰Cu成矿带	V40 山城镇Cu找矿远景区	
					V45 那尔隆Cu找矿远景区	天合兴铜矿,那尔隆铜矿
				Ⅳ14 夹皮沟-金城洞Cu成矿带	V47 两江Cu找矿远景区	
					V48 金城洞Cu找矿远景区	
					V49 百里坪Cu找矿远景区	
				Ⅳ15 二密-靖宇Cu成矿带	V50 二密Cu找矿远景区	二密铜矿
					V51 赤柏松Cu找矿远景区	赤柏松铜镍矿
			Ⅲ-56-② 营口-长白(次级隆起、Pt_1裂谷)Cu成矿亚带	Ⅳ16 通化-抚松Cu成矿带	V53 金厂Cu找矿远景区	
					V54 大安Cu找矿远景区	
				Ⅳ17 集安-长白金铅锌铁银硼磷成矿带	V58 青石Cu找矿远景区	
					V60 闹枝镇Cu找矿远景区	
					V61 六道沟Cu找矿远景区	
					V62 长白Cu找矿远景区	

第二节 矿床成矿系列(亚系列)和区域成矿谱系

一、示范区矿床成矿系列(亚系列)

根据吉林省区域成矿地质背景特征、区域地质演化与成矿作用的时空关系,按照矿床成矿系列确定的原则,对吉林省矿床成矿系列进行划分。划分时充分考虑时间维度和空间维度,即不同构造单元、不同地质时期(地质事件)、不同的构造发展阶段和一定的地质构造单元内地质构造环境演化的特点等。本次研究将铜矿共划分7个矿床成矿系列,8个矿床成矿亚系列,9个矿床式。具体划分见表6-2-1。

表 6-2-1 示范区矿床成矿系列划分

矿床成矿系列类型	矿床成矿系列	矿床成矿亚系列	矿床式	典型矿床(点)	成矿时代
Ⅱ 张广才岭-吉林哈达岭新元古代、古生代、中生代Fe、Au、Cu、Mo、Ni、Ag、Pb、Zn、Sb、P、S矿床成矿系列类型	Ⅱ-2 吉中地区与古生代火山-沉积作用有关的Pb、Zn、Au、Cu、Fe、S、P、重晶石矿床成矿系列	Ⅱ-2-② 吉中地区与晚古生代火山作用有关的Au、Pb、Zn、Cu矿床成矿亚系列	石嘴式	石嘴铜矿	Pb模式 292~202Ma (金丕兴,1992)
	Ⅱ-3 红旗岭-漂河川地区与海西晚期—印支期超基性—基性岩浆熔离-贯入作用有关的Cu、Ni矿床成矿系列	暂时无具体划分	红旗岭式	红旗岭铜镍矿床、漂河川铜镍矿床	225Ma(郝爱华,2005)

续表6-2-1

矿床成矿系列类型	矿床成矿系列	矿床成矿亚系列	矿床式	典型矿床(点)	成矿时代
Ⅲ 兴凯南缘延边古生代、中生代、新生代 Au、Cu、Ni、W、Pb、Zn、Mo、Ag、Sb、Fe、Pt、Pd 矿床成矿系列类型	Ⅲ-1 庙岭-开山屯地区与古生代岩浆-沉积作用有关的 Pb、Zn、Cu、Mo、Ag、Au 矿床成矿系列	Ⅲ-1-① 庙岭-开山屯地区与古生代海相火山-沉积作用有关的 Cu、Pb、Zn、Au、Ag 矿床成矿亚系列	红太平式	红太平多金属矿	Pb 模式 208.81Ma（金丕兴，1992）
		Ⅲ-1-③ 六棵松-长仁海西期超基性—基性岩浆作用有关的 Cu、Ni 矿床成矿亚系列	长仁式	长仁铜镍矿	
	Ⅲ-2 延边地区与燕山期岩浆作用有关的 Au、Pb、Zn、Mo、W、Cu、Sb 矿床成矿系列	Ⅲ-2-② 小西南岔-五凤地区与燕山期火山岩浆作用有关的 Au、Cu、Pb、Zn 矿床成矿亚系列	小西南岔式	小西南岔金矿	380～240Ma，137～107.2Ma（陈尔臻，2001）
Ⅳ 华北陆块北缘东段太古宙、元古宙、古生宙、中生代 Au、Fe、Cu、Ag、Pb、Zn、Ni、Co、Mo、Sb、Pt、Pd、B、S、P、石墨、滑石矿床成矿系列类型	Ⅳ-2 吉南地区与古元古代火山岩浆作用有关的 Fe、Cu、Pb、Zn、Ni、Ag、B、S 石墨矿床成矿系列	Ⅳ-2-② 赤柏松地区与古元古代超基性—基性岩浆熔—贯入作用有关的 Cu、Ni、Pt、Pd 矿床成矿亚系列	赤柏松式	赤柏松铜镍矿	2240～1960Ma（金丕兴，1992）
	Ⅳ-3 吉南地区与古元古代沉积作用有关的 Au、Fe、Cu、Pb、Zn、Ni、Co、S、P、滑石矿床成矿系列	暂时无具体划分	大横路式	大横路铜钴矿	
	Ⅳ-6 吉南地区与燕山期岩浆热液作用有关的 Au、Cu、Pb、Zn、Sb、Ag、Mo 矿床成矿系列	Ⅳ-6-② 吉南地区与燕山晚期中酸性次火山-侵入岩浆热液作用有关的 Au、Cu、Ag、Mo、Pb、Zn 矿床成矿亚系列	二密式	二密铜矿、天合兴铜矿	79～56Ma（冯守忠，1998）
			铜山式	铜山铜钼矿	

二、区域成矿谱系

根据吉林省铜矿的空间分布、成矿时代，按吉南古陆（吉南地区）、吉黑造山带（吉中地区、延边地区）两个构造分区，建立了吉林省沉积变质型、火山沉积型、侵入岩浆型、矽卡岩型、斑岩型铜矿的成矿谱系（表6-2-2）。从吉林省铜矿成矿谱系表看出，吉林省铜矿成矿在构造单元上主要分布于吉南古陆及吉黑造山带区；在时间上，吉林省铜矿成矿主要是集中在古元古代、古生代和中生代。在上述主要构造单元和主要成矿时期上形成大型矿床，其他构造单元和时间段目前看主要形成了中小型矿床。

表 6-2-2　吉林省铜矿成矿谱系表

构造期矿床成矿系列地区	吉南地区	吉中地区	延边地区
	吉南古陆	吉黑造山带	
燕山晚期	吉南地区与燕山晚期中酸性次火山岩-侵入岩浆热液作用有关的 Cu 矿床成矿亚系列		
印支期—燕山期			小西南岔-五凤地区与燕山期火山岩浆作用有关的 Cu 矿床成矿亚系列
海西期		吉中地区与古生代火山-沉积作用有关的 Cu 成矿系列 红旗岭-漂河川地区与海西晚期—印支期超基性—基性岩浆熔离-贯入作用有关的 CuNi 矿床成矿系列	庙岭-开山屯地区与古生代海相火山-沉积作用有关的 Cu 矿床成矿亚系列 六棵松-长仁地区海西期超基性—基性岩浆作用有关的 Cu 矿床成矿亚系列
加里东期			
晋宁期			
四堡期			
中条期			
五台期	赤柏松地区与古元古代超基性—基性岩浆熔-贯入作用有关的 Cu 矿床成矿亚系列 吉南地区与古元古代沉积作用有关的 Cu 矿床成矿系列		

第三节　区域成矿规律

一、地质构造背景演化

太古宙陆核形成阶段：表壳岩为一套基性火山-硅铁质建造，以含铁、含金为特征；变质深成侵入体以石英闪长质片麻岩-英云闪长质片麻岩-奥长花岗质片麻岩、变质二长花岗岩为主。成矿以铁、金、铜为主，但铜矿多为共（伴）生矿产。

古元古代陆内裂谷（坳陷）演化阶段：新太古代末期的构造拼合作用使得吉南地区形成统一的龙岗复合陆块，在古元古代早期以赤柏松岩体群侵位为标志，开始裂解形成裂谷，并伴有铜、镍矿化，形成赤柏松铜镍矿床。裂谷主体即为所谓的"辽吉裂谷带"，裂谷早期沉积物为一套蒸发岩-基性火山岩建造，以含铁、硼为特征。古元古代晚期已形成的克拉通地壳发生坳陷，形成坳陷盆地，早期沉积物为一套石英砂岩建造；中期为一套富镁碳酸岩建造，以含镁、金、铅锌为特点；上部为一套页岩-石英砂岩建造，富含金、铁、铜，代表性矿床有大横路铜钴矿，但该阶段形成的铜矿多为共（伴）生矿产；古元古代末期盆地闭合，见有巨斑状花岗岩侵入。

新元古代—晚古生代古亚洲构造域多幕陆缘造山阶段：新元古代—古生代吉南地区构造环境为稳定的克拉通盆地环境，其沉积物为典型的盖层沉积，其中新元古代地层下部为一套河流红色复陆屑碎屑建造；中部为一套单陆屑碎屑建造夹页岩建造，以含金、铁为特点；上部为一套台地碳酸盐岩-藻礁碳酸盐岩-礁后盆地黑色页岩建造组合。早古生代地层下部为一套红色页岩建造，红色页岩夹浅海碳酸盐岩建造，以含磷、石膏为特征；上部为台地碳酸盐岩建造，大多可作为水泥用灰岩利用。晚古生代地层早期为含煤单陆屑建造，构成了浑江煤田的主体，晚期为一套河流相红色多陆屑建造。

在吉黑造山带上前寒武纪末期至早寒武世，吉中地区处于华北板块稳定大陆边缘的中亚-蒙古洋扩张中脊形成阶段，早寒武世在九台的机房沟、四平的下二台一带具有拉张过渡壳特征，主要形成了一套大洋底基性火山喷发，夹有碎屑岩、少量碳酸盐岩和含铁、锰沉积，构成一套完整的火山沉积旋回。

延边地区的海沟地区、万宝地区的粉砂岩及板岩，和龙白石洞地区的大理岩均见有具刺凝源类或波罗的刺球藻等化石，敦化地区的塔东岩群一般认为也可与黑龙江的张广才岭群对比，时代为新元古代晚期。塔东岩群以 Fe、V、Ti、P 成矿为主。加里东期侵入岩以 Cu、Ni、Pt、Pd 成矿作用为主，代表性矿床有仁和洞铜镍矿。

中晚石炭世—早二叠世地层主要为一套碳酸盐岩建造，中二叠世为一套海相陆源碎屑岩夹火山岩建造，晚二叠世—早三叠世为陆相磨拉石建造。早海西期形成两条花岗岩带，一条为和龙百里坪-敦化六棵松二叠纪花岗岩带，为一套钙碱性—碱性花岗岩组合；另一条为延吉依兰-敦化官地二叠纪花岗岩带，同样为一套钙碱性系列花岗岩。同时，可见有超铁镁岩侵入，见有铬矿化，代表性矿床有龙井彩秀洞铬铁矿点。晚海西期在所谓的槽台边界构造带内形成一条东起龙井江域经和龙长仁、海沟直至桦甸色洛河的几千米到十几千米宽的构造岩片堆叠带，带内堆叠了不同时代不同性质的构造岩片，以富含 Au 为特点。

古亚洲多幕造山运动结束于三叠纪，其侵入岩标志为长仁-獐项镁铁质—超镁铁质岩体群的就位，在区域上形成了长仁-漂河川-红旗岭镁铁质—超镁铁质岩浆岩带，以 Cu、Ni 成矿作用为主，代表性矿床有长仁铜镍矿。而同期沉积作用的标志为白水滩拉分盆地的陆相含煤碎屑岩建造。

中新生代滨太平洋构造域演化阶段：晚三叠世以来，吉林省进入滨太平洋构造域的演化阶段，受太平洋板块向欧亚板块的俯冲作用影响。

在吉南地区浑江小河口、抚松小营子等地形成断陷含煤盆地，同时，在长白地区发育有长白组火山岩，在通化龙头村等地见有石英闪长岩-花岗闪长岩-二长花岗岩侵入；早侏罗世的构造活动基本延续晚三叠世的活动特征，其中主要沉积物为一套陆相含煤建造，代表性盆地有临江的义和盆地、辉南杉松岗盆地等，但火山岩不发育。侵入岩为一套石英闪长岩-花岗闪长岩-二长花岗岩-白云母花岗岩组合；中侏罗世—早白垩世受太平洋板块斜俯作用的影响，区内形成一系列北东向走滑拉分盆地，沉积一系列火山-陆源碎屑岩，其中中侏罗世为一套红色细碎屑岩，晚侏罗世为一套钙碱性火山岩，早白垩世为一套钙碱性—偏碱性火山岩夹陆源碎屑岩，局部夹煤（如石人盆地），与火山岩相伴出现有一套岩石地球化学相当的侵入岩，局部地段见有碱性花岗岩侵入。

晚三叠世早期，在吉黑造山带上，沿两江构造而形成安图两江-汪清天桥岭幔源侵入岩带，主要出露在安图两江、三岔、青林子、亮兵、汪清天桥岭等地，大致沿两江断裂带的北段呈小岩株状出露，岩性为一套碱性辉长岩、角闪正长岩、石英正长岩、碱长花岗岩组合。以 Fe、V、Ti、P 成矿作用为主，代表性矿床有三岔铁矿点、南土城子铁矿点。晚三叠世中晚期形成钙碱性岩系侵位，构成了和龙三合-珲春-东宁老黑山晚三叠世花岗岩带，岩性为闪长岩-石英闪长岩-花岗闪长岩-二长花岗岩组合。以 Au、Cu、W 成矿作用为主，代表性矿床有小西南岔金铜矿。与此同时，伴生有大量火山喷发，形成一系列火山盆地，代表性盆地有天宝山盆地、天桥岭盆地等。两者共同构成了滨西太平洋的晚三叠世岩浆弧，与之相关的次火山岩具有多金属成矿作用，代表性矿床有天宝山多金属矿。

早侏罗世—中侏罗世基本上继承了晚三叠世岩浆弧的特点，但火山作用不明显，未见有火山岩及沉积岩层，而钙碱性侵入岩较发育，见有两条侵入岩带，一条为和龙崇善-汪清春阳早侏罗世花岗岩带，岩性为闪长岩-石英闪长岩-花岗闪长岩-二长花岗岩-碱长花岗岩组合;另一条为大蒲柴河中侏罗世花岗岩带,岩性为花岗闪长岩-似斑状花岗质闪长岩-二云母花岗组合。

晚侏罗世岩浆作用以火山喷发为主,形成一套钙碱性火山岩系(屯田营组),侵入岩仅在火山盆地周边局部发育,具有次火山岩的特点。早白垩世随着欧亚板块的向外增生,受太平洋板块俯冲的远距离效应影响,地壳明显处于拉分作用的状态,具有向裂谷系方向演化的特点,形成一系列断陷盆地,沉积了一系列陆相含煤建造(长财组)、偏碱性火山岩建造(泉水村组)及含油建造(大拉子组),同时伴生有碱性花岗岩侵入(和龙仙景台岩体)。

晚白垩世盆地的裂谷性质已趋成熟,其中罗子沟等盆地发现有覆盖在大拉子组之上的一套安山玄武岩-流纹岩组合,具有双峰式火山岩的特点;而龙井组可能代表了该时期的类磨拉石建造。

晚侏罗世—白垩纪是吉黑造山带的一个重要成矿期,成矿以 Au、Cu 为主,矿产地众多,代表性的有五风金矿、刺猬沟金矿、九三沟金矿等。

新生代以来火山作用加剧,火山喷发物为大陆拉斑玄武岩-碱性玄武岩-粗面岩-碱流岩组合。新生代地质体主要分布在长白山地区,为一套裂谷型大陆拉斑玄武岩-碱性玄武岩-碱流岩组合,以及少量河湖相砂砾岩夹硅藻土,另外在敦密构造带见有少量古近纪辉长岩侵入,同位素年龄为 32Ma 左右。

二、铜矿成矿规律

通过对 23 个预测工作区、10 个典型矿床的研究,对不同成矿预测类型的铜矿床成矿规律总结如下:

1. 沉积变质型

沉积变质型分布在荒沟山-南岔预测工作区。

(1)空间分布:主要分布辽吉裂谷区的大横路-杉松岗地区。

(2)成矿时代:古元古代晚期,成矿时代为 18Ga 左右。

(3)大地构造位置:前南华纪华北东部陆块(Ⅱ),胶辽吉元古代裂谷带(Ⅲ),老岭坳陷盆地内。

(4)矿体特征:矿体主要赋存在花山岩组第二岩性段含碳绢云千枚岩中。矿体主要受三道阳岔-三岔河复式背斜北西翼次一级褶皱构造控制。矿体均呈层状、似层状、分枝状或分枝复合状,矿体均赋存在同一含矿层内,与围岩呈渐变关系,并同步褶皱,矿体连续性好。矿体长 1000~1300m,厚 3~146m,平均品位 0.12%。

(5)地球化学特征:矿区碳质绢云千枚岩稀土总量为 161.39×10^{-6}~249.09×10^{-6},轻重稀土分馏明显,δEu 与 δCe 为负异常。绢云千枚岩夹薄层石英岩稀土总量为 49.09×10^{-6}~55.09×10^{-6},轻重稀土分馏不明显,δEu 与 δCe 为负异常。含矿石英脉稀土总量为 28.8×10^{-6}~67.38×10^{-6},轻重稀土分馏明显,δEu 为负异常,δCe 为明显的正异常。金属硫化物稀土总量为 18.19×10^{-6},δEu 与 δCe 为负异常,说明大横路铜钴矿区成矿物质及围岩与岩浆活动无关。

金属硫化物黄铁矿、闪锌矿、方铅矿、黄铜矿硫同位素组成较稳定,$\delta^{34}S$ 变化介于 5.13×10^{-3}~10.12×10^{-3} 之间,在 $\delta^{34}S$ 7.0×10^{-3}~9.0×10^{-3} 间出现的频率最高。硫同位素组成特征反映了成矿硫质来源的单一性。与岩浆硫特征相去甚远,与沉积硫相比较分布较窄,因此成矿硫质来源可能为混合来源,亦或继承了物源区硫同位素的分布特征。

铅同位素地球化学特征较稳定,反映了矿石铅与围岩组成的一致性。

(6)成矿地球物理化学条件:成矿压力为 1170×10^5Pa,相应成矿深度约 4.25km,这一深度及压力数据与该区绿片岩相区域变质条件基本一致。

(7)控矿条件:区域上直接赋矿层为一套富含碳质的千枚岩,严格受这一层位的控制,且矿石品位的变化明显与碳质含量变化有关,这些特征反映了地层的控矿作用。

区域褶皱构造的次级褶皱主要为第二期褶皱的转折端,控制了富矿体(厚大的鞍状矿体)的展布。

(8)成矿作用及演化:太古宙地体经长期风化剥蚀,陆源碎屑及大量Cu、Co组分被搬运到裂谷海盆中,与海水中S等相结合,或被有机质、碳质或黏土质吸附,固定于沉积物中,实现了Cu、Co金属硫化物富集,形成原始矿层或"矿源层"。之后在辽吉裂谷的抬升回返过程中,含矿地层发生褶皱和断裂,为热液环流提供了构造空间。同时在伴随的区域变质作用下,Cu、Co及其伴生组分发生活化,变质热液从围岩和原始矿层或"矿源层"中萃取Cu、Co及其伴生组分,形成含矿热液,含矿热液运移到有利的构造空间沉淀或叠加到原始矿层或"矿源层"之上,使成矿构造一步富集成矿。矿床属沉积变质热液矿床。

2. 火山沉积型

火山沉积型矿床分布在大梨树沟-红太平预测工作区、石嘴-官马预测工作区、闹枝-棉田预测工作区、地局子-倒木河预测工作区、杜荒岭预测工作区、刺猬沟-九三沟预测工作区、大黑山-锅盔顶子预测工作区。

(1)空间分布:主要分布在晚古生代汪清-珲春上叠裂陷盆地北部和晚古生代磐华上叠裂陷盆地的双阳-磐石裂陷槽内。

(2)成矿时代:铅模式年龄为290~250Ma(刘劲鸿,1997),为晚古生代二叠纪。

(3)大地构造位置:南华纪—中三叠世天山-兴安-吉黑造山带(Ⅰ),包尔汉图-温都尔庙弧盆系(Ⅱ),下二台-呼兰-伊泉陆缘岩浆弧(Ⅲ),磐华上叠裂陷盆地(Ⅳ)内的明城-石嘴子向斜东翼,地质构造复杂。天山-兴蒙-吉黑造山带(Ⅰ),小兴安岭-张广才岭弧盆系(Ⅱ),放牛沟-里水-五道沟陆缘岩浆弧(Ⅲ),汪清-珲春上叠裂陷盆地(Ⅳ)北部。

(4)矿体特征:在延边地区庙岭组凝灰岩、蚀变凝灰岩、碎屑为主要含矿层位。在吉中地区石嘴子组大理岩、板岩、变质砂岩、千枚岩夹喷气岩为主要含矿层位。矿体呈层状、似层状、囊状、不规则状,长100~600m,厚1~3m,平均品位1.16%~1.52%,该类矿床矿体普遍共伴生有金、银。

(5)地球化学特征:矿石矿物的$\delta^{34}S$为变化范围-7.6‰~+2.3‰,说明硫具有多源特点,但以幔源硫为主。

(6)控矿条件:二叠系庙岭组火山-碎屑岩建造、石嘴子组火山岩并夹有碳酸盐岩及碎屑岩建造为主要含矿层位和控矿层位。晚古生代的二叠纪庙岭-开山屯裂陷槽、磐石-双阳裂陷槽控制了早期的海底火山喷发;红太平地区轴向近东西向展布的开阔向斜构造、明城-石嘴子向斜的东翼为区域控矿构造。

(7)成矿作用及演化:晚古生代二叠纪地壳活动较为剧烈,伴随地壳下陷,海水入侵,沉积了一套海相碎屑岩,并有海底火山爆发,喷发出大量中性熔岩。海底火山热液喷流,形成了富含铜矿层或矿源层,后期的区域变形褶皱和强烈的变质改造作用,对多金属迁移富集起到了一定作用。因此该类矿床同生、后生成因特征兼具,系属海相火山-沉积成因,又受区域变质作用叠加。

3. 斑岩型

斑岩型矿床分布在二密-老岭沟预测工作区、天合兴-那尔轰预测工作区。

(1)空间分布:主要分布在龙岗复合地块区。

(2)成矿时代:燕山期,为79~56Ma。

(3)大地构造位置:晚三叠世—新生代华北叠加造山-裂谷系(Ⅰ),胶辽吉叠加岩浆弧(Ⅱ),吉南-辽东火山-盆地区(Ⅲ),柳河-二密火山-盆地区(Ⅳ)。

(4)矿体特征:一是矿体沿石英闪长岩与花岗斑岩体内外接触带分布,矿体呈脉状、细脉浸染状矿体、脉状-复脉状矿体、网脉-浸染状矿体、浸染状矿体、块状矿体,以脉状-复脉状矿体类型为主。二是矿体呈脉状、透镜体状、似层状,多产于石英斑岩、燕山期第二期花岗斑岩。矿体长一般小于500m,厚一般为2~10m,品位0.3%~1%。

(5)地球化学特征:石英闪长岩和花岗斑岩中硫化物硫同位素组成 $\delta^{34}S$ 值均为正值,变化范围 2.1‰~6.3‰,都以富重硫为特征,体现深源硫特点。

矿体硫化物硫同位素 $\delta^{34}S$ 变化于 2.2‰~5.7‰之间,与围岩基本一致,更与花岗斑岩接近,说明矿脉成矿热液主要与花岗斑岩有直接成因联系。

(6)控矿条件:燕山晚期石英闪长岩、花岗斑岩岩体控矿。区域上北西向、东西向断裂交会破火山口处,或近南北向的继承性构造不但控制了区域的构造岩浆活动,而且控制了含矿流体的区域分布和就位空间。

(7)成矿作用及演化:燕山期中酸性岩浆上侵,携带来大量的成矿物质,在区域应力场作用下,迁就、追踪原张裂,形成以张扭性为主,伴压扭性、扭性的缓倾斜裂隙群,在各方向的构造空间内,形成工业矿体。

4. 侵入岩浆型

侵入岩浆型矿床分布在红旗岭预测工作区、漂河川预测工作区、赤柏松-金斗预测工作区、长仁-獐项预测工作区、小西南岔杨金沟预测工作区、农坪-前山预测工作区、正岔-复兴屯预测工作区。

(1)空间分布:大部分分布在吉黑造山带吉中-延边地区,赤柏松-金斗预测工作区、正岔-复兴屯预测工作区分布在龙岗复合地块区辽吉裂谷的北缘。

(2)成矿时代:225Ma 前后的印支中期为主要成矿时代。

(3)大地构造位置:天山-兴蒙-吉黑造山带(Ⅰ),包尔汉图-温都尔庙弧盆系(Ⅱ),下二台-呼兰-伊泉陆缘岩浆弧(Ⅲ),清河-西保安-江域岩浆弧(Ⅲ)。

前南华纪华北东部陆块(Ⅱ),龙岗-陈台沟-沂水前新太古代陆核(Ⅲ),板石新太古代地块(Ⅳ)内的二密-英额布中生代火山-岩浆盆地的南侧。

(4)矿体特征。

一是似层状矿体赋存在岩体底部橄榄辉岩相中,上悬透镜体状矿体主要赋存于橄榄岩相的中、上部,脉状矿体发育于岩体西侧边部,纯硫化物矿脉多见于似层状矿体的原生节理中。

二是似板状矿体含矿岩石主要是顽火辉岩或蚀变辉岩,脉状矿体主要产于辉橄岩脉中,纯硫化物脉状矿体产于顽火辉岩与辉橄岩脉的接触破碎带中。

三是受压扭性-张扭性复合断裂控制的矿体走向北北东向或近南北向,向西或北西西倾斜;受张扭性-压扭性复合断裂控制的矿体走向北西向,倾向南西。

(5)地球化学特征:岩体相同的硫同位素组成,相似的稀土分布模型,相近的辉石组成和金属矿物组合,说明它们成分上的同源性,均有幔源性。

(6)成矿地球物理化学条件:岩体矿石中硫化物包体测温资料,硫化物结晶温度在 300℃左右,且浸染状矿石早晶出于块状矿石;岩体矿石包体测温结果显示磁黄铁矿爆裂温度为 290~300℃,结合岩带中其他含矿岩体矿石包体测温资料,推测硫化物结晶温度低于 300℃。

(7)控矿条件:基性—超基性岩体为含矿岩体、中性—中酸性闪长岩、闪长玢岩、花岗斑岩体。

区域上受槽台两大构造单元接触带辉发河-古洞河超岩石圈断裂控制,是区域导岩构造。与辉发河-古洞河超岩石圈断裂有成因联系的次一级北西向断裂是控岩控矿构造。

(8)成矿作用及演化:具有两种熔离作用,即深部熔离作用和就地熔离作用。岩体中造岩、造矿元素和矿物的分布特征,表明岩浆侵位于岩浆房后,发生了液态重力分异。从而导致上部基性岩相及下部超基性岩相的形成。且由于岩浆在分异演化过程中,当分异作用达到一定程度时,随岩浆酸度的增加,降低了硫化物熔融体的溶解度,促成了熔离作用的发生。经熔离生成的硫化物熔浆因重力作用而沉于岩体底部,而部分硫化物熔浆则顺层贯入于岩体底板的片岩中,从而形成目前岩体中的硫化镍矿床。根据矿石中硫化物包体测温资料,硫化物结晶温度在 300℃左右,且浸染状矿石早晶出于块状矿石。

5. 矽卡岩型

矽卡岩型矿床分布在兰家预测工作区、大营-万良预测工作区、万宝预测工作区。

(1)空间分布：大黑山条垒火山-盆地群、抚松-集安火山-盆地群、烟窗沟-四道沟盆地。

(2)成矿时代：印支晚期—燕山早期

(3)大地构造位置：矿床主要位于晚三叠世—新生代华北叠加造山-裂谷系(Ⅰ)，小兴安岭-张广才岭叠加岩浆弧(Ⅱ)，张广才岭-哈达岭火山-盆地区(Ⅲ)，大黑山条垒火山-盆地群(Ⅳ)内；华北叠加造山-裂谷系(Ⅰ)，胶辽吉叠加岩浆弧(Ⅱ)，吉南-辽东火山盆地区(Ⅲ)，抚松-集安火山-盆地群(Ⅳ)内。

(4)矿体特征：矿体产状与地层产状基本一致，走向北西向，倾向北东，倾角 $45°\sim60°$。

(5)地球化学特征：分布在中生代火山岩盆地中的古元古界珍珠门岩组大理岩中铜矿，处于 Au、Fe、As、F 族元素富集场中，地球化学组合异常元素为 Bi、Mo、W、Cu、Pb、Sb、Au、Ag、Co、Mn、Cd、Hg、As，异常套合好，属元素组合属复杂的综合异常，浓集中心明显，如铜山铜矿。

直接分布在中生代火山岩盆地(二密盆地)内的侵入岩体中的铜矿，所处地球化学场为 Au、As、Sn、F、Fe 族富集场，地球化学元素异常为 Sb、As、Hg、Ni、W、Au、Cd、Cu、Cr、Bi，属元素套合较好的综合异常，浓集中心明显，元素组合复杂，规模较大，如二密铜矿田。

分布在古生代含矿层位中的铜矿，处于 Au、As、Fe、Ba、U 族贫化场中，地球化学元素异常为 Au、Ag、Cd、Cu、Pb、As、Zn、W，综合异常规模小，浓集中心弱，套合较差。

(6)成矿地球物理化学条件：硫化物主要结晶温度应低于 $330\sim575℃$，一般认为磁黄铁矿-镍黄铁矿固溶体分离温度为 $425\sim600℃$，X 光衍射对磁黄铁矿测定 d 值，推算形成温度为 $325\sim550℃$，与爆裂温度一致。

(7)控矿条件：在上述层位中或附近有中深成—浅成闪长岩类或花岗闪长岩类岩体侵入，常在与碳酸盐岩接触带形成矽卡岩型铜矿床；中生代火山岩盆地中，有燕山晚期闪长岩类-花岗斑岩类岩体侵入，在岩体内外接触带形成脉状和细脉浸染状的铜矿，岩体本身即是成矿母岩。因此，岩浆岩的侵入是成矿的必要条件。

从构造单元看，在太古宙花岗-绿岩地质体南西部边缘，古生代以来形成的断陷控制的中生代火山岩盆地；老岭隆起与狼林断块夹持的鸭绿江断陷控制的临江烟窗沟(四道沟)中生代火山岩盆地；裂谷系北部边缘及太古宙古陆一侧断陷控制古生代盆地，上述构造单元是可能赋矿的构造单元。特别是内部有燕山中晚期酸性岩体侵入更有利于成矿。

(8)成矿作用及演化：燕山期花岗闪长岩体侵入老岭岩群珍珠门岩组大理岩中，在热源和水源的作用下，在花岗闪长岩体与大理岩接触带上形成矽卡岩，呈带状分布。含矿层位的大理岩和燕山期花岗岩岩类岩浆所带来的成矿物质在在热源和水源的作用下富集成矿。

二、区域成矿规律图编制

通过对铜矿种成矿规律研究，从典型矿床到预测工作区成矿要素及预测要素的归纳总结，编制了吉林省铜矿区域成矿规律图。吉林省铜矿区域成矿规律图中反映了铜矿床、矿点、矿化点及与其共生矿种的规模、类型、成矿时代；成矿区(带)界线及区(带)名称、编号、级别；与铜矿种的主要和重要类型矿床勘查和预测有关和综合预测信息；主要矿化蚀变标志；圈定了主要类型矿床和远景区及级别。

第七章　勘查部署工作建议及未来勘查开发工作预测

吉林省铜矿经过100余年的勘查及研究,获得了较大的成果,对吉林省的经济发展做出了一定的贡献,但纵观吉林省以往铜矿勘查工作程度较低。在勘查区域上只是对典型矿床所在区域进行了大比例尺的工作,其他地区没有开展深入工作。在勘查深度上只有典型矿床区最大勘探深度达1000m左右。大部分地区只在500m左右。截至2008年底,吉林省铜已查明资源储量816 889.01t,远远不能满足各行业对矿产资源需求,矿产资源的供需矛盾日益突出。因此,预测铜矿产资源量、布署新的矿产开发工作是必要的。截至2010年年底,吉林省铜矿有效探矿权165个,预查9个,详查10个,普查146个。

第一节　勘查部署原则及建议

一、勘查部署原则

(1)着眼当前,兼顾长远。地质找矿行动计划应围绕解决资源瓶颈问题以国家急缺和大宗支柱性矿种和省内优势矿种为重点部署相关工作,工作安排突出重点成矿区带,围绕工作程度相对较高的重点勘查区部署矿产勘查工作,力争近期取得重大突破,同时对基础地质调查和矿产资源远景调查评价工作进行详细安排,为今后的矿产勘查工作提供后备选区。

(2)统筹协调,有机衔接。按照"公益先行,基金衔接,商业跟进,整装勘查,快速突破"的原则,尊重市场经济规律和地质工作规律,主要依靠社会资金开展勘查工作,公益性地质工作主要打好找矿基础,摸清资源潜力,积极引入商业性矿产勘查,发挥地勘基金调控和降低勘查风险的作用。鼓励地勘单位的专业技术优势与矿业企业资金管理优势的联合,协调推进,集团施工,加快推进整装勘查的实施。

(3)因地制宜,分类实施。对于工作程度较低的重点区域,统筹规划,主要由财政资金投入勘查,已经具有一定工作基础、有望达到大型矿产地的普查区矿产地引进大企业规模开发,中小型矿产地进行储备。其他地区由财政资金支持开展前期基础地质调查和矿产远景调查工作,后续的风险勘查工作主要由社会资金承担。

(4)统一部署,联合攻关。在整装勘查区内围绕矿产勘查目标,根据工作程度,统筹部署地质填图、区域地球化学、区域地球物理等基础地质工作以及矿产远景调查、矿产勘查和科学研究工作。大力推广新技术新方法的应用,加强成矿集成和综合研究,深化成矿规律认识,指导区内找矿。

二、勘查部署建议

根据吉林省铜矿的成矿规律,结合本次工作成果,应在重点成矿区(带)上有计划地、系统地开展地质找矿工作。

本次结合地质、物探、化探、遥感等资料成果重新进行综合分析,圈定了1∶5万预测工作区中的最小预测区共103个,并进行了相应的分级,其中A级最小预测区18个,为成矿条件良好区,具有良好的找矿前景;B级最小预测区17个,成矿条件较好,具有较好的找矿前景。因此应对这些可能有中、大型矿床的最小预测区组织力量开展1∶1万至1∶5000大比例尺成矿预测工作,由于大比例尺成矿预测需要动用较多的工程量,可与矿产普查工作结合一道进行。

具体划分了12个勘查规划区,部署了61个重点工作项目,见表7-1-1。

表7-1-1 吉林省铜矿勘查规划区及重点工作项目部署建议表

序号	名称	重点工作项目	类别
1	兰家 勘查规划区	吉林省长春市双阳区劝农山镇铜兰家铜矿普查	普查
		吉林省长春市双阳区新安镇双胜一带铜矿普查	普查
		吉林省长春市双阳区三道镇东升一带铜矿普查	普查
		吉林省九台市放牛沟镇放牛沟多金属矿普查	普查
2	石嘴 勘查规划区	吉林省永吉县五里河镇松柏、草甸子一带铜矿普查	普查
		吉林省磐石市取柴河镇新立一带铜矿普查	普查
		吉林省磐石市石嘴镇石嘴铜矿普查	普查
		吉林省磐石市官马镇二道甸子一带铜矿普查	普查
		吉林省磐石市官马镇窝瓜地一带铜矿普查	普查
		吉林省桦甸市八道河子镇四道一带铜矿普查	普查
3	红旗岭-漂河川 勘查规划区	吉林省蛟河市漂河镇漂河川铜镍矿普查	普查
		吉林省磐石市红旗岭镇红旗岭铜镍矿普查	普查
		吉林省磐石市黑石镇治安一带铜矿普查	普查
		吉林省桦甸市漂河川镇东南岔铜矿普查	普查
4	夹皮沟 勘查规划区	吉林省桦甸市夹皮沟镇头道岔铜矿普查	普查
		吉林省桦甸市老金厂镇清水河一带铜矿普查	普查
		吉林省桦甸市老金厂镇新胜一带铜矿普查	普查
		吉林省桦甸市老金厂镇杨家店一带铜矿普查	普查
		吉林省桦甸市夹皮沟镇东兴一带铜矿普查	普查
5	和龙-敦化 勘查规划区	吉林省敦化市大蒲柴河腰岔一带铜矿普查	普查
		吉林省和龙市西城镇獐项铜矿普查	普查
		吉林省和龙市西城镇长仁铜矿普查	普查
		吉林省和龙市土山镇源河一带铜矿普查	普查
		吉林省和龙市土山镇兴西一带铜矿普查	普查
		吉林省和龙市土山镇龙西一带铜矿普查	普查
		吉林省和龙市土山镇青头一带铜矿普查	普查
6	天桥岭 勘查规划区	吉林省汪清县天桥岭镇红太平铜矿普查	普查
		吉林省汪清县天桥岭镇青松一带铜矿普查	普查
		吉林省汪清县天桥岭镇中大肚川一带铜矿普查	普查

续表 7-1-1

序号	名称	重点工作项目	类别
7	汪清勘查规划区	吉林省汪清县复兴镇铜矿普查	普查
		吉林省汪清县百草沟镇棉田一带铜矿普查	普查
		吉林省汪清县东光镇磨盘山一带铜矿普查	普查
		吉林省汪清县东光镇秋松一带铜矿普查	普查
8	珲春勘查规划区	吉林省珲春市小西南岔北山北延金铜矿详查	详查
		吉林省珲春市春化镇葫芦头沟铜矿普查	普查
		吉林省珲春市马滴达北山金铜矿详查	详查
		吉林省珲春市马滴达镇兴盛一带铜矿普查	普查
		吉林省珲春市马滴达镇烟囱砬子一带铜矿普查	普查
9	靖宇勘查规划区	吉林省靖宇县西南岔镇天合兴铜矿普查	普查
		吉林省靖宇县那尔轰镇富家沟铜矿普查	普查
		吉林省靖宇县那尔轰镇朝阳一带铜矿普查	普查
		吉林省靖宇县西南岔镇马家店铜矿普查	普查
		吉林省抚松县松郊镇板石一带铜矿普查	普查
		吉林省抚松县万良镇团结一带铜矿普查	普查
		吉林省抚松县仙人桥镇黄家铜矿普查	普查
10	通化-柳河勘查规划区	吉林省通化县二密镇二密铜矿普查	普查
		吉林省通化县二密镇青山铜矿普查	普查
		吉林省通化县马当镇八道沟铜矿普查	普查
		吉林省通化县马当镇曙光铜矿普查	普查
		吉林省柳河县三源浦镇二道沟一带铜矿普查	普查
		吉林省柳河县三源浦镇马家店一带铜矿普查	普查
		吉林省柳河县安口镇青沟子一带铜矿普查	普查
		吉林省柳河县向阳镇下甸子一带铜矿普查	普查
11	白山市勘查规划区	吉林省白山市三道沟镇大路铜矿普查	普查
		吉林省白山市红土崖双顶沟一带铜矿普查	普查
		吉林省临江市苇沙河镇错草一带铜矿普查	普查
		吉林省临江市大栗子镇铜矿普查	普查
12	通化县-集安市勘查规划区	吉林省通化县赤柏松铜矿普查	普查
		吉林省通化县英额布镇新英一带铜矿普查	普查
		吉林省通化县英额布镇光明一带铜矿普查	普查
		吉林省集安市台上镇兴安一带铜矿普查	普查

第二节 勘查机制建议

以需求为导向,坚持区域综合部署:根据国民经济建设和社会发展战略性矿产勘查工作的需求,以国家需求为导向,优化地质调查区域结构和布局。统一部署矿产地质调查评价。

以整装性大成果为目标:按照国家和经济发展的需求,研究地质调查大项目部署,通过大项目的实施,实现整装性大成果,增强地质调查工作的支撑能力、社会服务和影响力。

以统筹部署为手段:加强重点成矿区带与重要经济区地质调查工作统一部署,促进各类资金有效衔接,提高地质调查工作的效率与水平,充分放大公益性地质调查工作的影响力和辐射力。

第三节 未来勘查开发工作预测

一、资源基础

1. 荒沟山-南岔预测工作区:334-2 预测资源量为 130 181.24t。
2. 石嘴-官马预测工作区:334-1 预测资源量为 26 569.00t,334-2 预测资源量为 111 344.65t,合计 137 913.65t。
3. 大梨树沟-红太平预测工作区:334-1 预测资源量为 20 189.12t,334-2 预测资源量为 40 206.54t,合计 60 395.66t。
4. 闹枝-棉田预测工作区:334-2 预测资源量为 27 207.89t。
5. 地局子-倒木河预测工作区:334-2 预测资源量为 261 251.86t。
6. 杜荒岭预测工作区:334-2 预测资源量为 93 679.09t。
7. 刺猬沟-九三沟预测工作区:334-2 预测资源量为 82 357.74t。
8. 大黑山-锅盔顶子预测工作区:334-2 预测资源量为 305 513.07t。
9. 红旗岭预测工作区:334-1 预测资源量为 111 203.45t,334-2 预测资源量为 60 639.50t,合计 171 842.95t。
10. 漂河川预测工作区:334-1 预测资源量为 18 744.33t,334-2 预测资源量为 9 742.74t,合计 28 487.07t。
11. 赤柏松-金斗预测工作区:334-1 预测资源量为 23 899.57t,334-2 预测资源量为 94 038.74t,合计 117938.31t。
12. 长仁-獐项预测工作区:334-1 预测资源量为 8 252.06t,334-2 预测资源量为 14 658.84t,合计 22 910.90t。
13. 小西南岔-杨金沟预测工作区:334-1 预测资源量为 101 948.06t,334-2 预测资源量为 81 928.00t,合计 183 876.06t。
14. 农坪-前山预测工作区:334-2 预测资源量为 292 005.08t。
15. 正岔-复兴预测工作区:334-2 预测资源量为 305 513.07t。
16. 兰家预测工作区:334-2 预测资源量为 7 821.47t。
17. 大营-万良预测工作区:334-2 预测资源量为 12 512.11t。

18. 万宝预测工作区:334-2 预测资源量为 13 816.18t。

19. 二密-老岭沟预测工作区:334-1 预测资源量为 50 562.41t,334-2 预测资源量为 112 983.40t,合计 163 545.81t。

20. 天合兴-那尔轰预测工作区:334-1 预测资源量为 67 294.47t,334-2 预测资源量为 78 741.09t,合计 146 035.56t。

21. 夹皮沟-溜河预测工作区:334-2 预测资源量为 21 366.54t。

22. 安口预测工作区:334-2 预测资源量为 11 942.38t。

23. 金城洞-木兰屯预测工作区:334-2 预测资源量为 28 714.19t。

二、未来开发基地预测

根据各种方法预测的资源量,对有望在未来形成的资源开发基地、规模、产能等进行了预测详见表 7-3-1。

表 7-3-1 吉林省未来铜矿开发基地预测表

序号	基地名称	预测储量/$\times 10^4$ t	预测规模	预测产能(金属量,t/a)
1	双河-常山未来铜矿开发基地	56.68	大型	>10 000
2	官马-石嘴未来铜矿开发基地	13.79	中型	3000~10 000
3	红旗岭-漂河镇未来铜矿开发基地	20.03	中型	3000~10 000
4	天桥岭未来铜矿开发基地	6.04	小型	<3000
5	汪清未来铜矿开发基地	20.33	中型	3000~10 000
6	春化未来铜矿开发基地	47.59	中型	3000~10 000
7	二密-那尔轰未来铜矿开发基地	30.96	中型	3000~10 000
8	西城镇未来铜矿开发基地	2.29	小型	<3000
9	通化县未来铜矿开发基地	42.34	中型	3000~10 000
10	临江未来铜矿开发基地	13.02	中型	3000~10 000

第八章　结　论

（1）重新确立了吉林省大地构造的认识。吉林省特殊的地质构造位置决定了吉林省地质构造十分复杂，南（华北陆块）北（西伯利亚板块）板块对接碰撞的时间、方式、地点一直是众多地质学家争论不休的问题，古亚洲构造域与滨太平洋构造域叠加的问题也是众说纷纭。本次编图，查阅了大量原始地质资料和科研文献，对众多的地质学家观点进行分析，认为南北板块对接碰撞时间起始于早古生代末，止于晚古生代末（或早三叠世），以"软碰撞"的方式进行，碰撞类型属"弧-弧-陆"碰撞。另外，本次编图对吉林省大型变形构造从力学性质、物质组成、运动方式及与成矿的关系也进行了较详细的研究，确定了二道阳岔变质核杂岩等多处大型变形构造的存在。

（2）确立了吉林省南华系的存在。

（3）对辽吉元古宙古裂谷的东部边界进行了重新划分。原有划分在抚松至白头山一带，经过对区域地质资料的分析，认为松江至露水河一带被新生代玄武岩覆盖区也有古元古代地层的存在（局部有出露），因此，辽吉元古宙古裂谷的东部边界应向东延至到二江—松江一带。这个划分，对在辽吉元古宙古裂谷带内找矿及对华北陆块北缘东界的认识都有积极意义。

（4）系统地总结了吉林省铜矿勘查研究历史及存在的问题、资源分布；划分了铜矿矿床类型；研究了铜矿成矿地质条件及控矿因素。从空间分布、成矿时代、大地构造位置、赋矿层位、岩浆岩特点、围岩蚀变特征、成矿作用及演化、矿体特征、控矿条件等方面总结了预测工作区及吉林省铜矿成矿规律。建立了不同成因类型典型矿床成矿模式和预测模型。

（6）确立了不同预测方法类型预测工作区的成矿要素和预测要素，建立了不同预测方法类型预测工作区的成矿模式和预测模型。

（7）第一次全面系统地用地质体积法预测了吉林省铜矿不同级别的资源量。在23个铜矿预测工作区中圈定了12个模型区，91个最小预测区，用地质体积法预测吉林省铜矿资源量为2 393 118.86t，其中334-1为428 662.45t，334-2为1 964 456.41t；沉积变质型铜矿预测资源量130 181.24t，火山岩型预测资源量968 318.94t，层控内生型预测资源量343 831.09t，侵入岩浆型预测资源量888 864.46t，复合内生型预测资源量62 023.12t。

（8）吉林省已查明资源储量816 889.01t，其中沉积变质型59 716t，火山岩型91 954.00t，层控内生型47 392.00t，侵入岩浆型562 714.01t，复合内生型55 113.00t。从预测资源量与已查明资源量对比可知：最具有开发潜力的为火山岩型和层控内生型。

（9）全面系统地对吉林省铜矿勘查工作进行了部署规划，对未来矿产开发基地进行了预测。

主要参考文献

陈毓川,王登红,等,2010.重要矿产和区域成矿规律研究技术要求[M].北京:地质出版社.
陈毓川,王登红,等,2010.重要矿产预测类型划分方案[M].北京:地质出版社.
董耀松,范继璋,杨言辰,等,2004.吉林红旗岭铜镍矿床地质特征及成因[J].现代地质,18(2):197-202.
范正国,黄旭钊,熊胜青,等,2010.磁测资料应用技术要求[M].北京:地质出版社.
冯守忠,1998.吉林二密铜矿床地质特征及矿床成因[J].桂林工学院学报,18(4):323-329.
龚一鸣,杜远生,冯庆来,等,1996.造山带沉积地质与图耦合[J].武汉:中国地质大学出版社.
贺高品,叶慧文,1998.辽东-吉南地区中元古代变质地体的组成及主要特征[J].长春科技大学学报,28(2):152-162.
吉林省地质矿产勘查开发局,1988.吉林省区域地质志[M].北京:地质出版社.
吉林省地质矿产勘查开发局,1997.吉林省岩石地层[M].武汉:中国地质大学出版社.
贾大成,1988.吉林中部地区古板块构造格局的探讨[J].吉林地质(3):58-63.
贾大成,胡瑞忠,冯本智,等,2001.吉林延边地区中生代火山岩金铜成矿系列及区域成矿模式[J].长春科技大学学报,31(3):224-229.
姜春潮,1957.东北南部震旦纪地层[J].地层地质学报,37(1):35-142.
蒋国源,沈华悌,1980.辽吉地区太古界的划分对比[J].中国地质科学院院报沈阳地质矿产研究所分刊,1(1):41-62.
金伯禄,张希友,1994.长白山火山地质研究[M].延吉:东北朝鲜民族教育出版社.
李东津,车仁顺,1982.密山-抚顺大陆裂谷的新生代沉积建造及火山岩特征[J].吉林地质(3):28-37.
刘尔义,龚庆彦,石新增,等,1982.吉林省三源浦盆地"长流村组"时代探讨,兼论白垩系层序[J].吉林地质(1):35-42.
刘嘉麒,1989.论中国东北大陆裂谷系的形成与演化[J].地质科学(3):209-216.
刘嘉麒,1999.中国火山[M].北京:科学出版社.
刘茂强,米家榕,1981.吉林临江附近早侏罗世植物群及下伏火山岩地质时代讨论[J].长春地质学院学报(3):18-29,126-127,129-136.
欧祥喜,马云国,2000.龙岗古陆南缘光华岩群地质特征及时代探讨[J].吉林地质,19(9):16-25.
彭玉鲸,苏养正,1997.吉林中部地区地质构造特征[J].沈阳地质矿产研究所所刊,5(6):335-376.
彭玉鲸,王友勤,刘国良,等,1982.吉林省及东北部临区的三叠系[J].吉林地质(3):5-23.
邵济安,唐志东,等,1995.中国东北地体与东北亚大陆边缘演化[M].北京:地震出版社.
邵建波,范继璋,2004.吉南珍珠门组的解体与古—中元古界层序的重建[J].吉林大学学报(地球科学版),34(20):161-166.
松权衡,李景波,于城,等,2002.白山市大横路铜钴矿床找矿地球化学模式[J].吉林地质,21(1):56-64.
松权衡,魏发,2000.白山市大横路铜钴矿区稀土元素地球化学特征[J].吉林地质,19(1):47-50.
松权衡,魏发,罗琛,2000.白山市大横路铜钴矿区含矿岩系大栗子组原岩性质及沉积环境地球化学特征[J].吉林地质,19(3):55-60.
孙超,1997.吉林延边地区浅成热液型金(铜)矿床稳定同位素组成特征[J].黄金,18(1):8-13.
陶南生,刘发,武世忠,等,1975.吉中地区石炭二叠纪地层[J].长春地质学院学报(1):31-61.
王东方,陈从云,杨森,等,1992.中朝地台北缘大陆构造地质[M].北京:地震出版社.
王集源,吴家弘,1984.吉林省元古宇老岭岩群的同位素地质年代学研究[J].吉林地质,3(1):11-21.
王友勤,苏养正,刘尔义,1997.全国地层多重划分对比研究·东北区区域地层[M].武汉:中国地质大学出版社.

韦延光,王可勇,杨言辰,等,2002.吉林白山市大横路 Cu-Co 矿床变质成矿流体特征[J].吉林大学学报(地球科学版),3(2):128-133.

郗爱华,顾连兴,李绪俊,等,2005.吉林红旗岭铜镍硫化物矿床的成矿时代讨论[J].矿床地质,24(5):521-526.

向运川,任天祥,牟绪赞,等,2010.化探资料应用技术要求[M].北京:地质出版社.

熊先孝,薛天兴,商朋强,等,2010.重要化工矿产资源潜力评价技术要求[M].北京:地质出版社.

杨言辰,冯本智,刘鹏鹗,2001.吉林老岭大横路式热水沉积叠加改造型钴矿床[J].长春科技大学学报,31(1):40-44.

杨言辰,王可勇,冯本智,2004.大横路式钴(铜)矿床地质特征及成因探讨[J].地质与勘探,40(1):7-11.

叶天竺,姚连兴,董南庭,等,1984.吉林省地质矿产勘查开发局普查找矿总结及今后工作方向[J].吉林地质(3):77-81.

殷长建,1995.吉林省中部早二叠世菊石动物群的发现及石炭二叠系界线讨论[J].吉林地质,14(2):51-56.

殷长建,2003.吉林南部古—中元古代地层层序研究及沉积盆地再造[D].长春:吉林大学.

于学政,曾朝铭,燕云鹏,等,2010.遥感资料应用技术要求[M].北京:地质出版社.

苑清杨,武世忠,苑春光,1985.吉中地区中侏罗世火山岩地层的定量划分[J].吉林地质(2):70-74,84.

张德英,高殿生,1988.吉林省中部上三叠统南楼山组火山岩初议[J].吉林地质(1):63-68.

张秋生,李守义,1985.辽吉岩套:早元古宙的一种特殊化优地槽相杂岩[J].长春地质学院学报,39(1):1-12.

赵冰仪,周晓东,2009.吉南地区古元古代地层层序及构造背景[J].世界地质,28(4):424-429.

内部资料

陈尔臻,等,2007.吉林省重点矿山资源潜力研究[R].长春:吉林省地质调查院.

陈尔臻,彭玉鲸,韩雪,等,2001.中国主要成矿区(带)研究(吉林省部分)[R].长春:吉林省地质调查院.

崔翼万,等,1980.吉林省蛟河县漂河川镍矿4号岩体初勘及5号岩体普查评价报告[R].吉林:吉林省地质矿产勘查开发局第二地质调查所.

吉林省地质调查院,2004.1∶25万汪清县幅区域地质调查报告[R].长春:吉林省地质调查院.

吉林省地质调查院,2004.1∶25万延吉市幅区域地质调查报告[R].长春:吉林省地质调查院.

吉林省地质矿产勘查开发局第二地质调查所,1995.1∶5万三道林场幅、和龙煤矿幅、荒沟林场幅区域地质调查报告[R].吉林:吉林省地质矿产勘查开发局第二地质调查所.

吉林省地质矿产勘查开发局第六地质调查所,1988.1∶5万古洞河幅、卧龙幅区域地质调查报告[R].延吉:吉林省地质矿产勘查开发局第六地质调查所.

吉林省地质矿产勘查开发局第六地质调查所,1993.1∶5万十里坪幅区域地质调查报告[R].延吉:吉林省地质矿产勘查开发局第六地质调查所.

吉林省地质矿产勘查开发局第六地质调查所,1993.1∶5万汪清县幅区域地质调查报告[R].长春:吉林省地质矿产勘查开发局第六地质调查所.

吉林省地质矿产勘查开发局第四地质调查所,1967.1∶20万延吉市幅区域地质调查报告[R].通化:吉林省地质矿产勘查开发局第四地质调查所.

吉林省地质矿产勘查开发局第四地质调查所,1994.1∶5万三岔子幅、湾沟镇幅区域地质调查报告[R].通化:吉林省地质矿产勘查开发局第四地质调查所.

吉林省地质矿产勘查开发局区域地质测量第四分队,1966.1∶20万长春市幅区域地质测量报告书[R].通化:吉林省地质矿产勘查开发局区域地质测量第四分队.

吉林省地质矿产勘查开发局区域地质测量第四分队,1966.1∶20万浑江市幅区域地质测量报告书[R].通化:吉林省地质矿产勘查开发局区域地质测量第四分队.

吉林省地质矿产勘查开发局区域地质测量第四分队,1966.1∶20万漫江、长白县幅区域地质测量报告书[R].通化:吉林省地质矿产勘查开发局区域地质测量第四分队.

吉林省地质矿产勘查开发局直属专业综合大队,1972.1∶20万桦树林子幅区域地质测量报告书(矿产部分)[R].长春:吉林省地质矿产勘查开发局直属专业综合大队.

吉林省地质矿产勘查开发局直属专业综合大队,1972.1∶20万桦树林子幅区域地质测量报告书[R].长春:吉林省地质矿产勘查开发局直属专业综合大队.

吉林省地质矿产勘查开发局直属专业综合大队,1973.1∶20万明月镇幅地质矿产图及说明书[R].长春:吉林省地质矿产勘查开发局直属专业综合大队.

吉林省区域地质矿产调查所,1972.1∶20万桦树林子幅区域地质调查报告[R].长春:吉林省区域地质矿产调查所.

吉林省区域地质矿产调查所,1974.1∶20万白头山幅区域地质调查报告[R].长春:吉林省区域地质矿产调查所.

吉林省区域地质矿产调查所,1976.1∶20万浑江市幅区域地质调查报告[R].长春:吉林省区域地质矿产调查所.

吉林省区域地质矿产调查所,1976.1∶20万柳河县幅区域地质图及区域地质测量报告书[R].长春:吉林省区域地质矿产调查所.

吉林省区域地质矿产调查所,1977.1∶20万白山市幅地质图及说明书[R].长春:吉林省区域地质矿产调查所.

吉林省区域地质矿产调查所,1977.1∶20万通化市幅区域地质调查报告[R].长春:吉林省区域地质矿产调查所.

吉林省区域地质矿产调查所,1979.1∶20万靖宇县幅地质矿产图及普查报告[R].长春:吉林省区域地质矿产调查所.

吉林省区域地质矿产调查所,1979.1∶20万靖宇县幅区域地质测量报告书(矿产部分)[R].长春:吉林省区域地质矿产调查所.

吉林省区域地质矿产调查所,1983.1∶20万珲春县幅、春化公社幅、敬信公社幅区域地质调查报告[R].长春:吉林省区域地质矿产调查所.

吉林省区域地质矿产调查所,1983.1∶20万珲春县幅、春化公社幅、敬信公社幅区域地质调查报告[R].长春:吉林省区域地质矿产调查所.

吉林省区域地质矿产调查所,1985.1∶5万马滴达幅、五道沟幅、大西南岔幅区域地质调查报告[R].长春:吉林省区域地质矿产调查所.

吉林省区域地质矿产调查所,1986.1∶20万磐石县幅地质测量报告书[R].长春:吉林省区域地质矿产调查所.

吉林省区域地质矿产调查所,1986.1∶20万磐石县幅地质矿产图及说明书[R].长春:吉林省区域地质矿产调查所.

吉林省区域地质矿产调查所,1988.1∶20万吉林市幅地质测量报告书[R].长春:吉林省区域地质矿产调查所.

吉林省区域地质矿产调查所,1988.1∶20万吉林市幅地质测量报告书[R].长春:吉林省区域地质矿产调查所.

吉林省区域地质矿产调查所,1988.1∶5万复兴村幅、榆林镇幅、集安县幅、江口村幅区域地质调查报告[R].长春:吉林省区域地质矿产调查所.

吉林省区域地质矿产调查所,1989.1∶5万三道沟幅区域地质调查报告[R].长春:吉林省区域地质矿产调查所.

吉林省区域地质矿产调查所,1989.1∶5万杨家店幅、那尔轰幅区域地质调查报告[R].长春:吉林省区域地质矿产调查所.

吉林省区域地质矿产调查所,1994.1∶5万辉南镇幅、样子哨幅、金川镇幅区域地质调查报告[R].长春:吉林省区域地质矿产调查所.

吉林省区域地质矿产调查所,1995.1∶5万杜荒子幅区域地质调查报告[R].长春:吉林省区域地质矿产调查所.

吉林省区域地质矿产调查所,1996.1∶5万西下坎区域地质调查报告[R].长春:吉林省区域地质矿产调查所.

吉林省区域地质矿产调查所,1999.1∶5万大蒲才河幅、大甸子幅区域地质图及说明书[R].长春:吉林省区域地质矿产调查所.

吉林省区域地质矿产调查所,2003.1∶25万辽源市幅地质图及说明书[R].长春:吉林省区域地质矿产调查所.

吉林省区域地质矿产调查所,2006.1∶25万白山市幅地质图及说明书[R].长春:吉林省区域地质矿产调查所.

吉林省区域地质矿产调查所,2006.1∶25万长白县幅区域地质图及说明书[R].长春:吉林省区域地质矿产调查所.

吉林省区域地质矿产调查所,2006.1∶25万长春市幅地质图及说明书[R].长春:吉林省区域地质矿产调查所.

吉林省区域地质矿产调查所,2006.1∶25万吉林市幅地质图及说明书[R].长春:吉林省区域地质矿产调查所.

吉林省区域地质矿产调查所,2006.1∶25万靖宇县幅地质图及普查报告[R].长春:吉林省区域地质矿产调查所.

吉林省区域地质矿产调查所,2006.1∶25万通化市幅地质图及说明书[R].长春:吉林省区域地质矿产调查所.

吉林省区域地质矿产调查所,吉林省地质调查院,2000.1∶5万石道河子幅区域地质调查报告[R].吉林省区域地质矿产调查所,吉林省地质调查院.

吉林省区域地质矿产调查所,吉林省地质调查院,2001.1∶5万石砚区域地质调查报告[R].长春:吉林省区域地质矿产调查所,吉林省地质调查院.

吉林省区域地质矿产调查所,吉林省地质矿产勘查开发研究院,2004.1∶25万和龙市幅区域地质调查报告[R].长春:吉林省区域地质矿产调查所,吉林省地质矿产勘查开发研究院.

金逢洙,等,1980.吉林省和龙县獐项-长仁地区铜镍矿区划说明书[R].延吉:吉林省地质矿产勘查开发局第六地质调查所.

金丕兴,等,1992.吉林省东部山区贵金属及有色金属矿产成矿预测报告[R].长春:吉林省地质矿产勘查开发局.

李德威,等,1990.吉林省四平-梅河地区金、银、铜、铅、锌、锑、锡中比例尺成矿预测报告[R].四平:吉林省地质矿产勘查开发局第三地质调查所.

李军,等,2007.吉林省通化市二密铜矿普查报告[R].长春:吉林省地质调查院.

李之彤,李长庚,1994.吉林磐石-双阳地区金硫铁矿多金属矿床地质持征成矿条件和找矿方向[R].北京:全国地质资料馆.

刘长安,等,1983.华北板块北缘东金多金属成矿远景区划-成矿规律及找矿方向研究[R].北京:全国地质资料馆.

刘劲鸿,松权衡,等,1997.吉林省延边地区天宝山-天桥岭铜矿带矿源及靶区优选[R].长春:吉林省地质科学研究所.

卢秀全,等,1996.吉林省珲春市小西南岔矿区北山北延金铜矿普查地质报告[R].长春:吉林省有色金属地质勘查局六〇三队.

孙信,等,1991.吉林省延边地区金银铜铅锌锑锡中比例尺成矿预测报告[R].延吉:吉林省地质矿产勘查开发局第六地质调查所.

陶胜辉,等,2000.吉林省靖宇县天合兴矿区铜矿普查报告[R].长春:吉林省地质矿产勘查开发局第五地质调查所.

王志新,等,1991.吉林省通化-浑江地区金银铜铅锌锑锡比例尺成矿预测报告[R].通化:吉林省地质矿产勘查开发局第四地质调查所.

魏发,松权衡,1997.吉林省白山市大横路铜钴矿床控矿构造及富集规律研究[R].长春:吉林省地质科学研究所.